中 国 国 家 标 准 汇 编

2008 年修订-98

中国标准出版社　编

中 国 标 准 出 版 社

北 京

图书在版编目（CIP）数据

中国国家标准汇编：2008年修订．98/中国标准出版社编．—北京：中国标准出版社，2009
ISBN 978-7-5066-5592-7

Ⅰ．中…　Ⅱ．中…　Ⅲ．国家标准-汇编-中国-2008
Ⅳ．T-652.1

中国版本图书馆CIP数据核字（2009）第204271号

中国标准出版社出版发行
北京复兴门外三里河北街16号
邮政编码：100045

网址 www.spc.net.cn
电话：68523946　68517548
中国标准出版社秦皇岛印刷厂印刷
各地新华书店经销

*

开本 880×1230　1/16　印张 39.25　字数 1 190 千字
2009年12月第一版　2009年12月第一次印刷

*

定价 200.00 元

ISBN 978-7-5066-5592-7

出 版 说 明

1.《中国国家标准汇编》是一部大型综合性国家标准全集。自1983年起,按国家标准顺序号以精装本、平装本两种装帧形式陆续分册汇编出版。它在一定程度上反映了我国建国以来标准化事业发展的基本情况和主要成就,是各级标准化管理机构,工矿企事业单位,农林牧副渔系统,科研、设计、教学等部门必不可少的工具书。

2.《中国国家标准汇编》收入我国每年正式发布的全部国家标准,分为"制定"卷和"修订"卷两种编辑版本。

"制定"卷收入上年度我国发布的、新制定的国家标准,顺延前年度标准编号分成若干分册,封面和书脊上注明"20××年制定"字样及分册号,分册号一直连续。各分册中的标准是按照标准编号顺序连续排列的,如有标准顺序号缺号的,除特殊情况注明外,暂为空号。

"修订"卷收入上年度我国发布的、被修订的国家标准,视篇幅分设若干分册,但与"制定"卷分册号无关联,仅在封面和书脊上注明"20××年修订-1,-2,-3,……"字样。"修订"卷各分册中的标准,仍按标准编号顺序排列(但不连续);如有遗漏的,均在当年最后一分册中补齐。需提请读者注意的是,个别非顺延前年度标准编号的新制定的国家标准没有收入在"制定"卷中,而是收入在"修订"卷中。

读者配套购买《中国国家标准汇编》"制定"卷和"修订"卷则可收齐上一年度我国制定和修订的全部国家标准。

3. 由于读者需求的变化,自1996年起,《中国国家标准汇编》仅出版精装本。

4. 2008年制修订国家标准共5946项。本分册为"2008年修订-98",收入新制修订的国家标准22项。

中国标准出版社

2009年10月

目　录

ICS 17.220
N 20

GB

中华人民共和国国家标准

GB/T 17563—2008/IEC 60625-2:1993
代替 GB/T 17563—1998

可编程测量设备接口系统（字节串行、位并行）的代码、格式、协议和公共命令

**Programmable measuring instruments—
Interface system(byte serial, bit parallel)—
Codes, formats, protocols and common commands**

(IEC 60625-2:1993, Programmable measuring instruments—
Interface system(byte serial, bit parallel)—
Part 2: Codes, formats, protocols and common commands, IDT)

2008-06-30 发布　　　　2009-01-01 实施

中华人民共和国国家质量监督检验检疫总局
中国国家标准化管理委员会　发布

前　言

本标准等同采用 IEC 60625-2:1993(英文版)。本标准与该国际标准的主要差异如下：

——为了方便国内用户使用,进行了部分编辑性修改；

——按照 GB/T 1.1—2000 的要求对标准的格式进行了编排、修改。

本标准是对 GB/T 17563—1998 的修订。本标准代替 GB/T 17563—1998。与 GB/T 17563—1998 比较,标准名称发生了变动。本标准在技术内容上作出了微小调整,为了使用方便,本部分做了下列修改：

a) 根据我国的实际使用情况,按照 GB/T 1.1—2000 的规定,对原文本进行了编辑性的修改,根据英文文本对章条号进行了重新排版；

b) 增加了部分术语与缩略语；

c) 增加了附录的内容；

d) 对原文本中个别编辑性错误进行了修正。

本标准的附录 A、附录 B、附录 C 为资料性附录。

本标准由中国机械工业联合会提出。

本标准由全国工业过程测量和控制标准化技术委会第四分技术委员会归口。

本标准起草单位:机械工业仪器仪表综合技术经济研究所。

本标准起草人：欧阳劲松、郑旭、王玉敏。

本标准历次版本发布情况:GB/T 17563—1998。

可编程测量设备接口系统(字节串行、位并行)的代码、格式、协议和公共命令

1 总则

1.1 范围

本标准为设备规定了一套代码和格式,使这些设备可以通过GB/T 15946总线连接在一起。本标准也规定了为实现使用中独立的、与设备有关的信息交换所必需的通信协议,并进一步规定了仪表系统应用中常用的公共命令和特性。

本标准是为了直接用于中小规模的仪表系统,也适用于主要由测量、激励以及与仪表控制器互连的设备组成的系统。它还可用于仪表系统范围以外的某些设备。

本标准除定义了各种与设备相关的信息外,还对GB/T 15964中包含的一些接口功能进行了扩展和进一步解释,但同时保持了该标准的兼容性。

本标准包括了以下主题:

——子集;

——包括差错处理的标准报文处理协议;

——明确的程序和响应报文语法结构;

——在仪表系统中广泛应用的公共命令;

——标准状态报告结构;

——系统组态和同步协议。

应用本标准并没有解除用户在应用层次上对系统兼容性所承担的责任。用户必须熟悉所有系统组件的特性,以便组成最佳系统。

本标准的读者包括管理人员和设计人员。

1.2 目的

本标准的目的在于:

1) 提供明确定义的代码、格式、协议和公共命令的结构;

2) 保持通用性以适应本标准范围内各种应用的需要;

3) 提高不同厂家的设备不经改动就能互连和应用的程度;

4) 使仪表和相关设备能够以有限的和扩展的能力实现互连,以产生、处理和解释各种不同的报文类型;

5) 定义代码、格式、协议和公共命令,以减少生成应用软件和系统集成的费用;

6) 允许仪表系统的设备之间直接进行通信,不需要额外的翻译以及特殊代码和格式的转换。

1.3 注释

本标准定义了若干普通英语单词,它们在本标准的范围内有特别的意义。这些单词在GB/T 15946—2008中有不同的含意,但是,为了文本的可读性和简明,本标准中用这些词是可取的。本标准还定义了用于描述在总线上传送报文的语法元素,语法元素用角括号括起来,例如:<语法元素>,以便使它们与本地报文、远地报文和正文区分开。

2 规范性引用文件

下列文件中的条款通过本标准的引用而成为本标准的条款。凡是注日期的引用文件,其随后所有

的修改单(不包括勘误的内容)或修订版均不适用于本标准,然而,鼓励根据本标准达成协议的各方研究是否可使用这些文件的最新版本。凡是不注日期的引用文件,其最新版本适用于本标准。

GB/T 15946—2008 可编程测量设备的标准数字接口(IEC60488:2004,IDT)

ISO/IEC 646:1991 信息技术 信息交换用 ISO 7 位编码字符集

ISO 2955:1983 信息处理系统 包括极限字符集的信息处理系统用国际单位(SI)的表示

ISO 6093:1985 信息处理系统 信息处理 信息交换字符串中的数值表示法

IEC 599:1989 微处理系统的二进制浮点算法

3 系统考虑

3.1 术语和定义

下列术语和定义适用于本标准,本章仅包括一些概括的定义,详细的定义在以后适当的章条中给出,与 GB/T 15946—2008 特别相关的定义见 1.3。

3.1.1

系统 system

通过系统接口互连的一组设备和一个控制器。

3.1.2

设备 device

系统的一个组件,不能完成系统控制器的功能,但通常从控制器接收程序报文以及向控制器发送响应报文。设备可以有选择地具备从控制器接收控制的能力,从而成为系统的责任控制器。设备应满足本标准第 4 章所规定的全部要求。

3.1.3

控制器 contollor

系统的组件,能完成系统控制器的功能,控制器通常向设备发送程序报文和从设备接收响应报文。控制器可以按照本标准的协议传递和接受控制。控制器应满足本标准第 14 章规定的全部要求。

3.1.4

系统总线 system fieldbus

GB/T 15964 总线和协议用于在系统中设备和控制器互连。本标准的内容是用于在总线上的与设备有关的信息传输。

3.1.5

系统接口 system interface

将设备或控制器连接到系统总线的接口。

非本标准系统接口是指不同于本标准系统接口的其他任何接口,它可能与设备或控制器相连。

3.2 系统报文传输

本标准对设备不是责任控制器的系统实行的优化。通常报文的传输假设为从“控制器到设备”或者从“设备到控制器”(见图 1)。

程序报文语法的灵活性(第 7 章)允许在含有非本标准组件的系统中使用本标准组件。

在一个包括设备和非兼容控制器的系统中,灵活的听格式可以实现更高度的兼容性。这种兼容性是通过要求设备接收的语法有尽量少的变化来实现的。这些变化是针对在各种控制器上易于生成的语法设计的。它们甚至可以是非兼容控制器的默认语法。这样的系统超出了本标准的范围,它们不能实现预定的功能。

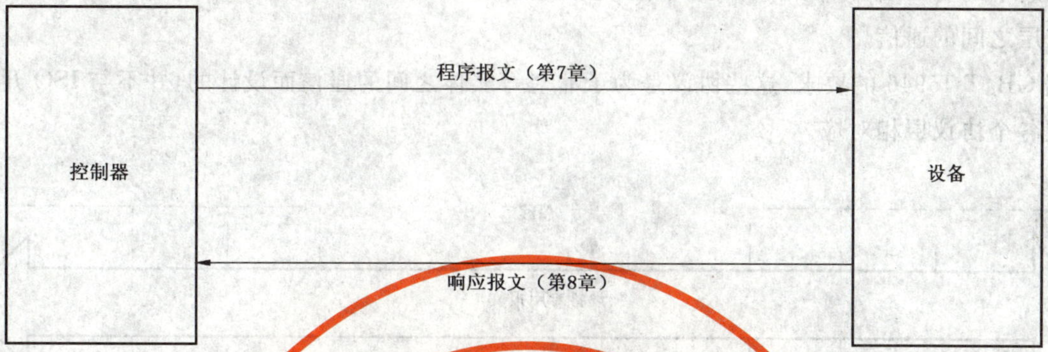

图 1 通常的报文传输

3.2.1 程序和响应报文的关系

本标准的后续各章将详细说明为系统报文传输所允许的语法和语义。本标准的基本原则是设备接收报文比发送报文具有更大的灵活性。

因此，当设备"听"的时候必须认可本标准规定的语法变化范围。反之，当设备"讲"的时候要求符合本标准确定的精确语法。

控制器到设备的报文(程序报文)和设备到控制器的报文(响应报文)分别由第 7 章和第 8 章中说明的语法元素构成。

下面的示例表明对一个量程可以编程和被查询的设备在程序报文和响应报文之间的关系。该设备有三挡离散量程:1、2、12 和 120。

下面是设备在"听"时，灵活接收量程编程的示例。

灵活接收见示例 1。

示例 1：

控制器发送	设备解释
RANGE 12.45 或 RANGE 12 或 RANGE 1.2E+1	RANGE 12 RANGE 12 RANGE 12

第 7 章的语法规则为这种灵活性提供了解释。

下面是一个精确响应的示例，界定了设备在"讲"时的状态请求。

精确响应见示例 2。

示例 2：

控制器发送	设备发送
RANGE?	12

第 8 章语法规则为设备提供了准确的格式响应。

3.2.2 其他报文传输

除了控制器到设备和设备到控制器报文，设备通过控制协议的定义见第 17 章。

设备到设备协议在本标准中不作详细规定。但是，设备间报文传输的语法＜响应报文＞参见第8 章。

3.3 功能层

如图 2 所示。本标准只是图中的一部分，系统包含了连续的、独立的若干通信协议层次。

图中所示的每一层，都有相关的公共报文。这些报文组成了协议，以实现该层与参与通信的系统组件中对应层之间的通信。

根据 GB/T 15946 的要求，这些协议是为了非对等实体之间的通信而设计的，并不与 ISO 开放系统互连模型各个协议层相对应。

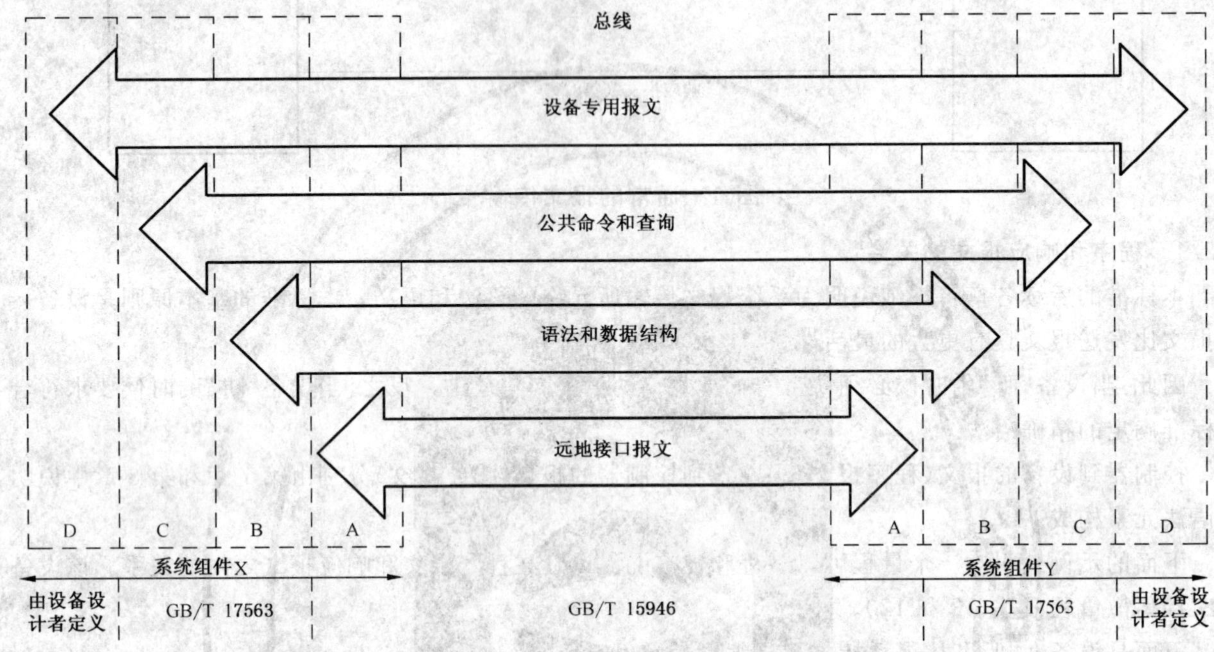

各层描述如下：

D 层——表示设备功能层；

C 层——表示公共系统功能层；

B 层——表示报文通信功能层；

A 层——表示接口功能层。

其中 B、C、D 层包含 GB/T 15946 与设备相关的信息，A 层包含 GB/T 15946 的接口信息。

图 2　GB/T 15946 和本标准功能协议层

4　设备符合性准则

设备应有一定的能力。本章列出本标准要求设备具有的能力，设备也可以有选择地包含附加的能力，本标准描述的任何设备可选能力也在本章列出。

设备的符合性分为若干个方面，每一个方面都可以独立考虑。为符合本标准，设备应满足每一个方面所要求的全部功能。

本章归纳了以后章条中详细规定的要求，设备设计人员在实际设计设备时应遵循这些要求。

4.1　GB/T 15946 的要求

设备只能包括表 1 中的 GB/T 15946 子集。

表 1　GB/T 15946 设备接口要求

GB/T 15946 接口功能	GB/T 15946 子集	章条号
源方握手	SH1	5.1.1
受方握手	AH1	5.1.2
讲者	T5,T6,TE5 或 TE6	5.3
听者	L3,L4,LE3 或 LE4	5.4
服务请求	SR1	5.5
远地/本地	RL0 或 RL1	5.6
并行呼叫	RP1 或 PP1	5.7
设备清除	DC1	5.8
设备触发	DT0 或 DT1	5.9
控制器	C0 或 C4 同 C5,C7,C9 或 C11	5.10
电气接口	E1 或 E2	5.11

设备应符合 GB/T 15946,也应满足本标准第 5 章规定的所有要求。

4.2　报文交换要求

设备应符合本标准第 6 章列出的所有要求。

设备的输入缓冲器具有几种形式。输入缓冲器的长度可以是固定的字节数,它可包含固定数量的完整的＜程序报文＞。在字节或＜程序报文＞中输入缓冲器中的长度可随设备状态而改变,见 6.1.5。

某些查询报文被接收时即可产生实际的响应信息。另一些查询报文必须在控制器读响应时,才产生实际的响应,见 6.4.5.4。

独立语法元素的执行,一被接收即可进行。设备也可以等待,直至在执行前一个＜程序报文单元＞元素之前完成对＜程序报文单元分隔符＞或＜程序报文结束符＞的语法分析。设备可以包含这些命令类型的混合,见 6.4.5.1。

4.3　语法要求

第 7 章和第 8 章描述了一组功能元素。设备设计者用它来叙述具体设备的编程语言。并不是每个设备都要求第 7 章和第 8 章中的全部语法。有些功能元素是必备的,另有一些是可选的。

4.3.1　必备的功能元素

表 2 列出了必备的功能元素。

表 2　设备必备的功能元素

设备听功能元素	章条号
＜程序报文＞	7.3.2
＜程序报文结束符＞	7.5
＜程序报文单元＞	7.3.2
＜程序报文单元分隔符＞	7.4.1
＜命令报文单元＞	7.3.2
＜查询报文单元＞	7.3.2
＜命令程序头＞[a]	7.6.1
＜查询程序头＞[a]	7.6.2
＜程序头分隔符＞	7.4.3
＜程序数据分隔符＞	7.4.2
＜程序数据＞	7.3.2
＜十进制数字程序数据＞	7.7.2

表 2（续）

设备听功能元素	章　条　号
＜响应报文＞	8.3.2
＜响应报文结束符＞	8.5
＜响应报文单元＞	8.3.2
＜响应保文单元分隔符＞	8.4.1
＜响应数据＞	8.7
＜响应数据分隔符＞	8.4.2
＜NR1 数字响应数据＞	8.7.2
＜任意 ISO 7-bit 响应数据＞	8.7.11
[a] ＜复合命令程序头＞和＜复合查询程序头＞不是必备的编码元素。	

4.3.2 可选的功能元素

表 3 列出了可选的功能元素。

表 3 设备可选的功能元素

设备“听”功能元素	章　条　号
＜命令程序头＞[a]	7.6.1
＜查询程序头＞[a]	7.6.2
＜字符程序数据＞	7.7.1
＜后缀程序数据＞	7.7.3
＜非十进制数字程序数据＞	7.7.4
＜字符串程序数据＞	7.7.5
＜任意块程序数据＞	7.7.6
＜表达式程序数据＞	7.7.7
设备“讲”功能元素	章　条　号
＜响应头分隔符＞	8.4.3
＜响应头＞	8.6
＜字符响应数据＞	8.7.1
＜NR2 数字响应数据＞	8.7.3
＜NR3 数字响应数据＞	8.7.4
＜十六进制数字响应数据＞	8.7.5
＜八进制数字响应数据＞	8.7.6
＜二进制数字响应数据＞	8.7.7
＜字符串响应数据＞	8.7.8
＜定长任意块响应数据＞	8.7.9
＜不定长任意块响应数据＞	8.7.10
[a] 虽然其他编码元素是必备的，＜复合命令程序头＞和＜复合查询程序头＞是可选的编码元素。	

4.4 状态报告要求

4.4.1 必备的状态报告能力

设备应符合第 11 章提出的状态模式。设备应包括那些在第 10 章中说明的和在表 4 中列出的与状态报告相关的命令。

表 4 必备的状态报告公共命令

状　态　报　告	
命　令	章　条　号
*CLS	10.3
*ESE	10.10
*ESE?	10.11
*ESR?	10.12
*SRE	10.34
*SRE?	10.35
*STB?	10.36

设备应提供状态字节寄存器、服务请求使能寄存器、标准事件状态寄存器和标准事件状态使能寄存器，如图 3 所示。

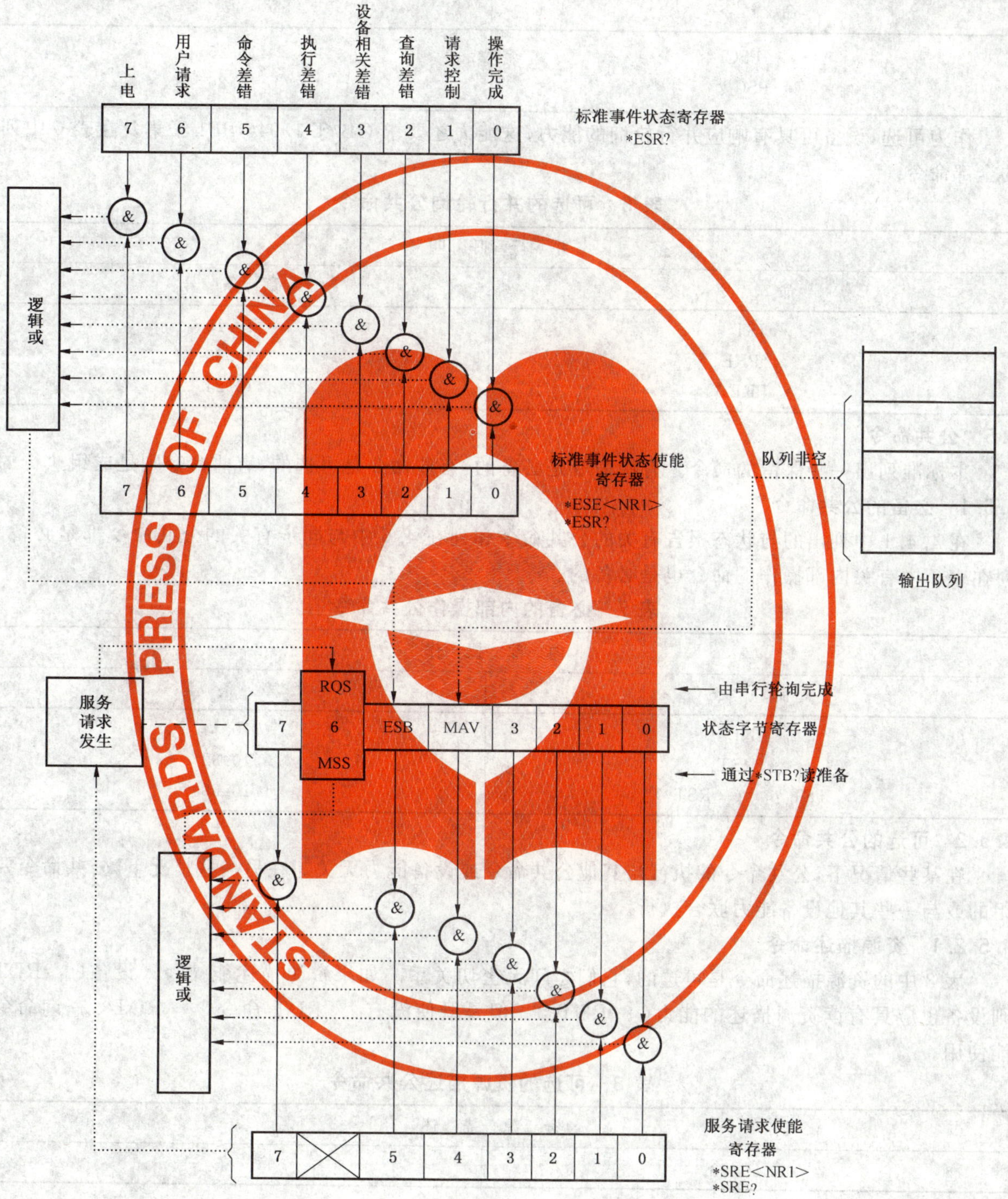

图 3　必备的状态报告能力

4.4.2　可选状态报告能力

设备应具有任意数量的条件寄存器、事件寄存器、使能寄存器及队列，它们应符合第 11 章规定的模式。

当电源为周期性时，设备应具有保存使能寄存器内容的能力。这个能力要求有非易失性存储器和在表 5 中列出的全部命令。

表 5　可选上电公共命令

接　通　电　源	
命　　令	章　条　号
* PSC * PSC ?	10.25 10.26

作为可选,设备可具有响应并行轮询的能力,这能力还要求 GB/T 15946 PP1 子集及在表 6 中列出的全部命令。

表 6　可选的并行轮询公共命令

并　行　呼　叫	
命　　令	章　条　号
* IST ? * PRE * PRE ?	10.15 10.23 10.24

4.5　**公共命令**

本标准列出一些保留的命令。有些命令是必备的,有些命令是可选的,有些命令则是成组执行的。

4.5.1　**必备的公共命令**

在 4.4.1 中列出的与状态报告有关的公共命令和列在 4.6 中与同步有关的公共命令都是必备的。列在表 7 中有关内部操作的命令也是必备的。

表 7　必备的内部操作公共命令

内　部　操　作	
命　　令	章　条　号
* IND ? * RST * TST ?　(* RST?)?	10.14 10.32 10.38

4.5.2　**可选的公共命令**

在某些情况下,公共命令的执行与其他公共命令或设备能力无关。在另一些情况下,公共命令要成组的或与一些其他设备能力联合执行。

4.5.2.1　**资源描述命令**

表 8 中的资源描述命令是可选的,它们之间无密切关系。如果资源描述能被写入设备(* RDT),则设备也应具有读资源描述的能力(* RDT?)。但是既使没有 * RDT 命令, * RDT? 查询命令也能使用。

表 8　可选的资源描述公共命令

资　源　描　述	
命　　令	章　条　号
* RDT * RDT ?	10.30 10.31

4.5.2.2　**保护用户数据命令**

表 9 中的保护用户数据命令是可选的。如果执行这一组中的任何命令,则这组中的所有命令都将被执行。

表 9 可选的保护用户数据命令

保护数据	
命令	章条号
* PUD	10.27
* PUD ?	10.28

4.5.2.3 **校验命令**

表 10 中的自校验命令是可选的。

表 10 可选的自校验命令

校验	
命令	章条号
* CAL ?	10.2

4.5.2.4 **触发命令**

表 11 中触发命令是可选的，如果设备有 DT1 能力，它就是必备的。如果执行触发命令，设备也应具有 DT1 能力。

表 11 可选的触发能力命令

触发	
命令	章条号
* TRG	10.37

4.5.2.5 **触发宏命令**

表 12 中触发宏命令是可选的，如果执行这一组中的任何命令，则这组中的所有命令都将被执行，并且设备应具有 DT1 能力。

表 12 可选的触发宏命令

触发宏	
命令	章条号
* DDT	10.4
* DDT ?	10.5

如果要执行触发宏命令，设备还应具有＜任意块程序数据＞和＜定长任意块响应数据＞功能元素。

4.5.2.6 **宏命令**

表 13 中宏命令是可选的。如果执行这一组中的任何命令，则这组中的所有命令都将被执行。

表 13 可选的宏命令

宏	
命令	章条号
* DMC	10.7
* EMC	10.8
* EMC ?	10.9
* CMC ?	10.13
* LMC ?	10.16
* PMC	10.22

如果要执行宏命令，设备还应具有＜字符串程序数据＞，＜任意块程序数据＞，＜字符串响应数据＞和＜定长任意块响应数据＞功能元素。

4.5.2.7 可选识别命令

表 14 中识别命令是可选的。

表 14 可选的识别命令

识　别	
命　令	章 条 号
* OPT ?	10.20

4.5.2.8 存储设置命令

表 15 中存储设置命令是可选的。如果执行这一组中的任何命令，则这组中的所有命令都将被执行。

表 15 可选的存储设置命令

存 储 命 令	
命　令	章 条 号
* RCL	10.29
* SAV	10.33

4.5.2.9 学习命令

表 16 中学习命令是可选的。

表 16 可选的学习命令

学 习 命 令	
命　令	章 条 号
* LRN ?	10.17

4.6 同步要求

第 12 章说明了所有设备必备的能力。设备设计人员可按照第 12 章中的规则选择哪些操作有与之相关的操作标记。

表 17 列出了与同步有关的必备公共命令。

表 17 必备同步命令

同　步	
命　令	章 条 号
* OPC	10.18
* OPC ?	10.19
* WAI	10.39

4.7 系统组态能力

第 13 章说明了用于对 GB/T 15946 设备地址进行组态的能力，这一能力是可选的。这一能力通过表 18 中的公共命令来执行。

表 18 可选的系统组态命令

自 动 组 态	
命　令	章 条 号
* ADD	10.1
* DLF	10.6

如果执行其中一个命令，则两个命令都应执行。

这些命令使设备暂时中止正常的报文交换协议而去执行其他协议。为保证和其他设备的兼容性，设备设计人员必须严格遵守这些不同协议。

4.8 控制器能力

4.8.1 必备的控制器能力

不要求设备具有任何控制器能力。

4.8.2 可选的控制器能力

如果设备有控制器能力，它就应包括 GB/T 15946 子集和表 19 中的控制返回命令。它还应遵守在 17.4 中说明的传送控制协议和 17.5 中说明的请求控制协议。

表 19 可选的传送控制命令

传送控制	
命令	章条号
* PCB	10.21

4.9 设备文件化要求

所有的设备都应向用户提供关于设备如何执行本标准的信息。这些信息应包括：

1) 所执行的 GB/T 15946 接口功能子集表，见第 5 章。

2) 当地址设定超出 0～30 范围时，设备行为的描述，见 5.2。

3) 用户起始地址的改变被设备认可时的描述。

4) 上电时设备设置的描述，见 5.12。任何改变上电设定的命令也应包括在内。

5) 报文交换选项的描述：

 a) 输入缓冲器的容量和行为，见 6.1.5；

 b) 哪些查询的返回多于一个＜响应报文单元＞，见 6.4.3；

 c) 语法分析时哪些查询产生响应，见 6.4.5.4；

 d) 读时哪些查询产生响应，见 6.4.5.4；

 e) 哪些命令是成对的，见 6.4.5.3。

6) 用于构成设备专用命令的功能元素表，是否使用＜复合命令程序头＞元素也应包括在内，见 7.1.1 和 7.3.3。

7) 与块数据有关的任何缓冲器容量限制的描述，见 7.7.6.5。

8) 出现在＜表达式＞中以及最大子表达式嵌套深度中的＜程序数据＞元素表，设备可能加在＜表达式＞上的任何附加语法限制也包括在内。

9) 每个查询的响应语法的描述，见第 8 章。

10) 不遵守＜响应报文＞规则的任何设备到设备的报文传送通信的描述，见 8.1。

11) 任何块数据响应的容量，见 8.7.9.4。

12) 被执行的公共命令和查询表，见第 10 章。

13) 在成功完成校验查询后，设备状态的描述，见 10.2。

14) 如果执行 * DDT，用于定义触发宏的块的最大长度，见 10.4。

15) 如果执行宏命令，宏标号的最大长度，用于定义宏的块的最大长度。以及在宏扩展时如何递推处理，见 10.7。

16) 对识别公共查询响应的描述，* IDY?，见 10.4。

17) 保护用户数据存储区的容量，* PUD，见 10.27。

18) 如果执行 * RDT 命令或 * RDT? 查询，源方描述的容量，见 10.30 和 10.31。

19) 受 * RST（见 10.32）、* LRN?（见 10.17）、* RCL（见 10.29）和 * SAV（见 10.33）等命令和

查询影响的状态描述。

20) 由 * TST? 查询进行自测试的范围的描述，见 10.38。

21) 在设备状态报告中所使用的附加状态数据结构的说明，见第 11 章。

22) 对每个命令描述其是否重叠或顺序的语句。

23) 对每个命令，设备文件应规定在对该命令的响应中已产生操作完成报文时的功能准则，见 12.8.3。

5 设备接口功能要求

本章说明 GB/T 15946 设备接口功能要求。它规定了与十种 GB/T 15946 接口功能直接相关的设备附加要求。这些要求是在本标准所描述的系统环境下对 GB/T 15946 规范的补充。

5.1 握手要求

5.1.1 源方握手要求

设备应具有 SH1(完全能力)子集。只有在数据报文就绪(RFD)为 TRUE，且数据接收(DAC)报文为 FALSE 时，才能从源方延迟状态(SDYS)转移到源方传送状态(STRS)，见 6.5.3。

5.1.2 受方握手要求

设备应具有 AH1(完全能力)子集，并还应符合下文中的要求。

如果当 ATN 为 TRUE 时设备处于 LIDS(听者空闲状态)，则在 ATN 呈现出 FALSE 状态后 1ms 内，设备应进入 AH 功能的 AIDS(接收者空闲状态)。这个要求保证了设备在发现听者公共控制器协议下可靠地工作。

5.2 地址要求

设备应有相同的听地址和讲地址。MTA 和 MLA 编码的低 5 位(即设备的主地址)应该相同。(见 GB/T 15946—2008 的 6.3)如果设备采用扩展寻址，则 MSA'S(我的第二地址)也应相同。

设备应有单一的主地址，它可由用户设定为 0～30 范围内的任何值。如果设备采用扩展寻址，用户也应能在同样的范围设定单一的第二地址。

一个设备的地址应能独立的设定而与任何其他设备的地址无关，即使这些设备共享公共物理资源，例如同一机箱。

设备应能通过本地方式设定它的 GB/T 15946 主地址(如果采用扩展寻址，也应能设定第二地址)。电源切断期间，设定的地址应仍被保留。设备的操作者应能改变设定的地址。

地址选择机制的物理组态、标志和配置应遵循 GB/T 15946—2008 附录 A 的准则。

设备设计者应避免将地址设定在 0～30 范围之外。对这一建议的任何例外都应提供有关行为的文件。

如果使用硬开关来设定地址，并且地址显然设定为 31，则设备工作应不会引起系统总线通信混乱。

设备文件应说明用户起始地址何时被设备认可。在上电时设备应更新它的地址。

5.3 讲者要求

设备应具有 T5、T6、TE6 或 TE6 中的某一子集。如果通过 MLA，这些子集要求基本讲者采用串行轮询并取消地址。

本标准采取控制器通过 MTA 实现所有的讲者寻址，通过 MLA，OTA 和 UNT 实现取消寻址。因此本规范不要求只讲模式的能力。运行中只讲模式操作是允许存在的(例如，在无控制器系统中)，但是，这种模式的运行不在本标准的考虑范围内。

5.4 听者要求

设备应包含 L3、L4、LE3 或 LE4 中的某一子集。如果通过 MTA，这些子集要求基本听者取消地址。

本标准采取控制器通过 MLA 实现所有的听者寻址，通过 MTA 和 UNL 实现取消寻址。本规范不要求只听模式的能力。操作中只听模式是存在的(例如,在无控制器系统中),但是,这种模式的操作不在标准的考虑范围内。

为了阻止在听者空闲状态(LIDS)中 ATN FALSE 状态时的受方握手功能,应对附加要求予以注意,见 5.1.2。

5.5 服务请求要求

设备应具有 SR1(完全能力)子集,而且应遵守第 11 章中的状态处理要求。

5.6 远地/本地要求

5.6.1 控制和操作定义

本标准控制功能和操作是按控制源和通告方法分类的。

5.6.1.1 远地操作

远地操作是经系统接口通过程序报文对系统中任何设备功能实行的任何操作。

5.6.1.2 本地操作

本地操作是指对不属于本标准远地操作的设备功能的任何操作。

示例 1:用户可通过接触开关、按钮、触摸屏等动作(即对设备作物理接触)实现设备的本地控制或编程。

5.6.1.3 本地控制

本地控制即实现设备的本地操作。

本地控制包括为控制而设计的设备输入。

本章中的本地控制及相关的远地/本地要求仅适用于本地控制,通过本标准远地操作也可以实现该控制功能。

其功能不能通过远地操作实现的本地控制不在本标准的范围内。

下面的控制功能明确不属于本地控制分类。

a) 线路电源的切换。

b) URQ(用户请求)报文的产生。

5.6.1.4 外部控制信号

外部控制信号通过不是系统接口的设备端口产生设备动作。外部控制信号超出了本标准的范围,但是可以做为本地控制有选择地采用。然而,外部控制信号不能违反第 6 章中的报文交换协议。

示例 2:外部控制信号的一个例子是数字电压表使用外部触发以启动一次测量。测量结果可从设备中读出。

5.6.1.5 硬本地控制

设备的硬本地控制是指指示器(机械的、位置的等),它们不能通过设备远地操作改变。

示例 3:仪器可有机械的旋转开关,用于在三种不同的操作方式中进行选择,开关的状态由在设备前面板上印刷标记来指示。但是,远地报文不能转动这个开关。

5.6.1.6 软本地控制

任何不是硬本地控制的本地控制都是软本地控制。

示例 4:在设备上的机械(瞬间接触)键交替按下可用来转换设备的接通或断开。通/断状态由位于开关的指示灯指示。指示灯的指示是由设备功能的实际状态控制的。

5.6.1.7 可编程本地控制

是指既能由远地操作实现,也能由本地操作实现的设备功能的本地控制。可编程本地控制既可是硬本地控制,也可是软本地控制。

5.6.2 GB/T 15946 子集要求

可执行本地和远地操作,并可实现可编程本地控制的设备应包含 GB/T 15946 远地/本地功能的 RL1(包括本地闭锁在内的全部能力)子集。

不能执行本地操作或不能实现可编程本地控制的设备可能含有 GB/T 15946 远地/本地功能的 RL0(无能力)子集。有 RL0 子集的设备应忽略所有与远地/本地功能状态改变有关的 GB/T 15946 接口报文。

5.6.3 本地到远地状态转换的要求

从本地状态(LOCS)或具有闭锁的本地状态(LWLS)转换到远地状态(REMS)或具有闭锁的远地状态(RWLS)，应禁止所有可编程本地控制的本地操作。

5.6.4 远地到本地状态转换的要求

从REMS或RWLS转换到LOCS或LWLS，允许设备的所有可编程本地控制的本地操作。

转换可能会改变某些硬本地控制功能，所以转换应与硬本地控制指示器相匹配。转换后，设备的前面板和控制状态应一致。

转换不应改变任何软本地控制功能。

在LLO为FALSE或ACDS(接收数据状态)不作用情况下，同时将rtl本地报文设置为TRUE，这将使处于REMS状态的设备转变成LOCS状态。

5.6.5 本地状态操作

在LOCS或LWLS状态，设备应处理所有的程序报文，使得出现在本地用户的信息和设备的实际状态之间保持一致。

为避免不一致，设备应采取下列之一的操作：

1) 修正出现在本地用户的不一致信息。

2) 去除不一致信息。

3) 产生一个执行差错，丢弃可靠的＜程序报文单元＞(见第11章中状态报告协议)。

其中1)是优先的选择。

在LOCS或LWLS状态，设备不应禁止发送。

当设备发送程序报文时，如果前面板控制正在进行，则存在潜在的仲裁问题。通过将设备置于远地状态，应用程序可避免这类问题。

5.6.6 远地状态操作

在REMS或RWLS状态，设备应处理所有的程序报文。

在REMS或RWLS状态可以发送设备特定报文(本标准未定义的)以便有选择地允许特定的本地控制。在这种情况下，特定的本地控制不得本地无效。如果允许特定的硬本地控制，则设备的控制状态和这些硬本地控制应一致。

在REMS或RWLS状态，设备不应禁止发送对先前收到查询的响应中的＜响应报文＞。

5.6.7 远地/本地状态操作的独立性

远地/本地功能应只和允许与禁止本章规定的本地控制有关。其他设备操作，如更新设备状态及相关的本地通报，都是与设备的远地/本地状态无关的功能。

5.6.8 远地/本地指示器要求

有硬本地控制的设备应装有"远地"指示器(GB/T 15946—2008的附录H)。

对于没有硬本地控制的设备，远地指示器是可选的。所有与远地/本地转换有关的指示器都应标记，其运行应符合GB/T 15946—2008附录H的要求。

5.7 并行轮询要求

设备应具有PP0(无能力)子集或PP1(远地组态)子集。具有PP1子集的设备应符合11.6的要求。

5.8 设备清除要求

设备应具有DC1(包括选择设备清除的完全能力)子集。对进入DCAS状态的设备响应，本标准的特定要求在第6章中详细规定，并归纳如下：

通过DCL或SDC命令进入DCAS(设备清除激活状态)的设备应：

1) 清除输入缓冲器和输出队列；

2) 使程序分析器、执行控制和响应格式化器复位(见6.1.4.2.6)；

3） 清除任何妨碍处理 * RST 或其他设备命令的命令；

4） 舍弃所有由于耦合参数延迟的命令和查询(见 6.4.5.3)；

5） 将设备置于 OCIS(操作完成命令空闲状态)和 OQIS(操作完成查询空闲状态)(见 12.5.2.1.1 和 12.5.3.1.1)；

6） 中止 * AAD 和 * DLF 公共命令(见第 13 章)；

7） 将设备置于报文交换 IDLE 状态(见 6.3.11)。

该设备不应：

1） 改变设备中任何除上述说明之外的设定或存储的数据。

2） 中断前面板输入/输出。

3） 中断或影响除上述说明之外的任何进行中的设备操作。

4） 除了作为清除输出队列的结果而清除 MAV 位外，改变状态字节(见 11.2.1.2)。

5.9 设备触发要求

设备可具有 DT0(无能力)或者是 DT1(完全能力)GB/T 15946 设备触发功能。具有 DT1 子集的设备应执行 10.37 中规定的有关公共命令 * TRG。使用可选的 * DDT 公共命令(见 10.4)，会影响 * TRG 和GET(群执行触发)的操作。

5.10 控制器功能要求

设备不具有控制器功能的能力(C0)，或者设备具有下列子集选项所包含的控制器功能：C4 以及 C5、C7、C9、或 C11。这些子集提供了对 SRQ 做出响应、发送接口报文、接收控制、传送控制和同步执行控制的能力。它们特别禁止发送 IFC 和 REN 接口报文的系统控制器能力。它们有选择地允许将控制传送给本身和管理并行轮询的能力。

如果设备具有除 C0 以外的任何控制器功能子集，它也应能借助于 17.4 和 17.5 中描述的协议传送和接收控制。

对控制器(与设备相对照)的要求见第 15 章。

5.11 电气要求

推荐执行 E2 电气接口选项(GB/T 15946—2008 的附录 C)。应采用开路集电极驱动器来驱动 SRQ、NRFD 和 NDAC 信号线，应采用三态驱动器来驱动 DAV、EOI 和 ATN 信号线。设备不允许驱动 REN 或 IFC。如果设备处于 PPAS(并行轮询激活状态)，则该设备应该用开路集电极驱动器驱动 DIO1-8 信号线。当不处在 PPAS 状态时，设备应该用三态驱动器驱动 DIO1-8 信号线。如果设备需要以大于 250 000 byte/s 的速率传送的源方握手数据字节，则必须执行 E2 选项(GB/T 15946—2008 的 5.2)。

注：即使执行 PP0 子集，有些集成电路仍需要外部硬件以避免在并行轮询时驱动 DIO 线。

5.12 上电要求

上电时，设备的设定或恢复到设备最后断电时的状态，或设定到设备文件中明确说明的已知状态；或设定到由用户规定的、存储在本地非易失存储器中的状态。

上电时，可用设备特定命令来选择设备的设定是恢复还是设定到已知状态。本标准定义了一个上电状态清除命令(* PSC，10.25)，它设置和清除上电状态清除标记。

5.12.1 不受上电影响的项目

仅由于上电，设备不应改变以下各项：

——总线地址；

——相关的校验数据；

——会使下列公共查询响应中引起改变的数据或设备状态；

* IDN？(识别查询，见 10.14)；

* OPT？(可选识别查询，见 10.20)；

*PSC?(上电状态清除查询,见 10.26);

*PUD?(保护用户数据查询,见 10.28);

*RDT?(资源描述传输查询,见 10.31)。

5.12.2 取决于上电状态清除标记的项目

如果上电状态清除标记为 FALSE,服务请求使能寄存器、标准事件状态使能寄存器和并行轮询使能寄存器不受上电影响。见 *PSC 命令、10.25。

如果上电清除标记为 TURE,或者 *PSC 命令不被执行,则设备在上电时应清除服务请求使能寄存器。标准事件状态使能寄存器和并行轮询使能寄存器。

5.12.3 可能受上电影响的项目

根据设备设计者的意图,设备在上电时可改变下列各项:

——现行的设备功能状态;

——状态信息;

——*SAV/*RCL 寄存器,见 10.33 见 10.29;

——由 *DDT 命令定义的宏定义,见 10.4;

——由 *DMC 命令定义的宏定义,见 10.7;

——由 *EMC 命令使能的宏,见 10.8;

——由最后的 *PCB 命令接收的地址,见 10.21。

6 报文交换控制协议

设备报文交换协议规定了设备如何处理程序和响应报文。

术语“控制器”是指正在与设备交换报文的系统元素。

本章的要求也适用于设备与设备之间的通信。

措词“设备应(不应)……”表示是本标准的要求。措词“控制器应(不应)……”是指在正常情况下发生(不发生)的情况。本标准规定了设备正常情况下和例外情况下的响应。

本章所使用的术语“查询报文”是一个＜程序报文＞,它包含一个或多个＜查询报文单元＞元素。所有角括号内的语法元素均在第 7 章和第 8 章中规定。

术语“命令差错”、“执行差错”、“查询差错”和“标准事件状态寄存器”在第 11 章中规定。

6.1 功能元素

图 4 表示了在 GB/T 15946 总线与本章描述的报文交换接口、第 11 章描述的状态报告功能和由设备设计者提供的设备特定功能之间的关系。

6.1.1 GB/T 15964 总线

图 4 和图 5 的 GB/T 15946 总线表示了 GB/T 15946 规定的物理接口电缆和驱动器。

6.1.2 状态报告

状态报告块仅表示在图 4 中,但图 5 表示了从报文交换接口发来的状态报文和发送到输入/输出控制的报文。

状态报告块接收来自报文交换接口和设备功能块的差错报文和状态报文。也可以将 STB,reqt,reqf 和 GB/T 15946 报文发送至输入/输出控制。因此,它可以响应 GB/T 15946 串行轮询和并行轮询。状态报告块将在第 11 章中详细描述。

6.1.3 报文交换接口

报文交换接口处理向设备发送的和来自设备的所有 GB/T 15946 与设备有关的报文。

图 5 表示了描述设备报文交换接口操作的逻辑模型。但这并不是意味着详细的物理执行。图中省略了一些块之间的握手信号,以降低图的复杂性。

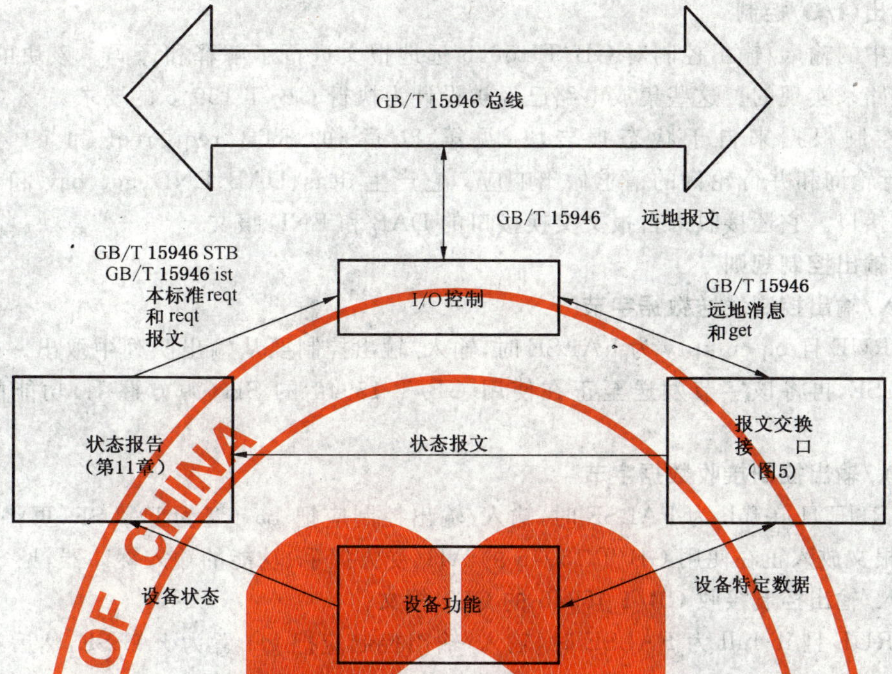

图 4 设备状态和报文交换概况

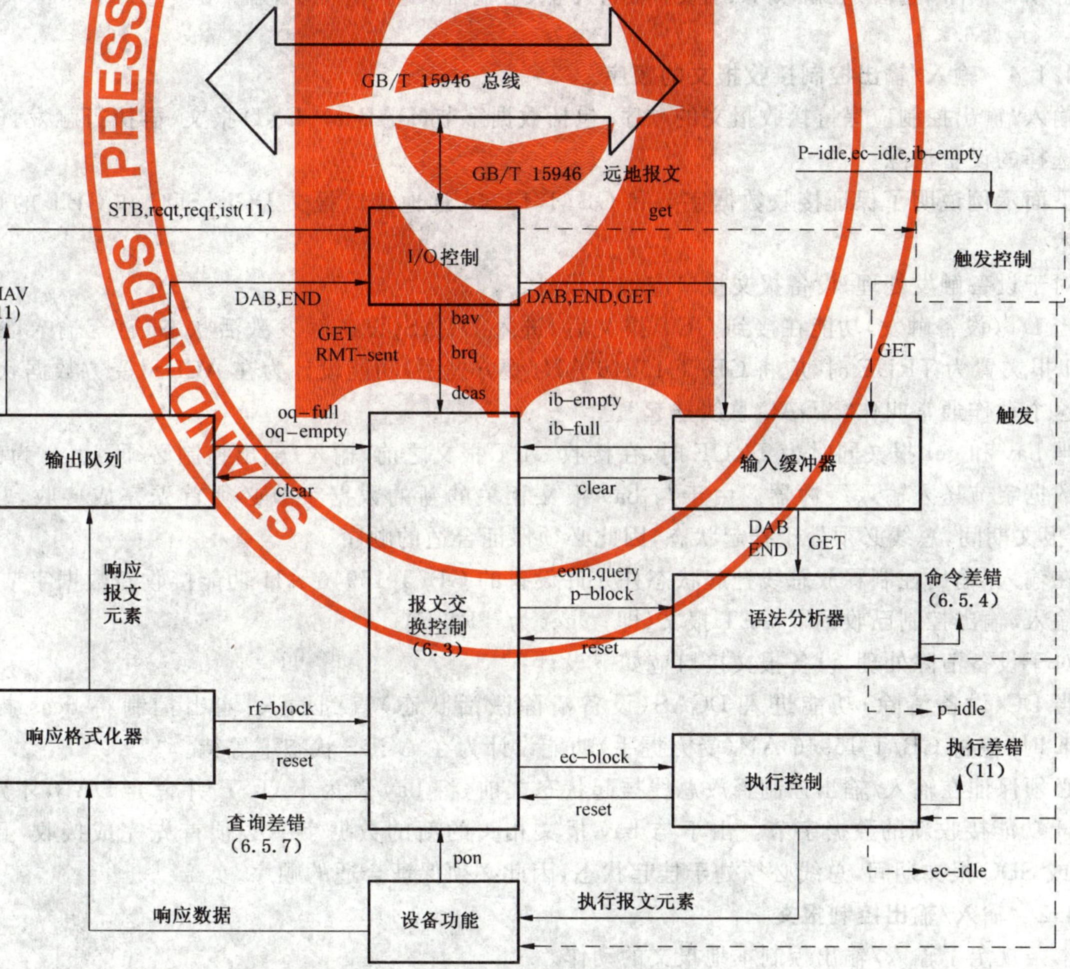

图 5 报文交换控制接口功能单元

6.1.4 输入/输出(I/O)控制

图4和图5中的输入/输出控制对GB/T 15946远地报文进行了解释和译码。该块的许多功能是通过商用集成电路来实现的。这些集成电路已经被设计为执行GB/T 15946的要求。

输入/输出控制根据来自于状态报告块(见第11章)的STB、reqt、reqf和ist报文直接对GB/T 15946串行轮询和并行轮询的请求做出响应。它产生dcas、DAB、END、get、bav和brq报文,并发送至报文交换接口。它还接收来自报文交换接口的DAB和END报文。

6.1.4.1 输入/输出控制规则

6.1.4.1.1 输入/输出控制发送数据字节

当brq为TRUE且oq-emkpty为FALSE时,输入/输出控制要从输出队列中取出一个字节,然后将brq置为FALSE,再将该字节发送至正在使用GB/T 15946的SH(源方握手)功能的控制器,见6.1.4.2.3。

6.1.4.1.2 输入/输出控制接收数据字节

当bav为TRUE且it-full为FALSE时,输入/输出控制应把bav置为FALSE,再将相关的DAB及伴随的END报文放入正在使用GB/T 15946的AH(受方握手)功能的输入缓冲器,见6.1.4.2.4。

6.1.4.1.3 输入/输出控制接收GB/T 15946的GET报文

当get为TRUE且ib-full为FALSE时,输入/输出控制应把get置为FALSE,然后将GET报文放入输入缓冲器。

注:如果执行可选触发控制,则get报文将被送入触发控制而不送入输入缓冲器。在一定条件下get可以直接执行,见6.1.11。

6.1.4.1.4 输入/输出控制接收报文的顺序

输入/输出控制应保持接收报文的顺序,包括数据字节(DAB's)、END报文、群执行触发、设备清除和有选择的设备清除。

下面示例说明了保证接收数据字节和GB/T 15946远地接口报文DCL、SDC和GET的顺序的设计技术。

对于设备触发处理,设备报文接口应如下设计:

当DT(设备触发)功能在接到GET报文后,进入DTAS(设备触发激活状态)直至输入/输出控制将get报文置为TRUE时,应将GB/T 15946 AH(受方握手)功能设计为在ACDS(受方数据状态)下等待。这个动作通常叫作"NDAC总线挂起"。

当bav和get报文同时为TRUE时,在接收GET报文之前,输入/输出控制必须置bav为FALSE,并将数据字节送入输入缓冲器。由于与bav报文相关的新的数据字节必须首先完成接收,且在接收GET报文期间,总线必须处于挂起状态,因此必须保证合适的顺序。

在输入/输出控制释放总线挂起状态并允许设备的GB/T 15946 AH功能接收新数据字节之前,应保证输入/输出控制已收到了GET报文(即置get为TRUE)。

对于设备清除处理,设备报文接口应如下设计:

当DC(设备清除)功能进入DCAS(设备清除激活状态)直到输入/输出控制将dcas报文置为TRUE时,应将GB/T 15946 AH(受方握手)功能设计为在ACDS状态下等待。

必须保证在输入/输出控制释放总线挂起状态之前,将bav置为FALSE并舍弃DAB,才允许设备的AH功能接收新的数据字节。由于与bav报文相关的新的数据字节必须首先完成接收,且在接收DCL或SDC报文期间,总线必须处于挂起状态,因此必须保证合适的顺序。

6.1.4.2 输入/输出控制报文

本条规定了输入/输出控制本地报文的动作。

6.1.4.2.1 数据字节报文(DAB)

DAB报文是由GB/T 15946定义的,它由8位构成。只要ATN为FALSE,它可由设备发送或接收。

6.1.4.2.2 **结束报文(END)**

END报文是由GB/T 15946定义的。通过将EOI置为TRUE,ATN置为FALSE,它可与DAB一起发送。

6.1.4.2.3 **字节请求报文(brq)**

brq报文表示输入/输出控制将数据字节送往控制器已就绪。

当GB/T 15946的源方握手功能进入源方生成状态(SGNS)且T或TE功能处于讲者激活状态(TACS)时,输入/输出控制应置brq为TRUE。每一次转换到SGNS,brq报文都会被置一次TRUE,但只能设置一次。

当下列任一情况发生时,输入/输出控制应置brq为FALSE:

1) 输入/输出控制把数据字节从输出队列发送至控制器,见6.1.4.1.1。

2) 设备执行6.3.2.3规定的INTERRUPTED操作。

3) 设备执行由6.3.2.2规定的UNTERMINATED操作。

4) 输入/输出控制置dcas报文为TRUE。

5) 报文交换控制从DONE或DEADLOCK状态进入IDLE状态。

没有其他的设备条件和接口条件能置brq为FALSE。

6.1.4.2.4 **字节有效报文(bav)**

bav报文表示输入/输出控制已经收到数据字节并准备把它放入输入缓冲器。

当GB/T 15946的T或TE功能处于听者激活状态(LACS),受方握手功能进入受方接受数据状态(ACDS)以后,输入/输出控制应置bav为TRUE。每一次从受方就绪状态(ACRS)到ACDS的转换,bav报文就会被设置一次TRUE,但只能设置一次。

当下列任一情况发生时,输入/输出控制应置bav为FALSE:

1) 一个数据字节送入输入缓冲器(如果设备的输入缓冲器长度为零,则当数据字节被送至语法分析器时,输入/输出控制应置bav为FALSE),见6.1.4.1.2。

2) dcas报文被设为TRUE,相应的数据字节被舍弃。

没有其他设备或接口条件能将bav设置为FALSE,见6.1.4.1.3

6.1.4.2.5 **群执行触发报文(get)**

本标准的get报文标志着GB/T 15946的设备触发(DT)功能转换到DTAS(设备触发激活状态)。在设备被定址为听者的情况下,当收到GB/T 15946 GET(群执行触发)远地接口报文时,即发生该转换。Get报文可用来启动一个设备定义的动作或者由公共命令*DDT定义的动作,见10.4。

设备应按接收到的顺序来处理数据字节和GET报文,见6.1.4.1.4。

本标准规定了两种设备触发方式:公共命令*TRG(见10.37)和GB/T 15946接口报文GET。通常设备触发主要用于两个不同的目的:

1) 用于在单地址设备中以合适的顺序启动由设备定义的或者由用户定义的动作。

2) 用于在多地址设备中同步启动由设备定义的或由用户定义的动作。

对目的1,无论GET还是TRG均可以用于设备触发。在输入缓冲器存储的任意一个GET或TRG都能确保触发按照与其它命令相关的正确顺序执行。

对目的2,由于所需的同步可能会被软件/硬件的处理而破坏,get报文将与选用的触发控制一起使用。get报文将产生一本地触发报文,由输入缓冲器为空并且语法分析器和执行控制都处于空闲状态的设备立即执行。如果输入缓冲器不空,GET报文必须被装入输入缓冲器。触发的执行将推迟到前面的命令已被执行。

如果可选的触发控制块被执行(见6.1.11),输入/输出控制应向它发送get报文。否则,输入/输出控制将把GET报文直接装入输入缓冲器。

6.1.4.2.6 **设备清除激活状态报文(dcas)**

当设备进入GB/T 15946规定的设备清除激活状态(DCAS)后,输入/输出控制应置dcas报文为TRUE。在设备编址为听者的情况下,每当设备接收到设备清除(DCL)远地命令或者选择设备清除(SDC)远地命令时,设备将进入DCAS。

当dcas为TRUE时,输入缓冲器和输出队列应被清除,语法分析器、执行控制和响应格式化器应被复位,设备应进入报文交换IDLE状态。设备还进入OCIS(操作完成命令空闲状态)和OQIS完成(操作查询空闲状态),见12.5。在*AAD或*DLF命令之后,返回正常操作,见第13章。

当上述操作完成时,输入/输出控制应置dcas为FALSE,报文交换控制进入IDLE状态。设备清除的要求归纳在5.8中。

设备要保证数据字节和DCL或者SDC按接收到的顺序处理。如果在dcas为TRUE的情况下,设备接收到一个新数据字节,它不能舍弃这个数据字节或者置bav为FALSE。

6.1.4.2.7 **响应报文结束符发送报文(RMT-sent)**

当输入/输出控制块发送＜响应报文结束符＞时,应置RMT-sent报文为TRUE。

收到为TRUE的bav或brq报文将引起输入/输出控制置RMT-sent报文为FALSE。

6.1.5 **输入缓冲器**

如图5所示的输入缓冲器,它存储DAB's、GET和END报文,输入缓冲器服从按输入/输出控制接收到的顺序,将这些报文送至语法分析器。dcas报文不能存入输入缓冲器,因为这将使设备不能对dcas状态立即做出响应。

输入缓冲器采用先入先出的数据结构。当设备与来自GB/T 15946总线的报文实现握手时,数据字节,END和GET报文,都将放置在输入缓冲器内。何时放置如何放置输入缓冲器的细节在6.1.4.1.2、6.1.4.1.3和6.1.4.1.4关于输入输出控制接收的内容中描述。DAB's、END和GET报文将以与语法分析器及相关执行命令的能力一致的速率被语法分析从输入缓冲器中取走。

6.1.5.1 **输入缓冲器规则**

6.1.5.1.1 **输入缓冲器长度**

输入缓冲器的长度要大于或等于零,它可以为固定的字节数或程序报文数,也可以是不固定的。输入缓冲器的长度在用户文件中规定。

除非进行性能改进,输入缓冲器的操作对应用程序是透明的。接收报文比执行报文快的设备应该有足够长的输入缓冲器以存储适量的程序报文。这种缓冲方式允许应用程序先向设备发送报文,在设备执行响应的时间里,应用程序可继续使用总线做其他工作。

示例1:一个数字绘图仪由于画笔移动需要时间,使设备执行命令的时间较长。如果该设备(绘图仪)程序报文的长度一般为80字节,那么它的输入缓冲器的长度至少应为80字节。

在设计选择输入缓冲器长度时,必须考虑设备的应用情况。

智能、高度独立的测试仪器常使用复杂的＜程序报文＞元素。因此应采用较大的输入缓冲器。处理这些复杂的＜程序报文＞需要相当长的时间。在某些系统中,这段时间可以用于其他任务。不必只等待设备将＜程序报文＞处理完。但是增加输入缓冲器长度要求用户要特别注意系统内的同步。

如果输入缓冲器长度为零,系统接口就提供了一个同步源。这种最短的输入缓冲器使设备永远跟随着控制器。设备应立即处理送入的DAB或GET报文。

示例2:满足GB/T 15946要求的绝大部分的商用集成电路至少可提供一个字节的内部数据缓冲器。

6.1.5.1.2 **输入缓冲器溢出**

输入缓冲器不应溢出。如果输入缓冲器装满,设备不应进入GB/T 15946受方就绪状态(ACRS),

而应进入听者激励状态(LACS)(NRFD 总线保持)。当语法分析器从输入缓冲器取走一条报文，输入/输出控制单元可以从系统接口再接受另一条报文。除非设备进入死锁状态，输入缓冲器装满后不再报告差错信息，见 6.3.1.7 和 6.5.7.4。

6.1.5.1.3 输入缓冲器清除

当 pon 或者 dcas 为 TRUE 时，输入缓冲器被清除。任何设备状态和接口状态都不能阻止正在进行的清除操作。除正常报文处理期间使缓冲器变空或 pon 和 dcas 的操作外，不允许其他接口或设备状态条件清除输入缓冲器。输入缓冲器清除后，可以确保设备准备好接收和执行紧随在 dcas 后的新的＜程序报文＞元素。

6.1.5.2 输入缓冲器报文

6.1.5.2.1 输入缓冲器空报文(ib-empty)

当输入缓冲器为空时，输入缓冲器空报文 ib-empty 要为 TRUE。在其他情况，ib-empty 均要为 FALSE。

6.1.5.2.2 输入缓冲器满报文(ib-full)

当输入缓冲器装满后，输入缓冲器满报文 ib-full 要为 TRUE。在其他情况 ib-full 均要为 FALSE。

6.1.6 语法分析器

图 5 所表示的语法分析器是设备的一个逻辑部分。它从输入缓冲器接收数据字节(DAB's)、END 和 GET 报文，将它们分离成本标准的各种语法元素进行分析，将无效的语法或头报送到状态报告块，作为命令差错。语法分析器将语法元素转换成内部表述并送至执行控制。当语法分析器辨识这些语法元素时，它将产生 eom 和 query 报文。

语法分析器分析完一个＜程序报文＞或＜程序报文单元＞后，应准备就绪继续分析其他的＜程序报文单元＞各元素。

6.1.6.1 语法分析器规则

6.1.6.1.1 语法分析器差错

当语法分析器检测出命令差错时，通过在标准事件状态寄存器中设置命令差错位，将这些状态报告状态报告块，见 11.5.1.1.4。

如果语法分析器在＜程序报文＞内发现语法差错，或发现不能识别的头，或发现相关头的差错参数类型(＜程序数据＞元素)，或者在＜程序报文＞的首字节与＜程序报文结束符＞之间接收到 GET 报文，均应报告命令差错。

当检测到命令差错时，设备要决定如何处理同一＜程序报文＞内已分析过的各元素。设备可以决定舍弃或执行这些分析过的元素。

发生命令差错时，语法分析器要舍弃后续的数据字节和 GET 报文，直至下列任一种情况发生：

1) dcas 为 TRUE；
2) pon 为 TRUE；
3) eom 为 TRUE；
4) brq 为 TRUE 且 ib-empty 为 TRUE。

设备设计者可以通过其他设备定义的条件，如收到逗号、分号或 NL，来停止数据字节(DAB's)和 GET 报文的舍弃操作。当这些条件中的任一项发生时，语法分析器要复位。

注：在发生命令差错后，设备并不清除输入缓冲器。直到检测出上述情况之一后，语法分析器才舍弃 DAB 和 GET 报文。而后设备将恢复正常的语法分析和报文执行操作。

6.1.6.1.2 语法分析器复位

语法分析器复位时，它要解释接收到的下一个数据，作为＜程序报文＞的首字节。

当 dcas 或 pon 为 TRUE 时，语法分析器要复位。其他设备状态或接口状态都不能阻止正在进行的复位操作。其他使语法分析器复位的条件在6.1.6.1.1中介绍。

6.1.6.2 语法分析器报文

6.1.6.2.1 经过语法分析器的报文元素

经过分析的报文元素是部分或全部＜程序报文＞在设备内部的表示形式。

6.1.6.2.2 检测报文的报文的结束(eom)

在以下任一情况发生时,语法分析器要将检测报文的报文的结束(eom)置为TRUE:

1) 当从输入缓冲器接收到END报文或者构成＜程序报文结束符＞的数据字节的顺序时;

2) 除了＜程序报文＞的第一个字节与＜程序报文结束符＞之间出现GET外,在分析完一条GET报文后,见6.1.6.1.1;

3) 当触发控制块已将触发报文传送到设备功能块时。

在以下任一情况发生时,语法分析器要将检测报文的报文的结束(eom)置为FALSE:

1) 当语法分析器复位时;

2) 当语法分析器从输入缓冲器收到了其他得DAB或者GET报文时。

当语法分析器从输入缓冲器接收到GET报文或者当触发控制单元把触发报文传送至设备功能块时,在置eom报文为TRUE之前,应将相关的query报文置为TRUE。这样才会确保报文交换块传输按正确顺序执行,见图7。

6.1.6.2.3 查询检测报文(query)

当语法分析器接收到下列之一时,把查询检测报文(query)置为TRUE:

1) 组成非宏标号的有效＜查询程序头＞的数据字节的顺序;

2) 作为宏标号的有效＜命令程序头＞或＜查询程序头＞,此宏标号须包括一个＜查询报文单元＞;

3) 当设备执行 * DDT公共命令和设备的触发操作按照 * DDT命令的定义包括一个＜查询报文单元＞时,收到的GET报文或者 * TRG命令或者trigger报文。

4) 设备不执行 * DDT公共命令,设备的触发操作按设计规定要产生一条＜响应报文＞,这种情况下收到的GET报文、* TRG命令或者trigger报文。

"有效＜查询程序头＞"是直至"?"并包括"?"的全部字符所表示的有效查询助记符或宏标号,紧跟在"?"后面的符号构成了合法的分隔符或结束符。

"有效＜命令程序头＞"是一个表示有效命令助记符或宏标号的头,紧跟在助记符后面的符号,构成了合法的分隔符或结束符。

示例:

* XYZ? 不是一个有效＜查询程序头＞,因为没有"XYZ?"的公共查询命令。

* ESR? X不是一个有效＜查询程序头＞,因为"X"不是一个分隔符或结束符。

* IDN? 42是一个有效＜查询程序头＞,尽管头后的变量不正确。

以上列出的三种情况都会产生命令差错。

当语法分析器复位或者从输入缓冲器接收到DAB或GET报文时,应把query报文置为FALSE。

6.1.6.2.4 语法分析器空闲报文(p-idle)

当语法分析器分析完所有接收到的报文,却没有可处理的有效＜命令程序报文＞或＜查询程序报文＞时,要把语法分析器空闲报文(p-idle)置为TRUE。在其他任何情况均把p-idle置为FALSE。

6.1.6.2.5 语法分析器阻塞报文(p-biocked)

在等待执行控制完成处理已分析的报文元素时,语法分析器要把语法分析器阻塞报文(p-blocked)置为TRUE。在其他情况均把p-blocked置为FALSE。

6.1.7 执行控制

执行控制单元如图5，它处理耦合参数(见6.4.5.3)、需要设备操作才产生＜响应报文＞的查询报文和将由12章介绍的设备同步命令，并判定是否收集到足够的信息以执行一条命令。当收到足够起始一个设备操作的报文后，它将一个可执行报文元素送至设备功能部分。执行控制部分根据命令的类型，或是等待设备完成操作(顺序命令)，或是继续处理命令(重迭命令)。(见12.2)。当一个＜程序报文单元＞经分析后，所有对应全部完成(顺序命令)或已经开始(重迭命令)的设备操作，都认为这个＜程序报文单元＞已“被执行了”。

6.1.7.1 执行控制规则

6.1.7.1.1 执行控制差错

执行控制应能检测出执行差错并向状态报告块报告，见11.5.1.1.5。

6.1.7.1.2 执行控制复位

当执行控制复位后，复位前的状况不应影响在dcas和pon以后收到的新＜程序报文＞元素的执行。每当dcas或pon为TRUE，执行控制应被复位。任何设备条件或接口条件都不能阻止正在进行的复位操作，其他接口条件或设备条件也都不能使执行控制复位。

6.1.7.2 执行控制报文

6.1.7.2.1 可执行报文元素

可执行报文元素可引导设备功能块完成某些设备专用的操作，它们可以采用有效查询请求的形式，或采用非查询可执行报文元素形式。

有效查询请求是一个可执行报文元素，它将使设备功能块向响应格式化器发送数据。非查询元素可完成了专用操作但不向响应格式化器发送响应数据。单一的＜程序报文单元＞可导致发送多个可执行报文元素。

示例：启动测量并在测量完成后送回测量结果的查询可能需要两条可执行报文元素：非查询元素用来启动测量，有效查询请求将测量结果送往响应格式化器。

通过发送有效查询请求，执行控制应保持与以前已接收到的、且以发送到的设备功能块的＜查询报文单元＞有关的新建＜响应报文单元＞元素的顺序，(见6.4.5.4)。

6.1.7.2.2 执行控制空闲报文(ec-idle)

执行控制要在下列条件都满足时把执行控制空闲报文(ec-idle)置为TRUE：

1) 所有推迟的命令都已执行；
2) 执行控制已就绪，可接收来自语法分析器的新命令或查询，并且
   a) 执行控制已复位，或者
   b) 所有以前的命令都已执行。

在其他条件下，执行控制都要置ec-idle报文为FALSE。执行控制不应置ec-idle报文为TRUE。

6.1.7.2.3 执行控制阻塞报文(ec-biocked)

当执行控制已就绪向设备功能块发送有效查询请求，但又必须等待响应格式化器和设备功能块处理以前的有效查询请求时，要把执行控制阻塞报文ec-blocded置为TRUE。在其他条件下，都要把它置为FALSE。

6.1.8 设备功能

图4和图5表示了设备功能块。它包含所有设备特定的性能和功能。它从执行控制接收可执行报文元素，并完成相应的操作。

6.1.8.1 设备功能规则

设备功能块要从执行控制接收有效查询请求并把所需的响应数据送到响应格式化器。本标准所有

公共查询命令和设备特定查询命令都要按这种方式处理。

设备功能块要向状态报告块报告设备状态信息。见第 11 章。

6.1.8.2 设备功能报文

6.1.8.2.1 上电报文(pon)

按 GB/T 15946 规定,设备功能块要产生 pon 本地报文。

当 pon 报文为 TRUE 时,输入缓冲器和输出队列要被清除,语法分析器、执行控制和响应格式化器要复位,设备进入报文交换空闲状态(IDLS)。设备还应进入操作完成命令空闲状态(OCIS)和操作完成查询空闲状态(OQIS)(见 12.5)。pon 报文也会影响设备特定设置(见 5.12)。当上述操作完成,设备功能块要把 pon 报文置为 FALSE,报文交换控制进入空闲状态(IDLE)。见 6.3.11。

6.1.8.2.2 响应数据

在对通过语法分析后的＜查询报文单元＞元素的响应中,响应数据是由设备提供的数据。它将以可执行报文元素(有效查询请求)的形式送至设备。响应数据是未经格式化的。它只是已格式化的实际数据的一种表示。

6.1.9 响应格式化器

图 5 所示的响应格式化器将来自有效查询请求和响应数据的响应报文元素组建成＜响应报文＞。＜响应报文＞被放置在输出队列中。响应格式化器的主要任务是将数据元素的内部表示转换成符合第 8 章语法规则的数据字节顺序。

6.1.9.1 响应格式化器规则

除带有＜响应报文单元分隔符＞(“;”,见 8.4.1)的＜响应报文＞中的最后一个＜响应报文单元＞以及带有＜响应报文终止符＞的＜响应报文＞中的最后一个＜响应报文单元＞外,响应格式化器应可界定所有单元。

当 dcas 或 pon 为 TRUE 时,响应格式化器要复位。设备或接口条件都不能阻止正在进行的复位操作。响应格式化器复位后,dcas 或 pon 之前的任何条件都不会影响新的＜响应报文＞元素。

6.1.9.2 响应格式化器报文

6.1.9.2.1 响应报文元素

响应报文元素表示＜响应报文＞全部或部分的设备内部表示。

6.1.9.2.2 响应格式化器阻塞报文(rf-biocked)

当响应格式化器要将＜响应报文单元＞放入输出队列,而输出队列满报文(oq-full)为 TRUE 时,它应将响应格式化器阻塞(rf-blocked)报文置为 TRUE,在其他情况下均应置为 FALSE。

6.1.10 输出队列

图 5 所示的输出队列存储设备送至控制器的报文直到控制器读取这些报文。响应格式化器在响应查询命令中要把 DAB 和 END 报文放入输出队列内。当这些字节被控制器读取后,就从输出队列中移去。

图 5 所示的出输出队列是逻辑模型。在实际的设备里输出队列可以存储＜响应报文＞中和/或代表＜响应报文＞元素的标记中的各个字节。设备设计者也可用其他方法断定生成的响应。

设备中应设计长度足够的输出队列以处理合理长的＜响应报文＞元素,所选的实际长度取决于设备本身的特点。为防止缓冲器溢出,在设备设计中可以将过长的＜响应报文＞元素的格式化推迟,直到控制器请求输出,要确保输出队列的长度和运行方式合适,使死锁不会发生。见 6.5.7.4。

6.1.10.1 输出队列规则

当 pon 或 dcas 为 TRUE 时,输出队列要被清除,注意,这种情况并非查询差错。当输出队列的内容由于任何原因被丢弃时,才要报告查询差错。见 6.3.1.7,6.3.2.2 和 6.3.2.3。

6.1.10.2 输出队列报文

6.1.10.2.1 报文有效报文(MAV)

输出队列要向状态报告块发送报文有效报文(MAV)。只要输出队列内有一个以上的字节,MAV 报文就要为 TRUE。除了 11.2.12 中指出的情况外,只要输出队列为空,MAV 报文就要置为 FALSE。

如果设备将响应数据的产生延迟到 brq 为 TRUE,则 MAV 报文在设备就绪产生响应数据时应为 TRUE,见 6.4.5.4。

6.1.10.2.2 输出队列满报文(oq-full)

当输出队列满时,输出队列满报文(oq-full)应为 TRUE,在其他情况下应为 FALSE。

6.1.11 触发控制

图 5 所示的触发控制块是可选的。它可以在不违反执行顺序规则的情况下用于 GET 报文的高速硬件执行。

GET 报文通常用于触发设备专用操作或在单地址设备中操作的设定。它也可用于在多地址设备之间触发同步操作。

在某些必须避免输入缓冲器、语法分析器和执行控制块软件/固件执行时间超时的情形,设备设计者应选择采用触发控制块。

如果选用触发控制块,GET 报文将不直接从输入/输出控制发送至输入缓冲器,而是将 get 报文送入触发控制块。触发控制块或者直接将 trigger 报文发送到设备功能,或者将 GET 报文放入输入缓冲器。

6.1.11.1 触发器控制规则

触发控制块要检测 get 报文并检查来自输入缓冲器的 ib-empty 报文,来自语法分析器的 p-idle 报文和来自执行控制的 ec-idle 报文。如果这四条报文都为 TRUE,触发控制块要将 trigger 报文发送至设备功能。如果 ib-empty 报文、p-idle 报文或者 ec-idle 报文中任一条为 FALSE,触发控制块就把 GET 报文送入输入缓冲器。

注:采用可选的触发控制块既不会影响设备对 GET 报文的响应,也不会放松 GET 报文和 DAB's 顺序处理的要求。本块仅适用于高速操作。

6.1.12 报文交换控制

报文交换控制表示在输出队列、响应格式化器、输入缓冲器、语法分析器、执行控制、输入/输出控制和设备功能块之间的控制报文互连。

6.2 协议概述

协议概述描述了设备报文交换协议的正常操作,但不是协议的详细规范也不包括协议的例外情况。设备报文交换协议的详细规范从 6.3 开始。

图 6 表示出设备在正常操作时的报文交换状态和转换,它没有表述出与差错恢复相关的一些必要状态和转换。图 7 和 6.3 描述了完整的报文交换状态图,图中用虚线表示例外情况和差错情况。

图 6 和图 7 采用与 GB/T 15946 不同的格式来补充,使报文交换控制在高于 GB/T 15946 的水平上进行。

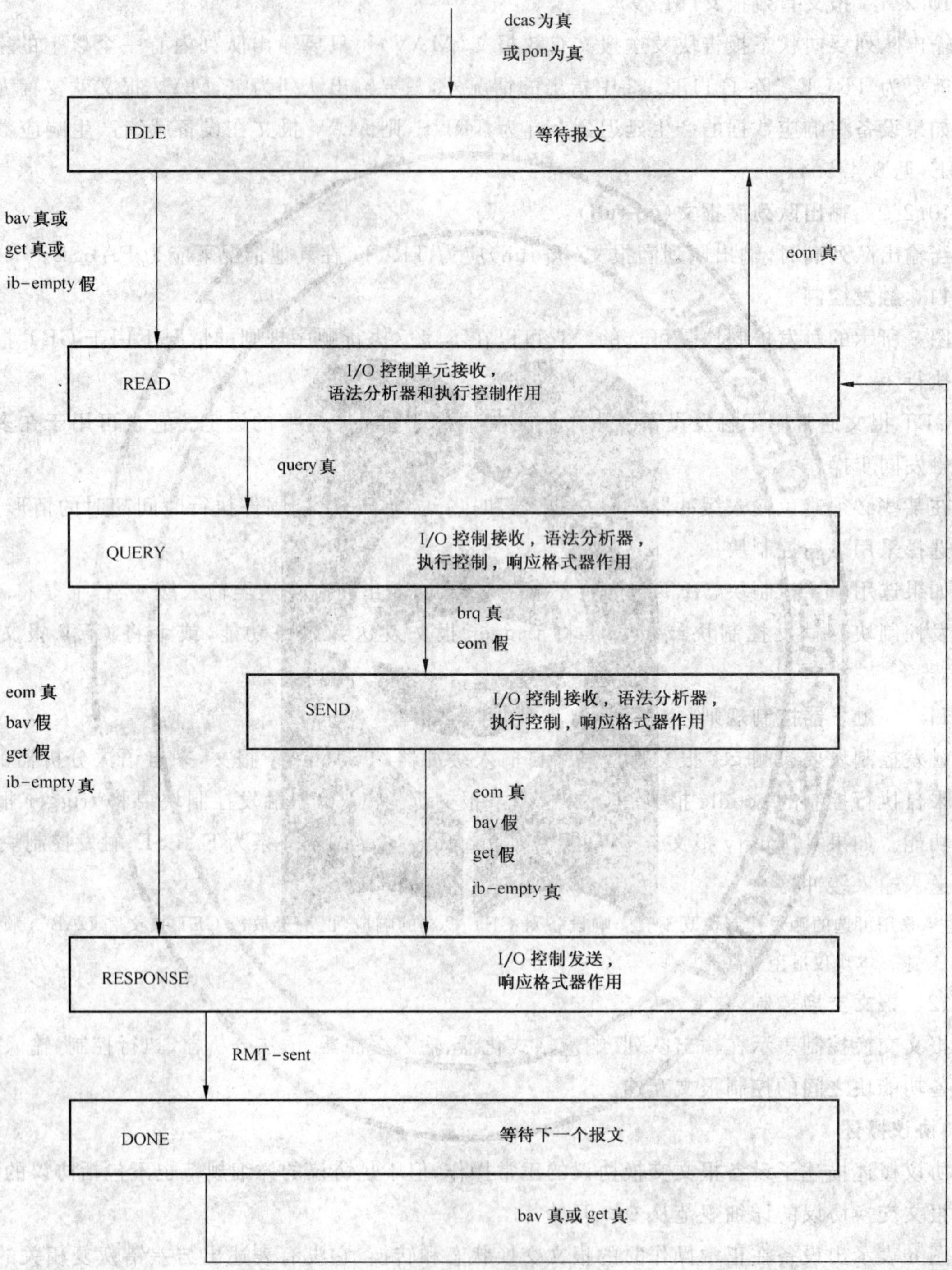

图6　报文交换控制状态简图

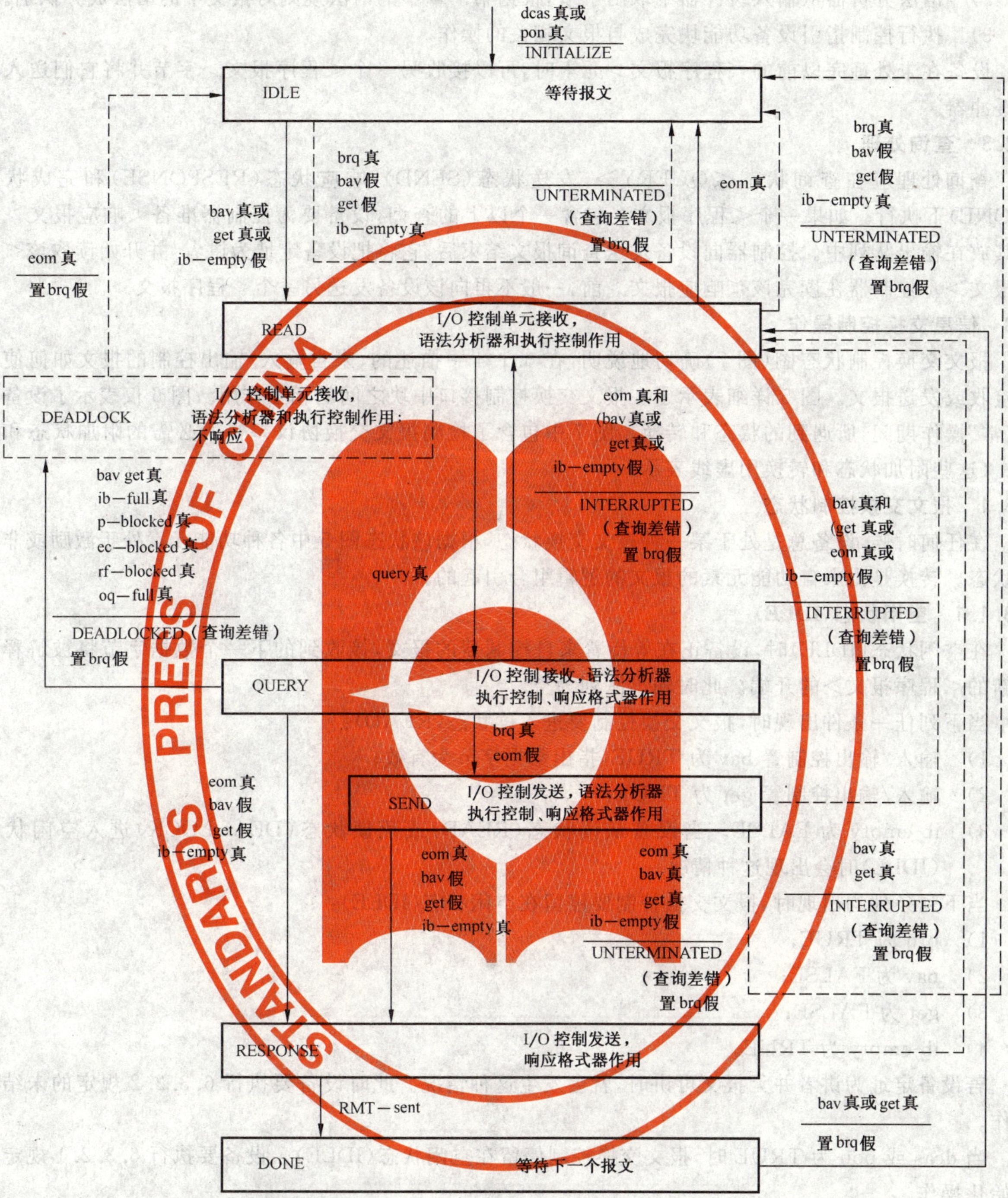

注:在以虚线表示的转换的线下文字指的是在转化过程中完成的操作。

图 7 报文交换控制状态图(完整)

6.2.1 初始化

在上电或进入 dcas 状态后,报文交换控制应在空闲状态(IDLE)下等待来自控制器的<程序报文>或 GET 报文。直到从控制器接收到有效查询报文后,设备才向控制器发送<响应报文>,在控制器向设备发送查询报文之前,控制器通常不从设备读取数据。

6.2.2 命令处理

当设备在从控制器接收到<程序报文>且处于读(READ)状态时:

1) 入/输出控制把报文字节送入输出缓冲器。

2） 语法分析器从输入缓冲器中取出字节，根据第7章中的语法规则对报文中的语法成分识别。

3） 执行控制指引设备功能块完成与报文相关的操作。

设备在未处理完以前的＜程序报文＞元素时，可以接收另一个＜程序报文＞字节并将它们送入输入缓冲器。

6.2.3 查询处理

查询处理应在查询状态＜QUERY＞，发送状态（SEND），响应状态（RESPONSE）和完成状态（DONE）下执行。如果一个＜程序报文＞包含一个以上的查询，设备要为控制器准备＜响应报文＞并将其放在输出队列中。控制器向设备发送查询报文结束后，它将把设备定址为讲者，并开始读取该＜响应报文＞。控制器在读完该＜响应报文＞前，一般不再向该设备发送另一个＜程序报文＞。

6.3 信息交换控制操作

报文交换控制状态图（图7）确切地说明，在6.1.4中描述的、来自输入/输出控制的报文如何使设备接收或发送报文。图5详细表示了在报文交换控制接口中块之间的相互作用。图6仅表示了设备在“正常”操作期间，所遇到的状态和转换。图7中包含了检测报文交换协议差错所必需的附加状态和转换。（这些附加状态和转换用虚线表示）

6.3.1 报文交换控制状态

在任何时候，设备总是处于某一种报文交换状态，根据该状态图5中各种功能元素处于激励或非激励状态。转换是由来自功能元素的报文的逻辑组合引起的。

6.3.1.1 空闲状态(IDLE)

在空闲状态（IDLE）时，设备正在等待着来自控制器的报文，接收到的下一个数据字节将被解释成为新的＜程序报文＞的开端。此时输出队列为空。

当下列任一条件出现时，报文交换控制要进入读状态（READ）：

1） 输入/输出控制置 bav 为 TRUE，指出数据字节为有效；

2） 输入/输出控制置 get 为 TRUE；

3） ib-empty 为 FALSE。当设备从读状态（READ）或死锁状态（DEADLOCK）进入空闲状态（IDLE）时会出现这种情况。

当下列条件均出现时，报文交换控制要停留在空闲状态（IDLE）：

1） brq 为 TRUE；

2） bav 为 FALSE；

3） get 为 FALSE；

4） ib-empty 为 TRUE。

若设备定址为讲者并无报文可讲时，就会发生这种情况。此时设备要执行6.3.2.2规定的未结束操作。

当 dcas 或 pon 为 TRUE 时，报文交换控制停留在空闲状态（IDLE）。设备要执行6.3.2.1规定的初始化操作。

6.3.1.2 读状态(READ)

在读状态（READ）下，输入/输出控制应从本标准总线读取数据字节、GET 和 END 报文并放入输入缓冲器（见6.1.4）。语法分析器和执行控制在激励状态，输出队列为空。

当 dcas 或 pon 为 TRUE 时，报文交换控制应进入空闲状态（IDLE）。设备应完成6.3.2.1规定的初始化操作。

当下列各条件同时出现时，报文交换控制将进入空闲状态（IDLE）：

1） brq 为 TRUE；

2） bav 为 FALSE；

3） get 为 FALSE；

4） ib-empty 为 TRUE。

设备要执行 6.3.2.2 规定的未结束操作。

注：当期望的数据未被送出时，因而未结束＜响应报文＞就进入了空闲状态(IDLE)，这将会在控制器内引起超时。当发生这种情况时，可使用 * ESR?（标准事件状态寄存器查询，见 10.12）来确定是否由于发生了查询差错而未发出数据。

当语法分析器置 eom 为 TRUE 时，报文交换控制应进入空闲状态(IDLE)。

当语法分析器置 query 为 TRUE 时，报文交换控制应进入查询状态(QUERY)(见 6.1.6.2.3)。

6.3.1.3 查询状态(QUERY)

在查询状态(QUERY)下，语法分析器已在＜程序报文＞中识别出一个有效查询。输入/输出控制应继续读取来自 GB/T 15946 总线的数据字节，并将它们放入输入缓冲器，见 6.1.4.2.4。语法分析器和执行控制都处于激活状态。设备可以在此时对其＜响应报文＞进行格式化，或也可以等待直至报文交换控制进入发送状态(SEND)或响应状态(RESPONSE)，见 6.4.5.4。

当 brq 为 TRUE 且 eom 还未被分析时，报文交换控制应进入发送状态(SEND)。这一转换表明控制器已开始读取响应。

当语法分析器置 eom 为 TRUE，bav 为 FALSE，get 为 FALSE 并且 ib-empty 为 TRUE 时，报文交换控制应进入响应状态(RESPONSE)。这一转换表明设备已处理完毕查询报文，正等待控制器读取响应。

当以下条件全部符合时，报文交换控制应进入死锁状态(DEADLOCK)：

1） 输入/输出控制置 bav 或 get 为 TRUE，表明控制器正在等待向设备发送数据；

2） ib-full 为 TRUE；

3） p-blocked 为 TRUE；

4） ec-blocked 为 TRUE；

5） rf-blocked 为 TRUE；

6） oq-full 为 TRUE。

这一转换将使设备在标准事件状态寄存器中设置查询差错位，清除输出队列，使相应格式化器复位。

当下列情况发生时，报文交换控制应进入读状态(READ)：

1） eom 为 TRUE，并与下列三种情况之一同时发生；

2） bav 为 TRUE；

3） get 为 TRUE；

4） ib-empty 为 FALSE。

设备应完成 6.3.2.3 所描述的中断操作(INTERRUPTED)。

当 dcas 或 pon 为 TRUE 时，报文交换控制应进入空闲状态(IDLE)。设备应完成 6.3.2.1 所描述的初始化操作(INITIALIZE)。

6.3.1.4 发送状态(SEND)

在发送状态(SEND)下，控制器已经开始读取＜响应报文＞，设备将继续分析和执行存储在输入缓冲器中的查询报文，响应格式化器已将＜响应报文＞准备就绪并放入输入队列，输入/输出控制应将来自输出队列的数据字节送往控制器，见 6.1.4.2.3。

当 eom 为 TRUE，bav 为 FALSE，get 为 FALSE，ib-empty 为 TRUE 时，报文交换控制应进入响应状态(RESPONSE)。

当下列情况同时出现时，报文交换控制应进入空闲状态(IDLE)：

1） eom 为 TRUE；

2） bav 为 FALSE；

3） get 为 FALSE；

4） ib-empty 为 TRUE。

设备应完成 6.3.2.2 所描述的未结束操作。

当发生下列情况之一时，报文交换控制应进入读状态（READ）：

1） bav 为 TRUE；

2） get 为 TRUE；

3） 语法分析器 eom 为 TRUE 并且 ib-empty 为 FALSE。

这些情况说明控制器在读完所有响应之前，已开始发送新报文。设备应完成 6.3.2.3 所描述的中断操作。

当 dcas 或 pon 为 TRUE 时，设备应进入空闲状态（IDLE），并应完成 6.3.2.1 所描述的初始化操作。

6.3.1.5 响应状态（RESPONSE）

在响应状态（RESPONSE）下，语法分析器已接到＜程序报文结束符＞，并且设备正在向控制器发送完整的＜响应报文＞。响应格式化器对＜响应报文＞进行格式化，且输入输出控制将来自输入输出队列的数据字节送往控制器。见 6.1.4.2.3。

当包括＜响应报文结束符＞在内的一个完整的＜响应报文＞被发送出后，报文交换控制应进入完成状态（DONE）。

当发生下列情况之一时，报文交换控制应进入读状态（READ）：

1） bav 为 TRUE；

2） get 为 TRUE。

这一转化说明控制器曾试图在读取完整＜响应报文＞之前已准备发送新的信息。设备应完成 6.3.2.3所描述的中断操作。

当 dcas 或 pon 为 TRUE 时，报文交换控制应进入空闲状态（IDLE）。设备应完成 6.3.2.1 所描述的初始化操作。

如果因为语法（命令）、语义（执行）或者设备专用差错，使查询报文中所有的查询都不能产生＜响应数据＞，设备可能无话可说而报文交换控制却处在响应状态。设备将不能向控制器发送＜响应报文结束符＞，报文交换控制将停留在响应状态直到它接收来自控制器的数据字节或 GET 报文，或者 pon 或 dcas 报文变为 TRUE。

6.3.1.6 完成状态（DONE）

在完成状态（DONE）下，设备已完成将＜响应报文＞送至控制器，正等待来自控制器新的＜程序报文＞或 GET 报文。语法分析器、执行控制和相应格式化器都是非激活状态，输入缓冲器和输出队列都为空。

当出现下列情况之一时，报文交换控制应进入读状态（READ）且 brq 置为 FALSE：

1） bav 为 TRUE，表示新的＜程序报文＞已经开始；

2） get 为 TRUE。

当 dcas 或 pon 为 TRUE 时，报文交换控制应进入空闲状态（IDLE）。设备应完成 6.3.2.1 所描述的初始化操作。

6.3.1.7 死锁状态（DEADLOCK）

在死锁状态下，设备超出其储存容量的数据，输出队列以充满，并阻塞了响应格式化器，执行控制部分和语法分析器，输入缓冲器也已充满，控制器等待这向设备发送更多的数据字节。

当报文交换控制进入死锁状态（DEADLOCK）（从查询转换到死锁，见 6.3.1.3），可通过清除输出队列和复位响应格式化器解除死锁状态，同时设置标准事件状态寄存器的查询差错位。一旦报文交换控制进入死锁状态（DEADLOCK），将如往常一样继续分析和执行＜程序报文单元＞元素，除非把查询响应丢弃而不是放入输出队列。

当发生下列情况之一时，报文交换控制进入空闲状态(IDLE)，将 brq 置为 FALSE：

1） 语法分析器置 eom 为 TRUE。当控制器要读取＜响应报文＞时，设备应不发送任何数据字节，这样做会引起控制器超时。如果出现这种情况，可以使用 * ESR?（标准事件状态寄存器查询，见 10.12）来确定是否由于发生了查询差错而未送出数据。

2） 当 dcas 或 pon 为 TRUE，设备应完成 6.3.2 所描述的初始化操作。

6.3.2 报文交换控制转换操作

状态之间的某些转换是十分重要的。由这些转换引起的操作可靠的差错监测、报告和恢复是必不可少的。

6.3.2.1 初始化操作(INITIALIZE)

当本标准童心被消除时，应执行初始化操作，设备应完成下列每一个操作：

1） 清除输入缓冲寄存器；

2） 清除输出队列；

3） 复位语法分析器；

4） 复位执行控制；

5） 复位响应格式化器。

无差错报告。

6.3.2.2 未结束操作(UNTERMINATED)

如果控制器在没有向设备发送包括＜程序报文结束符＞在内的完整的查询报文之前，就企图从设备读取来自设备的＜响应报文＞，这时应执行未结束操作。设备应完成下列所有操作：

1） 设置标准事件状态寄存器的查询差错位；

2） 清除输出队列；

3） 可选择的执行来自不完整报文的任意＜程序报文单元＞。只要执行了任意一条＜程序报文单元＞元素，同一报文内前面的所有＜程序报文单元＞元素也应执行；

4） 舍去只进行了部分分析的＜程序报文单元＞，这样语法分析器就可以准备分析新的＜程序报文单元＞；

5） 置 brq 为 FALSE。

6.3.2.3 中断操作(INTERRUPTED)

当设备未送完一个＜相应报文＞就被一个新的＜程序报文＞中断时，要执行中断操作。设备应完成以下全部操作：

1） 设置标准事件状态寄存器的查询差错位；

2） 清除输出队列；

3） 把执行控制和响应格式化器复位，这样，当设备接收新的＜查询报文单元＞时，就能发出正确的＜响应报文＞。

4） 置 brq 为 FALSE。

6.4 协议规则

6.4.1 程序报文传送

控制器可以自由的处置送往设备或来自设备的报文字节之间的 ATN-TRUE 命令(DCT，SDC 和 GET 除外)和定址到其他设备的报文，而不影响保温的内容和解释。这些命令会引起设备暂时中断发送设备到控制器的报文。但当设备再次进入 TACS 状态时，设备应重新发送报文的其余部分。设备在处理上述情况暂时中断的控制器到设备的报文时，应不受干扰。当设备再次被定址为听者，且 ATN 置为 FALSE 时，设备应重新开始接收报文的其他部分。

6.4.2 报文源的独立性

设备在解释接收的报文时不考虑报文的来源。设备(如总线重复或诊断仪器)可能记录了讲者和听者的地址可以在查询响应中返回这些记录，设备不应忽略报文或上述信息为依据对报文做出不同的解释。

6.4.3 报文交换顺序

除了按 6.5 规定的“协议例外”情况，控制器和设备应交换完整的<程序报文>和<响应报文>元素。

报文交换由控制器发起。在设备接收到以下任一查询报文时，才应产生<响应报文>：

1) 组成非宏标号的有效<查询程序头>的数据字节。
2) 是宏标号<命令程序头>或<查询程序头>，其中宏被定义为包含<查询报文单元>。
3) GET 报文或 * TRG 命令，此时执行 * DD T 公共命令的设备和设备的触发活动由 DDT 命令包含<查询报文单元>定义。
4) GET 报文或 * TRG 命令，此时设备不执行 * DD T 公共命令，由设备设计者确定的设备的触发操作产生一个响应报文。

见 6.1.6.2.3。

对接收到的每一个查询，设备将精确的产生一个<响应报文>。而不是<查询报文单元>可以返送一个或多个<响应报文单元>元素。

示例：要求一台数字电压表取得 5 个读数并将它们在一个<响应报文>中送回。

命令：MEAS-FIVE? <PMT>

响应：6;2;9;2;4<RMT>

要求一台数字电压表送回欧姆功能的全部设置信息。

命令：OHMS-SET? <PMT>

响应：RANGE 100;AVGS 10;……;AUTOZERO 1<PMT>

设备的文件要清楚标明返送多个<响应报文单元>的任何一个<查询报文单元>。

设备应把 GET 报文按与<程序报文>相同的方法进行解释。如果在<程序报文>的第一个字节和<程序报文结束符>之间接收到 GET 报文时设备应报告命令差错。

控制器在向设备发送完整的查询报文前，不应从设备读取<响应报文>的任何部分。控制器在读取来自设备完整的<响应报文>前，不应向设备发送另一个<程序报文>的任何部分。设备要能检测出控制器违反这一协定的差错并按 6.5 规定的“协议例外”情况操作。

再 pom 状态或者接收 dcas 报文之后，设备应等待控制器发送<程序报文>。在这段时间，设备应保持 GB/T 15946 SRQ<服务请求>信号，并对 GB/T 15946 的接口报文(即串行查询)进行解译和响应。但是设备不应自动产生任何<响应报文>元素。

在任何时候，设备必须在执行以下一种操作：

1) 设备在空闲状态，等待来自控制器的报文。而控制器可能在空闲也可能正在与系统总线上的某些其他设备通信。(报文交换控制处于空闲状态(IDLE)或完成状态(DONE))。
2) 设备正在接收来自控制器的报文。控制器可以中断该传送，以执行串行查询或者与其他设备通信，但是控制器向设备发送<程序报文结束符>(见 7.5)之前，不应从设备读取数据字节。(报文交换控制处于读状态(READ)，查询状态(QUERY)或死锁状态(DEADLOCK))。
3) 设备正在向控制器发送<响应报文>。控制器可以中断该传送，以执行串行查询或者与其他设备通信，在控制器接收来自设备的<程序报文结束符>(见 8.5)之前，不应从设备发送数据字节。(报文交换控制处于发送状态(SEND)或响应状态(RESPONSE))。

6.4.4 复合查询

在第七章单个＜程序报文＞中，可以放置一个或多个＜查询报文单元＞元素。同样对接收到的一个＜查询报文单元＞设备也可以产生一个或多个＜响应报文单元＞元素。＜响应报文单元分隔符＞(semicolon"；"见 8.4.1)，应被用于分隔完整的复合＜响应报文＞中的＜响应报文单元＞元素。＜响应报文结束符＞(见 8.5，NL END)，将终止最后的＜响应报文单元＞，由于＜响应报文单元＞是否需要结束符，取决于紧随其后的＜响应报文单元＞与之是否属于同一个＜响应报文＞，因此设备应在语法分析器接收到另一个＜查询报文单元＞或者＜程序报文结束符＞前，设备都不能结束一个＜响应报文单元＞。

复合查询不应超越一个完整的＜程序报文＞，如果复合查询超出了设备的能力，保持在输出队列中的相关＜响应报文＞中，设备的响应格式化器，执行控制和语法分析器将完成阻塞并等待，直至有可用的空间。如果输入缓冲器为满，且语法分析其暂停工作，缓冲器将发生死锁，见 6.5.7.4。

注：如果复合查询的任一＜查询报文单元＞返回多个＜响应报文单元＞，应用程序就不能用分号"；"来作为各＜查询报文单元＞的响应结束的标识。

6.4.5 报文顺序要求

6.4.5.1 程序报文的执行顺序

设备应按接收到的顺序执行＜程序报文＞元素(见 6.1.7 中执行的定义)。单独的可分析单元的执行在它们被接收时即可完成。在执行前一个＜程序报文单元＞元素之前，设备可以等待直至＜程序报文单元分隔符＞或＜程序报文结束符＞被分析。除非在"设备参数耦合"条件下(见 6.4.5.3)，设备在执行完前一个＜程序报文单元＞所有的元素之前，不得执行任何＜程序报文单元＞。设备在执行连续的＜程序报文＞的任何＜程序报文单元＞元素之前，应执行给定的＜程序报文＞的＜响应报文单元＞元素。

6.4.5.2 GET 报文和＜程序报文＞元素混合时的执行顺序

设备应按与＜程序报文＞元素同样的顺序执行 GET 报文。如果在分析和执行前一个报文时，设备收到了 GET 报文，GET 报文应延迟到前面的报文执行完成后才能执行。

6.4.5.3 设备参数耦合

参数耦合是指设备专用功能中相互作用的设备功能，由于设备前一个状态可能会影响设备对耦合参数编程的影响从而产生问题。在理想情况下，设备保证一个包含一组参数有效设置的、完整的＜程序报文＞能被接收，而与耦合参数中任何一个参数的以前的设置无关。

示例：根据电压和电流两个参数的乘积小于 100 W 的要求，电源可以在很宽的范围内设置其电流和电压值，设电压为 100 V，电流为 1 A，设备将允许应用编程器发送下列报文，而不会得到差错报告。

CURRENT 100;VOLTAGE 1 NL^END　原文？

要实现耦合参数顺序的独立性、执行控制可以缓冲一些已被分析的报文并且推迟执行，直至收到 eom 报文或某些设备特定指令。设备也可用其他技术实现这一同样目的。这种情况下，＜程序报文单元＞元素接收到的顺序执行的要求可以放宽。

如果耦合参数的＜程序报文＞元素不相邻，最后结果就不确定。在这种情况下，如果在执行整合耦合参数之前，违反了参数耦合准则，设备可以报告一个执行差错。

某些设备的参数耦合超出了本章对设备参数耦合的要求范围。

6.4.5.4 响应报文数据的产生

设备的设计者可以选择在控制器读取报文时产生＜响应报文＞字节，而不是在执行完查询报文之后立即产生。发送大量响应数据时需要这种技术。在这种情况下，＜响应报文＞的内容代表了控制器读取响应时的设备状态，而不是查询在被分析时的状态。设备的说明文件中应指出查询响应，该响应在数据被实际读取时将得到检验。

如果设备的设计者选择推迟响应数据的产生直至 brq 为 TRUE，设备在准备好响应控制器对数据的要求时，要把 MAV 报文置为 TRUE。因此，应用程序总能通过状态报告能力，将收到的 MAV 报文作为设备至控制器报文传送的开始信号(见 11.5.2.1)。

<响应报文>元素发送到控制器的顺序与<查询报文单元>发送到设备的顺序相同。除了由 6.5 规定的协议例外情况而导致舍弃前面的响应外，在其他任何情况下，设备在完成对前面的<查询报文单元>响应之前，都不能对新的<查询报文单元>发出响应。

6.5 协议例外

6.5.1 舍弃报文

通过 dcas 或 pon，<程序报文>和<响应报文>元素将被舍弃。

6.5.2 定址为讲者且无报文可讲

当输入/输出控制置 brq 为 TRUE，而报文交换控制处于读状态(READ)或空闲状态(IDLE)时，设备已被定址为讲者且无报文可讲，设备要执行 6.3.2.2 规定的未结束操作。

当输入/输出控制置 brq 为 TRUE，且报文交换控制处于响应状态(RESPONSE)时，由于语法差错<命令差错>，语义差错(执行差错)或设备特定差错，查询报文的所有查询都不能产生<响应数据>，此时设备已被定址为讲者且无报文可讲，设备应按 6.3.1.5 规定操作。

注：尽管不存在差错条件，当设备被定址为讲者时仍有可能不能发送数据。发生这种情况是由于设备推迟了响应数据的准备直到完成内部操作或收到一个“外部控制信号”。这不是差错情况，不要报告查询差错。如果控制器继续等待数据，设备在数据就绪时就会发送。

6.5.3 总线上无听者

如果设备的 GB/T 15946 源方握手功能在源方延时状态(SDYS)，且未收到数据(NDAC)信号和未就绪接收数据(NRFD)信号同时为 FALSE，设备不发送任何数据字节，或不进行任何会影响 GB/T 15946 总线行为的操作，设备将等待听者直到 NDAC 信号为 TRUE，或者等到控制器执行控制。设备的设计者可以用系统接口以外的方法向用户报告这种情况。

注：这一规定仅适用于非责任控制器的设备，控制器要将这情况向应用程序报告(见 15.2)。

6.5.4 命令差错

命令差错是在 6.1.6.1.1 规定的条件下产生的。当状态报告控制接收到一个命令差错后，应在标准事件状态寄存器中的设置命令差错位。见 11.5.1.1.4。(原标准无)

6.5.5 执行差错

执行差错是在 11.5.1.1.5 规定的条件下产生的。当执行控制检测到一个执行差错后，状态报告控制应在标准事件状态寄存器中设置执行差错位。设备应继续分析和执行命令。

6.5.6 设备特定差错

11.5.1.1.6 规定了设备特定差错。这些差错对本章规定的报文交换协议没有影响。

6.5.7 查询差错

按 11.5.1.1.7 规定，查询差错的报告是通过在标准事件状态寄存器中设置查询差错位来实现的。当控制器未能遵循 6.3.1.7，6.3.2.2 和 6.3.2.3 规定的报文交换控制协议中任一条件时，设备应报告一个查询差错。

6.5.7.1 接收到不完整的命令或查询

当输入/输出控制置 brq 为 TRUE，并且语法分析器已接收到至少<程序报文>的一个字节，但未接收到 eom，且输入缓冲器又为空时，设备应检测出一个不完整的命令或查询。设备应按 6.3.2.2 未结束操作的规定作出响应。

6.5.7.2 中断响应

如果设备在发出<响应报文结束符>之前，收到紧跟在一个查询报文后面的数据字节或 GET 报文，应执行中断操作。当发生这种情况时，设备应舍弃其余响应并按 6.3.2.3 中断的规定作出响应。

6.5.7.3 用<程序报文结束符>分隔的<查询报文单元>

当应用程序向设备发出一个用<程序报文结束符>适当终止的查询报文时，在尚未读取整个<响应报文>之前就又发送一个<程序报文>，这时设备应按 6.3.2.3 中断操作的规定作出响应。

警告：如果应用程序发送了两个查询报文，并在未读取第一个查询的响应时就准备读取第二个查询的响应，此时可能会接收到第一个响应的若干数据字节及完整的第二个响应。其结果收到的不一定是一个语法正确的＜响应报文＞。这种情况的出现是由于在语法分析器检测到第一个查询报文结束之前，系统的定时就允许控制器发送第二个查询报文并开始读操作。在这种情况下，设备的报文交换控制进入发送状态(SEND)，并开始向控制器发送第一个响应。当语法分析器结束对第一个查询报文的分析时，设备就会被中断并开始处理第二个查询。

为避免上述情况，在没有读取相应的＜响应报文＞前，应用程序不得向设备发送查询报文。如果在某些例外的处理中不能做到这点，在发送一个新的查询报文前，应该采用设备清除。这样可以保证前一个＜响应报文＞的任何部分都不会再被设备发出。

6.5.7.4 缓冲器死锁

在某些情况下，设备会不能产生一个完整的＜响应报文＞。当设备的输入缓冲器和输出队列都已装满，设备不能从控制器接收＜程序报文＞的其他数据字节，控制器也由于未发送完查询报文而不能读取设备的＜响应报文＞时，设备进入死锁状态(DEADLOCK)。

此时设备应按6.3.1.7死锁的规定作出缓冲器死锁的响应。

6.5.7.5 不确定响应后的查询

某些复合查询会产生非法的＜响应报文＞。如果一个产生不确定响应(可以是一个不定长的任意块响应数据或是任意ISO 7bit响应数据)的＜查询报文单元＞不是＜程序报文＞的最后一个＜查询报文单元＞，设备要报告查询差错，并对随后的＜查询报文单元＞元素不发送响应。设备可以对被舍弃的响应数据进行或不进行格式化操作。一旦设备识别出eom，并发出＜响应报文结束符＞，报文交换协议将被重新建，(见6.3)。

7 设备听格式

7.1 概述

本章讨论了通过设备接收来自系统接口的程序报文的格式化。格式化分为两层。较高的层次为功能层，表示了每一个元素具有的功能重要性。这层对设备命令集的设计者是必需的。较低层的格式化表示了传送功能元素必需的实际总线编码，后一种信息对设备语法分析器设计者是必要的。

7.1.1 设备命令集的产生

允许的本标准程序报文是由一系列程序报文单元组成，每个单元表示了一个程序命令或查询。同时，每个程序命令或查询则是由一系列功能语法元素组成。通过研究图8～图13的功能语法图可以形成各种功能元素，这些功能元素创建了合法的本标准程序命令和查询。

本标准定义了通用仪表系统应用的部分命令和查询，即第10章所描述的公共命令。这些命令和查询在功能语法图中体现为特殊的路径选择。其他的命令设备特定的，是由设备设计者根据功能语法图和设备的需要产生的。功能元素包括分隔符、结束符、头和数据类型。每个功能元素类型均在7.4～7.7中详细讨论。

只有通过研究功能语法图，才能产生功能层的合法的本标准程序命令结构。

7.1.2 编码语法

7.1.2.1 允许的语法

设备定义的或公共的程序命令或查询，以一系列数据字节的形式通过系统接口发送给设备。每个功能元素的允许字节序列均在该元素的编码语法图中定义。作为备用在每一个编码语法图中还表示了语义等效路径。“数据域”在规定的编码限制范围内由设备定义。通过讨论各个编码功能图可产生每个功能元素的允许序列。

对于允许的功能元素序列，设备应接收并正确解释编码序列后面的功能元素。每个功能元素所定义的全部等效路径都应通过设备的语法分析器被接收。

7.1.2.2 违法语法—命令差错

不遵循7.1.2.1中规定的编码语法规则的字节序列不能作为功能元素被解释，并应产生命令差错。

不符合 7.1.1 中定义的本标准程序报文的功能单元序列不能作为程序命令或查询被解释，并应产生命令差错。

在第 11 章设备状态报告中，已经描述了如何报告命令差错。语法分析器与第 6 章设备报文交换协议中描述的命令差错相互作用，并通过命令差错修复。

7.1.2.3 编码语法的灵活性基本原理

对于程序数据而言，编码语法图允许一个功能元素有多种语义等效编码。

这一灵活性包括：

1) 易于人阅读。程序命令一般以程序编码形式出现，因此需要合理程度的可读性。

2) 易于人为产生。程序命令一般是由程序设计者而不是由控制器产生，因此，希望有一定程度的格式化灵活性，以允许多种公用的格式化方案。

7.2 注释

7.2.1 语法流向图

语法元素一般用带箭头的实线进行连接表示流向。语法图中的流向一般是由左到右。

当元素可以重复时，可用该元素上方从右到左的反向路径表示。

当元素可以旁路时，可用该元素下方的从左到右的路径表示。

当元素可选时，可用路径分支表示。

示例：

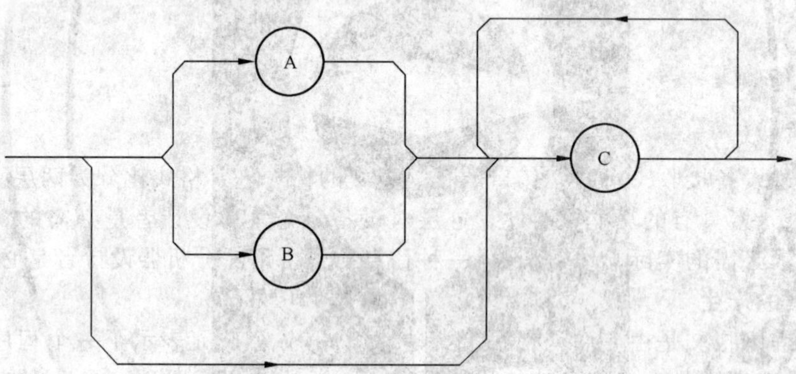

允许元素 A,B,C 作如下组合：

AC

C

BCCCC

CCC

注：元素 C 可无限重复。

7.2.2 语法元素

7.2.2.1 终端语法元素

终端元素是基本的不可分的语法结构，它代表功能语法图中的一种基本功能或代表编码语法图中的特殊字节编码。

功能语法图中的所有终端元素均采用椭圆内的括号中的大写字母表示。(中文与外文的差异)

示例：

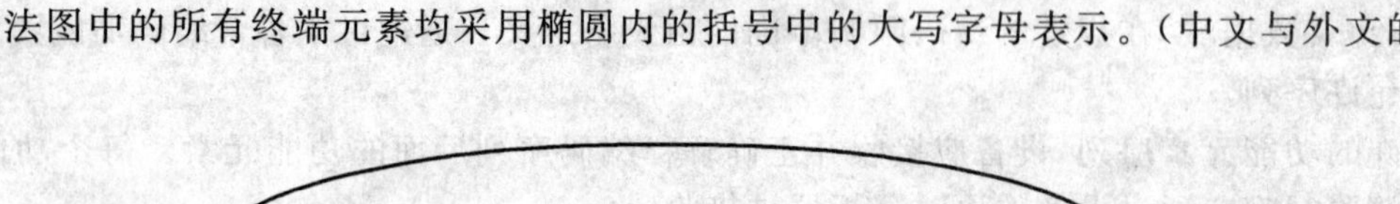

在编码语法图中,终端元素可以直接定义为 8-bit 数据字节或参照 ISO 7-bit 编码(见表 23)。当设备接收 ISO 7-bit 字符时,忽略第 8 位的意义(DIO8)。

示例:空格用下图表示:

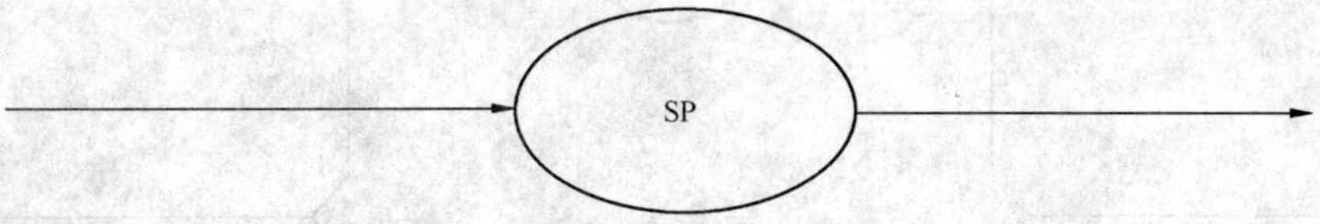

7.2.2.2 **非终端语法元素**

为了使表示清楚和突出,非终端元素采用中间语法结构。为与终端元素区分,将非终端元素置于方框中。它总是可以扩展成为一个终端元素图。或者(对于编码语法)在与特殊编码集有关的语句中予以解释。单元名称下面是与扩展图位置有关的章节。

示例:

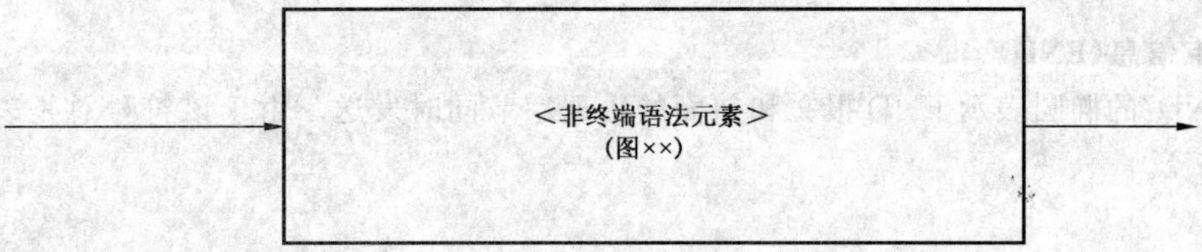

或

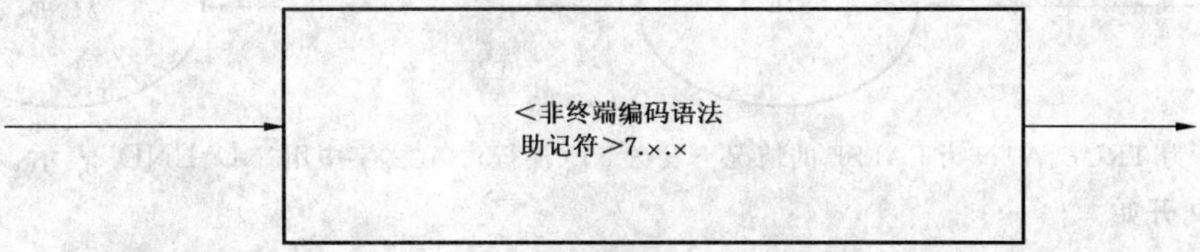

在标注中,功能元素在角括号内用大写字母表示;编码元素在角括号内用小写字母表示,但一些特殊的 ISO 7-bit 编码除外。

7.2.2.3 **规则**

一些编码语法图需要附加文字来解释图中难以表示的一些限制。这些限制被包含在紧跟图后的“规则”部分里。

7.2.3 **特殊符号**

7.2.3.1 **大/小写字母等效**

为了更好的表示,采用特殊符号标明在大写字母和小写字母之间二者择一的表示方法。该表示方法就是在一个圆圈内首先写一个大写 ISO 7-bit 字母符号,然后划一竖线,再写一个小写 ISO 7-bit 字母符号。

示例:

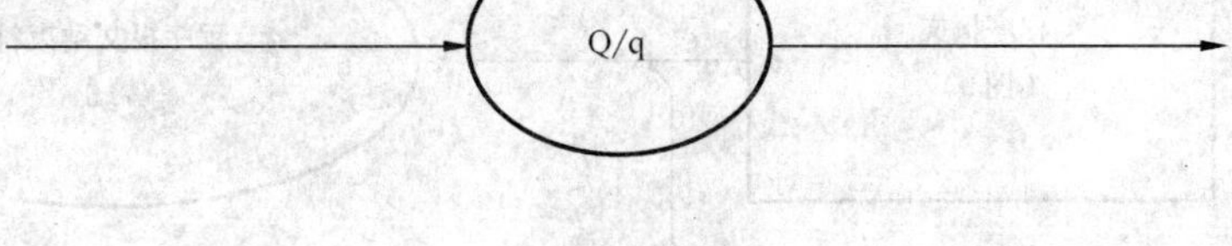

等同于:

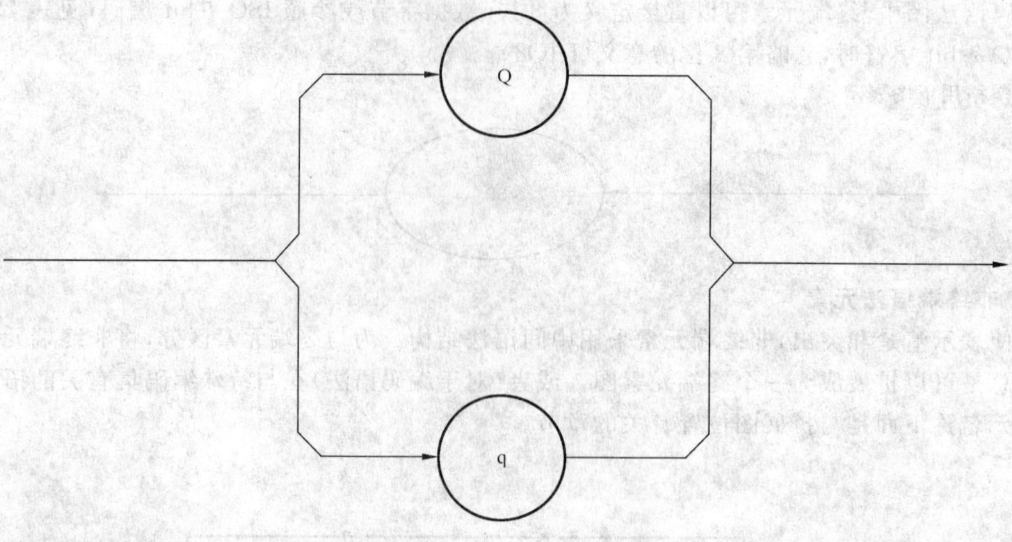

7.2.3.2 结束信息(END)

内含“∧END”的椭圆表示 END 报文和前面的数据字节同时发送。由于该符号总是表示报文终端，故没有输出路径。

示例：

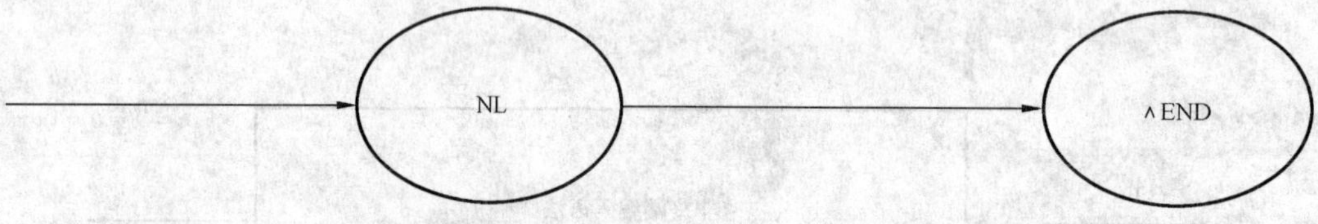

表示在 EOI 为 TRUE、ATN 为 FALSE 的情况下发送 NL(换行)。在文字中用“NL∧END”表示。

7.2.3.3 报文开始

报文的开始用一个左边无入口的圆圈表示。

7.2.3.4 语法图扩展

前端和后端的箭头表示该图将扩展为更高层次图的某一部分的细节。

7.3 程序结束信息——功能语法

7.3.1 功能

结束程序报文是完整的“控制器到设备”的报文。它们是一系列零或多个＜程序报文单元＞元素。＜程序报文单元＞元素代表从控制器向设备发出的程序命令或数据。结束报文表示了一次“完整”的传送过程，并具有一定的附加语义，见 7.5。

7.3.2 语法

命令的功能语法应该与下面图 8～图 13 相符。

注：采用＜任意块程序数据＞元素的不确定形式，强制＜程序报文＞立即结束。见 7.7.6。

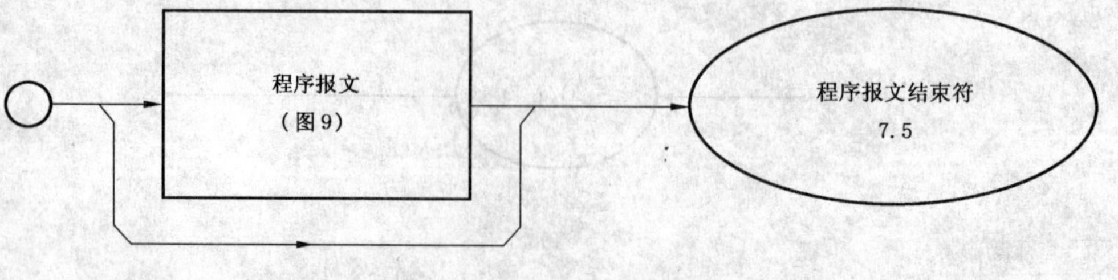

图 8 ＜程序结束报文＞功能元素语法

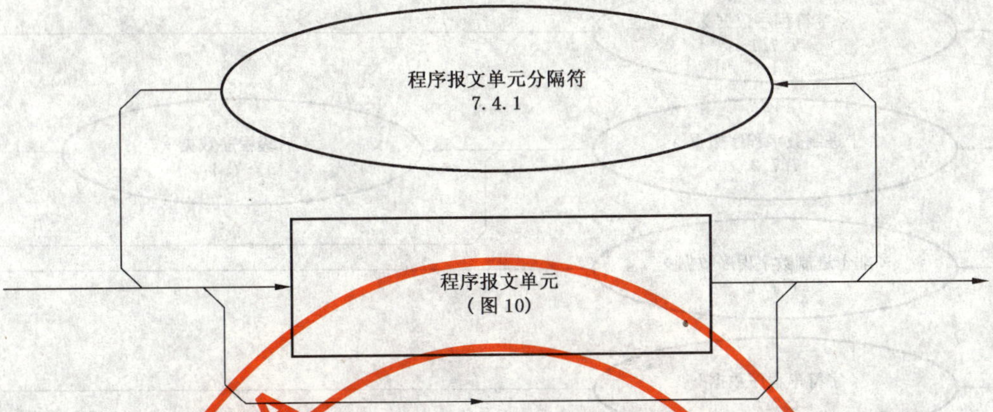

图 9　＜程序报文＞功能元素语法

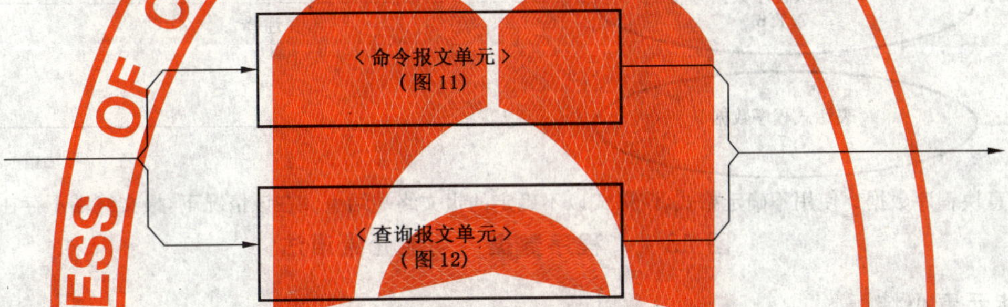

图 10　＜程序报文单元＞功能元素语法

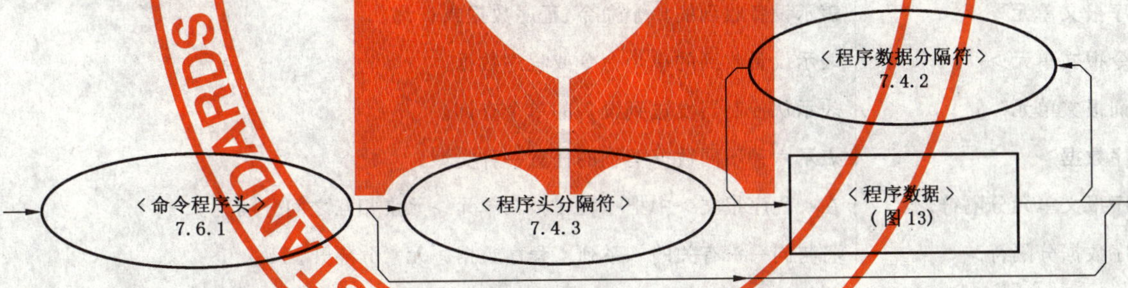

图 11　＜命令报文单元＞功能元素语法

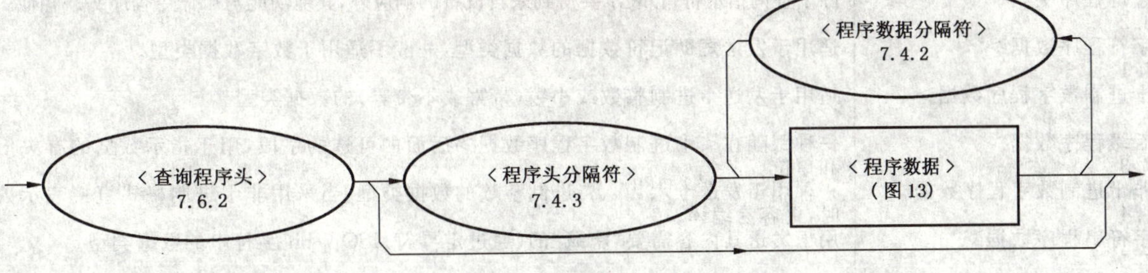

图 12　＜查询报文单元＞功能元素语法

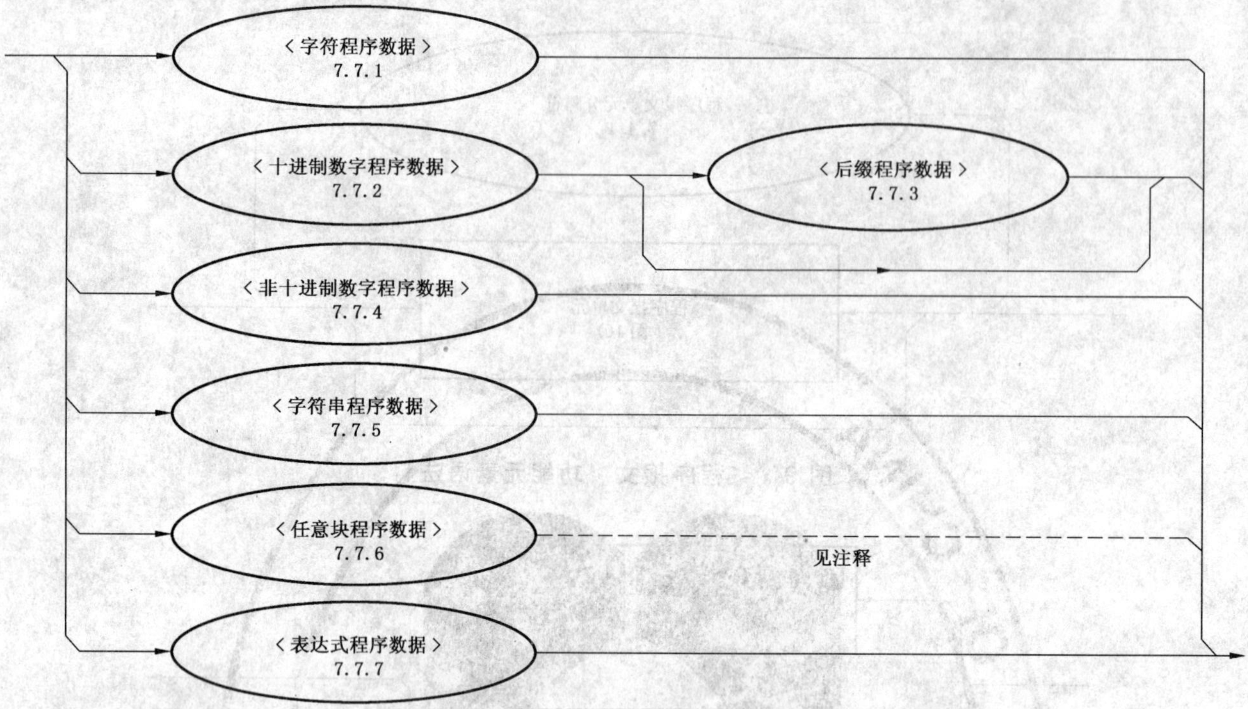

注：＜任意块程序数据＞使用不确定格式，该格式以不确定的报文终端结束。在该情况下，报文终端不存在。见7.7.6。

图 13 ＜程序数据＞功能元素语法

7.3.3 功能元素小结

元　素	功　能
＜程序报文＞ 图 9	表示一系列零或由＜程序报文单元分隔符＞元素分隔开的多个＜程序报文单元＞元素。
＜程序报文单元＞ 图 10	表示设备收到的单个命令、程序数据或查询。
＜命令报文单元＞ 图 11	表示设备收到的单个命令或程序数据。
＜查询报文单元＞ 图 12	表示从控制器发送到设备的单个查询。
＜程序数据＞ 图 13	表示六种不同数据类型的任意一种类型。
＜程序报文单元分隔符＞ 7.4.1	在＜程序报文＞中把＜程序报文单元＞元素相互之间分隔开。
＜程序数据分隔符＞ 7.4.2	将与同一头有关的一系列＜程序数据＞元素分隔开。
＜程序头分隔符＞ 7.4.3	将头与相关的＜程序数据＞分开。
＜程序报文结束符＞ 7.5	结束＜程序报文＞。
＜命令程序头＞ 7.6.1	说明功能或操作。与相关的＜程序数据＞元素一起使用
＜查询程序头＞ 7.6.2	除了查询指示符(?)表示要得到来自设备的响应外，其他功能与＜命令程序头＞相似。
＜字符程序数据＞ 7.7.1	适用于发送短助记符数据的数据类型，一般不适用于数字数据类型。
＜十进制数字程序数据＞ 7.7.2	适用于发送十进制整数或小数(带幂或不带幂)的数据类型。
＜后缀程序数据＞ 7.7.3	一种跟随在＜十进制数字程序数据＞后面的可选的字段，用于指示数据的有关倍率和单位。
＜非十进制数字程序数据＞ 7.7.4	一种用于发送十六、八、二进制整数的数据类型，当采用非十进制格式直接表示数据时，更容易编译。
＜字符串程序数据＞ 7.7.5	用于发送其内容需要“隐藏”的(通过定界符)ISO 7-bit 字符串的数据类型。
＜任意块程序数据＞ 7.7.6	用于发送任意 8-bit 信息块的数据类型。
＜表达式程序数据＞ 7.7.7	用于发送在进一步语法分析前被当作一个或多个非表示式数据元素的数据类型。

7.4 分隔符功能单元

7.4.1 ＜程序报文单元分隔符＞

7.4.1.1 功能

＜程序报文单元分隔符＞用于将＜程序报文＞中一系列＜程序报文单元＞元素与其他元素分隔开。

7.4.1.2 编码语法

＜程序报文单元分隔符＞定义为：

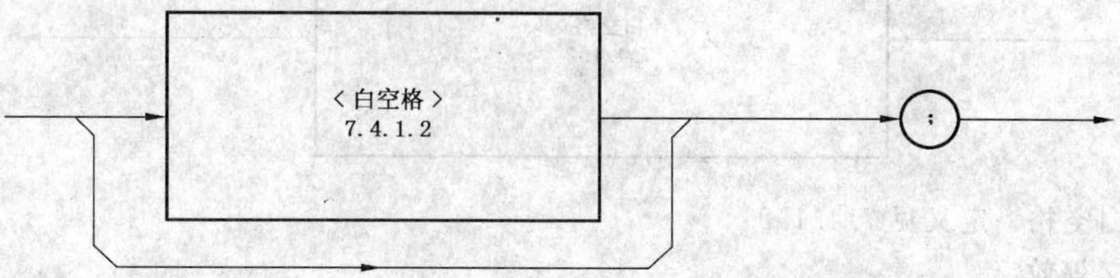

其中＜白空格＞定义为：

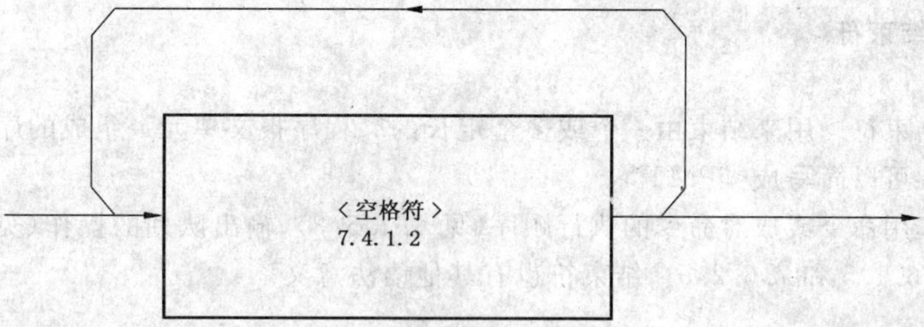

其中，＜白空格符＞定义为 00～09，0B～20（十进制 0～9，11～32）之间的单个 ISO 7-bit 编码字节，该范围包括 ISO 7-bit 控制字符和空格符，但不包括换行符。

7.4.1.3 语义等效

设备在处理＜白空格＞时，不赋予任何语义。

设备将分号（;）解释为＜程序报文单元分隔符＞，而其他编码均不能作为该分隔符。

7.4.2 ＜程序数据分隔符＞

7.4.2.1 功能

＜程序数据分隔符＞将＜命令程序头＞或＜查询程序头＞后面的一系列＜程序数据＞元素与其他元素分隔开。它用于＜命令程序头＞或＜查询程序头＞有多个参数的情况。

7.4.2.2 编码语法

＜程序数据分隔符＞定义为：

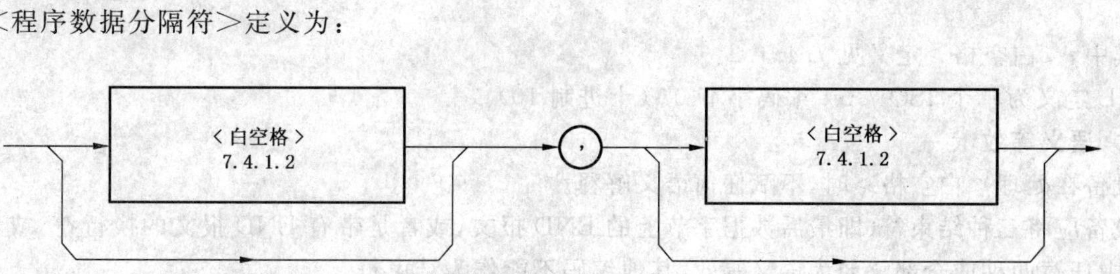

其中，＜白空格＞定义见 7.4.1.2。

7.4.2.3 语义等效

设备在处理＜白空格＞时，不赋予任何语义。

设备将逗号（,）解释为＜程序报文单元分隔符＞，而其他编码不能作为该分隔符。

7.4.3 ＜程序头分隔符＞

7.4.3.1 功能

＜程序头分隔符＞将＜命令程序头＞或＜查询程序头＞与＜程序数据＞单元分隔开。

7.4.3.2 编码语法

＜程序头分隔符＞定义为：

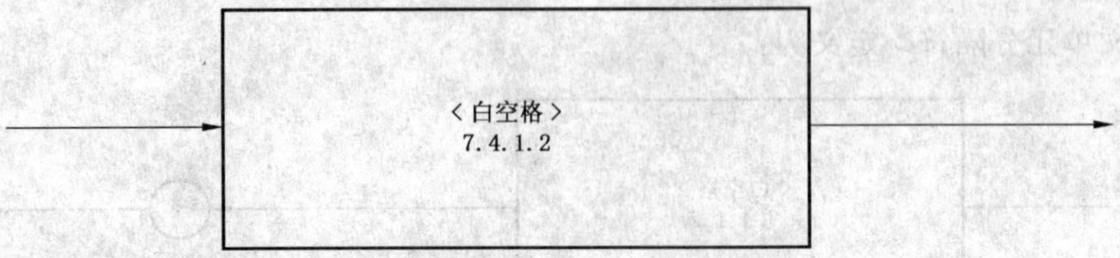

其中，＜白空格＞定义见7.4.1.2。

7.4.3.3 语义等效

设备应将第一个＜白空格符＞解释为＜程序头分隔符＞，其他编码不能作为该分隔符。任何附加的＜白空格＞应不具有语法和语义的价值。

7.5 ＜程序报文结束符＞

7.5.1 功能

＜程序报文结束符＞用来结束由一个或多个定长的＜程序报文单元＞组成的序列。＜程序报文结束符＞在本标准中可以简写成＜PMT＞。

考虑到交互作用命令或成对命令的执行顺序(见6.4.5.3)，输出队列的操作(见6.1.10)和复合头的语法应用(见7.6.1.5和7.6.2.5)，结束符也有其他语法意义。

7.5.2 编码语法

＜程序报文结束符＞定义为：

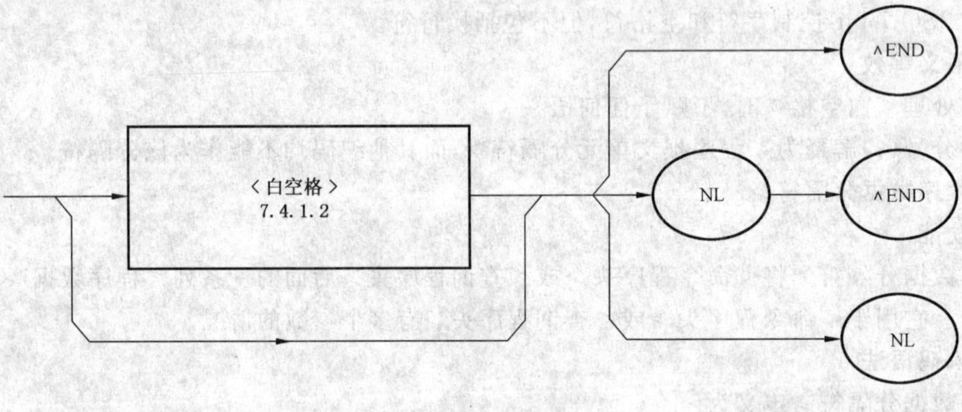

其中，＜白空格＞定义见7.4.1.2。

NL定义为单个ISO 7-bit编码字节0A(十进制10)。

7.5.3 语义等效

设备在处理＜白空格＞时，不赋任何语义解释。

设备应将三种结束符(即最后数据字节上的END报文，或者是带有END报文的换行符，或者是换行符)中任意两种或全部解释为语义等效，其他编码不能作为结束符。

7.6 ＜程序头＞功能元素

7.6.1 ＜命令程序头＞

7.6.1.1 功能

＜命令程序头＞表示设备应执行的操作。该元素后面可有选择的跟随按照＜程序数据＞元素编码的相关参数，见7.7。

注意宏标号(见 * DMC，见10.7)可以采取(命令程序头)的形式，但它也可以标注包含有效＜查询程序头＞元素的(7.6.2.1)一列＜程序报文单元＞元素，当它被处理时，将产生响应。* TRG公共命令(见10.37)也可以专门用于产生响应。

＜复合命令程序头＞允许头中有内部结构，通常用于比较复杂的设备以限制独立头的数量，或有逻辑的组织设备命令集。

当处理分级命令结构时，＜复合命令程序头＞元素十分有用。当使用在包含几个＜程序报文单元＞元素的＜程序报文＞中时，＜复合命令头＞可提供简短的助记符符号。

7.6.1.2 编码语法

＜命令程序头＞定义为：

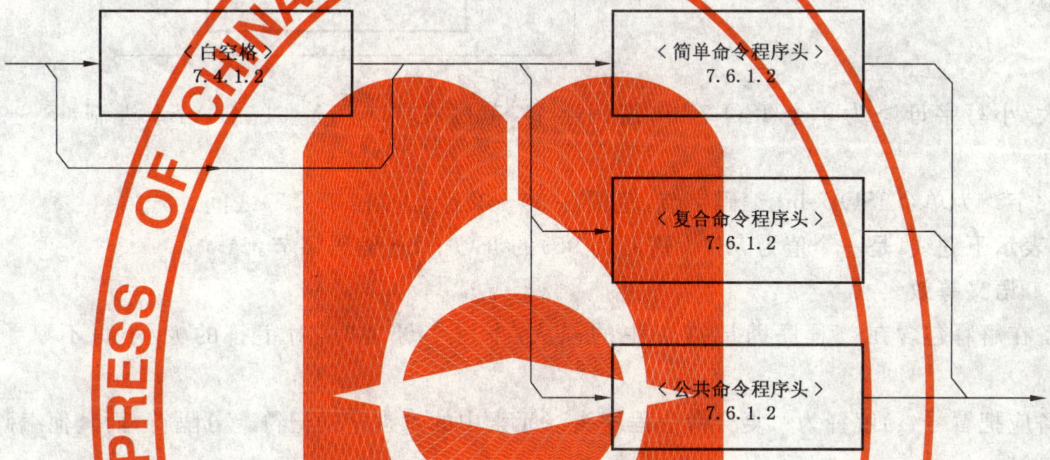

其中，＜白空格＞定义见7.4.1.2。

＜简单命令程序头＞定义为：

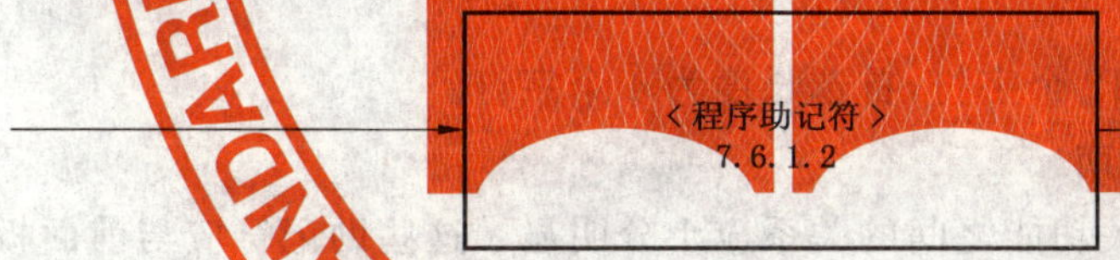

＜复合命令程序头＞定义为：

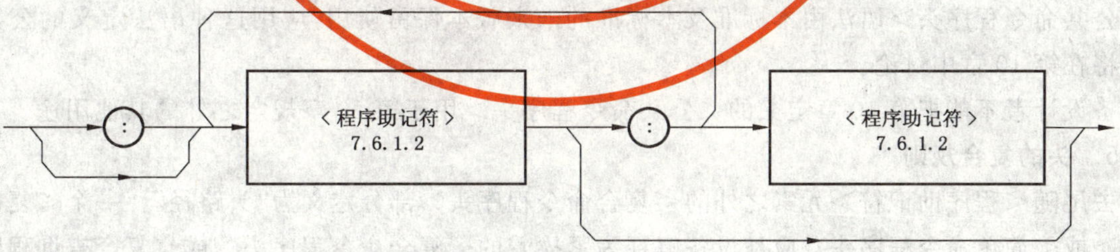

＜公共命令程序头＞定义为：

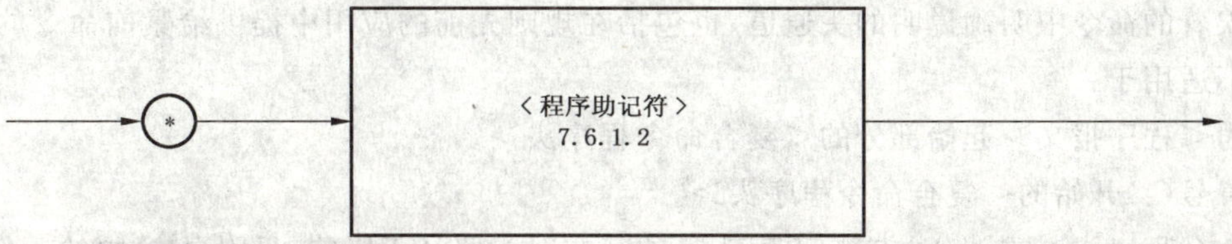

＜程序助记符＞定义为：

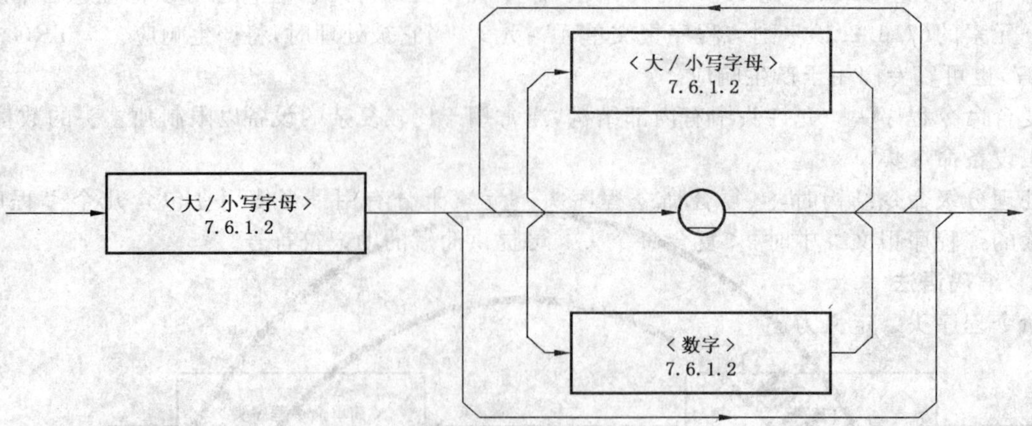

＜大/小写字母＞为单个 ISO 7-bit 编码字节，范围在 41～5A，61～7A（十进制 65～90，97～122）之间。

＜数字＞为单个 ISO 7-bit 编码字节，范围在 30～39（十进制 48～57）之间。

(_)表示下划线，是一个值为 5F（十进制为 95）的 ISO 7-bit 编码字节。

7.6.1.3 语义等效

设备在解释包含在＜程序助记符＞中的＜大/小写字母＞时，对字符的大/小写不赋予任何附加意义。

设备应把冒号（:）解释为＜复合命令程序头＞元素中的＜程序助记符＞分隔符，而其他编码不能作为该分隔符。

设备在处理包含在＜命令程序头＞中的＜白空格＞时，应不赋予语义解释。

7.6.1.4 规则

7.6.1.4.1 长度

＜程序助记符＞的最大长度为 12 个字符，首选长度为 4 个字符。

7.6.1.4.2 ＜命令程序头＞命名指南

＜命令程序头＞助记符与其相关功能之间的关系应十分明显。这些助记符应与前面板上的控制位置无关，而与前面板或适当的显示符号有关。

7.6.1.4.3 ＜公共命令程序头＞规则

＜公共命令程序头＞语法由本标准及本标准的未来版本保留使用，应用这种语法定义的公共命令和查询将在第 10 章中讨论。

设备设计者不能把第 10 章定义的＜公共命令程序头＞用于第 10 章规定之外的其他用途。

7.6.1.5 头的复合规则

除去尾随＜程序助记符＞元素之外的＜复合命令程序头＞部分定义为“头路径”。一个＜复合命令程序头＞或＜简单命令程序头＞应被设备解释为紧挨着的＜复合命令程序头＞或＜复合查询程序头＞中的头路径，要求紧挨着该＜复合命令程序头＞或＜简单命令程序头＞在前面发送。提供的头通道既包括前面紧挨着的命令中明确说明的头通道，也包括在规则先前的应用中提供给紧前命令的头通道。

本规则不适用于：

1) 作为＜程序报文＞起始部分的＜复合命令程序头＞。

2) 以冒号（:）开始的＜复合命令程序头＞。

＜公共命令程序头＞或＜公共查询程序头＞的存在对头路径无影响，见附录 A 中的示例。

7.6.2 ＜查询程序头＞

7.6.2.1 功能

＜查询程序头＞表示设备执行的操作，＜查询程序头＞使设备产生响应。这个元素后面可以有选择地跟随按照＜程序数据＞编码的相关参数，见7.7。

注意宏标号(＊DMC,10.7)可以具备＜查询程序头＞形式，但它也可以代表一系列不包含有效＜查询程序头＞元素的＜程序报文单元＞元素，当它被处理时，不产生响应。

＜复合查询程序头＞表示已被执行的、与可能跟随数据元素有关的功能，以构成程序命令。

＜复合查询程序头＞允许头有内部结构，通常用于比较复杂的设备以限制独立头的数量，或有逻辑的组织设备命令集，使控制简单，编码可读性好。在处理与分级有关的命令结构时，＜复合查询程序头＞元素是十分有用的。当在多个报文单元组成的＜程序报文＞元素中使用时，＜复合查询程序头＞元素能够提供简短的助记符符号。

7.6.2.2 编码语法

＜查询程序头＞定义为：

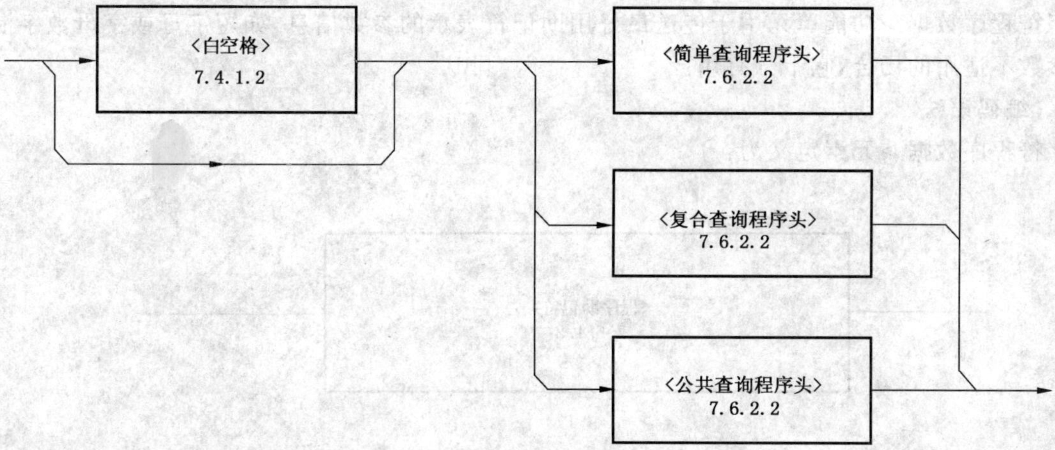

其中，＜白空格＞定义见7.4.1.2。

＜简单查询程序头＞定义为：

＜复合查询程序头＞定义为：

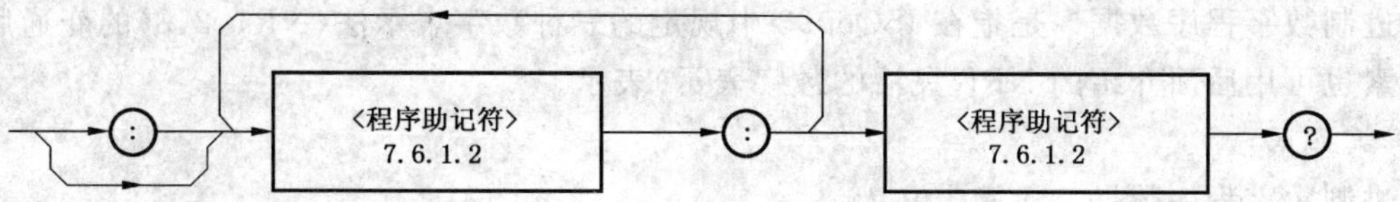

＜公共查询程序头＞定义为：

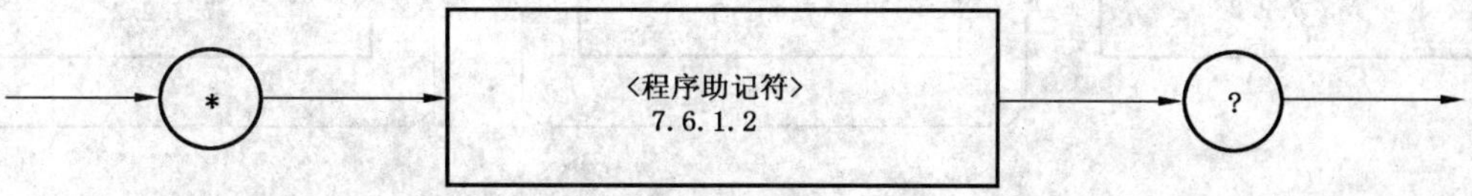

其中，＜程序助记符＞定义见 7.6.1.2。

7.6.2.3　**语义等效**

＜查询程序头＞的语义等效规则与＜命令程序头＞相同，见 7.6.1.3。

设备在处理＜命令程序头＞或＜查询程序头＞中的＜白空格＞时，应不赋予任何语义解释。

7.6.2.4　**规则**

＜查询程序头＞的一般规则与＜命令程序头＞相同，见 7.6.1.4。

7.6.2.5　**头复合规则**

＜复合查询程序头＞的复合规则与＜复合命令程序头＞相同，见 7.6.1.5。

见附录 A 示例。

7.7　**＜程序数据＞功能元素**

＜程序数据＞功能元素用来传送与程序头有关的各种类型的参数信息。

7.7.1　**＜字符程序数据＞**

7.7.1.1　**功能**

＜字符程序数据＞功能单元用于传送最好用助记符表示的参数信息，如短字母或字母数字混合串，在数字参数不适用的场合，它十分有用。

7.7.1.2　**编码语法**

＜字符程序数据＞元素定义为：

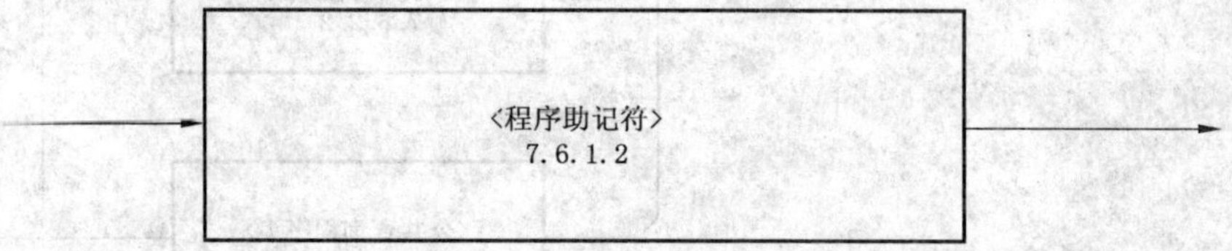

其中，＜程序助记符＞定义见 7.6.1.2。

7.7.1.3　**语义等效**

＜字符程序数据＞功能元素中使用的＜程序助记符＞应与在＜命令程序头＞元素中所使用的＜程序助记符＞遵循同样的语义等效规则，见 7.6.1.3。

7.7.1.4　**规则**

＜字符程序数据＞功能元素中使用的＜程序助记符＞应与在＜命令程序头＞元素中所使用的＜程序助记符＞遵循同样的一般规则，见 7.6.1.4。

7.7.2　**＜十进制数字程序数据＞**

7.7.2.1　**功能**

＜十进制数字程序数据＞是指在 ISO6093 中规定的三种数字表示法（NR1，2，3）的变通版本。

该元素也可用后面介绍的 NRf（灵活的数字表示）表示。

7.7.2.2　**编码语法**

＜十进制数字程序数据＞元素定义为：

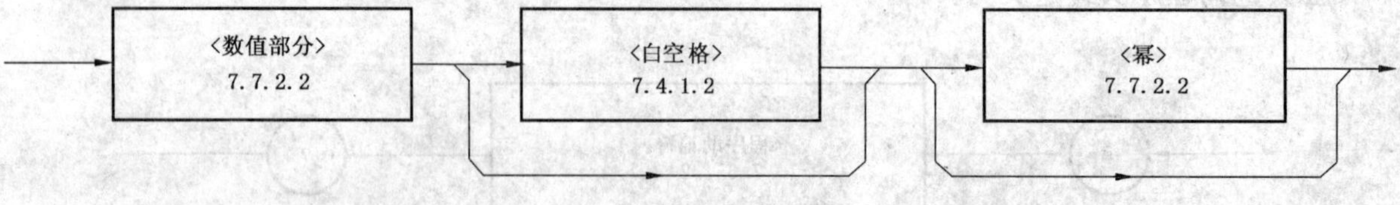

其中，＜数值部分＞定义为：

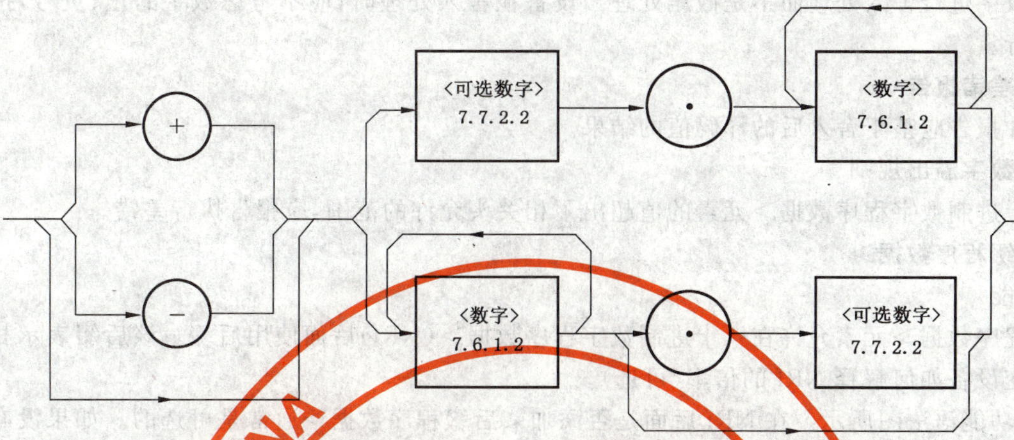

其中,＜数字＞字义见 7.6.1.2。

其中,＜可选数字＞定义为:

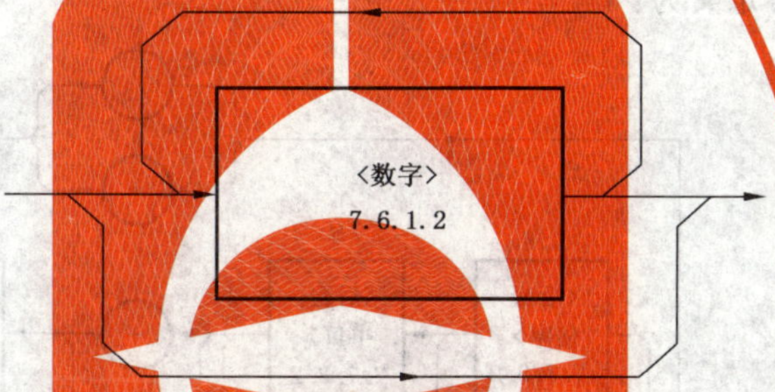

其中,＜幂＞定义为:

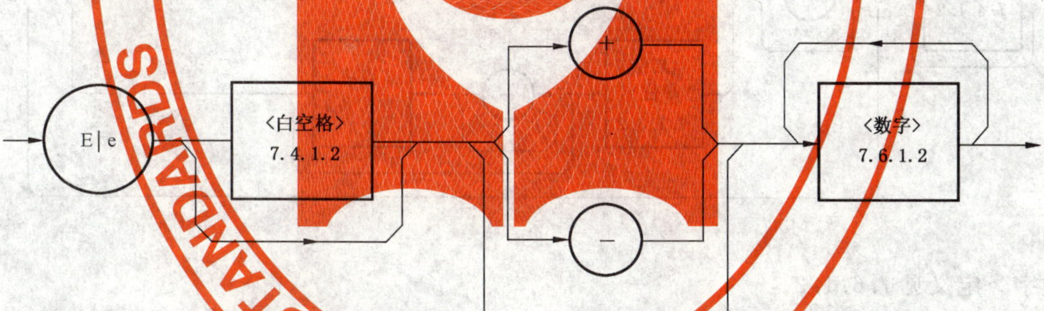

其中,＜数字＞定义见 7.6.1.2。

其中,＜白空格＞定义见 7.4.1.2。

7.7.2.3 语义等效

设备在处理＜白空格＞时,应不赋予任何语义解释。

设备应将全部的其他 ISO 7-bit 编码字符解释为符合 7.7.2.2 图中所允许的 ISO 6093 NR1,NR2 和 NR3 格式的十进制数字格式。译码值应遵从 7.7.2.4.2 中的舍入规则。

7.7.2.4 规则

7.7.2.4.1 范围

＜十进制数字程序数据＞元素的数值部分不应超过 255 个字符,前面的零不计。

＜十进制数字程序数据＞的幂值在 −32 000～+32 000 之间。

如果＜十进制数字程序数据＞违反以上规则,应产生命令差错。

7.7.2.4.2 数字元素舍入

设备可以接收比设备内部处理精度更高的＜十进制数字程序数据＞元素。在这种情况下,设备在译码前应对数字进行舍入处理而不是截尾处理。设备在舍入处理时，应不考虑数字的正、负号，按四舍五入规则进行。

7.7.2.4.3 **差错报告**

差错条件报告应基于舍入后的译码值的结果。

7.7.2.4.4 **数字溢出规则**

如果＜十进制数字程序数据＞元素的值超出了相关头允许的范围，应报告执行差错。

7.7.3 **＜后缀程序数据＞**

7.7.3.1 **功能**

＜后缀程序数据＞元素允许在＜十进制数字程序数据＞(NRf)后面使用后缀。该后缀表示相关的单元以及改变设备如何解释 NRf 的倍率(可选)。

如图 13 功能语法图所示。在 NRf 后面是否添加＜后缀程序数据＞通常是可选的。如果没有特殊情况，设备中的＜命令程序头＞或＜查询程序头＞应使用＜后缀程序数据＞元素。

7.7.3.2 **编码语法**

＜后缀程序数据＞元素定义为：

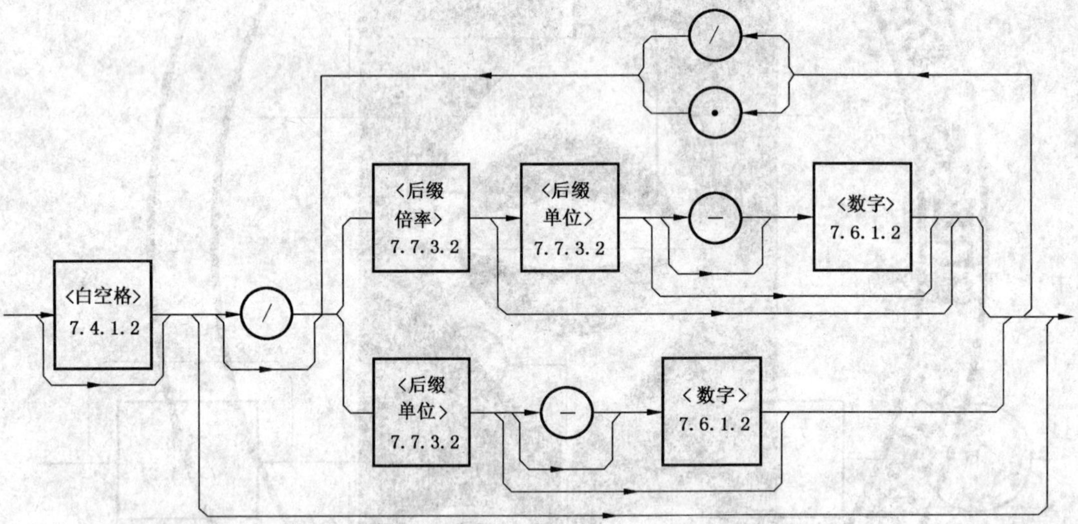

其中：

＜数字＞定义见 7.6.1.2。

＜后缀倍率＞规定为按一定次序排列的 1 个～3 个的＜大/小写字母＞字符。

＜后缀单位＞规定为按一定次序排列的 1 个～4 个＜大/小写字母＞字符。

＜大/小写字母＞定义见 7.6.1.2。

7.7.3.3 **语义等效**

设备对＜白空格＞不赋予任何语义解释。设备在解释所有的字母字符时应遵循大/小写字母语义等效原则。

根据设备设计者的判断本功能元素中所有其他的 ISO 7-bit 编码字节可以是也可以不是语义等效的。

＜后缀程序数据＞元素中的旁路应被设备解释为接收到缺省的＜后缀倍率＞和＜后缀单位＞这一缺省后缀应由设备设计者说明。

7.7.3.4 **规则**

若设备使用后缀，应使用本章规定的＜后缀倍率＞或＜后缀单位＞元素。该＜后缀程序数据＞元素使用规则在 ISO 2955 中已予以定义，并已被扩充到包含非 SI 导出单位。

本标准没有专门列出的＜后缀程序数据＞元素，应包含助记符值以帮助用户实现相应后缀的转换。

数字舍入既可以在实施转换算法之前进行，也可以在之后进行。

＜后缀程序数据＞不应超过 12 个字符，前面的＜空格＞除外。

7.7.3.4.1　＜后缀单位＞选择

表 20 给出了设备使用中最常用的公共＜后缀单位＞元素，其中包括主＜后缀单位＞元素及一些允许的副＜后缀单位＞元素以适应各种需要。

＜后缀单位＞元素应使用表 20 中的“主单位”助记符。但是表 20 中也包含了一些其他的＜后缀单位＞元素作为“副单位”以提供给某些考虑测量单位的用户临时使用。如果一个单位未被说明，应参照相关标准。

为避免与前面的 NRf 幂指数混淆，不能用“E＜数字＞”或“E-＜数字＞”作为＜后缀程序数据＞元素，也不能将其作为＜后缀程序数据＞元素的首字符。

表 20　＜后缀单位＞元素

类	优选后缀 （主单位）	允许后缀 （副单位）	参考单位
电流	A		安培
压力	atm		大气压
电量	C		库仑
光照度	cd		坎德拉
比率	dB(见 7.7.3.4.2)		分贝
功率	dBm		分贝毫瓦
电容	F		法拉
质量			克（千克是 SI 单位的复合单位）
电感	H		亨利
频率	Hz		赫兹
压力	inhg		英寸汞柱
能量	J	G	焦耳
温度	K		开氏温度
			摄氏温度
			华氏温度
体积	L		升
光照度	lm		流明
光照度	lx	CEL	勒克斯
长度	m	FAR	米
			英尺
			英寸
频率			兆赫
电阻			兆欧
力	N	ft	牛顿
电阻	Ohm	in	欧姆
压力	pal	MHz	帕斯卡
比率	pct	MOhm	百分比
角度	rad		弧度
			角度
			分（弧度）
			秒
时间	s		秒
电导	SIE	deg	西门子
磁通密度	T	mnt	特斯拉
压力	TORR	sec	托
幅度	V		伏特
功率	W		瓦特
磁通	WB		韦伯
光通量	LM		流明

7.7.3.4.2 **DB 参考值**

为了使相对单位(dB)与绝对值相互对照,绝对值应按以下语法添加到 dB。

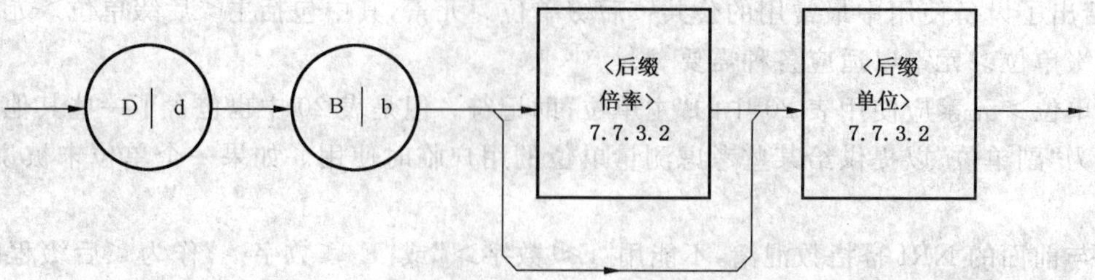

因此，与 1 000 kW 对应的分贝,可写做 DBMW。由于历史原因,DBM 可作为 DBMW 的别名。

示例：

DBUW 就是 1 μW 对应的 dB。

DBUV 就是 1 μV 对应的 dB。

注：对通常实践的调查表明此处建议的方式符合通用习惯,不会导致混淆。

7.7.3.4.3 **＜后缀倍率＞选择规则**

＜后缀倍率＞用来调整＜后缀单位＞的值。＜后缀倍率＞允许用户以通用的测量单位输入数字。因此,在某些应用中,1 kHz 比 1E3 Hz 使用更方便。表 21 列出了一些被允许的＜后缀倍率＞。

注：只允许使用工程单位倍率。

表 21 允许的＜后缀倍率＞助记符

定义	助记符	定义	助记符
1E18	EX		
1E15	PE	1E-6	U
1E12	T	1E-9	N
1E9	G	1E-12	P
1E6	MA(见注)	1E-15	F
1E3	K	1E-18	A
1E-3	M(见注)		

注：后缀单位 MHz 和 MOhm 比较特殊,它们不会与＜后缀倍率＞ Hz 或＜后缀倍率＞ Ohm 混淆。考虑到工业界实际上已经接受,故将这两种特殊情况的＜后缀单位＞列入表 20 中。

7.7.3.4.4 **采用 SI 组合规则所构成的单位的使用**

当需要采用复杂单位时(如牛顿·米或米/秒),应符合下列规则:当复杂单位是两个单位的商时,用符号“/”将两个单位分开,米/秒表示成 m/s。当复杂单位是两个单位的积时,用符号“·”将两个单位分开,因此,牛顿·米表示成 N·m。

后缀幂用＜数字＞表示,在复杂单位中如果一个单位多次出现时,才使用后缀幂。当使用后缀幂时幂应是＜数字＞并添加在单位上与单位间没有空格。例如加速度的 SI 单位,记作 m/s^2。

7.7.4 **＜非十进制数字程序数据＞**

7.7.4.1 **功能**

＜非十进制数字程序数据＞元素可以传送非十进制数字信息,采用这种形式便于系统用户直接译码,也便于用在非十进制数有直接意义的应用程序中,因此可以简化应用软件中的转换程序。

7.7.4.2 **编码语法**

＜非十进制数字程序数据＞元素定义为:

其中，＜数字＞定义见 7.6.1.2。

7.7.4.3 语义等效

设备应将三种指定的非十进制数字形式或其中之一译成语义等效的数字值。

设备在解释<大/小写字母>时，对字母大、小写不赋予任何附加意义。

7.7.4.4 规则

7.7.4.4.1 十六进制编码

跟随在#H或#h前同步后的字符，应解释为无符号隐含基数点十六进制数。

十六进制的基数为16。十进制值和相应ISO 7-bit编码表示如下：

十进制数	0	1	2	3	4	5	6	7	8	9	10	11	12	13	14	15
ISO 7-bit	0	1	2	3	4	5	6	7	8	9	A	B	C	D	E	F
可替换的																
ISO 7-bit	0	1	2	3	4	5	6	7	8	9	a	b	c	d	e	f

非十六进制字符应产生命令差错。

7.7.4.4.2 八进制编码

跟随在#Q或#q前同步后的字符，应解释为无符号隐含基数点八进制数。

八进制基数为8。十进制值和相应的ISO 7-bit码表示如下：

十进制数	0	1	2	3	4	5	6	7
ISO 7-bit 编码	0	1	2	3	4	5	6	7

非八进制字符应产生命令差错。

7.7.4.4.3 二进制编码

跟随在#B或#b前同步后的字符，应解释为无符号隐含基数点二进制数。

二进制数基数为2。十进制值和相应的ISO 7-bit编码表示如下：

十进制	0	1
ISO 7-bit	0	1

非二进制字符应产生命令差错。

7.7.5 <字符串程序数据>

7.7.5.1 功能

<字符串程序数据>元素可用ISO 7-bit编码中任意字符(包括非打印字符)作为一个报文进行传送。在文本需要显示的地方(如在打印机或CRT上)，该数据字段特别有用。<字符串程序数据>可利用格式控制符，如回车、换行、空格等，来正确安排文本格式。

7.7.5.2 编码语法

<字符串程序数据>元素定义如下：

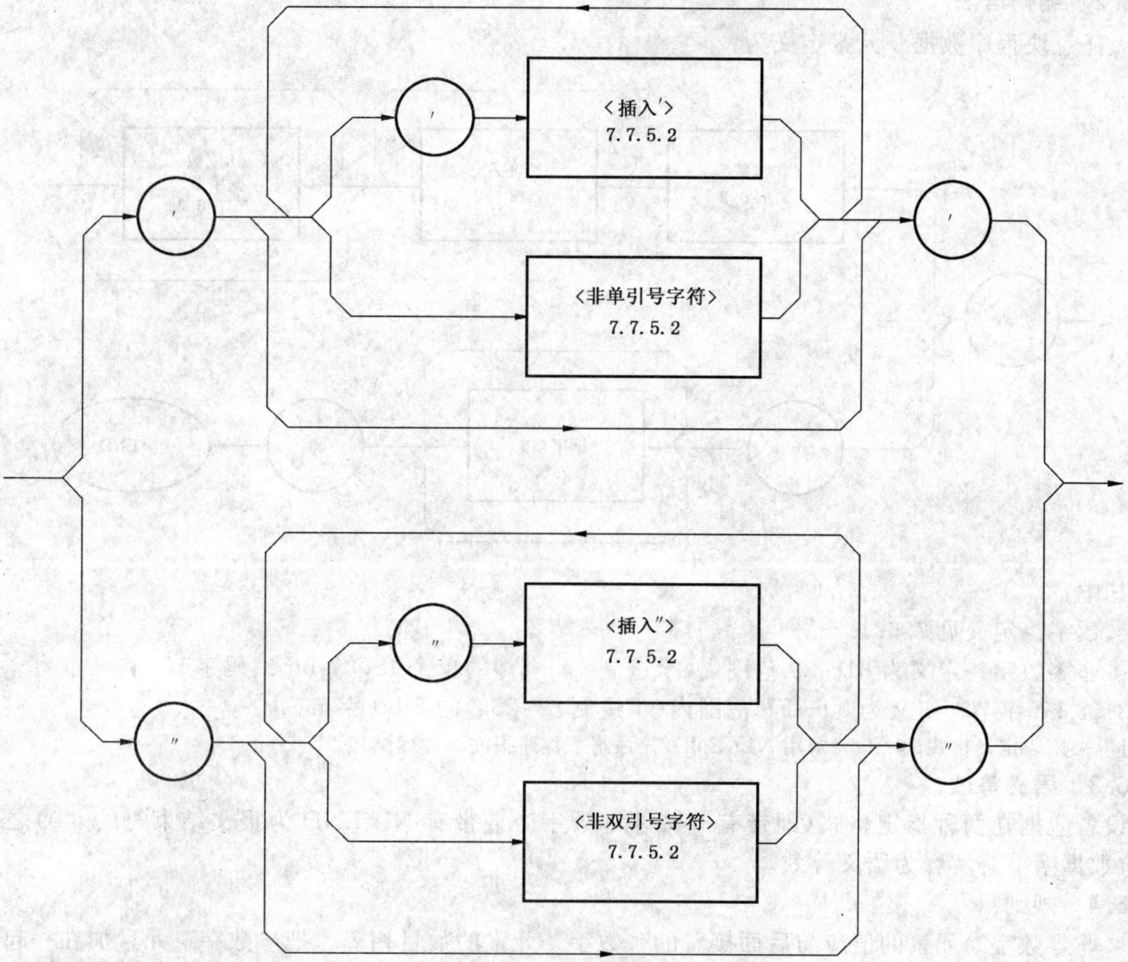

其中：

＜插入'＞定义为值等于27(十进制39)的单个ISO 7-bit字符。

＜非单引导字符＞定义为值等于27(十进制39)以外任意值的单个ISO 7-bit字符。

＜插入"＞定义为等于22(十进制34)的单个ISO 7-bit字符。

＜非双引号字符＞定义为值等于22(十进制34)以外任意值的单个ISO 7-bit字符。

7.7.5.3 语义等效

设备应把压缩在两种指定的界定字符串格式中(即:使用单引号或双引号)任一种的字符串数据解释为语义等效的。

7.7.5.4 规则

7.7.5.4.1 单引号定界

后面接＜插入'＞的单引号(')可用来表示在单引号定界的＜字符串程序数据＞内的单个'。

7.7.5.4.2 双引号定界

后面接＜插入"＞的双引号(")可用来表示在双引号定界的＜字符串程序数据＞内的单个"。

7.7.6 ＜任意块程序数据＞

7.7.6.1 功能

在一个报文中，＜任意块程序数据＞元素允许用任意8 bit字节(包括扩展的ISO 7-bit码)来传送。此元素在发送大量数据时特别有用。

该元素说明了传送8 bit二进制数据一般用途的方法。9.2对特殊的二进制编码进行了说明。

7.7.6.2 **编码语法**

＜任意块程序数据＞元素定义为：

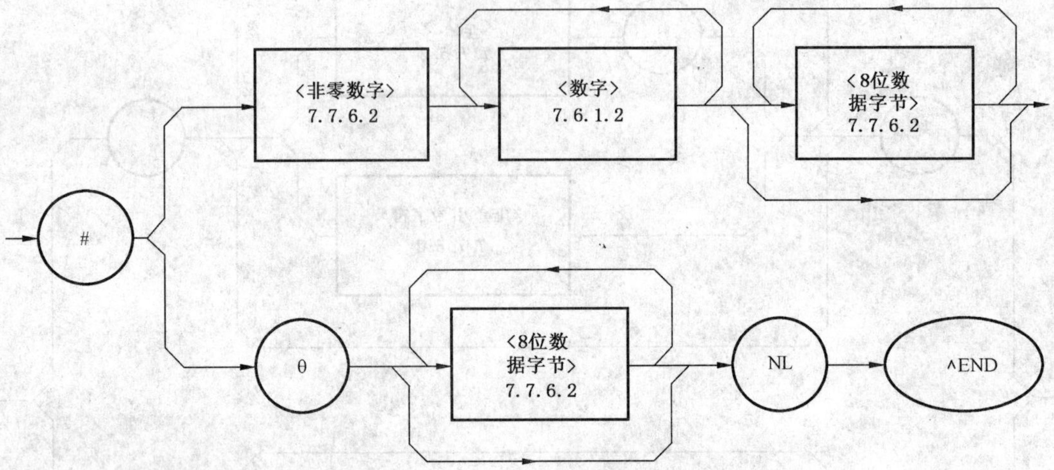

其中：

＜数字＞定义见 7.6.1.2。

＜非零数字＞定义为 31～39 范围内(十进制 49～57)的单个 ISO 7-bit 编码字节。

3＜8 bit 字节＞定义为 00～FF 范围内(十进制 0～255)的 8 bit 字节。

注：采用非定义格式(#0)，要求用 NL^END，并强制＜程序报文＞立即结束。

7.7.6.3 **语义等效**

设备应把在两种指定格式(即带有#＜非零数字＞或带有 NL END 为报文结束符的#0)之一的＜8位数据字节＞解释为语义等效。

7.7.6.4 **规则**

＜非零数字＞元素的值应与后面接着的＜数字＞元素的数目相等。把＜数字＞元素加在一起成为十进制整数的值应与跟在后面的＜8 位数据字节＞元素的数目相等。如果在接收完规定的字节数目以前，收到 GB/T 15946END 报文，将报告命令差错。

7.7.6.5 **注释和示例**

设计者应考虑缓冲器的容量及有效性的影响，尤其要考虑接收设备。设计者不能以为所有的设备都能接收过长的报文，见 4.9 中设备规定要求。

当不知道传送数据的长度，或考虑到传送速度及其他原因而不能分割成确定长度块时，可使用非确定格式。

例如：四个数据字节(DAB's)可发送如下：

1) #14＜DAB＞＜DAB＞＜DAB＞＜DAB＞

2) #3004＜DAB＞＜DAB＞＜DAB＞＜DAB＞

3) #0＜DAB＞＜DAB＞＜DAB＞＜DAB＞NL^END

7.7.7 **＜表达式程序数据＞**

7.7.7.1 **功能**

＜表达式程序数据＞元素相当于标量、矢量、矩阵或字符串值，它允许设备使用这些参数。

7.7.7.2 **编码语法**

＜表达式程序数据＞元素定义为：

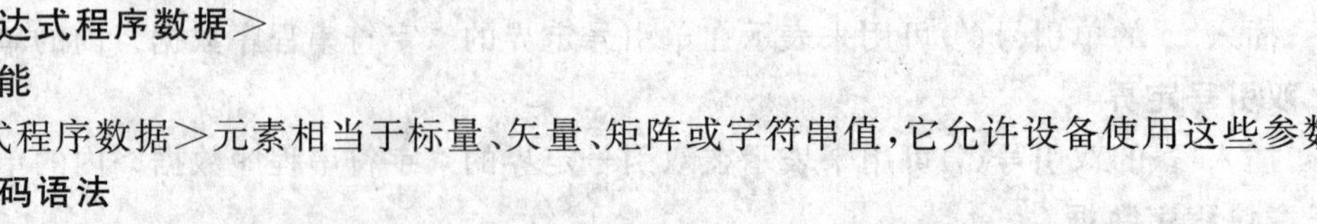

＜表达式＞定义为：

一系列范围为20～7E(十进制32～126)的，ISO 7-bit编码数据字节。但双引号、数字符号、单引号、左右括号和分号(分别为用十六进制数表示的22、23、27、28、29和3B的字符或用十进制数表示的34、35、39、40、41和59的字符)除外。

一系列7.7中描述＜程序数据＞元素的设备定义集，但＜任意块程序数据＞中的非确定形式除外。也允许表示嵌套表达式。

7.7.7.3 语义等效

设备在解释＜表达式＞元素中包含的＜大/小写字母＞时，对字母大、小写不赋予任何附加意义。

＜表达式＞中的ISO 7-bit编码字节可由设备设计者设计其他的语义等效规则或条件。

7.7.7.4 规则

＜表达式＞的语义完全依赖于设备，但设备不能把＜表达式＞转换成与不是＜表达式＞元素的一个或多个＜程序数据＞元素等效。

设备可以允许在＜表达式＞中有适当的嵌套子表达式并可达到设备规定的最大嵌套深度。子表达式是一个语义正确的＜表达式＞，子表达式应完全包含在一个＜表达式＞中。

设备文件应明确指出＜表达式＞中可以出现哪些＜程序数据＞元素，并指出最大的子表达式嵌套深度。同时，设备文件也必须明确指出设备在＜表达式＞中设置的附加语法限制。

7.7.7.2中所列的字符(双引号、数字符号、单引号、左、右括号和分号)，可不在＜表达式＞的本体中出现，但可出现在＜表达式＞或子表达式中的＜字符串程序数据＞或＜任意块程序数据＞元素中。

8 设备讲格式

8.1 概述

本章讨论了设备通过系统接口发送＜响应报文＞元素的格式化。与第7章类似，格式分为两个层次，功能层和编码层。第7章概述部分内容大部分适用于本章。不同的是，编码是设备产生而不是人为产生，因此在编码语法中表现出很小的灵活性。从人为的可读性和一致性考虑，大多数情况下，编码语法由控制器到设备语法的子集中得到。

某些特殊需要可能要求设备对不懂本标准＜响应报文＞语法的设备或设备的类直接讲，而不经过控制器。如某设备可以通过命令特定的模型源提供激励的方法对自身进行校准。另一更常见的例子为设备利用总线命令打印机或绘图仪将内部存储的数据或图形打印或绘制出。如上所述，设备报文传递的方法与本标准的所有差别应尽量减小，并在设备文件中明确说明。

8.2 注释

语法图注释与7.2中所述的格式相同。

8.3 结束的响应报文——功能语法

8.3.1 功能

结束的＜响应报文＞是从设备到控制器的报文，一般包括测量结果、设置或状态信息。

运行应用程序的控制器要对＜响应报文＞进行解释，必须精确传送信息以便使大量的控制器能协调运行。因此，＜响应报文＞比＜程序报文＞具有严格的形式，见第7章。

8.3.2 语法

设备响应的功能语法必须根据图14～图17的四个图产生。当采用＜任意的ISO 7-bit码响应数据＞元素(见8.7.11)，或＜不定长任意块响应数据＞元素(见8.7.10)时，应强制立即结束＜响应报文＞。

＜响应报文单元＞有两种基本语法：第一种是＜程序报文单元＞语法的精确版，常用于返回设置信息。第二种是“无头”，一般用于在最小的总线开销下返回测量结果。

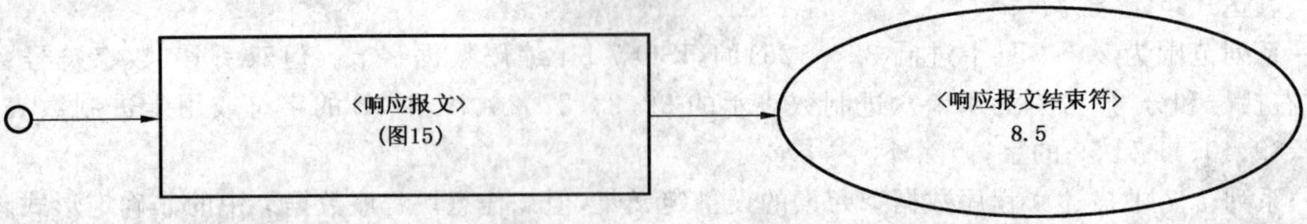

图 14　＜结束响应报文＞功能单元语法

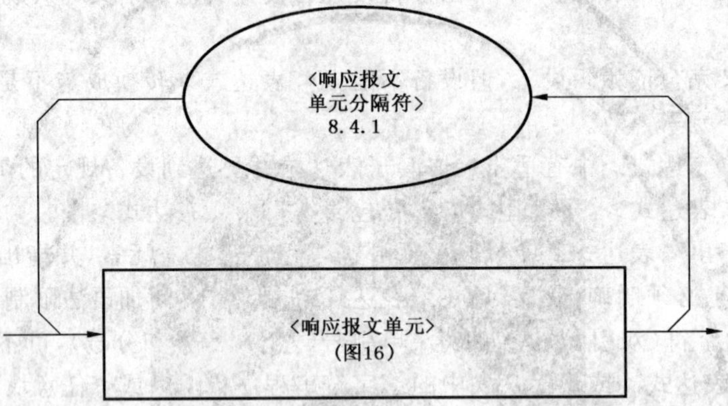

图 15　＜响应报文＞功能元素语法

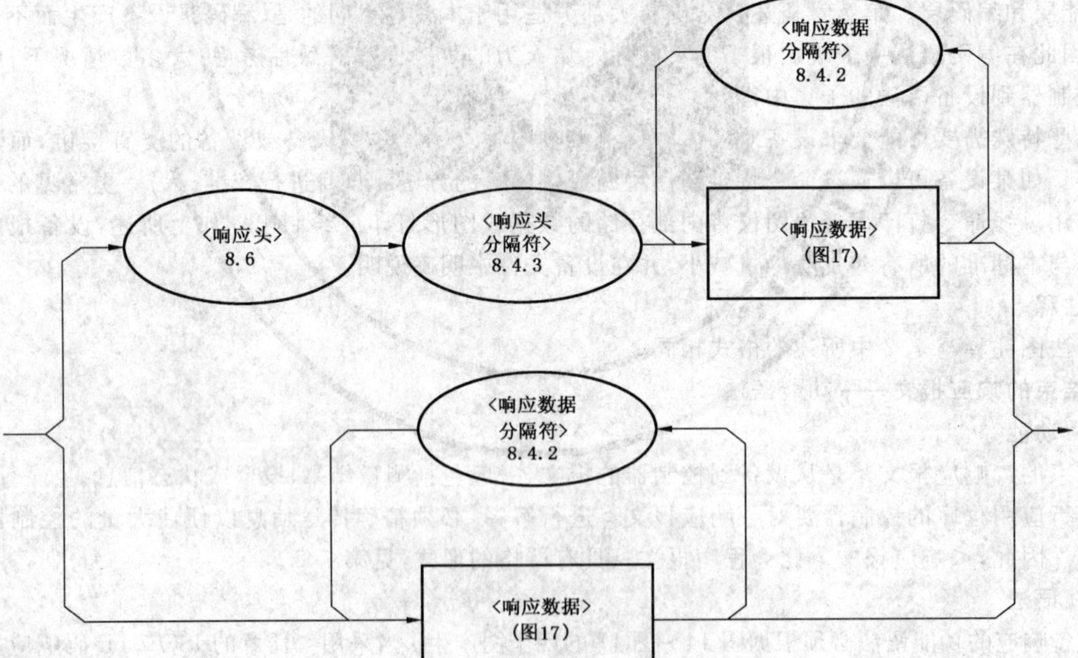

图 16　＜响应报文单元＞功能元素语法

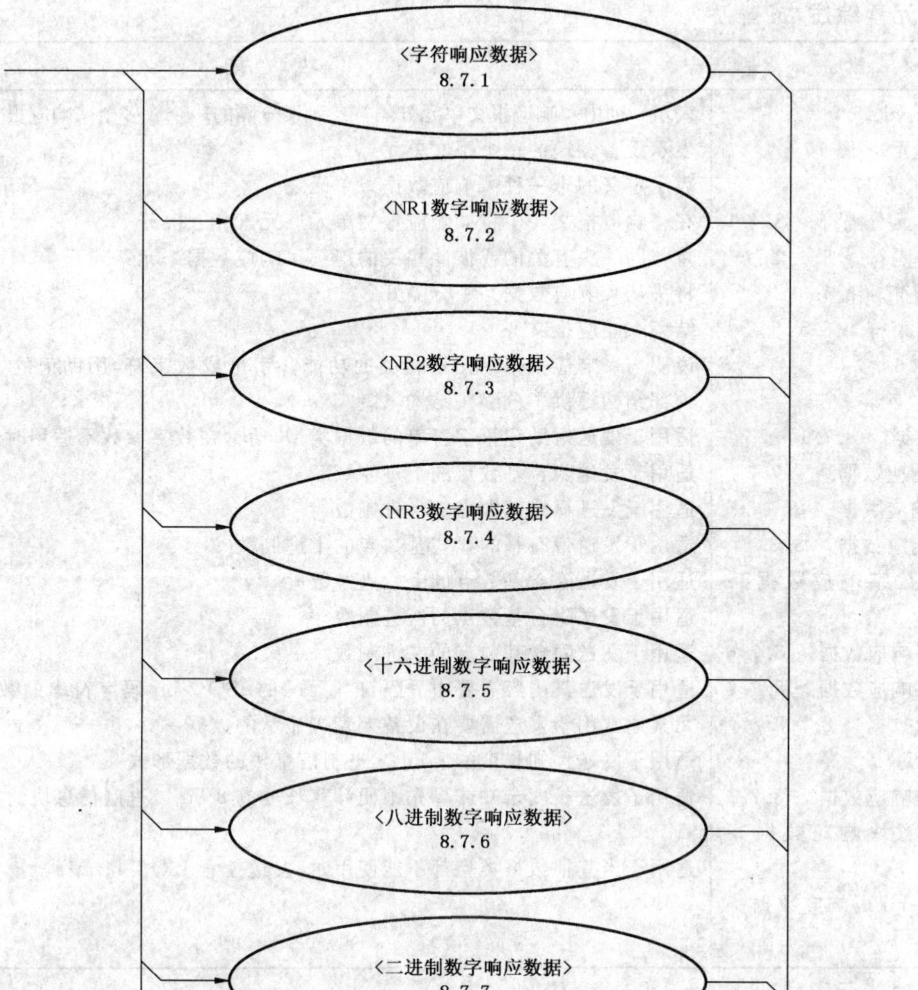

注：＜任意 ISO 7-bit 码响应数据＞和＜不定长任意块响应数据＞元素在以隐含报文结束符终结时，报文结束无出口。

图 17 ＜响应数据＞功能元素语法

8.3.3 功能元素综述

元　　素	功　　能
＜响应报文＞ 图15	表示一列由＜响应报文单元分隔符＞元素分隔的一个或多个＜响应报文单元＞元素
＜响应报文单元＞ 图16	表示设备发送的单个报文单元
＜响应数据＞ 图17	表示定义的十一种＜响应数据＞单元之一
＜响应报文单元分隔符＞ 8.4.1	在＜响应报文＞中将＜响应报文单元＞元素相互隔开
＜响应数据分隔符＞ 8.4.2	将与同一头有关的或彼此相关的连续＜响应数据＞元素隔开
＜响应头分隔符＞ 8.4.3	将头从＜响应数据＞中分隔开
＜响应报文结束符＞ 8.5	结束＜响应报文＞
＜响应头＞ 8.6	说明与＜响应数据＞元素相关的功能。字母或数字符，用助记的方式指出功能。内部结构提供了分级头结构
＜字符响应数据＞ 8.7.1	适用于发送短助记符字符串的数据类型，通常在数字参数不适用时使用
＜NR1 数字响应数据＞ 8.7.2	适用于发送隐含基数点的十进制数
＜NR2 数字响应数据＞ 8.7.3	适用于发送显式基数点的十进制数
＜NR3 数字响应数据＞ 8.7.4	适用于发送带有幂的显式基数点的十进制数
＜十六进制数字响应数据＞ 8.7.5	适用于发送隐含基数点的十六进制数
＜八进制数字响应数据＞ 8.7.6	适用于发送隐含基数点的八进制数
＜二进制数字响应数据＞ 8.7.7	适用于发送隐含基数点的二进制数
＜字符串响应数据＞ 8.7.8	适用于发送其内容需要由分隔符“隐藏”的 ISO 7-bit 码字符串的数据形式。这一元素通常用于发送需要在设备上直接显示的数据
＜定长任意块响应数据＞ 8.7.9	适用于发送预知长度的 8 bit 二进制信息块的数据形式
＜不定长任意块响应数据＞ 8.7.10	适用于发送长度未知或事先不便计算长度的 8 bit 二进制信息块的数据形式
＜任意 ISO 7-bit 码响应数据＞ 8.7.11	适用于当其他数据类型都不能使用时，发送任意 ISO 7-bit 编码

8.4 分隔符功能元素

8.4.1 ＜响应报文单元分隔符＞

8.4.1.1 功能

在一个＜响应报文＞中发多个＜响应报文单元＞元素时，应用＜响应报文单元分隔符＞将连续的＜响应报文单元＞元素彼此分隔开。

8.4.1.2 编码语法

＜响应报文单元分隔符＞定义为：

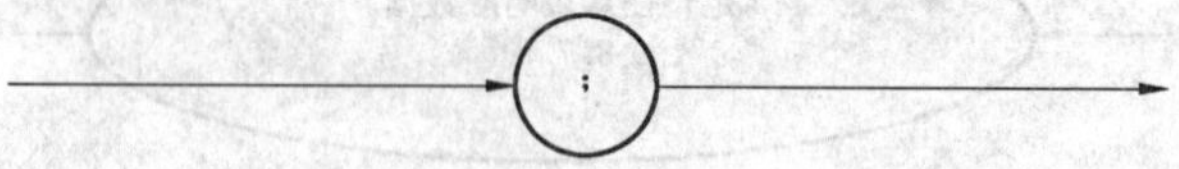

8.4.2 ＜响应数据分隔符＞

8.4.2.1 功能

当发送多个数据元素时，应用＜响应数据分隔符＞将连续的＜响应数据＞彼此分隔开。

8.4.2.2 编码语法

＜响应数据分隔符＞定义为：

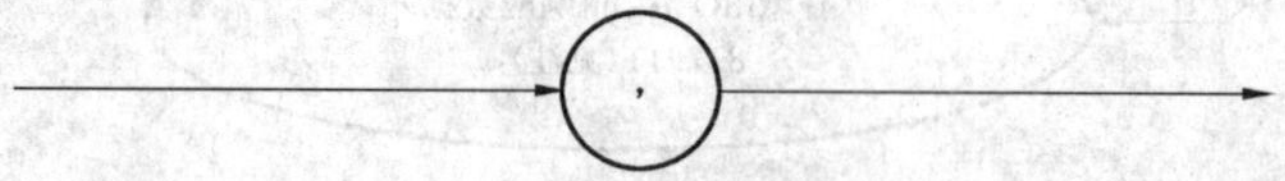

8.4.3 ＜响应头分隔符＞

8.4.3.1 功能

＜响应头分隔符＞用于将＜响应头＞与＜响应数据＞明确分开。

8.4.3.2 编码语法

＜响应头分隔符＞定义为：

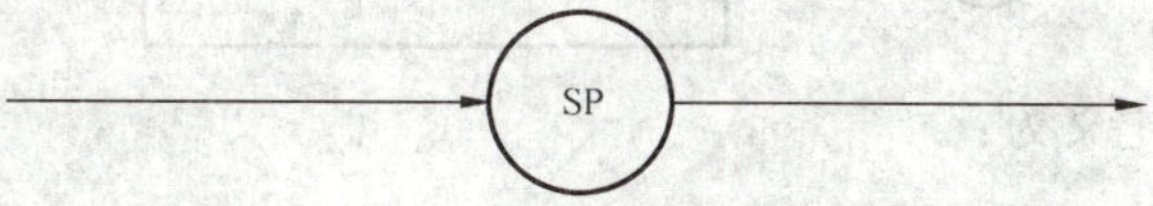

8.5 ＜响应报文结束符＞

8.5.1 功能

＜响应报文结束符＞元素的功能是结束一个或多个＜响应报文单元＞元素组成的序列。

8.5.2 编码语法

＜响应报文单元结束符＞定义为：

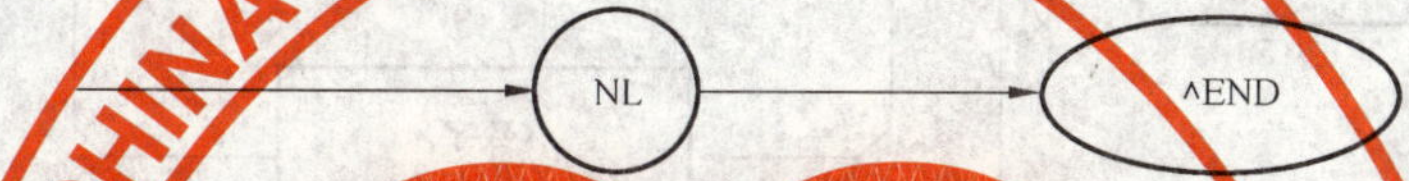

8.6 ＜响应头＞

8.6.1 功能

＜响应头＞适用于设备设计者使用设备专用响应的情况，例如，它可被用来对直接可重发的＜程序报文单元＞格式产生响应或者用来识别送往控制器的响应数据。

8.6.2 编码语法

＜响应头＞定义为：

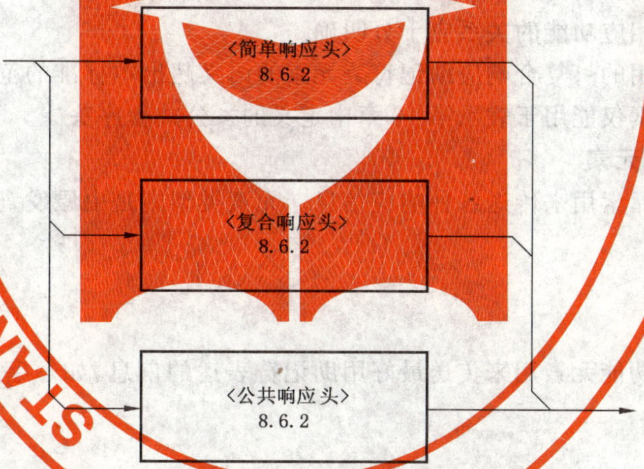

其中，＜简单响应头＞定义为：

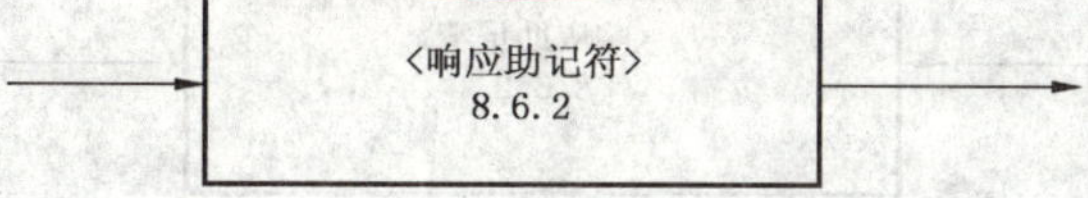

其中，＜复合响应头＞定义为：

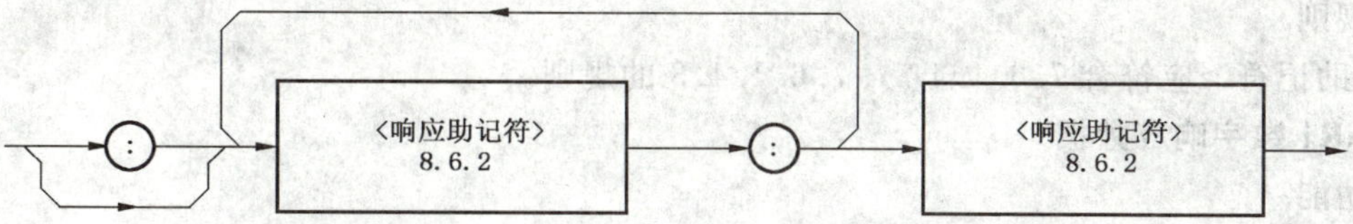

其中，＜公共响应头＞定义为：

其中，＜响应助记符＞定义为：

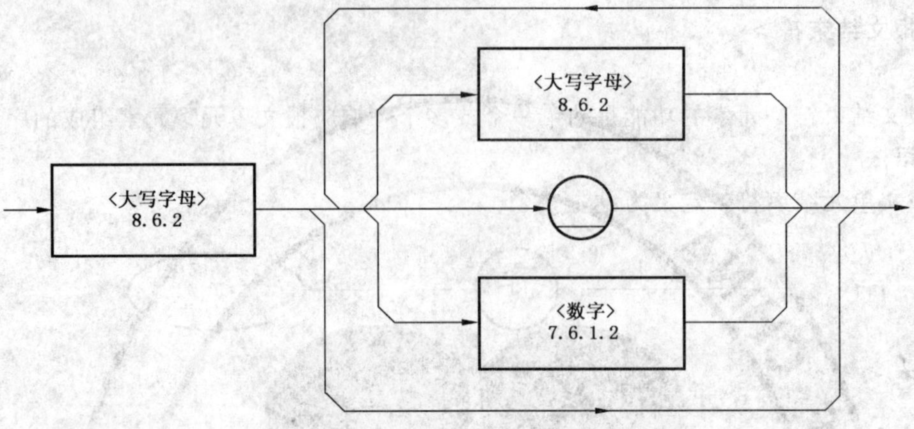

其中＜大写字母＞定义为 41～5A(十进制 65～90)范围内的单个 ISO 7-bit 码字节。

＜数字＞定义见 7.6.1.2。

(-)代表“下划线”，值为 5F(十进制 95)的单个 ISO 7-bit 码字节。

8.6.3　规则

＜响应助记符＞最大长度为 12 个字符。

＜响应助记符＞和相应功能的关系应十分明确。

在＜响应头＞中使用的＜复合响应助记符＞元素的语义超出本标准的范围。

＜公共响应头＞元素仅能用于表示第 10 章中定义的＜公共程序头＞。

8.7　＜响应数据＞功能元素

＜响应数据＞功能元素用来传送各种响应信息。元素类型则是由原发查询或等效查询(即宏扩展)确定。

8.7.1　＜字符响应数据＞

8.7.1.1　功能

＜字符响应数据＞功能元素用来传送最好用助记符表达的信息，如短字母或字母混合串。常用于数字参数不适合的情况。

8.7.1.2　编码语法

＜字符响应数据＞定义为：

其中＜响应助记符＞定义见 8.6.2。

8.7.1.3　规则

＜响应助记符＞应符合 7.6.1.4.1～7.6.1.4.3 的规则。

8.7.2　＜NR1 数字响应数据＞

8.7.2.1　功能

＜NR1 数字响应数据＞元素是由一组隐含点表示的数值组成，即基数点被隐含考虑设置在数字串的右端(固定但不发送)。

8.7.2.2 编码语法

＜NR1 数字响应数据＞定义为：

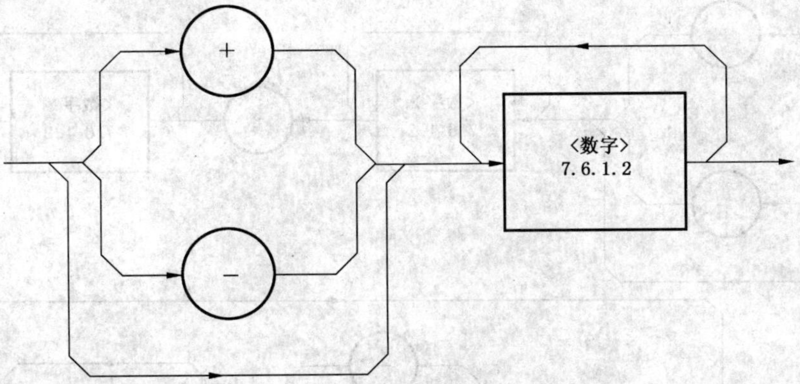

8.7.2.3 规则

8.7.2.3.1 超范围

超范围信息的数字与范围内的信息同样的数据类型进行发送，但其值在正常的测量范围之外。同时，标准事件状态寄存器中的 DDE 位应被设置，见 11.5.1.1.6。

例如，最大测量范围为 100 V 的电压表通过返回一个包含超过 100 V 的预定义“过范围”值的响应，表明它正在测量高于 100 V 的值。如果正常的范围内的响应采用＜NR1 数字响应数据＞元素返回，则该值也将采用＜NR1 数字响应数据＞返回。

8.7.2.3.2 允许范围

NR1 的允许范围与双精度浮点数的范围一致，(＋/－ 179.76…E＋306)。见 IEC559 及本标准的第 9 章关于浮点格式的详细说明。

8.7.3 ＜NR2 数字响应数据＞

8.7.3.1 功能

＜NR2 数字响应数据＞元素表示的数值是显式点数字值。

8.7.3.2 编码语法

＜NR2 数字响应数据＞定义为：

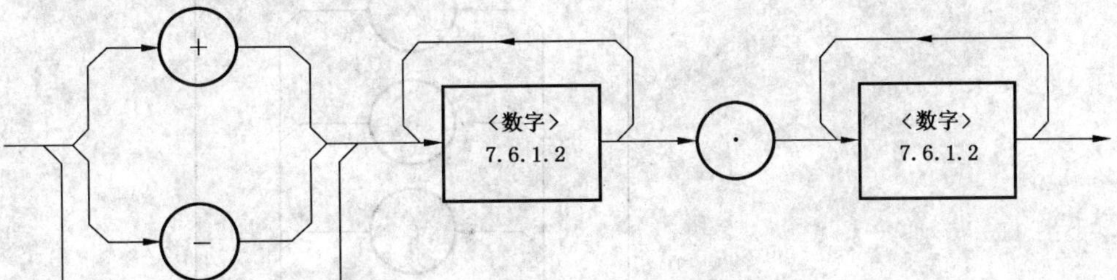

其中＜数字＞规定见 7.6.1.2。

8.7.3.3 规则

NR2 的允许范围与双精度浮点数范围一致，(＋/－ 179.76 … E＋306)。见 IEC559 及本标准的第 9 章关于浮点格式的详细说明。

过范围编码规则与 8.7.2.3 中相同。

8.7.4 ＜NR3 数字响应数据＞

8.7.4.1 功能

＜NR3 数字响应数据＞元素表示显式基数点式的、带有幂指数符号的数值。

8.7.4.2 编码语法

<NR3 数字响应数据>定义为：

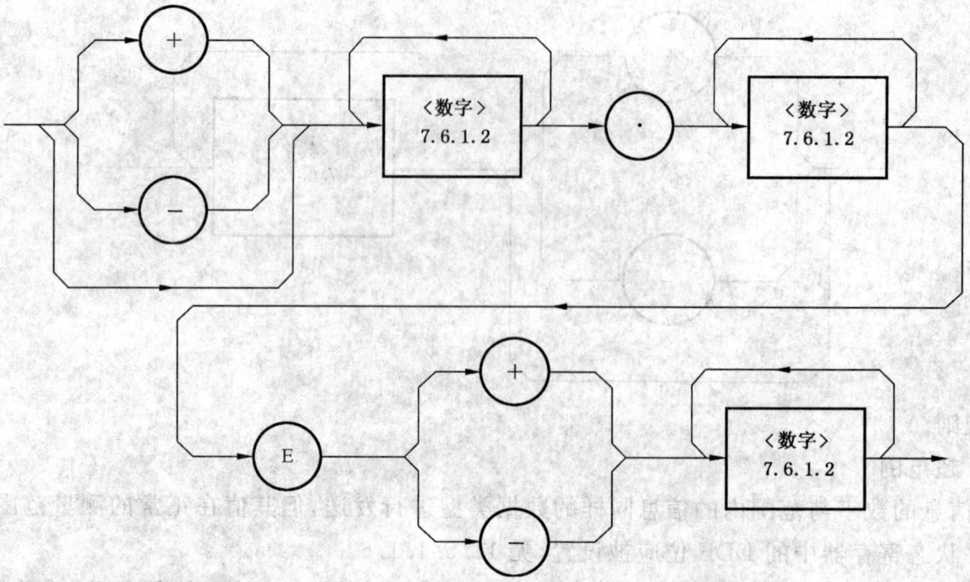

其中<数字>定义见 7.6.1.2。

8.7.4.3 规则

NR3 的允许范围与双精度浮点数的范围一致，(+/− 179.76…E+306)。见 IEC559 及本标准的第 9 章关于浮点格式的详细说明。

过范围编码规则与 8.7.2.3 中相同。

8.7.5 <十六进制数字响应数据>

8.7.5.1 功能

<十六进制数字响应数据>元素用于表示隐含基数点的十六进制数字信息。

8.7.5.2 编码语法

<十六进制数字响应数据>定义为：

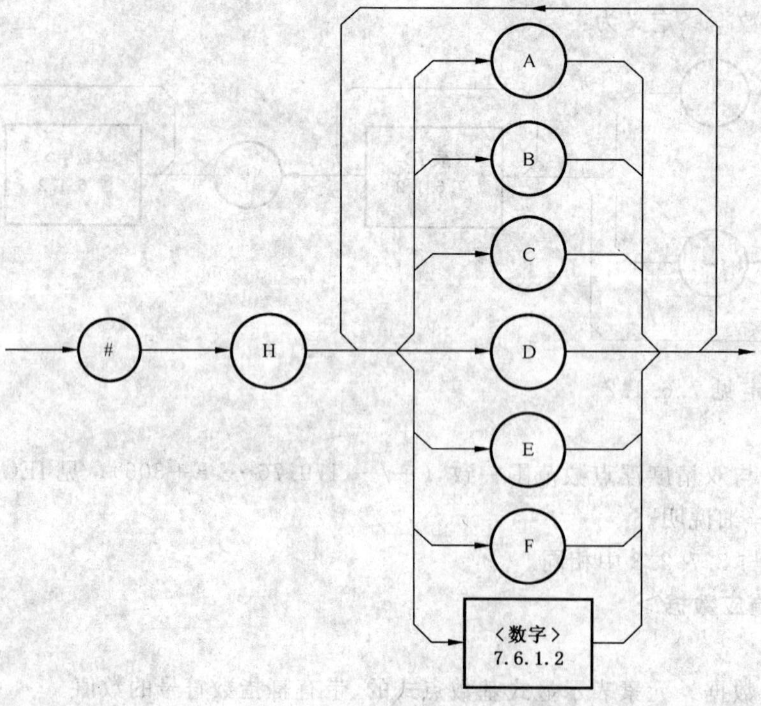

其中＜数字＞定义见 7.6.1.2。

8.7.5.3　**规则**

除了不能选择各种(小写)ISO 7-bit 码外，编码规则与 7.7.4.4.1 相同。

8.7.6　**＜八进制数字响应数据＞**

8.7.6.1　**功能**

＜八进制数字响应数据＞元素用于表示隐含基数点八进制数字信息。

8.7.6.2　**编码语法**

＜八进制数字响应数据＞定义为：

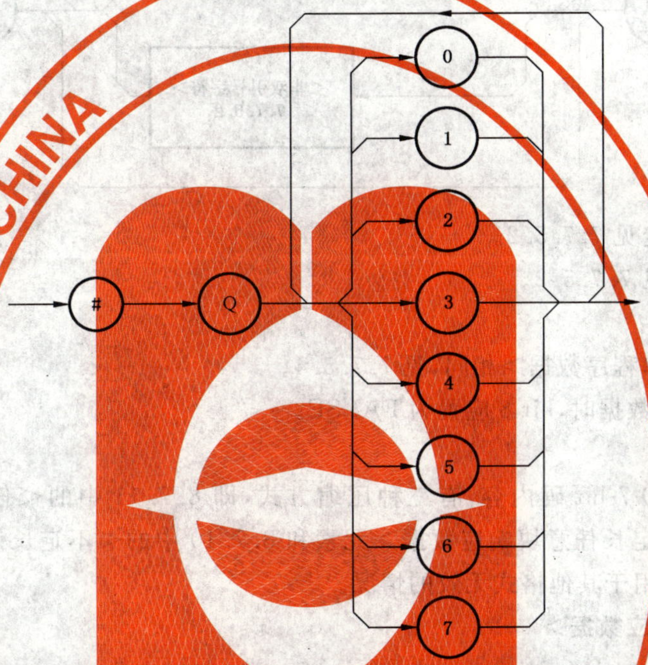

8.7.6.3　**规则**

除了不能选择各种(小写)ISO 7-bit 码外，编码规则与 7.7.4.4.2 相同。

8.7.7　**＜二进制数字响应数据＞**

8.7.7.1　**功能**

＜二进制数字响应数据＞元素用于表示隐含基数点二进制数字信息。

8.7.7.2　**编码语法**

＜二进制数字响应数据＞定义为：

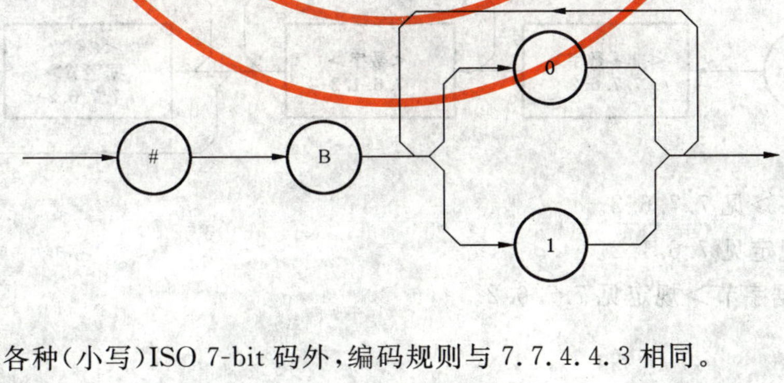

8.7.7.3　**规则**

除了不能选择各种(小写)ISO 7-bit 码外，编码规则与 7.7.4.4.3 相同。

8.7.8　**＜字符串响应数据＞**

8.7.8.1　**功能**

＜字符串响应数据＞元素允许 ISO 7-bit 码中的任何字符作为报文的一部分进行传送(包括非打印字符)，当文本内容需要显示时(如在一个打印机上或 CRT 类型设备上)，这种数据字段尤其有用，＜字符串响应数据>允许使用格式控制符，如回车、换行或空格，以正确实现文本的格式化。

8.7.8.2 编码语法

<字符串响应数据>定义为：

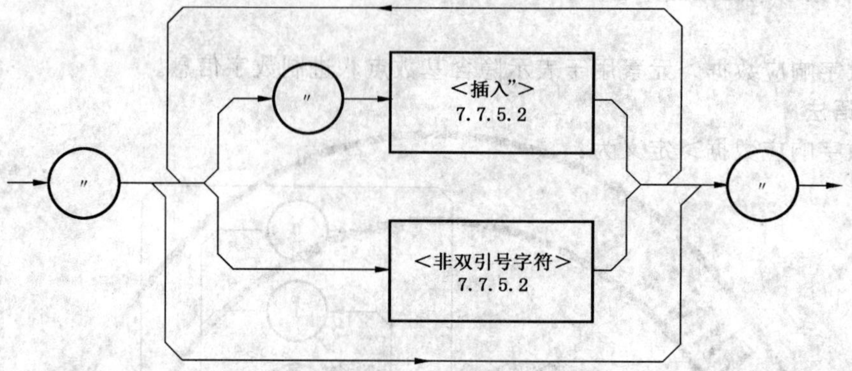

其中<"插入">规定见7.7.5.2。

<非双引号字符>见7.7.5.2。

8.7.8.3 规则

编码规则与<字符串程序数据>相同，见7.7.5.4。

当传送ISO 7-bit码数据时，bit 8应置为FALSE。

8.7.8.4 注释和示例

对设备响应中的ISO 7-bit码内容，有三种压缩方式，即8.7.11中的<任意ISO 7-bit码响应数据>元素，8.7.9中的<定长任意块响应数据>元素和8.7.10中的<不定长任意块响应数据>元素，8.7.10中的表达格式仅用于其他格式无效的情况。

8.7.9 <定长任意块响应数据>

8.7.9.1 功能

<定长任意块响应数据>元素允许任何类型的与设备相关的数据以串行8bit数据字节通过系统接口传送。该元素在发送大量数据、8bit扩展ISO 7-bit码或其他不直接显示的数据时，尤为有用。

第9章说明了与<定长任意块响应数据>元素一起使用的推荐的二进制编码。

8.7.9.2 编码语法

<定长任意块响应数据>定义为：

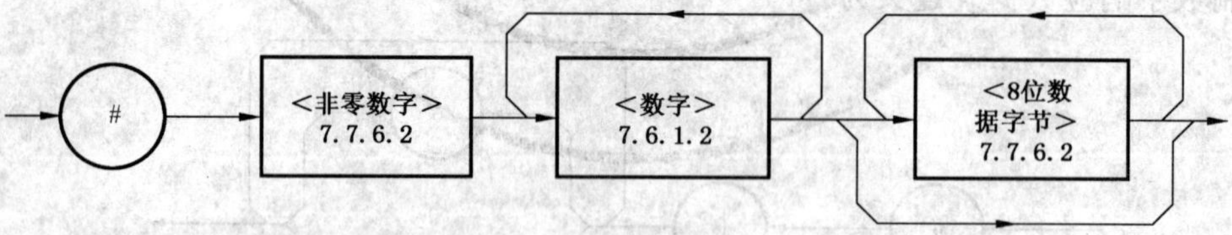

其中，<非零数字>见7.7.6.2。

其中，<数字>规定见7.6.1.2。

其中，<8 bit数据字节>规定见7.7.6.2。

8.7.9.3 规则

规则同7.7.6.4。

8.7.9.4 注释和示例

设备设计者应考虑在指定的接收控制器中缓冲器的容量及有效性的能力，不能认为所有控制器都能自动接收过长的报文。见第14章控制器规范要求。

8.7.10 <不定长任意块响应数据>

8.7.10.1 **功能**

在传送 8 bit 数据字节时,若传送的数据长度未知,或者由于传输速度等其他原因使输出不能分隔成定长数据块时,可采用<不定长任意块响应数据>元素。

功能语法图只允许此元素作为<结束的响应报文>的最后一个元素。(见图 17)。

8.7.10.2 **编码语法**

<不定长任意块响应数据>定义为:

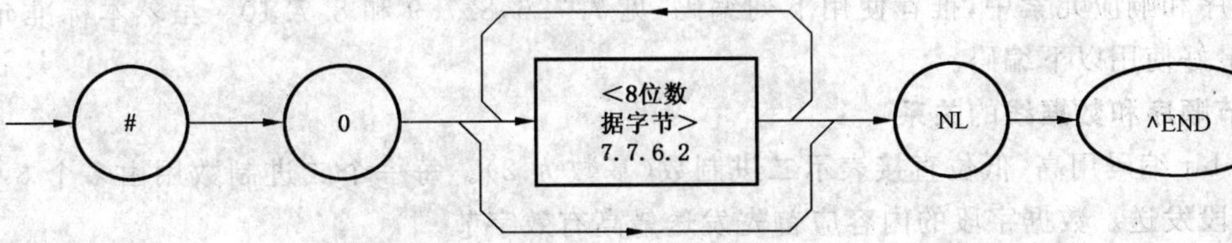

其中,<8 bit 数据字节>规定见 7.7.6.2。

注:GB/T 15946 的 END 报文具有结束本元素和结束<响应报文>的双重功能,它仅与不定长块数据最后一个字节一起发送一次,其中的 NL 是为了与<响应报文结束符>保持一致。

8.7.10.3 **规则**

此格式仅用于在其他<响应数据>元素格式无效的情况下。

8.7.11 <**任意 ISO 7-bit 响应数据**>

8.7.11.1 **功能**

<任意 ISO 7-bit 响应数据>元素可以使设备采用不定界的 ISO 7-bit 码文本方式进行响应。有些场合,此元素便于控制器处理设备信息,如显示文件。

功能语法图只允许本元素在<结束的响应报文>末尾使用(见图 17)。

8.7.11.2 **编码语法**

<任意 ISO 7-bit 响应数据>定义为:

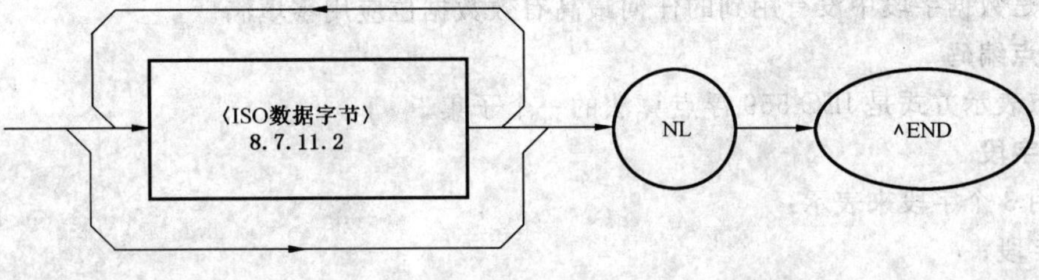

其中,<ISO 7-bit 数据字节>表示除 NL(0A,十进制数 10)以外的任意 ISO 7-bit 码数据字节。

注 1:END 报文对包含任意 ISO 7-bit 码字符的元素具有明确的结束作用。

注 2:GB/T 15946 的 END 报文具有结束本元素和结束<响应报文>的双重功能,它仅与不定长块数据最后一个字节一起发送一次,其中的 NL 是为了与<响应报文结束符>保持一致。

9 报文数据编码

本章说明了设备专用报文编码的特殊格式。本标准的大部分语法和语义定义都采用 ISO 7-bit 码。8 bit 编码可用于特殊的块报文元素:<任意块程序数据>(见 7.7.6),<定长任意块响应数据>(见 8.7.9)和<不定长任意块响应数据>(见 8.7.10)。

9.1 ISO 7-bit 码

ISO 646:1991 ISO 7-bit 码是用于设备专用报文通信的通用数据表示码。在第 7 章及第 8 章中已说明。

ISO 7-bit 码各位与 DIO 信号线的对应关系见表 22。ISO 7-bit 码图见表 23。

表 22 ISO 7-bit 码编码和信号线的关系

ISO 7-bit 码	* *	B7	B6	B5	B4	B3	B2	B1
DIO 线	DIO8	DIO7	DIO6	DIO5	DIO4	DIO3	DIO2	DIO1
注：* * bit 8(DIO8)应为 FALSE，在被设备接收时略去。								

9.2 二进制 8-bit 整数码

在块程序和响应元素中，推荐使用下列编码，见 7.7.6，8.7.9 和 8.7.10。虽然本标准允许使用其他编码，但最好使用以下编码。

9.2.1 字节顺序和数据线的关系

二进制 bit 编码用高、低位直接表示二进制数(基数为 2)。每一个二进制数用由多个 8 bit 字节组成的数据字段发送。数据字段的内容应首先发送最高有效字节。

典型的数据字段说明如下：

```
顺序：|← 字节 1 →|         |← 字节 2 →|
      8 7 6 5 4 3 2 1       8 7 6 5 4 3 2 1
      ^                                   ^
      MSB(最高有效位位置)   LSB(最低有效位位置)
```

二进制码应该是 1，2，4 或 8 个字节宽度。

9.2.2 二进制整数码

在数据字段中，二进制整数码是右侧对齐，基点在最低有效位位置的右侧，也可以采用 2 的补码形式的数据，最高有效位位置的内容被解释为符号位。如果设备数据字没有字段宽，则最高有效位(符号位)应扩展以填满字段。

9.2.3 二进制无符号整数码

二进制无符号整数也是右侧对齐，但数据中的最高有效位不解释为符号，而是作为一个正数的最高有效位，因此凡是数据字段中没有用到的任何最高有效数据位应用零填满。

9.3 二进制浮点编码

本条的浮点表示方式是 IEC 559 浮点算法的一个子集。

9.3.1 浮点码字段

浮点数应用 3 个字段来表示：

1) 符号字段；

2) 指数字段；

3) 分数字段。

字段的大小由数的精度确定。

单精度数：

符号字段宽度	1 位	E(max)	+127
指数字段宽度	8 位	E(min)	−126
分数字段宽度	23 位	指数偏移量	+127
总宽度	32 位		

双精度数：

符号字段宽度	1 位	E(max)	+1023
指数字段宽度	11 位	E(min)	−1022
分数字段宽度	52 位	指数偏移量	+1023
总宽度	64 位		

表 23 ISO 7-bit 编码图

虚线区对应<白空格>定义的编码范围

B4	B3	B2	B1								
B7				0	0	0	0	1	1	1	1
B6				0	0	1	1	0	0	1	1
B5				0	1	0	1	0	1	0	1
位				控制符		数字字符		大写字母		小写字母	
0	0	0	0	0 NUL 0 0	20 DLE 10 16	40 0 SP 20 32	60 16 0 30 48	100 0 @ 40 64	120 16 P 50 80	140 0 ` 60 96	160 16 p 70 112
0	0	0	1	1 GTL SOH 1 1	21 LLO DC1 11 17	41 1 ! 21 33	61 17 1 31 49	101 1 A 41 65	121 17 Q 51 81	141 1 a 61 97	161 17 q 71 113
0	0	1	0	2 STX 2 2	22 DC2 12 18	42 2 " 22 34	62 18 2 32 50	102 2 B 42 66	122 18 R 52 82	142 2 b 62 98	162 18 r 72 114
0	0	1	1	3 ETX 3 3	23 DC3 13 19	43 3 # 23 35	63 19 3 33 51	103 3 C 43 67	123 19 S 53 83	143 3 c 63 99	163 19 s 73 115
0	1	0	0	4 SDC EOT 4 4	24 DCL DC4 14 20	44 4 $ 24 36	64 20 4 34 52	104 4 D 44 68	124 20 T 54 84	144 4 d 64 100	164 20 t 74 116
0	1	0	1	5 PPC ENQ 5 5	25 PPU NAK 15 21	45 5 % 25 37	65 21 5 35 53	105 5 E 45 69	125 21 U 55 85	145 5 e 65 101	165 21 u 75 117
0	1	1	0	6 ACK 6 6	26 SYN 16 22	46 6 & 26 38	66 22 6 36 54	106 6 F 46 70	126 22 V 56 86	146 6 f 66 102	166 22 v 76 118
0	1	1	1	7 BEL 7 7	27 ETB 17 23	47 7 ' 27 39	67 23 7 37 55	107 7 G 47 71	127 23 W 57 87	147 7 g 67 103	167 23 w 77 119
1	0	0	0	10 GET BS 8 8	30 SPE CAN 18 24	50 8 (28 40	70 24 8 38 56	110 8 H 48 72	130 24 X 58 88	150 8 h 68 104	170 24 x 78 120
1	0	0	1	11 TCT HT 9 9	31 SPD EM 19 25	51 9) 29 41	71 25 9 39 57	111 9 I 49 73	131 25 Y 59 89	151 9 i 69 105	171 25 y 79 121
1	0	1	0	12 LF A 10	32 SUB 1A 26	52 10 * 2A 42	72 26 : 3A 58	112 10 J 4A 74	132 26 Z 5A 90	152 10 j 6A 106	172 26 z 7A 122
1	0	1	1	13 VT B 11	33 ESC 1B 27	53 11 + 2B 43	73 27 ; 3B 59	113 11 K 4B 75	133 27 [5B 91	153 11 k 6B 107	173 27 { 7B 123
1	1	0	0	14 FF C 12	34 FS 1C 28	54 12 , 2C 44	74 28 < 3C 60	114 12 L 4C 76	134 28 \ 5C 92	154 12 l 6C 108	174 28 | 7C 124
1	1	0	1	15 CR D 13	35 GS 1D 29	55 13 — 2D 45	75 29 = 3D 61	115 13 M 4D 77	135 29] 5D 93	155 13 m 6D 109	175 29 } 7D 125
1	1	1	0	16 SO E 14	36 RS 1E 30	56 14 . 2E 46	76 30 > 3E 62	116 14 N 4E 78	136 30 ^ 5E 94	156 14 n 6E 110	176 30 ~ 7E 126
1	1	1	1	17 SI F 15	37 US 1F 31	57 15 / 2F 47	77 UNL ? 3F 63	117 15 O 4F 79	137 UNT — 5F 95	157 15 o 6F 111	177 DEL (BUBOUT) 7F 127
				专令群	通令群	听地址群		讲地址群		副地址群或副命令群	

图例

八进制数	25	PPU	GB/T 15946 代码
	NAK		ISO 7-bit字符
十六进制数	15	21	十进制数

9.3.2 基本格式

单、双精度数的格式由下面三个字段组成：

1) 1 bit 符号　　　　s(s=0 正数,s=1 负数)

2) 带偏移量的指数　　e=E+偏移量

3) 分数　　　　　　　f=.b(1)b(2)…… b(p−1)

其中,p=有效位的数目

b(n)=0 或 1

无偏移量指数的范围可以是在 E(min)和 E(max)之间的任一整数;也可以是另外两个保留值 E(min)−1到编码值±0 之间的任一整数;还可以是 E(max)+1 到编码±∞之间的任一整数;或者非数字符号 NaNs。上述参数在 9.3.1 中给出。每一个非零数字值只有一个编码,各字段解释如下:

9.3.2.1 单

一个 32 位单格式数字 X 可被分,如 9.3.2 所示。X 的值 v 可以从它组成的字段推断出来。因此,

1) 如果 e=255,f≠0,　则无论 s 为何值,v 均为 NaNs

2) 如果 e=255,f=0　　则 $v=(-1)^s\infty$

3) 如果 0<e<255　　　则 $v=(-1)^s 2^{e-127}(1.f)$

4) 如果 e=0,f≠0　　　则 $v=(-1)^s 2^{-126}(0.f)$

(非标准数)

5) 如果 e=0,f=0　　　则 $v=(-1)^s 0$

9.3.2.2 双

一个 64 位格式数 X 可被分割,如 9.3.2 所示。X 的值 v 可以从它组成的字段推断出来。因此,

1) 如果 e=2 047,f≠0,　则无论 s 为何值,v 均为 NaNs

2) 如果 e=2 047,f=0　　则 $v=(-1)^s\infty$

3) 如果 0<e<2 047　　　则 $v=(-1)^s 2^{e-1023}(1.f)$

4) 如果 e=0,f≠0　　　　则 $v=(-1)^s 2^{-1022}(0.f)$

(非标准数)

5) 如果 e=0,f=0　　　　则 $v=(-1)^s 0$

9.3.3 发送顺序

9.3.3.1 单精度数字

单精度数字用 4 个字节发送。发送应根据下列 DIO 信号线和字段之间的关系构成:

DIO —	8	7	6	5	4	3	2	1	
	S	E ^ MSBE	E	E	E	E	E	E	首字节发送
	E ^ LSBE	F ^ MSBF	F	F	F	F	F	F	次字节发送
	F	F	F	F	F	F	F	F	第三字节发送
	F	F	F	F	F	F	F	F ^ LSBF	第四字节发送

其中:MSBE 是指数的最高有效位。

LSBE 是指数的最低有效位。

MSBF 是分数的最高有效位。

LSBF 是分数的最低有效位。

S　是符号位。

E　是指数位。

F　是分数位。

9.3.3.2　双精度数字

双精度数字用8个字节发送，发送应根据下列DIO信号线和字段之间的关系构成：

DIO —	8	7	6	5	4	3	2	1	
	S	E	E	E	E	E	E	E	首字节发送
		∧							
	MSBE								
	E	F	F	F	F	F	F	F	次字节发送
	∧	∧							
LSBE		MSBF							
	F	F	F	F	F	F	F	F	第三到第七字节发送
	F	F	F	F	F	F	F	F	最后字节发送
								∧	
								LSBF	

其中：MSBE是指数的最高有效位。

LSBE是指数的最低有效位。

MSBF是分数的最高有效位。

LSBF是分数的最低有效位。

S是符号位。

E是指数位。

F是分数位。

9.3.4　单精度数字示例

单精度数字可用下面四个字节进行编码。

01000010	11100000	00000000	00000000
se---------	ef---------	------------	-----------f

其中数字的值：　　　　　　　　　　　　二进制　　　十进制

v	$=(-1)^s 2^{e-127}(1.f)$	s=	0	=0
	$=(-1)^0 2^6 (1.75)$	e=	10000101	=133
	$=(64)(1.75)$	f=	.110	=.75
	$=112$			

10　公共命令和查询

本章描述了公共命令和查询，包括了每个命令的说明信息及一致性要求。表24按字母顺序列出了本标准定义的全部公共命令头。表25按功能分组列出了同样的命令。这些命令和查询的语法遵循7.1中的规则。

表 24 公共命令头

助记符	名 称	章 条 号
*AAD	接受地址命令	10.1
*CAL?	校准查询	10.2
*CLS	清除状态命令	10.3
*DDT	定义设备触发命令	10.4
*DDT?	定义设备触发查询	10.5
*DLF	禁止听者功能命令	10.6
*DMC	定义宏命令	10.7
*EMC	使能宏命令	10.8
*EMC?	使能宏查询	10.9
*ESE	标准事件状态使能命令	10.10
*ESE?	标准事件状态使能查询	10.11
*ESR?	标准事件状态寄存器查询	10.12
*GMC?	取宏内容查询	10.13
*IDN?	识别查询	10.14
*IST?	单个状态查询	10.15
*LMC?	学习宏查询	10.16
*LRN?	学习设备设置查询	10.17
*OPC	操作完成命令	10.18
*OPC?	操作完成查询	10.19
*OPT?	选项识别查询	10.20
*PCB	传递控制权返回命令	10.21
*PMC	清除宏命令	10.22
*PRE	并行轮询寄存器使能命令	10.23
*PRE?	并行轮询寄存器使能查询	10.24
*PSC	上电状态清除命令	10.25
*PSC?	上电状态清除查询	10.26
*PUD	保护用户数据命令	10.27
*PUD?	保护用户数据查询	10.28
*RCL	重呼命令	10.29
*RDT	源方描述传送命令	10.30
*RDT?	源方描述传送查询	10.31
*RST	复位命令	10.32
*SAV	存储命令	10.33
*SRE	服务请求使能命令	10.34
*SRE?	服务请求使能查询	10.35
*STB?	读状态字节查询	10.36
*TRG	触发命令	10.37
*TST?	自测试查询	10.38
*WAI	等待继续命令	10.39

表 25 公共命令组

助记符	组别	一致性要求	章条号
*AAD	自动组态	可选[a]	10.1
*DLF	自动组态	可选[a]	10.6
*IDN?	系统数据	必备	10.14
*OPT?	系统数据	可选	10.20
*PUD	系统数据	可选	10.27
*PUD?	系统数据	可选	10.28
*RDT	系统数据	可选	10.30
*RDT?	系统数据	可选	10.31
*CAL?	内部操作	可选	10.2
*LRN?	内部操作	可选	10.17
*RST	内部操作	必备	10.32
*TST	内部操作	必备	10.38
*OPC	同步化	必备	10.18
*OPC?	同步化	必备	10.19
*WI	同步化	必备	10.39
*DMC	宏命令	可选[a]	10.7
*EMC	宏命令	可选[a]	10.13
*EMC?	宏命令	可选[a]	10.9
*GMC?	宏命令	可选[a]	10.13
*LMC?	宏命令	可选[a]	10.16
*PMC	宏命令	可选[a]	10.22
*IST?	并行轮询	必备(如果 PP1)	10.15
*PRE	并行轮询	必备(如果 PP1)	10.23
*PRE?	并行轮询	必备(如果 PP1)	10.24
*CLS	状态和事件	必备	10.3
*ESE	状态和事件	必备	10.10
*ESE?	状态和事件	必备	10.11
*ESR?	状态和事件	必备	10.12
*PSC	状态和事件	可选	10.25
*PSC?	状态和事件	可选	10.26
*SRE	状态和事件	必备	10.34
*SRE?	状态和事件	必备	10.35
*STB?	状态和事件	必备	10.36
*DDT	触发	可选(如果 DT1)	10.4
*DDT?	触发	可选(如果 DT1)	10.5
*TRG	触发	必备(如果 DT1)	10.37
*PCB	控制器	必备(如果不是 CO)	10.21
*RCL	存储设置	可选[a]	10.29
*SAV	存储设置	可选[a]	10.33

[a] 如果自动组态、宏命令或存储设置中任何一组的任何命令被执行，则该组中的所有命令都应被执行。

如果收到一个未执行公共命令,6.1.6.1.1要求设备应产生一个命令差错。

10.1 *ADD,接受地址命令

10.1.1 功能和要求

本命令与地址设置协议配合,可以使控制器检查所有地址可组态的设备(即可执行本命令的设备),并对每一台这样的设备指定一个GB/T 15946的地址。当控制器完成设备辨识逐字节搜索时,地址可组态设备将被检测,在此后被指定一个地址,地址设置协议启动这一辨识搜索并反复执行,直到全部地址可组态设备都被检测到。本命令详细地执行要求见13.4.2 *AAD公共命令要求。

10.1.2 语法

指定地址命令的语法定义为后面紧跟＜程序报文结束符＞的＜命令程序头＞。该＜命令程序头＞定义为'*AAD'。

10.1.3 语义

见13.2.2.1。

10.1.4 相关的公共命令

*DLF——执行过程要求这一可选命令。

10.1.5 标准一致性

可选。

10.1.6 差错处理

见13.2.2.1。

10.2 *CAL?,校准查询

10.2.1 功能和要求

本命令使设备执行内部自校准过程,然后产生响应,表明设备是否已无误地完成自校准。响应中也可能包含关于校准差错的附加信息。见10.2.3。

本查询不要求任何与本地操作者的相互作用来完成此功能。也不会产生违反GB/T 15946或本标准的总线条件。此外,自校准的范围由设计者自行确定。

执行*CAL?后,设备要回到校准周期前的状态或设备文件中说明的其他特定操作状态。见4.9。

10.2.2 查询结构

10.2.2.1 查询语法

本查询的语法只定义为＜查询程序头＞。该＜查询程序头＞定义为'*CAL?'。

10.2.2.2 响应语法

本查询的响应语法定义为单个＜NR1数字响应数据＞,该＜NR1数字响应数据＞处在－32767～＋32767范围内。

10.2.3 响应语义

零值表示校准已正确无误地完成。非零值表示校准未完成或完成了但发生差错。非零响应的语义由设备设计者自行确定。

10.2.4 相关的公共命令

无。

10.2.5 标准一致性

可选。不要求其他可选命令。

10.3 *CLS,清除状态命令

10.3.1 功能和要求

本命令清除状态数据结构,见11.1.2,并强制设备进入操作完成命令空闲状态和操作完成查询空闲状态,见12.5.2和12.5.3。

如果清除状态命令紧跟在一个＜程序报文结束符＞后面,则由于＜程序报文结束符＞后面任何新的＜程序报文＞会清除输出队列，输出队列和 MAV 位将被清除。见 6.3。

10.3.2 语法

本命令的语法定义为＜命令程序头＞。该＜命令程序头＞ 被定义为‘ * CLS’。

10.3.3 语义

无。

10.3.4 相关的公共命令

无。

10.3.5 标准一致性

必备。

10.4 * DDT，定义设备器触发命令

10.4.1 功能和要求

定义设备触发命令存储一个命令序列。当收到一组执行触发(GET)GB/T 15946 接口报文或 * TRG 公共命令时，该命令序列将被执行，见 10.37。* RST 公共命令应将该命令序列设置为设备定义的状态，见 10.32。

10.4.2 语法

定义设备触发命令的语法被定义为后面跟随＜程序头分隔符＞的＜命令程序头＞。该＜程序头分隔符＞后还应跟随一个＜任意块程序数据＞元素。该＜命令程序头＞被定义为‘ * DDT’。

10.4.3 语义

＜任意块程序数据＞或包含一个将被执行的＜程序报文单元＞元素序列，或包含一个零长度数据字段。零长度字段表示在收到一组执行触发(GET)GB/T 15946 接口报文或 * TRG 公共命令时，不进行任何操作。

10.4.4 相关的公共命令

* DDT? ——伴随查询。

10.4.5 标准一致性

可选，要求 DT1 子集。

10.4.6 差错处理

10.4.6.1 过长数据块

如果设备收到太长的数据块时，要产生执行差错。见 6.1.7 和 11.5.1.1.5。设备文件应规定数据块的最大长度要求。

10.4.6.2 块数据查错

包含在块中的任何命令或执行差错，可以立即查出，也可以推迟到执行完宏命令时查出。

10.4.6.3 递归

如果存储的命令序列中包含 * TRG 或包含扩展后会导致执行 * TRG 的使能宏命令标记，则将发生递归。通过发送 DCL 或 SDC 应用程序仅可以停止递归。设备可以允许递归无限循环，或在达到设备定义的递归水平时报告一个执行差错。设备文件中应说明处理递归的方法。见 4.9。

10.4.7 示例

* DDT #217 TRIGWFM;MEASWFM?

GET 将立即触发一个波形，并完成一个查询。此查询将得到的波形置于设备的输出队列中。

10.5 * DDT?，定义设备触发查询

10.5.1 功能和要求

当收到一组执行触发或 * TRG 命令时，本查询允许程序设计者检查命令序列。

10.5.2 查询结构

10.5.2.1 查询语法

定义设备触发查询的语法定义为一个＜查询程序头＞，该＜查询程序头＞ 被定义为‘ * DDT?’。

10.5.2.2 响应语法

定义设备触发查询的响应语法定义为＜定长任意块响应数据＞元素。

10.5.3 响应语义

＜定长任意块响应数据＞元素包含一个＜程序报文单元＞元素序列。当收到 GET 或 * TRG 时，序列将执行。

“无命令序列存储”的条件将引起一个零长度块响应。

10.5.4 相关的公共命令

*DDT——执行过程要求这个可选命令。这个命令是伴随命令。

10.5.5 标准一致性

可选，要求 DT1 子集。

10.6 *DLF，禁止听着功能命令

10.6.1 功能和要求

禁止听者功能命令使设备停止成为听者(转到 L0 子集)。若设备离开 DCAS 状态后，收到的第一个设备专用报文为此命令，那么要在收到＜程序报文结束符＞后 100 ms 内设备将停止听者功能。本命令的详细执行要求见 13.4.1 *DLF 公共命令要求。以后的 DCL 报文会恢复听者功能，设备在进入 DCAS 后 100 ms 内恢复听者功能。

10.6.2 语法

禁止听者功能命令的语法定义为＜命令程序头＞后紧跟＜程序报文结束符＞。该＜命令程序头＞定义为‘*DLF’。

10.6.3 语义

*DLF 命令后应紧跟不带参数的＜程序报文结束符＞。

10.6.4 相关的公共命令

*AAD——执行过程需要这个可选命令。

10.6.5 标准一致性

可选。

10.6.6 查错处理

更多信息见 13.2.1。

10.7 *DMC，定义宏命令

10.7.1 功能和要求

定义宏命令允许程序设计者把一序列零或多个＜程序报文单元＞元素指定为一个宏标号，当这个宏标号作为＜命令程序头＞或＜查询程序头＞被接收时，此序列被执行。

10.7.2 语法

定义宏命令语法定义为＜命令程序头＞，其后跟随＜程序头分隔符＞，再跟随＜字符串程序数据＞，再跟随＜程序数据分隔符＞，再跟随＜任意块程序数据＞元素。该＜命令程序头＞定义为‘*DMC’。

10.7.3 语义

＜字符串程序数据＞包含宏标记。宏标记可以是＜简单命令程序头＞或＜复合命令程序头＞也可以是＜简单查询程序头＞或＜复合查询程序头＞，但宏标记不能是＜公共命令程序头＞(见 7.6.1.2)或＜公共查询程序头＞(见 7.6.2.2)。

注意：＜字符串程序数据＞首字符前的任何＜白空格＞都不能认为是宏标记的一部分。

宏标记可以与设备专用的＜命令程序头＞或＜查询程序头＞相同。在这种情况下，所提供的宏命令将使能(见 10.8)，在＜程序报文＞中收到的宏标记将作为宏命令的扩展被执行，但它不是与之同名

的设备专用命令。该设备专用命令在禁止宏命令的情况下仍可被执行。

<任意块程序数据>包含已有标记的<程序报文单元>元素序列。

在执行过程中,参数可传递给序列,在序列中参数占位符号表示为一个美元符号(ISO 7-bit 码 24,十进制 36)后跟随一个从 1～9 的数字(ISO7-bit 码 31～39,十进制 49～57)。当用作头时,跟随在宏标记之后的第一个<程序数据>元素被参数占位符号替代,标记为 $1。第二个<程序数据>元素用$2替代,这一替代过程一直延续到 9 个参数。

占位符号必须在序列中出现,才能成为一个完整的<程序数据>元素。7.3.2 表达了<程序数据>元素在<程序报文单元>中的允许位置。7.7.7 表达了<程序数据>元素如何出现在<表达式>中。

10.7.4 相关的公共命令

* PMC 在执行过程中要求这个可选命令
* GMC? 在执行过程中要求这个可选查询
* LMC 在执行过程中要求这个可选命令
* EMC 在执行过程中要求这个可选命令
* EMC? 在执行过程中要求这个可选查询

10.7.5 标准一致性

可选。

10.7.6 查错处理

10.7.6.1 过长块

当设备收到过长块时,应报告执行查错。见 6.1.7 和 11.5.1.1.5。

最大长度是设备特有的,应在设备文件中说明。

10.7.6.2 宏标记查错

当设备收到过长的宏标记时,应报告执行差错。

最大标记长度是设备特有的,应在设备文件中说明。

如果宏标记不遵守 7.6 中<命令程序头>或<查询程序头>语法,应报告执行差错。

10.7.6.3 块数据差错

包含在块中任何命令差错或执行差错均可立刻查出,也可以推迟到宏命令执行完毕。

10.7.6.4 重定义现有宏命令

重定义现有宏命令将引起执行差错。

10.7.6.5 参数查错

如果命令序列要求的参数数目与宏标记后面的参数数目不符,设备将产生命令差错。

在参数替换后,设备应完成正常的参数检测。

10.7.6.6 递归

如果<程序报文单元>元素序列中包含使能宏命令的标记,并且该宏标记的扩展引起正被定义的宏命令的执行,则将发生递归。通过发送 DCL 或 SDC 应用程序仅可以停止递归。设备可以允许递归无限循环,或在达到设备定义的递归水平时报告一个执行差错。设备文件中应说明处理递归的方法。见 4.9。

10.7.7 示例

1) *DMC"HOME",#18 MOVE 0,0

该宏命令标记了一个发送到笔式绘图仪的命令,使之回到起始位置。

2) *DMC"SLO",#210 SPEED SLOW

该宏命令表示一个较长命令的缩写,从而减少了总线通信。

3) *DMC "SETUP1",#222 VOLT14.5;CURLIM 2E-3

SETUP1 将由设备扩展成 VOLT14.5;CURLIM 2E-3

4) ＊DMC "TEST-A",＃221 BEGFREQ ＄1;ENDFREQ ＄2

这个示例说明如何使用参数。该宏命令需要两个参数,设备解释 TEST-A1000,2000 与 BEGFREQ1000 和 ENDFREQ2000 是一样的。

5) ＊DMC"CLK-EXT",＃219HORIZ:CLOCK:EXT:NEG

这个命令给出了一个速记符号,它为下降沿敏感的示波器的水平触发器选择一个外部时钟。

6) ＊DMC "SWEEP-SET",＃234 START＄1;MARK1＄1;STOP＄2;MARK2＄2

该宏命令说明了如何再使用参数。第一个参数用于设置起始频率及一个标志的位置,第二个参数用于调协结束频率和另一个标志的位置。SWEEP-SET 1E6,5E6 与 START 1E6;MARK1 1E6;STOP 5E6;MARK2 5E6 等价。

10.8 ＊EMC,使能宏命令

10.8.1 功能和要求

本命令用来使能或禁止宏扩展,宏命令定义不受本命令影响。本命令的用途之一是为了执行与宏命令同名的设备专用命令而关闭宏扩展。

10.8.2 语法

本命令的语法由＜命令程序头＞,＜程序头分隔符＞和＜十进制数字程序数据＞元素构成。该＜命令程序头＞定义为'＊EMC'。

10.8.3 语义

＜十进制数字程序数据＞的值确定了被定义的宏命令是使能还是禁止。

＜十进制数字程序数据＞舍入后为 0 整数值时,禁止任何被定义的宏命令。

＜十进制数字程序数据＞舍入后为非零的整数时,任何定义的宏命令使能,其允许的范围应为－32 767～＋32 767。

10.8.4 相关的公共命令

＊PMC 在执行过程中要求这个可选命令

＊GMC? 在执行过程中要求这个可选查询

＊DMC 在执行过程中要求这个可选命令

＊LMC 在执行过程中要求这个可选命令

＊EMC? 在执行过程中要求这个可选查询

10.8.5 标准一致性

可选。

10.8.6 查错处理

如果＜十进制数字程序数据＞单元不能舍入为－32767～＋32767 范围内的整数,应报告执行差错。

10.8.7 示例

假设交流电源使用"OUTPUT"命令,该"OUTPUT"命令有两个参数:电压和频率。下面的新定义对"OUTPUT"重新定义为只取一个参数,电压。频率总是为 1kHz。

＊DMC"OUTPUT",＃228 EMC0;OUTPUT＄1,1000;＊EMC1

10.9 ＊EMC?,使能宏查询

10.9.1 功能和要求

本命令允许程序设计者查询宏命令是否使能,返回值为"0"表示宏命令被禁止,返回值为"1"则表明宏命令使能。

10.9.2 查询结构

10.9.2.1 查询语法

本查询的语法仅由＜查询程序头＞构成。该＜查询程序头＞被定义为'＊EMC?'。

10.9.2.2 响应语法

本查询的响应语法由＜NR1 数字响应数据＞元素构成。该＜NR1 数字响应数据＞应是单个 ISO 7-bit码字节的“0”(30,十进制 48)或“1”(31,十进制 49)。

10.9.3 响应语义

“0”值表示宏命令被禁止,“1”值表示宏命令使能。

10.9.4 相关的公共命令

*PMC 在执行过程中要求这个可选命令

*GMC? 在执行过程中要求这个可选查询

*DMC 在执行过程中要求这个可选命令

*LMC 在执行过程中要求这个可选命令

*EMC 在执行过程中要求这个可选命令

10.9.5 标准一致性

可选。

10.10 *ESE,标准事件状态使能命令

10.10.1 功能和要求

本命令对标准事件状态使能寄存器的各位进行设置,见 11.5.1.3。

10.10.2 语法

本命令的语法由＜命令程序头＞,＜程序头分隔符＞和＜十进制数字程序数据＞元素构成。该＜命令程序头＞定义为‘*ESE’。

10.10.3 语义

＜十进制数字程序数据＞舍入为整数值并以 2 为基数(二进制)表示时,表示标准事件状态使能寄存器的各位值,见 11.4.2.3。

该整数值在 0～255 范围内。

10.10.4 相关的公共命令

*ESE? ——伴随查询

*PSC——上电时标准事件状态使能寄存器是否被清除。

10.10.5 标准一致性

必备。

10.10.6 差错处理

超出范围的整数将引起执行查错,见 11.5.1.1.5。

10.11 *ESE?,标准事件状态使能查询

10.11.1 功能和要求

本查询允许程序设计者确定标准事件状态使能寄存器的现存内容,见 11.5.1.3。

10.11.2 查询结构

10.11.2.1 查询语法

本查询的语法仅由＜查询程序头＞构成。该＜查询程序头＞被定义为‘*ESE?’。

10.11.2.2 响应语法

本查询的响应语法由＜NR1 数字响应数据＞元素构成。＜NR1 数字响应数据＞应在 0～255 范围内。

10.11.3 响应语义

＜NR1 数字响应数据＞用以 2 为基数(二进制)表示的整数值表示,表示标准事件状态使能寄存器的各位值见 11.4.2.3.2。

10.11.4 相关的公共命令

*ESE——伴随命令。

10.11.5 标准一致性

必备。

10.12 *ESR?,标准事件状态寄存器查询

10.12.1 功能和要求

本查询允许程序设计者确定标准事件状态寄存器的现存内容,读标准事件状态寄存器时,寄存器将被清除,见11.5.1.2。

10.12.2 查询结构

10.12.2.1 查询语法

本查询的语法仅由＜查询程序头＞构成。该＜查询程序头＞被定义为'*ESR?'。

10.12.2.2 响应语法

本查询的响应语法由＜NR1数字响应数据＞元素构成。＜NR1数字响应数据＞应在0～255范围内。

10.12.3 响应语义

＜NR1数字响应数据＞用以2为基数(二进制)表示的整数值表示,表示标准事件状态使能寄存器的各位值见11.5.1。

10.12.4 相关的公共命令

无。

10.12.5 标准一致性

必备。

10.13 *GMC?,取宏命令内容查询

10.13.1 功能和要求

本查询允许从设备中找回宏命令的现行定义。

10.13.2 查询结构

10.13.2.1 查询语法

本查询的语法由＜查询程序头＞,＜程序头分隔符＞和＜字符串程序数据＞元素构成。该＜查询程序头＞被定义为'*GMC?'。

10.13.2.2 响应语法

本查询的响应语法由＜定长任意块响应数据＞元素构成。

10.13.3 语义

10.13.3.1 参数语义

＜字符串程序数据＞元素中的数据必须是现已定义的宏命令标记。

10.13.3.2 响应语义

＜定长任意块响应数据＞元素中包含＜程序报文单元＞序列,当收到该宏命令标记时,序列将被执行。

"无命令序列存储"的情况将产生零长度块响应。

10.13.4 相关的公共命令

*PMC 在执行过程中要求这个可选命令

*EMC 在执行过程中要求这个可选命令

*EMC? 在执行过程中要求这个可选查询

*DMC 在执行过程中要求这个可选命令

*LMC 在执行过程中要求这个可选命令

10.13.5 标准的一致性

可选。

10.13.6 差错处理

如果程序设计者企图找回未被定义的宏命令内容，设备应返回零长度块并报告执行差错。

10.14 * IDN?，识别查询

10.14.1 功能和要求

本查询的目的是在系统接口中找出设备的唯一标识。

10.14.2 查询结构

10.14.2.1 查询语法

本查询的语法仅由＜查询程序头＞构成。该＜查询程序头＞被定义为‘* IDN?’。

10.14.2.2 响应语法

本查询的响应语法是由＜任意 ISO 7-bit 码响应数据＞元素构成，这隐含着 * IDN? 查询应是＜结束的程序报文＞中最后一个＜查询报文单元＞(见 8.7.11 和 6.4.3)。

10.14.3 响应语义

响应由逗号分隔的四个字段组成，字段定义如下：

字段 1	生产厂家	必要的
字段 2	型号	必要的
字段 3	系列号	不使用时为 ISO 7-bit 码字符 0
字段 4	固件水平或等同内容	不使用时为 ISO 7-bit 码字符 0

注：ISO 7-bit 码字符 0 代表单个 ISO 7-bit 码字节 30(十进制 48)。

各字段中必须有数据，如果域 3 或域 4 中没有相应数据，必须响应 ASCII 码字符 0。

各域中可包含 20 到 7E 之间的任意 7bitASCII 码字节(十进制为 32 到 126)，但逗号(2C，十进制 44)和分号(3B，十进制 59)除外。

* IDN? 响应的长度一般要小于或等 72 字符。

各域的确定格式(除了 ASCII 码字符 0 表示空域外)留给设备设计者确定。

10.14.4 相关的公共命令

无。

10.14.5 标准一致性

必备。

10.14.6 示例

下面是一个假设的 XYZCO 公司的 246B 型产品关于 * IDN? 的响应。它用"XYZCO"代表厂家，系列号为 S000-123-02，无硬件版本号。

XYZCO，246B，S000-02，0。

10.15 * IST?，个别状态查询

10.15.1 功能和要求

个别状态查询允许程序员读 GB/T 15946 定义的设备提供的"ist"本地报文的现行状态。见 11.6.2。

10.15.2 查询结构

10.15.2.1 查询语法

个别状态查询的语法只被定义为＜查询程序头＞。＜查询程序头＞被定义为："* IST?"。

10.15.2.2 响应语法

本查询的响应语法定义为一个＜NR1 数字响应数据＞，其值为 0 或 1(30 或 31，十进制 48 或 49)的 ASCII 码字节。

10.15.3 响应语义

<NR1 数字响应数据>元素为“0”值时，表示 ist 本地报文为 FALSE。

<NR1 数字响应数据>元素为“1”时，表示 ist 本地报文为 TRUE。

本查询的响应决定于仪器的现行状态。

10.15.4 相关的公共命令

无。

10.15.5 标准一致性

执行 PP1 子集的设备必备。

10.16 ＊**LMC**?，学习宏命令查询

10.16.1 功能和要求

本查询返回现行定义的宏命令标记。

10.16.2 查询结构

10.16.2.1 查询语法

本查询的语法仅由<查询程序头>构成。该<查询程序头>被定义为‘＊LMC?’。

10.16.2.2 响应语法

本查询响应语法是由用<响应数据分隔符>分隔的、一个或多个<字符串响应数据>元素序列构成。

10.16.3 响应语义

<字符串响应数据>包括设备现行定义的宏命令标记，并采用＊DMC 命令，见 10.7。

如果没有已定义的宏命令标记，响应应是零字符串数据的单个<字符串响应数据>。即两个连续的双引号标志(“”)。

响应与设备的宏命令使能或宏命令禁止状态无关。

10.16.4 相关的公共命令

见 10.22，＊PMC 命令。

＊PMC 在执行过程中要求这个可选命令

＊DMC 在执行过程中要求这个可选命令

＊EMC 在执行过程中要求这个可选命令

＊EMC? 在执行过程中要求这个可选查询

＊GMC? 在执行过程中要求这个可选查询

10.16.5 标准一致性

可选。

10.17 ＊**LRN**?，学习设备设置查询

10.17.1 功能和要求

本查询允许程序设计者获得<程序报文单元>元素序列。该序列以后可用于在执行＊LRN? 公共查询时将设备设置在过去所在的状态。

10.17.2 查询结构

10.17.2.1 查询语法

本查询的语法仅由<查询程序头>构成。该<查询程序头>被定义为‘＊LRN?’。

10.17.2.2 响应语法

本查询的响应语法由用<响应报文单元分隔符>元素分隔的、一个或多个<响应报文单元>元素序列构成。<响应报文单元>用作 8.3.2 所示的路径，它包含<响应头>。

10.17.3 响应语义

<响应报文>是由一个或多个<响应报文单元>元素组成的序列，这些元素可以直接作为<程序

报文单元＞元素重新发送。

当该＜响应报文＞作为＜程序报文＞被设备接收后，设备要从现行状态恢复到它的“被学习”状态。

恢复设置的范围与＊RST 命令一致，见 10.32。

10.17.4 相关的公共命令

无。

10.17.5 标准一致性

可选。

10.18 ＊OPC，操作完成命令

10.18.1 功能和要求

当所有现行选中设备的操作完成后，本命令在标准事件状态寄存器中产生操作完成报文，见 12.5.2 中详细说明。

10.18.2 语法

本命令的语法仅由＜命令程序头＞构成。该＜命令程序头＞被定义为‘＊OPC’。

10.18.3 语义

无。

10.18.4 相关的公共命令

＊OPC?，＊WAI

10.18.5 标准一致性

必备。

10.19 ＊OPC?，操作完成查询

10.19.1 功能和要求

所有选中设备的现行操作完成后，本查询将一个 ISO 7-bit 码字符 1 置于设备的输出队列中。见 12.5.3 中详细说明。

10.19.2 查询结构

10.19.2.1 查询语法

本查询的语法仅由＜查询程序头＞构成。该＜查询程序头＞被定义为‘＊OPC?’。

10.19.2.2 响应语法

本查询的响应语法是由＜NR1 数字响应数据＞元素构成，＜NR1 数字响应数据＞应是值为“1”(31，十进制 49)的单个 ISO 7-bit 码字节。

10.19.3 响应语义

无。

10.19.4 相关的公共命令

＊OPC　＊WAI

10.19.5 标准一致性

必备。

10.20 ＊OPT?，选项识别查询

10.20.1 功能和要求

该查询用于辨识覆盖系统接口的可报告设备选项。

10.20.2 查询结构

10.20.2.1 查询语法

本查询语法定义为一个＜查询程序头＞。＜查询程序头＞被定义为“＊OPT?”。

10.20.2.2 响应语法

本查询的响应语法定义为一个<任意 ISO 7-bit 响应数据>元素。这表示在一个<结束的程序报文>中，* OPT? 查询应该是最后一个<查询报文单元>(见 8.7.11 和 6.4.3)。

10.20.3 响应语义

响应由被逗号分隔的任意数目的字段组成。这些字段应遵循下列原则:

1) 每一字段必须对应于一个存在与设备中的可报告选项。字段的详细的格式由设备设计者确定。
2) 不允许有空子段，缺少可报告选项时用 ISO 7-bit 字符 0(十进制 30,48)作为响应。
3) 选项数据可用与位置相关的方式报告。
4) 如果设备无可报告选项，应返回一个 ISO 7-bit 字符 0。ISO 7-bit 0 字符不能用作选项识别。
5) 除逗号(2C，十进制 44)和分号(3B，十进制 59)外，一个字段可含 20 到 7E(十进制 32 到 126)之间的任意的 ISO 7-bit 编码字节。

* OPT? 响应的总长度应小于或等于 255 个字符。

10.20.4 相关的公共命令

无。

10.20.5 标准一致性

可选。

10.21 * PCB，传送控制返回

10.21.1 功能和要求

本命令用于通知潜在的控制器，当传送控制返回时应使用那个地址。

任何执行这条命令的设备都应具有控制器能力。任何具有控制器能力的设备都应能执行这条命令。

10.21.2 语法

本命令的语法定义为一个<命令程序头>，接着依次是<程序头分隔符>和<十进制数字程序数据>元素，尔后可选择再跟随一个<程序数据分隔符>和另一个<十进制数字程序数据>元素。<命令程序头>定义为"* PCB"。第一个<十进制数字程序数据>元素应四舍五入为 0～30 之间的整数值。如果有第二个<十进制数字程序数据>元素，它也应四舍五入为 0～30 之间的整数值。

10.21.3 语义

第一个<十进制数字程序数据>元素应四舍五入为一个整数，它的值解释为发送命令的控制器的首地址。

第二个<十进制数字程序数据>元素应四舍五入为一个整数，它的值解释为发送命令的控制器的第二地址。

若缺少第二地址表示发送这个命令的控制器无扩展地址。

10.21.4 相关公共命令

无。

10.21.5 标准一致性

对具有任何控制器能力的设备(非 CO 设备)是必备的。见 15.1.4。

10.21.6 差错处理

10.21.6.1 不能传递控制

无控制器能力的设备(CO)在收到 * PCB 公共命令时发出命令差错。

10.21.6.2 参数溢出

收到 * PCB 命令的设备，若其第一个或第二个参数超出规定范围，将发出执行差错。

10.22 ＊PMC,清除宏命令

10.22.1 功能和要求

本命令使设备删除所有以前用＊DMC命令定义的所有的宏。这条命令可将所有存储的宏命令序列和宏标号从设备内存中删除。

10.22.2 语法

该命令的语法定义为＜命令程序头＞。＜命令程序头＞被定义为"＊PMC"。

10.22.3 语义

不应用。

10.22.4 相关的公共命令

＊EMC——执行要求这可选命令。

＊EMC?——执行要求这可选查询。

＊GMC?——执行要求这可选查询。

＊DMC——执行要求这可选命令。

＊LMC——执行要求这可选命令。

10.22.5 标准一致性

可选。

10.23 ＊PRE,并行轮询使能寄存器使能命令

10.23.1 功能和要求

本命令设置并行轮询寄存器使能位。其定义见11.6。

10.23.2 语法

本命令的语法定义为＜命令程序头＞跟随一个＜程序头分隔符＞和一个＜十进制数字程序数据＞元素。＜命令程序头＞定义为'＊PRE'。＜十进制数字程序数据＞的值应四舍五入为从0～65535之间的整数。

10.23.3 语义

当＜十进制数字程序数据＞四舍五入为整数值并以二为基表示时,它表示并行轮询使能寄存器的各比特值。见11.6.1.3。

10.23.4 相关的公共命令

＊PRE?——伴随查询。

10.23.5 标准一致性

执行PP1子集的设备必备。

10.23.6 查错处理

如果整数超过0～65535的范围,要报告执行差错,见11.5.1.1.5。

10.24 ＊PRE?,并行轮询使能寄存器使能查询

10.24.1 功能和要求

本查询允许编程者确定并行轮询使能寄存器的当前内容。

10.24.2 查询结构

10.24.2.1 查询语法

本查询的语法定义为＜查询程序头＞,＜查询程序头＞被定义＊PRE?。

10.24.2.2 响应语法

本查询的响应语法定义为＜NR1数字响应数据＞元素,其值为0～65 535之间的整数。

10.24.3 响应语义

用二为基(二进制)表示的＜NR1数字响应数据＞的整数数值表示并行轮询使能寄存器的各比特值。见11.6.1.2。

10.24.4 相关公共命令

*PRE——伴随命令。

10.24.5 标准一致性

设备执行 PP1 子集时必备。

10.25 *PSC,上电状态清除命令

10.25.1 功能和要求

本命令控制服务请求使能寄存器、标准事件状态使能寄存器和并行轮询使能寄存器的自动上电清除,见 11.1.3。此命令与任何其他设备功能无关。附加的本标准上电要求见 5.12。

10.25.2 语法

本命令的语法定义为一个＜命令程序头＞,后面跟随＜程序头分隔符＞和＜十进制数字程序数据＞元素。＜命令程序头＞定义为'*PSC'。＜十进制数字程序数据＞的值必须在－32 767～＋32 767 之间。

10.25.3 语义

＜十进制数字程序数据＞的值决定了设备的上电状态清除标志为"TRUE"或为"FALSE"。

＜十进制数字程序数据＞四舍五入后为 0 值时,上电状态清除标志置为"FALSE"。因此,发送*PSC0,将允许仪器在上电后维持 SRQ。

＜十进制数字程序数据＞四舍五和后为非零整数时,上电状态清除标志置为"TRUE"。因此,发送*PSC1 将使能上电清除并在上电后不允许维持任何 SRQ。

10.25.4 相关的公共命令

*PSC?——伴随查询,其执行过程要求这个可选命令。

10.25.5 标准一致性

可选。

10.25.6 差错处理

如果整数在－32 767～＋32 767 之外,要报告执行差错,见 11.5.1.1.5。

10.25.7 示例

命令序列*PSC0;*SRE32;*ESE128;表示在上电完成后允许设备维持 SRQ。

10.26 *PSC?,上电状态清除查询

10.26.1 功能和要求

本查询使程序设计者可以查询设备的上电状态清除标志。返回值为"0"指示标准事件状态使能寄存器、服务请求使能寄存器和并行查询使能寄存器在设备恢复上电时,保持它们的原来状态;返回值为"1"指示上述所列寄存器在设备恢复上电时被清除,见 11.1.3。

10.26.2 查询结构

10.26.2.1 查询语法

本查询的语法定义为一个＜查询程序头＞。＜查询程序头＞定义为'*PSC?'。

10.26.2.2 响应语法

本查询响应语法定义为一个＜NR1 十进制数字响应数据＞元素。该＜NR1 十进制数字响应数据＞的值为单个 ISO 7-bit 编码字节"0"(十进制 30,48)或"1"(十进制 31,49)。

10.26.3 响应语义

值为 0 指示设备上电状态清除标志为 FALSE。

值为 1 指示上电状态清除标志为 TRUE。

10.26.4 相关的公共命令

*PSC——伴随执行过程要求这个可选命令。

10.26.5 标准一致性

可选。

10.27　* **PUD,保护用户数据命令**

10.27.1　**功能和要求**

该命令用于存储设备独特的数据,如校准日期、使用时间、环境条件以及存货控制数等。至少应提供 63 个字节,字节数的多少应在设备文件中说明,见 4.9。

这些数据应通过某些方式得到保护(例如,采用口令或利用访问孔可被保护性不干胶覆盖的隐蔽开关等方法),保护装置由设备设计者确定。

只有当保护装置无效时数据才能存储。当收到 * PUD 命令时,使能保护装置将导致产生执行差错。

存储器的内容仅用于数据储存,除对 * PUD? 查询作出响应外,对设备操作没有影响,见 10.28。

10.27.2　**语法**

本命令语法定义为一个＜命令程序头＞:' * PUD',后面依次是＜程序头分隔符＞和＜任意块程序数据＞。

10.27.3　**语义**

＜任意块程序数据＞的语义超出本标准范围。

10.27.4　**相关的公共命令**

* PUD? ——伴随查询,其执行过程要求这个可选命令。

10.27.5　**标准一致性**

可选。

10.27.6　**差错处理**

＜任意块程序数据＞中的＜8-bit 数据字节＞数目超出规定限度时,产生执行差错。

保护装置有效时收到 * PUD 命令,也会产生执行差错。

10.28　* **PUD?,保护用户数据查询**

10.28.1　**功能和要求**

程序设计员可利用本查询恢复 * PUD 存放的内容。见 10.27 * PUD 命令。

10.28.2　**查询结构**

10.28.2.1　**查询语法**

本查询的语法定义为一个＜查询程序头＞:'* PUD?'。

10.28.2.2　**响应语法**

本查询的响应语法定义为一个＜定长任意块响应数据＞。

10.28.3　**响应语义**

＜定长任意块响应数据＞的数据内容为 * PUD 命令的一个参数,就是最近发送给设备并被接收的一个数据块,见 10.27。

10.28.4　**相关的公共命令**

* PUD——执行过程中要求这个可选的伴随命令。

10.28.5　**标准一致性**

可选。

10.29　* **RCL,恢复命令**

10.29.1　**功能和要求**

本命令可以使设备恢复在本地内存中存储的状态,保存的状态范围应在设备文件中明确说明,它应与受 * RST 命令影响的状态范围一致。见 10.32。

10.29.2　**语法**

本命的语法定义为〈命令程序头〉,后面跟有〈程序头分隔符〉和〈十进制数字程序数据〉元素。〈命令程序头〉定义为'* RCL'。〈十进制数字程序数据〉值应在 0 至设备规定的上限值范围内。

10.29.3 语义

<十进制数字程序数据>元素应该在设备译码前四舍五入为一个整数。

设备应恢复到与所接受到的整数相关的存储寄存器中的设备状态,恢复的状态范围应和与 * RST 命令有关的状态范围一致。

对于 * SAV 和 * RCL 命令,寄存器数字的上限数值应相同。见 10.33。

零值被推荐用于特殊用途寄存器,例如预先定义的上电设置。

10.29.4 相关的公共命令

* RST——设备定义的 * RST 范围决定了 * RCL 的范围。

* SAV——执行过程要求这个可选命令。

10.29.5 标准一致性

可选。

10.29.6 差错处理

译码值超出允许范围要引起执行差错。

10.30 * **RDT,源描述传送命令**

10.30.1 功能和要求

本命令允许在设备中存储源描述信息。

本命令用于重新获得标准结构中描述以下特性的信息,如设备性能、可编程编码等。

数据要求采用某种方式加以保护(例如采用口令或利用访问孔可以被保护棒覆盖的凹窝开关等方法)。具体保护机制由设备设计者确定。

数据仅在保护机制不起作用时才可以存储。

存储器仅用于数据保存,其内容将不会影响设备操作,但对 * RDT 的响应除外。见 10.31。

10.30.2 语法

该命令语法定义为一个<命令程序头>,其后跟随<程序头分隔符>和<任意块程序数据>元素。<命令程序头> 定义为"* RDT"。

10.30.3 语义

<任意块程序数据>的数据内容不在本标准范围之内。

10.30.4 相关的公共命令

* RDT? ——执行过程要求这个命令。它是伴随查询。

10.30.5 标准一致性

可选。

10.30.6 差错处理

10.30.6.1 保护数据

当收到 * RDT 命令时,一个使能保护机制引起执行差错的产生。

10.30.6.2 过长块

块长度超出设备接收范围要引起执行差错。设备文件必须规定最大块长度。

10.31 * **RDT?,源描述传送查询**

10.31.1 功能和要求

本查询可以在设备中重新获取源描述信息,源描述信息可存储在只读存储器或由 * RDT 命令可设定的读/写存储器中。

10.31.2 查询结构

10.31.2.1 查询语法

本查询的语法定义为<查询程序头>,<查询程序头> 定义为'* RDT?'。

10.31.2.2 响应语法

本查询的响应语法定义为<定长任意块响应数据>元素。

10.31.3 **响应语义**

非零长度块包含源描述数据，该数据或者是已定义的内设源描述，或者是由最后一个 * RDT 公共命令发给设备的信息。

零长度块指出设备不含源描述数据。

10.31.4 **相关的公共命令**

* RDT——伴随命令。

10.31.5 **标准一致性**

可选。

10.32 *** RST，复位命令**

10.32.1 **功能和要求**

本命令使设备复位。本命令是三级复位策略中的第三级复位。见 17.1.2。该复位命令执行下列操作：

1) 将设备专用功能设置为已知状态，该状态与设备过去使用历史无关。设备专用命令可以提供编程，已实现与原定出厂提供的复位状态不同的复位状态。
2) 将由 * DDT 定义的宏设置为设备定义的状态，见 10.4。
3) 失效宏，见 10.8。
4) 强制设备进入 OCIS 状态，见 12.5.2。
5) 强制设备进入 OQIS 状态，见 12.5.3。

复位命令不会影响以下各项：

1) GB/T 15946 接口状态。
2) 设备选择的 GB/T 15946 地址。
3) 输出队列。
4) 标准状态寄存器使能设置。
5) 标准事件状态使能设置。
6) 上电清除标志设置。
7) 由定义宏内容命令定义的宏。
8) 影响设备特性的校准数据。
9) 保护用户数据查询响应。
10) 源描述传送查询响应。

10.32.2 **语法**

本命令的语法定义为一个＜命令程序头＞。该＜命令程序头＞定义为“* RST”。

10.32.3 **语义**

无。

10.32.4 **相关的公共命令**

见 10.32.1。

10.32.5 **标准一致性**

必备。

10.33 *** SAV，存储命令**

10.33.1 **功能和要求**

本命令存储本地存储器中设备的现行状态。存储的状态范围应在设备文件中明确说明。存储状态范围应与 * RST 命令影响的状态范围相一致。

10.33.2 **语法**

存储命令的语法定义为＜命令程序头＞，其后跟随＜程序头分隔符＞和＜十进制程序数据＞元素。

＜命令程序头＞ 定义为'＊SAV'。＜十进制数字程序数据＞的值应在0到设备规定的上限值范围内。

10.33.3 语义

＜十进制数字程序数据＞元素应在设备译码前四舍五入为一个整数。

设备应存储与译码后的整数相关的存储寄存器中设备的现行状态。存储状态范围应和与＊RST或LRN?命令相关的存储状态相一致。

对于＊SAV和＊RCL命令,寄存器数字的上限值应相同。见10.29。

推荐零值用于特殊用途的寄存器,例如事先定义的上电设置。

10.33.4 相关的公共命令

＊RCL——执行过程中要求这个可选命令。

10.33.5 标准一致性

可选。

10.33.6 差错处理

允许范围之外的值将引起执行差错。

10.34 ＊**SRE,服务请求使能命令**

10.34.1 功能和要求

该命令对服务请求使能寄存器各位按11.3.2中的定义进行设置。

10.34.2 语法

该命令的语法定义为一个＜命令程序头＞,其后跟随＜程序头分隔符＞和＜十进制数字程序数据＞元素。＜命令程序头＞ 定义为'＊SRE'。＜十进制数字程序数据＞的值应在0~255之间。

10.34.3 语义

当＜十进制数字程序数据＞四舍五入为整数值并以二为基数表示(二进制)时,它表示服务请求使能寄存器的各位值。见11.3.2.3。

除比特6以外的各位,当位值为1时将指示一个使能条件,位值为0时将指示禁止条件,见11.3.2.3。比特6的位值将被忽略。

10.34.4 相关的公共命令

＊PSC——决定电源接通时,是否清除服务请求使能寄存器。

＊SRE? ——伴随查询。

10.34.5 标准一致性

必备。

10.34.6 差错处理

设备收到超出范围的参数时产生执行差错。

10.35 ＊**SRE?,服务请求使能查询**

10.35.1 功能和要求

程序设计者可以利用服务请求使能查询确定服务请求使能寄存器的现行内容,见11.3.2。

10.35.2 查询结构

10.35.2.1 查询语法

该查询的语法定义为一个＜查询程序头＞,＜查询程序头＞ 定义为'＊SRE?'。

10.35.2.2 响应语法

该查询的语法定义为＜NR1数字响应数据＞元素,其值应在0~63或128~191之间。

10.35.3 响应语义

当转换为二进制时,＜NR1数字响应数据＞表示服务请求使能寄存器的各位现行值,其中以二进制表示的比特6总是以0值发送。

10.35.4 相关的公共命令

＊SRE——伴随命令。

10.35.5 标准一致性

必备。

10.36 ＊STB?，读状态字节查询

10.36.1 功能和要求

编程者可用读状态字节查询读状态字节和主综合状态位。

10.36.2 查询结构

10.36.2.1 查询语法

本查询的语法定义为一个＜查询程序头＞，＜查询程序头＞ 定义为'＊STB?'。

10.36.2.2 响应语法

本查询的语法定义为一个＜NR1 数字响应数据＞元素，其值在 0～255 之间。

10.36.3 响应语义

用二进制表示的＜NR1 数字响应数据＞整数值表示状态字节寄存器的各位值。见 11.2.2.2，MSS（主综合状态）位，不是 RQS 报文，用比特 6 报告。见 11.2.2.3。

10.36.4 相关的公共命令

无。

10.36.5 标准一致性

必备。

10.37 ＊TRG，触发器命令

10.37.1 功能和要求

触发命令是 GB/T 15946 所定义的群执行触发接口报文的设备专用模拟。当它被设备接收，进行语法分析并执行时，与 GET 有相同的作用，详见 6.1.4.2.5 中 GET 操作。

注：没有执行＊DDT 的＊TRG 命令（见 10.4）可产生响应。

10.37.2 语法

触发命令定义为一个＜命令程序头＞，＜命令程序头＞ 定义为'＊TRG'。

10.37.3 语义

无。

10.37.4 相关的公共命令

＊DDT——该可选命令可用来定义＊TRG 动作。

10.37.5 标准一致性

执行 DT1 子集的设备必备。

10.38 ＊TST?，自测试查询

10.38.1 功能和要求

该查询进行内部测试，并在输出队列中设置一个响应，指示设备是否已完成了自测试并未发现差错。自测试没有完成的原因的信息有可能包括在这个响应中，设备文件中应该说明内部自测试的范围，见 4.9。

＊TST 查询不需要任何本地操作者互动也不会产生损害 GB/T 15946 或本标准的总线条件。此外，自测的范围完全取决于设备设计者。

成功地完成＊TST? 以后，设备设置应恢复＊TST? 之前的值，即设定为设备文件中说明的固定的已知值或设定为由用户定义的和存储在本地存储器中的值。

10.38.2 查询结构

10.38.2.1 查询语法

自测试查询的响应语法定义为一个＜查询程序头＞，＜查询程序头＞ 定义为"＊TST?"。

10.38.2.2 响应语法

自测试查询的响应语法定义为＜NR1 数字响应数据＞，其值在－32 767～＋32 767 之间。

10.38.3 响应语义

＜NR1 数字响应数据＞的值为零表示自测试完成并未发现差错。

＜NR1 数字响应数据＞不为零表示自测试没有完成或完成中查出差错。

其他非零响应语义由设备设计者自行确定。

10.38.4 相关的公共命令

无。

10.38.5 标准一致性

必备。

10.39 *WAI，等待——继续命令

10.39.1 功能和要求

本命令防止设备在无现行操作标志为"TRUE"前执行任何进一步的命令或查询。见 12.5.1。

10.39.2 语法

本命令的语法定义为一个＜命令程序头＞，＜命令程序头＞ 定义为'*WAI'。

10.39.3 语义

无。

10.39.4 相关的公共命令

同步化协议操作中的*OPC，*OPC?。

10.39.5 标准一致性

必备。

11 设备状态报告

本章详细说明了包括 GB/T 15946 服务请求和并行轮询功能在内的设备要求。这些要求建立在 GB/T 15946 规范的基础上，并进行了相应的扩展，以便提供详细状态报告结构。

对所有的状态报告，本章定义了一个完整的模型，GB/T 15946 的状态字节是该模型的一部分。同时也定义了特定的和必备的状态报文。另外，还给出了对应具体设备特定要求的设备特定状态报告模型。

本章提供了将 GB/T 15946 状态字节传送到用于 GB/T 15946 串行轮询或本标准定义的公共查询的控制器的方法，并且提供了附加的公共命令和查询，以获得更详细的状态信息。

11.1 概述

11.1.1 操作

图 18 为本标准状态报告结构的框图。

本标准的状态报告使用了 GB/T 15946 的具有附加数据结构和规则的状态字节。

状态字节寄存器是由 7 个比特位的"综合报文"组成(见图 18)。每个综合报文位都汇总了重叠的状态数据结构。

综合报文通常跟踪相关状态数据结构的现行状态。综合报文只能被应用程序中清除相关状态数据结构的一些操作来清除。

服务请求使能和产生决定了 7 个综合报文比特位中是否有一个或几个能产生 rsv 报文，从而使用 GB/T 15946 服务请求功能使设备请求服务。

本章定义了与综合报文有关的状态数据结构。它们应为下列两种模型之一：

1) 记录设备事件和条件的一组寄存器(寄存器模型)；或

2) 记录顺序状态或其他信息的一个队列(队列模型)。

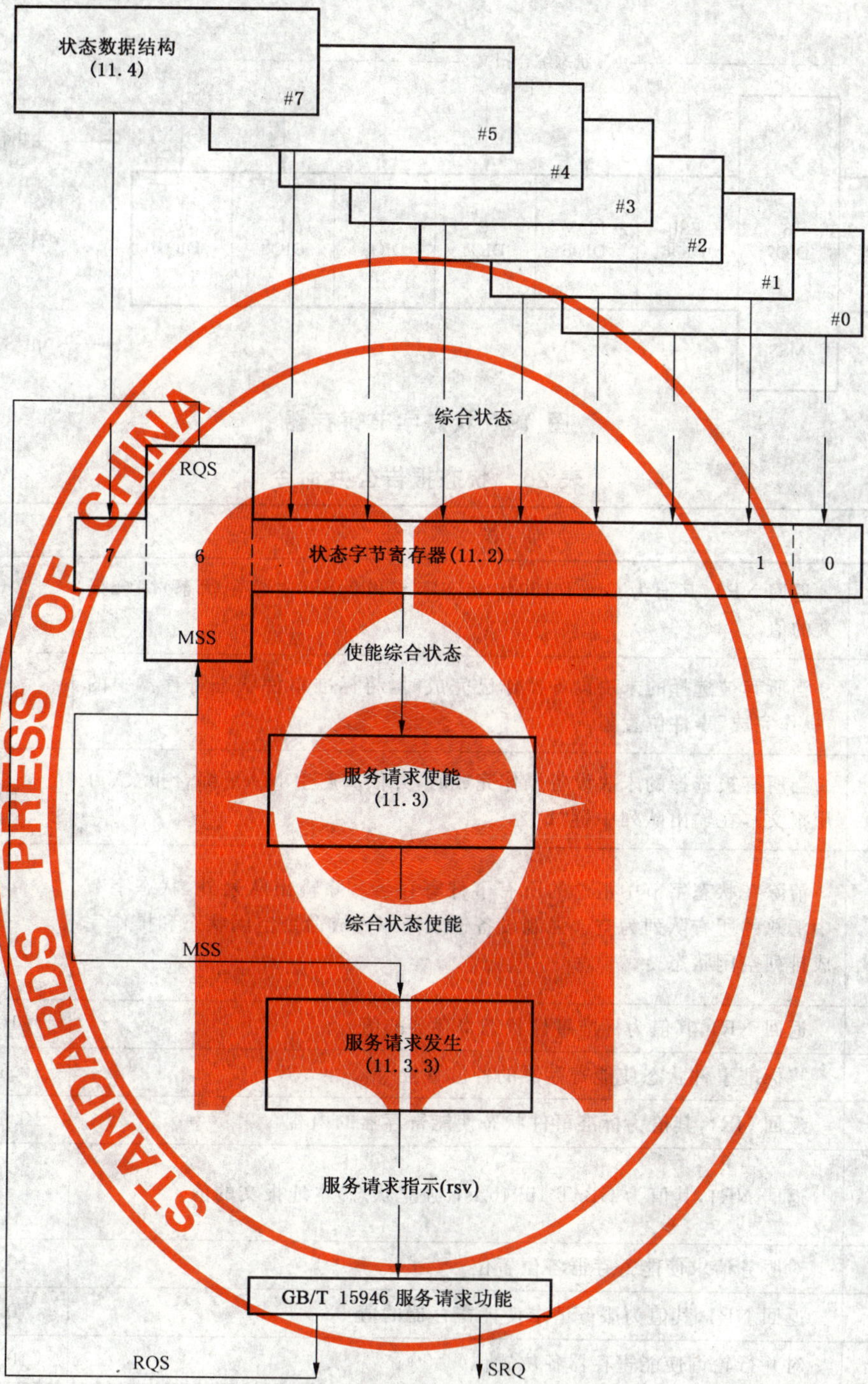

图 18　本标准状态报告结构概述

本标准仅对 7 种可用的状态数据结构中的两种给出了完整的定义：

1)　“输出队列”是一种队列模型结构，它由比特 4(DIO5——见图 19)上的 MAV 综合报文(可用报文)来汇总；

2)　“标准事件状态”是一种寄存器模型结构，它由比特 5(DIO6——见图 19)上的 ESB(事件状态位)综合报文来汇总。

11.1.2　相关公共命令综合

表 26 列出了本标准定义的与本章有关的公共命令。对每一个命令都有简要描述和参考章节，以提

供进一步的信息。

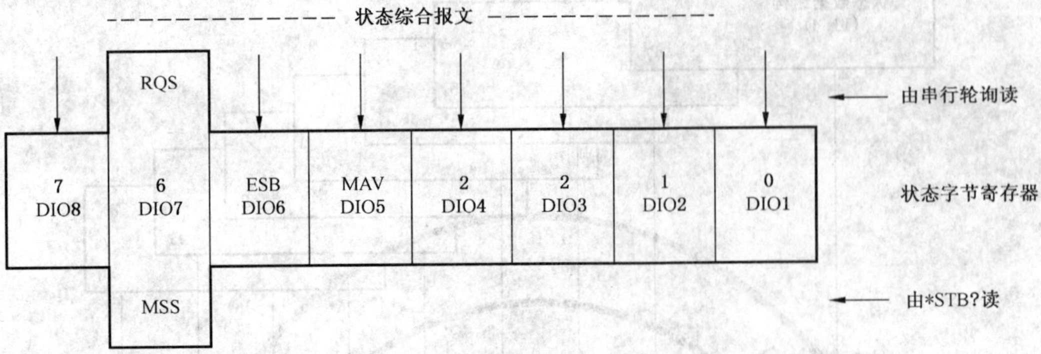

图 19 状态字节寄存器

表 26 状态报告公共命令

公共命令	简要叙述	参考章条号
*STB?	返回 NR1,其值为 GB/T 15946 状态字节和 MSS(主综合状态)综合报文的值	10.36 和 11.2.2.2
*OPC	当所有被选择的未决设备操作已完成时,将标准事件状态寄存器中的“操作完成”事件位置位	10.18 和 12.5.2
*OPC?	当所有被选择的未决设备操作完成时,并依次产生 MAV 综合报文(可用报文),在输出队列中置“1”	10.19 和 12.5.3
*CLS	清除在状态字节中汇总的所有事件寄存器。除输出队列外,状态字节中汇总的所有队列为空。强制设备进入操作完成命令空闲状态和操作完成排列空闲状态	10.3 10.2.4 12.5.2 12.5.3
*ESR?	返回 NR1,其值为标准事件状态寄存器的值	10.12 和 11.5.1
*ESE NRf	将标准事件状态使能寄存器的各位置位	10.10 和 11.4.2.3.3
*ESE?	返回 NR1,其值为标准事件状态使能寄存器的内容	10.10 和 11.4.2.3.2
*IST?	返回 NR1,其值为 GB/T 15946 ist(独立状态)本地报文的值	10.15 11.6.2
*SRE NRf	对服务请求使能寄存器各位置位	10.34 和 11.3.2.3
*SRE?	返回 NR1,其值为服务请求使能寄存器的值	10.35 和 11.3.2.2
*PRE NRf	对并行轮询使能寄存器各位置位	10.23 和 11.6.1.3
*PRE?	返回 NR1,其值为并行轮询使能寄存器的值	10.24 和 11.6.1.2
*PSC NRf	设置上电状态清除标志。当设置为 FALSE(值为 0)时,可以实行上电服务请求	10.25,11.1.3 和 5.12
*PSC?	返回 NR1,其值为上电状态清除标志的状态值	10.26 11.1.3 和 5.12

11.1.3 有关 GB/T 15946 定义的操作

表 27 列出了由 GB/T 15946 定义的与本章有关的的操作。对每一种操作都有简要的描述和参考章节,以提供进一步的信息。

表 27　由 GB/T 15946 定义的状态报告操作

操作	内容简介	参考章条号
上电	如果上电状态清除标志位为 TRUE 或 * PSC 命令(见 10.25)未被执行,清除服务请求使能寄存器、标准事件状态寄存器和并行轮询使能寄存器	附加上电要求见 5.12
串行轮询	这是 GB/T 15946 串行轮询操作。GB/T 15946 定义的 STB 和 RQS 报文值被返回。作为串行轮询结果、状态字节的值不会改变,但是当设备离开 APRS(确认轮询响应态)时,"rsv"被设备置为 FALSE,并导致 RQS 报文被清除	
并行轮询	这是 GB/T 15946 并行轮询操作,返回一位状态报文	11.6

11.2　状态字节寄存器

11.2.1　定义

状态字节寄存器包含了设备的 STB 和 RQS(或 MSS)报文。GB/T 15946 定义了报告 STB 和 RQS 报文的方法,但对 STB 报文没有定义设置和清除协议和语义。本标准进一步定义了特定的设备 STB 综合报文。本标准还提供了一个 MSS(主综合报文),并将 * STB? 公共查询命令响应中 STB 的第 6 位作为输出,见 11.2.2.2。

11.2.1.1　事件状态位(ESB)综合报文

ESB 综合报文是由本标准定义的报文,它出现在状态字节寄存器的第 5 位。它的状态表示自上一次对标准事件状态寄存器进行读或清除后,是否又有一个或多个激活的本标准定义的事件发生(见 11.5.1)。

当标准事件状态寄存器中有一个激活事件被设置为 TRUE 时,ESB 综合报文为 TRUE。反之,如果没有激活事件为 TRUE,则 ESB 综合报文为 FALSE,详细操作见 11.5.1.2 和 11.5.1.3。

11.2.1.2　标准定义的 MAV 队列综合报文

MAV(可用报文)综合报文是本标准定义的报文,它出现在状态字节寄存器的第 4 位。报文的状态表明输出队列是否为空(见 6.1.10)。当设备已经准备好接受来自控制器的请求而输出数据字节时,MAV 为 TRUE。当输出排列为空时,MAV 为 FALSE。

本报文用于与控制器之间信息交换的同步。例如,控制器可以向设备发送一个查询命令,然后等待 MAV 变为 TRUE。在应用程序等待设备响应时,GB/T 15946 总线是可用于其他操作的。如果应用程序没有先检查 MAV 就开始输出排列的读操作,那么直到设备响应,所有系统总线活动将被挂起。(有关设备和应用程序同步的讨论和示例,见第 12 章和附录 B)。

11.2.1.3　设备定义的综合报文

第 0、1、2、3、7 位是留给设备设计者用于综合报文的。每个设备定义的综合报文应该有一个相关的状态数据结构,该结构应符合 11.4 描述的两种模型之一。这个结构可以是用于并行事件和条件报告的寄存器组,也可以是顺序状态和信息报告的队列。综合报文汇总了相关状态数据结构的现行状态,即通过状态为 TRUE 的综合报文表示在寄存器模型中有一个或多个 TRUE 或有激活事件位,或者表示在队列模型中的非空队列(见 11.4.2 和 11.4.3)。

11.2.2　读状态字节寄存器

状态字节寄存器可通过串行轮询或 * STB? 公共查询来读取。这两种方法都能读取 GB/T 15946 的 STB 报文。但发送到第 6 位上的值与所采用的读取方式有关。

11.2.2.1　用串行轮询方法读

当按 GB/T 15946 进行串行轮询时,设备将返回一个 7 比特位的状态字节,并再加上 1 比特位的

GB/T 15946 RQS 报文。按照 GB/T 15946SR 状态图，RQS 报文使通过 I/O 控制(见 6.1.4)加上的。状态字节和 RQS 报文使作为一个数据字节返回给控制器的。根据 GB/T 15946，RQS 报文表示设备是否正在发送 SRQ TRUE。在串行轮询期间，设备不发送 END 报文。

在本标准中，GB/T 15946DIO 信号线的 DIO1～6 和 DIO8 分别对应状态字节寄存器的第 0～5 和第 7 位。按照 GB/T 15946 的要求，RQS 报文是在 DIO7(寄存器的第 6 位)线上发送。

TRUE 报文，意味着发送状态字节时，相应的 DIO 信号线状态不确定(被拉至低电平)。这个约定是因为标准 GB/T 15946—1995 是负逻辑(见 GB/T 15946—1995 18 章)。

读取状态字节寄存器中 STB 报文是非破坏性的，串行查询不会改变状态字节的值。

轮询时，设备置 rsv 报文为 FALSE。这样，在一个新的服务原因产生前设备再次被轮询，则 RQS 报文为 FALSE(见 11.3.3)。

11.2.2.2 用 * STB?，轮询方法读

* STB? 公共查询(见 10.36)使设备以单个＜NR1 数字响应数据＞元素的方式发送状态字节寄存器的内容和 MSS 综合报文。

该响应表示了状态字节寄存器的第 0 位～第 5 位和第 7 位的二进制加权值(权分别为 1、2、4、8、16、32、128)与 MSS 综合报文(权为 64)的和。因此，作为二进制值来考虑时，对 * STB? 的响应与对串行轮询的响应是相同的，但第 6 位出现的是 MSS 综合报文，它代替了 RQS 报文。

* STB? 公共查询不能直接改变状态字节、MSS 综合报文、RQS 报文或 rsv 本地报文。

注：MAV 和 RQS 可能间接受到影响(分别见 11.2.1.2 和 11.3.3)。

11.2.2.3 主综合状态

MSS(主综合状态)报文表明设备至少有一个请求服务的理由。虽然 MSS 报文被发送到设备对 * STB?查询响应的第 6 位上，但它在串行查询的响应中不被发送，而且也不被考虑为 GB/T 15946 状态字节的一部分。

MSS 是状态字节(SB)寄存器和服务请求使能(SRE)寄存器(除第 6 位)的位相组合包含的"或"。

即 MSS 定义如下：

(SB 寄存器第 0 位　AND　SRE 寄存器第 0 位)
　　　　　　　　　OR
(SB 寄存器第 1 位　AND　SRE 寄存器第 1 位)
　　　　　　　　　OR
(SB 寄存器第 2 位　AND　SRE 寄存器第 2 位)
　　　　　　　　　OR
(SB 寄存器第 3 位　AND　SRE 寄存器第 3 位)
　　　　　　　　　OR
(SB 寄存器第 4 位　AND　SRE 寄存器第 4 位)
　　　　　　　　　OR
(SB 寄存器第 5 位　AND　SRE 寄存器第 5 位)
　　　　　　　　　OR
(SB 寄存器第 7 位　AND　SRE 寄存器第 7 位)

注意在 MSS 定义中忽略了状态字节寄存器和服务请求使能寄存器的第 6 位。因此在计算 MSS 的值时，可以选择以第 6 位总是"0"的 8 位值来处理状态字节。

11.2.3 写状态字节寄存器

只有当重叠的状态数据结构的状态改变时，状态字节寄存器才会改变。如图 18 所示。

注：状态字节的变化可能会影响11.3.3中描述的rsv本地报文，MSS综合报文和SRQ接口报文的状态。

11.2.4 清除状态字节寄存器

*CLS公共命令(见10.3)将引起所有的状态数据结构(即它们的事件寄存器和队列)被清除，从而使相应的综合报文也被清除。但输出队列及其MAV综合报文例外，不受*CLS的影响。

如果在＜程序报文结束符＞之后，并在任何＜查询报文单元＞元素之前，向设备发送*CLS命令，则整个状态字节将被清除。使用这种方法也能将输出队列从任何未读报文中清除(见6.3.2.3)。随着输出队列为空，MAV综合报文将为FALSE。*STB?响应中的MSS报文也将变为FALSE。除非设备处于APRS(肯定轮询响应状态)，否则状态字节寄存器中的RQS报文也将变为FALSE。

11.3 服务请求使能

11.3.1 操作

服务请求使能操作如图20所示。

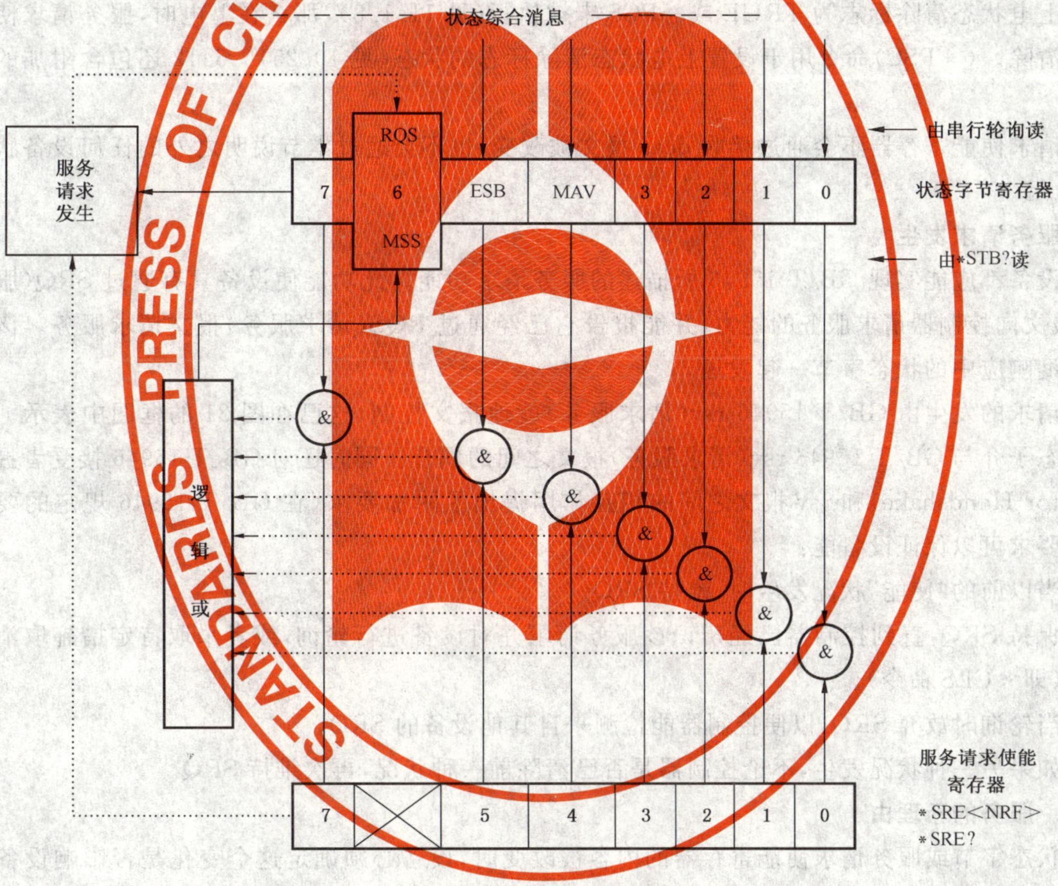

图20 服务请求使能

服务请求使能允许应用程序设计者选择状态字节寄存器中哪一个综合报文可以引起服务请求。图20中的服务请求使能寄存器就是用来选择综合报文的。

11.3.2 服务请求使能寄存器

11.3.2.1 功能

服务请求使能寄存器是一个8位寄存器，它能将状态字节寄存器中的相应综合报文激活。因此，应用程序设计者可以为设备选择一个理由，通过改变服务请求使能寄存器的内容来发出服务请求。

11.3.2.2 读服务请求使能寄存器

服务请求使能寄存器可以通过*SRE?公共查询来读取(见10.35)。该查询的响应报文是一个

<NR1数字响应数据>元素，表示服务请求使能寄存器的二进制加权值的和(2 自乘到位数次幂)。未使用的第 6 位总为 0。

11.3.2.3 写服务请求使能寄存器

服务请求使能寄存器可通过 * SRE 公共命令来写入(见 10.34)。 * SRE 后面跟随一个<十进制数字程序数据>元素。

当四舍五入成整数并用二进制表达时，<十进制数据程序数据>代表服务请示命名能寄存器的各位值。位值为"1"表示一个使能状况，位值为"0"表示禁止状况。

设备将始终忽略第 6 位的值。

11.3.2.4 清除服务请求使能寄存器

发送一个<十进制数字程序数据>元素值为"0"的 * SRE 公共命令，即可清除服务请求使能寄存器。被清除的寄存器不允许状态信息产生 rsv 本地报文，因而也不发生服务请求。

如果上电状态清除标志为 TRUE 或 * PCS 未被执行(见 11.1.3)，那么在上电时，服务请求使能寄存器将被清除。(* PSC)命令用于设置上电状态清除标志的状态(见 10.25)。5.12 还包含附加的上电要求。

服务请求使能寄存器不会通过接收 dcas 报文被改变，也不会通过本节说明之外的任何设备状况被改变。

11.3.3 服务请求发生

任何设备都应能实现 GB/T 15946 所描述的服务请求功能。此功能使设备具有通过 SRQ(服务请求)接口报文向控制器请求服务的能力，并能报告它已经通过 RQS(请求服务)报文请求服务。该报告与串行轮询响应中的状态字节一起发送。

服务请求的发生由 GB/T 15946 rsv(请求服务)就地报文控制，这已在图 21 的框图中表示。本章描述了状态子介与 GB/T 15946 rsv(请求服务)报文之间的耦合。同时还对 GB/T 15946 接受者握手协议(Acceptor Handshake)和 rsv 报文之间的相互作用提出了附加要求(在 GB/T 15946 规定的要求之外)，这些要求可以保证设备能：

1) 当以前的"使能"状况发生时，维持 SRQ。
2) 保持 SRQ，直到控制器已经辨识该服务请求并对设备进行轮询，或者采取特定措施取消请求(即 * CLS 命令)。
3) 当轮询时放弃 SRQ，以便控制器能检测来自其他设备的 SRQ。
4) 如果另一种状况发生，不论控制器是否已清除前一种状况，再次维持 SRQ。

11.3.3.1 服务的新理由

每当状态字节或服务请求使能寄存器的内容被改变时，设备必须确定这个变化是否影响设备的服务请求状态，设备状态的突变不会直接影响 SRQ 接口报文的状态，但状态字节和服务请求使能寄存器的改变会产生本地报文 reqt(Request rsv 为 TRUE)和 reqf(Request rsv 为 FALSE)，这两个报文是图 21 中的服务请求同步块的输入。服务请求同步块的输出是本地 rsv 报文，该报文控制 GB/T 15946 中描述的 SRQ 接口报文。

当发生下列情况时，设备将产生新的服务请求(置 reqt 报文为 TRUE)：

1) 状态字节的某一位从 FALSE 变为 TRUE，而服务请求使能寄存器的相应位为 TRUE 时；
2) 服务请求使能寄存器的某一位由 FALSE 变为 TRUE，而状态字节的相应位为 TRUE 时；
3) 状态字节的某一位由 FALSE 变为 TRUE，而服务请求使能寄存器的相应位也同时由 FALSE 变为 TRUE 时。

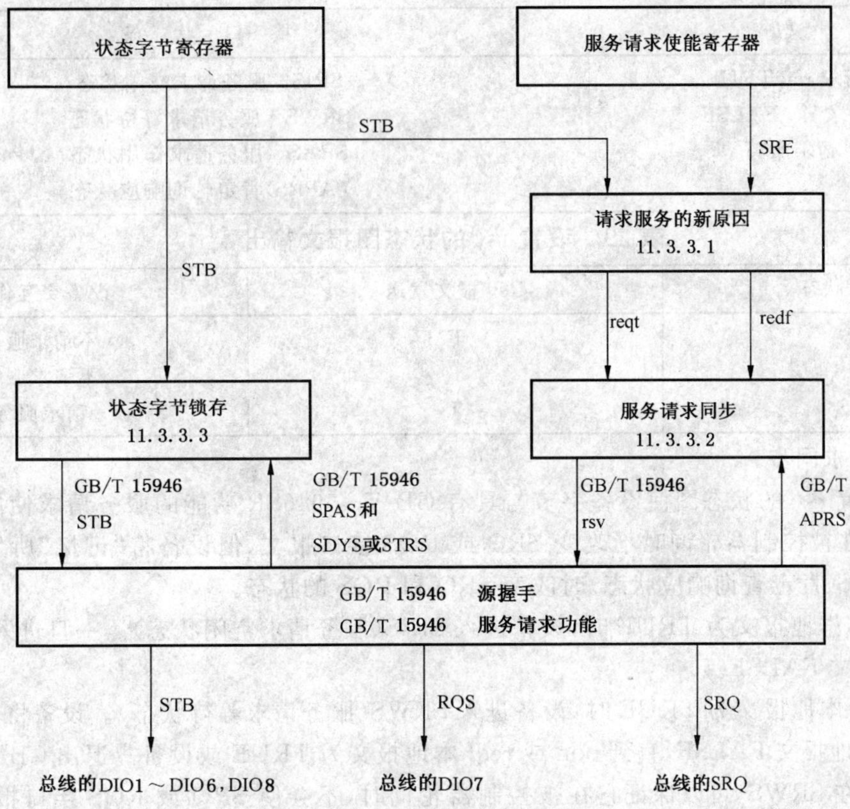

图 21 服务请求的产生

当发生下述情况时,设备置 reqt 为 FALSE:

1) MSS 报文由 TRUE 变为 FALSE。

2) 设备进入图 22 中设置 rsv 状态图的 SRWS。

当 MSS 报文由 TRUE 变为 FALSE 时,设备应停止请求服务(置 reqf 为 TRUE)。

如果设备进入图 22 中的置 rsv 状态图的 SRIS(服务请求空闲状态)或上电时,设备应置 reqt 报文为 FALSE。

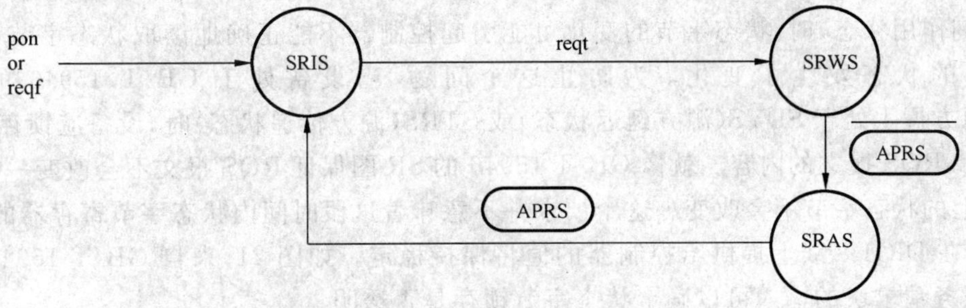

图 22 设置 rsv 状态图

只要状态字节的内容发生改变和 MSS 为 TRUE,设备也可以置 reqt 为 TRUE。由于可能会产生无关的请求,因此建议不要采用这种方法。但用于某些商用 GB/T 15946 接口电路是允许的,见 11.3.3.4 技术实现。

一般情况下,控制器应用程序绝不能假设 SRQ 表示了一个服务的新原因已经产生,而只能表示服务的新原因可能已经产生,并表示应用程序应检查设备状态字节以确定这种情况是否属实。

设置 rsv 的状态图助记符和报文输出分别如表 28、表 29 所示。

表 28 设置 rsv 的状态图助记符

报文	接口状态
(reqt) 请求 rsv TRUE (reqf) 请求 rsv FALSE (rsv) 请求服务	SRIS 服务请求空闲状态 SRWS 服务请求等待状态 SRAS 服务请求作用状态 (APRS)肯定轮询响应状态

表 29 设置 rsv 的状态图报文输出

设置 rsv 状态	Rsv 报文发送	设备交互作用
SRIS	F	不请求服务
SRWS	F	不请求服务
SRAS	T	请求服务

11.3.3.2 服务请求同步

图 22 所示的置 rsv 的状态图使设备字节与具有 GB/T 15946SR 功能的服务请求使能寄存器同步变化，它保证设备在被控制器轮询时不改变 SRQ 或 RQS 接口报文，但设备将“记忆”所发生的状态变化，并在退出 APRS(肯定查询响应状态)时改变 SRQ 和 RQS 的状态。

上电时或 reqt 本地报文为 TRUE 时，设备进入 SRIS(服务请求空闲状态)。一旦进入此状态，设备应发送 rsv 本地报文 FALSE。

当设备置 reqf 本地报文为 TRUE 时，设备进入 SRWS(服务请求等待状态)。设备将保持在 SRWS 并继续发送 rsv 本地报文 FALSE，直到 pon 或 reqf 本地报文为 TRUE 或设备离退出 GB/T 15946 中的 APRS。设备停留在 SRWS，可以保证它在被控制器轮询时，不会使 SRQ 或 RQS 接口报文由 FALSE 变为 TRUE。

如果设备不在 APRS 或当它退出 APRS 时，设备应进入 SRAS(服务请求激活状态)。一旦进入该状态，设备应发送 rsv 本地报文 TRUE，同时保持在这个状态直到 pon 或 reqf 本地报文变为 TRUE 或设备进入 APRS。

进入 APRS 后，设备将返回 SRIS 并置 rsv 为 FALSE，表明它已被轮询。注意：按 GB/T 15946 的规定，设备将继续发送 RQS 接口报文 TRUE 直到它已经推出 APRS 为止。

11.3.3.3 状态字节锁存

当设备被查询时，如果状态字节寄存器的内容直接放在总线上，那么当设备处于 GB/T 15946 SPAS(串行轮询作用状态)时，状态字节的变化可能引起控制器不能正确地读取状态字节，这是因为总线数据 I/O 线的状态发生了变化。为防止这个问题，当设备处于 GB/T 15946 的 SPAS，且 GB/T 15946 源方握手处于 SDYS(源方延迟状态)或 STRS(源方传递状态)时，设备应锁存送到 DIO 线上的状态字节和 RQS 报文的内容。就像 GB/T 15946 的 SR 图保证 RQS 报文不会改变一样，这个锁存也能保证总线上的状态字节不会改变。这个要求并不意味着这段时间内状态字节寄存器的内容不会改变，而只是说明在 DIO1-8 线上提供给控制器的值将保持稳定。如图 21，来自 GB/T 15946 源方握手/GB/T 15946 服务请求块的输入可以确定状态字节锁存是否透明。

11.3.3.4 实现技术

许多商用的 GB/T 15946 集成电路也能实现置 rsv 状态图，用以代替或补充提供对 rsv 本地报文的直接控制。这些电路中也包括状态字节缓冲器，允许 GB/T 15946 控制电路对串行轮询作出响应，而不会干预设备固件。本部分介绍了使用这种电路如何满足本标准状态报告模型的要求。它并不鼓励使用专用元器件或禁止采取能满足本标准要求的其他执行方法，但这意味着要对公共实现技术和缺陷进行讨论。

11.3.3.4.1 **首选实现方法**

从设备设计者的角度来看，当状态字节寄存器的内容更新时，首选的实现方法如下：

1) 如果"服务的新理由"为 TRUE，置 reqt 为 TRUE；

2) 如果 MSS 为 FALSE，置 reqf 为 TRUE。

这里，"服务的新理由"是对命令的一个附加变数，它由符合 11.3.3.1 的设备固件产生。这样的实现方法避免了 11.3.3.4.2 中的竞争状况和 11.3.3.4.3 中的伪服务请求，但要求信息规定为 9 位(7 位状态，MSS 和服务的新理由)。

11.3.3.4.2 **STB，reqt，和 reqf 容许的独立控制**

有些集成电路允许在不改变 rsv 的状态下随时更新电路状态字节缓冲器的内容，这类电路有 3 个输入：

1) 更新电路状态字节缓冲器内容的命令；

2) 置 reqt 为 TRUE 的命令；

3) 置 reqf 为 TRUE 的命令。

reqt 和 reqf 从 TRUE 变为 FALSE 的转换是由符合设置 rsv 状态图的电路产生的。输入 2)和 3)既可以作为单独的命令实现，也可以作为只有一个变数的单个命令来实现。

当设备状态字节或状态使能寄存器改变时，设备固件必须：

1) 更新电路的状态字节缓冲器；

2) 如果有服务的新理由(见 11.3.3.1)置 reqt 为 TRUE；

3) 如果没有服务理由(MSS 为 FALSE)，置 reqf 为 FALSE。

注意，这时在设备固件置 reqt 或 reqf 为 TRUE 和控制器在以前服务请求响应中对设备的轮询之间会产生竞争。如果控制器是在对状态字节缓冲器进行更新之后，但在置 reqt 为 TRUE 之前，对设备轮询，则在控制器读完新的状态字节后，设备将产生服务请求。如果控制器在更新状态缓冲器之后，而在置 reqf 为 TRUE 之前，对设备查询，则控制器将收到一个附有 RQS TRUE(表示请求服务)的新状态字节(表示没有请求服务的新理由)。不过，这种竞争在实际应用中不会造成问题，因为控制器在任何一种情况下收到的总是最新的状态。在更新状态字节缓冲器之前置 reqt 为 TRUE 的实现是不允许德，因为这违反 11.3.3 中的规则 2。

11.3.3.4.3 **STB，reqt，和 reqf 容许的成对控制**

有些集成电路要求状态字节缓冲器的每次更新都要将 reqt 或 reqf 中的一个设置为 TRUE。这类电路只有一个输入。

当状态字节缓冲器的内容被更新时，电路应设置：

a) 如果 MSS 为 TRUE，则 reqt 为 TRUE；或者

b) 如果 MSS 为 FALSE，则 reqf 为 TRUE。

这个实现方法是本标准允许的(11.3.3.1 倒数第二段)。即使状态字节中的某一位没有被激活而引起服务请求，但当该位改变时，将能够产生一个服务请求。

11.3.3.4.4 **其他允许实现方法**

对于其他满足本标准的实现技术也可以使用。

11.4 状态数据结构

11.4.1 概述

所有设备的状态数据结构都应遵从 11.4 中规定的寄存器模型或排列模型。状态数据结构为设备设计者提供了执行状态报告的公共途径。每个状态数据结构有一个单一的"输出"，即汇总结构状态的综合报文。FALSE 综合状态表示没有状态要报告，TRUE 综合状态则表明有状态要报告。

11.4.2 状态数据结构——寄存器模型

寄存器模型 状态数据结构允许设备设计者在状态字节寄存器中用一个综合报文汇总多个事件，图 23 说明了一般寄存器模型 状态数据结构。

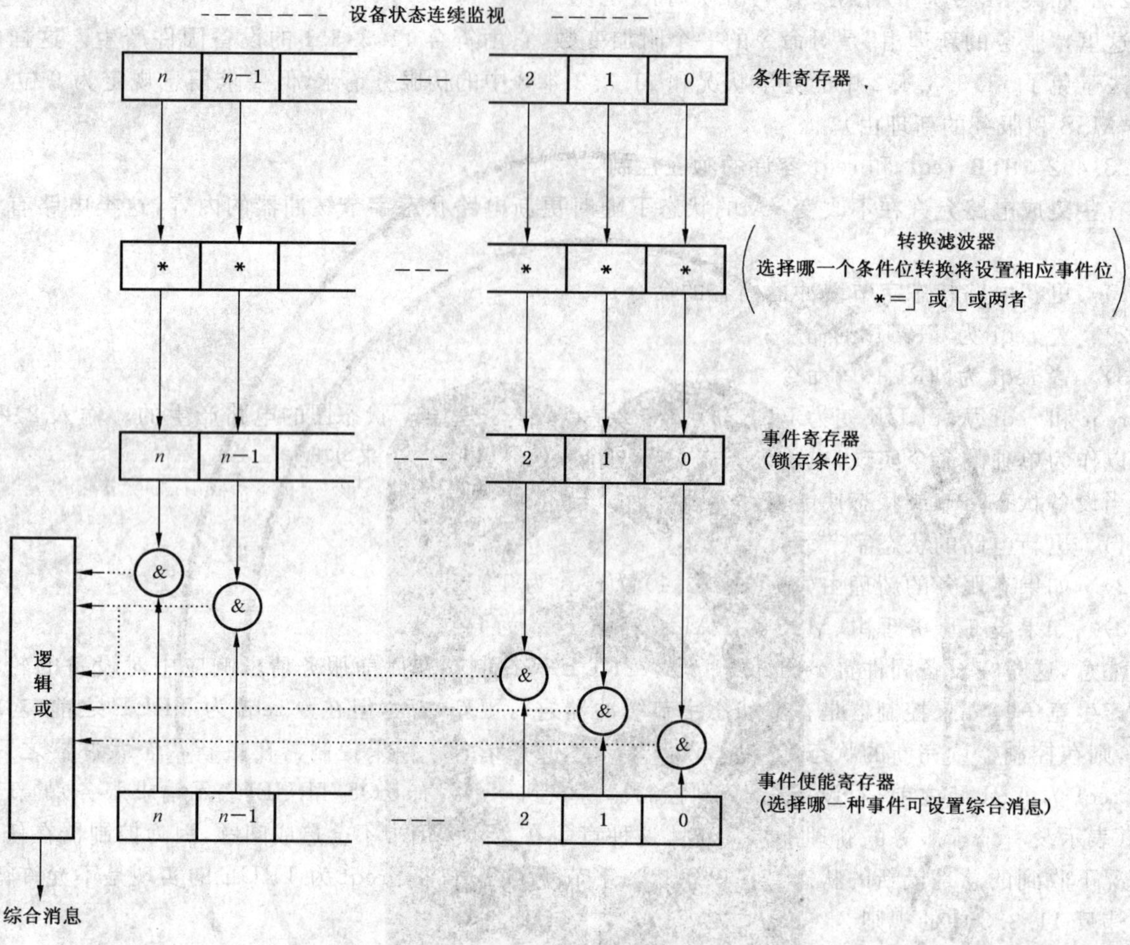

图 23 状态数据结构——寄存器模型

11.4.2.1 条件寄存器

11.4.2.1.1 功能

所谓条件是指设备状态的 TRUE 或 FALSE。条件寄存器在其状况位上反映这些状态。条件寄存器长度可以在 1 到 16 位的最大值之间，其中包括不用的位。当读取时，不用的位应返回零值。

注：有些控制器很难把 16 位无符号整数读入其内部格式。

通常，条件位表示特定的设备状态。同时，它也可以表示来自重叠副条件数据结构的汇总信息。该副条件数据结构应该是 11.4 中定义的条件数据结构的一种，或者是寄存器模型，或者是队列模型。这种重叠副条件数据结构技术，根据需要可以扩展到附加层。

条件寄存器的实现是可选的，因为条件寄存器的唯一目的是将设备状态或重叠的综合报文进行相关编组，以便一起读取。

本标准没有定义含有条件寄存器的任何特定状态数据结构。

11.4.2.1.2 读条件寄存器

设备应提供设备专用命令来读取设备的任何或全部条件寄存器。读条件寄存器不应改变它的内容。

11.4.2.1.3 写条件寄存器

没有设备专用命令能直接写入条件寄存器，只有设备状态或重叠的副条件数据结构改变时，才会改变条件寄存器的内容。

11.4.2.1.4 清除条件寄存器

没有设备专用命令能直接清除条件寄存器，只有设备状态改变或重叠的副条件数据结构清除时，才会清除状况位。

11.4.2.2 事件寄存器

11.4.2.2.1 功能

事件寄存器捕获状况的变化。事件寄存器中每一个事件位应与条件寄存器的条件位相对应，或者(若没有条件寄存器)与设备的特定条件相对应。当相关的设备条件引起某些由设备定义的转变时，事件应变为 TRUE。

事件寄存器的定义保证了应用不会丢失在读和清除事件寄存器之间发生的事件。当相关事件发生时，一个事件寄存器位(事件位)将被置为 TRUE。这些位一旦置定，就被“粘住”了。就是说，即使它们不再反映相关条件的现状，也不能被清除，直到它们被应用读取。

本标准允许以下三个置事件位为 TRUE 的转换判据(见图 23 转换滤波器)：

1) 正转换：当相关条件仅产生由 FALSE 变 TRUE 时，事件转变为 TRUE。

2) 负转换：当相应条件仅产生由 TRUE 到 FALSE 时，事件转变为 TRUE。

3) 正或负转换：当相应条件产生由 FALSE 到 TRUE 或者由 TRUE 到 FALSE 转变时，事件转变为 TRUE。

设备设计者应规定，每个事件位采用上述哪种转换判据。设备应提供设备专用命令以改变与每一种状况和事件位相关的转换。

在所有的情况下，设备条件的改变都不会引起事件位由 TRUE 变 FALSE。

事件寄存器的长度在 1～16 位的最大值，其中包括不用的位。当寄存器被读取时，不用的位应为零值。

注：有些控制器在把 16 位无符号整数读入其内部格式时可能比较困难。

本标准仅完整地介绍了一个事件寄存器——标准事件状态寄存器(见 11.5.1)。

11.4.2.2.2 读事件寄存器

设备应能提供设备专用命令来读取任一个或所有的设备事件寄存器。只有读取事件寄存器的公共查询是 * ESR? 查询，它读取标准事件状态寄存器(见 10.12 和 11.5.1.2.2)。

11.4.2.2.3 写事件寄存器

没有设备专用命令能允许应用程序编写者能直接写入事件寄存器。但有命令可清除整个寄存器。

11.4.2.2.4 清除事件寄存器

当通过查询读取被查询的事件寄存器时，它应被清除。也只有被查询的寄存器才能被清除。

另外，与查询相反，通过执行专用命令也可清除(但不读取)事件寄存器。

* cls 公共命令是强制命令，它能清除所有的事件寄存器。所有的设备定义的事件寄存器和标准事件状态寄存器(见 11.5.1)，应能通过 * cls 清除。

事件寄存器有可能再上电时被清除。但任何与上述不同的方法都不能清除事件寄存器。

11.4.2.3 事件使能寄存器

11.4.2.3.1 功能

事件使能寄存器用于选择相应事件寄存器中的哪些事件位在被置位时将产生 TRUE 综合报文。每一个事件位在事件使能寄存器中都有相应的使能位。通过使用使能位，应用程序设计者可以对设备进行编程，为单个事件或任何事件组的“或”逻辑请求服务。

每个事件使能寄存器都应与相应的事件寄存器具有相同长度。事件使能寄存器中未使用的位都要与事件寄存器中未使用的位对应。当寄存器被读取时，未使用位应为0；当通过命令写入时，未使用位应被忽略。

本标准仅完整地说明了一种事件使能寄存器——标准事件状态使能寄存器（见11.5.1.3）。

11.4.2.3.2 读事件使能寄存器

设备可提供由设备定义的查询来读取任一个或所有的事件使能寄存器。如果设备提供一个命令去写入事件使能寄存器，并提供一个查询来读取同一个事件使能寄存器，则应对设置寄存器的＜命令头＞的后面加一个"?"，形成＜查询头＞（见11.4.2.3.3）。

查询响应将以〈NR1 数字响应数据〉元素的形式返回。采用位的二进制加权来构成NR1的值。未使用位的值应为零。

只有读取事件使能寄存器的公共查询才是 * ESE?，它读取标准事件状态使能寄存器（见10.11和11.5.1.3.2）。

11.4.2.3.3 写事件使能寄存器

设备可提供设备专用命令写入任一个或所有的事件使能寄存器。如果这个命令被执行，它应遵循本部分描述的格式。

命令格式由设备定义头加上＜十进制数字程序数据＞元素组成。设备也可以有选择地接受一个＜表达式数据＞元素，该表达式对＜十进制数字程序数据＞元素求值。

＜十进制数字程序数据＞经舍入成为整数，并以2为基展开（二进制）时，它将代表事件使能寄存器各位的值。位值为"1"表示一种使能状况；位值为"0"表示禁止状况。

另外，使用其他格式的设备专用命令也是可以的。如果没有提供命令来写入事件使能寄存器，则寄存器中每一个使用的位，其值为"1"；每一个未被使用位，其值为"0"。

只有用以写入事件使能寄存器的已定义的公共命令才是 * ESE 公共命令，该命令写入事件使能寄存器。（见10.10）

11.4.2.3.4 清除事件使能寄存器

如果设备提供了设备专用命令以写入事件使能寄存器（见11.4.2.3.3），则通过发送零参量的该命令（NRf 格式）就可以清除该寄存器。

如果可选的 * PSC 命令没有执行或上电状态清除标志为 TRUE（见5.12），那么上电时将清除事件使能寄存器。

其他的设备或接口状况，包括接收 dcas 报文，都不应改变任何事件使能寄存器。

11.4.3 状态数据结构——队列模型

队列模型的状态数据结构允许设备设计者报告顺序状态或其他信息。队列中这些信息的存在由综合报文来汇总。

本标准还定义了一种采用队列模型（即输出队列）、并带有 MAV 综合报文（状态字节的第4位）的状态数据结构。

11.4.3.1 功能

图24表示了状态数据结构的队列模型。队列是包含信息顺序表的数据结构，当所有信息都从表中读取以后，队列就变为空。

除输出队列以外，队列中所有的＜响应报文单元＞元素都应是相同的类型（见图17）。数据元素发送的特定内容是由设备定义的。这一规则保证了应用程序可以事先了解要读取的任何数据的格式。

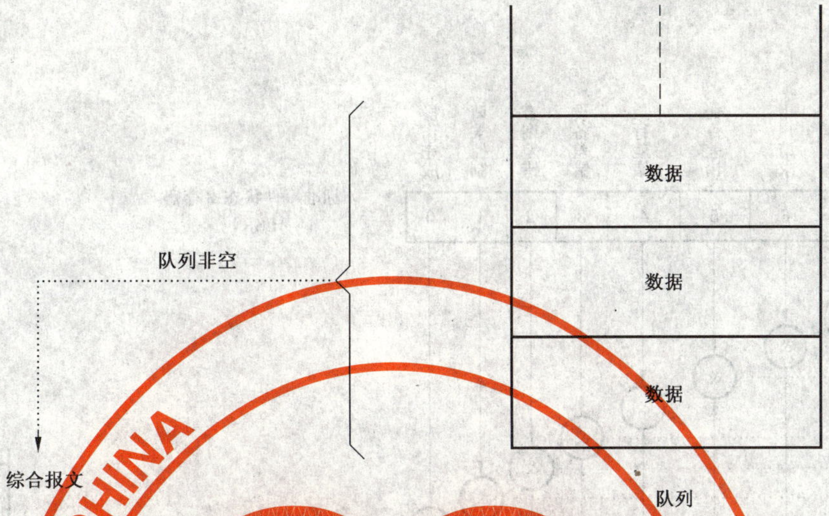

图 24 状态数据结构——队列模型

示例:一个队列可以包含一个<字符响应数据>元素表。另一个队列可以包含一个<NR3 数字响应数据>元素表。而再有一个队列可以是带有被逗号分隔的两个元素的报文单元,例如:<NR1 数字响应数据>,<字符串响应数据>。

除输出队列外,从队列中读取信息的次序已经超出本标准范围。设备定义的队列在读取时不必采用先进先出(FIFO)的方式。

设备设计者可以对队列结构强加一个的最大长度。除输出队列外,产生队列溢出状况的规则也超出本标准的范围。

11.4.3.2 读队列

除输出队列外,通过可选的设备定义的查询可以读取队列。这种设备定义的查询将使被读取的信息从队列中移出,置于输出队列中。

11.4.3.3 写队列

没有一个队列能直接用<程序报文>元素写入。除了输出队列外,队列表示编码的设备信息,诸如设备状态的历史或由设备设计者定义的其他信息。

11.4.3.4 清除队列

除输出队列外,当发生下列情况之一时,队列将被清除:

1) 收到 * CLS 命令;
2) 读取队列中所有的信息,只有被查询的队列才有数据移出。
3) 其他的设备特定情况。

注:输出队列是个特例,它不能被 * CLS 清除。但它可以在其他状况下被清除(见 6.3.2.3 和 10.3.1),其中包括方法 2。

11.5 标准状态数据结构

图 25 为标准事件状态——状态数据结构的概述图。11.5.1 详细讨论了标准事件状态寄存器模型,11.5.2 给出了输出队列的要求。

11.5.1 标准事件状态寄存器模型

图 26 表示了标准事件寄存器模型的运行,该数据结构是通用状态数据寄存器模型的特定实现(见 11.4.2),并且所有的设备都应具备。

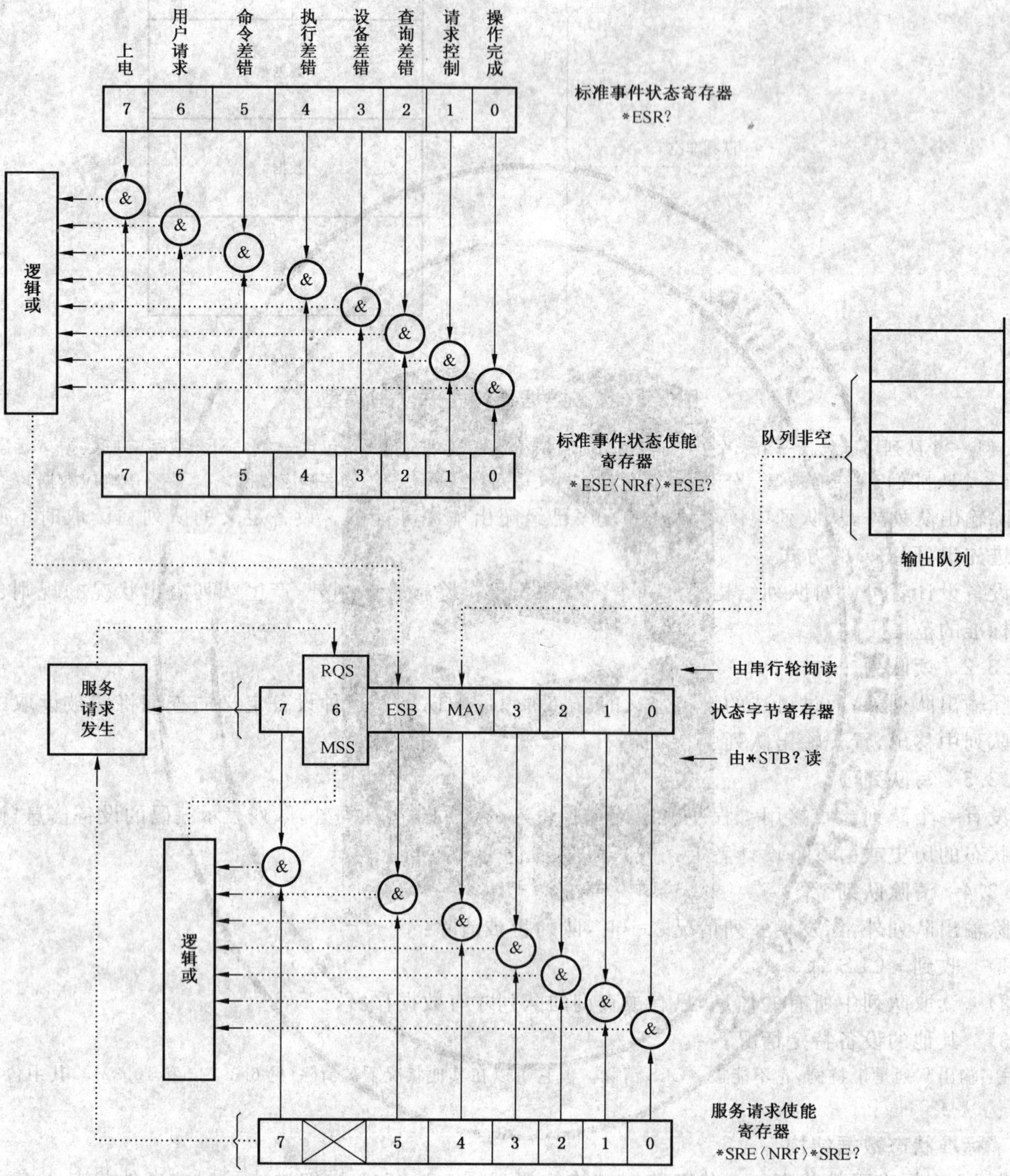

图 25　状态数据结构的概述图

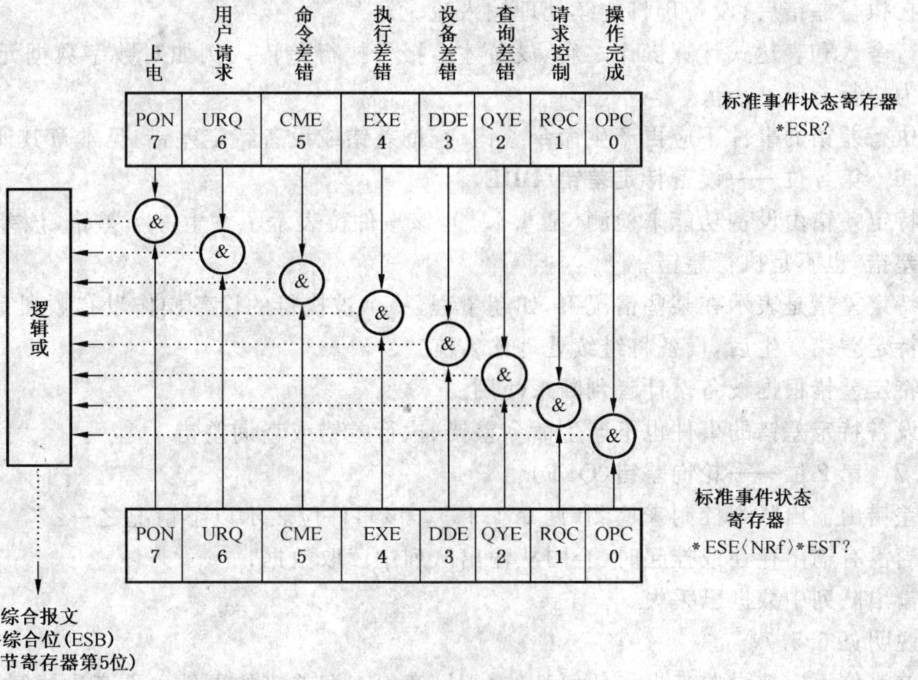

图 26 标准事件寄存器模型

11.5.1.1 标准事件状态寄存器位定义

本标准在标准事件状态寄存器中为本标准定义的特定事件分配了特定的位。

11.5.1.1.1 第 15 位至第 8 位——保留

标准事件状态寄存器的第 15 位至第 8 位为 IEC 将来可能的用途而保留，它们的值应报告为 0。

11.5.1.1.2 第 7 位——上电(PON)

该事件位表示设备电源产生从关断到接通的转换。

11.5.1.1.3 第 6 位——用户请求(URQ)

该事件位表示一组由设备设计者定义的本地控制中某一个(见 5.6.1.3)已被激活，例如用户请求控制。该事件位的设置与 GB/T 15946 设备的远方/本地状态无关。

11.5.1.1.4 第 5 位——命令差错(CME)

由语法分析器检测命令差错(见 6.1.6)，该事件位表示下列事件之一已发生：

1) 本标准语法差错已由语法分析器查出，即接受到从控制器到设备的报文，这是违背本标准的。可能的违背情况还包括违背设备听格式的数据元素或不能被设备接收的元素类型(见 7.1.2.2)。

2) 发生语义差错，指出收到不能识别的头。这些头包括不正确的设备专用头和不正确或不能执行的本标准公共命令(见第 10 章)。

3) 群执行触发(GET)被置于〈程序报文〉内的输入缓冲器(见 6.1.4.5 和 6.1.6.1.1)。

当设备检测出命令差错时，会丧失语法器的同步。(见 6.5.4 中关于出现命令差错后语法器动作的讨论)。

命令差错位不能设置以用来报告任何其他的设备特定情况。报告为命令差错的事件也不应被报告为执行差错、查询差错或设备特定差错，见本章其他位的定义。

11.5.1.1.5 第 4 位——执行差错(EXE)

执行差错由执行控制块来检测(见 6.1.7)，该事件位表示：

1) 一个头后紧跟的＜程序数据＞元素经设备计算已超出合法输入范围，或者与设备能力不一致。

2) 由于某些设备情况，一个有效程序报文不能被完全执行。

紧接在执行差错后,设备仍将继续处理输入流。

在进行舍入和表达式计算操作之后,设备才会报告执行差错。例如对数字数据元素的舍入运算将不被报告为执行差错。

产生执行差错的事件不应再产生命令差错、查询差错或设备特定差错,见本章其他位的定义。

11.5.1.1.6 第3位——设备特定差错(DDE)

设备特定差错由设备功能来检测(见6.1.8),该事件位表示了发生一个差错,该差错既不是命令差错和查询差错,也不是执行差错。

设备特定差错是表示在某些情况下,如超量程,一个被执行的设备操作没有顺利完成。

设备特定差错发生后,设备将继续处理输入流。

设备特定差错根据设备设计者判断来使用。

产生设备特定差错的事件也不产生命令差错、执行差错或查询差错。

11.5.1.1.7 第2位——轮询差错(QYE)

轮询差错由输出队列控制来检测(见6.1.10)。该事件位表示以下情况之一:

1) 当没有输出存在或挂起时,企图从输出队列中读取数据;

2) 输出队列中数据已丢失。

详细说明见6.5.7。

查询差错位不应被设置来报告任何其他情况,产生查询差错的事件也不产生执行差错、命令差错或设备特定差错。

11.5.1.1.8 第1位——请求控制(RQC)

该事件位向控制器表示设备正在请求允许成为GB/T 15946的激活的责任控制器。

11.5.1.1.9 第0位——操作完成(OPC)

该事件位在对*OPC命令的响应中产生。它表示设备已经完成所有的被选中执行的操作。利用该事件位进行设备同步的讨论。见12.5.2中。

11.5.1.2 标准事件状态寄存器操作

11.5.1.2.1 功能

标准事件状态寄存器操作遵循11.4.2中通用状态数据结构寄存器模型的事件寄存器规则。

11.5.1.2.2 读

标准事件状态寄存器用*ESR?公共查询(见10.12)进行破坏性读(即读和清除)。

11.5.1.2.3 写

除清除外,标准事件状态寄存器不能远程写入。

11.5.1.2.4 清除

标准事件状态寄存器仅用以下方式清除:

1) *CLS命令。

2) 在上电状态清除标志为TRUE时上电(见注)。

3) *ESR?查询。

注:在执行上电顺序的设备,应首先清除标准事件状态寄存器,然后记录电源接通过程中所有发生的事件,包括设置PON事件位(见11.5.1.1.2)。

标准事件状态寄存器不能由其他设备情况清除。

11.5.1.3 标准事件状态使能寄存器操作

11.5.1.3.1 功能

标准事件状态使能寄存器允许在ESB综合报文位中反映标准事件状态寄存器中一个或多个的事件。它应遵循有关事件使能寄存器的状态数据结构寄存器模型的操作规则(见11.4.2.3)。

该寄存器的8位已被定义,相应于标准事件状态寄存器中的各位。从第8位到第15位为IEC预留。

11.5.1.3.2 读

标准事件状态使能寄存器用 * ESE? 公共查询来读取。它返回的数据是二进制加权的＜NR1 数字响应数据＞(见 10.11)。

11.5.1.3.3 写

用 * ESE 公共命令写标准事件状态使能寄存器,数据以＜十进制数字程序数据＞来编码(见 10.10)。

11.5.1.3.4 清除

标准事件状态使能寄存器由下列方式来清除:

1) 发送“0”数据值的 * ESE。

2) 当上电状态清除标志为 TRUE 或 * PSC 命令未被执行时的上电事件,详情见 10.25 * PSC 命令。

其他设备或接口条件,包括收到的 dcas 报文,都不能改变该寄存器。

特别是下列情况不应影响标准事件状态使能寄存器:

1) GB/T 15946 设备清除功能状态改变。

2) 发送 * RST 公共命令。

11.5.2 标准队列模型

11.5.2.1 功能

输出队列存储响应报文,直到它们被读取。输出的可用性由 MAV(有效报文)综合报文来汇总(状态字节的第 4 位)见图 27。

MAV 综合报文用于与控制器信息交换同步,见第 12 章中设备同步讨论及第 6 章中输出队列操作详述。

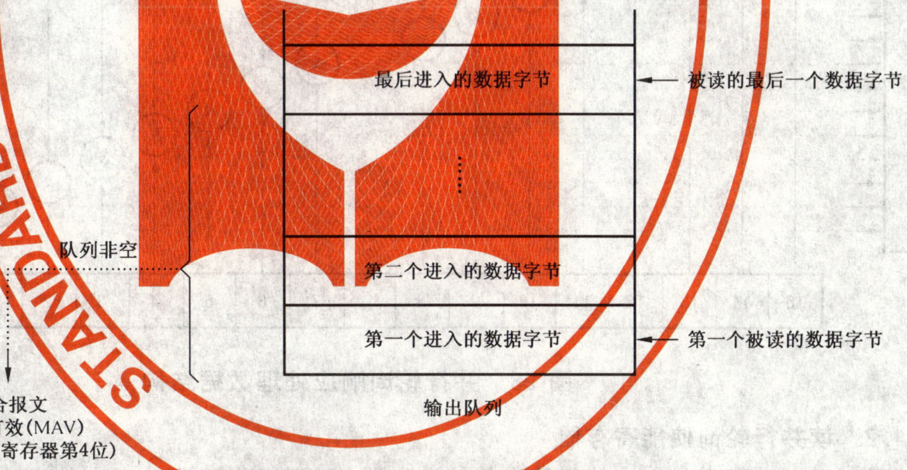

注:第当输出队列中数据准备好并且不需要时,MAV变“真”,参见6.4.5.3和6.1.10.2.1。

图 27 标准队列模型

11.5.2.2 读

输出队列是先进先出队列,当设备处于讲者激活状态(TACS)时,队列由握手字节读出。

11.5.2.3 写

输出队列仅按照第 6 章中规定的协议与系统接口相连。

11.5.2.4 清除

输出队列应按照第 6 章的协议进行清除,除了 6.3.2.3 中＜程序报文＞要求条件以外,输出队列不能由(CLS 命令清除)。

11.6 并行轮询响应处理

11.6 介绍了产生和控制 GB/T 15946 ist(单一状态)就地报文的方法,此报文是在并行轮询操作期间发送的状态位。若设备具有 PP1(完整的)能力,应执行本条(见 11.6)的数据结构和相应的公共命令。

11.6.1 并行轮询使能寄存器

11.6.1.1 功能

图 28 的并行轮询使能寄存器是一个 8 位～16 位的寄存器。寄存器中的每一位与状态字节或设备定义条件的某一位相对应。状态字节中所有位都必须使用,设备中多于 8 个的条件与并行轮询使能寄存器的高 8 位相对关。

注:一些控制器按照内部格式读取 16 位无符号整数可能会比较困难。

并行轮询使能寄存器中的每一位与对应的条件或综合位进行“与”运算,然后与所得到的各位进行“或”运算,从而产生 ist。使用并行轮询使能寄存器允许单一位或位的组合控制 ist。

用主综合状态(MSS)报文代替 RQS 以报告状态字节寄存器的第 6 位。MSS 是在 * STB? 公共查询中与状态字节一起返回的报文(见 11.2.2.2)。

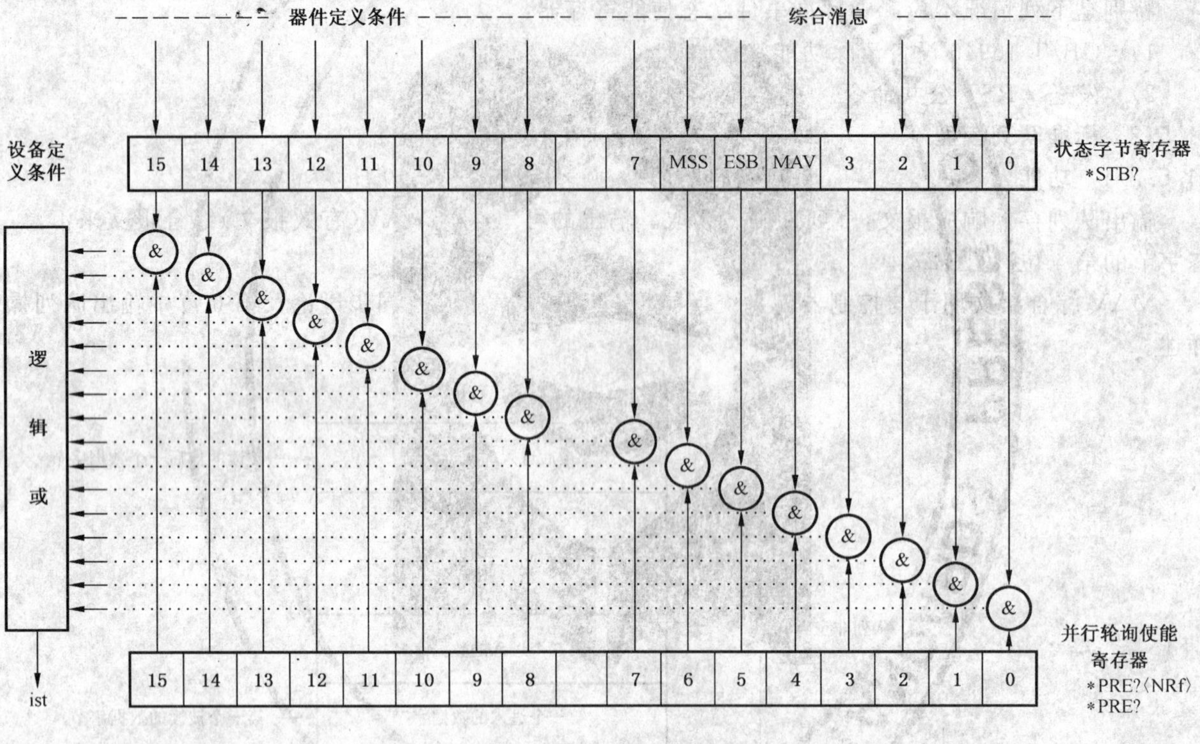

图 28 并行轮询响应处理数据结构

11.6.1.2 读并行轮询使能寄存器

可通过发送 * PRE? 查询并行轮询使能寄存器的内容,设备用<NR1 数字响应数据>元素作出响应(见 10.24)。

11.6.1.3 写并行轮询使能寄存器

通过将跟随有<十进制数字程序数据>格式的数字的 * PRE 命令发送到设备,便可写入并行轮询使能寄存器。该数值将被转化为二进制数并存于寄存器中(见 10.23)。

11.6.1.4 清除并行轮询使能寄存器

并行轮询使能寄存器可通过下列方式清除:

1) 置寄存器值为 0。

2) 当上电状态清除标志为 TRUE 或没有执行 * PSC 时上电。

11.6.2 不用并行轮询读 ist

可通过发 * LST? 公共查询对 ist 状态进行查询。如果 ist 为 FALSE,设备将返回“0”;如果 ist 为

TRUE，设备返回“1”。返回数据应是＜NR1 数字响应数据＞元素(见 10.15)。

12 设备/控制器同步技术

12.1 概述

本章规定了保证设备与控制器同步的方法，同时提供三种基本技术：

1) 强制顺序执行；

2) 在设备输出队列中等待响应；

3) 等待服务请求。

这些技术的详细示例见附录 B。

对于执行时间可确定的命令，一个潜在的问题是应用程序需要知道此命令何时已经执行完毕。假设有一个被测单元，它与总线控制的电源和数字电压表(DVM)相连，在命令数字电压表进行测量前，应用程序需要知道电源是否已经达到了预定电压值。为对电压输出被证实的确认，就是设备/控制器同步技术的范例。

12.2 顺序命令和重叠命令

设备命令分为两大类。

第一类是“顺序命令类”。顺序命令是在下一个命令被执行前必须完成的命令。

另一类是“重叠命令类”。重叠命令允许在执行顺序命令的同时由重叠命令启动的设备操作仍然进行。

设备设计者可以选择设备特定命令是顺序命令还是重叠命令。详见 12.8.1。设计者也可以选择执行一些设备特定命令，这些命令可以将命令的类型从顺序的改成重叠的，反之亦然。

设备文件需明确规定每种命令是顺序的还是重叠的。

12.2.1 顺序命令说明

假设总线控制的电源有两个输出，命令 VOLT1 NRf 用于设置一个输出电压值，命令 VOL T2 NRf 用于设置另外一个电压值，若 VOLT 命令是顺序命令，那么＜程序报文＞

VOLT1 1.23；VOLT2 1.00＜PMT＞

(其中＜PMT＞代表＜程序报文结束符＞)将第一个输出值设置为 1.23 V，在达到以后再设置第二个输出为 1.00V。在时间线，命令表示如下：

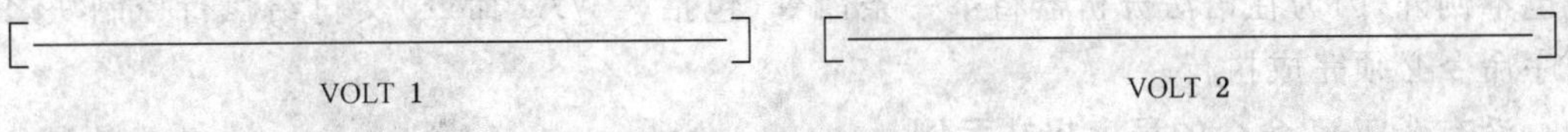

符号“[”表示相关设备操作的启动，“]”表示这些操作完成。注意，设备操作的完成与命令执行的完成是不相同，其区别见 6.1.7。

12.2.2 重叠命令说明

如果 VOLT 命令是重叠命令，在由 VOLT1 命令启动的设备操作完成之前，VOLT2 命令已开始执行。时间线如下：

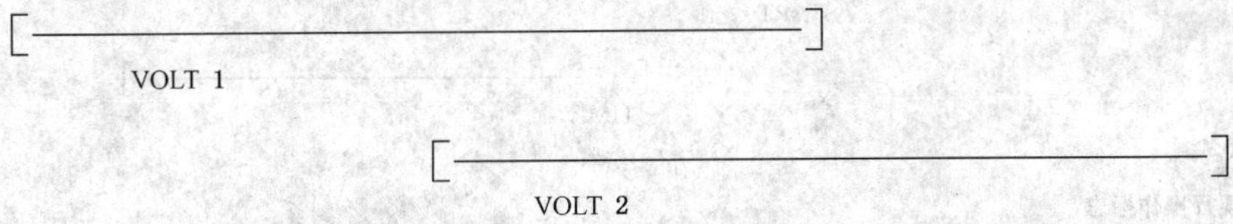

需要某种方法指示所有命令已经完成。对于顺序命令，由于前面的命令完成以后才能执行下面的命令，因此很容易表示。对于重叠命令则困难一些，因为在几个命令前启动的设备操作仍然还未完成。

12.3 正在运行操作标志

该标志的作用是通知应用程序，所有的由重叠命令启动的操作已完成并且其结果以被证实，或者这些操作失败。

每个重叠命令都有一个正在运行 — 操作标志，当一个与正在运行 — 操作标志对应的命令通过执行控制块（见 6.1.7）发送到设备功能块（见 6.1.8）时，该操作标志被设置为 TRUE，当这个命令启动的所有设备操作已完成或失败（即通过 * RST 命令的执行）时，该标志被设置为 FALSE。

例如，只有输出电压达到制造厂家规定的误差范围内的程控值时，改变电源的输出电压操作才完成。同样，改变数字电压表的量程的操作只有在数字电压表准备好在这个量程中进行测量时才算完成。图 29 中说明了这些标志的控制。

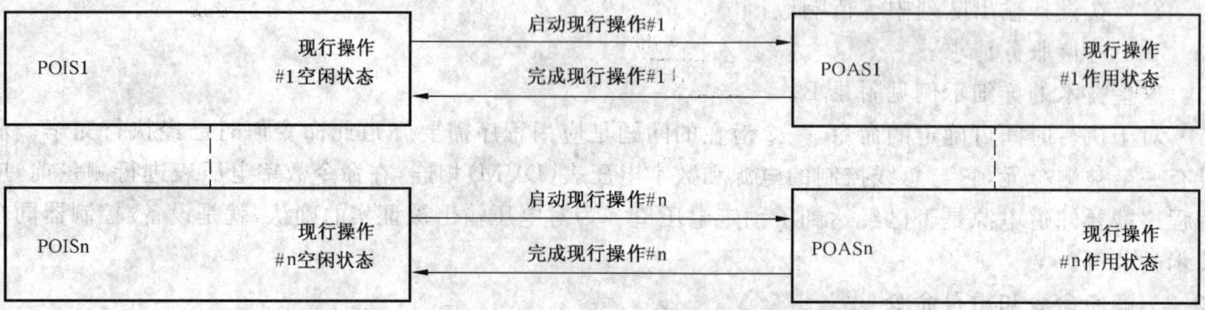

图 29　可选重叠命令的正在运行操作的状态图

12.4　没有操作正在运行的标志

该标志用来指明设备是否已完成由可选的重叠命令启动的操作。设备设计者可以选择用该标志报告全部重叠命令或部分重叠命令的状态，设备设计者还可以提供设备特定命令来选择哪些重叠命令具有用该标志报告的状态。

将可选的重叠命令相关的正在运行的操作标志进行“或”运算，结果取反以产生没有操作正在运行的标志。如果设备没有可选的重叠命令，该标志为 TRUE。

12.5　控制器/设备同步命令

* OPC 和 * WAI 命令以及 * OPC？询问允许应用程序编写者保持控制器/设备的同步。

12.5.1　* WAI 公共命令

该命令将防止设备在没有操作正在运行的标志为 TRUE 之前，执行任何进一步的命令或查询。对顺序命令也不例外，因为在语法分析器将下一条命令（包括 * WAI 命令）交付给执行控制块之前，任何以前的顺序命令必须完成执行。

12.5.1.1　没有 * WAI 命令的程序报文示例

使用 * WAI 命令的示例如下：考虑一个数据记录设备用设备命令 START 进行测量，由 TIME？读现行时间。START 命令是个重叠命令并需要一定的时间执行。＜结束程序报文＞

START；TIME？＜PMT＞

它启动设备进行测量，并返回开始进行测量的时间。时间线和标志见图 30。

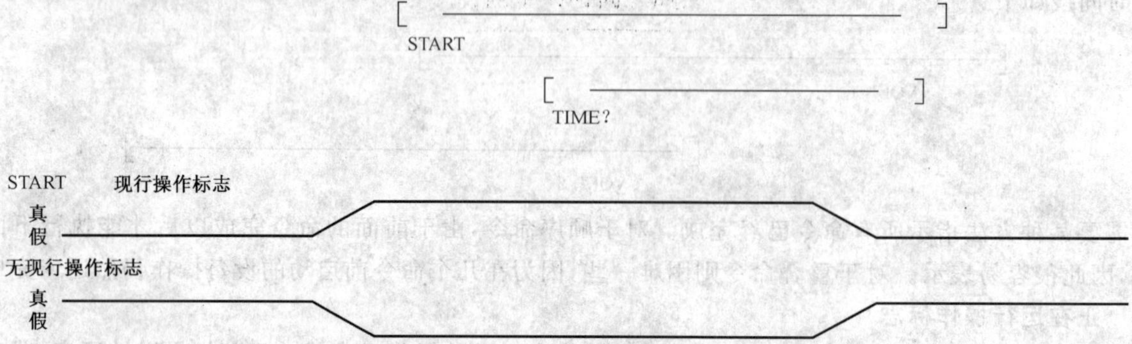

图 30　定时图——不使用 * WAI 命令的程序报文示例

12.5.1.2 具有 * WAI 命令的程序报文示例

＜结束程序报文＞

START; * WAI; TIME? ＜PMT＞

强制 TIME? 查询对测量完成的时间作出响应,然后 * WAI 命令允许应用程序强制重叠命令按顺序执行。时间线和标志见图 31。

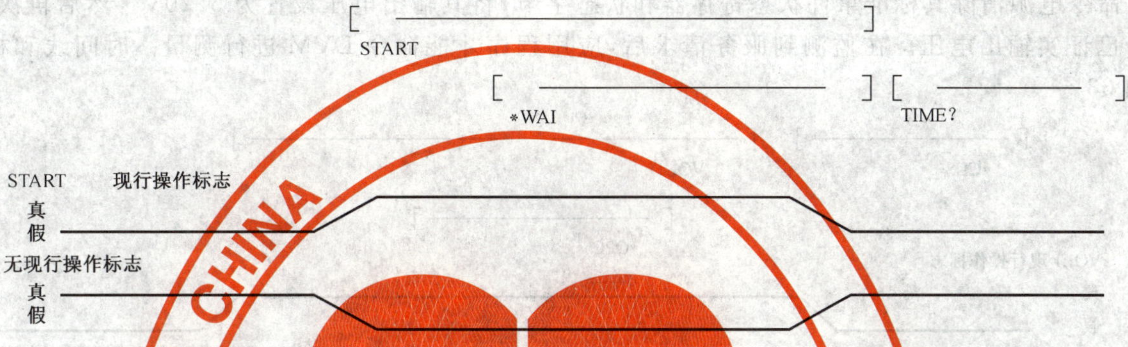

图 31 定时图——使用 * WAI 命令的程序报文示例

附录 B 中给出了使用 * WAI 命令的详细示例。

通过上电和 dcas 报文, * WAI 命令的持续动作将被取消。由于 * WAI 命令延迟设备执行控制直到没有操作正在运行标志为 TRUE,所以, * RST 和 * CLS 命令对 * WAI 操作没有影响。

12.5.2 * OPC 公共命令

该命令允许一个控制器和多个设备之间同步。在标准事件状态寄存器(ESR)中的 OPC 事件位被用来影响同步。附录 B 对中 OPC 命令的使用有详细示例。

12.5.2.1 操作完成命令状态图

* OPC 命令按图 32 的描述执行。12.5.2 给出了解释。

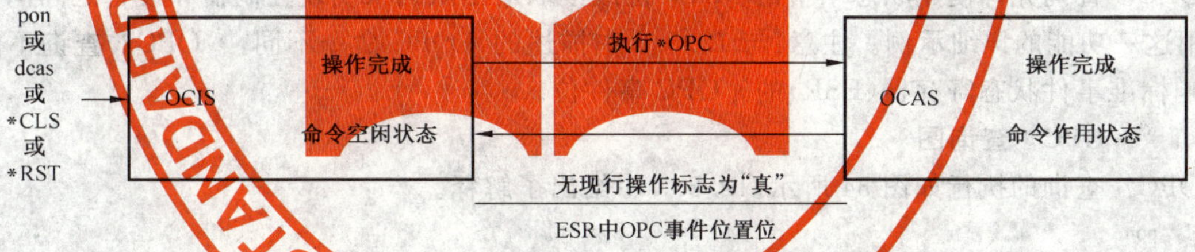

图 32 操作完成命令状态图

12.5.2.1.1 操作完成命令空闲状态(OCIS)

下列情况将使设备进入 OCIS:

——上电(见 5.12);

——接收 dcas 报文(见 5.8);

——执行 * CLS(见 10.3);

——执行 * RST(见 10.32)。

当执行 * OPC 命令时,设备将推出 OCIS 和进入操作完成命令激活状态(OCAS)。

12.5.2.1.2 操作完成命令激活状态(OCAS)

在 OCAS 中,设备将连续监视没有行操作正在进行标志。当该标志为 TRUE 时,设备将设置标准事件状态寄存器(ESR)中的 OPC 事件位,退出 OCAS,进入 OCIS。

12.5.2.2 * OPC 命令的使用示例

可以用 12.1 中电源、DVM 和被测设备的示例说明 * OPC 的影响。问题在于要对 DVM 进行编程，使它仅在电源完成改变输出电压后再进行测量。

应用程序设计者可以使能标准事件状态使能寄存器的第 0 位(对应 OPC 事件位)以及服务请求使能寄存器中的第 5 位(对应 ESB 综合报文)，从而一旦 OPC 事件位变为 TRUE 时，设备便请求服务。

＜结束的程序报文＞

* CLS:VOLT 5.20; * OPC＜PMT＞

命令电源清除其标准事件状态寄存器和状态字节，将其输出电压设置为 5.20V。然后再次请求服务已证实输出电压。在监测到服务请求后，应用程序才能命令 DVM 进行测量。时间线和标志。见图 33。

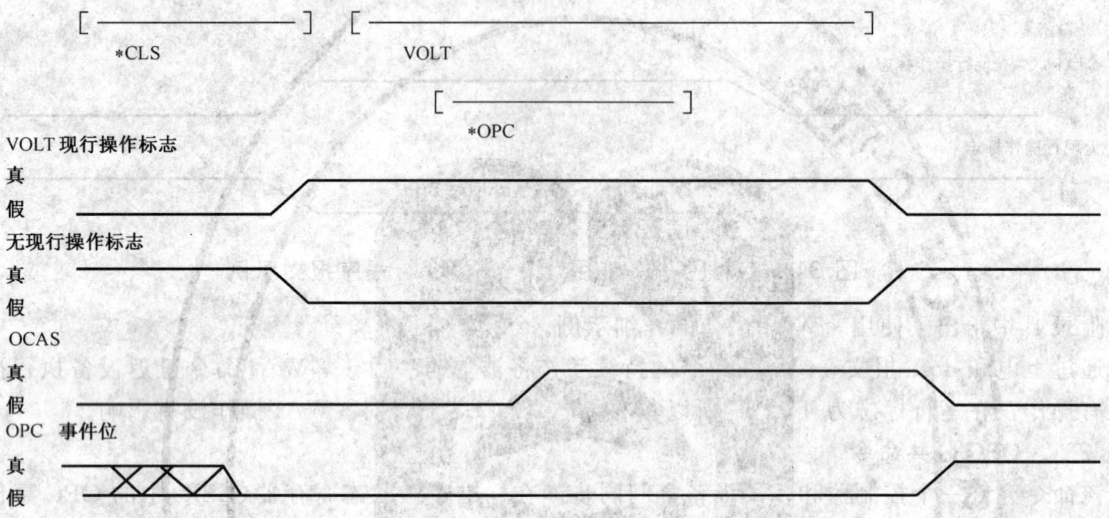

图 33 定时图——使用 * OPC 命令的程序报文举例

12.5.3 * **OPC**? 公共查询

* OPC? 查询允许使用状态字节的 MAV 位或读取输出队列来实现控制器和设备之间同步。附录 B 中使用这一功能的详细示例。注意：与 12.5.2 中描述的 * OPC 命令不同，* OPC? 查询不能用任何方式影响标准事件状态寄存器(ESR)的 * OPC 事件位。

12.5.3.1 * **OPC**? 查询图

* OPC? 查询的执行如图 34 所示，12.5.3 中给出了解释。

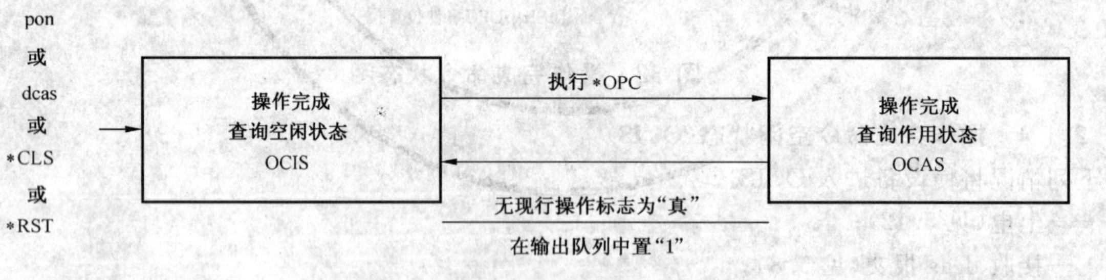

图 34 操作完成查询状态图

12.5.3.1.1 操作完成查询空闲状态(**OQIS**)

下列情况使设备进入 OQIS：

——上电(见 5.12)；

——接收 dcas 报文(见 5.8)；

——执行 * CLS(见 10.3)；

——执行 * SRT(见 10.32)。

当执行 * OPC? 查询时，设备将退出 OQIS，进入操作完成查询激活状态(OQAS)。

12.5.3.1.2 **操作完成查询激活状态(OQAS)**

在OQAS中,设备连续监视没有操作正在进行标志,当该标志为TRUE时,设备将一个ISO7-bit字符1置于输出队列中,这个动作的结果是使状态字节中MAV位变为TRUE,同时设备退出OQAS,进入OQIS。

12.5.3.2 **使用*OPC?查询示例(无服务请求)**

下面使用*OPC?查询的方法可以避免使用服务请求和串行轮询。服务请求使能寄存器中的第4位(对应MAV综合报文)被置为零值(禁止)。

<结束的程序报文>

VOLT 5.20;*OPC?<PMT>

被发送到电源。然后应用程序从电源读取*OPC?查询响应。设备在电压被证实前,将不把*OPC?的响应放入输出队列。在收到响应后,控制器才命令DVM进行测量。

12.5.3.3 **使用*OPC?查询示例(服务请求方式)**

下列方法要用到服务请求和串行轮询,服务请求使能寄存器中第4位(对应MAV综合报文)被置为值"1"(使能),<结束的程序报文>

VOLT 5.20;*OPC?<PMT>

被发送到电源,当输出电压被证实时,电源请求服务,然后DVM被命令进行测量。

读取*OPC?查询的响应可以免除研究服务请求和伴随的串行轮询的复杂性,它的缺点是当控制器正在等待读取*OPC?查询响应时,系统总线和控制器握手两者都处于暂时的挂起状态。采用*OPC命令和标准事件状态寄存器中的OPC事件位的方式,或者采用*OPC?查询和状态字节寄存器中MAV综合报文的方式,两者都要求采用串行轮询。但是它们在等待服务请求的同时允许系统总线和控制器执行其他操作。

12.6 采用外部控制信号同步

本节所提供的技术可以用来实现5.6.1.4定义的外部控制信号与应用程序之间的同步。设备设计者可以提供设备特定重叠命令,该命令依赖于外部控制信号的接收。设备操作通过命令启动,并在收到外部控制信号后完成。

例如,一个DVM用命令"TRG:EXT"来选择外部触发,并用重叠命令(和询问)"MEAS?"在被触发时进行测量,在接收到下列<结束程序报文>

*CLS;TRG:EXT;MEAS? <PMT>

之后,DVM将置正在进行操作标志为TRUE。在接收到外部触发信号后进行测量,然后将正在进行操作标志置为FALSE。

采用*WAI、*OPC命令和*OPC?查询的所有同步方式都可以使用采取外部控制信号的重叠命令。

12.7 *OPC和*OPC?的不恰当用法

*OPC命令和*OPC?查询一般都出现在<程序报文>中的最后一个<程序报文单元>。<结束的程序报文>的结果

*CLS;OL1;OL2;*OPC;OL3<PMT>

取决于设备操作完成的相对时间,该设备操作由"重叠命令 OL1"和"OL2"启动和由重叠命令"OL3"执行。

当执行重叠命令"OL3"执行时,没有操作正在进行标志始终保持FALSE。这时,重叠命令"OL3"结束时,OPC事件位变为TRUE。这是因为与"OL3"命令对应的正在进行操作标志变为TRUE之前,没有操作正在进行标志不会变为TRUE。这种情况的时间线和标志见图35。

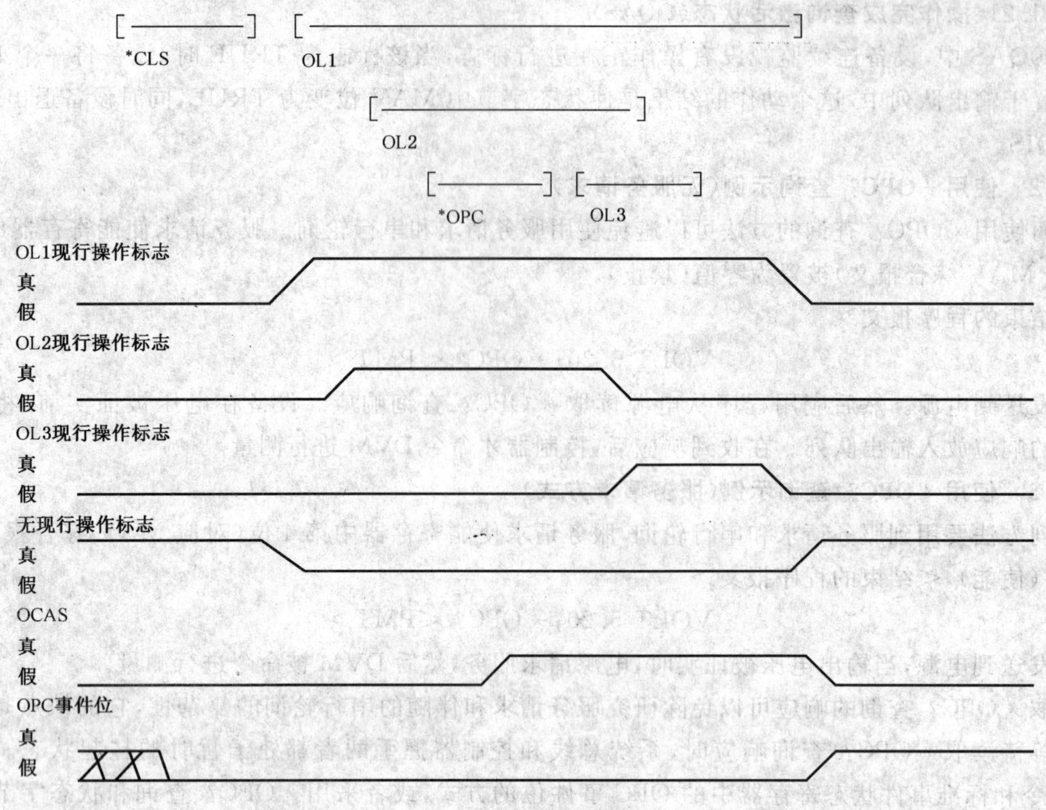

图 35 定时图——不恰当操作示例 1

但是，如果在重叠命令“OL3”被执行之前，无操作正在进行标志变为 TRUE，则 OPC 事件位应已为 TRUE。这种情况的时间线和标志见图 36。

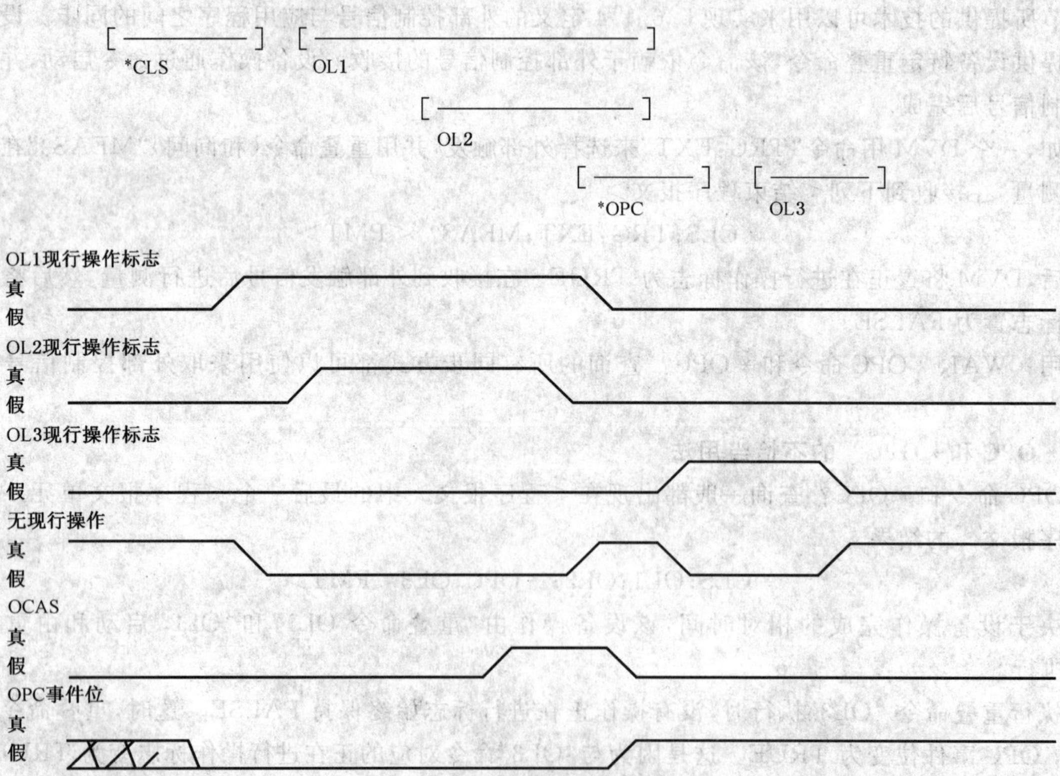

图 36 定时图——不恰当操作示例 2

注：如果 OL1 或 OL2 操作超过 * OPC，OL3 将决定 OPC 事件发生的时间。

12.8 设计考虑

本条旨在指导设备设计者选择哪些命令应该是重叠的，哪些应该是顺序的，同时也为设备设计者提供如何产生无现行操作标志的指导。

12.8.1 重叠命令

一般来说，如果命令在短时间内完成，设备设计者希望采用顺序命令，如果完成时间长，则采用重叠命令。“短时间”和“长时间”必须考虑其他设备命令的先后关系。

例如，数据记录器可以在不间断记录新数据的前提下，将其数据备份到磁带。该备份需要 1h 完成，所以备份操作应是重叠的。假设记录新数据需 1 min，与许多设备操作(即，对 * STB? 查询的响应)相比是长时间，但与备用操作相比是短时间。

如果设备设计者选择重叠的数据采集操作，当应用程序命令数据采集器进行测量时，无操作正在进行标志将为 FALSE，并保持 1 min，然后变为 TRUE。如果在备份操作进行的同时，应用程序命令数据采集器进行测量，则无操作正在进行标志将保持 FALSE 直到备份完成，这可能需要 1h。在这段时间内应用程序无法知道测量是否已完成。

下面考虑设备设计者选择数据采集操作为顺序进行的情况，这也是一个可行的方法，因为“MEASURE”命令本身不产生时间的延迟。

如果控制器在数据采集操作完成以前，就想要发送附加命令，则控制器和总线将被迟延直到数据采集器准备执行新的命令。注意：这种方法对设备执行十分敏感。若设备没有输入缓冲器，则发送＜结束程序报文＞

MEASURE;<space><PMT>

可能引起设备在分号后面等待直至测量完成，然后再接收＜结束程序报文＞的其他部分。“合理长度”的输入缓冲器(见 6.1.5)应足够大以容纳该命令以及额外的空格和＜程序报文结束符＞，这样总线握手在测量期间将不会被延迟。

如果假定数据采集器在每次测量结束时必须将有些数据返回控制器，则顺序操作将不会被接受，因为在每次测量期间控制器和总线都将被延迟。在这种情况下，设备设计者可以选择在确定无操作正在进行标志的状态时，忽略“备份”正在进行操作标志(在 12.4 中的设备定义子集中不包括“备份”正在进行操作标志)。这将是应用程序设计者使用标准的 * WAI、* OPC 和 * OPC? 命令进行同步测量。设备设计者必须提供一些其他设备特定的方法已确定备份操作在什么时候已经完成。

设备设计者也可以创建设备特定命令来选择哪一些正在进行操作标志将影响无操作正在进行标志。这将允许应用程序设计者使用 * OPC、* WAI 和 * OPC? 命令来等待测量完成或等待备份完成，或等待这两个操作的完成。

12.8.2 执行差错的处理

如果一个＜程序报文＞引起执行差错，相关的操作将停止，正在进行操作标志为 FALSE，设备报告一个执行差错。

12.8.3 操作完成

设备设计者应该确定当重叠命令完成它们相关设备操作的时间点。对于每一个相关的设备定义重叠命令，在确定何时将正在进行操作标志置为 FALSE 时，应遵循下列原则。

设备设计者必须充分认识到本节所述要求的重要性，这些要求保证了应用软件决定什么时候系统的外部部件可以使用设备的操作结果，因此设备不能过早地报告操作完成。设备可在操作真正完成后的任何时候指示操作完成。

设备设计者可使用特殊硬件，如传感器等，用于确定什么时候操作完成。另外，设计者还可以使设备等待一段时间。一旦设备报告操作已被完成，只要操作结果被证实任何方式都可接受。没有完成实际操作就报告操作完成的设备有可能是被误用，也可能是校准失效或出了故障。被短路的信号发生器就是一个误用的例子。对于每个命令，设备文件应说明在该命令的响应中产生操作完成报文时应满足的功能判据。

针对两类设备，分别有在报告操作完成前就应得到满足的判据：激励设备(见12.8.3.1)和响应设备(见12.8.3.2)。一个设备可以包含两种类型的功能。

12.8.3.1 激励设备

激励设备产生一个信号来激励系统设备的外部部件。例如：电源就是一个激励设备。

当设备特定重叠命令使设备产生一个信号时，设备将不再指出相关的正在进行的操作已完成直到下列情况之一发生时：

1) 在其输出端的信号处于证实状态；

2) 操作已中断。

设备可以提供设备特定命令，允许应用程序设计者选择加在设备输出端的信号的哪些特性将把正在进行操作标值设置为FALSE。例如，这些命令可以选择精度，在设备指出操作完成之前，输出信号必须达到这一精度。

12.8.3.2 响应设备

响应设备是对外部提供的信号做出相应的设备。如，测量外部信号的数字电压表。

当设备特定重叠命令使设备对一个外部信号作出响应时，设备只有在下列三种情况之一发生时，才能指示相关的正在进行操作已完成：

1) 响应已完成。

2) 操作已被终止。

3) 对查询重叠命令的响应中，设备已就绪，控制器开始读取操作。

设备还要可以提供设备特定命令，允许应用程序设计者选择响应的何种特性可以将正在进行操作标志设置为FALSE。例如，这些命令可以选择信号测量的精度。

13 系统自动组态

13.1 引言

当测试系统进行组态或重新组态时，必须为设备指定地址，这样控制器应用程序才能对指定的设备发送和接收报文。本章以协议、命令和导则的形式为设备自动完成这项任务提供了工具，而与设备是否遵循本标准无关。本章还讨论了如何将工具产生的信息在应用程序中得到使用，以对测试系统的硬件变化自动做出调整。

13.2 概述

以下协议和公共命令的组合支持自动组态。

控制器协议	公共命令	组合的目的
发现听者 (见17.6)	禁止听者 (*DLF) (见10.6和13.4.1)	寻找地址未组态的 GB/T 15946设备和本标准设备 (不执行*AAD/*DLF)
设置地址 (见17.7)	接受地址 (*AAD) (见10.1和13.4.2)	寻找地址已组态的 本标准设备(执行*AAD/*DLF)

下面给出了使用这些组合的概述，但不表示这是实际的执行。图37说明了在GB/T 15946总线上对设备进行全面搜索的过程。

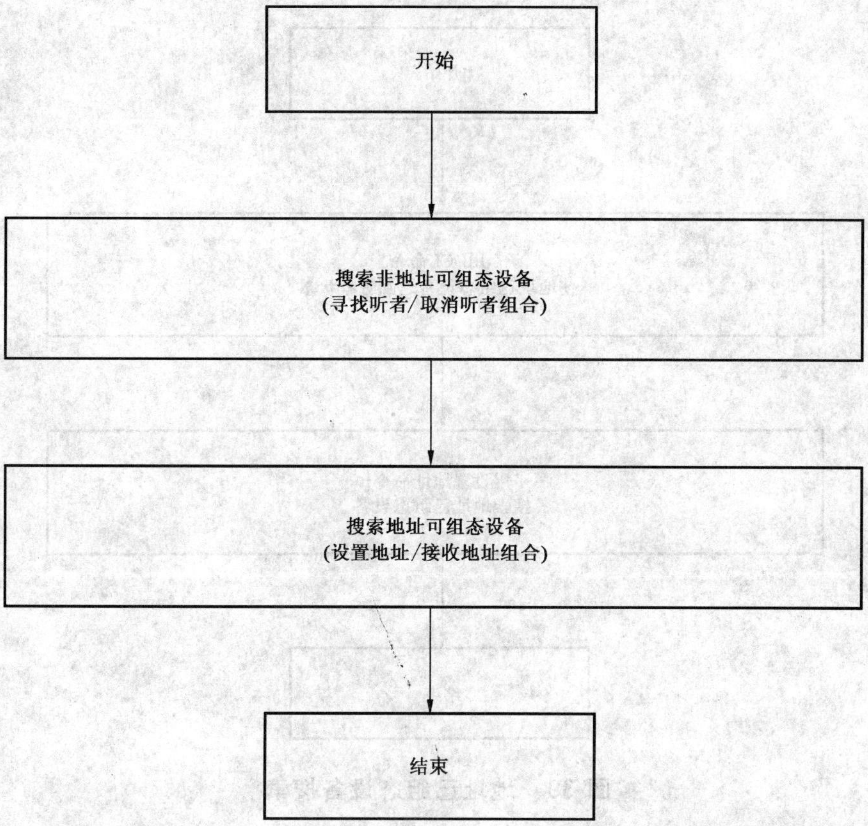

图 37　全面设备搜索

按照秩序先进行地址未组态设备的搜索，由图 38 所示的元素组成，然后进行地址已组态设备的搜索由图 39 所示的元素组成。

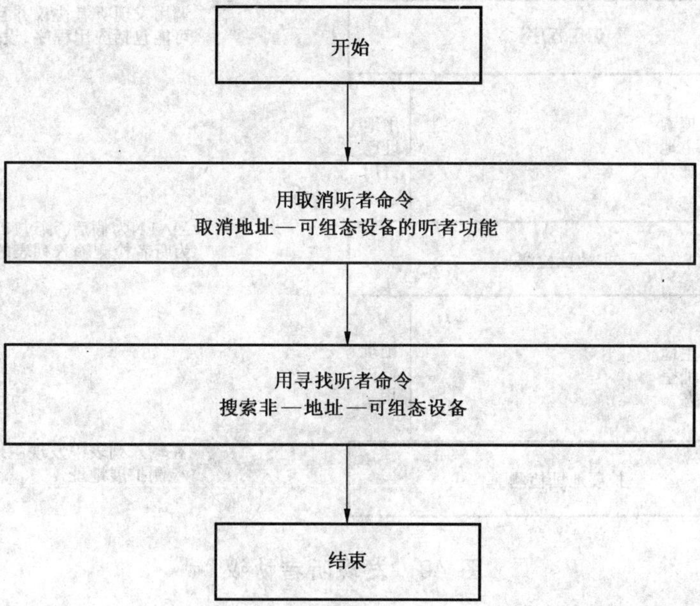

图 38　地址未组态设备搜索

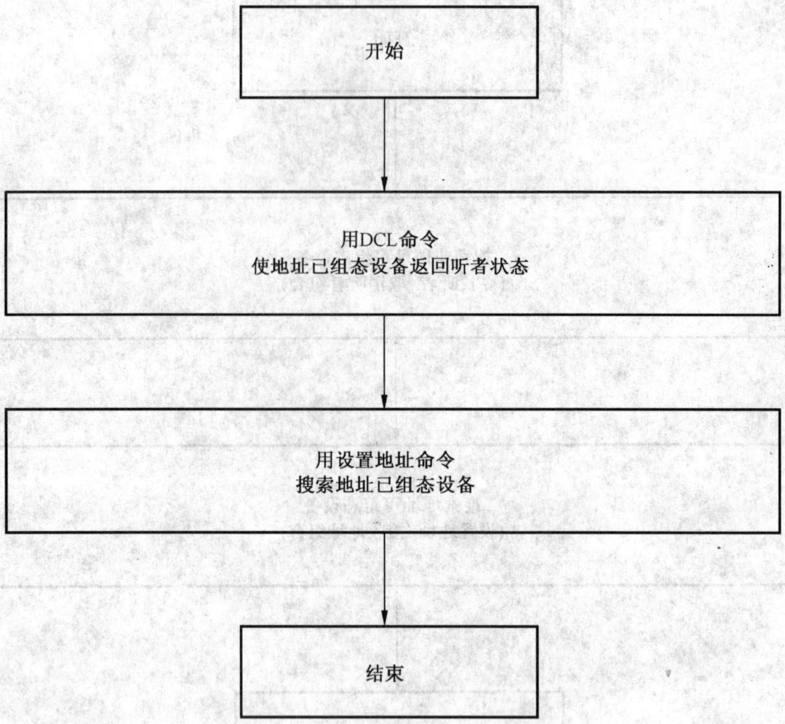

图 39　地址已组态设备搜索

图 38 中的发现听者控制器协议和图 39 中的设置地址分别在图 40 和图 41 中进一步说明。设置地址协议和图 42 的接受地址公共命令配合，实施地址已组态设备搜索。

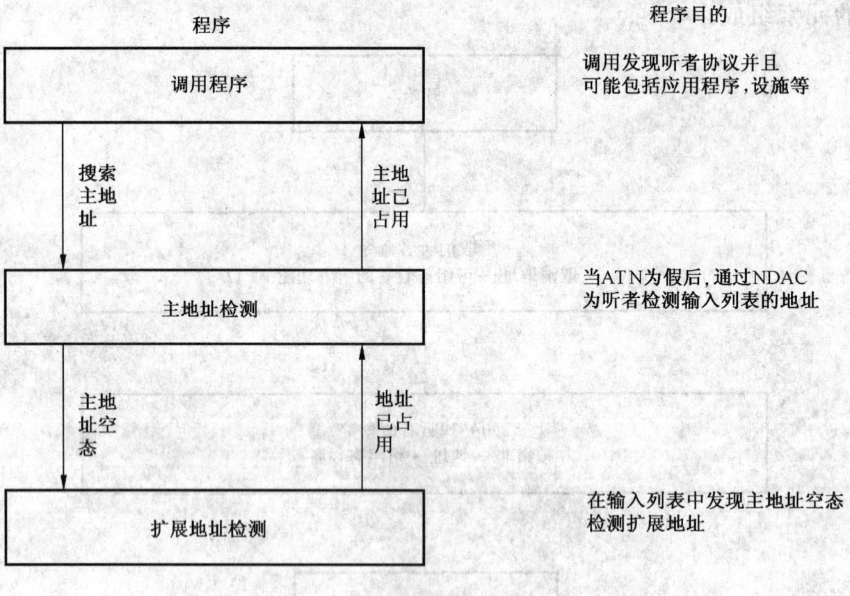

图 40　发现听者协议

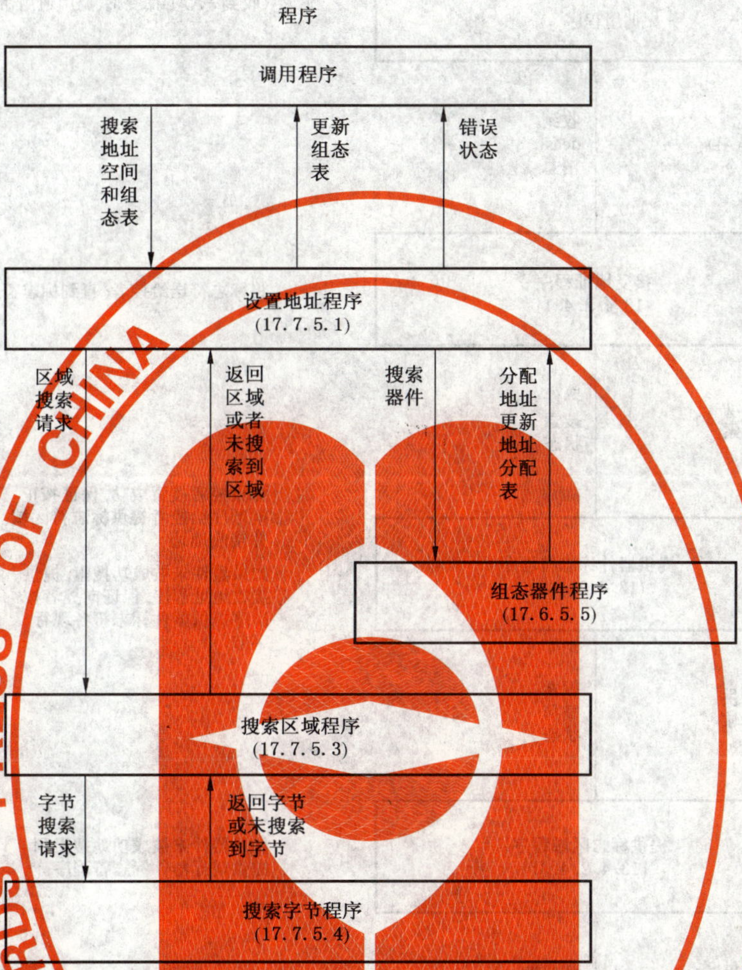

程　序	程　序　目　的
调用程序	调用包含在实用程序或其他辅助程序中的设置地址协议。
设置地址程序 (17.7.5.1)	在输入地址范围内搜索地址已组态设备，管理设备识别符区域的获取(见 13.4.2.2)并分配设备地址。
组态设备程序 (17.7.5.5)	更新地址分配表以包含查寻到的设备，并分配给该设备一个地址。
获取区域程序 (17.7.5.3)	管理在设备识别符区域内所有字节的获取(见 13.4.2.2)。
获取字节程序 (17.7.5.4)	进行二进制搜索，找到设备提供的最低有效识别符数据字节，产命令只有该设备继续参与。

图 41　设置地址协议

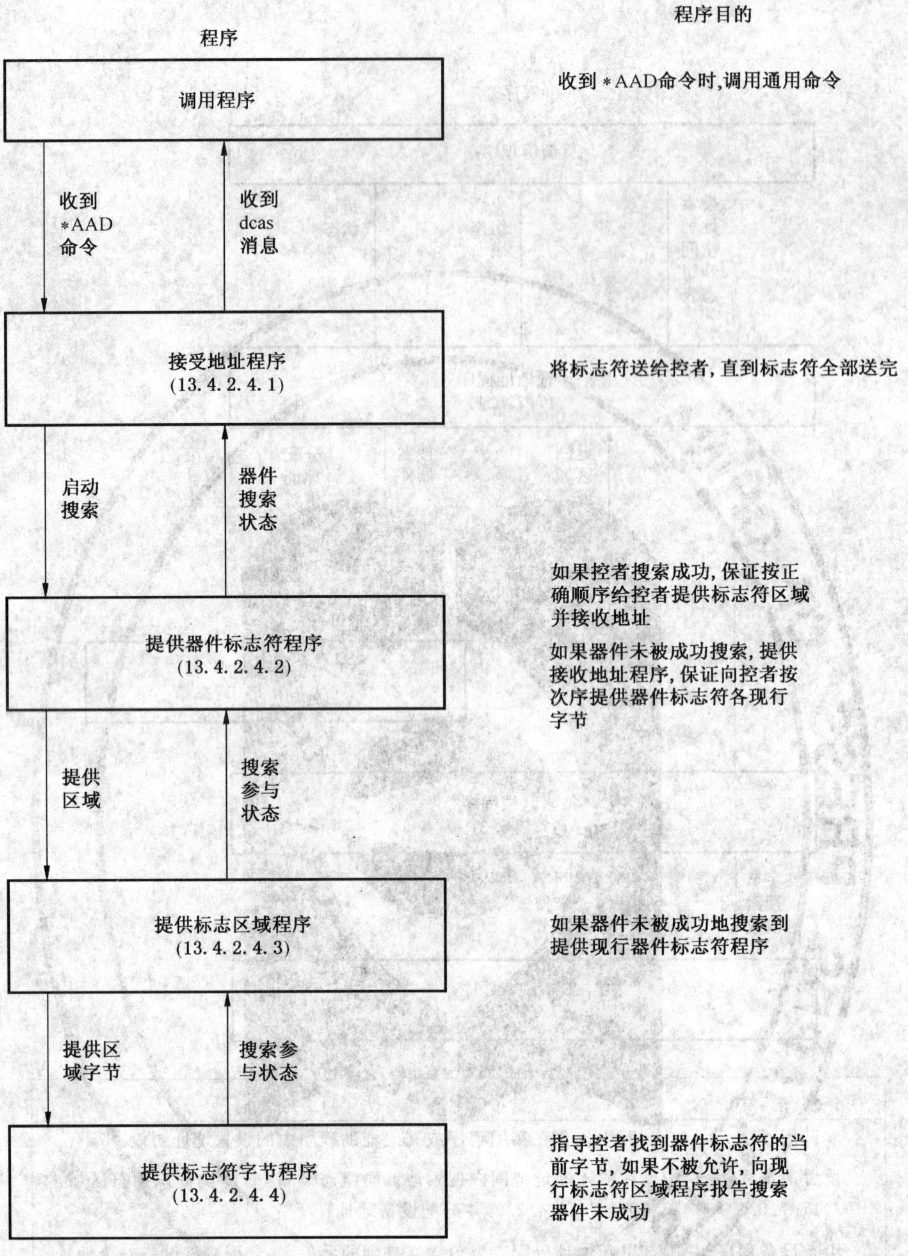

图 42　接受地址公共命令

设置地址控制器协议和接受地址公共命令的配合使用如下:

每一个设备中的存在-识别符-字节进程尽力将控制器引导至由控制器中的获取-字节进程进行检测的现有字节。获取-字节进程通过二进制搜索获得每一个字节直到获得一个完整的识别符(见附录C)。这时,只有一台设备被留下参与搜索。控制器的组态-设备进程为该设备指定一个地址,该地址通过设备的存在-设备-识别符进程被接受。这一过程不断重复直到所有的设备都被检测并被都指定地址。

13.3　系统自动组态的一般方法

13.3.1　地址指定

下面描述的指定地址的方法是一般方法,但也可以根据特殊要求进行修改。首先检测的是地址未组态设备,然后检测地址已组态设备。应用程序负责提供搜索已存在设备地址的列表以及描述所期望的最终组态的表格。

13.3.1.1 **设备类型**

GB/T 19546 总线上可以有三种类型的设备:

——非本标准设备

——地址未组态设备(不执行 * AAD)

——地址已组态设备(执行 * AAD)

前两种类型可定义为地址未组态设备,第三种定义为地址已组态设备。

13.3.1.2 **地址未组态设备检测**

通过一个地址探测规程(控制器发现听者协议,见 17.6)来检测地址未组态设备。这个规程按照输入地址列表中列出的每一个地址对听者设备进行搜索。在轮询期间通过 * DLF 公共命令(禁止听者功能,见 10.6)禁止地址已组态设备的听者能力,以防止它们对轮询作出响应。协议是这样来进行搜索的:在发送地址后注意 NDAC 线是否为 TRUE。如果为 TRUE 则该设备存在。否则,该地址区应为空。如果该地址区被占用则该地址将被存储到地址未组态设备的地址表中。

13.3.1.3 **地址已组态设备检测**

通过一个二进制搜索规程(控制器设置地址协议,见 17.7 和 * AAD 公共命令)来检测地址已组态设备。每一个设备通过将控制器引导到其带有听者和服务请求功能的识别符来寻求检测。该识别符 * IDN? 由查询响应中的前三个字段(制造厂,型号和系列号)和设备当前的听地址组成。一旦识别符被检测到,控制器将按照用户提供的组态表格为相关设备指定一个地址。这个表格一般不应包括被地址未组态设备占用的地址以防止通信冲突。

13.3.1.4 **系统组态表格**

当所有设备都被检测后,应用程序将创建一个列出被这些协议检测到的每一个设备的系统组态表格。这个应用程序也可以在表格内放置其他数据,例如:* RDT?,* PUD? 公共查询返回的数据。许多在第 17 章中描述的控制器协议都需要一个地址输入列表。应用程序可使用该系统组态表格向这些协议提供这些地址。因此,应用程序可对自身进行自动调整以响应它所控制的测试系统的任何组态或重新组态。

13.3.1.5 **限制**

发现听者协议不能在同一地址上检测多个设备。因此,用户必须确保每个地址未组态设备只占用一个唯一的地址。如果系统中的有些设备未被指定地址时,在控制器发送 ATN FALSE 后设备超过 1ms 才停止侦听,则协议也将不能工作。

只要地址已组态设备的识别符是唯一的,设置地址协议就能确定地检测到每一台地址已组态设备,而与它的地址无关。假设有两个相似的设备,系列号都为"0",在搜索开始时它们地址又相同,那么将会发生识别符不唯一的情况。只要用户改变其中一个的地址,搜索方法就能正确运行。

如果系统中的任何一个地址未组态设备在设置地址协议期间置 SRQ TRUE,则设置地址协议将不工作。有的情况下,在设置地址开始前对由发现听者协议找到的所有设备进行串行轮询就足以清除 SRQ 行。在另一些情况下,在该协议期间必须采用一些其他方法使这些设备置 SRQ FALSE。

13.3.1.6 **规程**

1) 发送所有的第一和扩展听地址,这将使系统中所有设备进行侦听。

2) 发送 dcas 报文 * DLF<NL^END>,并等待 100 ms,这将禁止所有的地址已组态设备侦听。

3) 发送 * CLS<NL^END>。这个命令将清除由于接收不可识别的命令 * DLF 而在所有的地址未组态设备中引起的查询差错,并使设备释放 SRQ。

4) 对所有的地址执行发现听者协议。测试每一个地址已确定地址未组态设备的存在。然后,所有的设备不再侦听。

5) 将上一步找到的地址未组态设备置于系统组态表格。

6) 发送 DCL 并等待 100 ms,这将恢复地址已组态设备的正常侦听操作(LACS 或 LADS)。

7） 对全部现有听地址的设备实行设置地址协议。该协议可识别出所有地址已组态设备，但不改变其现行地址。

8） 将地址已组态设备置于系统组态表格。

9） 再次实行设置地址协议，为地址已组态设备指定新的地址。应用程序应只包括在这一步需要指定新地址的设备。（如果应用程序不需要对特定的设备指定特定地址，则本步可省略）。

作为本规程的结果，系统组态表格将包含以下列表：

——地址已组态设备，包括他们制造厂、型号、系列号及地址；

——地址未组态设备的地址。

13.3.2 设备识别

设备的制造厂和型号可以被应用程序用来把一类设备（如 DVM，电源）指定到一个特定的总线地址。在有些应用程序中，将用于给定测试的测试设备中的某些特定信息的记录保持下来是很重要的。例如，这个信息可被用于维护设备的校准历史。

13.3.2.1 非本标准设备的补充

作为上述规程的结果，系统组态表格包括了每一个地址已组态设备的制造厂、型号、系列号及地址。但对每一个地址未组态设备，表格只包含了地址。应用程序必须从键盘、磁盘文件或其他资源获得非本标准设备的其余三部分信息。在系统组态表格中必须识别非本标准设备，从而能够将它们从本标准规定的进程中排除。

13.3.2.2 本标准地址未组态设备的补充

在非本标准设备被识别后，应用程序可以使用 * IDN? 查询来填写表格中针对地址未组态设备的空白栏目。

13.3.2.3 附加组态命令

有许多公共命令或查询可同来提供自动测试系统中有用的信息。这些命令包括保护用户数据（* PUD 和 * PUD?），资源描述传送（* RDT 和 * RDT?），校准（* CAL?）和选项识别查询（* OPT?）。

因为这些和其他相关公共命令是可选的，应用程序必须能够确定一台特定的设备是否已经执行给定的命令或查询。应用程序可以从资源描述中关于设备能力的自身知识获得这一信息。另一个办法发送命令或查询，利用设备必备的状态报告功能来确定设备是否没有执行该命令。例如，应用程序可以通过下列进程确定设备是否执行 * RDT? 公共查询：

注：对数据串的引用不作为发送数据的一部分。

1） 发送“ * ESE 1； * SRE 32； * CLS<NL^END>”。该<结束的程序报文>允许设备进行 OPC 事件报告并清除状态寄存器；

2） 发送“ * RDT?； * OPC < NL^END >”。设备可以执行或可以不执行 * RDT? 查询，但它必须执行操作完成命令（ * OPC）。当设备执行 * OPC 命令时，设备应设置标准事件状态寄存器中的 OPC 事件位。（假设设备没有正在进行的操作，在系统初始化期间，这一假设是合理的。）设备最终将设置设备的状态字节寄存器中的事件状态位（ESB，第 5 位），并引起一个服务请求。

3） 应用程序可以等待服务请求信号，也可以对设备反复进行轮询直到设备的状态字节指示一个服务请求（RQS TRUE）。（应用程序不应假设服务请求是由这台设备引起的，但在继续进行之前它应始终检查设备状态字节。）

4） 发送“ * ESR? < NL^END >”，但不读取 * RDT? 查询响应。注意这一顺序违背了正常的设备报文交换协议（见第 6 章），并可能引起设备指示查询差错，对此应用程序将选择丢弃。

5） 读 * ESR? 响应。操作完成事件位（OPC，第 0 位）将为 TRUE（值为 1）。如果设备执行 * RDT?公共查询，则命令差错事件位（CME，第 5 位）将为 FALSE（值为 0）；如果设备不执行，则命令差错事件位为 TRUE（值为 1）。无论查询差错事件位（QYE，第 2 位）是否被设置，应用程序都应将它舍弃。

13.4　自动组态命令的详细说明

13.4.1　＊DLF 公共命令要求

＊DLF 公共命令禁止设备的正常听者功能，直到收到一个设备清除(DCL)接口报文、接口清除(IFC)接口报文或上电(pon)为止。在＜结束程序报文＞＊DLF＜ NL^END ＞(其中 DLF 可以是大写或小写的任意组合)的最后一个字节上，设备在其接受者握手进入接受者等待新周期状态(AWNS)后的 100 ms 内，应进入听者空闲状态(LIDS)。在以下条件下，这一计时要求不适用：

1)　该报文不是 dcas 报文后收到的第一个＜程序报文单元＞；

2)　在＜程序报文结束符＞之前，与＊DLF 命令一起发送了任何其他的语法元素；

3)　使用了除＜ NL^END ＞以外的其他＜程序报文结束符＞。

若设备收到一个＊DLF 命令，但不是 dcas 报文后的第一个＜程序报文单元＞，或者也不是＜程序报文＞中唯一的＜程序报文单元＞，它将指示执行差错，并且不执行该＊DLF 命令。由于＊DLF 命令前面或后面有空格，或者使用了除＜ NL^END ＞之外的＜程序报文结束符＞，设备将不单独指示差错，但不满足计时要求。

在接收到＊DLF 后，听者功能将保持禁止直到设备接收到 dcas 报文。在此期间讲者功能、状态报告机制和控制器功能(如果存在)可以继续正常操作或可以被禁止。在收到 dcas 报文后 100 ms 内，设备将返回正常操作，同时听者功能进入听者寻址状态(LADS)或听者激活状态(LACS)。

设备上电或接口清除(IFC)接口报文之后，也返回到听者空闲状态(LIDS)的正常操作，但在任何 GB/T 15946 总线的其他条件下设备都不会返回正常操作。

13.4.2　＊AAD 公共命令要求

该命令使设备准备参与控制器的设置地址协议。协议执行过程中，设备的正常输入缓冲，命令处理和状态报告机制都被禁止。

13.4.2.1　设备协议初始化

在＜结束程序报文＞＊AAD＜NL^END＞(AAD 可以是大写或小写的任意组合)的最后字节上，设备在其接受者握手功能进入 AWNS 状态后 100ms 内就绪参与设置地址协议。在以下条件下，这一计时要求不适用：

1)　该报文不是 dcas 报文后收到的第一个＜程序报文单元＞；

2)　在＜程序报文结束符＞之前，与＊AAD 命令一起发送了任何其他的语法元素；

3)　使用了除＜NL^END＞以外的其他＜程序报文结束符＞。

若设备收到一个＊AAD 命令，但不是 dcas 报文后的第一个＜程序报文单元＞，或者也不是＜程序报文＞中唯一的＜程序报文单元＞，它将指示执行差错，并且不执行该＊AAD 命令。由于＊AAD 命令前面或后面有空格，或者使用了＜NL^END＞之外的＜程序报文结束符＞，设备将不单独指示差错，但不满足计时要求。

设备上电或接口清除(IFC)接口报文之后，也返回到听者空闲状态(LIDS)的正常操作，但在任何 GB/T 15946 总线的其他条件下设备都不会返回正常操作。

在设置地址协议终点，或紧跟上电(pon)，或接口清除(IFC)接口报文或 dcas 报文之后，设备将返回正常操作，但在任何 GB/T 15946 总线的其他条件下设备都不会返回正常操作。如果设备在被指定地址之前接收 pon、IFC 或 dcas，则它将保持在执行该命令之前占有的地址。

13.4.2.2　设备识别符

执行该命令的每个设备都具有一个由四个字段组成的识别符：

——制造商；

——型号；

——系列号；

——现行地址。

为了正确执行 * AAD 命令，识别符的每个字节必须为大于 31 小于 127 的十进制值，并且系统中所有设备的识别符必须是唯一的。该识别符的前三个字段应与识别查询(* IDN?)响应的前三个字段相同。第四字段由单数据字节组成(十进制值 32～62)，它应与设备现行听地址相同。如果设备执行扩展寻址，则另一个数据字节(十进制值 96～126)应与设备现行第二地址相同。

13.4.2.3 **协议操作**

13.4.2.3.1 **概述**

设置地址协议过程中，控制器通过搜索唯一的识别符对系统中每一个地址已组态设备进行识别。控制器每执行一次全部协议，可识别一台设备。搜索顺序是按字段排列的，并结合 ISO-7bit 编码的字符顺序。如果一个设备的识别符中一个字段是另外一个设备的识别符中的同样字段的起始字符串，则有较长字段的设备将先被发现。在整个传送过程中，设备将退出搜索直到只留下最后一台设备(按上述顺序)为止。在传送结束时，控制器为该设备指定一个地址。一旦指定地址，该设备将放弃后续的总线通信直到所有的设备都被识别。随后，控制器对剩余设备重新开始搜索。这一过程一直延续到所有的地址已组态设备都被识别，并被指定新的地址。

13.4.2.3.2 **SR 接口功能**

控制器利用二进制搜索技术来寻找识别符的每个字节，在整个搜索中设备使用 SR 接口来指导控制器。如果控制器现存的数据字节的值小于或等于设备识别符中的字节的值，设备将发送 rsv 报文 FALSE。如果控制器现存的数据字节的值大于设备识别符中的字节的值，则设备发送 rsv 报文 TRUE。当搜索到达识别符字段的终点或到达识别符的终点时，设备将发送 rsv 报文 FALSE。

13.4.2.3.3 **定时要求**

设备要在接收器握手功能进入 AWNS 状态后 1 ms 内发 rsv 报文的正确值。在 rsv 报文稳定之前，设备将不进行从 ANRS 到 ACRS(准备下一个字节)的传送。

13.4.2.3.4 **地址指定**

当设备被识别后，将从控制器接收一个数据字节，该字节的值便是设备的新的听地址。设备要将其第一地址设置为此字节的低五位的值，然后设置第一讲地址。因此 MLA 与 MTA 的低五位是相同的。

使用扩展地址的设备要从控制器接收一个补充数据字节。设备将它的第二地址设置为该字节的低五位的值。

设备分配到新地址后，其听功能不进入听者空闲状态(LIDS)，而要保持在听者激活状态(LACS)。

13.4.2.4 **算法**

下列算法定义了 * AAD 命令的正确执行。设备应执行这些算法或执行功能等价的进程。

13.4.2.4.1 **接受-地址进程**

接受-地址监视 STX 字符，它是值为 02 的 ISO-7bit 字符(十进制 2)，标志着搜索传送的开始。存在-设备-识别符被用来提供设备的识别符。如果设备未处在搜索顺序的第一位，存在-设备-识别符将返回设备-检测标志为 FALSE。如果设备-检测标志为 FALSE，则接受-地址继续读取和丢弃字节，直到接收到另一个 STX 字符，这表示开始新一轮的搜索传送。如果设备-检测标志为 TRUE，则该设备已被识别。接受-地址读取并丢弃所有数据直到 dcas 报文恢复正常操作。

```
BEGIN 接受-地址

    禁止输入缓冲器
    禁止正常命令处理
    禁止设备状态报告
    设置 rsv 报文 FALSE
```

```
设置设备-检测为 FALSE
WHILE 设备-检测为 FALSE
  BEGIN
    REPEAT
      读数据字节
    UNTIL 数据字节为 ISO-7bit STX(* 十进制值 2 *)
    执行存在-设备-标识符
    (* 如果控制器已成功识别该设备,存在-设备-识别符将设备-检测设置为 TRUE)
  END

WHILE  NOT 在 DCAS 中
  读取并舍弃数据字节

使能输入缓冲器
使能正常命令处理
使能设备状态报告

END 接受-地址
```

13.4.2.4.2 **存在-设备-识别符进程**

存在-设备-识别符向控制器提供设备识别符的四个字段。如果全部四个字段都与控制器匹配,存在-设备-识别符从控制器接受设备的新地址。如果任一字段不匹配,存在-设备-识别符立即返回。

```
BEGIN  存在-设备-识别符
  设置当前字段为制造商
  设置参与为 TRUE
  WHILE 参与为 TRUE
    BEGIN
      执行存在-识别符字段
      (* 如果总线上的另一个设备,其识别符在搜索顺序中排在本设备的识别符之前,则存在-识
      别符字段将参与设置为 FALSE)
      IF 参与为 TRUE
        THEN
          BEGIN
            IF 当前字段是地址
              THEN
                BEGIN
                  设置设备-检测为 TRUE
                  设置参与 FALSE
          END
        ELSE
        CASE 当前-字段 OF
          BEGIN
```

```
          制造商:设置当前-字段为型号
          型号:设置当前-字段为系列号
          系列号:当前-字段为地址
        END
      END
    END
IF 设备-检测为 TRUE
  THEN
    BEGIN

  读取数据-字节(通过 SRQ 为 FALSE,发出识别符结尾信号)
  IF 数据-字节为 127
    THEN
      BEGIN
        读取数据-字节
        假设数据字节指示的为首要地址
        IF 设备执行扩展寻址
          THEN
            BEGIN
              读取数据-字节
              假设数据-字节指示为第二地址
            END
          END
        ELSE
      设置设备-检测为 FALSE
      (* 另外一个设备有一个地址字段为本设备地址字段的父集 *)
    END
END 存在-设备-识别符
```

13.4.2.4.3 **存在-识别符-字段进程**

存在-识别符-字段向控制器提供当前搜索字段的连续字节。

```
BEGIN 存在-识别符-字段
  设置识别符-字节-指针表示当前字段的起点
  设置字段的终端为 FALSE
WHILE 参与为 TRUE  AND 字段的终端为 FALS
  BEGIN
    执行存在-识别符-字节
    (如果总线上另一个设备,其识别符在搜索顺序中在该设备识别符前面,则存在-识别符-字节
    将参与设置为 FALSE。)
    IF 识别符-字节-指针在当前字段的终端
      THEN
      将字段终端设置为 TRUR
  ELSE
    识别符-字节-指针增 1
```

```
    END
      IF 参与为 TRUE
    THEN
      BEGIN
      (为了搜索下一个字符，通过返回信号 SRQ  FALSE 来结束该字段。)
      读数据-字节
      将 rsv 设置为 FALSE
  END
END 存在-识别符-字段
```

13.4.2.4.4 存在-识别符-字节进程

存在-识别符-字节向控制器表示为设备的识别符的一个字节。对于系统中值最低的识别符字节的二进制搜索中，它使用 SR 接口功能来指导控制器。控制器通过显示带有最明显位设置的识别符字节向搜索终端发出信号。存在-识别符-字节检查该字节是否与设备的识别符字节一致，如果字节不一致，则将参与标志设置为 FALSE，同时返回到接受-地址，并放弃数据字节，直到下一次传送。

```
  BEGIN 存在-识别符-字节
    读取数据-字节
      IF 数据-字节为 127
        THEN
          BEGIN
            将 rsv 设置为 TRUE
            将 DIO8-检测设置为 FALSE
            WHILE  DIO8-检测为 FALSE
              BEGIN
                读数据-字节
                IF 数据-字节在 0～127 之间
                  THEN
                    BEGIN
                      (规定控制器对在识别符中当前位置上值最低字节的设备进行二进制搜索。)
                      IF 数据-字节为 GREATR  THAN 当前识别符字节
                        THEN
                          将 rsv 设置为 TRUE
                        ELSE
                          将 rsv 报文设置为 FALSE
                      END
                    ELSE
                      BEGIN
                      (控制器已经设置字节中最明显的位以表示搜索已进行，该值即为这一位置
                      中值最低字节的值。
                      将该字节置于总线上，设备就能确定是否应继续参与搜索。)
                将 rsv 设置为 FALSE
                将 DIO8-检测设置为 TRUE
                IF 数据-字节为 NOT  EQUAL 到
                (当前识别符字节+128)
```

```
                THEN
                  将参与设置为 FALSE
                END
              END
            END
          ELSE(检测到另一个设备的包括地址在内的父集字段)
            BEGN
              将 rsv 设置为 FALSE
              将参与设置为 FALSE
            END
```

END 存在-识别符-字节

13.5 补充自动组态技术

测试系统设备的地址和识别仅代表控制器为完成用户请求的任务所需信息的一部分。即控制器要求校准日期、程序设计编码等,以保证用户的测试要求能由测试系统转换成有效的动作。

应用编程员使用本章提供的基本技术可以方便的完成自动测试系统的组态和重新组态的任务。但本章仅介绍了可行的几种组态技术。例如:系统组态表格可以扩展包含服务请求标志,当表格创建或更新时,该标志自动发送给设备。

13.6 示例

见附录 C,系统自动组态的应用实例。

14 控制器兼容的判据

在前几章已经列出了设备必须具有的能力。

本章列出了本标准要求系统控制器具备的能力。一个控制器也可以具有某些选择的附加功能。本标准规定的所有可选功能也在本章列出。

控制器的兼容性可分为几个部分,每一个部分都可以分别考虑。为了符合本标准,控制器必须满足每一部分中全部所要求的功能。

14.1 GB/T 15946 的要求

控制器应只包括下列 GB/T 15946 子集(见表 30)。

表 30 GB/T 15946 要求

GB/T 15946 接口要求	GB/T 15946 子集	本标准章条
源握手	SH1	15.1.2
接受者握手	AH1	15.1.3
讲者	如果 C5、C7、C9、C11、C17、C19、C21 或 C23,则 T5、T6、TE5 或 TE6 又 T7、T8、TE7 或 TE8	15.1.2
听者	L3、L4、LE3 或 LE4	15.1.3
服务请求	如果 C5、C7、C9、C11、C17、C19、C21 或 C23 则 SR1 又 SR0	
远地/本地	RL0 或 RL1	
并行轮询	PP0 或 PP1	
设备清除	DC0 或 DC1	
设备触发	DT0 或 DT1	

表 30（续）

GB/T 15946 接口要求	GB/T 15946 子集	本标准章条
控制器		15.1.1
系统控制器	C1	
发送 IFC 并作为责任控制器	C2	
发送 REN	C3	
响应 SRQ	C4	
发送接口报文并同步取控	C5、C7、C19、C11、C13 C15、C17、C19、C21 C23、C25 或 C27 之一	

控制器须满足 GB/T 15946 要求，另外也应满足本标准第 15 章中的全部要求。

14.2 报文交换要求

14.2.1 必要的控制序列

表 31 列出的和第 16 章中说明的每个控制顺序都要求控制器单独执行。

表 31 必要的控制序列

控 制 序 列	章 条	要求 GB/T 15946 子集
发送命令(SEND COMMAND)	16.2.1	C5-C28 之一
发送设置(SEND SETUP)	16.2.2	C5-C28 之一
发送数据字节(SEND DATA BYTES)	16.2.3	C5-C28 之一
发送(SEND)	16.2.4	C5-C28 之一
接收设置(RECEIVE SETUP)	16.2.5	C5-C28 之一
接收响应报文(RECEIVE RESPONE MESSAGE)	16.2.6	C5-C28 之一
接收(RECEIVE)	16.2.7	C5-C28 之一
发送 IFC(SEND IFC)	16.2.8	C2
设备清除(DEVICE CLEAR)	16.2.9	C5-C28 之一
使能本地控制(ENABLE LOCAL CONTROLS)	16.2.10	C3
使能远地(ENABLE REMOTE)	16.2.11	C3
设置 RWLS(SET RWLS)	16.2.12	C3 和 C5-C28 之一
发送 LLO(SEND LLO)	16.2.13	C3 和 C5-C28 之一
读取状态字节(READ STATUS BYTES)	16.2.18	C5-C28 之一
触发(TRIGGER)	16.2.19	C5-C28 之一

14.2.2 可选的控制序列

表 32 列出的和第 16 章中说明的控制顺序可以要求控制器单独执行。

表 32 可选控制序列

控 制 顺 序	章 条	要求的 GB/T 15946 子集
传送控制(PASS CONTROL)	16.24	C5,C7,C9 或 C11
执行并行轮询(PERFORM PARALLEL POLL)	16.25	C5,C9,C13,C17,C21 或 C25
并行轮询组态(PARALLEL POLL CONFIGURE)	16.26	C5,C9,C13,C17,C21 或 C25
并行轮询解除组态(PARALLEL POLL UNCONFIGURE)	16.27	C5,C9,C13,C17,C21 或 C25

14.3 协议

14.3.1 必要的协议

表 33 列出的和第 17 章中说明的每个控制协议都要求控制器单独执行。

表 33 必要的协议

协议关键词	章条
RESET	17.1
ALLSPOLL	17.3

14.3.2 可选的协议

表 34 列出的和第 17 章中说明的控制协议可以要求控制器执行。

表 34 可选协议

协议关键词	章条
FINDRQS	17.2
PASSCTL	17.4
REQUESTCTL	17.5
FINDLSTN	17.6
SETADD	17.7
TESTSYS	17.8

14.4 功能单元处理

控制器应该具有发送所有本标准第 7 章中描述的功能语法元素的能力，同时也应具备接收所有本标准第 8 章中描述的功能语法元素的能力。

14.5 控制器规范要求

制造商在控制器文件中应提供如何使控制器执行本标准的要求的信息。该信息包括：

1) 被执行的 GB/T 15946 接口功能子集表，见第 15 章。

2) 控制器可执行的控制序列表，见 16.2。

3) 控制器可执行的协议表，见第 17 章。

4) 控制器如何发送和接收各种功能元素的说明，见 14.4。

5) 说明缓冲器的容量限定，见 7.7.6 和 8.7.9。

6) 超时如何工作的说明，见 15.2 和 15.3.2，包括：

——超时如何开始和结束；

——计时是基于字节还是报文；

——超时的允许时间值。

15 本标准的控制器要求

15.1 控制器的接口功能要求

本节介绍了控制器的 GB/T 15946 接口功能要求，另外还介绍了与 GB/T 15946 十种接口功能直接有关的其他补充要求，这些要求是对 GB/T 15946 规范中关于仪器系统环境的补充。

15.1.1 控制器要求

控制器应具备下列控制器功能：系统控制器(C1)，发送 IFC 并成为责任控制器(C2)，发送 REN(C3)，响应 SRQ(C4)，发送接口报文(C5～C27 之一)和使控制同步(C5,C7,C9,C11,C15,C17,C19,C21,C23,C27 之一)。接收控制(C5～C15 之一)，传送控制(C5～C11 之一)或(C17～C23 之一)，将控制传送给自己(C5,C7,C17,C19 之一)以及并行轮询(C5,C9,C13,C17,C21,C25 之一)均为可选功能。

15.1.2 讲者要求

为了传送本标准设备特定的报文，控制器应包括讲者子集 T5～T8 或 TE5～TE8 之一，这些子集在 MLA 时命令基本讲者不可寻址。可选能力包括响应串行轮询和具有只讲模式。同时也要求完全的源握手(SH1)能力以支持讲者子集。

15.1.3 听者要求

为了接收本标准设备特定报文,控制器应包括听者子集 L3～L4 或 LE3～LE4 之一,这些子集在 MTA 时命令基本听者不可寻址。可选能力包含只听模式。同时也要求完全的接受者握手(AH1)能力以支持听者子集。

15.1.4 传递控制要求

如果希望控制器执行在 17.4 和 17.5 中说明的协议,以传递和返回控制,它应具有“传递控制”和“使控制同步”的子集能力。即要求子集 C1,C2,C3,C4 以及在 C5,C7,C9 或 C11 中选择一项。能够传递控制的控制器还应包含 T5,T6,TE5 或 TE6 这些支持串行轮询的讲者功能子集。

15.1.5 电气要求

控制器应执行 E2 电气接口选项(GB/T 15946—2008 附录 C)。应使用集电极开路驱动器来驱动 SRQ,NRFD 和 NDAC 信号线。使用三态驱动器来驱动 DAV,EOI,ATN,REN 和 IFC 信号线。当 GB/T 15946 系统中的设备未处于 PPAS 时,控制器应使用三态驱动器来驱动 DIO1-8 信号线。如果 GB/T 15946 系统中的设备处于 PPAS,则控制器应使用集电极开路驱动器或三态驱动器的高阻状态来驱动 DIO1-8 信号线,以适应控制器的当前操作。

15.2 本标准控制器的附加要求

控制器应具备:

1) 通过应用软件提供低电平总线控制方法以允许用户独立地:
——产生 IFC TRUE 脉冲信号并保持 100 ms 以上;
——设置 REN 信号线为 TRUE 或 FALSE;
——以单独的或以任意组合的方式发送 GB/T 15946 规定的接口报文;
——发送并监测 GB/T 15946END 报文(即 EOI 信号线为 TRUE 和 ATN 信号线为 FALSE,并带有数据字节的握手)。
2) 直接或通过应用程序输入或输出本标准中的编码、格式、协议和公共命令的功能。
3) 感知 SRQ 线的(TRUE 或 FALSE)的功能。
4) 感知 SRQ 线从 FALSE 转变为 TRUE 的功能。转变后应用程序动作的计时不在本标准范围内。
5) 直接或通过应用程序按位确定状态字节的功能。
6) 在所有其他设备均处于 AIDS 时,检测控制器要使源方和一个字节握手的差错条件,并将差错转发给应用程序的功能。
7) 具有产生控制器到设备和设备到控制器报文交换时的超时,并具有将超时的发生转发给应用程序的功能。当一次握手或一系列握手未能在允许时间内完成,便产生超时。应用程序应能使能和禁止这一功能。控制器文件应包括如何控制超时的信息。

15.3 本标准控制器推荐

15.3.1 监视总线信号线

利用诊断,控制器可以监视 GB/T 15946 信号线并将它们的状态和/或转换向应用程序报告。

如果控制器不执行 SETADD 和 FINDLSTN 公共控制器协议,应用程序需要监视 NRFD 和 NDAC 以便在应用层执行这些协议。

15.3.2 超时

推荐具备改变超时时间的能力,超时范围和分辨率与控制器有关,但应写入文件。

15.3.3 SRQ 中断

15.2 中要求控制器能够感知和报告 SRQ 由 FALSE 到 TRUE 的转换。另外控制器还可提供一种可选方法,使应用程序在 SRQ 从 FALSE 变为 TRUE 时,转移到应用程序的某一特定部分。SRQ 服务规程可以推迟执行直到当前报文被全部发送或接收。它也可以在当前数据字节完全转移后立即开始执行,或者将执行推迟到控制器方便的时候。

16 控制器信息交换协议

图43为控制器逻辑模型。

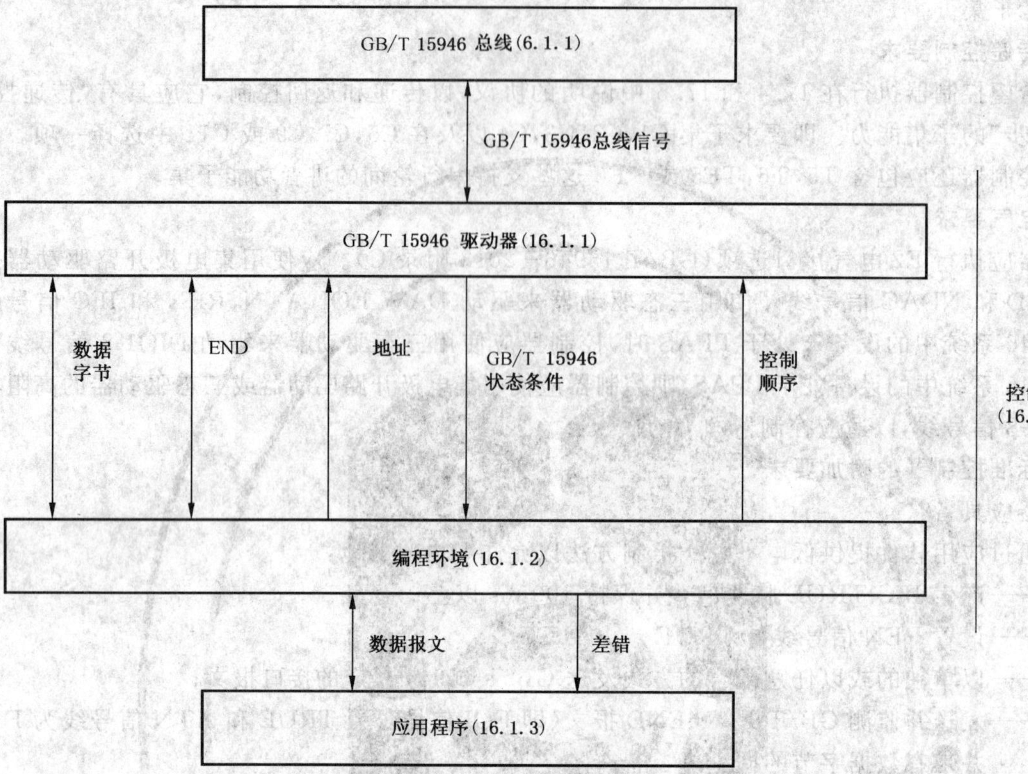

图43 控制器模型

16.1 定义

16.1.1 GB/T 15946 驱动器

该元素是GB/T 15946中表述的状态机。它也控制许多远程报文的排顺。

16.1.2 编程环境

本模块提供了在GB/T 15946总线上向应用程序发送和接收报文的能力，本标准描述了哪些能力应该向应用程序提供。

编程环境通常不是由用户或系统开发者编写，而是由控制器的供应方或制造商编写。编程环境通常由操作系统、编程语言及一些可能的额外规程组成。

16.1.3 应用程序

应用程序一般由用户或系统开发者编写，本标准程序用于在有限的环境下实施特定的任务。应用程序的目的和描述不在本标准范围。

16.1.4 本标准控制器

第15章中介绍的控制器是编程环境与GB/T 15946驱动器的组合。应用程序通过和控制器接口来执行GB/T 15946的操作，这一组合的许多内容不在本标准范围，本标准仅对必须保证应用程序和设备之间可靠通讯的内容作了规定。

16.1.5 GB/T 15946 总线信号

GB/T 15946描述了在总线上传输的报文以及设备和总线之间交换的报文。该元素包含了这些报文。

16.1.6 数据字节(DAB)

见6.1.4.2.1。

16.1.7　**结束(END)**

见 6.1.4.2.2。

16.1.8　**控制顺序**

控制顺序是发送 GB/T 15946 远地报文的请求,控制顺序将控制器和设备中状态机置于某种期望的状态。

16.1.9　**地址**

地址涉及总线上的设备和控制器的听和讲地址。地址通常是控制序列的参数。

地址有两个组件。第一组件是初始地址,第二组件是备用地址。如果备用地址不存在(零备用地址不是不存在),则仅使用初始地址。

控制器应向用户提供仅发送初始地址的能力,同时也应提供发送初始地址和备用地址(扩展寻址)的能力。

本标准对应用程序如何将地址发送给控制没有要求。控制器可以要求每一次传输报文的请求中应用程序都提供一个明确的地址。或者利用一种数据结构通过复杂的方法来确定地址。有多种技术可以用来在控制器中产生地址。

一般来说,传送完整的初始地址或备用地址的所有七位数是不必要的。可以传送一个 0～30 之间的数字以及关于它是讲、听还是备用地址的信息。

16.1.10　**GB/T 15946 状态条件**

GB/T 15946 驱动器是 GB/T 15946 中描述的状态机,状态条件是在任何给定时间状态机所处状态的指示。操作系统或程序语言有时需要对当前状态条件进行询问以保证报文被可靠传送。

16.1.11　**数据报文**

数据报文是＜程序报文＞或者是＜响应报文＞的功能元素。

16.1.11.1　**＜程序报文＞**

＜程序报文＞是一个数据字节序列,它与 ATN FALSE 一起从控制器传送到设备。＜程序报文＞的含义通常是设备特定的(见第 7 章)。

16.1.11.2　**＜响应报文＞**

＜响应报文＞是一个数据字节序列,它与 ATN FALSE 一起从设备传送到控制器。＜响应报文＞的含义通常是设备特定的(见第 8 章)。

16.1.12　**控制器差错**

控制器差错是对应用程序的一个指示,表示控制器未能完全执行来自应用程序的请求。

16.2　**控制序列**

控制序列发送一个或多个 GB/T 15946 远程报文。本标准仅描述了那些已知对应用程序有价值的序列。一些补充序列也可以用于应用程序,但不在本标准范围之内。

有些控制序列是其他控制序列的组合。如果控制器所提供的一个序列是某些其它控制序列的组合,则控制器也应能单独提供子控制序列。

16.2.1　**发送命令(SEND COMMAND)**

SEND COMMAND 控制序列允许应用程序发送一个 ATN　TRUE 命令的任意序列。该控制序列还允许用户构成本标准中未描述的控制序列或者控制器不能提供的控制序列。

一个或多个 7bit 命令应与 SEND COMMAND 控制序列一起发送。GB/T 15946 驱动器将:

　　置 ATN TRUE 和 EOI FALSE

　　FOR　每个传送的命令

　　　　与 DIO8 FALSE 一起发送该命令

　　NEXT 命令

ATN 应保持 TRUE,EOI 应保持 FALSE,直到另一个控制序列使它们改变。

16.2.2 发送创建(SEND SETUP)

SEND SETUP 控制序列对系统总线进行组态,从而使<程序报文>能够从控制器传送给设备。它也可以用于某些其他控制序列。

一个或多个听地址与 SEND SETUP 控制序列一起传送。GB/T 15946 驱动器将:

置 ATN TRUE 和 EOI FLASE

发送控制器的讲地址

发送 GB/T 15946 非听报文(UNL)

FOR 每个传送的听地址

发送听地址

NEXT 听地址

ATN 应保持 TRUE,EOI 应保持 FALSE,直到另一个控制序列使它们改变。

16.2.3 发送数据字节(SEND DATA BYTES)

SEND DATA BYTES 控制序列用于从控制器向设备传送输数据字节(DAB)。

在实施 SEND DATA BYTES 控制序列时,没有地址与请求一起发送。但是应用程序应发送一个 0 或多个数据字节的列表以及一个结束符。GB/T 15946 驱动器将:

置 ATN FALSE

FOR 每个传送的数据字节

发送一个数据字节

NEXT 数据字节

发送结束符

注:如果结束符是 END 报文,实际上结束符与最后一个数据字节一起发送而不单独发送。如果结束符是 END 报文而没有字节传送,控制器应相应向应用程序指示一个差错。

在数据字节和结束符发送时,ATN 应保持 FALSE。

在序列完成时,ATN 为 FALSE,所有当前寻址设备保持寻址。

本标准<程序报文>元素(见第 7 章)通常用带有 END 的 NL 结束。控制器应向应用程序提供方法来发送不具有上述规定的报文结束符的 GB/T 15946 设备特定报文。如果应用程序没有规定结束符,控制器将发送带有 END 的 NL 作为结束符。控制器还应具有与最后一个 DAB 一起发送 END 作为结束符的能力。控制器还允许应用程序选择其它结束符。

至少有四种可用的结束符:

1) 带有 END 的 NL——必备

这个结束符是典型的<程序报文结束符>,见 7.5。

2) 发送带有 END 的最后一个 DAB——必备

该结束符允许报文发送到 GB/T 15946 设备,该设备仅以 END 报文结束。

3) 不存在,既不发送任何内容——必备

不存在结束符允许一个报文通过多个 SEND DATA BYTES 分片发送。

4) 发送一个或多个应用程序提供的不带 END 的特殊字符(即 NL 或 CRLF)——可选

该结束符允许报文发送到非本标准设备,该设备可以给 END 报文赋予特殊的意义。

当向设备发送数据报文时,应用程序应使用第一种方案。

16.2.4 发送(SEND)

SEND 控制序列用于从控制器向设备传送一个完整的<程序报文>。

一个或多个听地址应与 SEND 控制序列一起传送。还应传送一个或多个数据字节列表和一个结束符。传送这些必要信息的方法一般不予规定。结束符默认为带有 END 的 NL。

GB/T 15946 驱动器将:

执行带有所提供听地址的 SEND SETUP

执行带有所提供数据字节和结束符的 SEND DATA BYTES。

16.2.5 接收创建(RECEIVE SETUP)

RECEIVE SETUP 控制序列对系统总线进行组态,从而使<响应报文>能够从设备向控制器传输。它也可用于一些其他控制序列。

单一的讲地址应与 RECEIVE SETUP 控制序列一起传送。GB/T 15946 驱动器将:

置 ATN TRUE 和 EOI FALSE

发送 GB/T 15946 非听报文(UNL)

发送控制器听地址

发送所提供的讲地址

ATN 应保持 TRUE,EOI 应保持 FALSE,直到另一个控制序列使它们改变。

16.2.6 接受响应报文(RECEIVE RESPONSE MESSAGE)

RECEIVE RESPONSE MESSAGE 控制序列用于从设备向控制器传输数据字节。

执行 R ECEIVE RESPONSE MESSAGE 控制序列时,没有地址与请求一起传送。控制器应被传送一个默认的或者明确的停止握手条件。编程环境应提供一种方法将接收到的信息传递给应用程序。控制器可以将数据字节转换或分解成应用程序更容易使用的形式。例如,将数字顺序转换为数字的内部表达形式。

控制器应继续与数据字节握手直到发生规定的停止握手条件。在停止握手条件之后,控制器不应与任何数据字节握手,直到应用程序启动另一个接收数据的请求。GB/T 15946 驱动器将:

置 ATN FALSE

UNTIL 停止握手条件

  接收数据字节

END UNTIL

在数据字节传输时,ATN 应保持 FALSE。

在序列完成时,ATN 为 FALSE,所有的当前寻址设备保持寻址。控制器将保持 NRFD 和 NDAC TRUE 直到执行另外一个控制序列。

RECEIVE RESPONSE MESSAGE 的典型的停止握手条件是收到 END 报文。控制器应提供在 END 报文时停止握手的功能。

也可以提供由应用程序选择的其他停止握手条件。下面是几种停止接收数据的方法:

1) 仅在 END 停止——必备

用于所有本标准设备和许多非本标准设备。

2) 在 NL 停止——必备

允许控制器在<响应报文>末尾的 NL 处结束,也包括与不符合本标准的设备的兼容性。

3) 在逗号停止——必备

允许控制器以单个形式接收<响应数据>元素。

4) 在分号停止——必备

允许控制器以单个形式接收<响应报文单元>元素。

5) 在字节计数停止——可选

可能用于接收<定长任意块响应数据>。

6) 在任意 DAB 匹配停止——可选

允许控制器在来自不遵守本标准的设备的响应的终端停止握手,并使用未知方法结束响应报文。

7) 在<响应头>或<响应数据>的终端停止——可选

例如,下列中的任一项:

<响应头分隔符>,

<响应数据分隔符>,

<响应报文单元分隔符>,

<响应报文结束符>。

8) 在<响应报文数据元素>的终端停止——可选

例如,下列中的任一项:

<响应报文数据分隔符>,

<响应报文单元分隔符>,

<响应报文结束符>。

9) 在<响应报文单元>的终端停止——可选

例如,下列中的任一项:

<响应报文单元分隔符>,

<响应报文结束符>。

推荐执行选项7、8和9,因为它们允许应用程序很容易的识别<响应报文>的语法成分。

控制器设计者可以选择条件的各种组合来产生停止握手条件。例如,停止握手条件可以是NL或END,NL或分号等等。所列方法并不限制控制器提供停止握手过程的补充技术。

注:为了检测停止握手条件,可选的7、8和9项要求控制器分析所接收的报文。

16.2.7 **接收(RECEIVE)**

RECEIVE控制序列用于从设备向控制器传输<响应报文>。

单个讲地址和一个停止握手条件将与RECEIVE控制序列一起传送。应用程序也将为接收的数据字节提供内部存储。GB/T 15946驱动器将:

执行带有所提供的讲地址的RECEIVE SETUP

执行带有所提供的停止握手条件的RECEIVE RESPONE MESSAGE

16.2.8 **发送IFC(SEND IFC)**

SEND IFC控制序列仅由系统控制器来执行。控制序列的作用是移去全部讲者和听者,禁止对所有设备串行轮询,并将控制返回到系统控制器。上电时,控制器将执行SEND IFC控制序列。

当应用程序请求执行SEND IFC控制序列时,GB/T 15946驱动器将:

发出一个大于100 μs的GB/T 15946总线信号IFC TRUE的脉冲(见GB/T 15946,15.3.16)。

GB/T 15946总线上其他信号线的状态将不改变。控制器将不执行任何其他控制序列直到本控制序列使IFC为FALSE。

16.2.9 **设备清除(DEVICE CLEAR)**

DEVICE CLEAR控制序列用于发送dcas报文,并将所有的或被选择的设备置于设备清除激活状态(DCAS)。在DCAS中设备的行为已被很好地定义(见5.8)。

DEVICE CLEAR控制序列将用作系统启动的一部分(见17.1)。

在DEVICE CLEAR控制序列完成后,DIO信号线可以处于对控制器方便的任何状态。在控制序列的终端,ATN将保持TRUE,在DEVICE CLEAR控制序列期间以及在控制序列完成时,EOI信号线将保持FALSE以避免执行并行轮询。

16.2.9.1 **被选设备**

如果应用程序将地址与发送DEVICE CLEAR控制序列的请求一起传送,则GB/T 15946驱动器将:

执行带有所提供地址的SEND SETUP

发送GB/T 15946被选设备清除报文(SDC)

16.2.9.2 **全部设备**

如果应用程序请求发送DEVICE CLEAR控制序列,而且没有传送地址,则GB/T 15946驱动器将:

置 ATN TRUE

发送 GB/T 15946 设备清除报文(DCL)

16.2.10 使能本地控制(ENABLE LOCAL CONTROLS)

ENABLE LOCAL CONTROLS 控制序列用于将全部或被选设备置于本地状态(LOCS 或 LWLS)。对设备从远程状态变换到本地状态之后以及在本地状态中的行为的讨论见 5.6。

16.2.10.1 被选设备

如果应用程序将地址与执行 ENABLE LOCAL CONTROLS 控制序列一起传送,则 GB/T 15946 驱动器将:

执行带有所提供地址的 SEND SETUP

发送 GB/T 15946"去向本地"报文(GTL)

在对被选设备的 ENABLE LOCAL CONTROLS 控制序列完成之后,DIO 信号线可以处于控制器方便的任何状态,且 ATN 将保持 TRUE。在 ENABLE LOCAL CONTROLS 控制序列期间以及在控制序列完成时,EOI 信号线将保持 FALSE 以避免执行并行轮询。

16.2.10.2 全部设备

如果应用程序请求发送 ENABLE LOCAL CONTROLS 控制序列,而且没有传送地址,GB/T 15946驱动器将:

置 GB/T 15946 信号 REN FALSE

(进入 C 接口功能系统控制远程非激活状态,见 GB/T 15946 15.3.18)GB/T 15946 总线的其他信号线的状态将不改变。

16.2.11 使能远程(ENABLE REMOTE)

ENABLE REMOTE 控制序列允许应用程序将 GB/T 15946 系统或被选设备置于远程状态。此序列是 ENABLE LOCAL CONTROLS 控制序列的伴随序列。

16.2.11.1 被选设备

如果应用程序将地址与发送 ENABLE REMOTE 控制序列的请求一起传送,GB/T 15946 驱动器将:

IF REN 为 FALSE

  THEN 等待直到 REN 为 FALSE 至少 100 μs

置 GB/T 15946 信号线 REN TRUE

执行带有所提供地址的 SEND SETUP

16.2.11.2 全部设备

如果应用程序请求发送 ENABLE REMOVE 控制序列而不传送地址,控制器将:

IF REN 为 FALSE

  THEN 等待直到 REN 为 FALSE 至少 100 μs

置 GB/T 15946 信号线 REN TRUE

GB/T 15946 总线的其他信号线的状态将不改变。注意仅使 REN 为 TRUE 不会使设备改变状态。在设备进入一种远程状态(REMS 或 RWLS)以前,它必须被寻址为听。

16.2.12 设置 RWLS(SET RWLS)

SET RWLS 控制序列允许应用程序在一个或多个设备中禁止返回到本地(rtl)的本地报文。被选设备被置于 RWLS。当前未寻址为听的设备通过本控制序列置于 LWLS。

一个或多个听地址与发送 SET RWLS 控制序列的请求被一起传送,GB/T 15946 驱动器将:

执行带有所提供的听地址的 ENABLE REMOTE

发送 GB/T 15946 本地闭锁报文(LLO)

在 SET RWLS 控制序列完成后,DIO 信号线可以处在控制器方便的任意状态。ATN 信号线将保持 TRUE,EOI 信号线将保持 FALSE,直到另一个控制序列改变它们。

16.2.13 发送 LLO(SEND LLO)

SEND LLO 控制序列允许应用程序将总线上的全部处在 LOCS 中的设备置于 LWLS。当本控制序列被执行时，已经处于 LADS 中的任何设备实际上被置于 RWLS。

当没有地址在执行 SEND LLO 控制序列的请求时被传送时，GB/T 15946 驱动器将：

执行没有地址的 ENABLE REMOTE

置 ATN TRUE 和 EOI FALSE

发送 GB/T 15946 本地闭锁报文(LLO)

在 SEND LLO 控制序列完成后，DIO 信号可以处在控制器方便的任何状态。ATN 信号线将保持 TRUE，EOI 信号线将保持 FALSE，直到另一个控制序列改变它们。

16.2.14 传送控制(PASS CONTROL)

PASS CONTROL 控制序列允许应用程序将系统总线的控制赋予设备。传送控制的协议见 17.4。

应用程序无论何时请求控制器执行 PASS CONTROL 控制序列，它将传送一个讲地址。GB/T 15946驱动器将：

执行带有所提供讲地址的 RECEIVE SETUP

发送 GB/T 15946 取控报文(TCT)

置 ATN FALSE

注：控制作为 GB/T 15946 C 功能协议的结果被传送。与 TCT 的握手使传送控制的控制器进入 CIDS，ATN 变成 FALSE 然后使接收控制的控制器进入 CACS，变为激活并保持 ATN。

16.2.15 执行并行轮询(PERFORM PARALLEL POLL)

PERFORM PARALLEL POLL 控制序列允许应用程序在系统总线上执行并行轮询。

没有地址在执行 PERFORM PARALLEL POLL 控制序列的请求时被传送。然而应用程序将为最终的并行轮询响应报文(PPR)提供存储区。当应用程序请求发送 PERFORM PARALLEL POLL 控制序列时，GB/T 15946 驱动器将：

置 ATN TRUE，EOI FALSE

在所提供的存储区内读取和储存最终的 PPR 报文

发送 rpp 本地报文 FALSE

16.2.16 并行轮询组态(PARALLEL POLL CONFIGURE)

PARALLEL POLL CONFIGURE 控制序列允许应用程序对来自设备的并行轮询响应进行组态。被组态设备必须具备 GB/T 15946 的 PP1 功能。

应用程序应传送一个地址，被驱动的 DIO 信号线，以及带有 PARALLEL POLL CONFIGURE 控制序列请求的驱动线的状态。一个适当的并行轮询使能报文是由被驱动信号线和被驱动信号线的状态等有关信息构成。GB/T 15946 驱动器将：

执行带有所提供地址的 SEND SETUP

发送 GB/T 15946 并行轮询组态报文(PPC)

发送 GB/T 15946 并行轮询使能报文(PPE)

在控制序列完成时，ATN 将保持 TRUE，EOI 将保持 FALSE，直到被另一个控制序列所改变。

16.2.17 并行轮询非组态(PARALLEL POLL UNCONFIGURE)

PARALLEL POLL UNCONFIGURE 控制序列提供一种方法保持所有的或被选的设备从响应变为并行轮询。

在控制序列完成时，ATN 将保持 TRUE，EOI 将保持 FALSE，直到被另一个控制序列所改变。

16.2.17.1 被选设备

如果应用程序将地址与发送 PARALLEL POLL UNCONFIGURE 控制序列的请求一起传送，则

GB/T 15946 驱动器将：

执行带有所提供地址的 SEND SETUP

发送 GB/T 15946 并行轮询组态报文(PPC)

发送带有低四位为“0”的 GB/T 15946 并行轮询禁止报文(PPD)。

16.2.17.2 所有设备

如果应用程序在发送 PARALLEL POLL UNCONFIGURE 控制序列的请求时没有一起发送地址，则 GB/T 15946 驱动器将：

置 ATN TRUE

发 GB/T 15946 并行轮询非组态报文(PPU)

16.2.18 读取状态字节(**READ STATUS BYTES**)

READ STATUS BYTES 控制序列提供一种方法从特定设备中读取状态字节。

单个讲地址将与请求一起传送。控制器将为状态字节提供存储区。当应用程序请求控制器发送 READ STATUS BYTES 控制序列时，GB/T 15946 驱动器将：

置 ATN TRUE，EOI FALSE

发送 GB/T 15946 非听报文(UNL)

发送控制器听地址

发送 GB/T 15946 串行轮询使能报文(SPE)

发送讲地址

置 ATN FALSE

与数据字节握手

存储状态字节和 RQS 报文

置 ATN TRUE

发送 GB/T 15946 串行轮询禁止报文(SPD)

发送 GB/T 15946 非讲报文(UNT)

在控制序列完成时，ATN 将保持 TRUE，EOI 将保持 FALSE，直到被另一个控制序列所改变。在控制序列期间，控制器绝对不会置 EOI TRUE。在与数据字节握手的同时，控制器将丢弃 EOI 信号线的状态。

16.2.19 触发(**TRIGGER**)

TRIGGER 控制序列提供了向特定设备或者向当前寻址为听的全部设备发送 GB/T 15946 群执行触发报文的方法。

在控制序列完成时，ATN 将保持 TRUE，EOI 将保持 FALSE，直到被另一个控制序列所改变。

16.2.19.1 被选设备

如果应用程序将地址和发送 TRIGGER 控制序列的请求一起传送，则 GB/T 15946 驱动器将：

执行带有所提供地址的 SEND SETUP

发送 GB/T 15946 群执行触发报文(GET)

16.2.19.2 全部寻址设备

如果应用程序将发送 TRIGGER 控制序列的请求不与地址一起发送，GB/T 15946 驱动器将：

置 ATN TRUE

发送 GB/T 15946 群执行触发报文(GET)

注：如果 TRIGGER 控制序列被执行，而当前没有设备被寻址为听，则将没有设备被触发。总线上的全部设备将与 GET 报文握手，但只有那些当前寻址为听的并且具有 DT1 能力的设备，将处理报文。

17 公共控制器协议

本章所描述的协议是由系统中的控制器执行的。这些协议利用本标准描述的必备能力和可选能力,通常协议在由设备和非本标准设备组成的混合系统中运行。本标准还试图指出在包含着两种设备的系统中运行时必须观察到的一些特殊考虑。本条所列的特殊考虑并不是全部内容。

协议中许多情况要求传送来自协议的信息,或向协议传送信息。传送这些信息的机制未加规定。传送信息所使用的特殊技术也留给控制器设计者考虑。

本条所描述的每一个协议都有一个与之相关的关键词。在控制器的文件中控制器的制造商和设计者应尽量使用这些关键词。每一个协议还有一个相关的控制器算法。在执行协议时控制器应执行与该算法功能等效的进程。算法描述中使用的某些结构也许不能在控制器直接应用。控制器也可以具有比算法描述中使用的更好的结构。

表 35 列出了本标准定义的所有公共控制器的协议。

表 35 公共控制器协议

关 键 词	名 称	章 条 号	标准的一致性
RESET	复位	17.1	必备
FINDRQS	发现设备请求服务	17.2	可选
ALLSPOLL	串行轮询所有设备	17.3	必备
PASSCTL	传递控制	17.4	可选
REQUSTCTL	请求控制	17.5	可选
FINDLSTN	发现听者	17.6	可选
SETADD	设置地址	17.7	可选 但要求 FINDLSTN
TESTSYS	自检系统	17.8	可选

17.1 复位协议

17.1.1 关键词

RESET

17.1.2 目的

复位协议是用三个级别来启动整个系统。

1) 总线启动

复位的第一级将系统总线置于空闲状态。所有的设备都是未寻址的,并置于串行轮询空闲状态。系统控制器成为责任控制器。

2) 报文交换启动

复位的第二级保证设备能被发送<程序报文>。见 5.8。

3) 设备启动

复位的第三级启动设备内的设备特定功能。见 10.3.2。

17.1.3 协议请求的信息

本协议要求系统中全部设备的地址列表。

17.1.4 协议提供的信息

协议不返回任何信息。

17.1.5 控制器算法

完整的系统复位是通过依次对每一台设备进行全部三个级别的复位来完成的。

1) 总线启动

控制器应执行不带地址的 ENABLE REMOTE 控制序列(见 16.2.11.2),然后执行 SEND

IFC 控制序列(见 16.2.8)。

2) 报文交换启动

执行不带地址的 DEVICE CLEAR 控制序列。该控制序列发出一个通用的设备清除(见 16.2.9.2)。

3) 设备启动

控制器执行带有所提供地址和<结束程序报文> * RST<PMT>的 SEND 控制程序。

17.1.6 附加要求和导则

在不同环境下,复位的每一个级别都可以单独进行,或与其他级别组合进行。如果几个级别同时进行,则总线启动应在报文交换启动之前进行。报文交换启动应在设备启动之前进行。所有可能组合的规定不在本标准范围内。

警告:在报文交换和设备启动时,不符合本标准的设备的行为可能与本协议描述的行为大不相同。但所有的 GB/T 15946 设备的总线启动(IFC)行为都是相同的。因此,对非本标准设备进行报文交换启动前,应对它们的行为进行研究。对没有执行 * RST 命令的设备不进行设备启动。

17.1.7 标准的一致性

所有控制器都应提供 RESET 公共控制器协议。

17.2 发现设备请求服务协议

17.2.1 关键词

FINDRQS。

17.2.2 目的

FINDRQS 目的是发现正在请求服务的设备并返回它的状态字节。

17.2.3 协议请求的信息

必须提供按轮询顺序排列的所有能够请求服务的每一台设备的地址列表。列表中每一个地址必须是具备 GB/T 15946 的 SR1 功能的设备。

该列表可以明确地传送给协议或驻留在一个公共区中。协议只需要知道到哪里能发现地址列表。

17.2.4 协议提供的信息

当协议已被成功完成时,列表中第一台设备的地址请求服务,并返回它的状态字节。如果不成功,则返回一个差错报文。

17.2.5 控制器算法

当 SRQ 为 TRUE 时,协议被启动。应用程序将检测 SRQ 信号线然后调用协议,或者当 SRQ 为 TRUE 时,控制器自动启动协议。从 SRQ 变为 TRUE 到本协议启动所需的时间未作规定。

```
启动指针到地址列表的顶部
保持 ATN TRUE
发送 GB/T 15946 UNL 远程报文
发送控制器的 LAG
发送 GB/T 15946 SPE 远程报文
REPEAT
    发送地址指向的 TAG
    置 ATN FALSE
    与 DAB(STB 和 RQS)握手
    使指针前进
    置 ATN TRUE
UNTIL RQS 为 TRUE 或者指针通过地址列表的终端
发送 GB/T 15946 SPD 远程报文
```

发送 GB/T 15946 UNT 远程报文

IF RQS 为 TRUE

THEN 返回发送的最后一个地址

返回接收的最后一个状态字节

ELSE 返回差错

17.2.6 附加要求和导则

列表中的地址顺序是重要的。要求最快服务的设备的地址应处于列表的顶端。

至少有两个理由使协议不能对全部可能的 GB/T 15946 地址进行串行轮询。首先对不具有 GB/T 15946 SR1 功能的地址进行串行轮询会引起握手不能完成。第二,即使使用超时,轮询全部原始地址和备用地址所需的时间可能太长。

必须设置某些预警以确保协议的可靠性能。

GB/T 15946 中服务请求接口功能允许设备在没有接收到任何其他远程报文的情况下改变发送的 SRQ 远程报文。如果在执行协议期间,设备将它的 rsv 报文从 TRUE 变成 FALSE,则将产生一个差错。在接收到特定远程报文之前,设备被强迫不得移动本地 rsv 报文。如果 FINDRQS 是通过中断启动的,则多任务操作系统需要被告知哪一个任务传送从本协议获得的信息。

在本协议完成时,所有的设备都将是未寻址的。当控制从协议返回时,如果仍有设备希望被寻址,在应用程序中将产生一个差错。

当设备的地址被包含在不具有 SR1 功能的列表中时,本协议对这一情况不采取任何措施。如果设备具有 T3、T4、T7 或 T8 功能,设备可以从它的正常输出队列中与数据字节实现源握手。这一字节中的 DIO7 与 RQS 无关。如果设备被寻址为讲,而它具有 SH0 或 T0 功能或者无话可讲,则设备将不能与数据字节实现源握手。除非执行超时,本协议将不能完成。

17.2.7 标准的一致性

在控制器中 FINDRQS 公共控制器协议是可选的。

17.3 串行轮询全部设备协议

17.3.1 关键词

ALLSPOLL

17.3.2 目的

ALLSPOLL 协议的目的是读取系统中每一台具有 SR1 功能的设备的状态字节。

17.3.3 协议请求的信息

应向协议提供每一台具有 SR1 功能的设备的地址列表。在表中地址的顺序不重要。具有 GB/T 15946 SR1 功能的设备应该在表中的每个地址。必须为所有被读取的状态字节提供存储区。

该列表可以明确地传送给协议,或者驻留在一个公共区。协议只需知道在哪里能发现地址列表。

17.3.4 协议提供的信息

当协议成功完成时,每一个设备的状态字节都是有用的。状态字节应以这样的方式存储,即应用程序能够通过地址与特定的状态字节联系。

17.3.5 控制器算法

协议可以在任何时候由应用程序启动。当协议被调用时,SRQ 的状态不重要。

启动指针到地址列表的顶端

启动状态字节列表

置 ATN TRUE

发送 GB/T 15946 UNL 远程报文

发送控制器的 LAG

发送 GB/T 15946 SPE 远程报文

WHILE 指针没有通过地址列表的终端

　　发送地址指向的 TAG

　　置 ATN FALSE

　　与 DAB(STB 和 RQS)握手

　　在状态字节表中存储 STB 和 RQS

　　使指针前进

　　置 ATN TRUE

END WHILE

发送 GB/T 15946 SPD 远程报文

发送 GB/T 15946UNL 远程报文

17.3.6　附加要求和导则

至少有两个理由使协议不能对全部可能的 GB/T 15946 地址进行串行轮询。首先对不具有 GB/T 15946 SR1 功能的地址进行串行轮询会引起握手不能完成。第二，即使使用超时，轮询全部原始地址和备用地址所需的时间可能太长。

GB/T 15946 中的服务请求接口功能允许设备在 SPAS 下发送多个 STB。但本协议只读取第一个。

在本协议完成时，所有的设备都将是未寻址的。当控制从协议返回时，如果仍有设备希望被寻址，在应用程序中将产生一个差错。

当设备的地址被包含在不具有 SR1 功能的列表中时，本协议对这一情况不采取任何措施。如果设备具有 T3、T4、T7 或 T8 功能，设备可以从它的正常输出队列中与数据字节实现源握手。这一字节中的 DIO7 与 RQS 无关。如果设备被寻址为讲，而它具有 SH0 或 T0 功能或者无话可讲，则设备将不能与数据字节实现源握手。除非执行超时，本协议将不能完成。

17.3.7　标准的一致性

所有的控制器都用能提供 ALLSPOLL 公共控制器协议。

17.4　传递控制协议

17.4.1　关键词

PASSCTL

17.4.2　目的

协议的目的是在具有控制器功能并需要成为责任控制器的设备之间传送控制。

17.4.3　协议要求的信息

协议要求当前在总线上正在请求控制的设备的地址，也需要正在执行协议的控制器地址。

17.4.4　协议提供的信息

被传送控制的设备的地址由本协议维护。

17.4.5　控制器算法

IF 仅使用原始地址

　　THEN

　　　执行 SEND 控制序列并带有 * PCB(SP)＜NR1＞作为＜程序报文＞和 NL^ END 作为结束符(NR1 是可以请求控制的设备的原始听地址)

　　　ELSE(使用原始和备用寻址)

　　　　执行 SEND 控制序列并带有 * PCB(SP)＜NR1＞,＜NR1＞作为＜程序报文＞和 NL^ END 作为结束符。(第一个 NR1 是可以请求控制设备的主听地址，第二个 NR1 是它的备用地址)

执行 PASS CONTROL，作为带有请求控制设备的讲地址的控制序列。

当设备不再要求控制总线时它将把控制传送给一个正在使用带有用 * PCB 命令接收到的地址的

PASS CONTROL 控制序列。* PCB 命令的详细情况见 10.21 和 16.2.14。

17.4.6 附加要求和导则

当发送正在使用 * PCB 命令的地址时,控制器将在原始地址字段中发送一个 0～30 的整数,在备用地址字段中也发送一个 0～30 的整数。如果在把控制传送回来时未使用备用地址,第二参数将被删除。

责任控制器负责确定何时设备正在请求系统总线的控制。在标准事件状态寄存器中的请求控制位可被使能而引起 SRQ,所以控制器可以使用 SRQ 找到正在请求控制的设备。另外,控制器可以周期性地读取标准事件状态寄存器以确定是否有设备正在请求控制。

系统控制器可以使用 SEND SFC 控制序列以重新得到对系统总线的控制。这种得到控制的方法只能使用于已知差错条件存在的情况。

即使当前责任控制器不是一个控制器,它也可以向另一个潜在的责任控制器发送 * PCB 命令。当前责任控制器可以在链接的表结构中传送控制。

在同一总线上的若干个控制器之间传送控制有许多种可能性。想要在这样系统中识别所有的传送控制的可能技术不在本标准范围内。

17.4.7 标准的一致性

在控制器中 PASSCTL 公共控制器协议是可选的。

17.5 请求控制

17.5.1 关键词

REQUESTCTL

17.5.2 目的

本协议的目的是允许潜在的责任控制器指出对当前责任控制器的控制、接收控制以及在不需要对系统总线控制时放弃控制的要求。协议包括在具有控制器功能的设备中。

17.5.3 协议请求的信息

无。

17.5.4 协议提供的信息

无。

17.5.5 控制器算法

请求成为责任控制器的组件(设备或控制器)保持标准事件状态寄存器中请求控制位为 TRUE 已调用协议。

当前责任控制器检测组件标准事件状态寄存器中的请求,作为组件或者轮询进程产生的 SRQ 指示结果,并执行 PASSCTL 控制器协议序列。在此序列中,当前责任控制器将它的地址(或者另一个组件的地址)发送到正在请求的组件将要把控制传送的设备。然后当前责任控制器把控制传送给正在请求的组件。

正在请求的组件把接收的地址存储在它传送控制的地址,然后接受控制。它在总线上发送/接收报文直到它准备放弃控制。然后组件执行 PASSCTL 控制序列把控制放弃给所存储地址指向的组件。

接受控制的组件参与 PASSCTL 控制序列并获得总线的控制。

17.5.6 附加要求和导则

不具备控制器功能的设备不能请求控制。具有控制器功能的设备必须具有传送控制的能力。

即使当前责任控制器不是一个控制器,它也可以向另一个潜在的责任控制器发送 * PCB 命令。当前责任控制器可以在链接的表结构中传送控制。

在同一总线上的若干个控制器之间传送控制有许多种可能性。想要在这样系统中识别所有的传送控制的可能技术不在本标准范围内。

17.5.7 标准的一致性

在控制器中 REQUESTCTL 公共控制器协议是可选的。

17.6 发现听者协议

17.6.1 关键词

FINDSTN

17.6.2 目的

FINDSTN 协议能够识别每一个 GB/T 15946 地址，在该地址上至少驻留一台听者设备。

17.6.3 协议请求的信息

协议要求被搜索的原始地址列表。

17.6.4 协议提供的信息

协议返回一个设备驻留的原始地址列表，如果有扩展地址，则返回原始/备用地址对列表。

17.6.5 控制器算法

```
BEGIN  发现听者
  WHILE  在地址输入列表中原始地址保持不被发送
    BEGIN
      发送 GB/T 15946 非听报文(UNL)
      发送原始地址的 LAG
      置 ATN FALSE
      至少等待 1  MILLISEC
      IF NDAC 为 TRUE
        THEN
          将原始地址放入输出地址列表
        ELSE
          BEGIN
            发送所有备用地址
            置 ATN FALSE
            至少等待 1  MILLISEC
            IF NDAC 为 TRUE
              THEN
              BEGIN
                发送 GB/T 15946 非听报文(UNL)
                发送原始地址的 LAG
                WHRLE 备用地址未被测试
                  BEGIN
                    发送一个未测试的备用地址
                    置 ATN FALSE
                    至少等待 1 MILLISEC
                    IF NDAC 为 TRUE
                      THEN
                        BEGRN
                          将扩展地址放入输出列表
                          发送 GB/T 15946 非听报文(UNL)
                          发送原始地址的 LAG
                        END
                  END
```

```
            END
        END
    END
  发送 GB/T 15946 非听报文(UNL)
END 发现听者
```

17.6.6 附加要求和导则

对某些设备 1 MILLISEC 的等待时间是不够的,因为进入接收者握手功能的接收者空闲状态(AIDS)所需要的时间在 GB/T 15946 中没有规定。

在包含讲和/或只听设备系统中本协议不能正常工作。例如有些总线分析器和总线扩展器是以只听设备的形式出现的,它们将使协议指示每一个地址都已被占有。

17.6.7 标准的一致性

在控制器中 FINDLSTN 公共控制器协议是可选的。

17.7 设置地址协议

17.7.1 关键词

SETADD

17.7.2 目的

本协议的目的是检测地址已组态设备(指那些执行 * AAD 公共命令的设备),并按照用户提供的组态表所给出的信息为这些设备指定原始听地址或扩展听地址。

17.7.3 协议请求的信息

协议要求被搜索的地址列表和组态表。组态表应包含一组输入,其中每一个输入都有一组字段,字段由制造商,型号,系列号和被指定的听地址组成。输入允许有空字段。

17.7.4 协议提供的信息

本协议提供了设备更新的组态表,这些设备是在输入地址列表中给出的地址空间中检测到的。协议还提供差错状态。

17.7.5 控制器算法

注:

1) 下面所示是被搜索的四个字段。前三个字段与 * IDN? 响应的相关的字段相同。第四个字段由设备的当前地址确定。
   制造商
   型号
   系列号
   现行原始听地址或扩展听地址。

2) 除非另有说明,所有的数据字节将与 DIO8 FALSE 一起发送到系统总线。

3) 由本协议指定的原始听地址将以十进制值为 32～62 单个数据字节的形式发送。备用地址将以十进制值为 96～126 的数据字节形式发送。原始地址或扩展地址都被认为是本协议的听地址。

17.7.5.1 设置地址程序

```
BEGIN 设置地址
  对组态表的全部输入标记为"不匹配"
  对每一个至少包含一个非空字段的输入标记为"非空"
  IF 地址表中的任意地址
    THEN
      使用输入列表中全部地址执行 SEND SETUP

发送 SDC
```

```
使用＊AAD＜程序报文＞和 NL^END＜程序报文结束符＞执行 SEND DATA BYTES
至少等待 100 ms
置设备搜索为 TRUE
WHILE 设备搜索为 TRUE
   BEGIN
      置当前字段为制造商
      置数据字节为 ISO7bitSTX(十进制值 2)
      用数据字节执行 SEND DATA BYTES
      执行获取字段
      IF 被测字段为 TRUE
        THEN
          BEGIN
            WHILE 被测字段为 TRUE
              BEGIN
                CASE 当前字段 OF
                  BEGIN
                    制造商:置当前字段为型号
                    型号:置当前字段为系列号
                    系列号:置当前字段为地址
                    地址:置当前字段为完成
                    OTHERWISE:置当前字段为额外字段
                  END
                执行获取字段
              END
            IF 当前字段等于完成
              THEN
                执行组态设备
              ELSE
                BEGIN
                  产生差错状态,指出被测设备具有不恰当形式的识别符
                  执行差错退出
                END
          END
      ELSE
        置设备搜索为 FALSE
      END
   发送 SDC
  END 设置地址
```

17.7.5.2 **差错退出程序**

```
BEGIN 差错退出
  发送 SDC
  将差错状态和控制返回到呼叫程序
END 差错退出
```

17.7.5.3 **获取字段程序**

```
BEGIN 获取字段
  将字段数据字节指针置于当前字段的起始点

  执行获取字节
IF 被测字节为 TRUE
THEN
  BEGIN
    置被测字段为 TRUE
    WHILE 被测字节为 TRUE
      执行获取字节
    END
  ELSE
    置被测字段为 FALSE
END 获取字段
```

17.7.5.4 **获取字节程序**

```
BEGIN 获取字节
  置数据字节为十进制 127
  用数据字节执行 SEND DATA BYTES
  最少等待 1 ms,或直到 NRFD 为 FALSE
  IF SRQ 为 TRUE
    THEN
      BEGIN
        置被测字节为 TRUE
        置启动数据字节为十进制 64
        置△为十进制 32
        WHILE△为 1 或更大
          BEGIN
            用数据字节执行 SEND DATA BYTES
            最少等待 1 ms,或直到 NRFD 为 FALSE
            IF SRQ 为 TRUE
            THEN
                数据字节=数据字节-△
              ELSE
                数据字节=数据字节+△
            IF 数据字节 GREATER THAN 十进制 126 或数据字节 LESS THAN 十进制 32
              THEN
                BEGIN
                  产生差错状态,指出已发现超出范围的字节或发现通过保持 SRQ 与协议发生
                  干扰的一些其它设备
                  执行差错退出
                END
              △=△/2
```

```
            END
          用数据字节执行 SEND DATA BYTES
          最少等待 1 ms,或直到 NRFD 为 FALSE
          IF SRQ 为 TRUE
            THEN
              将数据字节的值减 1
          用数据字节＋十进制 128 执行 SEND DATA BYTES

          将数据字节存储在通过字段数据字节指针指示的位置上用当前字段指示的字段中
        字段数据指针加 1
      END
    ELSE
      置被测字节为 FALSE
  END 获取字节
```

17.7.5.5 **设备组态程序**

```
  BEGIN 设备组态
    将所有未匹配的非空输入标记为测试
    置最佳匹配输入为无输入
    置相等数为 0
    FOR 每一个非空 AND 未测试输入
      BEGIN
        置相等字段为 0
        置输入匹配为 TRUE
        置测试字段为 RUEE
        WHILE 测试字段为 TRUE
          BEGIN
            IF 非空输入字段尚未被测试,包括地址字段,在表格中
              THEN
                IF 输入字段等于 OR 是对应获取字段的起始子字符串,在任一字符串中忽略较
                高/较低情况的差别,并引导和伸展白空格
                  THEN
                    相等字段加 1
                  ELSE
                    BEGIN
                      置输入匹配为 FALSE
                      置测试字段为 TALSE
                    END
              ELSE
                置测试字段为 FALSE
              END
            IF 输入匹配为 TRUE
              THEN
                IF 相等字段 GREATER THAN 相等数
```

```
                THEN
                  BEGIN
                    置相等数为相等字段
                    置最佳匹配输入为该输入点
                  END
        把输入标记为已测试
    END
  IF 最佳匹配输入是无输入
    THEN
      BEGIN
        发现表格中带有制造商,型号和系列号字段的第一个输入全空
        IF 空输入不存在
          THEN
            BEGIN
              产生差错状态,指示组态表溢出
              执行差错退出
            END
        ELSE
          BEGIN
            被选输入是空输入
              将该输入标记为增加和匹配
          END
      END
    ELSE
      BEGIN
        被选输入是最佳匹配输入
        将被选输入标记为匹配
      END
将对应的获取字段填写到被选输入的制造商,型号和系列号字段中
IF 被选输入的地址字段是空
    THEN
      BEGIN
        将获取的听字段存入被选输入地址字段中
        用获取的听地址作为数据字节执行 SEND DATD BYTES
      END
    ELSE
      IF 输入地址字段长度 NOT EQUAL 获取的地址长度
        THEN
          产生差错,指示表格地址与设备地址不兼容
          执行差错退出
        ELSE
          用表格输入地址作为数据字节执行 SEND DATA BYTES
END 设备组态
```

17.7.6 附加要求和导则

提供给协议的输入组态表格控制了指定地址的途径。如果用户提供了一个空表格，协议将返回一个表格，这个表格是执行协议前 GB/15946 地址组态的复制（在输入地址列表规定的地址空间中）。也就是说在协议结束后地址组态没有改变。如果全部表格输入地址字段都是用地址填写的，则那些地址一定是被指定的。地址可按任意次序排列。如果检测到比输入表格能够容纳的更多的设备，控制器将指出一个差错并将任何未改变的附加设备的地址删除。在指定地址时如果规定了更多的字段，则协议有更多的选择性。例如，在输入表格中的制造商，型号和地址可以使协议把那个地址指定给那个制造商和型号的设备。一个具有全部规定字段的输入将使协议把相关地址指定给与全部字段（包括地址）匹配的一个设备（如果这个设备存在）。

如果系统中某些设备具有相同的制造商和型号，同时其 ISO7bit 系列号为 0，协议仍能检测出设备是否在以前已经被设置为不同的地址。

控制器中更高级的协议可以和 Set Address 协议相互作用。它可以确定是否制定了可追溯的地址，复制以前组态的地址或者是否删除未改变的地址。它还可以检查 Set Address 协议的输出表格以防止地址冲突。两个或两个以上地址已组态设备可以在同一个地址上，或者一个地址已组态设备可以和一个地址未组态设备共享同样的地址。更高层协议必须决定如何解决这个冲突，并根据需要重新调用 Set Address 协议来改变地址。

17.7.7 标准的一致性

在控制器中 SETADD 公共控制器协议是可选的。

17.8 测试系统协议

17.8.1 关键词

TESTSYS

17.8.2 目的

评估测试系统是否准备就绪。它可以通过自测试查询（见 10.38）结果来确定。

17.8.3 协议请求的信息

表示自测试设备的地址列表。

17.8.4 协议提供的信息

如果每一个设备传送它的自测试，这应返回一个 0 值。否则应返回一个非 0 值，该值表示失败设备的数目。该非 0 值的后面应跟随那些设备的地址以及与它们有关的 * TST? 查询响应。

17.8.5 控制器算法

```
BEGIN 自测试系统
  初始化 FAILED-DEVICES 数量为 0
  对所有的地址执行 SEND，并带有 * TST? 作为＜程序报文＞和 NL^END 作为＜程序报文结束符＞
  发送 GB/T 15946 非听命令（UNL）
  FOR 输入列表中的每一个地址
    BEGIN
      执行 RECEIVE 控制序列
        IF RECEIVE 响应是非 0
          THEN
            BEGIN
              将地址和响应放入输出表格
              FAILED-DEVICES 的数量加 1
          END
      END
```

将 FAILED-DEVICES 的数量放入输出表格

END 自测试系统

17.8.6 附加要求和导则

无。

17.8.7 标准的一致性

在控制器中 TESTSYS 公共控制器协议是可选的。

附 录 A
(资料性附录)
复合头的用途和示例

使用复合头是一个比较新的概念。本附录为设备设计者提供了在执行复合头时可以考虑的几种可能的技术。本附录还给出了用于设备分析程序的几种可能的复杂性等级和方法。图示的假设命令结构为设备设计者提供了一些概念,这些概念在设计命令结构时是很有用的。

A.1 树形复合头结构示例

图 A.1 表示了执行树形结构复合头的标准设备的命令结构。头选用了最小助记符值以保证其通用性。

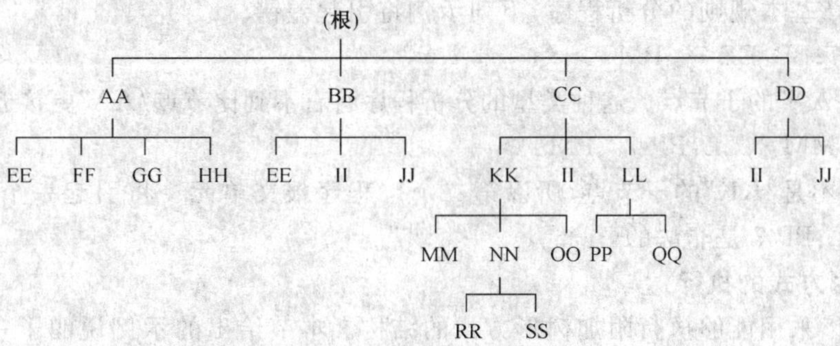

图 A.1 树状复合头结构示例

这一结构有几个值得注意的方面:

a) 树中的路径不是都有相等的长度。

b) 一个节点下的子节点的数量是不固定的。

c) 节点的名称可以重复使用。

这一假想的设备具有以下法定程序命令:

:AA:EE 5<PMT>

:BB:EE 7<PMT>

:AA:HH ON<PMT>

:CC:KK:MM 52<PMT>

注:<PMT>用来表示<程序报文结束符>。

A.1.1 复合头规则的使用

7.6.1.5 中规定的规则允许分析程序在<命令程序头>上的前置冒号被省略时可以采用几种执行方法。

下列命令序列说明了第 7 章中命令路径的产生规则的几种方式。

1) :AA:EE 5;:BB:EE 7<PMT>

在第二个<程序报文单元>中的前置冒号将分析程序置于命令树的顶部。这两种路径都是合法的。

2) :AA:EE 5<PMT>BB:EE 7<PMT>

第一个<程序报文结束符>将分析程序置于命令树的顶部。由于<程序报文>中的第一个<程序报文单元>在根部开始分析程序,所以下一个<程序报文单元>起点上的前置冒号是不必要的。

3) :AA:EE 7;FF 5;GG 8;HH 10<PMT>

在第二个、第三和第四个＜程序报文单元＞的元素中没有给出完整的路径。这一规则说明"：AA："已被假定为后面的＜程序报文单元＞元素的前缀。这个命令等效于：

：AA：EE 7；：AA：FF 5；：AA：GG 8；：AA：HH 10＜PMT＞。

4） ：CC：KK：MM 3；OO 26；NN：SS 187＜PMT＞

第二个和第三个＜程序报文单元＞元素被假定为用其紧跟的前一个命令的隐含前缀"：CC：KK："作为它们的前缀。这个命令等效于：

：CC：KK：MM 3；：CC：KK：OO 26；：CC：KK：NN：SS 187＜PMT＞。

5） ：AA：EE 5；＊ESR 32＜PMT＞

公共命令的处理不受任何前面的复合命令的影响。

6） ：AA：EE 7；＊ESR 32；FF 5；GG 8；HH 10＜PMT＞

公共命令的插入并影响前缀规则的使用。这个命令等效于：

：AA：EE 7；＊ESR 32；：AA：FF 5；：AA：GG 8；：AA：HH 10＜PMT＞。

对只遵守第7章基本规则的分析程序，下列示例将引起差错。

1） ：AA：EE 7；BB：EE 7＜PMT＞

节点"BB"不是"AA"的子节点。这种类型的分析程序将看不到比节点"AA"更接近根部的任何节点。

2） ：CC：KK：MM 3；LL：PP 7＜PMT＞

由于节点"LL"不是"KK"的子节点，所以第二个＜程序报文单元＞将引起一个差错。设备试图执行命令：CC：KK：LL：PP 7 是非法的。

A.1.2 强化的树形方式的执行

分析程序也可以采用能够执行附加树形方式的结构。本节给出的示例说明了一种能够"从下往上进行的树形结构"的分析程序。

执行以下命令序列，这种类型的分析程序将不会产生差错：

1） ：CC：KK：MM 3；LL：PP 7＜PMT＞

分析程序已识别节点"LL"不是节点"KK"的子节点。于是分析程序将在更接近根部的层面上观察节点"LL"是否是节点"KK"的父节点的子节点。

这一序列可以被解释为：

：CC：KK：MM 3；：CC：LL：PP 7＜PMT＞。

2） ：AA：EE 7；BB：EE 7＜PMT＞

分析程序能够识别节点"AA""BB"有相同父节点，即根。

3） ：CC：KK：MM 3；DD：II 7＜PMT＞

分析程序识别节点"DD" 不是节点"KK"或"CC"子节点。它继续向根部搜索并识别节点"CC" 和"DD" 有相同的父节点，即根。分析程序能够不断向根部搜索直到发现匹配的节点或者达到树的根部。

这个序列可被解释为：

：CC：KK：MM 3；：DD：II 7＜PMT＞

对这两种分析程序，下列示例将引起差错：

1） ：AA：II 7＜PMT＞

节点"II"不是"AA"的子节点，将产生一个命令差错。

2） ：CC：KK：MM 3；EE 7＜PMT＞

节点"EE"既不是节点"KK"的子节点，也不是节点"CC"的子节点。反向搜索必须在根部停止并产生一个命令差错。

3） ：CC：KK：MM 3＜PMT＞LL：PP 7＜PMT＞

当分析程序识别第一个＜程序报文结束符＞，它将从树的顶部开始下一个搜索。节点"LL"不是根的子节点，这将产生命令差错。

A.2 图形复合头示例

一种不同于树形的命令结构也可以使用复合头。图 A.2 表示了另一种使用复合头的标准设备的“命令图”。

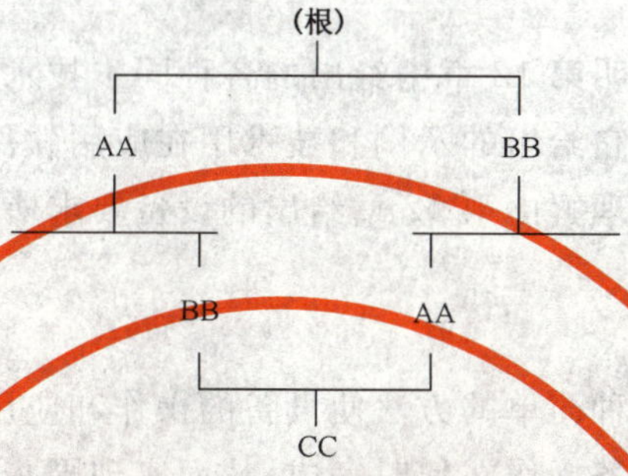

图 A.2 使用图形的复合头结构(示例 1)

这类设备具有以下合法程序命令:

:AA:BB:CC 82＜PMT＞

:BB:AA:CC 82＜PMT＞

图 A.3 给出了另一种图形结构形式。

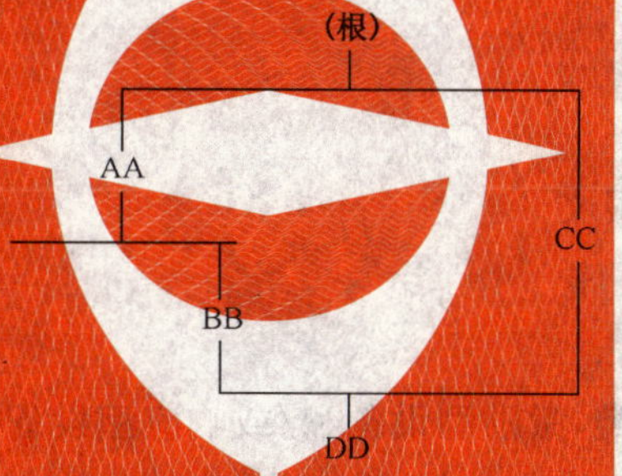

图 A.3 使用图形的复合头结构(示例 2)

这类设备具有以下合法程序命令:

:AA:BB:DD 34＜PMT＞

:CC:DD 34＜PMT＞

设备设计者有自由度用大量的创新来处理复杂的命令结构。但必须提醒设备设计者这些结构的语义对用户来说是也许是不明确的。

附　录　B
（资料性附录）
设备/控制器同步技术

本附录给出了一系列示例来说明第12章中给出的各种同步技术的使用。

本附录未包含新的设备要求。它给出的示例和技术用在应用软件中可保证控制器和设备的正确同步。这些示例还能帮助设备设计者理解由第12章给出的设备要求所提供的功能能力。

B.1　简单设备和应用程序的同步

本标准状态报告能力提供了一种简单的方法使设备的操作和应用程序同步。通过使用状态报告功能中的一种功能可以确定必要的设备操作在何时完成，从而实现同步。

示例：应用程序向设备发送一个查询命令。该查询命令使设备在完成预期操作前不能返回数据。当应用程序必须等待设备的响应时，它发送查询命令。当设备就绪时，它将把输出报文放入输出队列，并设置状态字节中的报文可用综合位。当控制器读到来自查询命令的响应时，应用程序就可以进一步知道到设备已经完成期望的操作。

利用标准事件状态寄存器中的“操作完成”报文或利用 * WAI 公共命令也可以实现同步。

下列示例说明了下列每一种同步工具的用途。

——* OPC? 公共查询命令

——* OPC 公共命令

——* WAI 公共命令

——状态字节寄存器中 MAV 报文。

B.2　设备的类型

在附录的示例中，设备被分为两类，激励型设备和/或响应型设备，见12.8.3.1和12.8.3.2中的定义。

B.2.1　假想的激励型设备

在本节的示例中，我们将信号发生器(SIGGEN)作为假想的激励型设备。假设设备的GB/T 15946地址假设为十进制数19。并假设设备满足本标准的全部要求。还假设下列设备特定命令的列表存在于设备中：

SETUP　　这个<程序报文单元>被假设为进行所有的应用程序需要的建立编程。在实际设备中建立可以是一串设备特定命令。

FREQ<NRf>　　这个<程序报文单元>使 SIGGEN 产生一个符合 NRf 数字格式中规定的输出频率。

FREQ:INC　　这个<程序报文单元>使 SIGGEN 以固定的增量增加其输出频率。

注：本假想设备选用的设备特定头只是为了使下列示例能更好理解，它们不能用于实际设备。

B.2.2　假想的响应设备

在下列示例中，我们把数字电压表(DVM)作为假想的响应型设备。设备的GB/T 15946地址假设为十进制数8。并假设设备满足本标准的全部要求。还假设下列设备特定命令的列表存在于设备中：

SETUP　　这个<程序报文单元>被假设为进行所有的应用程序需要的建立编程。在实际设备中建立可以是一串设备特定命令。SETUP是顺序型命令。

MEAS　　这个<程序报文单元>使 DVM 启动测量。

MEAS?　　这个<程序报文单元>使 DVM 启动测量。并返回一个<响应报文>表示测量操作已完成。

LAST?　　这个<程序报文单元>使DVM返回最后一次测量的结果，而不触发一次新的测量，该测量是以单个<响应报文>的形式返回。

MEAS:CONT?　　这个<程序报文单元>使DVM进行一次测量，并以<响应报文单元>的形式返回测量结果。在控制器读取测量结果后，DVM进行另一次测量并以同样的方式提供其结果。只要控制器接收数据，这个过程就不断继续。<响应报文单元>元素被<响应数据分隔符>元素(即“,”)分隔。<响应报文分隔符>不被发送。

TRIG:EXT　　这个<程序报文单元>将设备组态为在被外部控制信号激励前不进行测量。当信号激励时，DVM将进行测量。

*DDT#0……　　这是一个可选公共命令。它被用来确定群执行触发功能，见10.4中的定义。

注：本假想设备选用的设备特定头只是为了使下列示例能更好理解，它们不能用于实际设备。

B.2.3 假想的控制器语言

在本附录示例中，我们将使用假想的控制器，它具有下列语言。第16章和第17章中的关键词将被引用。

RESET a　　执行接口清除(IFC)。发送设备清除(DCL)。将*RST公共命令发送到设备，其GB/T 15946地址为数字“a”。

SEBD a;# #　　数字“a”被用作GB/T 15946地址。封闭在队列中的数据将被发送到设备。发送报文将自动以NL↑END结束。

RECEIVE a; num　　数字“a”被用作GB/T 15946地址。从设备读取<响应报文单元>。该数字结果被放置在可变的“num”

TRIGGER a1, a2,…, an　　群执行触发命令(GET)将被发送到所有的GB/T 15946地址列在数字“a1”到“an”的表中的设备。

READ STATUS BYTE a; sts　　数字“a”被用作GB/T 15946地址。用串行轮询从设备读取本标准的状态字节。其数字结果被放置在可变的“sts”。

WAIT_SRQ　　控制器等待GB/T 15946总线上的SRQ。在等待期间应用程序设计者可以将控制器用于做其他有用的工作。控制器如何在做有用工作的同时等待SRQ的细节在这里没有表示。

REPEAT　　BEGIN和END之间的语句将无限制的重复。
BEGIN
END

IF(descniptive expression)　　如果描述性表达式是TRUE，THEN之后的语句将被处理。如果为
THEN　　FALSE，ELSE后的语句将被处理。BEGIN和END可以用作
ELSE　　“THEN”或“ELSE”后的群语句。

B.3 与激励设备同步

激励型设备通常要求设备特定的创建命令以规定期望的输出信号。在应用程序允许系统中另一个组件使用这个信号之前，它必须确定激励已被证实。可以用*OPC?查询命令来实现同步。“操作完成”查询允许设备指出由<程序报文单元>启动的操作何时完成。

仅当激励型设备输出信号有效时，它才能指出它已经完成了一个激励型操作。

示例：激励型设备紧跟在*OPC?查询命令之后发送一个编程报文来改变它的输出。当设备识别了*OPC?查询命令，并提供了前面编程报文规定的输出信号时，则在输出队列中放置“操作完成”报文。

B.3.1 使用<响应报文>的激励型设备的同步

以下示例说明了使激励型设备于应用程序实现同步的最简单的方法。在这个示例中应用程序使用设备特定命令规定期望的激励。当输出信号有效时，可使用＊OPC？查询命令提供<响应报文>。

这个示例的原理也可以等效应用于某些设备功能。这些功能不提供激励但需要一定的时间，并且不返回<响应报文>。注意在下列示例中，在设备的输出没有改变到新的频率之前，控制器将不能完成STEP5 中的读操作。这将使 GB/T 15946 总线挂起，同时控制器将等待设备。这个读操作只是用于同步：所读取的数值被舍弃。

使用<响应报文>的激励示例的应用软件

STEP(步)

1.	RESET 19	发送 RFC,DCL,＊RST。
2.	SEND 19;"＊SRE 0"	关闭所有的服务请求。
3.	SEND 19;"SETUP"	
4.	SEND 19;"FREQ 10.0E3;＊OPC?"	将频率设置为 10 kHz。
5.	RECEIVE 19;num	返回和存储在可变"num"中的数字是一个 ISO 7 位字符"1"，将其舍弃。

…….确定设备的新输出有效，处理其他应用程序。

B.3.2 带有服务请求的激励型设备的同步

下列示例说明了如何通过使用 SRQ 使激励型设备与应用程序同步。在这个示例中设备被编程产生一个新的输出信号，当新的激励信号有效时产生服务请求。在收到服务请求后控制器才能使系统中的其它元素执行程序来使用这个激励信号。

设备设计者必须保证在期望的输出信号有效之前不的产生 SRQ。

设备正在改变其输出的同时控制器可以处理其他有用的工作。

应用程序紧跟在＊OPC？公共查询命令之后，发送一个设备特定激励命令"FREQ"。当这个激励有效时设备将设置状态字节中的报文可用综合位。注意适当使用状态字节中的报文可用综合位可避免应用程序的时间延迟。

带有服务请求的激励型同步

STEP(步)

1.	RESET 19	发送 RFC,DCL,＊RST。
2.	SEND 19;"SETUP"	
3.	SEND 19;"SRE 16"	使能 MAV 服务请求。
4.	SEND 19;"FREQ 10E3;＊OPC?"	将频率设置为 10 kHz。
5.	WAIT _ SRQ	在等待服务请求的同时，控制器可以做其他有用的工作。
6.	READ STATUS BYTE 19;sts	
7.	IF(MAV 报文 is NOT in sts)	
	THEN	预料之外的 SRQ!
	BEGIN	
	….处理意外的 SRQ	
	GO TO 5	
	END	

8. RECEIVE 19;num　　　　num 是一个 ISO 7 位字符"1",将其舍弃。

….用该激励信号指导系统执行一些有用的任务。

B.3.3 没有<程序报文>元素的激励型设备的同步

下列示例说明了启动创建以后在没有所需要的<程序报文>元素的情况下激励型设备如何操作。

假设该设备就是上面定义的假想的信号发生器。还假设该设备通过利用 GB/T 15946 群执行触发报文(GET)来使它的输出频率递增。

在这个示例中每收到一次 GET,SIGGEN 的输出频率就递增一次。通过串行轮询读取状态字节中的报文可用位(MAV),从而使控制器确定何时新的频率有效。

每一次将 GET 发送到 SIGGEN,这相当于发送了一个<程序报文> "FREQ:INC;OPC?"。新的程序报文使输出队列变为空,这将使 MAV 变为 FALSE。当操作完成时 * OPC? 的响应,即 ISO 7 位"1",将被置入到输出队列。由于输出队列不再为空,则 MAV 变为 TRUE,从而使设备形成 SRQ TRUE。

当收到<程序报文>时,该报文使设备报告查询差错,并舍弃输出队列中未读取的内容。由于 ESB 位不能通过" * SRE 16"命令使能,该差错将被忽略。

没有<程序报文>元素的激励型设备的同步

STEP(步)

1. RESET 19　　　　发送 RFC,DCL, * RST。

2. SEND 19;"SRE 16"　　　　使能(MAV)服务请求。

3. SEND 19;"SETUP; FREQ 1000"　　　　频率初始化。假定 SETUP 包括每次收到 GET 时频率增量大小的设定值。

4. SEND 19;" * DDT #0 FREQ:INC; * OPC?"　　　　每次收到 GET 并收到"FREQ:INC;OPC? NL^END"时,使设备做出响应。设备已为 Accept GET 报文做好准备。

5. REPEAT

6. BEGIN

7. TRIGGER 19　　　　控制器此时发送 GET。在 GET 收到之前不产生 SRQ,SIGGEN 已置于下一个频率。

8. WAIT_SRQ　　　　在等待服务请求的同时控制器可以进行其他有用的工作。

9. READ STATUS BYTE 19; sts

10. IF (MAV 报文 is NOT in sts)

11. THEN　　　　来自其它 GB/T 15946 设备的意料之外的 SRQ。

12. BEGIN

……处理意料之外的 SRQ!

13. GO TO 7

14. END

…… 用该激励信号指导系统执行一些有用的任务。

15. END

应用程序循环执行下列步骤:

STEP(步)

1. 控制器向信号发生器发送 GET

2. 等待服务请求

3. 对设备进行串行轮询

当前一个查询命令结束后 GET 报文等效于＜程序报文＞，输出队列被舍弃，由此 MAV 报文变为 FALSE。输出队列的舍弃引起查询出错。

B.4 与响应型设备的同步

响应型设备一般需要设备特定的创建命令以及一个查询命令。查询命令的后面紧跟控制器读取测量结果。下列示例说明了这一方法。

B.4.1 简单的响应型设备的同步

下列示例说明了使响应型设备与应用程序同步的最简单的方法。在此示例中，应用程序请求一次测量，然后在第 7 步等待结果。这个序列不断重复。由于设备在它完成每一次测量之前不会发送数据，所以读取的测量值一定是有效的。

利用＜响应报文＞的响应型设备的同步

```
STEP(步)
1.  RESET 8                      发送 IFC,DCL,＊RST
2.  SEND 8;"＊SRE 0"             关闭所有的服务请求
3.  SEND 8;"SETUP"
4.  REPEAT
5.  BEGIN
6.    SEND 8;"MEAS?"
7.    RECEIVE 8;num
8.    ……利用此数字执行一些有用的任务。
9.    END
```

B.4.2 利用服务请求的响应型设备的同步

下面示例说明了使响应型设备与应用程序同步的服务请求方法。在此示例中，控制器请求一次测量，然后等待产生一次服务请求。在接收到服务请求后，控制器读取结果。此序列不断重复。由于设备在它完成每一次测量之前不会发出服务请求，所以读取的测量值一定是有效的。在设备正在进行测量的同时，控制器可以用来执行其他有用的工作。

应用程序向设备发送一个设备特定的查询以重新获取测量数据。当测量数据可用时，设备设置状态字节中的报文可用综合位。状态字节中的报文可用综合位避免了应用程序的时间滞后。

利用服务请求的响应型设备的同步

```
STEP(步)
1.  RESET 8                      发送 IFC,DCL,＊RST。
2.  SEND 8;"＊SRE 16"            使能(MAV)服务请求。
3.  SEND 8;"SETUP"
4.  REPEAT
5.  BEGIN
6.  SEND 8;"MEAS?"
7.  WAIT_SRQ                     在等待的同时控制器可以做其他有用的工作。
    ……当接收到 SRQ 时，程序继续执行。
8.  READ STATUS BYTE 8;sts
9.  IF (MAV 报文 is NOT in sts)
```

10. THEN　　　　　　　　　　　　　　以外的 SRQ!
11. BEGIN
……检查其他设备并处理以外的 SRQ
12. GO TO 7
13. END
14. RECEIVE 8; num
……利用此数字执行一些有用的任务。
15. END

B.4.3 没有＜程序报文＞元素的响应型设备的同步

以下事例说明了在回路中没有使用＜程序报文＞元素的情况下，响应型设备如何进行一系列测量。应用程序允许快速、开销低地读取测量结果。在此示例中，控制器向设备请求以＜程序报文＞元素的连续流的形式返回测量结果。由于设备在它完成每一次测量之前不会发送数据，所以读取的测量值一定是有效的。假设控制器向应用程序返回一个“,”来依次分割测量值。

.没有＜程序报文＞元素的响应型设备的同步

STEP(步)
1. RESET 8　　　　　　　　　　　　发送 IFC,DCL,*RST。
2. SEND 8;“*SRE 0”　　　　　　　关闭所有的服务请求
3. SEND 8;“SETUP; MEAS: CONT?”
4. REPEAT
5. BEGIN
6. RECEIVE 8; num　　　　　　　　(用＜,＞隔开)
7. ……利用此数字执行一些有用的任务。
8. END

B.4.4 在等待测量的同时设备的通信

下列示例说明如何通过编程使响应型设备进行测量，并使设备在实施测量的同时，又能够发送和接收报文。在出现测量十分耗时或者控制器必须在测量进行的同时从设备中读取一些有用的信息的情况下，这一功能是十分有用的。当测量完成时，本示例利用 *OPC 公共命令在标准事件状态寄存器中产生一个操作完成报文。本示例还利用服务请求来避免用 *ESR? 公共查询命令轮询标准事件状态寄存器。

在等待测量的同时设备的通信

STEP(步)
1. RESET 8　　　　　　　　　　　　发送 IFC,DCL,*RST。
2. SEND 8;“SETUP”
3. SEND 8;“*SRE 32; *ESE 1”　　使能(ESB)服务请求。允许 OPC 位设置 ESB 报文
4. SEND 8;“MEAS; *OPC”　　　　开始一次测量
5. WAIT _ SRQ
……通过发送＜程序报文＞元素或者读取＜响应报文＞元素执行设备的其他任务。
……废止下列任何命令：*CLS,*RST,*SRE,*ESE 或者任何正在操作的设备特定命令。
6. READ STATUS BYTE 8; sts
7. IF (RQS 报文 is TRUE in sts)
　THEN
　　BEGIN
　　　SEND 8;“LAST?”

RECEIVE 8; num

……利用此数字执行一些有用的任务

END

ELSE GO TO "Unexpected Service Request Handling"(意外服务请求的处理)

注：并不一定要通过读取标准事件状态寄存器来确定操作完成报文为 TRUE,因为这是仅有的使能产生 SRQ 的报文。如果进程被不断重复,则必须用 * CLS 或者标准事件状态寄存器的查询来去除 SRQ。

B.4.5 使用外部控制信号的同步

响应型设备与应用程序之间的同步可以通过使用一个外部控制信号来实现。当测量时必须确定一个异步事件时,必须采用这种方法。同步可以采用上述示例指出的三种方法中的任何一种来实现。唯一需要改动的是增加一个设备特定的创建命令,这个命令指示设备只有在接收到外部控制命令时才能进行测量。(见假想 DVM 的 * TRG:EXT 命令)

由于设备在它完成每一次测量之前不会发送数据,所以读取的测量值一定是有效的。

B.4.6 两个响应设备同时触发的示例

下列示例说明如何使两台响应型设备同时进行测量。GB/T 15946 的群执行触发命令用于开始测量。假设两台设备都是上面定义的假想数字电压表(DVM)。这两台设备的 GB/T 15946 地址为 8 和 9。应用程序要求同时取样一对电压值。

本示例使用 * OPC? 查询命令证实每一台设备的输入缓冲器为空,且以前所有的命令都已经被执行。由于已知设备的输入缓冲器为空,应用程序也就知道设备已经处于能够立即执行群执行触发(GET)命令的状态。由于这两台设备的制造商和型号相同,因此本示例可以假设这两次测量的时间非常接近。

如果对两次测量的时间要求控制在比采用群执行触发所能达到的时间更接近,则应用程序必须使用 GB/T 15946 之外的方法来实现平行触发。这样的触发要用设备中的专用外部触发器来实现。

两台响应型设备的同时触发

STEP(步)

1.	RESET 8	启动(DVM-1)
2.	RESET 9	启动(DVM-2)
3.	SEND 8; " * SRE 0; SETUP"	关闭服务请求创建(DVM-1)
4.	SEND 9; " * SRE 0; SETUP"	关闭服务请求创建(DVM-2)
5.	SEND 8; " * DDT #0 MEAS?"	在接收到群执行触发命令后设定 DVM-1 实施测量
6.	SEND 9; " * SRE 0; SETUP"	在接收到群执行触发命令后设定 DVM-2 实施测量
7.	SEND 8;-"OPC?"	
8.	RECEIVE 8; num	返回和存储在可变 num 中的数字是一个 ISO 7 位数"1",将其舍弃。DVM-1 的分析器为空闲状态
9.	SEND 9; "OPC?"	
10.	RECEIVE 9; num	返回和存储在可变 num 中的数字是一个 ISO 7 位数"1",将其舍弃。DVM-2 的分析器为空闲状态

……这时,应用程序才向系统中的其他组件提供测量到的信号。

11.	TRIGGER 8,9;	这一命令呼叫 DVM-1 和 DVM-2 听,然后发送群执行触发报文
12.	RECEIVE 8; num-1	当 DVM-1 的测量完成时,它将被发送到控制

器，并放入可变 num-1

13. RECEIVE 9; num-2　　当 DVM-2 的测量完成时，它将被发送到控制器，并放入可变 num-2

……利用 num-1 和 num-2 中读取的测量数据执行一些其他有用的任务。

注 1：即使控制器在不同的时间读取测量值，但测量是在同时完成的。

注 2：如果设备已经执行 * DT1 子集并已简单定义群执行触发使设备进行测量，则 * DDT 命令将是不必要的。如果设备已经建立起这种途径，则上述示例将改变为如下方式：

应用程序将把设备放入延迟触发状态，这是创建的一部分。这个状态使 DVM 在没有被 GET 触发前不进行测量。也不需要把 DVM * MEAS? 查询命令发送到每一台 DVM。GET 同时发送到两台设备以实现平行测量。结果数据可从每一台 DVM 中读取。

B.5 与查询无关的一般同步

与设备操作的同步可以通过 * OPC 命令来实现。除了用标准事件状态寄存器中的 OPC 位置位来代替产生 ISO 7 位数"1"作为输出报文外，这个命令与 * OPC? 查询命令是等同的。* OPC 命令既可以用于激励性设备的同步，也可以用于响应型设备的同步。监视标准事件状态寄存器中的 * OPC 位就可以确定所有正在进行的操作是否已经完成了。

假设有一台假想的设备能够执行三个重叠操作：OP!，OP2 和 OP3。这些命令中的任意一个命令都是 12.2 中定义的重叠命令。

与查询无关的同步

STEP(步)

1. RESET 19　　发送 IFC，DCL，* RST。
2. SEND 19; "SETUP"
3. SEND 19; " * SRE 32; * ESE 1; * CLS"　　使能(ESB)服务请求。允许 OPC 位设置 ESB 报文。CLEAR(清除)标准事件状态寄存器。
4. SEND 19; "OP1; OP2; OP3; * OPC"　　开始测量
5. WAIT _ SRQ

　　……通过发送＜程序报文＞元素或者读取＜响应报文＞元素执行设备的其他任务。

　　……发送＜程序报文＞元素或者读取＜响应报文＞元素执行设备的其他任务。

……废止下列任何命令：* CLS，* RST，* SRE，* ESE 或者任何重叠命令。

6. REND STATUS BYTE 19; sts
7. IF (RQS 报文 is TRUE in sts)

　　THEN

　　　BEGIN

　　　　……设备已经完成全部三个命令：OP1，OP2 和 OP3。

　　　　……

　　　　……由应用程序进行处理

　　　END

　　ELSE GO TO "Unexpected Service Request Handling"(意外服务请求处理)

B.6 用 * WAI 命令的设备同步

下列示例说明保证设备的操作按次序执行的最简单的方法。

本示例中，应用程序利用设备特定命令在响应型设备中启动一个操作。* WAI 命令用于强迫设备在允许它进行测量之前完成这个操作。

通过命令“CALIBRATE”,设备被命令启动一次内部校验操作。为此,假设“CALIBRATE”命令是一个重叠命令并启动一个12.2中定义的操作。通过在“CALIBRATE”之后直接使用 * WAI 命令,这个重叠命令的操作就像是一个序列命令。然后应用程序命令设备去进行测量。由于使用了 * WAI 命令,应用程序就知道在校验操作完成之后是否进行了测量。

用 * WAI 命令的设备同步

STEP(步)

1. RESET 8　　发送 IFC,DCL, * RST。
2. SEND 8;“ * SRE 0 ”　　关闭所有的服务请求
3. SEND 8;“SETUP”
4. SEND 8;“CALIBRATE; WAI”　　开始校验。WAI 命令强迫设备在执行第5步中的＜程序报文单元＞之前完成校验操作。
5. SEND 8;“MEAS?”　　命令测量设备,并用＜响应报文＞返回结果。
6. RECEIVE 8; num　　返回和储存在可变 num 中的数字是有效的测量结果。

注:如果没有使用 * WAI 命令,则在结束校验操作之前第5步和第6步就已经完成。这样,测量就不能在准确的时间完成执行。

B.7 包含一台激励型设备和一台响应型设备的系统示例

下列示例包含了由四个组件组成的系统:

—— 一台符合本标准的激励型设备(假想的 SIGGEN)
—— 一台符合本标准的响应型设备(假想的 DVM)
—— 一台符合本标准的系统控制器(假想的语言)
—— 一台双端口的被测设备(DUT)

图 B.1 说明了系统的拓扑结构。

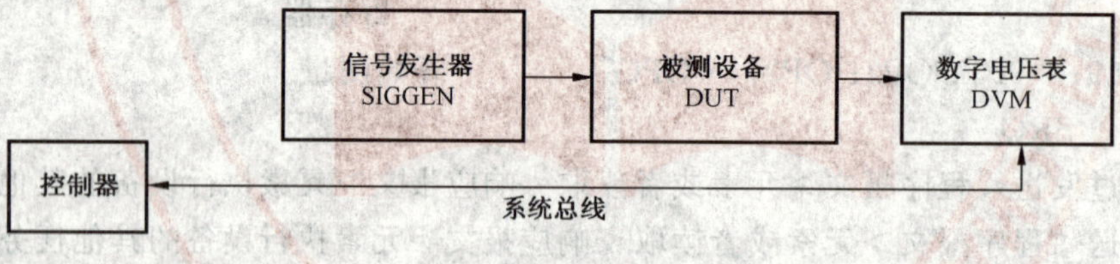

图 B.1 响应型设备和激励型设备示例的系统拓扑结构

应用程序要求进行一系列的测量,这些测量是由 SIGGEN 用1000个不同频率激励 DUT 而产生的。在每一个频率上 DVM 测量 DUT 的响应,并把数据发送给控制器。

SIGGEN 的 GB/T 15946 地址是19,而 DVM 的地址是8。

下列示例很简单,不必使用任何服务请求。

包含一台激励型设备和一台响应型设备的系统

STEP(步)

1. RESET 8　　发送 IFC,DCL 和 * RST 并启动(DVM)
2. RESET 19　　发送 IFC,DCL 和 * RST 并启动(SIGGEN)
3. SEND 8;“ * SRE 0; SETUP”　　关闭服务请求创建(DVM)
4. SEND 19;“ * SRE 0; SETUP”　　关闭服务请求创建(SIGGEN)
5. SEND 19;“ * FREQ 1000; * OPC?”　　设置 SIGGEN 起始频率
6. REPEAT 1000 TIMES
7. BEGIN

8. RECEIVE 19; num　　响应是 ISO 7 位数"1",将其舍去
9. WAIT for DUT response time
10. SEND 8;"MEAS?"　　命令(DVM)进行测量
11. RECEIVE 8; num　　从(DVM)读取数据

……

……利用读取的测量数据执行其他有用的任务。

12. SEND 19;"FREQ: * OPC?"　　递增 SIGGEN 的频率
13. END

注:第 9 步中的 WAIT 状态是允许 DUT 有时间对所施加的激励信号做出响应。对于 SIGGERN 和 DVM 的计时,这是不必要的。它们的计时要求是通过正确执行本标准同步特性得到维护的。

附　录　C
（资料性附录）
系统自动组态示例

下列示例说明在检测 GB/T 14946 总线上的三个地址已组态设备时，SETADD 协议和 * AAD 公共命令之间的相互作用。表 C.1 表示了这三台设备的识别符以及它们将被指定的地址。每一个识别符由所示四个字段组成。

协议从左到右(即从制造商到当前听地址)对每一个识别符的每一个字符(即 B/T14946 总线上的数据字节)进行搜寻，并将多次实施搜寻直到只有唯一的识别符。

表 C.1　设备标识符/指定的地址

←------------------- 识别符 -------------------→

设备	制造商	型号 #	系列号 #	当前地址	指定地址
# 1	N	B	4	！(1)	！(1)
# 2	N	BB	3	$(4)	%(5)
# 3	M	A	6	！(1)	#(3)

C.1　协议的总流程

设备是按照图 C.1 所表示的次序被检测的。每一次识别符搜寻都是从 STX 字符(十进制值为 2)启动的。

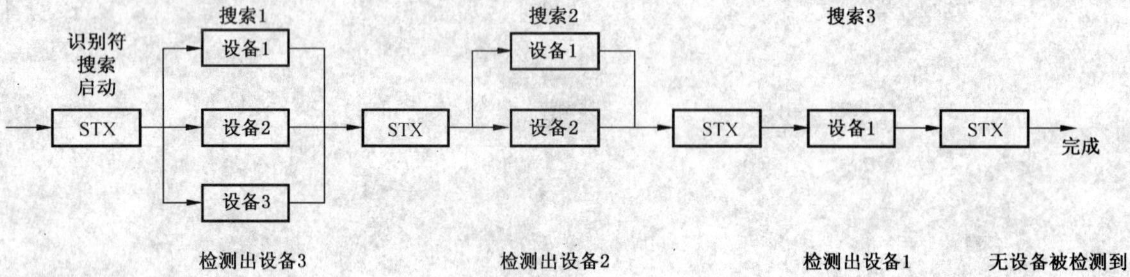

图 C.1　协议总流程

设备 3 首先被检测到，因为在这个正在检测的位置上协议选择了最低值字符的标识符。在本示例中首先出现的“M”是最低值字符。它的十进制值是 77，而“N”的值是 78。下一个被检测到的是设备 2，因为协议选择了字段的超集而不是字段本身，即选择了超集字段“BB”而不是“B”。最后只剩下设备 1，它保证被检测到，因为它具有专有的控制将控制器导向它的标识符字符。

C.2　标识符搜索描述

下面图 C.2 更详细地描述了这三次搜寻。每一台设备都给出了一个参与行规以及由控制器确定的标识符字符。＜eof＞表示字段结束条件已发生。连续两个＜eof＞表示一个完整的识别符已被搜寻，又一台设备已被检测到(仅有一台设备仍在参与)。

图 C.2 识别符搜索

C.3 字符搜索描述

每一次字符搜索由字符搜索启动字符和字符搜索主体组成(见图 C.3)。

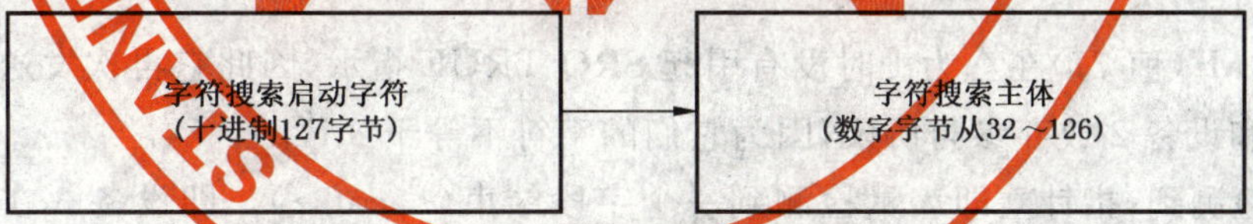

图 C.3 字符搜索元素

C.3.1 搜索起始字符

如果控制器将一个数据字节放在总线上,其值大于正在用来比较的标识符字符,则参与设备必须保持 SRQ 为 TRUE。否则设备必须保持 SRQ 信号线为被动 FALSE。由于是识别符字符的最大值可以为十进制 126,而字符搜索启动字符的十进制值为 127,这将使任何希望字符被搜索的设备都将保持 SRQ TRUE。这一动作将使控制器执行搜索主体。

C.3.2 搜索主体

搜索主体采用七步连续估值的二进制搜索。它从一个十进制值为 64 的数据字节(“@”字符)开始,并取“△”值为 32。如果此数据使 SRQ 指示,那么控制器将在该数据字节上减去一个△,构成下一个字节。否则将加一个△。然后将△取半。这个过程不断继续直到发送一个用△为 1 计算出来的数据字节。从最后的 SRQ 的指示,控制器就可以确定在搜索中激活的最低值字符。如果 SRQ 信号线为

FALSE，则字符等于所发送的最后一个数据字节。如果它为TRUE，则字符等于所发送的最后一个字节减1。在这一时刻控制器发送字符并用DIO8信号线保持为TRUE来确定(在此之前DIO8为FALSE)。此信号线保持TRUE向每一个参与设备指出它的字符是否等于数据字节(不包括DIO8的值)。如果等于，设备将继续参与；否则设备将停止参与直到下一个STX字符发出信号表示新一轮标识符搜索的开始。图C.4是这一过程的图形表示。

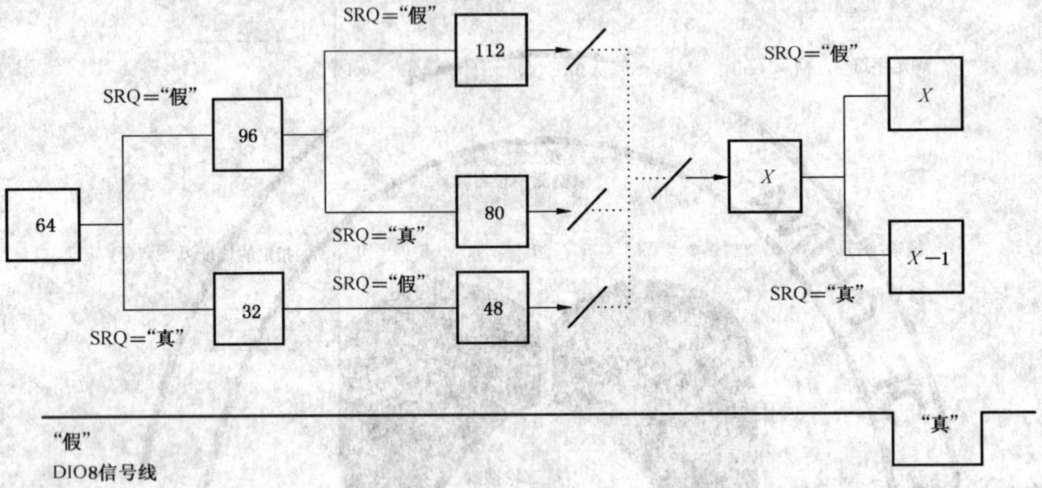

注1：每一个方框表示一个由控制器发送的数据字节，它的十进制值表示在框内。

注2：“X”等于用△等于1时计算出来的数据字节。根据“X”传送之后的SRQ信号线的状态，“X”或“$X-1$”表示最低值字符。

图C.4 搜索主体

C.4 搜索过程的详细描述

C.4.1 三个样本识别符的制造商搜索

图C.5说明了检测设备3的“M”字符的搜索顺序。激活设备的SRQ信号线的作用将控制器导向所示的最低值字符。

最低值字符“M”(值77)在△为1时没有引起SRQ TRUE指示，因此它再次发送DIO8 TRUE。这一动作使设备1和设备2放弃参与协议，因为它们的字符不等于“M”。

一旦“M”被检测到，指针立即表示检测到一个字段结束(<eof>)。即设备3在第10步接收到下一个字符搜索启动字符(十进制值127)时未保持SRQ TRUE。设备3已处于最后一个字段的终端，在它接收到字符搜索启动字符时再次指示一个<eof>条件以表示零长度字段。于是控制器知道已有一台设备被检测到。

C.4.2 超集字段检测

图C.6说明了协议选择超集的过程。在第1～9步中检测到第一个“B”，然后在第10步控制器发送下一个搜索启动字符。设备1通过保持SRQ为被动FALSE做出响应，表示已经达到<eof>。然后设备1希望控制器发送另一个搜索启动字符，开始搜索它的系列号字段。但是控制器检测到来自设备2的激活TRUE SRQ的保持，开始用十进制64数据字节进行搜索主体。其结果没有发现第二个十进制127数据字节，因此设备1放弃参与。

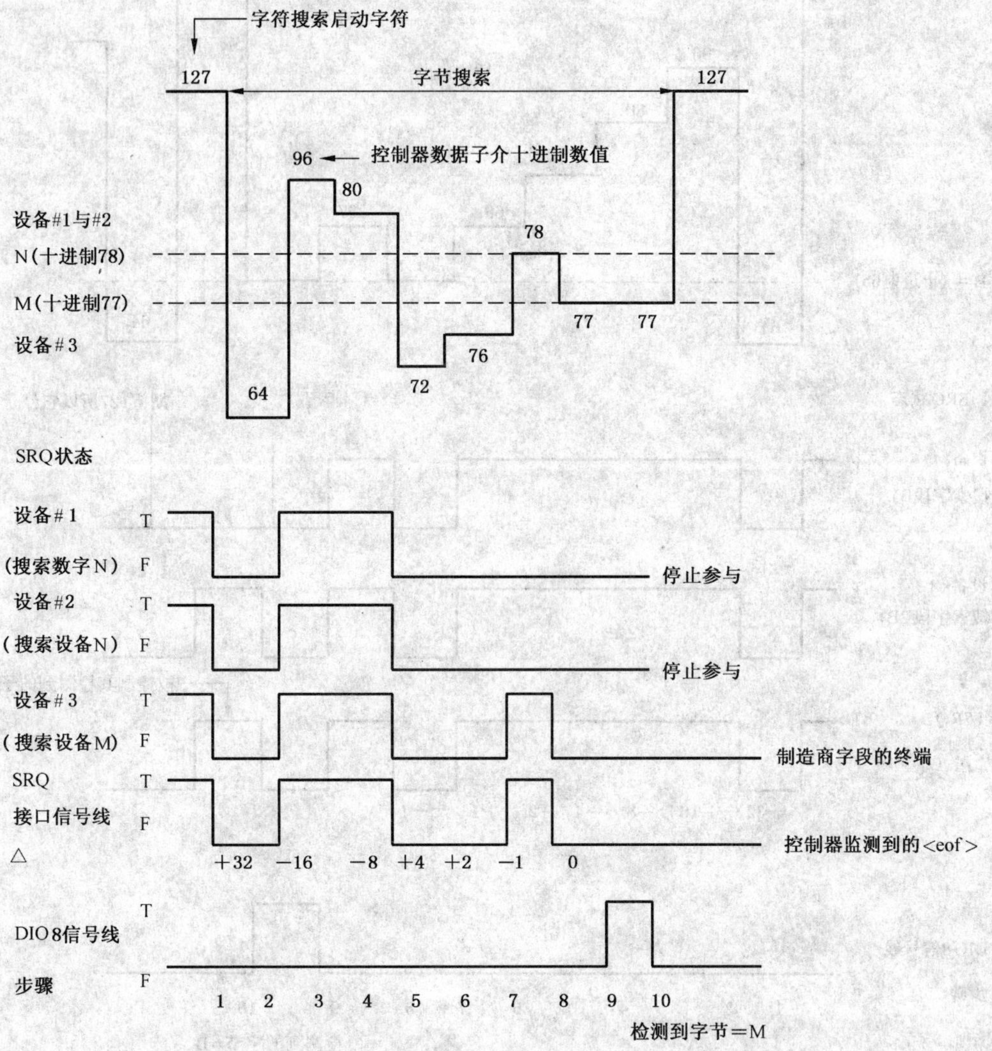

图 C.5 制造商字符和字段终端<eof>的字符搜索的动作

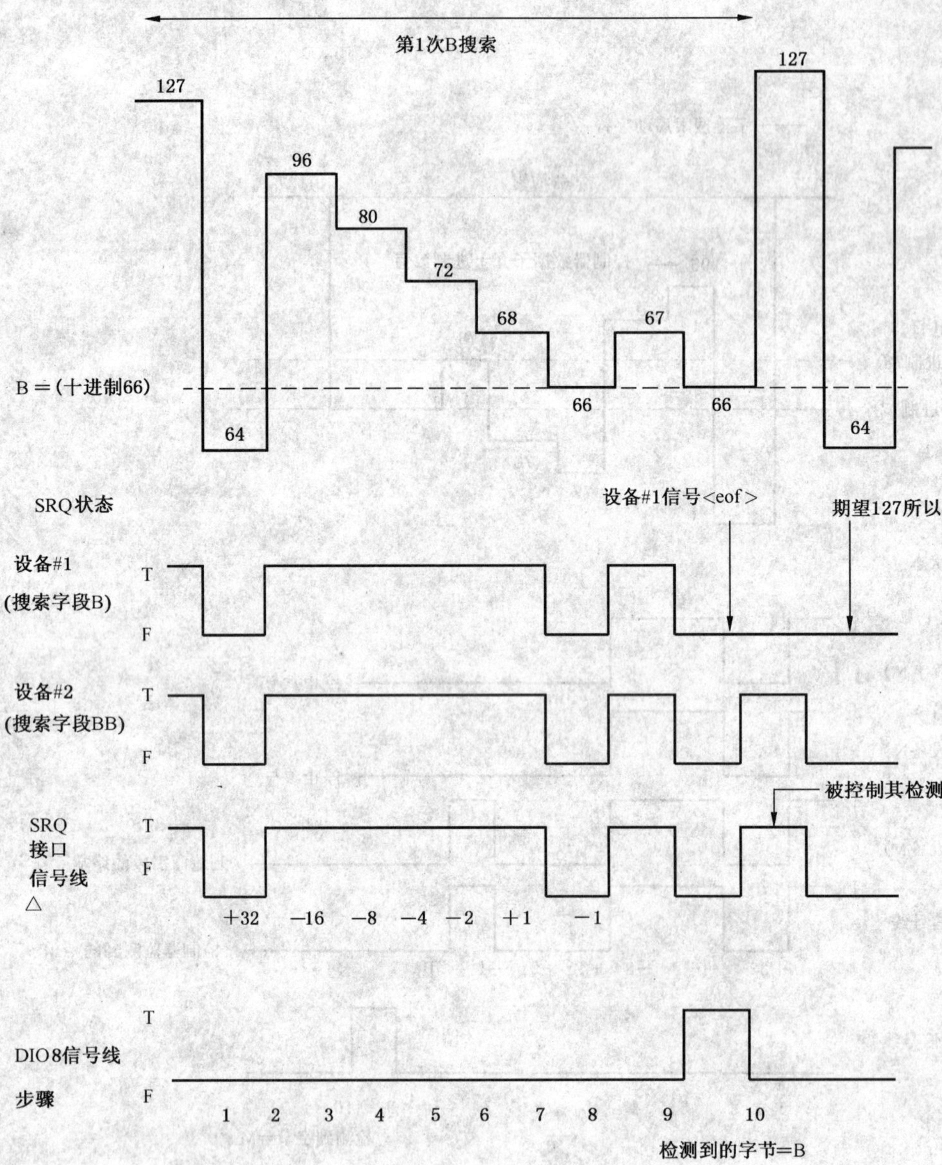

图 C.6　对子集字段 BB 的检测

ICS 27.120.30
F 50

GB

中华人民共和国国家标准

GB 17568—2008
代替 GB 17568—1998

γ辐照装置设计建造和使用规范

Regulations for design construction and use of gamma irradiation facilities

2008-09-19 发布　　　　　　2009-08-01 实施

中华人民共和国国家质量监督检验检疫总局
中国国家标准化管理委员会　发布

前　言

本标准的全部技术内容为强制性。

本标准代替 GB17568—1998《γ辐照装置设计建造和使用规范》。本标准与 GB 17568—1998 相比主要变化如下：

a） 条文的修改主要根据引用标准的更新和修订以及国家在环保方面发布的新管理条例和规定等。

b） 国务院第 449 号令完善了管理体制，调整了放射源安全监管的职责分工，明确了放射性同位素、射线装置的安全和防护工作由国务院环境保护主管部门实施统一监督管理。为了规范管理，国家环境保护部核与辐射安全管理司根据国务院 449 号文件精神制定了一系列管理细则和规定，加强了对γ辐照装置的监管，这次修改已将要求的内容体现在标准的条文中。

c） 第 3 章"定义"修改为"术语和定义"，并根据实际需要增加了"标准加工能力"条文，删去了"非限制区"条文。

d） 将原标准 4.1.4　安全标识中的放射性符号图形删掉，改为"电离辐射标志和警告标志牌应按 GB 18871—2002 附录 F 中图 F.1 和图 F.2 所示"。

e） 在"4.2　辐射防护准则"中增加了"辐射实践的正当性"的内容，即"γ辐照装置的建设立项，必须进行正当性分析，以确定其项目的正当性"。

f） 根据 GB 18871—2002 对剂量限值进行了修改；

g） 根据目前国内管理体系的变化，删去了原标准中的 4.3.3。

h） 在 6.4 "设计要求"中，对照国家环境保护部对γ辐照装置的监管要求，增加了一些必需的安全设施内容。还增加了"屏蔽结构"的内容，强调了设计和施工的具体要求。

本标准的附录 A 为规范性附录，附录 B 为资料性附录。

本标准由全国核能标准化技术委员会提出。

本标准由全国核能标准化技术委员会归口。

本标准起草单位：核工业第二研究设计院负责起草，国家环境保护部核与辐射安全中心、核工业标准化研究所、中国同位素与辐射行业协会辐射加工专业委员会参加起草。

本标准修订主要起草人：王传祯、刘戈、周启甫、唐在民、张赫瑚、刘秋蓉、刘怡刚、吴勤良、刘晨、张继才、万露霞、侯福珍。

本标准首次发布时间为 1998 年。

γ辐照装置设计建造和使用规范

1 范围

本标准规定了γ辐照装置设计、建造和使用的技术要求及管理规定。

本标准适用于钴-60源、铯-137源及其他放射源的γ辐照装置。加速器辐照装置可参照执行。

2 规范性引用文件

下列文件中的条款通过本标准的引用而成为本标准的条款。凡是注日期的引用文件，其随后所有的修改单(不包括勘误的内容)或修订版均不适用于本标准，然而，鼓励根据本标准达成协议的各方研究是否可使用这些文件的最新版本。凡是不注日期的引用文件，其最新版本适用于本标准。

GB/T 1804—2000 一般公差 未注公差的线性和角度尺寸的公差

GB 3095 环境空气质量标准

GB 7465 高活度钴-60密封放射源

GB 18871—2002 电离辐射防护与辐射源安全基本标准

GBZ 2 工作场所有害因素职业接触限值

JJG 591 γ射线辐射源(辐射加工用)检定规程

3 术语和定义

本标准采用下列术语和定义。

3.1

(电离)辐射 ionizing radiation

由能够产生电离的带电粒子和(或)不带电粒子组成的辐射。电离可由初级过程产生也可由次级过程产生。

3.2

密封放射源 sealed radiation source

密封在包壳里的或紧密地固结在覆盖层里并呈固体形态的放射性物质。密封源的包壳或覆盖层应具有足够的强度，使源在设计使用条件和磨损条件下，以及在预计的事件条件下，均能保持密封性能，不会有放射性物质泄漏出来。

3.3

辐射源 radiation source

可以通过发射电离辐射或释放放射性物质而引起辐射照射的一切物质或实体。

3.4

放射源 radioactive source

用作致电离辐射源的任何量的放射性物质。

3.5

辐射场 radiation field

电离辐射在所考虑的介质中的空间-时间分布。

3.6

辐射加工 radiation processing

电离辐射(射线)作用于物质，使其品质或性能得以改善的一种工艺过程。

3.7

γ辐照装置 gamma irradiation facilities

利用γ辐射(射线)通过安全可靠的辐射加工工艺对物品和材料进行加工的装置。它的组成部分见附录A,它的分类见附录B。

3.8

加工能力 processing capability

辐照装置在单位时间内能够处理的物料量和被辐照的物料吸收剂量乘积的最大值。

3.9

标准加工能力 standard processing capability

标准条件下,辐照装置每小时处理产品的体积。标准加工能力单位为 m^3/h。

标准条件:采用活度为 3.7×10^{16} Bq(100万居里)钴-60作为放射源,产品密度为 0.2 g/cm^3,吸收剂量为 25 kGy,辐照箱容积利用率为 100%。

3.10

吸收剂量 absorbed dose

电离辐射授予质量为 dm 的物质的平均能量 dϵ 除以物质质量 dm 的商。吸收剂量单位为"戈瑞",符号为 Gy,1 Gy=1 J/kg。

3.11

吸收剂量不均匀度 absorbed dose ununiformity

每一辐照单元的产品中最大与最小吸收剂量之比,即 $U=D_{max}/D_{min}$。

3.12

高辐射区 high radiation Area

对于γ辐照装置来说,凡是那些人员可能受到剂量率超过 1 mSv/h 照射的区域都应认为是高辐射区。例如辐照室和迷道等。

3.13

控制区 controlled area

在辐射工作场所划分的一种区域,在这种区域内要求或可能要求采取专门的防护手段和安全措施,以便:

a) 在正常工作条件下控制正常照射或防止污染扩展;

b) 防止潜在照射或限制其程度。

对于γ辐照装置来说,辐照室、迷道为控制区。

3.14

监督区 supervised area

未被确定为控制区、通常不需要采取专门防护手段和安全措施但要不断检查其职业照射条件的任何区域。操作区域、控制室、通风间、设备间、倒源间、水处理间等区域皆为监督区。

4 总则

4.1 装置安全规定

4.1.1 许可

设计、建造和使用γ辐照装置必须根据国家有关法规和文件规定取得许可证。

4.1.2 安全原则

4.1.2.1 纵深防御

应对源运用与其潜在照射的大小和可能性相适应的多层防护与安全措施(即纵深防御),以确保当某一层次的防御措施失效时,可由下一层次的防御措施予以弥补或纠正,达到:

a) 防止可能引起照射的事故；

b) 减轻可能发生的任何这类事故的后果；

c) 在任何这类事故之后，将源恢复到安全状态。

4.1.2.2 冗余性

采用的物项应多于为完成某一安全功能所必须的最少数目的物项，保证运行过程中万一某物项失效或不起作用的情况下可使其整体不丧失功能。例如人员入口联锁3道以上。

4.1.2.3 多元性

多元性能够提高装置的安全可靠性，可以降低共因故障，包括系统多元性和多重剂量监测，可以采用不同的运行原理、不同的物理变量、不同的运行工况、不同的元器件等。例如：人员出入门的安全联锁可以采用机械的、电气的、剂量的、电子的联锁。

4.1.2.4 独立性

独立性是指某一安全部件发生故障时，不会造成其他安全部件的功能出现故障或失去作用。通过功能分离和实体隔离的方法使安全机构获得独立性。为提高系统的独立性，可采取下列措施：

a) 保证冗余性(多道联锁)各部件之间的独立性；

b) 保证纵深防御各部件之间的独立性；

c) 保证多元性各部件之间的独立性；

d) 保证安全重要物项和非安全重要物项之间的独立性。

4.1.3 安全标识

在γ辐照装置厂房入口处和其他必要的地方，应设有放射性符号与警告标示牌。电离辐射标志和警告标志应按 GB 18871—2002 附录F中的图F.1和图F.2所示。

4.1.4 放射性物质污染限值

水井贮存式γ辐照装置，贮源井水所含钴-60等放射性污染物质浓度应控制在10 Bq/L以下。

工作人员的衣服、体表及工作场所的设备、工具、地面等表面β放射性物质污染控制在 GB 18871—2002 中 B.2 规定的表面污染控制水平。

4.2 辐射防护准则

4.2.1 辐射防护管理规定

γ辐照装置辐射防护的设计、施工及检查验收都必须由取得相应资质的单位和人员担任。运行期间的管理应按国家相关法规要求进行。

4.2.2 辐射实践的正当性

γ辐照装置的建设立项，必须进行正当性分析，以确定其项目的正当性。

4.2.3 辐射防护的最优化

γ辐照装置的设计和建造要求所有照射剂量都保持在规定限值以内，并在考虑社会和经济因素之后，个人受照剂量的大小、受照射的人数以及受照射的可能性均保持在可合理达到的尽量低水平，即ALARA(as low as reasonably achievable)原则。

4.2.4 个人剂量限值

个人剂量限值是辐射防护体系的一部分，是最优化过程中的约束条件。下列剂量限值不包括天然本底照射和医疗照射：

a) 职业照射

——由审管部门决定的连续5年的年平均有效剂量(但不可作任何追溯性平均)，20 mSv；

——任何一年中的有效剂量，50 mSv；

b) 公众照射

——年有效剂量，1 mSv；

——年有效剂量在特殊情况下，如果5个连续年的年平均剂量不超过1 mSv/a，则某一单一年份的有效剂量可提高到 5 mSv；

然而，这里规定的剂量限值是不允许接受的剂量范围的下限，不是允许接受的剂量范围的上限，其不能直接用于设计和工作安排的目的。在工程设计时辐射防护设计的剂量限值规定为：

a) 辐射防护工作人员个人年有效剂量限值为 5 mSv；

b) 公众成员个人年有效剂量限值为 0.1 mSv。

4.2.5 放射工作场所的划分

γ辐照装置工作场所分为控制区、监督区，以便于辐射防护管理和职业照射控制。应对各区进行剂量监督。

4.3 剂量测量规定

4.3.1 γ辐照装置应按照本标准附录 A 中 A.3 的要求，设相应的剂量测量系统进行剂量监测。以保证人身、设备、产品及环境的安全。

4.3.2 γ辐照装置启用前应该按照 JJG 591 的要求，进行剂量验证，合格后方能投入运行。使用的剂量计必须能够溯源到国家剂量标准，并按规定进行复验。

4.3.3 γ辐照装置在装源后启用前必须按照分区限值的要求对屏蔽效果进行测试。测点位置规定为检测器的探头有效中心距屏蔽墙体表面 30 cm 处，取在非线性长度大于 20 cm 的、面积不大于 100 cm^2 的空间测量的平均值。

4.4 运行管理规定

γ辐照装置建成投入运行后，必须按照国家有关规定接受国家行政监管部门监督检查。

4.5 质量保证规定

4.5.1 γ辐照装置的业主、设计、制造、施工、安装、运行管理等单位应按照本标准及国家有关法律法规的规定取得相应的资格证书或质量认证证书。

4.5.2 γ辐照装置的业主要为γ辐照装置的选址、设计、制造、施工、安装、运行管理和退役等所有活动制定一个全面的质量保证大纲和大纲程序及作业指导文件等，并保证在全过程中贯彻执行。设计、制造、施工、安装及运营等单位应根据业主的质量保证大纲，分别对其活动制定质量保证大纲或质量计划，并对其有效性负责。

4.6 责任

4.6.1 业主

业主是指γ辐照装置的拥有者，对装置负有全面责任。责任是：

a) 完成各项审批手续，包括厂址、设计、制造、验收等各项内容的批准手续；

b) 选择有资格的设计、制造、施工、安装及供源单位；

c) 按照本标准和国家相关的规定需对聘用的操作人员进行培训，并取得资格；

d) 当业主为运营单位时，还应承担运营单位(见 4.6.6)的责任；

e) 制定管理规定和操作规程；

f) 负责放射源及装置退役的工作；

g) 接受监管部门的监督与检查。

4.6.2 设计单位

是指有资格承担γ辐照装置工程及设备设计的单位。责任是：

a) 接受业主的委托，按照本标准和国家其他有关标准的规定进行γ辐照装置工程及设备设计并提供相应的技术文件；

b) 接受业主的委托，为工程施工、设备制造和安装调试提供技术服务；

c) 参加工程竣工验收工作。

4.6.3 制造单位

是指有资格和能力承担γ辐照装置设备加工制造的单位，责任是：

a) 按照设计图纸及国家有关标准规范，制造 γ 辐照装置的工艺设备；

b) 在加工制造中应制定质保措施，认真贯彻，作好记录并形成技术文件。

4.6.4 施工单位

是指有资格承担 γ 辐照装置土建工程和公用工程施工的单位。责任是：

a) 按照设计图纸文件和国家有关标准规范，进行 γ 辐照装置土建工程和公用附属工程的施工及安装；

b) 在施工中对设计图纸的修改部分必须征得设计单位许可，并应作好记录，以备验收和检查用；

c) 接受检查和验收。

4.6.5 安装单位

是指有资格和能力承担 γ 辐照装置工艺设备安装调试（包括安装放射源）的单位，责任是：

a) 按照设计图纸、制造单位提供的技术文件及国家有关标准规范进行 γ 辐照装置的工艺设备的安装调试工作；

b) 接受检查和验收。

4.6.6 运营单位

是指有资格和能力承担 γ 辐照装置运行的单位。它的责任是按照本标准和国家其他相应标准的规定进行 γ 辐照装置的日常操作运行和管理，责任是：

a) 按照操作规程运行辐照装置；

b) 制定定期检查安全联锁装置的计划，并实施检查，作好记录。对失灵和故障的安全设施及时恢复和修理；

c) 定期对工作场所进行剂量监测；

d) 对辐射工作人员进行剂量管理；

e) 定期对贮源井水的水质进行检测；

f) 发生辐射事故必须按规定及时报告，并根据事故情况执行应急预案。

4.7 质量体系和环境管理体系

为了保证 γ 辐照装置的质量，确保人身和环境安全，从事辐射加工用 γ 辐照装置设计、制造、施工安装和运行管理的单位应当具备健全的质量、环境和职业健康安全管理体系。

5 γ 辐照装置的厂址选择

5.1 对厂址的要求

5.1.1 γ 辐照装置的厂址宜选择场地稳定、地质条件较好的地段；

5.1.2 按国家相关规范要求避开高压输电走廊和易燃易爆场所；

5.1.3 在抗震设防区应满足国家相关标准的要求。

5.2 厂址的确定

综合上述要求，收集水文、地质、气象、人口、地理环境、地震等资料，经环境影响评价后，由国家监管部门审批确定厂址。

6 γ 辐照装置的设计

6.1 勘察、设计单位及其人员的资格

6.1.1 γ 辐照装置的设计单位应按本标准和国家其他有关规定的要求，持有相应的核工程设计证书和质量体系认证证书，在设计文件中应提供这些文件的复印件或影印件。

6.1.2 承担 γ 辐照装置设计的专业负责人应由具有核工程设计经验的高级工程师或工程师担任。

6.2 设计原则

6.2.1 设计单位应根据业主的委托书合理确定 γ 辐照装置的工程规模、装源量及其他附属设施。

6.2.2 设计单位应按照本标准和国家有关标准的规定进行γ辐照装置的设计。

6.2.3 设计单位在承接γ辐照装置设计时,应根据本标准和国家有关规定分别情况与业主商定辐照装置的具体构成。

6.3 设计计算

γ辐照装置的屏蔽防护、通风及重要部件,应根据现有标准及出版物中的适当有效的经验证过的计算方法进行计算。计算结果应在设计文件中加以说明。计算书应在设计单位妥善保存,以备复校时参考。

6.4 设计要求

6.4.1 联锁要求

γ辐照装置必须设有功能齐全、性能可靠的安全联锁系统,对控制区,特别是出入口、源操作系统、辐照物输送系统等进行有效监控和联锁。

6.4.2 可编程电子系统

如采用可编程电子系统(PES),除非经主管部门批准并得到设计制造单位同意,否则不得更换其软件。

6.4.3 安全设施

为实施4.1.2的安全原则,设置下列安全设施:

a) 钥匙控制。源升降装置、辐照室人员通道门和货物通道门必须由一把独立多用途钥匙或多个串在一起的钥匙进行控制,这一把或一串钥匙还应与一台有效的便携式辐射检测报警仪相连,如从控制台上取出钥匙,放射源则自动降到安全位置。只有运行值班长才能使用该钥匙;

b) 辐照室门口醒目的地点设灯光音响信号装置,用于对辐照室外人员的警示;

c) 在辐照室内应设置无人检查按钮,并与控制台联锁,升源前操作人员必须进入辐照室内巡视检查有无人员误留;

d) 在辐照室内设紧急降源(一般为拉线开关)和开门按钮,避免受照事故的发生;

e) 在控制台上应安装紧急停止按钮,可在任何时刻终止辐照装置的运行并将放射源降至安全位;

f) 设钴源升降机构与出入口门、光电、固定式辐射监测仪等联锁系统;

g) 在辐照室人员入口处必须设校验源,例如0.37 MBq的铯-137源。操作人员进入辐照室之前应用校验源检查剂量仪表是否正常;

h) 设停电自动降源系统,避免因停电导致各监控仪表失灵而引发照射事故;

i) 设源架迫降系统,以便在升降源发生某种故障时,使源架得以解脱;

j) 设贮源井水位监测报警与补给系统,避免因贮源井水位下降引起辐照室内辐射剂量水平上升;

k) 辐照室应设置通风系统,并与控制系统联锁,通风系统故障时,不能升源;

l) 辐照室应设置烟雾报警装置并与控制系统联锁,遇有火险时,源能自动降至安全位;

m) 辐照室各可拆式屏蔽塞包括装源用屏蔽塞必须与中心控制系统联锁,以便在防护塞被卸下的情况下不能进行升源操作。

以上所列各项安全要求,均适用于固定源室式湿法贮源辐照装置。对于固定源室式干法贮源辐照装置,无j)项要求;对于自屏蔽式辐照装置,无c)、d)、e)、g)、i)、j)、l)、m)项要求;对于水下辐照装置,只有b)、f)、j)项适用。

6.4.4 防火要求

辐照室和操作区厂房按二级防火设计,并应设有火灾报警装置,遇有火灾险情能及时发现、报警、停机,放射源自动降至安全位置,并能及时采取有效灭火措施。

6.4.5 供电要求

γ辐照装置必须保证正常供电,装置运行中,当停电时间超过10 s(不论是正常还是事故),源架必须能够自动降至安全位置,装置自动停机。辐照装置应设有必要的事故电源,当事故停电时,对监测仪表和安全联锁装置的供电时间应保证不少于 30 min,以确保安全。

6.4.6 **抗震要求**

在可能(50 年内可能性为 90%)发生严重破坏地震的地区,设计建造 γ 辐照装置应装备地震探测器。一旦探测器有反应动作,则放射源能自动进入全屏蔽状态。

严重破坏地震是指设计基本地震加速度大于或等于 0.3g 的地震。

注:g 为重力加速度。

6.4.7 **通风系统**

根据设计装源量和辐照室空间大小,确定进排风量,以保证辐照室内臭氧和氮氧化物在空气中的浓度低于 GBZ 2 中的规定值。装源量大于 37 PBq(100 万居里)的湿法贮源 γ 辐照装置,当放射源持续存放在贮源井内不工作时,应定期启动通风系统换气,以防止辐照室内贮源井水因电离辐解产生的氢气积累至爆炸限值。设计单位应根据装源活度和辐照室的尺寸等具体参数计算出启动通风系统的时间间隔及每次通风的最小时间,并在设计文件中明确说明。

装源量大于 0.37 PBq(1 万居里)的干法贮源 γ 辐照装置,贮源井(或贮源容器)必须有通风散热的措施。

排风口的高度应根据 GB 3095 的规定、有害气体排出量和辐照装置附近环境与气象资料计算确定。

6.4.8 **水处理系统**

所有湿法贮源的 γ 辐照装置都应按附录 A 中 A.6 的要求设置水处理系统,以确保贮源井水水质,要求 37 PBq(100 万居里)以上的辐照装置还必须设置冷却系统。

6.4.9 **屏蔽结构**

γ 辐照装置屏蔽结构设计应遵循国家现行相关规范、规程及标准的规定。

屏蔽体结构混凝土的强度等级不应低于 C20,并符合有关混凝土耐久性的要求,混凝土密度不低于 2.3 g/cm^3;有抗渗要求的混凝土抗渗等级不应低于 S6,最小厚度不宜小于 250 mm;地下贮源井的混凝土不得采用氯盐掺和料。

6.5 **设计文件**

6.5.1 **设计文件内容**

γ 辐照装置的设计单位应向业主提交下列技术文件:

a) 工艺、辐射安全等设计说明书及图纸;
b) 主要设备选型及配置说明书;
c) 自动控制系统软件和硬件说明书及图纸;
d) 设备使用、维修说明书及备件图纸;
e) 建筑、结构图纸及说明书;
f) 电气图纸及说明书;
g) 通风系统图纸及说明书;
h) 给排水及水处理系统图纸及说明书。

6.5.2 **设计文件的修改**

设计文件提交业主后,业主一般不得自行修改。当必须修改时,需由设计单位提出修改通知单。

业主及业主委托的单位提出修改要求时,应经设计单位同意。对安全有重大影响的修改,必须经安全主管部门审批。

修改通知单应与原有图纸资料共同存档。

7 工程施工及质量监督

7.1 施工单位

7.1.1 施工单位应具有国家颁发的乙级以上施工证书。

7.1.2 施工单位应严格按设计单位提供的施工图进行施工。有关变更应有设计单位提出的修改通知单和设计人员的签字。施工单位不得擅自更改图纸。

7.2 施工要求

7.2.1 施工前应制定完备的施工方案，如屏蔽体结构属于大体积混凝土还应制定大体积混凝土施工方案，施工方案经监理单位批准后实施；

7.2.2 屏蔽体结构浇筑混凝土前，应经过相关专业现场检验，并经监理人员书面认可后，方允许浇灌；

7.2.3 屏蔽体结构的混凝土墙体从－0.30 m～＋2.00 m处不应留施工缝；

7.2.4 屏蔽体结构的施工缝为锯齿形或多级台阶形，施工缝处应有可靠的措施保证先后浇注的混凝土间良好固结无裂缝，必要时宜加设止水构造；

7.2.5 贮源井的施工可根据地质条件采用不同的施工方法，如沉井或大开挖方式，贮源井内的钢筋混凝土外壁和底板应以混凝土本身的密实性满足抗渗要求。贮源井覆面的表面平整度允许偏差为30 mm。

7.2.6 混凝土的密度、强度要按设计图纸要求先做试块，合格后方能使用。

7.3 质量监督

除施工单位的质检人员随时进行质量检查监督外，业主必须聘请监理单位进行现场质量监督和检查，并作详细记录。

8 设备制造

8.1 制造单位资格

γ辐照装置工艺设备的制造应由具备相应资质并经定货方考查、评价为“合格供方”的单位承担。

8.2 设备制造的依据

8.2.1 设备制造应以设备施工图为依据。

8.2.2 设备施工图的修改应由设计单位按质保程序进行。

8.3 材料及元器件

8.3.1 制造设备的材料和用于设备的元器件，应符合相应标准及设计技术文件的规定并具有质量合格证书。

8.3.2 设备所用的关键和重要元器件应经检验或试验合格后方可使用。

8.4 加工制造

8.4.1 公差

机械加工表面和非机械加工表面未注公差尺寸的极限偏差，分别按GB/T 1804—2000中的m级和c级公差等级的规定。

8.4.2 焊接

8.4.2.1 设备构件的焊接必须由经过国家有关部门培训、考试合格取得相应资质的焊工担任。

8.4.2.2 对于重要或结构复杂的焊接件，制造单位应提供评定合格的焊接工艺。

8.4.2.3 焊接表面的外观应符合以下要求：

a) 焊缝和热影响区表面不得有裂纹、气孔、孤坑和夹渣等缺陷。焊缝上的熔渣和两侧的飞溅物应清除干净；

b) 焊缝咬边深度不得大于母材厚度的10%，咬边连续长度不应超过50 mm，焊缝两侧咬边的总长度不应超过该焊缝长度的10%；

c) 焊缝与母材应圆滑过渡，且无明显的不规则形状；

d) 对接焊缝修磨后的厚度不得小于母材的厚度。

8.4.3 贮源井不锈钢覆面的加工制造

8.4.3.1 覆面的钢板厚度应选择$\delta \geqslant 3$ mm，一般可采用$\delta = 3$ mm。

8.4.3.2 拼接覆面的钢板，其最小幅面不得小于整张钢板之半(边缘处除外。“整张钢板”尺寸按2.4 m×1.2 m计算)，且整张钢板不得少于井覆面总面积的60%。

8.4.3.3 覆面的拼接不得出现“十字形”焊缝。

8.4.3.4 钢板对接的错边量应小于0.5 mm。对接焊缝须保证焊透。

8.4.3.5 覆面盛水的一侧，表面应光洁，焊缝应修磨光滑。必要时可采取整体抛光处理。

8.4.3.6 井覆面安装就位并焊接为一体后，应符合以下规定(适用于截面为矩形、凸字形及L形等井覆面，截面为圆形的井覆面可参照执行)：

a) 任一平面的平面度允差为20 mm；

b) 任意两相邻平面之间的垂直度允差为2.5∶1 000；

c) 覆面井口的位置度允差为20 mm(以源架座标位置的纵、横中心线为基准线)。

8.4.3.7 井覆面的焊缝必须进行100%的探漏检查并提交检验报告。探漏可采用煤油渗漏试验或其他有效检查方法。

8.5 检验和验收

8.5.1 设备制造的质量检验由制造厂的专门机构和人员负责。在设备制造过程中应分阶段对零部件及整机的加工质量和装配质量进行检验。质量检验以设计图样及其技术要求为依据。

8.5.2 设备出厂前，由定货方在制造厂进行交货验收。主要包括以下内容：

a) 设备的结构、规格和材料是否符合设计图样的规定；

b) 交付的实物是否与定货合同及包装清单(发货明细表)一致；

c) 设备包装和装载方式是否满足安全运输的要求。

8.5.3 设备在现场安装、调试合格后，由业主进行设备验收。主要包括以下内容：

a) 设备安装是否符合安装技术要求的规定；

b) 设备启动和运转是否正常；

c) 设备功能和技术参数是否满足设计标准与使用要求。

8.6 标志

8.6.1 设备铭牌

在主要设备的适当位置应固定含以下内容的铭牌：

a) 设备名称、型号；

b) 设计单位名称；

c) 制造单位名称；

d) 出厂日期。

8.6.2 指示标牌

控制设备中的显示仪表、警示信号、开关、操作按钮及指示灯等均须有说明其显示内容或操作目的的标牌或文字标志。

8.6.3 技术文件

随设备提交业主的技术文件应包括下列内容：

a) 主要设备的操作、维修说明书；

b) 设备承包合同中注明提供的其他相关技术文件；

c) 包装清单(发货明细表)。

9 设备安装和试运行

9.1 设备安装调试

9.1.1 设备安装应由具备相应资格的单位承担。

9.1.2 设备安装以设备安装文件或设备施工图及其他有关规定为依据。

9.1.3 设备安装前应逐一检查厂房相关的预埋件和镶入件,以及与设备安装有关的其他条件,确认符合要求后,方可进行安装。对于不符合项的处理,应经设计单位和业主认可。

9.1.4 设备安装后,由设计和制造单位按设计单位编制的调试大纲对各系统分别进行单独调试。单调合格后进行综合调试。

9.1.5 综合调试的通过标准为装置重载模拟运行累计 48 h,运行率不低于 95%,且发生各类停车降源故障累计次数不超过 12 次。运行率 α 以(%)表示,按式(1)计算:

$$\alpha = \frac{48-t}{48} \times 100 \qquad \cdots\cdots(1)$$

式中:

t——各类故障引起停车时间的总和,单位为小时(h)。

9.2 装载放射源

9.2.1 装载放射源必须在运营单位取得国家有关主管部门的许可证,或认可后方可进行。

9.2.2 装载放射源应在辐射安全主管部门监督下,由运营单位组织实施。

9.2.3 运营单位应事先制定装载放射源操作细则及应急预案,并经辐射安全主管部门审核认可。

9.2.4 装源操作人员必须具有国家有关主管部门颁发的培训合格证并有经验的人员担任。

9.2.5 吊装源罐前应严格检查起重设备和吊具,并试吊与源罐质量相当的重物加以检验。

9.2.6 放射源装载后,应仔细检查源棒就位情况及源架状态。只有在确认源棒就位准确,且源架处在安全状态后方可进行升源操作。

9.3 剂量测试

9.3.1 辐射场与产品的剂量分布测试应在放射源装载后,装置投入运行前进行。

9.3.2 剂量分布测试应按 JJG 591 进行,业主也可按照用户的要求进行剂量分布测试,所使用的剂量计应能追溯到国家标准。

9.3.3 当装载源的数量和排列有变化时,必须重新测试辐射场与产品的剂量分布。

9.3.4 装源后在升源工况下,应分区进行辐射安全剂量测试,以评价屏蔽防护效果。本项测试应由辐射安全监管部门授权的单位承担,并提交测试报告,由监管部门签发。

9.4 试运行

9.4.1 辐照装置试运行应在装置综合调试合格、装源和完成辐射安全及剂量分布测试,并取得国家有关主管部门的许可证,或认可后方可进行。

9.4.2 业主应制定试运行操作规程并由运营单位组织实施。

9.4.3 试运行中,操作人员应作好各项记录,为工程验收提供评价依据。

10 γ辐照装置的验收

10.1 验收程序

γ辐照装置建成后,应由国家主管部门会同业主对装置进行验收。验收程序如下:

a) 由运营单位和设计单位联合检查试车,确认γ辐照装置符合本标准之规定后,由业主向主管部门提出验收申请;

b) 有关主管部门进行各项测试合格后,签发许可证;

c) 由相关单位组织审查文件,实地分项检查并通过工程验收报告。

10.2 验收项目

验收项目如下:

a) 土建工程;

b) 设备综合试车;

c) 安全系统测试;

d) 工程概预算。

10.3 验收文件

验收文件如下：

a) 工程项目立项文件；

b) 设计任务书；

c) 设计图纸文件；

d) 竣工报告；

e) 试运行工况报告；

f) 安全系统测试报告；

g) 辐射场剂量分布测试报告(装源后)；

h) 操作规程及安全规章制度；

i) 工程决算报告；

j) 工程验收报告。

11 γ辐照装置的运行

11.1 运行管理

11.1.1 γ辐照装置建成后，必须经国家有关部门验收合格，取得辐射安全许可证，方可运行。

11.1.2 运营单位必须设有安全与防护管理机构，并制定安全操作规程或手册，以确保装置安全运行。

11.1.3 运营单位必须配备具有专业技术资格的人员，负责辐照装置在使用和运行过程中的安全，必须具有以下技能：

a) 受过理论培训，对所从事工作的电离辐射特性具有必要的知识；

b) 熟悉设备结构性能并对处理事故的应急措施有比较透彻的了解；

c) 了解并掌握国家及有关部门颁发的有关规定和装置的操作规程；

d) 能够操作和运用计算机及其软件系统。

11.2 运行人员资格

11.2.1 运行人员应由身体健康，并经国家监管部门授权单位的培训，取得培训合格证的人员才能上岗。

11.2.2 运行人员必须熟悉：γ辐照装置的基本结构、运行和保养，辐射防护的原则和实际操作；正常运行的操作规程；管理和监督机构的管理条例等。

11.2.3 运行人员必须了解辐照室周围地区的辐射水平，必须熟悉本装置的安全设施，例如：联锁系统的联锁机构、各类信号的位置、警示灯光、声响信号和可见标志等。

11.2.4 运行人员应熟悉所用的放射性监测仪表以及管理部门对个人剂量监测的要求。

11.2.5 运行人员必须具备能操作放射源和相关设备的能力，并具有运行日志记录能力。

11.2.6 运行人员还应了解应急联络渠道和方式。

11.3 人员培训

11.3.1 所有从事电离辐射工作的人员都应经过国家监管部门授权单位的培训，以便他们能按照国家有关规定和标准的要求进行工作。操作辐照装置的人员必须接受下列教育：

a) 辐射防护基础知识；

b) 国家有关法规、规章；

c) 辐射加工基本知识；

d) 辐射剂量学基本知识；

e) 辐照装置的辐射防护与安全。

11.3.2 运行人员经过培训，并具备操作及事故(故障)处理能力后才能允许其在控制台独立操作。

11.3.3 单位主管定期对运行人员的安全表现进行检查和评议，以保证法规、许可证条件、操作及事故处理程序的遵守，并进行安全教育。检查内容包括：

a) 应用于辐照装置的辐射防护基础知识；

b) 国家法规中的有关规定；

c) 运行人员个人所应完成的操作与事故处理程序；

d) 辐照装置中曾出现的问题及事故情况记录；

e) 运行人员有关安全方面的表现；

f) 装置检查和维修的有关结果。

11.3.4 根据监管部门要求或装置的改进，应定期进行再培训。

11.4 运行记录

每个运行人员在值班时，应按照规定完成运行日志的记录。日志应详细记录辐照装置的重要活动事项，一般包括下列内容：

a) 运行工况；

b) 发生的故障及排除方法；

c) 辐照产品的情况；

d) 外来人员进入辐照室佩带的个人剂量计的读数；

e) 维修；

f) 其他。

11.5 放射源的增加和更换

11.5.1 当放射源的数量和位置发生变化时，必须详细记录放射源的排列情况和每个位置源棒的编码。

11.5.2 对所有放射源都要按照监管部门要求建立管理档案。

11.6 定期检查和维修

11.6.1 为了保证辐照装置的连续安全运行，必须制定维修和检查计划，并认真实施。检查和维修应由受过培训和具有一定技术水平的人员进行。

11.6.2 定期检查和维修的主要项目：

a) 控制系统的使用性能；

b) 源位置指示器的功能；

c) 源升降系统的功能和缆绳磨损情况；

d) 源罩定位情况；

e) 产品输送情况；

f) 安全联锁系统的使用功能；

g) 井水的放射性及水质的指标；

h) 井水补给系统的使用性能；

i) 烟雾报警的使用性能；

j) 固定式和便携式辐射监测仪表；

k) 周围环境的监测；

l) 辐照室内线缆的绝缘情况；

m) 通风系统和其他。

11.6.3 检查、维修应根据系统或部件在安全方面的重要性和故障率定期实施。

11.6.4 检查中发现故障或缺陷应及时排除并作好记录，必要时应通知设计单位及供货方。

11.7 应急响应计划与事故处理

11.7.1 应急响应计划

为保证所有人员了解事故危害并熟悉应急响应的各项要求，要预先编制事故处理的应急响应计划，一旦发生事故，能立即按应急规程进行操作避免事故进一步扩大。

11.7.2 **报告**

任何事故都必须如实记录，按照规定向监管部门报告，以便对事故进行调查和评价。

11.7.3 **事故处理原则**

事故发生后，必须：

a) 尽量限制个人和集体的受照剂量；

b) 控制事态发展，尽量采取措施以使厂区恢复正常工况；

c) 对伤员及超剂量受照人员分别进行处理和救治。

11.7.4 **源损坏和泄漏的处理**

确认放射源已发生泄漏，应立即停止使用辐照装置，并关闭水循环系统，以防止污染扩散。同时要尽快上报有关管理和监督部门，并与放射源的供应商和制造厂取得联系，迅速采取处理措施。

破损源及污染物应经有关管理和监督部门的批准，才能进行处理。

11.7.5 **放射源提升系统及产品箱卡阻源架等事故的处理**

应按下列方式进行处理：

a) 应保持辐照室的入出口门处于受控状态；

b) 通过分析、检查其外部指示器和剂量率的测量值，确定放射源的位置；

c) 应根据辐照的产品情况，采取相应的措施，如加大通风量，防止因照射时间过长而导致产品过热燃烧；

d) 制定补救行动计划时要根据收集到的有关事故原因，制定采用放射源源架迫降机构、采用特殊工具、使用遥控装置或采用附加移动式屏蔽组件等措施进行处理的各种方案，并提出对处理事故的工作人员进行剂量监督的方案；

e) 应当按照规定报告上级监管部门，必要时通知设计单位和制造厂。补救措施要经有关部门批准，方可行动。

11.7.6 **井水污染的处理**

确认井水被污染后，装置立即停止运行。对受污染的井水进行处理，使其污染水平降低到 10 Bq/L 以下。处理过程中产生的放射性废弃物应按国家规定处理。

11.8 **日常管理和监督**

11.8.1 要建立强有力的管理体制，明确规定各岗位职责、机构管理程序和适合各级人员的培训制度。在运行程序中要列出有关工种人员的姓名和职责。

11.8.2 建立持证上岗的严格管理制度和相应的培训制度。

11.8.3 操作人员必须佩带适用的个人剂量计，并建立工作人员的个人剂量档案。个人剂量计应定期送有资质的单位测读。

11.8.4 做好装置运行日志的记录。记录应包括所完成的辐照产品的有关情况，装置的运行状况，对故障和维修的细节应按专项进行记录。

11.8.5 未经许可，外来人员不应进入辐照室和控制室。确有必要进入的一定要进行逐个登记，并有专人带领，按照进出辐照室的有关规定办理。

11.8.6 对装置进行改造或对影响安全性能的参数进行修改，须经专家论证上报主管部门批准后才能进行。对所有改动必须详细准确地加以记录，并对记录作永久性保存。

11.8.7 接受有关部门依法对 γ 辐照装置进行日常监督。

12 退役

12.1 γ 辐照装置退役

不符合本标准和有关安全规定且无法改造的 γ 辐照装置应强制其退役。γ 辐照装置退役，须由业主向主管部门申请，提出退役计划和措施，得到批准后方可实施。在有关部门的监督下做好放射源的转移和回收；作好设备、井水、水井的去污等工作。经测定达到安全水平后方可进行封存或拆除，并记录存档。

12.2　放射源的退役

达到使用寿命期的放射源应及时退役，延长使用应进行必要的检验和专家评估并获得有关部门批准。退役的放射源应返回供应商或由贮存废源单位处理。

附 录 A
（规范性附录）
γ辐照装置的组成部分

A.1 密封放射源

A.1.1 钴-60 放射源

钴-60 放射源的半衰期为 5.27 a，其衰变过程中产生的γ光子能量分别为 1.17 MeV 和 1.33 MeV。辐照加工用钴-60 放射源采用双层不锈钢包壳密封。使用寿命一般为 15 a～20 a。

钴-60 放射源的安全性能和质量，应符合 GB 7465 的要求，且必须具有相应的证明文件。

A.1.2 铯-137 放射源

铯-137 也是辐照加工中可以使用的一种放射性同位素，它的半衰期为 30.17 a，γ光子的能量为 0.661 6 MeV。氯化铯作为铯-137 放射源不适宜在湿法贮源的γ辐照装置中使用。

A.1.3 其他放射源

反应堆乏燃料也可以作为工业辐照加工用放射源。这种源不能用于食品辐照处理。

A.2 放射源的操作系统

A.2.1 源架

源架是为盛载和排布放射源棒以形成特定辐射场的专用设备。一般采用不锈钢材料制造。源架因辐照装置的规模、用途或辐照工艺的不同而采取不同的结构型式和尺寸。

A.2.1.1 源架类型

A.2.1.1.1 "线源"源架

单根棒状放射源或排列成一条直线的多根放射源棒，垂直装载在源架的中心位置，形成"线源"。线源仅用于装源量较小的辐照装置。

A.2.1.1.2 "筒状源"源架

若干条线源等距离垂直装载在以源架中心线为轴线的圆柱面上，形成"筒状源"（亦称"花篮式源"）。筒状源的装源量一般比线源大，但通常也只用于设计装源量 1.11×10^{16} Bq（30 万居里）以下的辐照装置。

A.2.1.1.3 "单板源"源架

将若干放射源棒按垂直或水平方向有序地装载在一个平板式结构的源架上，形成"单板源"。单板源的容量可以很大，用于设计装源量 1.11×10^{16} Bq（30 万居里）以上的辐照装置。

A.2.1.1.4 "双板源"源架

装置中同时使用以一定间距平行放置的两个单板源源架，称为"双板源"。双板源也用于设计装源量 1.11×10^{16} Bq（30 万居里）以上的辐照装置。

以上所列为几种常用源架。

A.2.1.2 对源架的基本要求

a) 放射源在源架上的装载安全可靠；

b) 放射源的装卸方便易行；

c) 保证放射源不受机械损伤；

d) 提出水面后能迅速排空积水；

e) 尽量提高射线能量利用率。

A.2.1.3 源架保护

为了保证源架的安全，应设有防止辐照箱或辐照产品碰撞源架的保护装置。

A.2.2 源升降机

源升降机是牵引源架使之在井下贮存位置和井上工作位置之间做升降运动或在贮存位置及工作位置保持停留的机械设备。

A.2.2.1 类型

按驱动方式，源升降机有电动、液压和气动三种类型。

A.2.2.2 功能

a) 源架的升降运动和在贮存位置、工作位置的定位；

b) 源架位置指示；

c) 驱动系统的过力矩保护；

d) 断电自动降源；

e) 源架追降；

f) 建立以升降源为中心的安全联锁系统。

A.2.3 长杆工具

长杆工具是用于贮源井内装换源等水下操作的一套手动工具。一般包括长杆夹钳、长杆钩和其他各种专用工具头。

设计长杆工具时，应注意以下事项：

a) 用于制造长杆的材料，其密度不得小于 1 g/cm^3；

b) 每件连接成一体的长杆工具，其首端和末端均应设有不小于 ϕ10 mm 的进水孔和排气孔。

A.3 剂量测量系统

A.3.1 辐射安全监测

a) 设固定式 γ 辐射剂量监测设备，用于监测放射源处于贮存或工作状态；

b) 设贮源井水位和井水放射性污染监测设备，用以监测水层屏蔽厚度和井水的剂量水平。

A.3.2 个人剂量测量

配备个人剂量计和个人剂量报警器，用于记录正常运行个人累积剂量值及避免工作人员受到超过约束值的剂量。

A.3.3 环境剂量监测

配备便携式剂量监测仪，用于进行工作场所和外部环境的剂量监测。

A.3.4 吸收剂量监测

配备工艺剂量测量设备，用于进行辐照场与产品吸收剂量的监测。

A.4 辐照室

A.4.1 屏蔽体

为了将强辐射减小到公众可以接受的水平，采用混凝土、铁、铅、贫铀等重材质构成阻挡辐射的屏蔽即屏蔽体。在设计最大装源量的前提下，屏蔽体外剂量率不应超过 2.5 μSv/h。

A.4.2 迷道

在辐照室设计中采用迷宫式路径，可以有效地减少出入口处的辐射水平，从出入口到辐照室所经过的曲折通道就构成迷道。在设计最大装源量的前提下，迷道口处的剂量率不应超过 2.5 μSv/h。

除货物出入口外，还应设计专门的人员通道口供操作人员进出辐照室。

A.4.3 干法贮源室

在辐照室内设置干式贮源井或贮源容器，放射源在非照射状态时应贮存在井下或容器内。

A.4.4 湿法贮源水池

在辐照室内设一深水井，源架在非工作状态时应位于井下贮存位置，以达到屏蔽目的并可在该位置完成装换放射源操作。

A.4.5 检修用副井或容器

如果在特殊情况下需要检修贮源井或贮源容器，必须首先移走放射源，为此可以在贮源井下设计副井，或将源转移到专门的容器内。另外还可以设计倒源井，以实现运输容器与源架之间源的倒装。

A.5 辐照物输送系统

A.5.1 过源机械系统

在辐照室内运载产品围绕源架运行或停留，使之接受辐照的传输机械系统。通常采用的有辊道输送系统、气动单轨悬挂输送系统及积放式悬挂链输送系统等。

A.5.2 迷道输送系统

在操作大厅与辐照室之间，经过迷道运载产品的输送机械系统。通常采用的有辊道输送系统、气动单轨悬挂输送系统及悬挂链输送系统等。

A.5.3 装卸料操作机械

在操作大厅的装卸料段，将未辐照产品装入辐照箱和将已辐照产品从辐照箱中卸出的机械设备。通常采用的有倾斜式装卸机、升降式装卸机或堆码式装卸机等。

A.6 水处理系统

湿法贮源 γ 辐照装置必须设水处理系统，要求贮源井水的电导率 1 μS/cm～10 μS/cm，总氯离子(Cl^-)含量不大于 1×10^{-6}；pH 值为 5.5～8.5。

水处理系统也可用于应急时井水去污处理。

A.7 通风系统

γ 辐照装置必须设通风系统，随时将辐照室产生的 O_3 等有害气体排放到大气中。同时，辐照室内形成负压以保证有害气体不会外泄至辐照室周围环境。当放射源降至井内贮存位置 5 min 后，辐照室内臭氧的浓度不应超过 0.3 mg/m^3，NO_2 浓度(包括 NO、N_2O、NO_2 等各种氮氧化物均换算为 NO_2 的浓度)不应超过 5 mg/m^3。

A.8 安全联锁系统

安全联锁系统是为了防止人员误入辐照室受到过量辐射照射，防止或限制对设施的损害，并将产品的吸收剂量控制在预定范围内的设施。一些安全设施是正常运行所必需的，如人员和货物的进出口门与放射源的联锁控制、防止人员误入的光电装置、紧急降源拉线开关和按钮等；另一些是给出报警或警告指示的，以引起对不正常的但并不是有害状态的注意；其余的是故障指示器，警告运行人员有严重问题存在，同时自动执行规定的动作，如将放射源返回安全位置，以防止人员误入辐照室受到伤害。

安全联锁系统主要使用程序控制的机电器件；各种显示屏及指示器、传感器，以及定时器件及辐射监测仪表等。

A.9 控制系统

控制系统主要是在辐照加工过程中按工艺要求完成各种工况下生产过程中的控制，并确保操作人员的人身安全和产品质量。

附 录 B
（资料性附录）
γ辐照装置的分类

B.1 固定源室湿法贮存γ辐照装置

是一种可以控制人员进入的辐照装置，在不使用时，其放射源被放在水井内，源是被充分屏蔽的，使用时，源被提升到辐照空间，此时，借助于入口控制系统，使人员不能进入该辐照空间。

这种装置的设计一般包括以下部分：

a) 放射源必须有双层不锈钢包壳，贮存于水井中，其外包壳不应有明显的腐蚀；

b) 根据安全防护要求设计屏蔽体及贮源水井；

c) 放射源源架及其传动系统，源的安全保护机构；

d) 安全联锁系统，声光报警信号系统及标志；

e) 控制系统；

f) 剂量监测系统（包括辐照室的剂量监测、个人及产品的剂量监测）；

g) 通风及水处理系统；

h) 装换源的操作工具；

i) 产品定位及其输送系统（视业主要求设计）；

j) 观察系统及其他辅助系统（视业主要求设计）。

B.2 固定源室干法贮源γ辐照装置

是一种可以控制人员进入的辐照装置。其放射源装在由坚密材料（例如铅金属）构成的干容器（或干井）内。在不使用时，源是充分被屏蔽的；使用时，被提升到辐照空间，此时，借助于入口控制系统，使人员不能进入该辐照空间。

这种装置的设计一般包括以下部分：

a) 放射源必须有双层不锈钢包壳；

b) 根据安全防护要求设计屏蔽体及贮源容器；

c) 放射源源架及其传动系统，源的安全保护机构；

d) 安全联锁系统，声光报警信号系统及标志；

e) 控制系统；

f) 剂量监测系统（包括辐照室的剂量监测、个人及产品的剂量监测）；

g) 通风系统；

h) 装换源的操作工具；

i) 产品定位及其输送系统（视业主要求设计）；

j) 观察系统及其他辅助系（视业主要求设计）。

B.3 自屏蔽式辐照装置

此类辐照装置的放射源完全封闭在一个用固体材料制成的干容器内，并且处于屏蔽状态。辐照室的结构和体积设计成使人员不可能接近放射源，也不可能进入正在进行辐照的空间。

这种装置的设计一般包括以下部分：

a) 放射源必须有双层不锈钢包壳；

b) 根据安全防护要求设计屏蔽体；

c) 放射源源架及其传动系统；

d) 声光报警信号系统及标志；

e) 控制按钮；

f) 产品定位机构；

g) 通风及剂量监测系统。

B.4 水下辐照装置

此类辐照装置的放射源贮存在充满水的水井内不移动，因而始终处于屏蔽状态，被辐照的物品移动到水下接受照射。这实际上是限制了人员接近放射源，也不可能进入正在进行辐照的空间。

这种装置的设计一般包括以下部分：

a) 放射源必须有双层不锈钢包壳，贮存于水井中，其外包壳不应有明显的腐蚀；

b) 根据安全防护要求设计贮源水井；

c) 辐照产品密封罐及其升降和传输系统；

d) 安全联锁系统，声光报警信号系统及标志；

e) 控制系统；

f) 剂量监测系统（包括辐照室的剂量监测、个人及产品的剂量监测）；

g) 通风及水处理系统；

h) 装换源的操作工具。

ICS 25.040.20
J 51

中华人民共和国国家标准

GB/T 17587.4—2008

滚珠丝杠副　第4部分：轴向静刚度

Ball screws—Part 4：Static axial rigidity

(ISO 3408-4：2006，MOD)

2008-06-03 发布　　2009-01-01 实施

中华人民共和国国家质量监督检验检疫总局
中国国家标准化管理委员会　发布

前言

GB/T 17587《滚珠丝杠副》分为5个部分：

——第1部分：术语和符号；

——第2部分：公称直径和公称导程 公制系列；

——第3部分：验收条件和验收检验；

——第4部分：轴向静刚度；

——第5部分：轴向额定静载荷和动载荷及使用寿命。

本部分为GB/T 17587的第4部分。修改采用ISO 3408-4:2006《滚珠丝杠副 第4部分：轴向静刚度》(英文版)。

本部分与ISO 3408-4:2006相比主要变化如下：

——考虑到GB/T 17587.3—1998《滚珠丝杠副 第3部分：验收条件与验收检验》标准中滚珠丝杠副的标准公差等级有2级、4级而无0级的情况，在本部分的5.5.3及附录B的表B.2中，标准公差等级增加了2级、4级，取消了0级，相应也增加了2级、4级的修正系数，其数值按插入法计算。

——修改处在相应条款的页边处用竖线标识。

为便于使用，本部分还作了下列编辑性修改：

——删除了国际标准前言；

——将ISO 3408-4中的"本国际标准"改为"本部分"；

——用小数点符号"."代替作为小数点的逗号","；

——"在数学公式中用"×"代替数字与数字相乘的"·"。

本部分的附录A、附录B为资料性附录。

本部分由中国机械工业联合会提出。

本部分由全国金属切削机床标准化技术委员会(SAC/TC 22)归口。

本部分负责起草单位：山东济宁博特精密丝杠有限公司。

本部分参加起草单位：南京工艺装备制造有限公司、汉江机床有限公司。

本部分主要起草人：张瑞、季红丽、朱继生、刘宪银、汪爱清、黄育全、严笃政、李文华。

本部分为首次发布。

滚珠丝杠副　第 4 部分:轴向静刚度

1　范围

GB/T 17587 的本部分规定了与滚珠丝杠副的轴向静刚度有关的术语及其计算方法。

2　规范性引用文件

下列文件中的条款通过 GB/T 17587 的本部分的引用而成为本部分的条款。凡是注日期的引用文件,其随后所有的修改单(不包括勘误的内容)或修订版均不适用于本部分,然而,鼓励根据本部分达成协议的各方研究是否可使用这些文件的最新版本。凡是不注日期的引用文件,其最新版本适用于本部分。

GB/T 17587.1　滚珠丝杠副　第 1 部分:术语和符号(GB/T 17587.1—1998,eqv ISO 3408-1:1991)

3　术语和定义

GB/T 17587.1 中规定的术语和定义适用于本部分。

4　符号和下标

4.1　符号

符号	说明	单位
α	接触角	度(°)
ρ	曲率半径倒数	mm^{-1}
τ	接触椭圆的长半轴与短半轴的比	—
φ	导程角	度(°)
Δl	弹性变形量	μm
c_E	材料常数	—
c_K	几何参数	$N^{-2/3}\mu m$
d_{bo}	中空滚珠丝杠的深孔直径	mm
d_c	滚珠丝杠上接触点处的直径	mm
D_c	滚珠螺母上接触点处的直径	mm
D_{pw}	节圆直径	mm
D_w	滚珠直径	mm
D_1	滚珠螺母的外径	mm
E	弹性模量	N/mm^2
f_{ar}	精度系数	—
f_{al}	载荷系数	—
f_{rs}, f_{rn}	滚珠丝杠的适应度,滚珠螺母体的适应度	—
F	轴向力(轴向载荷)	N
i	承载滚珠的圈数	—
k	刚度特性系数	$N/\mu m^{3/2}$
l	长度	mm

符号	说明	单位
l_s	滚珠丝杠的两支承之间的长度	mm
m	泊松常数(例如:铁 $m=10/3$)	—
n	转速	min^{-1}
P_h	导程	mm
q	时间百分率	%
R	刚度	N/μm
s_a	间隙(轴向间隙)	μm
Y	赫兹理论中对第一、二种椭圆积分有关的辅助值	$N^{-2/3}\cdot\mu m^{4/3}$
z_1	每一圈中有效承载滚珠的个数	—
z_2	每一圈中不承载滚珠的个数	—

4.2 下标

符号	说明
ar	指精度
b	指滚珠
bs	指滚珠丝杠副
c	指滚珠螺母体与滚珠丝杠
e	指外部载荷或其导致的变形
lim	指极限载荷(在这载荷作用下,两预紧螺母之一,滚珠和滚道间的弹性接触变形消除了)
m	指等效
N	指法向载荷,此载荷作用在滚珠与滚珠丝杠滚道和滚珠与滚珠螺母滚道的接触点处,方向沿接触角方向
n	指滚珠螺母
pr	指预载
s	指滚珠丝杠
b/t	指滚珠与滚道接触点处
nu	在滚珠螺母承载区域内的这一段滚珠丝杠
1	指滚珠螺母 1
2	指滚珠螺母 2

5 轴向静刚度 *R* 的定义

5.1 总则

滚珠丝杠副的轴向静刚度对滚珠丝杠副的定位精度有重大影响。它与滚珠丝杠副设计、支承的形式和轴承布置有关。为便于下面的计算,忽略支承形式和轴承布置的影响。

滚珠丝杠副的轴向静刚度是非线性的,为了便于研究,将滚珠丝杠副看作是几个线性和非线性的弹性元件的组合体,因此所示刚度值仅对于一种载荷。

轴向变形量是由下列因素决定的:

——滚珠丝杠和滚珠螺母体的轴向变形量;

——滚珠丝杠和滚珠螺母体的径向变形量;

——滚珠和滚道的变形量。

由于滚珠和滚道的接触变形量的计算是建立在与赫兹应力有关的理论基础上的,所以应尽可能满足下面的前提条件:

——相接触件的材料应是同材质的，各向同性的；

——材料适用虎克定律，即无塑性变形；

——在接触区仅存在法向压力，即产生一个与此压力相垂直的接触面。

另外，应用简化的赫兹应力理论时，规定滚珠丝杠、滚珠螺母体和滚珠具有相同的弹性模数和横截面收缩参数。

计算轴向静刚度时，区分滚珠丝杠副是否有预载是很重要的。

预载可采用以下几种方法获得：

a) 具有连续螺纹线的单个螺母，通过增大滚珠尺寸预载，产生四点接触(见图 1)。

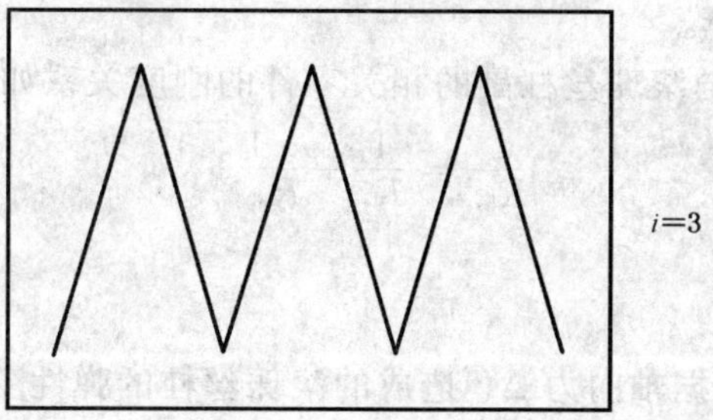

图 1

b) 单个螺母通过改变两条螺纹的相对位置预载，产生两点接触(见图 2)。

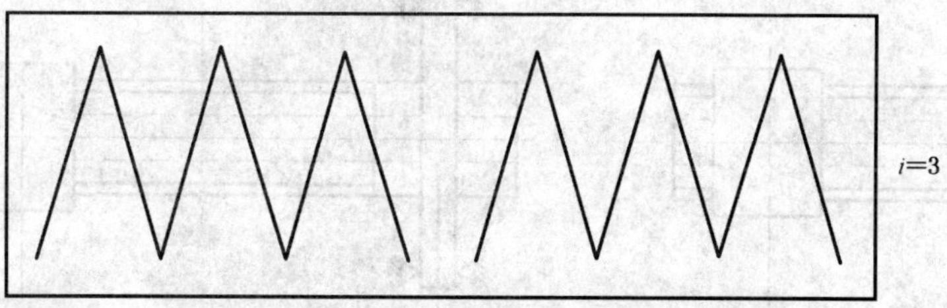

图 2

c) 具有双头螺纹线的单个螺母，通过改变螺距预载，产生两点接触(见图 3)。

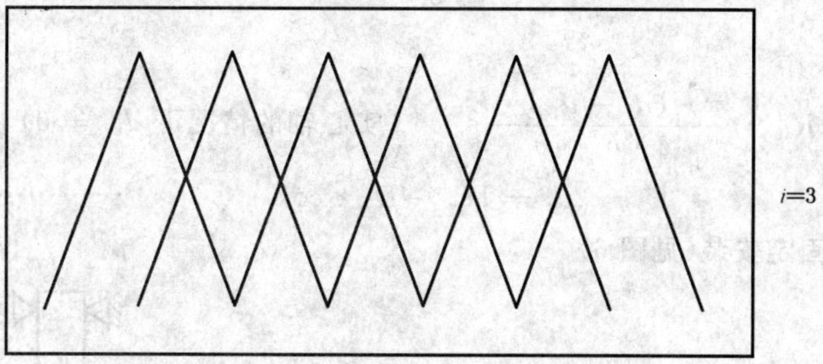

图 3

d) 由两个连续螺纹线的单螺母构成的双螺母结构，两个单螺母之间有轴向变位(见图 4)。

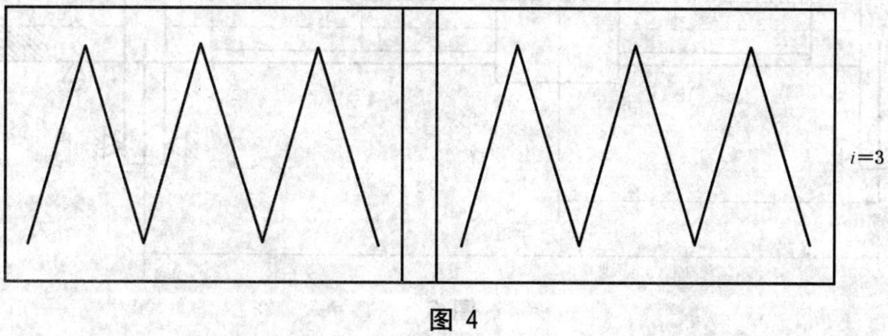

图 4

本部分中规定的刚度计算适用于上述所有的预载方法。

精确地用公式计算轴向变形是非常费时的，因而不适合实际应用，下面介绍了一种合理简化的计算方法，用便携式袖珍计算器就可以计算。

5.2 轴向静刚度

轴向静刚度 R 定义为抵抗轴向变形的能力（单位变形量所需的载荷），它表示了在轴向力作用下，在轴向产生变形量 Δl 为 1 μm 时所需的轴向力 ΔF（ΔF 的单位：N）。

$$R = \frac{\Delta F}{\Delta l} \qquad \cdots\cdots(1)$$

5.3 滚珠丝杠副的轴向静刚度 R_{bs}

滚珠丝杠副轴向静刚度 R_{bs} 与滚珠丝杠副的相关零件的刚度关系如下：

$$\frac{1}{R_{bs}} = \frac{1}{R_s} + \frac{1}{R_{nu,ar}} \qquad \cdots\cdots(2)$$

5.4 滚珠丝杠的轴向静刚度 R_s

5.4.1 概述

滚珠丝杠的轴向静刚度是根据轴向力 ΔF 造成的滚珠丝杠的弹性变形 Δl_s 来求出的，并与支承方式有关。

5.4.2 滚珠丝杠一端固定安装（见图 5）

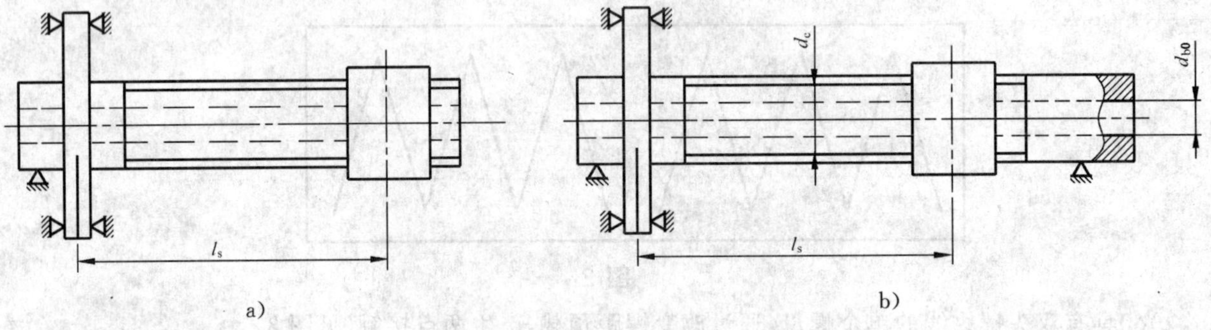

图 5

静刚度为

$$R_{s1} = \frac{\pi \cdot (d_c^2 - d_{b0}^2) \cdot E}{4 \cdot l_s \cdot 10^3} \quad (\text{实心轴的情况下 } d_{b0} = 0) \qquad \cdots\cdots(3)$$

$$d_c = D_{pw} - D_w \cdot \cos\alpha \qquad \cdots\cdots(4)$$

5.4.3 滚珠丝杠两端固定安装（见图 6）

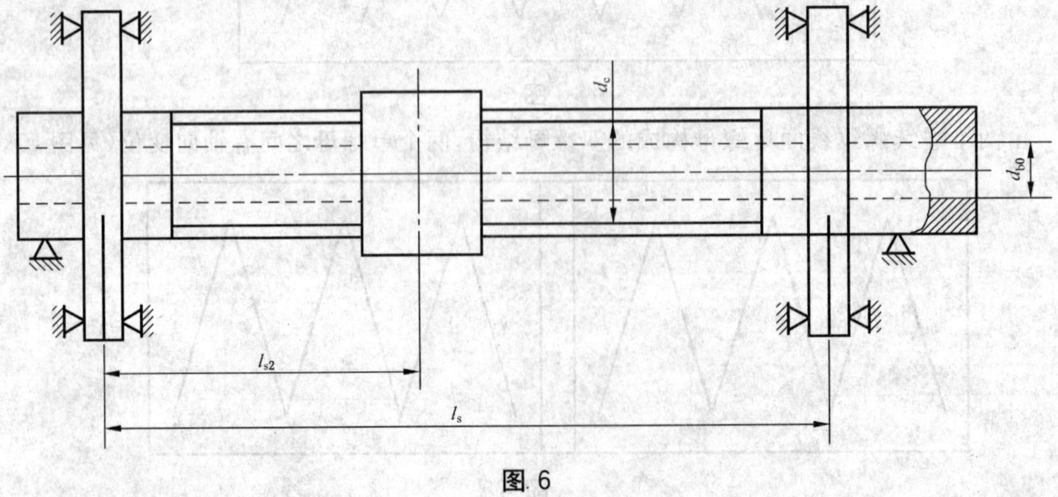

图 6

静刚度为

$$R_{S2}=\frac{\pi\cdot(d_c^2-d_{b0}^2)\cdot E}{4\cdot l_{s2}\cdot 10^3}\cdot\frac{l_s}{l_s-l_{s2}} \quad\cdots\cdots(5)$$

在 $l_{s2}=\frac{l_s}{2}$ 处得到最小刚度，即

$$R_{S2\min}=\frac{\pi\cdot(d_c^2-d_{b0}^2)\cdot E}{l_s\cdot 10^3} \quad\cdots\cdots(6)$$

5.5 滚珠螺母的轴向静刚度 R_{nu}

5.5.1 有间隙的滚珠螺母的轴向静刚度 R_{nul}

5.5.1.1 在径向载荷的作用下滚珠螺母体和滚珠丝杠的轴向静刚度 $R_{n/s}$ 的确定

$R_{n/s}$ 的确定如下：

$$R_{n/s}=\frac{\Delta F}{\Delta l_{n/s}} \quad\cdots\cdots(7)$$

$$\Delta l_{n/s}=\frac{\Delta F}{R_{n/s}} \quad\cdots\cdots(8)$$

滚珠螺母体：看作受“内部压力”（滚珠法向推力的径向分量）的厚壁圆筒。

滚珠丝杠：看作受“外部压力”（滚珠法向推力的径向分量）的圆柱体。

前提条件：

——滚珠丝杠是实心的或钻有深孔的；

——滚珠丝杠和滚珠螺母体的弹性模量和泊松比相同。

在这种载荷下滚珠螺母体和滚珠丝杠的轴向静刚度为：

$$R_{n/s}=\frac{2\cdot\pi\cdot i\cdot P_h\cdot E\cdot\tan^2\alpha}{\left(\frac{D_1^2+D_c^2}{D_1^2-D_c^2}+\frac{d_c^2+d_{b0}^2}{d_c^2-d_{b0}^2}\right)\cdot 10^3} \quad\cdots\cdots(9)$$

式中：

$$D_c=D_{pw}+D_w\cdot\cos\alpha \quad\cdots\cdots(10)$$

5.5.1.2 滚珠与滚道接触点处的轴向静刚度 $R_{b/t}$

为了简化计算，在计算中忽略了滚珠螺母体和滚珠丝杠的变形，也忽略了下列因素：

——载荷在滚珠和螺纹上的不均匀分布；

——机械加工的不精确度；

——接触角的变化。

由于轴向间隙所产生的滚珠丝杠与滚珠螺母体之间的相对位移不是弹性变形，故忽略不计［见图7a）及图7b）］。

滚珠与滚道接触点处的轴向弹性接触变形量与下列因素有关：

——承受的载荷；

——公称直径；

——滚珠直径；

——承受载荷滚珠的个数；

——一致性；

——承载后的接触角。

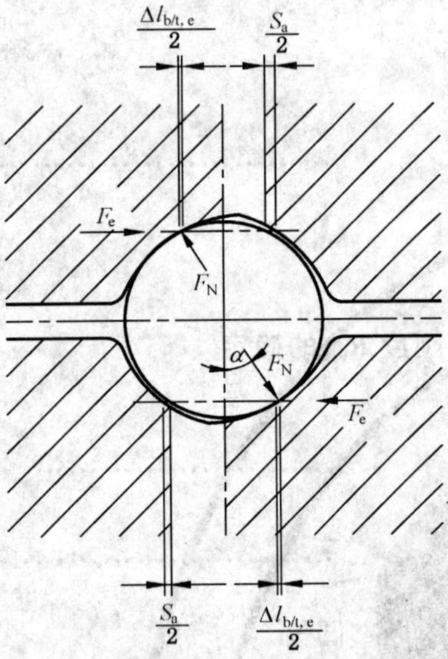

a)

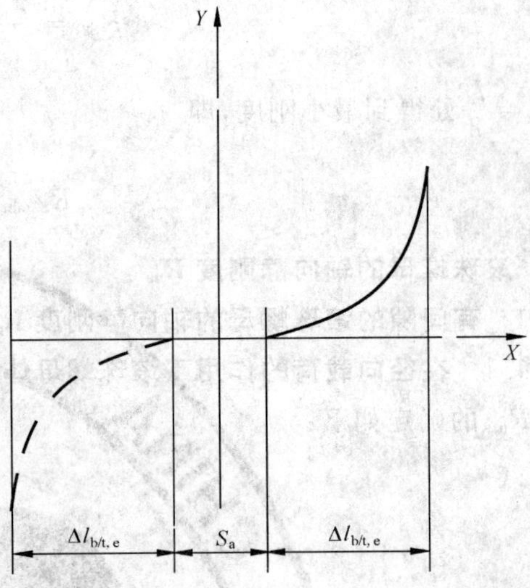

b)

X——滚珠螺母与滚珠丝杠间的轴向变形；

Y——外加轴向载荷 F_e。

图 7

滚珠与滚道接触点处的轴向弹性接触变形量可由下面的公式来近似表示：

$$\Delta l_{b/t}=\frac{\Delta l_{sb/t}+\Delta l_{nb/t}}{\cos\varphi\sin\alpha} \qquad \cdots\cdots(11)$$

按照赫兹理论，各个组件的轴向弹性接触变形量近似值可按下式计算：

$$\Delta l_{s,nb/t}=Y_{s,n}c_E^2\sqrt[3]{F_N^2\sum\rho_{s,n}} \qquad \cdots\cdots(12)$$

对滚珠与滚珠丝杠滚道接触点处：

$$\sum\rho_s=\frac{4}{D_w}-\frac{1}{f_{rs}D_w}+\frac{2\cdot\cos\alpha}{D_{pw}-D_w\cos\alpha} \qquad \cdots\cdots(13)$$

对滚珠与滚珠螺母滚道接触点处：

$$\sum\rho_n=\frac{4}{D_w}-\frac{1}{f_{rn}D_w}-\frac{2\cdot\cos\alpha}{D_{pw}+D_w\cos\alpha} \qquad \cdots\cdots(14)$$

辅助值 $Y_{s,n}$ 取决于 $\cos\tau$：

$$\sin\tau=\sqrt{1-\cos^2\tau}$$

$$Y_{s,n}=1.282\times\{-0.154(\sin\tau)^{1/4}+1.348(\sin\tau)^{1/2}-0.194\sin\tau\} \qquad \cdots\cdots(15)$$

$\cos\tau$ 只取决于一对滚动副的轮廓，可用下式表示：

$$\cos\tau_s=\left|\frac{-\frac{1}{f_{rs}\cdot D_w}-\frac{2\cdot\cos\alpha}{D_{pw}-D_w\cdot\cos\alpha}}{\sum\rho_s}\right| \qquad \cdots\cdots(16)$$

$$\cos\tau_n=\left|\frac{-\frac{1}{f_{rn}\cdot D_w}+\frac{2\cdot\cos\alpha}{D_{pw}+D_w\cdot\cos\alpha}}{\sum\rho_n}\right| \qquad \cdots\cdots(17)$$

$$c_{\mathrm{Es,n}} = \sqrt[3]{11\ 550 \times \frac{E_{0\mathrm{s,n}} + E_{0\mathrm{b}}}{E_{0\mathrm{s,n}} E_{0\mathrm{b}}}} \quad \cdots\cdots (18)$$

式中：

$$E_{0\mathrm{s,n,b}} = \frac{E_{\mathrm{s,n,b}}}{1 - \frac{1}{m_{\mathrm{s,n,b}}^2}} \quad \cdots\cdots (19)$$

对轴承钢：

$$E_{\mathrm{s}} = E_{\mathrm{n}} = E_{\mathrm{b}} = 2.1 \times 10^5$$

$$m_{\mathrm{s}} = m_{\mathrm{n}} = m_{\mathrm{b}} = 10/3$$

$$E_{0\mathrm{s}} = E_{0\mathrm{n}} = E_{0\mathrm{b}} = E_0$$

$$c_{\mathrm{Es}} = c_{\mathrm{En}} = c_{\mathrm{Eb}} \approx c_{\mathrm{E}} = 0.464\ 3$$

$$F_{\mathrm{N}} = \frac{F}{iz_1 \cos\varphi \sin\alpha} \quad \cdots\cdots (20)$$

$$z_1 = \left(\frac{D_{\mathrm{pw}} \pi}{\cos\varphi D_{\mathrm{w}}} - z_2 \right)_{\text{取整}} \quad \cdots\cdots (21)$$

$$\varphi = \arctan \frac{P_{\mathrm{h}}}{\pi D_{\mathrm{pw}}} \quad \cdots\cdots (22)$$

滚珠丝杠副一圈受载滚道的刚度特性系数 k 由下式计算：

$$k = \frac{z_1 \sin^{5/2} \alpha \cos^{5/2} \varphi}{c_{\mathrm{E}}^3 \cdot c_{\mathrm{k}}^{3/2}} \quad \cdots\cdots (23)$$

式中：

$$c_{\mathrm{k}} = Y_{\mathrm{s}} \sqrt[3]{\sum \rho_{s}} + Y_{\mathrm{n}} \sqrt[3]{\sum \rho_{\mathrm{n}}} \quad \cdots\cdots (24)$$

这样，由于赫兹应力单螺母受载后而产生的轴向变形量可由下式计算：

$$\Delta l_{\mathrm{b/t}} = \left(\frac{F}{ki} \right)^{2/3} \quad \cdots\cdots (25)$$

$$\mathrm{d}(\Delta l_{\mathrm{b/t}}) = \frac{2}{3} \times F^{-1/3} \left(\frac{1}{(ki)^{2/3}} \right) \mathrm{d}F \quad \cdots\cdots (26)$$

在轴向力 F 作用下，滚珠与滚道接触点处的轴向静刚度 $R_{\mathrm{b/t}}$ 为：

$$R_{\mathrm{b/t}} = \frac{\mathrm{d}F}{\mathrm{d}(\Delta l_{\mathrm{b/t}})} = \frac{3}{2} \times \sqrt[3]{F_{\mathrm{e}} (ik)^2} \quad \cdots\cdots (27)$$

这显示了刚度与载荷的相关性，系统刚度可通过增加滚珠丝杠副上的轴向力来提高，如通过增加预载力 F_{pr}。

5.5.1.3 有间隙的滚珠螺母的轴向静刚度 R_{nu1}

$$\frac{1}{R_{\mathrm{nu1}}} = \frac{1}{R_{\mathrm{b/t}}} + \frac{1}{R_{\mathrm{n/s}}} \quad \cdots\cdots (28)$$

5.5.2 对称预载的滚珠螺母的轴向静刚度 $R_{\mathrm{nu2,4}}$

5.5.2.1 在预载荷下滚珠螺母体和滚珠丝杠的轴向静刚度 $R_{\mathrm{n/s,pr}}$

因为两个滚珠螺母体的作用就像预载荷环一样，所以双螺母的作用是单螺母的 2 倍：

$$R_{\mathrm{n/s,pr}} = 2 \times R_{\mathrm{n/s}} \quad \cdots\cdots (29)$$

5.5.2.2 预载荷下滚珠与滚道接触点处的轴向静刚度(见图 8)

为了在滚珠与滚道接触点处得到高的刚性，螺母系统应加预载荷，对于采用增大滚珠预载方式的单螺母，在低载荷时的变形忽略不计。

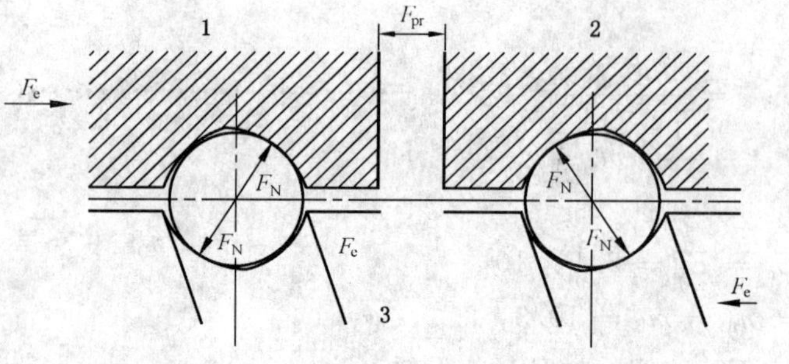

a)

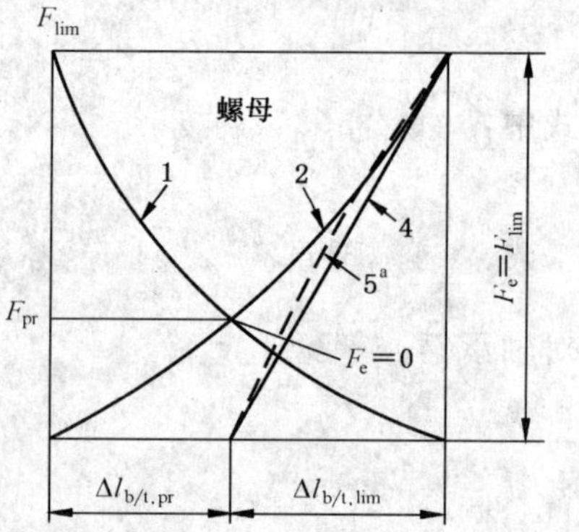

b)

注：

1——滚珠螺母 1；

2——滚珠螺母 2；

3——滚珠丝杠；

4——接近直线；

5——实际曲线。

[a] 如果施加一个外部载荷，此载荷值介于 $F_e=0$ 和 $F_e=F_{lim}$ 之间，预载螺母系统在滚珠与滚道接触点处的轴向变形的实际曲线。

4 和 5 间的最大偏差接近 6%。

图 8

预载力应合理确定，因为过大的预载力会降低寿命。

下面的等式为对称的双螺母提供了一个参考值：

$$F_{pr}=\frac{F_m}{2^{3/2}} \tag{30}$$

当量载荷 F_m 是从下面的等式得到的：

$$F_m=\sqrt[3]{\sum_{i=1}^{n}F_{ei}^3\frac{n_i}{n_m}q_i} \tag{31}$$

由对称预载螺母系统的预载所引起的螺母与滚道接触点处的轴向变形可从下式中计算出来：

$$\Delta l_{b/t,pr}=\left(\frac{F_{pr}}{ki}\right)^{2/3} \tag{32}$$

对 $0<F_e\leqslant F_{lim}$ 的滚珠与滚道接触点处的刚度由下式得出：

——(32)式中列出了 $\Delta l_{b/t,pr}$ 与 F_{pr} 的关系；

——因为有：

$$\Delta l_{b/t,pr}=\Delta l_{b/t,lim}\text{ 和 }F_{lim}=2^{3/2}\times F_{pr} \tag{33}$$

——近似结果为：

$$R_{b/t}\approx\frac{F_{lim}}{\Delta l_{b/t,pr}} \tag{34}$$

$$R_{b/t}\approx 2^{3/2}\times\sqrt[3]{F_{pr}(ki)^2} \tag{35}$$

5.5.2.3 滚珠两点接触的预载单或双螺母的轴向静刚度 R_{nu2}

因为双螺母的作用就像一个预载环，所以双螺母的刚度是单螺母的 2 倍(见等式 29)

$$\frac{1}{R_{nu2}}=\frac{1}{R_{b/t}}+\frac{1}{R_{n/s,pr}} \tag{36}$$

5.5.2.4 滚珠四点接触的预载单螺母

滚珠四点接触的预载单螺母的轴向静刚度是根据两点滚珠接触的双螺母预载来计算的。

$$\frac{1}{R_{nu4}}=\frac{1}{R_{b/t}}+\frac{1}{R_{n/s,pr}} \qquad \cdots\cdots(37)$$

5.5.3 精度系数 f_{ar}(见表1)

由于在制造过程中的误差积累，造成刚度评定会产生差异。

下面情况下要考虑精度系数：

——滚道的机械误差(行程变动量、滚道法向截形、表面粗糙度、接触角、节圆直径)。

表 1 精度系数(参考数据)

标准公差等级	1	2	3	4	5
f_{ar}	0.6	0.58	0.55	0.53	0.5

采用精度系数修正的螺母单元的轴向静刚度计算公式为：

$$R_{nu,ar}=f_{ar}R_{nu} \qquad \cdots\cdots(38)$$

5.6 示例

轴向静刚度计算示例见附录A，应用载荷的修正值见附录B。

附 录 A
（资料性附录）
在对称预载双螺母系统中的轴向静刚度的计算示例

A.1 假设

滚珠节圆直径	$D_{pw}=63.5$ mm
滚珠直径	$D_w=3.5$ mm
导程	$P_h=5$ mm
载荷圈数	$i=5$
每一圈中不受载滚珠的个数	$z_2=3$
滚珠丝杠与螺母的适应度	$f_{rs}, f_{rn}=0.55$
接触角	$\alpha=45°$
螺母外径	$D_1=75$ mm
轴向等效载荷	$F_m=8\ 000$ N
预载力	$F_{pr}=4\ 000$ N
滚珠丝杠的两个支撑之间的长度	$l_s=1\ 000$ mm
弹性模数	$E=2.1\times10^5$ N/mm^2
标准公差等级	3

滚珠丝杠副按照图 6 的模式安装。

A.2 滚珠丝杠刚度计算

假设：轴在两端固定安装，长度 $l_s=1\ 000$ mm

$$d_c = D_{pw} - D_w \times \cos\alpha = 63.5 - 3.5 \times \cos45° = 61.03\ \text{mm} \tag{4}$$

根据等式(6)

$$d_{b0} = 0$$

$$R_{s2\min} = \frac{\pi \times 61^2 \times 21\ 000}{1\ 000 \times 10^3} = 2\ 457(\text{N}/\mu\text{m}) \tag{6}$$

A.3 由于产生径向变形滚珠丝杠和螺母的轴向静刚度计算

假设：螺母外径 $D_1=75$ mm，那么

$$D_c = 63.5 + 3.5 \times \cos45° = 65.98 \tag{10}$$

$$R_{n/s,pr} = 2 \times \frac{2 \times \pi \times 5 \times 5 \times 210\ 000 \times \tan^2 45°}{\left(\frac{75^2 + 65.98^2}{75^2 - 65.98^2} + 1\right) \times 10^3} \tag{9}+(29)$$

$$R_{n/s,pr} = 7\ 458\ (\text{N}/\mu\text{m})$$

A.4 由于预载所引起的滚珠与滚道区域轴向弹性变形的计算

几何系数：

$$\sum\rho_s = \frac{4}{3.5} - \frac{1}{0.55 \times 3.5} + \frac{2 \times \cos45°}{63.5 - 3.5 \times \cos45°} = 0.646\ 55 \tag{13}$$

$$\sum\rho_n = \frac{4}{3.5} - \frac{1}{0.55 \times 3.5} + \frac{2 \times \cos45^\circ}{63.5 + 3.5 \times \cos45^\circ} = 0.601\ 94 \tag{14}$$

$$\cos\tau_s = \left| \frac{-\frac{1}{0.55 \times 3.5} - \frac{2 \times \cos45^\circ}{63.5 - 3.5 \times \cos45^\circ}}{0.646\ 55} \right| \tag{16}$$

$$\cos\tau_s = |-0.839\ 3| = 0.839\ 3$$

$$\cos\tau_n = \left| \frac{-\frac{1}{0.55 \times 3.5} + \frac{2 \times \cos45^\circ}{63.5 + 3.5 \times \cos45^\circ}}{0.601\ 94} \right| \tag{17}$$

$$\cos\tau_n = |-0.827\ 4| = 0.827\ 4$$

$$Y_s = 1.282 \times \{-0.154 \times (0.543\ 6)^{1/4} + 1.348 \times (0.543\ 6)^{1/2} - 0.194 \times 0.543\ 6\} \tag{15}$$

$$Y_s = 0.969\ 4$$

$$Y_n = 1.282 \times \{-0.154 \times (0.561\ 6)^{1/4} + 1.348 \times (0.561\ 6)^{1/2} - 0.194 \times 0.561\ 6\} \tag{15}$$

$$Y_n = 0.984\ 5$$

$$c_E = 0.464\ 3$$

$$z_1 = \left(\frac{63.5 \times \pi}{\cos 1.435\ 7^\circ \times 3.5} - 3\right)(\text{取整}) \tag{21}$$

$$z_1 = 54(\text{圆整后})$$

$$\varphi = \arctan\frac{5}{\pi \times 63.5} \tag{22}$$

$$\varphi = 1.435\ 7^\circ$$

$$c_k = 0.969\ 4 \times \sqrt[3]{0.646\ 55} + 0.984\ 5 \times \sqrt[3]{0.601\ 94} \tag{24}$$

$$c_k = 1.669\ 5$$

$$k = \frac{54 \times \sin^{5/2}45^\circ \times \cos^{5/2}1.435\ 7^\circ}{0.464\ 3^3 \times 1.669\ 5^{3/2}} \tag{23}$$

$$k = 105.07$$

因为有 $F_m < F_{lim}$ ($F_{lim} = 4\ 000 \times 2^{3/2} = 11\ 313$N)

$$R_{b/t} \approx 2^{3/2} \times \sqrt[3]{4\ 000 \times (105.07 \times 5)^2} = 2\ 923\ (\text{N}/\mu\text{m}) \tag{35}$$

A.5 在载荷区滚珠丝杠与螺母系统的刚度

$$R_{nu,ar} = \frac{2\ 923 \times 7\ 458}{2\ 923 + 7\ 458} \times 0.55 = 1\ 155\ (\text{N}/\mu\text{m}) \tag{36+38}$$

总刚度 R_{bs}：

$$\frac{1}{R_{bs}} = \frac{1}{2\ 457} + \frac{1}{1\ 155} \tag{2}$$

$$R_{bs} = 785.7\ (\text{N}/\mu\text{m})$$

附 录 B
（资料性附录）
应用载荷的修正值

根据图 B.1 a)、图 B.1b)和图 B.2 a)、图 B.2b)的载荷状况，表 B.1 给出了应用载荷的修正值 f_{al}。精度修正系数的数值按表 B.2。

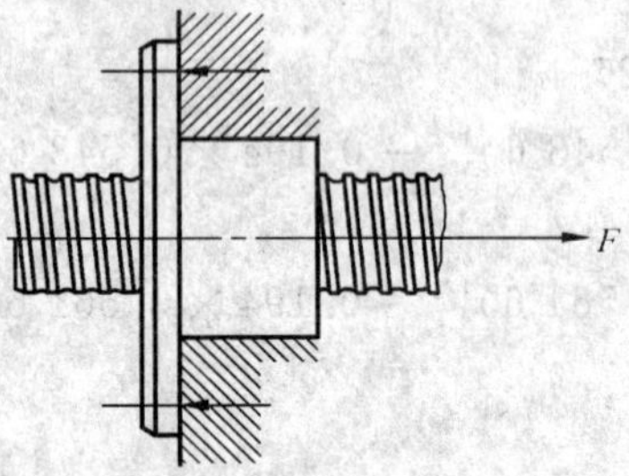

滚珠丝杠拉伸状态；
滚珠螺母体拉伸状态
a) T-T 载荷状况

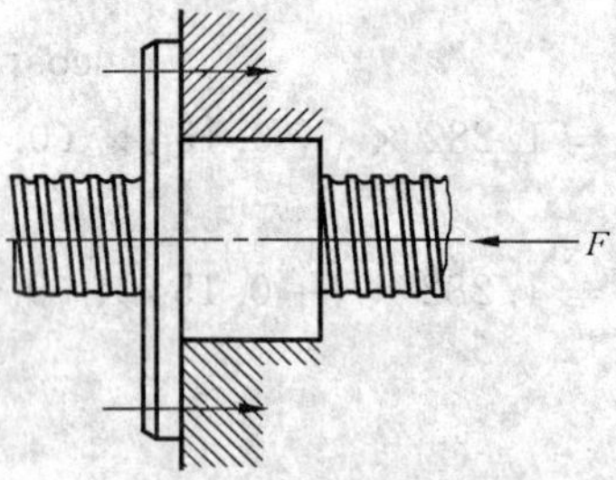

滚珠丝杠压缩状态；
滚珠螺母体压缩状态
b) C-C 载荷状况

图 B.1

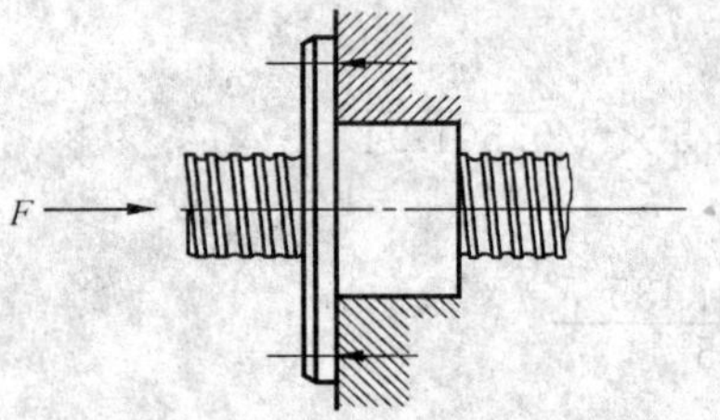

滚珠丝杠压缩状态；
滚珠螺母体拉伸状态
a) T-C 载荷状况

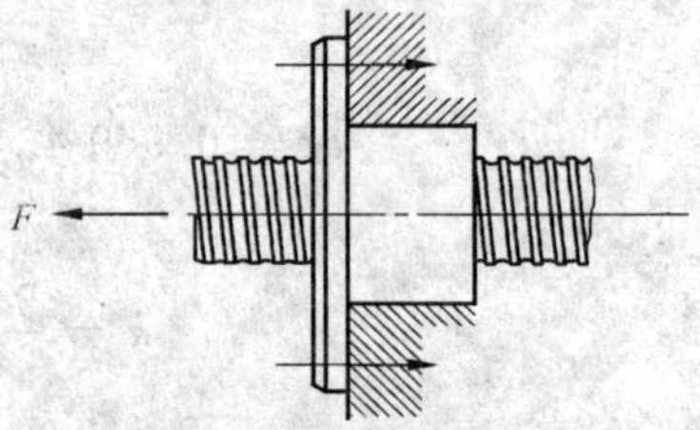

滚珠丝杠拉伸状态；
滚珠螺母体压缩状态
b) T-C 载荷状况

图 B.2

表 B.1 载荷系数(修正值)

应用载荷	T-T 载荷 C-C 载荷	T-C 载荷
系数 f_{al}	0.9	0.7

表 B.2 精度修正系数 f'_{al}(参考值)

标准公差等级	1	2	3	4	5
系数 f'_{ar}	1.0	0.95	0.9	0.85	0.8

具有修正系数的螺母单元的轴向静刚度是：

$$R_{nu,ar} = f_{al} \cdot f'_{ar} \cdot R_{nu}$$

ICS 25.040.20
J 51

中华人民共和国国家标准

GB/T 17587.5—2008

滚珠丝杠副　第5部分：轴向额定静载荷和动载荷及使用寿命

Ball screws—Part 5: Static and dynamic load ratings and operational life

(ISO 3408-5:2006, MOD)

2008-06-03 发布　　2009-01-01 实施

中华人民共和国国家质量监督检验检疫总局
中国国家标准化管理委员会　发布

前　言

GB/T 17587《滚珠丝杠副》分为5个部分：

——第1部分：术语和符号；

——第2部分：公称直径和公称导程　公制系列；

——第3部分：验收条件和验收检验；

——第4部分：轴向静刚度；

——第5部分：轴向额定静载荷和动载荷及使用寿命。

本部分为GB/T 17587的第5部分。修改采用ISO 3408-5：2006《滚珠丝杠副　第5部分　轴向额定静载荷和动载荷及使用寿命》(英文版)。

本部分与ISO 3408-5：2006相比主要变化如下：

——考虑到GB/T 17587.3—1998《滚珠丝杠副　第3部分：验收条件与验收检验》标准中滚珠丝杠副的标准公差等级有2级、4级无0级的情况，在本部分的6.1.3的表1中，标准公差等级0,1,3和5改为1至5。

——修改处在相应条款的页边处用竖线标识。

为便于使用，本部分还作了下列编辑性修改：

——删除了国际标准前言；

——将ISO 3408-5：2006标准中“本国际标准”一词改为“本部分”；

——用小数点符号“.”代替作为小数点的逗号“,”；

——“在数学公式中用“×”代替数字与数字相乘的“·”。

本部分由中国机械工业联合会提出。

本部分由全国金属切削机床标准化技术委员会(SAC/TC 22)归口。

本部分负责起草单位：山东济宁博特精密丝杠有限公司。

本部分参加起草单位：南京工艺装备制造有限公司、汉江机床有限公司。

本部分主要起草人：张瑞、季红丽、朱继生、刘宪银、汪爱清、黄育全、严笃政、李文华。

本部分为首次发布。

滚珠丝杠副　第5部分：轴向额定静载荷和动载荷及使用寿命

1　范围

GB/T 17587 的本部分规定了滚珠丝杠副的轴向额定静载荷和动载荷及寿命的计算方法，其计算结果可作为设计和选用滚珠丝杠副的依据。

本部分在以下前提条件下适用：

——滚珠和滚道为弹性变形；

——滚道硬度大于 58HRC；

——f_{rs}和 f_{rn}大于 0.5；

——滚珠丝杠副所用钢材为轴承钢或其他类似的合金钢；

——采用适当的润滑。

2　规范性引用文件

下列文件中的条款通过 GB/T 17587 的本部分的引用而成为本部分的条款。凡是注日期的引用文件，其随后所有的修改单（不包括勘误的内容）或修订版均不适用于本部分，然而，鼓励根据本部分达成协议的各方研究是否可使用这些文件的最新版本。凡是不注日期的引用文件，其最新版本适用于本部分。

GB/T 17587.1　滚珠丝杠副　第1部分：术语和符号(GB/T 17587.1—1998，eqv ISO 3408-1：1992)

3　术语和定义

GB/T 17587.1 中规定的术语和定义适用于本部分。

4　符号和下标

4.1　符号

符号	说明	单位
α	接触角	度（°）
γ	结构系数	—
φ	导程角	度(°)
$\rho_{11}, \rho_{12}, \rho_{21}, \rho_{22}$	曲率半径倒数	mm^{-1}
Δl	滚珠与滚道的轴向变形	μm
C_a	轴向额定动载荷	N
C_{am}	修正的轴向额定动载荷	N
C_i	滚珠丝杠副单圈上的轴向额定动载荷	N
C_n	滚珠螺母单圈上的轴向额定动载荷	N
C_s	滚珠丝杠单圈上的轴向额定动载荷	N
C_{0a}	轴向额定静载荷	N
C_{0am}	修正的轴向额定静载荷	N

符号	说明	单位
D_{pw}	节圆直径	mm
D_w	滚珠直径	mm
f_{ac}	精度系数	—
f_{ar}	可靠性系数	—
f_c	几何系数	—
f_h	轴向额定动载荷的表面硬度修正系数	—
f_{h0}	轴向额定静载荷的表面硬度修正系数	—
f_m	材料冶炼方法系数	—
f_{op}	运行预载系数	—
f_{rn}	滚珠螺母体滚道的适应度	—
f_{rs}	滚珠丝杠滚道的适应度	—
f_1, f_2, f_3	几何形状系数	—
F	轴向载荷	N
F_a	实际轴向载荷	N
F_{lim}	使滚珠和滚道间预变形消失时的极限轴向载荷	N
F_m	当量轴向载荷	N
F_{ma}	实际当量轴向载荷	N
F_{pr}	预加轴向载荷	N
i	承载滚珠的圈数	—
k_0	轴向额定静载荷的特性系数	—
L	额定寿命	转
L_{ar}	含可靠性系数的寿命	转
L_h	额定寿命	h
L_{har}	含可靠性系数的寿命	h
L_{hm}	修正的寿命	h
L_{hmar}	含可靠性系数的修正的寿命	h
L_m	修正的寿命	转
L_{mar}	含可靠性系数的修正的寿命	转
L_{mr}	修正的最终寿命	转
L_r	最终寿命	转
n	转速	min^{-1}
n_m	当量转速	min^{-1}
P_h	导程	mm
q	时间百分率	%
r_n	滚珠螺母体的滚道半径	mm
r_s	滚珠丝杠的滚道半径	mm
z_l	每一滚珠圈中有效承载滚珠数	—
z_u	每一滚珠圈中不承载的滚珠数	—

4.2 下标

符号	说明
j	载荷数目
1	载荷方向 1

符号	说明
2	载荷方向 2
(1)	预紧滚珠螺母 1
(2)	预紧滚珠螺母 2

5 轴向额定载荷

5.1 轴向额定静载荷 C_{0a}

轴向额定静载荷的计算公式如下：

$$C_{0a}=k_0\cdot z_1\cdot i\cdot \sin\alpha\cdot D_w^2\cdot\cos\varphi \qquad (1)$$

$$z_1=\left(\frac{D_{pw}\cdot\pi}{\cos\varphi\cdot D_w}-z_u\right)(\text{取整}) \qquad (2)$$

$$\varphi=\arctan\left(\frac{P_h}{\pi\cdot D_{pw}}\right) \qquad (3)$$

$$k_0=\frac{27.74}{D_w\cdot\sqrt{(\rho_{11}+\rho_{12})\cdot(\rho_{21}+\rho_{22})}} \qquad (4)$$

$$\rho_{11}=\rho_{21}=\frac{2}{D_w} \qquad (5)$$

$$\rho_{12}=\frac{-1}{f_{rs}\cdot D_w} \qquad (6)$$

$$\rho_{22}=\frac{\cos\alpha}{\frac{D_{pw}}{2}-\cos\alpha\cdot\frac{D_w}{2}} \qquad (7)$$

注：轴向额定静载荷 C_{0a} 是使滚珠与滚道区承受最大接触应力处产生不大于 0.000 1×D_w 滚珠直径的永久变形量的情况下，所允许的最大静载荷。

5.2 轴向额定动载荷 C_a

在载荷配置最佳情况下（滚珠丝杠承受的载荷方向平行于螺母承受的载荷方向），轴向额定动载荷可由下式得到：

$$C_a=C_i\cdot i^{0.86} \qquad (8)$$

式中

$$C_i=C_s\cdot\left[1+\left(\frac{C_s}{C_n}\right)^{10/3}\right]^{-0.3} \qquad (9)$$

其中

$$C_s=f_c\cdot(\cos\alpha)^{0.86}\cdot z_1^{2/3}\cdot D_w^{1.8}\cdot\tan\alpha\cdot(\cos\varphi)^{1.3} \qquad (10)$$

$$f_c=9.32\times f_1\cdot f_2\cdot\left[\frac{1}{1-\frac{1}{2\times f_{rs}}}\right]^{0.41} \qquad (11)$$

$$f_1=10\times\left(1-\frac{\sin\alpha}{3}\right) \qquad (12)$$

$$f_2=\frac{\gamma^{0.3}\cdot(1-\gamma)^{1.39}}{(1+\gamma)^{1/3}} \qquad (13)$$

$$\gamma=\frac{D_w}{D_{pw}}\cdot\cos\alpha \qquad (14)$$

$$\frac{C_s}{C_n} = f_3 \cdot \left(\frac{2 - \frac{1}{f_{rn}}}{2 - \frac{1}{f_{rs}}} \right)^{0.41} \qquad \cdots\cdots (15)$$

$$f_{rn} = \frac{r_n}{D_w} \qquad \cdots\cdots (16)$$

$$f_{rs} = \frac{r_s}{D_w} \qquad \cdots\cdots (17)$$

$$f_3 = \left(\frac{1-\gamma}{1+\gamma} \right)^{1.723} \qquad \cdots\cdots (18)$$

z_1见等式(2)。

6 修正的轴向额定载荷

6.1 修正的轴向额定静载荷 C_{0am}

6.1.1 通用公式

$$C_{0am} = C_{0a} \cdot f_{h0} \cdot f_{ac} \qquad \cdots\cdots (19)$$

6.1.2 轴向额定静载荷的表面硬度修正系数 f_{h0}

表面硬度的偏差应用下式进行修正

$$f_{h0} = \left(\frac{\text{实际硬度值 HV10}}{654\text{HV10}} \right)^3 \leqslant 1 \qquad \cdots\cdots (20)$$

注：f_{h0}仅适用于轴承钢或其他类似的合金钢。

6.1.3 精度系数 f_{ac}(见表 1)

表 1 精度系数 f_{ac}(参考数据)

精度等级	1～5	7	10
f_{ac}	1	0.9	0.7

6.2 修正的轴向额定动载荷 C_{am}

6.2.1 通用公式

$$C_{am} = C_a \cdot f_h \cdot f_{ac} \cdot f_m \qquad \cdots\cdots (21)$$

6.2.2 轴向额定动载荷的表面硬度修正系数 f_h

$$f_h = \left(\frac{\text{实际硬度值 HV10}}{654\text{HV10}} \right)^2 \leqslant 1 \qquad \cdots\cdots (22)$$

注：f_h仅适用于轴承钢或其他类似的合金钢。

6.2.3 精度系数 f_{ac}

轴向额定动载荷的精度系数与轴向额定静载荷的精度系数相同,见表 1。

6.2.4 材料冶炼方法系数 f_m(见表 2)

如果采用其他气体冶炼的钢,滚珠丝杠副的供应商应在数据表中注明钢的冶炼方法。

表 2 材料冶炼方法系数 f_m

轴承钢	f_m
空气熔炼	1.0
真空脱气	1.25
电渣重熔	1.44
真空再熔	1.71

7 寿命

7.1 当量转速 n_m 和当量轴向载荷 F_m

7.1.1 概述

如果转速和轴向载荷是变化的，寿命计算中应采用当量转速 n_m 和当量轴向载荷 F_m：

——转速变化时的当量转速 n_m（见图 1）：

$$n_m = \sum_{j=1}^{n} \frac{q_j}{100} \cdot n_j \quad \cdots\cdots (23)$$

——轴向载荷和转速都变化时的当量轴向载荷 F_m（见图 2）：

$$F_m = \sqrt[3]{\sum_{j=1}^{n} F_j^3 \cdot \frac{n_j}{n_m} \cdot \frac{q_j}{100}} \quad \cdots\cdots (24)$$

——轴向载荷变化而转速一定时当量轴向载荷 F_m（见图 2）：

$$F_m = \sqrt[3]{\sum_{j=1}^{n} F_j^3 \cdot \frac{q_j}{100}} \quad \cdots\cdots (25)$$

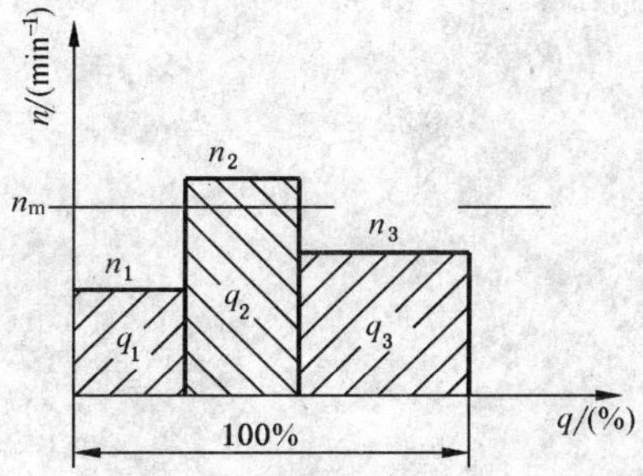

图 1 当量转速 n_m

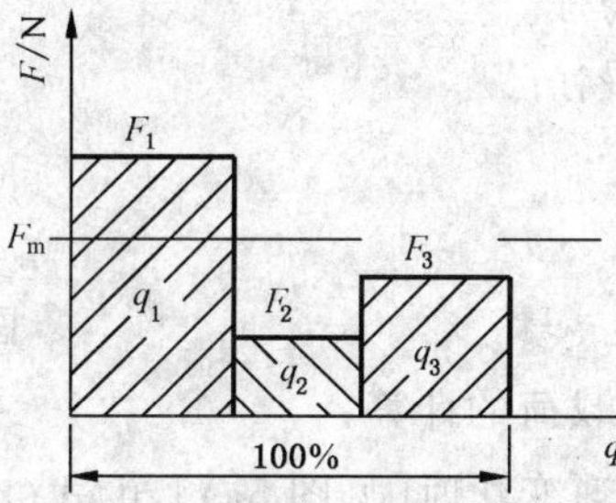

图 2 当量轴向载荷 F_m

7.1.2 滚珠丝杠和滚珠螺母之间存在间隙的滚珠丝杠副

7.1.2.1 施加单向外加轴向载荷（见图 3）

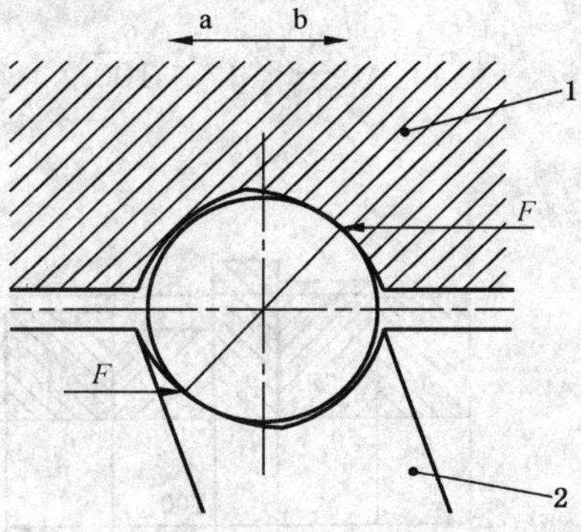

1——滚珠螺母；

2——滚珠丝杠；

a——向前；

b——向后。

图 3 单向轴向载荷

当量轴向载荷的计算：

——当转速变化时，用式(23)和式(24)；

——当转速一定时，用式(25)。

7.1.2.2 施加双向外加轴向载荷(见图 4)

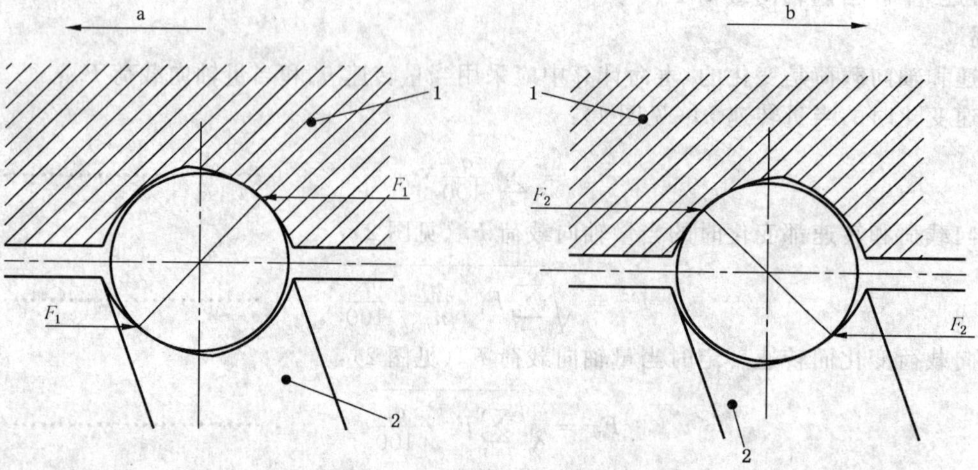

1——滚珠螺母；

2——滚珠丝杠；

a——向前；

b——向后。

图 4 双向轴向载荷

当量轴向载荷的计算：

——当转速变化时[见图 5a)]，由式(23)得：

$$F_{m1,2}=\sqrt[3]{\sum_{j=1}^{n}F_{1,2j}^{3}\cdot\frac{n_j}{n_m}\cdot\frac{q_j}{100}} \quad \cdots\cdots(26)$$

——当转速一定时[见图 5b)]

$$F_{m1,2}=\sqrt[3]{\sum_{j=1}^{n}F_{1,2j}^{3}\cdot\frac{q_j}{100}} \quad \cdots\cdots(27)$$

a) 速度变化

b) 双向轴向载荷

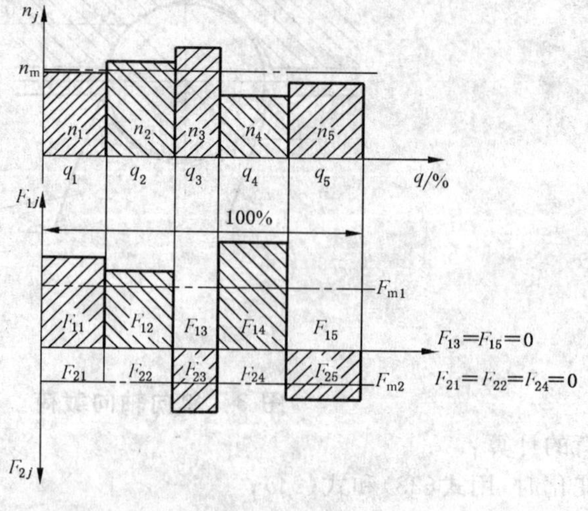

图 5 当量轴向载荷的计算

7.1.3 在滚珠螺母与滚珠丝杠之间施加预加载荷的滚珠丝杠副(见图6)

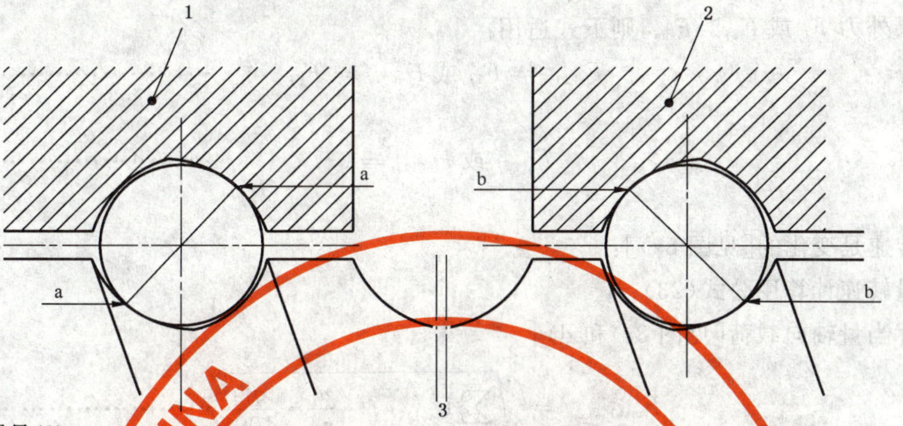

1——滚珠螺母(1);
2——滚珠螺母(2);
3——滚珠丝杠。
a——$F_{a(1)j}$;
b——$F_{a(2)j}$。

图6 预载滚珠丝杠副

当外加轴向载荷作用在预载滚珠丝杠副上时,一个滚珠螺母受力就增加,另一个滚珠螺母受力减少(见图7)。

1——滚珠螺母(1);
2——滚珠螺母(2)。

图7 预载示图

$$F_{\lim} = 2^{3/2} \times F_{pr} \quad \cdots\cdots (28)$$

由于外加轴向载荷[见图8b)]的作用,预载滚珠螺母(1)或(2)分别受到不同的附加力。它们承受的实际轴向载荷为:

——如果外力 F_{1j} 或 $F_{2j} \leqslant F_{\lim}$,则下式适用:

$$F_{a(1),(2)j} = f_{op} \cdot F_{pr} \cdot \left(1 + \frac{F_{1,2j}}{2^{3/2} \cdot f_{op} \cdot F_{pr}}\right)^{3/2} \quad f_{op} = 0.6(\text{参考值}) \quad \cdots\cdots (29)$$

注:实际上由于滚珠丝杠副的预载会在使用过程中减少,将平均运行预载值设为初始预载值的60%。

$$F_{a(2),(1)j} = F_{a(1),(2)j} - F_{1,2j} \qquad (30)$$

——如果外力 F_{1j} 或 $F_{2j} > F_{\lim}$，则下式适用：

$$F_{a(1)j} = F_{1j} \text{ 或 } F_{a(2)j} = F_{2j} \qquad (31)$$

且

$$F_{a(2)j} \text{ 或 } F_{a(1)j} = 0 \qquad (32)$$

计算时：

a) 当转速是变化的[见图 8a)]：

——当量转速计算用公式(23)；

——实际当量轴向载荷[见图 8c)和 d)]

$$F_{ma(1),(2)} = \sqrt[3]{\sum_{j=1}^{n} F^3_{a(1),(2)j} \cdot \frac{n_j}{n_m} \cdot \frac{q_j}{100}} \qquad (33)$$

b) 当转速是不变的：

$$F_{ma(1),(2)} = \sqrt[3]{\sum_{j=1}^{n} F^3_{a(1),(2)j} \cdot \frac{q_j}{100}} \qquad (34)$$

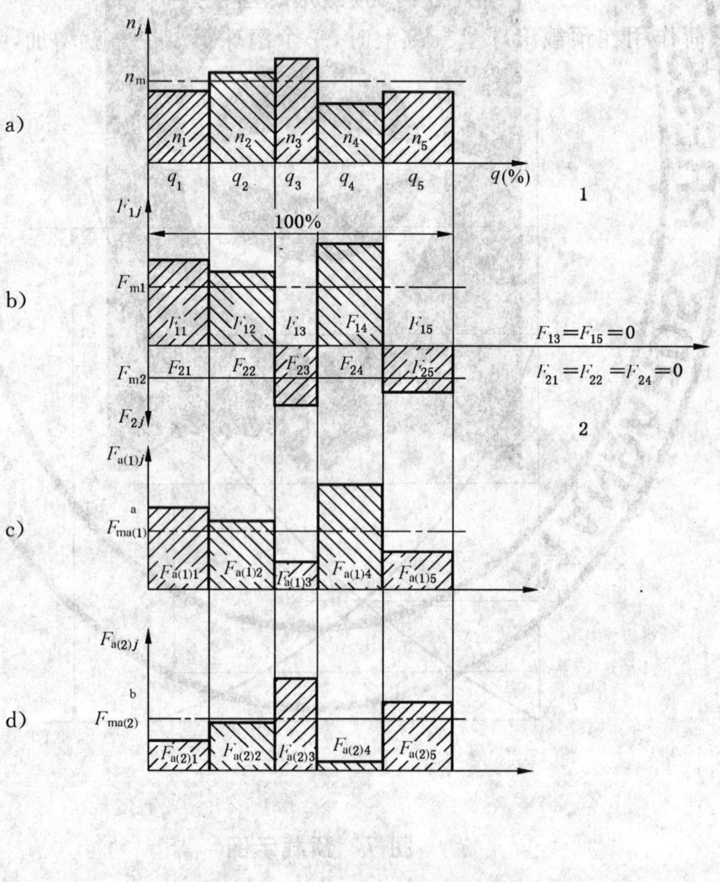

a) 转速变化图；b)～d) 轴向载荷变化图。

1——载荷方向 1 时载荷螺母(1)；

2——载荷方向 2 时载荷螺母(2)。

[a] 对螺母(1)由预载引起的最终载荷；

[b] 对螺母(2)由预载引起的最终载荷。

图 8　实际和当量实际轴向载荷

7.2 额定寿命 L 或 L_h

7.2.1 滚珠螺母和滚珠丝杠之间存在间隙的滚珠丝杠副

7.2.1.1 施加单向轴向载荷

寿命(以转数计):

$$L = \left(\frac{C_a}{F_m}\right)^3 \times 10^6 \qquad \cdots\cdots(35.1)$$

寿命(以小时计):

$$L_h = \frac{L}{60 \times n_m} \qquad \cdots\cdots(36.1)$$

7.2.1.2 施加双向轴向载荷

寿命(以转数计):

$$L_{1,2} = \left(\frac{C_a}{F_{m1,2}}\right)^3 \times 10^6 \qquad \cdots\cdots(37.1)$$

7.2.2 滚珠螺母和滚珠丝杠之间施加预加载荷的滚珠丝杠副

寿命(以转数计):

$$L_{1,2} = \left(\frac{C_a}{F_{ma(1)(2)}}\right)^3 \times 10^6 \qquad \cdots\cdots(38.1)$$

7.2.3 最终寿命 L_r

存在间隙的双向轴向受力的滚珠丝杠副或有预加载荷的滚珠丝杠副,最终寿命计算如下:

$$L_r = (L_1^{-10/9} + L_2^{-10/9})^{-9/10} \qquad \cdots\cdots(39.1)$$

以小时计,见等式(36.1)

7.2.4 考虑可靠性系数 f_{ar} 的额定寿命 L_{ar} 或 L_{har}(见表 3)

额定寿命 L_{ar}(以转数计):

$$L_{ar} = L \cdot f_{ar} \qquad \cdots\cdots(40.1)$$

或

$$L_{ar} = L_r \cdot f_{ar} \qquad \cdots\cdots(41.1)$$

额定寿命 L_{har}(以小时计):

$$L_{har} = L_h \cdot f_{ar} \qquad \cdots\cdots(42.1)$$

表 3 可靠性系数 f_{ar}

可靠度[%]	f_{ar}
90	1
95	0.62
96	0.53
97	0.44
98	0.33
99	0.21

注:还需考虑的其他减少寿命的因素,如冲击负载,振动,温度,润滑,滚珠丝杠副安装校正不当等。

7.3 修正的寿命 L_m 或 L_{hm}

7.3.1 滚珠螺母和滚珠丝杠之间存在间隙的滚珠丝杠副

7.3.1.1 施加单向外加轴向载荷

修正的寿命(以转数计)

$$L_m = \left(\frac{C_{am}}{F_m}\right)^3 \times 10^6 \qquad \cdots\cdots(35.2)$$

修正的寿命(以小时计)：

$$L_{hm}=\frac{L}{60\times n_m} \qquad (36.2)$$

7.3.1.2 **施加双向外加轴向载荷**

修正的寿命(以小时计)：

$$L_{m1,2}=\left(\frac{C_{am}}{F_{m1,2}}\right)^3\times10^6 \qquad (37.2)$$

7.3.2 **滚珠螺母和滚珠丝杠之间受预载的滚珠丝杠副**

修正的寿命(以小时计)：

$$L_{m1,2}=\left(\frac{C_{am}}{F_{ma(1),(2)}}\right)^3\times10^6 \qquad (38.2)$$

7.3.3 **修正的最终寿命** L_{mr}

存在间隙的双向轴向受力的滚珠丝杠副或预载滚珠丝杠副，修正的最终寿命计算如下：

$$L_{mr}=(L_{m1}^{-10/9}+L_{m2}^{-10/9})^{-9/10} \qquad (39.2)$$

以小时计，见等式(36.2)

7.3.4 **考虑可靠性系数后的最终寿命** L_{mar} **或** L_{hmar}

考虑可靠性系数后的最终寿命 L_{mar}(以转数计)

$$L_{mar}=L_m\cdot f_{ar} \qquad (40.2)$$

考虑可靠性系数后修正的最终寿命(以转数计)

$$L_{mar}=L_{mr}\cdot f_{ar} \qquad (41.2)$$

考虑可靠性系数后的最终寿命 L_{hmar}(以小时计)

$$L_{hmar}=L_{hm}\cdot f_{ar} \qquad (42.2)$$

ICS 55.140
A 82

中华人民共和国国家标准

GB/T 17590—2008
代替 GB/T 17590—1998

铝易开盖三片罐

Three-piece can with aluminum easy open end

2008-07-18 发布　　　　2009-01-01 实施

中华人民共和国国家质量监督检验检疫总局
中国国家标准化管理委员会　发布

前　言

本标准代替 GB/T 17590—1998《易开盖三片罐》。

本标准与 GB/T 17590—1998《易开盖三片罐》相比，主要变化如下：

——明确适用范围为罐装非充气饮料；

——删除镀锡(铬)薄钢板易开盖的相关内容；

——对引用文件进行更新调整；

——增加铝易开盖三片罐、缩颈罐、直身罐、粉末补涂罐、液体补涂罐的定义，取消焊缝补涂罐的定义；

——罐体增加按补涂形式和喷涂方式的分类；

——增加 3 个罐体规格和 1 个铝易开盖规格，并规定了主要尺寸和偏差要求；

——对铝易开盖启破力和全开力的下限值稍有调整；

——印刷质量要求执行 QB/T 1877 的规定；

——删除内外涂膜性能中有关涂膜量的相关内容；内外涂膜的固化性能的试验温度按杀菌工艺要求确定，常压杀菌 100 ℃、高压杀菌 121 ℃；

——铝易开盖、底盖的密封胶干膜质量要求按密封胶干胶密度为 1.3 mg/mm^3 进行调整；

——铝易开盖、底盖耐压强度和密封性能要求压强试验值提高到 180 kPa；

——增加卫生要求；

——规定了开启可靠性的试验条件。

本标准由中国包装联合会提出。

本标准由全国包装标准化技术委员会归口。

本标准由全国包装标准化技术委员会金属容器分技术委员会(SAC/TC 49/SC 8)组织起草。

本标准起草单位：杭州中粮包装有限公司、国家包装产品质量监督检验中心(广州)、三水健力宝富特容器有限公司、北京奥瑞金新美制罐有限公司、柏华容器有限公司、广容包装有限公司、河北嘉美印铁制罐有限公司、义乌市易开盖实业公司、中国包装联合会。

本标准主要起草人：朱丽萍、冯慧、周锦昌、蔡健森、卢明、张作全、谭兆俊、陈拥军、范志龙、王小华。

本标准所代替标准的历次版本发布情况为：

——GB/T 17590—1998。

铝易开盖三片罐

1 范围

本标准规定了铝易开盖三片罐的要求、试验方法、检验规则及标志、包装、运输、贮存。

本标准适用于以镀锡(铬)薄钢板、铝合金薄板为原材料用以灌装非充气饮料,经密封杀菌后达到商业无菌要求的铝易开盖三片罐的制造、使用、流通和监督检验。其他类似产品可参照执行。

2 规范性引用文件

下列文件中的条款通过本标准的引用而成为本标准的条款。凡是注日期的引用文件,其随后所有的修改单(不包括勘误的内容)或修订版均不适用于本标准,然而,鼓励根据本标准达成协议的各方研究是否可使用这些文件的最新版本。凡是不注日期的引用文件,其最新版本适用于本标准。

GB/T 191 包装储运图示标志(GB/T 191—2008,ISO 780:1997,MOD)

GB/T 2520 冷轧电镀锡薄钢板(GB/T 2520—2000,eqv ISO 11949:1995)

GB/T 2828.1 计数抽样检验程序 第1部分:按接收质量限(AQL)检索的逐批检验抽样计划(GB/T 2828.1—2003,ISO 2859-1:1999,IDT)

GB 4805 食品罐头内壁环氧酚醛涂料卫生标准

GB 4806.1 食品用橡胶制品卫生标准

GB/T 13040 包装术语 金属容器

GB/T 14251 镀锡薄钢板圆形罐头容器技术条件

QB/T 1877 包装装潢镀锡(铬)薄钢板印刷品

QB/T 2763 涂覆镀锡(或铬)薄钢板

3 术语、定义和符号

3.1 术语和定义

GB/T 13040 确立的以及下列术语和定义适用于本标准。

3.1.1

铝易开盖三片罐 three-piece can with aluminum easy open end

分别将铝易开盖、底盖和罐体卷封而成的金属罐。

3.1.2

缩颈罐 necked-in can

罐体横截面有一端或两端缩小的罐。

3.1.3

直身罐 straight-body can

罐体从顶部到底部横截面恒定,局部的滚筋可忽略不计。

3.1.4

液体补涂罐 liquid striped can

对罐体焊缝内侧采用液体涂料进行补涂的罐。

3.1.5

粉末补涂罐 powder striped can

对罐体焊缝内侧采用粉末涂料进行补涂的罐。

3.1.6

全喷涂罐 sprayed can

对补涂罐内壁进行全喷涂的罐。

3.1.7

飞溅点 splash point

移动焊接时，焊温过高，使焊点中心温度达到或超过铁的熔点，熔融金属被挤压抛出的形成物。俗称毛刺。

3.1.8

冷焊 cold welding

焊温过低时，被焊两薄钢板未能达到塑熔(仅锡被熔融)状态的焊接。俗称假焊或虚焊。

3.1.9

孔洞 pin hole

焊接时，热熔的镀锡薄钢板因冷却速度较镀锡薄钢板收缩为慢，而形成的穿透性孔隙。

3.1.10

击穿 puncture

焊缝中个别焊点，由于焊接电流突然过大(如因残留涂膜等引起)，而使该点被熔化穿孔。

3.1.11

漏焊 miss-welding

焊缝中一个或一个以上焊点无电流通过。

3.1.12

补涂带 stripe

以辊涂、喷涂、流涂或静电喷涂方式，在焊缝及其两侧覆盖的防蚀涂层。

3.1.13

内涂膜完整性 enamel rate

以缺陷电流表示。因原材料及加工工艺不当，导致内涂膜表面出现不应有的微孔而引起的电流。

3.2 符号

3.2.1 罐体

D——罐体内径；

d——罐颈内径；

H——罐体高度；

B——翻边宽度。

3.2.2 易开盖、底盖

D_1——钩边外径；

b——钩边开度；

c——埋头度；

h——钩边高度。

4 分类

4.1 罐体

4.1.1 按罐型分为缩颈罐和直身罐，见图1、图2。

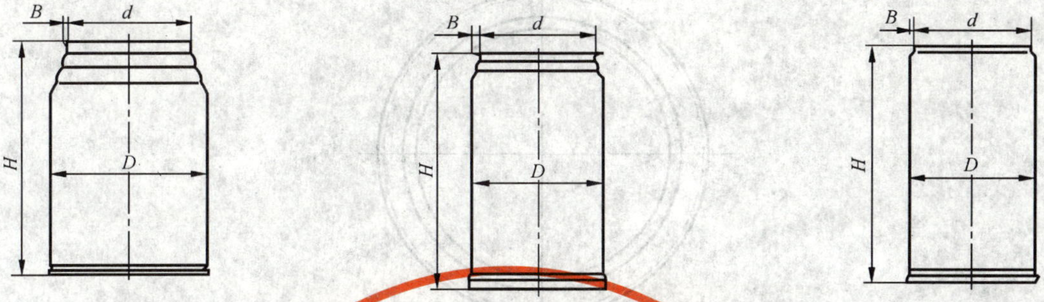

a) 三缩颈罐　　　b) 二缩颈罐　　　c) 单缩颈罐

图 1　缩颈罐

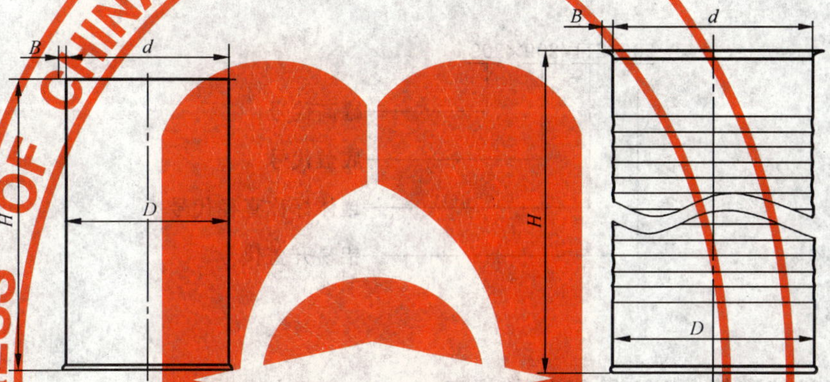

a) 无滚筋罐　　　b) 滚筋罐

图 2　直身罐

4.1.2　按罐体结构分为封铝易开盖罐和封底盖罐。

4.1.3　按罐体的补涂形式分为液体补涂罐、粉末补涂罐。

4.1.4　按罐体的喷涂方式分为全喷涂罐和非全喷涂罐。

4.2　铝易开盖

按结构分为拉环式、留片式和全开式易开盖，见图 3。

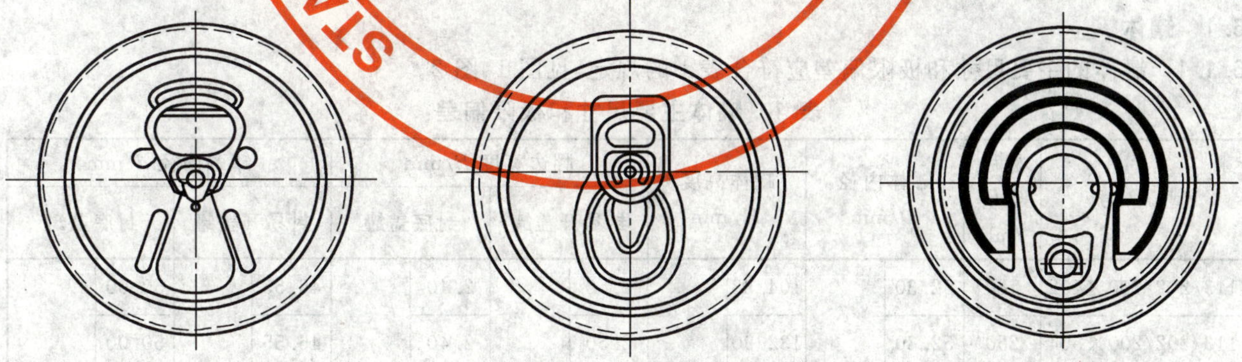

a) 拉环式　　　b) 留片式　　　c) 全开式

图 3　易开盖

4.3　底盖

按材料分为镀锡(铬)薄钢板和铝合金薄板底盖，见图 4。

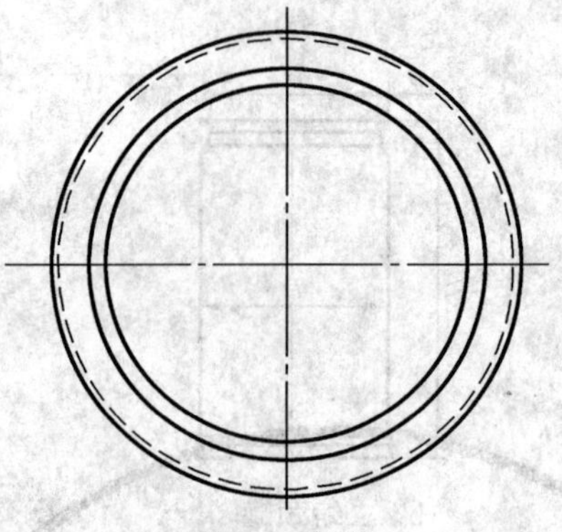

图 4　底盖

4.4　铝易开盖三片罐型号

示例：

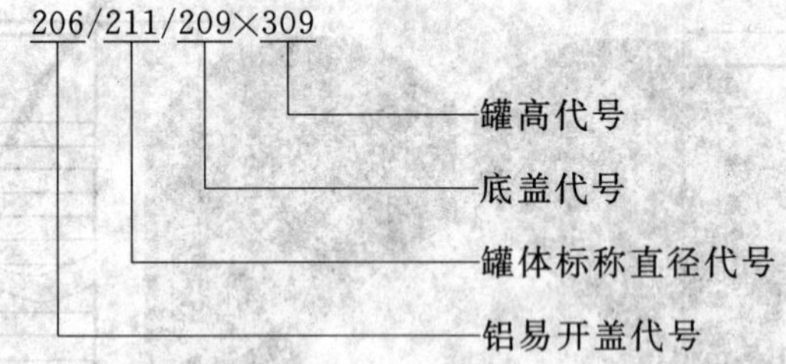

5　材料

5.1　镀锡薄钢板性能应符合 GB/T 2520 的规定。

5.2　镀铬薄钢板的镀铬层，最小平均金属铬层质量为 30 mg/m²，水合氧化铬层为 5 mg/m²；其外观质量参照 GB/T 2520 的规定。

5.3　涂覆镀锡(或铬)薄钢板的附着力、抗冲击性应符合 QB/T 2763 的规定。

5.4　铝合金薄板应采用有适当抗拉强度、屈服强度、延伸率及厚度的铝镁合金薄板。

5.5　密封胶应符合 GB 4806.1 的规定，并应适合相应内容物特性。

5.6　环氧酚醛型涂料应符合 GB 4805 规定。其他内涂膜应符合国家相关的食品卫生要求。

6　要求

6.1　罐体

6.1.1　罐体的主要尺寸和极限偏差应符合表 1 的规定，见图 1、图 2。

表 1　罐体主要尺寸和极限偏差

型号	标称容量/mL	罐体内径 D/mm		罐体高度 H/mm		翻边宽度 B/mm				罐颈内径 d/mm			
						封易开盖罐		封底盖罐		封易开盖罐		封底盖罐	
113/202/200×402	180	52.30		104.33		2.50		2.40		46.55		50.00	
113/202/200×504	250	52.30		132.90		2.50		2.40		46.55		50.00	
200/202/200×402	180	52.30	±0.15	104.33	±0.30	2.50	±0.20	2.50	±0.20	50.00	±0.15	50.00	±0.15
200/202/200×504	250	52.30		132.90		2.50		2.50		50.00		50.00	
202/202/202×504	250	52.30		132.90		2.50		2.50		52.30		52.30	
206/211/209×214	180	65.30		73.45		2.65		2.30		62.50		57.10	

<table>
<caption>表 1（续）</caption>
<tr><th rowspan="2">型　号</th><th rowspan="2">标称容量/mL</th><th rowspan="2" colspan="2">罐体内径 D/mm</th><th rowspan="2" colspan="2">罐体高度 H/mm</th><th colspan="4">翻边宽度 B/mm</th><th colspan="4">罐颈内径 d/mm</th></tr>
<tr><th colspan="2">封易开盖罐</th><th colspan="2">封底盖罐</th><th colspan="2">封易开盖罐</th><th colspan="2">封底盖罐</th></tr>
<tr><td>206/211/209×309</td><td>275</td><td>65.30</td><td rowspan="6">±0.15</td><td>91.50</td><td rowspan="6">±0.30</td><td>2.65</td><td rowspan="6">±0.20</td><td>2.30</td><td rowspan="6">±0.20</td><td>62.50</td><td rowspan="6">±0.15</td><td>57.10</td><td rowspan="6">±0.15</td></tr>
<tr><td>206/211/209×408</td><td>310</td><td>65.30</td><td>113.60</td><td>2.65</td><td>2.30</td><td>62.50</td><td>57.10</td></tr>
<tr><td>206/211/209×413</td><td>355</td><td>65.30</td><td>121.95</td><td>2.65</td><td>2.30</td><td>62.50</td><td>57.10</td></tr>
<tr><td>209/211/209×309</td><td>275</td><td>65.30</td><td>91.50</td><td>2.65</td><td>2.65</td><td>62.50</td><td>62.50</td></tr>
<tr><td>209/211/209×413</td><td>355</td><td>65.30</td><td>121.95</td><td>2.65</td><td>2.65</td><td>62.50</td><td>62.50</td></tr>
<tr><td>209/211/209×508</td><td>420</td><td>65.30</td><td>140.00</td><td>2.65</td><td>2.65</td><td>62.50</td><td>62.50</td></tr>
<tr><td colspan="14">注：规格尺寸可由供需双方协商确定。</td></tr>
</table>

6.1.2　二重卷边封口结构应符合表 2 的要求。

表 2　二重卷边封口结构

项　目	封铝合金薄板易开盖或底盖的罐	封镀锡(铬)薄钢板底盖的罐
迭接长度/mm	≥0.76	≥1.00
紧密度/%	≥60	≥50
迭接率/%	≥50	

6.1.3　罐体外观质量

6.1.3.1　罐体应翻边完整、无变形，无明显伤蚀、无污染、无异味。

6.1.3.2　二重卷边封口光滑均匀，卷边部位不得有快口、假卷和大塌边，也不应有卷边不完全、卷边牙齿、铁舌、跳封、卷边碎裂、填料挤出、锐边、垂唇、双线等缺陷。

6.1.3.3　焊缝平整光滑，不得有冷焊、孔洞，焊缝内侧不应有飞溅点，焊缝端部拖尾和错位之和不大于 0.5 mm，补涂完整。

6.1.3.4　印刷质量应符合 QB/T 1877 要求。

6.1.3.5　内外涂膜均匀光滑、完整、清洁。

6.1.4　罐体主要性能应符合表 3 的规定。

<table>
<caption>表 3　罐体主要性能</caption>
<tr><th colspan="3">项　目</th><th>性　能　指　标</th></tr>
<tr><td rowspan="2">内外涂膜性能</td><td colspan="2">内外涂膜固化</td><td>经 100 ℃或 121 ℃涂膜固化试验后，内涂膜无泛白、剥离、脱落，外涂膜无明显失光、剥离、脱落，印刷图案无明显褪色。</td></tr>
<tr><td colspan="2">内涂膜耐蚀性</td><td>根据内容物特性及杀菌工艺要求，罐体经 100 ℃或 121 ℃耐蚀试验后，其内涂膜无剥离、脱落和明显腐蚀。</td></tr>
<tr><td colspan="3">焊缝外补涂带完整性</td><td>经试验后应无线状腐蚀或密集腐蚀点。</td></tr>
<tr><td rowspan="3">内涂膜完整性/mA</td><td rowspan="2">非全喷涂罐</td><td>液体补涂罐</td><td>单个值≤50，平均值≤30。</td></tr>
<tr><td>粉末补涂罐</td><td>单个值≤30，平均值≤15。</td></tr>
<tr><td colspan="2">全喷涂罐</td><td>单个值≤15，平均值≤8。</td></tr>
<tr><td colspan="3">耐压强度</td><td>在 150 kPa（罐高大于 2 倍罐径时 180 kPa)气压下，保压 1 min，无永久变形。</td></tr>
<tr><td colspan="3">密封性</td><td>在 150 kPa（罐高大于 2 倍罐径时 180 kPa)气压下，保压 1 min，不允许泄漏。</td></tr>
</table>

6.1.5　相容性

用户应根据盛装内容物不同，对空罐进行产品相容性试验，并予以确认。

6.2 铝易开盖、底盖

6.2.1 铝易开盖、底盖的主要尺寸和极限偏差应符合表4、表5规定，见图5、图6。

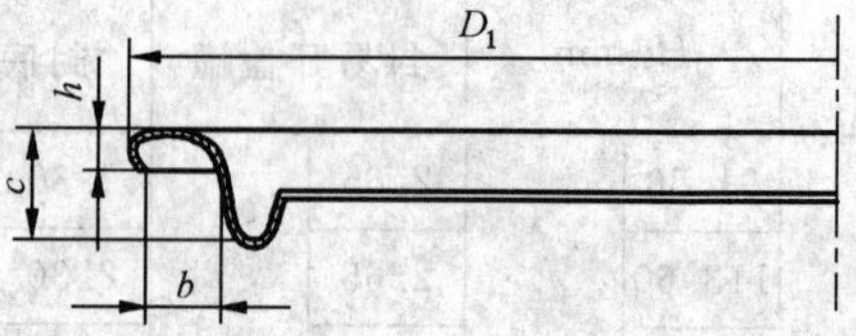

图5 铝易开盖主要尺寸示意

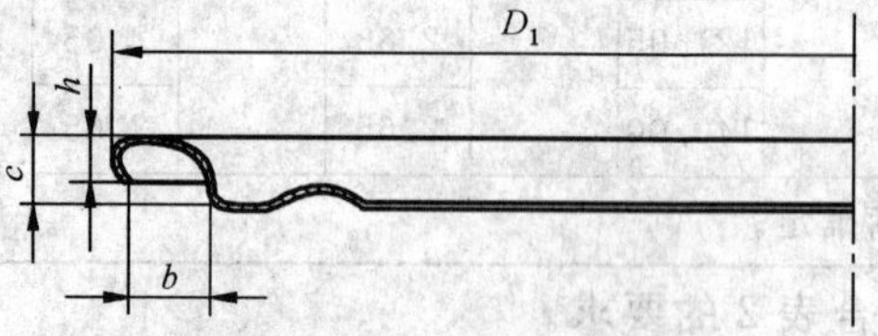

图6 底盖主要尺寸示意

表4 铝易开盖主要尺寸

代号		钩边外径 D_1/mm		钩边开度 b/mm	埋头度 c/mm		钩边高度 h/mm		50.80mm 盖的个数
拉环式	113	54.40	±0.25	≥2.50	5.40	±0.13	2.00	±0.20	24～27
	200	59.10		≥3.07	6.00		2.20		22～25
	202	61.24		≥3.07	6.00		2.20		22～25
	206	64.77		≥2.72	6.35		2.00		24～27
留片式	200	59.10		≥3.07	6.00		2.20		22～25
	206	64.77		≥2.72	6.40		2.00		22～27
全开式	209	72.14		≥3.07	4.80		2.00		24～27
注：规格尺寸可由供需双方协商确定。									

表5 底盖主要尺寸

代号	钩边外径 D_1/mm		钩边开度 b/mm	埋头度 c/mm	钩边高度 h/Mm	50.80mm 盖的个数
200	59.20	±0.20	≥3.07	3.10±0.13	2.00±0.20	24～27
202	61.50					
209	72.10					
注：规格尺寸可由供需双方协商确定。						

6.2.2 铝易开盖、底盖外观质量

6.2.2.1 结构应完整无缺，钩边不得有明显皱折及变形。

6.2.2.2 盖应清洁，内外涂膜完整。

6.2.2.3 密封胶完整，均匀。

6.2.3 铝易开盖、底盖主要性能应符合表6的规定。

表 6 铝易开盖、底盖主要性能

项目		铝易开盖					底盖		
		113	200	202	206	209 全开式	200	202	209
密封胶干膜质量/mg		30～55				40～65	30～55		40～65
启破力/N	拉环式	6.7～15				10～20	—		
	留片式	6.7～20							
全开力/N	拉环式	15～40				25～45	—		
	留片式	15～30							
开启可靠性		开启时拉环(片)不脱落并完全开启。					—		
内外涂膜性能	内外涂膜固化	经 100 ℃或 121 ℃涂膜固化试验后，内涂膜无泛白、剥离、脱落，外涂膜无明显失光、剥离、脱落，印刷图案无明显褪色。							
	内涂膜耐蚀性	根据内容物特性及杀菌工艺要求，盖经 100 ℃或 121 ℃耐蚀试验后，其内涂膜无剥离、脱落和明显腐蚀。							
内涂膜完整性/mA		单个值≤15，平均值≤8。							
耐压强度		在 180 kPa 气压下保压 1 min，无永久变形。							
密封性		在 180 kPa 气压下保压 1 min，不允许泄漏。							
注：本表采用的密封胶干胶密度为 1.3 mg/mm³。									

6.3 卫生要求

铝易开盖三片罐应符合国家相关食品卫生要求。

7 试验方法

7.1 外观质量检查

目视检查。

7.2 主要尺寸测量

罐体、易开盖、底盖主要尺寸，用专用或通用量具测量。量具的最小读数值不大于 0.01 mm。

7.3 二重卷边封口结构测量

迭接长度、迭接率、紧密度的测量按 GB/T 14251 规定进行。

7.4 内外涂膜质量检验

7.4.1 内外涂膜固化试验

7.4.1.1 内涂膜固化试验

根据杀菌要求将罐体或盖整体放入惰性容器中，加入蒸馏水浸没试样并密封，加温至 100 ℃或 121 ℃，恒温 30 min 后取出，冷却干燥后目视检查。

7.4.1.2 外涂膜固化试验

根据杀菌要求将罐体或盖整体放入蒸煮锅中，加入蒸馏水浸没试样，加温至 100 ℃或 121 ℃，恒温 30 min 后取出，冷却干燥后目视检查。

7.4.2 内涂膜耐蚀试验

根据内容物的特性及杀菌要求，将罐体或盖浸没于盛有表 7 所列相应试验溶液的惰性容器中并密封，按其中之一条件进行试验，经试验后，立即冷却、清水洗净干燥，目视检查。

表 7 内涂膜耐蚀试验

内容物特性	试验溶液	试验条件
采用常压杀菌的酸性内容物	2%(质量浓度)柠檬酸($C_6H_8O_7 \cdot H_2O$)溶液	100 ℃,30 min
采用高压杀菌的含蛋白质内容物	0.05%(质量浓度)硫化钠($Na_2S \cdot 9H_2O$)溶液以 3%(体积分数)乙酸调整 pH 值至 6.0	121 ℃,30 min
采用高压杀菌的低酸或其他内容物	2%(质量浓度)柠檬酸($C_6H_8O_7 \cdot H_2O$)溶液	121 ℃,30 min
注:试验溶液采用分析纯试剂、蒸馏水配制。		

7.5 外补涂带完整性试验

将焊缝外补涂带浸入 20%(质量浓度)硫酸铜($CuSO_4 \cdot 5\ H_2O$)和 10%(体积分数)盐酸的混合溶液中,1 min 后取出试样,清水冲净、干燥后,目视检查。

7.6 内涂膜完整性试验

7.6.1 仪器和电解液

7.6.1.1 内涂膜完整性测试仪:直流电压 6.3 V,最小读数值不大于 0.1 mA。

7.6.1.2 电解液:2%(质量浓度)硫酸钠溶液,1%(质量浓度)氯化钠溶液。

注:试验溶液采用分析纯试剂、蒸馏水配制。

7.6.2 罐体内涂膜完整性试验

使用内涂膜完整性测试仪,罐体接正极,在罐内加 2%(质量浓度)硫酸钠溶液,液面距罐口 3 mm,插入不锈钢棒接负极,读取第 4 秒的内涂膜缺陷电流值。

7.6.3 易开盖、底盖内涂膜完整性试验

7.6.3.1 铝合金薄板易开盖和底盖:使用内涂膜完整性测试仪,用 1%(质量浓度)氯化钠溶液进行测试,读取第 4 秒的内涂膜缺陷电流值。

7.6.3.2 镀锡(铬)薄钢板底盖:使用内涂膜完整性测试仪,用 2%(质量浓度)的硫酸钠溶液进行测试,读取第 4 秒的内涂膜缺陷电流值。

7.7 罐体耐压试验

将罐体浸入水中,罐内充入压缩空气缓慢升压至规定值(表压),保压 1 min,卸压后观察罐体有无永久变形。

7.8 罐体密封性试验

在进行 7.7 试验时,观察罐体有无泄漏现象。

7.9 密封胶干膜质量检测

使用感量为 0.001 g 的天平,对已注胶的盖称量为 W_1,除去密封胶,烘干后称量为 W_2,密封胶干膜质量(W)等于 W_1 减去 W_2。

7.10 铝易开盖启破力、全开力试验

使用读数值不大于 1 N 的启破力、全开力测试仪对盖进行检测,读取拉环开启瞬间和拉环完全脱离时的最大值。

7.11 铝易开盖开启可靠性试验

经 200 ℃、5 min 烘烤,冷却后,用手或简单工具开启铝易开盖。

7.12 铝易开盖及底盖耐压试验

使用读数值不大于 10 kPa 的盖耐压强度测试仪,对盖缓慢升压至 180 kPa(表压),保压 1 min,卸压后观察盖有无永久变形。

7.13 铝易开盖及底盖密封性试验

在进行 7.12 试验过程中,观察试样有无泄漏现象。

8 检验规则

8.1 同批交货的同品种、同规格的产品为同一检验批。

8.2 产品的检验分出厂检验和型式检验。产品交货时应进行出厂检验。

8.3 出厂检验项目为6.1、6.2,型式检验项目为第6章全部内容。产品有下列情况之一时应进行型式检验。

a) 新产品或老产品转产试制定型鉴定;

b) 当结构、材料、工艺改变,可能影响产品性能时;

c) 正常生产,每半年进行一次检验;

d) 长期停产后,恢复生产时;

e) 出厂检验结果与上次型式检验有较大差异时;

f) 国家质量监督机构提出进行型式检验的要求时。

8.4 铝易开盖、底盖和罐体的不合格分类见表8和表9。

表8 易开盖、底盖外观缺陷分类

名 称	不合格分类	缺 陷 内 容
易开盖、底盖	A类不合格	缺损,断胶,盖内侧明显油污、异物污染、金属暴露,涂膜剥离或脱落,钩边严重皱折,易开盖无拉环。
	B类不合格	密封胶污染、局部漏涂大于2 mm^2、钩边明显变形。
	C类不合格	内外涂膜划痕、擦伤但金属不暴露,钩边轻度皱折和变形,密封胶搭接不均匀,表面锈蚀。

表9 罐体外观缺陷分类

名 称	不合格分类	缺 陷 内 容
罐体	A类不合格	罐内明显油污、异物污染、金属暴露,冷焊、漏焊、孔洞、击穿、翻边裂口、二重卷边假卷、大塌边、快口。
	B类不合格	内涂膜及内补涂带明显气泡、焦黄,罐身凹痕最大不超过1 cm^2,且未导致内涂膜损伤,明显划痕,印刷图案倒置,内印色,卷边不完全、跳封、碎裂。
	C类不合格	印色与样板有轻微差别、印刷图案轻微错位,不暴露金属的小划痕,卷边溢胶,焊缝错位、拖尾超过0.5 mm,表面锈蚀。

8.5 抽样方案

8.5.1 内涂膜固化、耐蚀性按表10进行检验。

表10 内涂膜固化、耐蚀性检验抽样方案及判定

名 称	检验项目	不合格分类	批量范围	样本数	判定数组
铝易开盖、底盖、罐体	内涂膜固化	A类不合格	≥35 001	3	[0 1]
	耐蚀性				

8.5.2 其他出厂检验和型式检验项目按GB/T 2828.1中正常检验二次抽样方案进行检验,见表11和表12。

表 11 检查水平和接收质量限(AQL)

名 称	检验项目	批检查水平	不合格分类	接收质量限 AQL
易开盖、底盖	外观	S-4	A类不合格	0.65
			B类不合格	2.5
			C类不合格	4.0
	尺寸	S-3	C类不合格	4.0
	密封胶干膜质量	S-1	B类不合格	2.5
	内涂膜完整性	S-1	A类不合格	1.0
	启破力	S-1	B类不合格	2.5
	全开力	S-1	B类不合格	2.5
	开启可靠性	S-1	A类不合格	1.0
	耐压强度	S-1	A类不合格	1.0
	密封性	S-1	A类不合格	1.0
罐体	外观	S-4	A类不合格	0.65
			B类不合格	2.5
			C类不合格	4.0
	尺寸	S-3	C类不合格	4.0
	二重卷边结构	S-1	A类不合格	1.0
	内涂膜完整性	S-1	A类不合格	1.0
	焊缝补涂带完整性	S-1	A类不合格	1.0
	耐压强度	S-1	A类不合格	1.0
	密封性	S-1	A类不合格	1.0

表 12 正常检查二次抽样方案

检查水平	批量范围	接收质量限 AQL	样 本 数	判定数组 Ac	判定数组 Re
S-1	≥35 001	1.0	13	[0	1]
		2.5	5	[0	1]
S-3	35 001～500 000	4.0	20	1	3
			20	4	5
	≥500 001	4.0	32	2	5
			32	6	7
S-4	35 001～500 000	0.65	50	0	2
			50	1	2
		2.5	50	2	5
			50	6	7
		4.0	50	3	6
			50	9	10
	≥500 001	0.65	80	0	3
			80	3	4
		2.5	80	3	6
			80	9	10
		4.0	80	5	9
			80	12	13

9 标志、包装、运输与贮存

9.1 标志

9.1.1 罐体上应有生产厂家的标记。

9.1.2 出厂产品应有产品检验合格证，标志应符合 GB/T 191 的规定。合格证上应有生产厂名称、产品名称、产品规格、生产编号、生产日期、数量等。

9.2 包装

应满足集装或运输要求，包装材料应清洁，不允许有异味和污染等。

9.2.1 铝易开盖、底盖包装

9.2.1.1 用于铝易开盖、底盖的包装纸袋应呈中性。

9.2.1.2 铝易开盖、底盖装袋后用纸箱或托盘包装，用纸箱包装的要封闭箱口。用托盘包装的，外加捆扎带和塑料薄膜包封。

9.2.2 罐体包装

罐体采用托盘包装。其他包装形式由供需双方商定，层与层之间用呈中性的纸板隔开，外加捆扎和塑料薄膜包封。

9.3 运输

运输工具应清洁、干燥，不允许有异味、污染。装运时应避免雨淋、曝晒、受潮及损毁。

9.4 贮存

9.4.1 产品应贮存在通风、干燥、清洁的库房内，避免阳光直接照射。

9.4.2 在正常贮存条件下、产品自生产之日起保质期为 2 年。

ICS 81.080
Q 40

中华人民共和国国家标准

GB/T 17601—2008
代替 GB/T 17601—1998

耐火材料　耐硫酸侵蚀试验方法

Refractory products—Determination of resistance to sulfuric acid

(ISO 8890:1988,Dense shaped refractory products—
Determination of resistance to sulfuric acid,MOD)

2008-05-08 发布　　　　2008-11-01 实施

中华人民共和国国家质量监督检验检疫总局
中国国家标准化管理委员会　发布

前　言

本标准修改采用ISO 8890:1988《致密定形耐火制品耐硫酸侵蚀试验方法》(英文版)。本标准与ISO 8890:1988的有关技术性差异已在标准所涉及条款的页边空白处用垂直单线标识,主要修改内容如下:

——修改了标准名称;

——扩展了标准适用范围;

——将引用标准改为与ISO等效的我国标准;

——4.1 为方便使用,明确了粉碎设备,同时删除了6.3的注;

——4.5 短细颈圆底烧瓶改为三口短细颈圆底烧瓶;

——4.9 为方便使用,给出了玻璃砂芯坩埚的规格;

——7.6 将加入约500 mL水改为300 mL,真空抽滤改为自然过滤。

本标准代替GB/T 17061—1998《致密定形耐火制品耐硫酸侵蚀试验方法》,与其相比主要变化如下:

——修改了标准名称;

——扩展了标准适用范围;

——对标准的结构和格式进行了调整;

——将4.5中"短细颈圆底烧瓶"改为"三口短细颈圆底烧瓶";

——增加记录硫酸微沸保温期间的起始温度和结束温度,与ISO 8890:1988相一致。

本标准由全国耐火材料标准化技术委员会(SAC/TC 193)提出并归口。

本标准起草单位:洛阳耐火材料研究院、国家轻工业陶瓷耐火材料质量监督检测宜兴站。

本标准主要起草人:梁献雷、杨永良、彭俊英。

本标准所代替标准的历次版本发布情况为:

GB/T 17601—1998。

耐火材料　耐硫酸侵蚀试验方法

1　范围

本标准规定了耐火制品耐硫酸侵蚀试验方法。

本标准适用于耐火制品的耐硫酸侵蚀试验。其他形式的耐火材料耐硫酸侵蚀试验也可参照使用，其预处理方式应由相关方协商。

2　规范性引用文件

下列文件中的条款通过本标准的引用而成为本标准的条款。凡是注日期的引用文件，其随后所有的修改单(不包括勘误的内容)或修订版均不适用于本标准，然而，鼓励根据本标准达成协议的各方研究是否可使用这些文件的最新版本。凡是不注日期的引用文件，其最新版本适用于本标准。

GB/T 6005　试验筛　金属丝编织网、穿孔板和电成型薄板筛孔的基本尺寸(GB/T 6005—1997, eqv ISO 565:1990)

GB/T 8170　数值修约规则

GB/T 10325　定形耐火制品抽样验收规则

GB/T 17617　耐火原料和不定形耐火材料　取样(GB/T 17617—1998, neq ISO 8656-1:1988)

3　原理

按规定方法制备的试样，放入沸腾的质量分数 70% 的硫酸中侵蚀 6 h，然后测定质量损失量，以试样质量损失量与初始质量之比的百分数表示耐硫酸侵蚀率。

4　仪器和设备

4.1　刚玉质粉碎装置或其他合适的粉碎装置。

4.2　试验筛，符合 GB/T 6005 要求的 0.80 mm 筛。

4.3　试验筛，符合 GB/T 6005 要求的 0.63 mm 筛。

4.4　天平，感量 0.001 g。

4.5　三口短细颈圆底烧瓶，带磨口塞子，容量 500 mL。

4.6　螺旋冷凝管，长 250 mm。

4.7　水银温度计，长度约 110 mm，最高测量温度 300℃，测量精度±1℃。

4.8　沙浴或油浴器，恒温范围室温至 300℃。

4.9　玻璃砂芯坩埚，砂芯滤片平均滤孔 40 μm～80 μm，容量不小于 30 mL。

4.10　烘箱，能将温度控制在(110±5)℃。

5　试剂

分析时，仅使用认可的分析纯试剂和蒸馏水或纯度相当的水。

5.1　硫酸(质量分数 70%)，$\rho_{15}=1.615\ g/cm^3$。

5.2　氯化钡溶液(50 g /L)。

6　制样

6.1　按 GB/T 10325 或 GB/T 17617 采集实验室样品。

6.2 从每个样品的中心部位和边角部位各取一块，总质量约250 g。

6.3 把两个试块置于粉碎装置(4.1)中磨碎，过筛，反复几次，直至全部通过0.80 mm筛(4.2)。

6.4 用0.63 mm筛(4.3)筛分全部通过0.80 mm筛的试样，用蒸馏水冲洗筛上料，去除所有尘粒，即得粒径为0.63 mm～0.80 mm的颗粒试样。

注：如果试样粒度不在6.3和6.4规定的范围内，将会产生系统误差。

6.5 把0.63 mm筛上的试样置于(110±5)℃烘箱(4.10)中烘至恒量(精确至±0.001 g)，放入干燥器中冷却至室温。

7 试验步骤

7.1 至少做2次平行测定。

7.2 每次测定称取约20 g试料(m_1)，精确至0.001 g。

7.3 把称好的试料放入三口短细颈圆底烧瓶(4.5)中，倒入200 mL硫酸(5.1)淹没试料。接上螺旋冷凝管(4.6)，开启冷凝水，插入温度计(4.7)至液面下至少15 mm。

7.4 将烧瓶置于沙浴或油浴器(4.8)中，加热至沸点约需30 min[70%硫酸的沸点大约为170℃]，记录开始沸腾时液体的温度。

7.5 保持液体轻微沸腾6 h，记录试验结束时液体的温度。

7.6 液体轻微沸腾6 h后，从沙浴或油浴器中取出烧瓶，自然冷却1 h。小心倒出浮在试料上面的澄清酸液。慢慢加入约300 mL水，将烧瓶中的溶液和所有试料逐步倒入预先干燥并恒量(两次称量差≤0.001 g)的玻璃砂芯坩埚(4.9)中，自然过滤酸液。用水反复洗涤过滤坩埚中的残存试样，直至向滤液中加几滴氯化钡溶液(5.2)后无白色絮状物产生为止。

7.7 将装有残存试料的坩埚置于(110±5)℃的烘箱中烘干至恒量(两次称量差≤0.001 g)，取出放入干燥器中，冷却至室温。

称量装有残存试料坩埚(4.9)的质量，精确至0.001 g。计算残存试料质量m_2。

8 试验结果的表示

耐火制品的耐硫酸侵蚀率用质量分数$R_{硫酸}$计，数值以%表示，按式(1)计算：

$$R_{硫酸}=\frac{m_1-m_2}{m_1}\times 100 \qquad \cdots\cdots(1)$$

式中：

m_1——试料初始质量的数值，单位为克(g)；

m_2——残存试料质量的数值，单位为克(g)。

9 试验报告

试验报告应至少包括以下内容：

——委托单位；

——试样名称；

——试验结果的平均值；

——使用标准(GB/T 17601—2008)；

——硫酸微沸保温期间的开始温度和结束温度；

——试样预处理条件；

——试验日期。

ICS 17.020
N 15

中华人民共和国国家标准

GB/T 17614.1—2008/IEC 60770-1:1999
代替 GB/T 17614.1—1998

工业过程控制系统用变送器 第1部分:性能评定方法

Transmitters for use in industrial-process control systems—Part 1:Methods of evaluating the performance

(IEC 60770-1:1999,IDT)

2008-06-18 发布 2009-01-01 实施

中华人民共和国国家质量监督检验检疫总局
中国国家标准化管理委员会 发布

前 言

GB/T 17614《工业过程控制系统用变送器》分为以下三部分:

——第1部分:性能评定方法;

——第2部分:检查和例行试验导则;

——第3部分:智能变送器的评定方法。

本部分是GB/T 17614的第1部分。

本部分等同采用IEC 60770-1:1999《工业过程控制系统用变送器 第1部分:性能评定方法》(英文版)。

根据GB/T 1.1—2000《标准化工作导则 第1部分:标准的结构和编写规则》,对IEC 60770-1:1999进行了下列编辑性修改:

——删除了IEC 60770-1:1999的前言;

——凡有"IEC 60770"的地方改为"GB/T 17614";

——用小数点"."代替作小数点的逗号",";

——删除了表2第1行的"电动变送器的"和"注1",同时表2中的其他注的序号相应减小"1",如"注6"改为"注5";

——将表2注8中的"1 MHz、峰值为1 kV(共模)"改为"1 MHz、峰值为0.5 kV(共模)"。

本部分代替GB/T 17614.1—1998《工业过程控制系统用变送器 第1部分:性能评定方法》。

本部分主要引用了GB/T 18271—2000《过程测量和控制装置 通用性能评定方法和程序》的相关内容,因此本版与1998年版比,其篇幅和内容有较大改动,本版使用时应与GB/T 18271.1～18271.4联合使用,其试验条件规定主要变化如下:

——环境试验条件中温度的推荐范围从"15 ℃～35 ℃"变为"15 ℃～25 ℃"[1998年版的5.1;本版的第4章(GB/T 18271.1—2000的6.1)];

——仲裁测量增加了一组环境试验条件[1998年版的5.3;本版的第4章(GB/T 18271.1—2000的6.1)];

——供源条件中气源允差由±1%变为±3%[1998年版的5.4.2;本版的第4章(GB/T 18271.1—2000的6.2.2)]。

本部分附录A为资料性附录。

本部分由中国机械工业联合会提出。

本部分由全国工业过程测量和控制标准化技术委员会第二分技术委员会归口。

本部分负责起草单位:西南大学。

本部分参加起草单位:机械工业仪器仪表综合技术经济研究所、中国四联仪器仪表集团、上海自动化仪表股份有限公司、浙江大学、北京机械工业自动化研究所。

本部分主要起草人:周雪莲、李涛、何强。

本部分参加起草人:冯晓升、刘进、范叶、冯冬芹、谢兵兵。

本部分所代替标准的历次版本发布情况为:

——GB 4729—1984;

——GB/T 17614.1—1998。

工业过程控制系统用变送器
第1部分:性能评定方法

1 范围和目的

GB/T 17614的本部分适用于具有符合GB/T 3369或GB/T 777的标准化模拟电流输出信号或标准化气压输出信号的变送器。本部分所述试验也适用于具有其他输出信号的变送器(前提是预先对其差异进行考虑)。

对于某些使用集成传感器部件的变送器(如化学分析仪、流量计等),可能需要参考其他国家标准规范。

本部分旨在为气或电输出信号变送器的性能评定规定统一的试验方法。

本部分所规定的评定方法旨在供生产厂商确定其产品的性能以及用户或独立的试验机构验证制造厂的产品性能规范之用。

本部分所描述的试验条件,如环境温度范围和供源等,都是通常在使用中可遇到的具有代表性的条件。因此,在生产厂商没有规定其他值时,应采用本部分所规定的值。

本部分规定的试验不一定充分满足那些特别为特殊环境或安全相关应用设计的变送器。

当无需按本部分进行全面评定时,则可按本部分的有关规定进行所需要的试验,并报告试验结果。

2 规范性引用文件

下列文件中的条款通过GB/T 17614的本部分的引用而成为本部分的条款。凡是注日期的引用文件,其随后所有的修改单(不包括勘误的内容)或修订版均不适用于本部分,然而,鼓励根据本部分达成协议的各方研究是否可使用这些文件的最新版本。凡是不注日期的引用文件,其最新版本适用于本部分。

GB/T 777 工业自动化仪表用模拟气动信号(GB/T 777—1985,neq IEC 60382:1971,Analogue pneumatic signals for process control systems)

GB/T 2423.1 电工电子产品环境试验 第2部分:试验方法 试验A:低温(GB/T 2423.1—2001,idt IEC 60068-2-1:1990,Environmental testing—Part 2:Tests. Tests A:Cold)

GB/T 2423.2 电工电子产品环境试验 第2部分:试验方法 试验B:高温(GB/T 2423.2—2001,idt IEC 60068-2-2:1974,Environmental testing—Part 2:Tests. Tests B:Dry heat)

GB/T 2423.7 电工电子产品环境试验 第二部分:试验方法 试验Ec和导则:倾跌与翻倒(主要用于设备型样品)(GB/T 2423.7—1995,idt IEC 60068-2-31:1982,Environmental testing—Part 2:Tests. Tests Ec:Drop and topple,primarily for equipment-type specimens)

GB/T 3369 工业自动化仪表用模拟直流电流信号(GB/T 3369—1989,neq IEC 60381-1:1982)

GB 4208 外壳防护等级(IP代码)(GB/T 4208—2008,IEC 60529:2001,IDT)

GB 4793.1 测量、控制和实验室用电气设备的安全要求 第1部分:通用要求(GB/T 4793.1—2007,IEC 61010-1:2001,IDT)

GB/T 16511 电气和电子测量设备随机文件(GB/T 16511—1996,idt IEC 1187:1993)

GB/T 16842 外壳对人和设备的防护 检验用试具(GB/T 16842—2008,IEC 61032:1997,IDT,Protection of persons and equipment by enclosures-Probes for verification)

GB/T 17212 工业过程测量和控制 术语和定义(GB/T 17212—1998,idt IEC 60902:1987)

GB/T 17626.2　电磁兼容　试验和测量技术　静电放电抗扰度试验(GB/T 17626.2—1998, idt IEC 61000-4-2:2001)

GB/T 17626.3　电磁兼容　试验和测量技术　射频电磁场辐射抗扰度试验(GB/T 17626.3—1998,idt IEC 61000-4-3:2002)

GB/T 17626.4　电磁兼容　试验和测量技术　电快速瞬变脉冲群抗扰度试验(GB/T 17626.4—2008,IEC 61000-4-4:2004,IDT)

GB/T 17626.5　电磁兼容　试验和测量技术　浪涌(冲击)抗扰度试验(GB/T 17626.5—2008, IEC 61000-4-5:2005,IDT)

GB/T 17626.6　电磁兼容　试验和测量技术　射频场感应的传导骚扰抗扰度(GB/T 17626.6—2008,IEC 61000-4-6:2006,IDT)

GB/T 17626.8　电磁兼容　试验和测量技术　工频磁场抗扰度试验(GB/T 17626.8—2006, IEC 61000-4-8:2001,IDT)

GB/T 17626.10　电磁兼容　试验和测量技术　阻尼振荡磁场抗扰度试验(GB/T 17626.10—1998,idt IEC 61000-4-10:1993)

GB/T 17626.11　电磁兼容　试验和测量技术　电压暂降、短时中断和电压变化的抗扰度试验(GB/T 17626.11—2008,IEC 61000-4-11:2004,IDT)

GB/T 17626.12　电磁兼容　试验和测量技术　振荡波抗扰度试验(GB/T 17626.12—1998, idt IEC 61000-4-12:1995)

GB/T 18271.1—2000　过程测量和控制装置　通用性能评定方法和程序　第1部分:总则(idt IEC 61298-1:1995)

GB/T 18271.2　过程测量和控制装置　通用性能评定方法和程序　第2部分:参比条件下的试验(GB/T 18271.2—2000,idt IEC 61298-2:1995)

GB/T 18271.3　过程测量和控制装置　通用性能评定方法和程序　第3部分:影响量影响的试验(GB/T 18271.3—2000,idt IEC 61298-3:1998)

GB/T 18271.4　过程测量和控制装置　通用性能评定方法和程序　第4部分:评定报告的内容(GB/T 18271.4—2000,idt IEC 61298-4:1995)

IEC 61000-4-16:1998　电磁兼容性(EMC)　第4部分:试验和测量技术　第16节:0 Hz～150 kHz 传导共模干扰抗扰度试验

3　术语和定义

GB/T 17212 和 GB/T 18271 确立的以及下列定义适用于 GB/T 17614 的本部分。

3.1

零点调整　zero adjustment

仪器提供的可使输入-输出曲线平移的方法。

3.2

最大测量误差　maximum measured error

每一测量点上上行程或下行程平均值的最大正或负误差值。

[GB/T 18271.1—2000 的 3.9]

3.3

阶跃响应时间　step response time

从输入信号的阶跃变化起,到系统输出变化第一次达到最终稳态值的90%的时间间隔。见 GB/T 17212 图1-2。

[GB/T 18271.1—2000 的 3.19]

4 一般试验条件

为了本部分的使用，应用GB/T 18271.1规定的一般试验条件(如环境试验条件、供源条件、负载条件、安装位置、外界振动、外部机械制约、工作条件和设定值的恒定、输入变量的质量、变送器的交付等)，同时附加下列信息。

注：评测机构和生产厂商之间应保持密切联系。在决定试验程序时，应注意该仪表的生产厂商的规范，并应征求生产厂商对试验程序和试验结果的意见。评测机构出具的任何报告都应包含生产厂商对试验结果的意见。

4.1 供源条件

对两线制变送器，一般供电电压为24V DC。

GB/T 18271.1中所规定的供源条件的允差不适用于自带电源(如：电池供电)的变送器。用电池供电的设备，供源条件的允差应与生产厂商协商一致。

4.2 负载条件

应使用与生产厂商协商一致的负载条件。对于电动变送器，通常使用250 Ω的负载。应注意确保气动变送器连接头的密封性。

4.3 输入变量的质量

对于使用集成传感器的变送器的评定，应适当陈述保持检测信号(物理/化学)质量的条件和要求(如：对于流量变送器，流过检测装置的液体应符合制造厂的规定，液体的温度应保持在制造厂规定温度的±2 ℃范围内，以确保液体的密度和黏度值)。

5 变送器性能的分析和分类

为了确定评定过程中使用的试验程序和试验值，应考虑变送器的功能和物理结构。

有关指导事项，可参见附录A。

6 通用试验程序和有关事项

为便于本部分的应用，将使用GB/T 18271.1中规定的通用试验程序和有关事项(如：识别和检查、试验准备、测量系统的不确定度、溯源性、轻敲、调整器的设定、预调、试验顺序、每一组测量的中断和持续时间、试验期间的异常情况和故障、试验的重新开始、输入/输出变量的关系、误差评估、计量符号和单位等)。待检装置由制造厂校准，试验时无须重新校准。应在可能的最低和最高量程处进行附加试验，其他试验点应均匀分布在整个量程范围内。

7 试验程序和试验报告

表1～表3中列出的试验适于工业过程变送器。若要进行全性能评定，应进行并记录每一个应做试验。报告中试验结果以输出量程的百分数表示。试验过程中的异常事件，包括缺陷和故障，应列入报告。

试验程序和有关事项在GB/T 18271.2和GB/T 18271.3中有详细描述。

表1 所有类型变送器试验

名 称	试验方法及报告内容说明	参阅条文	备 注
与精度有关的因素			
交付前所做的校核		GB/T 18271.2	
不精确度和测量误差	在全范围内进行3～5次上/下行程移动，每个行程至少测量6个点，计算误差并绘制误差曲线	GB/T 18271.2	见注1和注2
非线性		GB/T 18271.2	
不一致性		GB/T 18271.2	

表 1（续）

名　称	试验方法及报告内容说明	参阅条文	备　注
回差		GB/T 18271.2	
不重复性		GB/T 18271.2	
死区	在 10%、50%、90%输出上改变输入，直至得到可察觉的输出变化。将输入的最大变化量以输入量程的百分数列入报告	GB/T 18271.2	试验程序见注 3
频率响应	施加峰-峰值为输入量程 20%、频率为使动态增益从 1 变化到 0.1 的相应频率的输入信号 绘制相应频率的曲线： ——对应于零频率增益的增益曲线； ——输出与输入之间的相位滞后曲线	GB/T 18271.2	见注 4
阶跃响应	输入使输出变化相当于输出量程 80%和 10%的阶跃信号 记录阶跃响应时间以及输出到达并保持偏离最终稳态值在输出量程的 1%内的时间(建立时间)	GB/T 18271.2	
始动漂移	电源接通后的连续 4 h 之内监视输出	GB/T 18271.2	
长期漂移	加载 90%量程的输入，连续 30 天监视输出	GB/T 18271.2	见注 5
影响量的影响		GB/T 18271.3	见注 6
环境温度	在规定的温度范围内循环 2～3 次	GB/T 18271.3	见注 7
湿度	温度 40 ℃，相对湿度 93%	GB/T 18271.3	
振动(正弦)	寻找初始谐振，超过 60 个扫描周期的耐久性适应，寻找最终谐振	GB/T 18271.3	
冲击	按 GB/T 2423.7 进行“倾跌与翻到”程序	GB/T 18271.3	
安装位置	两个平面上倾斜±10°	GB/T 18271.3	
过范围	过范围 1 min，回复到正常范围下限值 5 min 后测量。对于差压变送器，要在两输入端分别进行管道压力试验	GB/T 18271.3	
过程流体的温度	在 10%、90%输入量程处测量稳态变化	GB/T 18271.3	只有影响明显时才做此试验
过程流体流经变送器的流量(除流量变送器外)	在 10%、90%输入量程处测量稳态变化	GB/T 18271.3	只对切实可行的进行，如正常运行情况下，过程流体流过变送器部件
管线静压影响	在 10%、90%输入量程处测量静压以 25%的增量升高时的输出变化	GB/T 18271.3	
清洗气体流经变送器的流量	清洗气体的流量为规定最大流量的 0%、50%和 100%时，测量 10%、90%输出时的变化	GB/T 18271.3	
加速工作寿命	峰-峰值等于量程一半、经 10^5 个测量循环，测量试验前后范围下限值、量程和回差。如果预知有磨损和老化，试验期间可能需要做附加测量	GB/T 18271.3	
注 1：对于带模拟量输出的变送器，包括智能选件，可在本地或者通过远程设备(如计算机、手操作终端)调整零点和量程。这些变送器可能装有“自校准”装置，在这种情况下就不需要精确的测试设备来进行零点和量程调整。对于这类变送器，一些制造商也规定了自校准后的不精确度。这种不精确度不同于用标准测量设备校准的仪表的不精确度。我们可把它看作是一种新的评价功能。			

表 1(续)

名　称	试验方法及报告内容说明	参阅条文	备　注

注 2：对于试验，除非对特殊类型的变送器另有规定，测量应循环至少 3 次，最好 5 次，试验点 6 个(输入量程的 0%、20%、40%、60%、80%、100%)或 11 个(输入量程的 0%、10%、20%、30%、40%、50%、60%、70%、80%、90%、100%)。对于输入与输出是非线性关系的变送器(例如平方关系)，试验点应选使输出为输出量程的上述描述的百分点。

注 3：除已知死区不明显外，应按下列程序在量程的 10%、50%和 90%上进行测量：

a) 设定第一个试验点的输入(例如 10%)；

b) 记录输入值；

c) 缓慢地增加输入，直至观察到一个可觉察的输出变化；

d) 记录输入值，并在相反的方向上按 GB/T 18271.2 的规定重复操作。

输入信号变化的增量[上述 d)与 b)的输入值之差]就是死区。

重复 c)和 d)，缓慢地增加输入，直至观察到一个可觉察的输出变化并记录输入值。应观察并记录全范围移动的至少 3 个循环、最好 5 个循环的增加值，3 个试验点应分别接近量程的 10%、50%和 90%。

重复以上步骤，3 个试验点(接近量程的 10%、50%和 90%)应从量程的 90%开始减少。

注 4：如果在变送器输入上施加正弦信号不易实现(如，流量、集成装配了传感器的变送器等)，应不做此试验。对于气动变送器，除非另有规定，使用的测试负载应由内径 4 mm、长 8 m 的刚性管道，后接一个 20 cm^3 的容器组成。使用更小的负载必须考虑全带宽的能力。

注 5：如果切实可行的话，应当每天测试数据，并对数据进行处理，以确定一条最好的拟合直线，检查是否存在一个方向的漂移或随机漂移。

注 6：如果可能的话，对于具有由变送器终端(或计算机)操作的模拟量输出的变送器，应检验任何对通信(执行功能期间)的影响量的影响。

注 7：关于温度试验程序的详细资料请参阅 GB/T 2423.1 和 GB/T 2423.2。

表 2　电动变送器附加试验

名　称	试验方法及报告内容说明	参阅条文	备　注
输入电阻	在输入端，对直流输入信号呈现的电阻，用 Ω 表示	GB/T 18271.2	
绝缘电阻	对地绝缘电阻或每个输入回路间绝缘电阻，试验电压 500 V DC、历时 30 s，用 Ω 表示	GB/T 18271.2	
绝缘强度	规定的试验电压有效值(主频)不应导致击穿或闪络	GB/T 18271.2	
电功耗	在制造厂规定的最高电压和最低频率下测量(用 W 和 VA 表示)	GB/T 18271.2	
输出纹波	峰-峰值和主频率分量	GB/T 18271.2	
输出负载	按制造厂规定将负载电阻从最小值改变到最大值	GB/T 18271.3	见注 1
源阻抗	将输入线路电阻从制造厂规定的最小值改变到最大值		见注 2
电源电压和频率变化	交流电压和频率变化的 9 组测量 对于使用直流电源的变送器，需要 3 组测量 对于两线制变送器(环形供电)所测量的最低电压要使输出电流保持在 20 mA	GB/T 18271.3	见注 3
电源电压低降	在公称电源电压的 75%上持续 5 s，记录输出信号的影响和持续时间。也可研究持续 100 ms 电压下降的情况	GB/T 18271.3	见注 3
电源电压短时中断	交流电源应在交越点上中断 1、5、10 和 25 个周期。直流电源应中断 5 ms、20 ms、100 ms、200 ms 和 500 ms。记录正峰值和负峰值以及达到稳态所需时间	GB/T 18271.3	见注 3 和注 4

表 2(续)

名　称	试验方法及报告内容说明	参阅条文	备　注
电源电压反向保护		GB/T 18271.3	
共模干扰	对于端子对地绝缘的变送器,在绝缘端子上叠加主电源频率的 250 V 有效值交流信号 然后将正和负 50 V 直流电压叠加在绝缘端子上	GB/T 18271.3	见注 5
串模干扰	主电源频率的 1 V 或小于 1 V 的电压,在输出量程的 10%和 90%上测量	GB/T 18271.3	
接地	仅对端子对地绝缘的变送器,记录输出的瞬时值和变化量	GB/T 18271.3	
电快速瞬变脉冲群	试验电压为规定值或峰值为 2 kV	GB/T 18271.3	见注 6
浪涌抗扰度	试验电压由产品标准规定或者用户规定。一般使用电压最大值为 2 kV 峰值(不对称)和 1 kV 峰值(对称)	GB/T 18271.3	见注 7
阻尼振荡波	试验电压为规定值或 1 MHz、0.5 kV 峰值		见注 8
传导正弦波射频干扰	试验电压为规定值或 10 V 有效值,频率为 0.15 MHz～80 MHz		见注 9
静电放电	试验电压为规定值或 6 kV(接触)、8 kV(空气)	GB/T 18271.3	见注 10
工频磁场	持续:100 A/m(除非允许更高的磁场),在输出量程的 10%和 90%上进行 短时:暴露在 400 A/m 磁场中 1 s,在输出量程的 50%上进行	GB/T 18271.3	见注 11
阻尼振荡磁场	磁场值为规定值或 30 A/m、频率为 0.1 MHz 和 1.0 MHz 时		见注 12
射频电磁场	磁场值为规定值或 10 V/m、频率从 80 MHz 到 1 GMHz 时	GB/T 18271.3	见注 13
输入开路和短路	中断每个输入连接,然后接在一起短路。记录输出从开路和短路状态恢复到稳态所经时间	GB/T 18271.3	
输出开路和短路	中断每个输出连接,然后接在一起短路。记录输出从开路和短路状态恢复到稳态所经时间	GB/T 18271.3	

注 1:如果没有规定值,电流输出负载应逐渐从短路到开路变化,电压输出负载应逐渐从开路到短路变化。

注 2:对于输入信号是电压的变送器,应测量输入线路中的电阻从制造厂规定的最小值变化到最大值时所引起的输出变化。该电阻应平均分配在每条线路上(输入端)。

注 3:也参考 GB/T 17626.11。

注 4:对于带模拟量输出的智能变送器,电源电压中断对输出的影响取决于变送器电源中断循环中的那些点。

注 5:也参考 IEC 61000-4-16。

注 6:也参考 GB/T 17626.4。

注 7:也参考 GB/T 17626.5。

注 8:应根据 GB/T 17626.12 要求做此项试验,试验电压由制造厂规定或使用频率为 1 MHz、峰值为 0.5 kV(共模)的电压;此项试验还应在 0.1 MHz 上重复上述试验。

变送器输入的大小应使输出达到量程的 50%。

阻尼振荡波由 GB/T 17626.12 中所定义的耦合网络产生。

试验期间,应记录由于脉冲干扰而导致输出的变化以及给变送器造成的损坏。

表 2(续)

名 称	试验方法及报告内容说明	参阅条文	备 注
注 9:应根据 GB/T 17626.6 的要求来做此项试验,试验电压由制造厂规定或使用频率从 0.15 MHz～80 MHz、峰值为 10 V 有效值的未调制电压。 变送器输入的大小应使输出达到量程的 50%。 传导正弦射频干扰由 GB/T 17626.6 中所定义的耦合和解耦网络产生。 试验期间,应记录由于射频干扰而导致输出的变化以及给变送器造成的损坏。 注 10:也参考 GB/T 17626.2。 注 11:也参考 GB/T 17626.8。 注 12:变送器应暴露在振荡频率为 0.1 MHz 和 1.0 MHz 、幅值为 30 A/m 的阻尼振荡或制造厂规定的磁场中。磁场对准变送器的主要轴向。 此试验应在输入量程的 10%和 90%上进行。输出的变化量应以输出量程的百分数计算和记录。应确定磁场对输出纹波含量的影响。 本试验还应在磁场对准与第一个轴向相互垂直的另外两个轴向上重复进行。 至于更多的考虑,参阅 GB/T 17626.10。 注 13:至于更多的考虑,参阅 GB/T 17626.3。			

表 3 气动变送器附加试验

名 称	试验方法及报告内容说明	参阅条文	备 注
耗气量	记录导致最大耗气量的输入,单位 m^3/h(参比条件为 0 ℃、101.3 kPa)	GB/T 18271.2	
输出负载	输入设定在量程的 10%、50%和 90%时变送器的排出或流入的空气 见 GB/T 18271.2 图 5	GB/T 18271.3	
气源压力变化	公称值的 1+10%变化到公称值的 1−15%	GB/T 18271.3	
气源压力中断	输入为量程的 90%时气源中断 1 min。记录重新接通气源后的恢复时间	GB/T 18271.3	

8 其他考虑事项

8.1 总则

为了检验变送器的一些其他特性,应进行附加试验,例如由密封提供的安全和防护等级。

为了准备试验报告、试验程序所需的通用信息,包含下述几个方面:

——安装;

——例行维护和调试;

——维修和大修。

应根据实际运行要求和制造厂的说明书来进行性能检查,以便能同时对说明书作出评价。

8.2 安全(见 GB 4793.1)

应检查电动变送器,以确定它的设计对意外电击的防护程度。

8.3 密封防护等级

如果需要的话,应根据 GB 4208 和 GB/T 16842 进行试验。

8.4 文献资料(见 GB/T 16511)

制造厂主动提供的以及实验室要求提供的全部有关文件应列出清单。

如果这些文件没有附带用来清楚描述变送器操作的完善图表,或没有完整的元件清单和规范,则应指出其不足。

此外,还应列出表明电动变送器本质安全和隔爆等级的证书。

应给出具体的证书号码和防护等级等信息。

8.5 安装

变送器应根据制造厂的说明书安装和投入使用,同时要考虑在实际中可能遇到的和要求不同程序的各种应用。

制造厂规定的安装方法应列入报告。任何由于此种安装方法所造成的对变送器的使用限制都应予以指出并加以说明。

另外,有关安装的难易程度也应指出并加以说明。

8.6 例行维护和调试

应根据制造厂的说明书进行必要的例行维护和调试操作(作为指南,每年应该至少进行4次这种操作)。

任何有关执行这些操作的难易程度都应予以指出,并说明原因。

8.7 修理

通常变送器都能分解成若干组件,制造厂也应详细说明有关这些组件的拆换修理程序,这些组件有的可由用户进一步拆卸,有的则不能进一步拆卸。为了评估修理的方便程度,每次应拆卸一个组件,每一组件都应拆卸到不能再拆开为止,并将任何损坏的或其他需要更换的零件换成新的。

任何有关这些修理的难易程度都应予以指出,并说明原因。

8.8 表面防护处理

应列出制造厂规定的外部零件的表面防护处理完成情况,并附有关评价意见。

8.9 设计特征

应列出所有可能造成使用困难的有关设计或结构方面的情况,并说明原因。同时还要列出可能具有特殊意义的任何特征,例如工作部件的密封等级、备件的互换性和气候防护等。

8.10 可调整参数

报告中应指出厂商列出的重要的变型和选件。

8.11 工具和设备

应列出安装、维护和修理所必须的工具和设备。

9 试验报告和文档

试验完成以后,应根据GB/T 18271.4准备完整的评定试验报告。

报告发表之后,所有试验期间与测试有关的原始文档应在试验室至少储存两年。

附 录 A
（资料性附录）
仪表性能的分析和分类

A.1 仪表模型

应在仪表的物理结构分析以及与仪表相关的功能设计之后，对仪表进行具体评定。根据仪表性能分析和用户需求，应能产生被评定的传递功能和特性的定义。

下面列出的一般仪表模型（见图 A.1）和描述将指导和帮助需考虑的事项。此框图示出了在最大配置方面可辨别的基本模块（组成模块）。

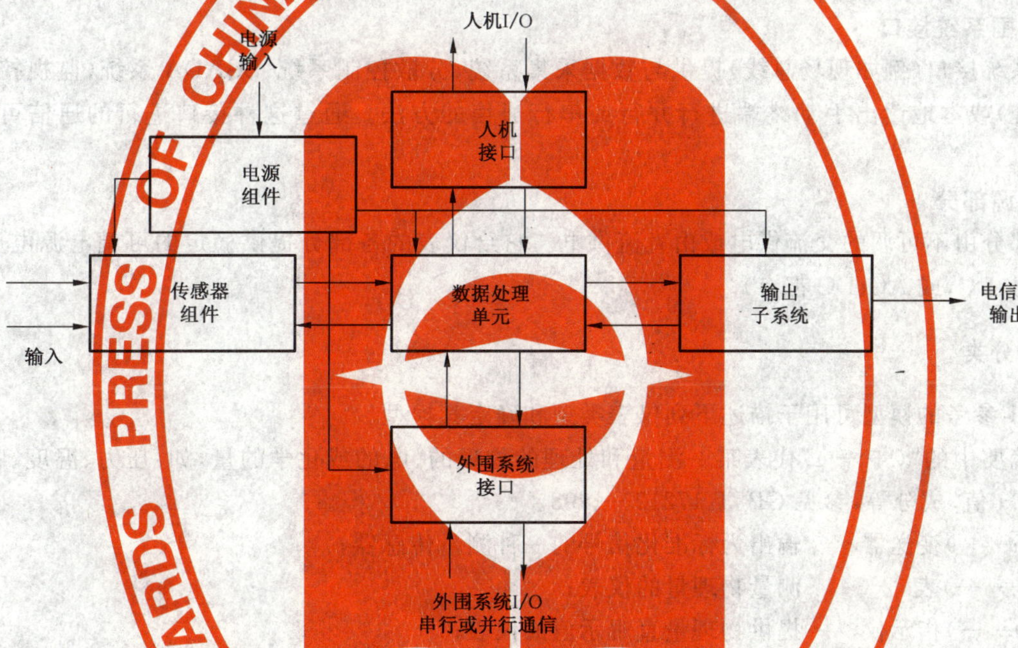

图 A.1 仪表模型

A.1.1 传感器部分

传感器部分转换主输入信号和可能供数据处理单元使用的辅助输入电信号。

传感器部分可能与其他模块集成封装在一起。传感器部分也可能远程安装（如比重计、场强计、热电偶变送器的情况）。根据使用的测量原理，传感器部分可能不需要辅助（外部）电源（如热电偶），或可能需要辅助（外部）电源（如应变仪或热电阻温度检出器），或一个特殊特征的电源（如电磁流量计和科里奥利质量流量计）。

由于传感器部分直接与过程介质接触，它可能受介质特性、条件以及安装条件的影响。在评定期间，也应考虑是否有必要提供与过程条件相吻合的环境。

传感器部分可以有不同类型的传感器（如为补偿或诊断用的辅助传感器）。每种传感器只适应相应的测量。

A.1.2 数据处理单元

数据处理单元既可用于模拟或数字（基于微处理器）信号处理，也可用于既包含模拟信号也包含数字信号的处理。它的主要功能是处理（模/数转换、线性化、图表描述、报警提示等）和控制传感器信号，并给电输出子系统提供需要处理的和/或标准化的信号。此信号不是连续的（在模拟仪表中）就是周期性的（在基于微处理器的仪表中）。此外它也给人机接口和外部系统接口提供这些数据，和/或从这些接口接收数据。

基于微处理器的仪表可能装配有自诊断软件和自动维持完整性的诊断传感器。

A.1.3 输出子系统

输出子系统提供标准化的模拟电输出信号(mA、V、频率、脉冲串)或供远程处理控制设备使用的二进制(接触器、固态继电器)输出信号。对基于微处理器的仪表,如果需要模拟输出信号,则输出子系统需提供数/模转换器。

A.1.4 人机接口

人机接口提供观察过程变量、处理图象和调整某些参数的方法。在简单的仪表中,它可能只是一个数据显示器或模拟指示器。在较复杂的仪表中,它可能是一个固定式或接入式键盘/显示单元,以便读出和存取。有时它也可能为传递传感器信号和检出传感器故障直接提供调整输出的方法。在这种模型中,跳线器和零点、量程、线性调整电位器也被认为是人机接口的一部分。

A.1.5 外围系统接口

外围系统接口(例如现场总线)提供与数据采集系统、分散控制系统、SCADA 系统(监视控制和数据采集系统)或本地读出手动终端进行并行或串行通信的方法。通过这种接口进行的通信可以是双向的。

A.1.6 电源部分

电源部分由不可调的交流供电或由直流供电。它给仪表的各部分提供稳定的可调电源电压和/或电流(AC 或 DC,或 AC、DC 都有)。

A.2 仪表分类

图 A.1 参考的模型可用于描述下列仪表类型和确定其模型。

下列摘要中的"(— —)"代表某一测量和处理的物理的、电的或化学的量,如:压力、温度、物位、流量、密度、pH 值、成分等,参见 GB/T 17212—1998。

a) (— —)变送器　输出为标准化信号的一种测量传感器;

b) (— —)表　测量物理量的仪表;

c) (— —)指示仪　提供物理量直观示值的仪表;

d) (— —)开关　测量传感器,输出是二进制信号(ON/OFF 或 0/1);

e) (— —)传感器　接受物理量形式的信号,并按一定的规律将其转换成同种或别种性质的输出变量的装置;

f) (— —)检测元件　将某种类型的信号转换成电信号的传感器。

评定的仪表可能不包含模型所示的全部模块(见图 A.1)。

例:

——指示仪通常没有(电)输出子系统;其数据处理单元只给人机接口(模拟或数字显示)提供信号。

——许多仪表仍然不带外围系统接口。

——许多热电偶或热电阻温度变送器不带检测元件部分。

评定试验可按适当的表格进行相应的模拟试验。显然在这种情况下,试验与这些仪表规定的过程媒体特性和影响试验的条件无关。

在规定评定试验程序前,应沿着模型的传递方向(见图 A.1)对被评定仪表进行分析。在分析的过程中,也可以决定将单一模块的传递功能作为单独的实体考虑,但这种情况只适用于能独立影响输入信号(可调)且输出信号外部可测的模块。

在许多情况下,数据处理单元和输出子系统是集成在一起的,中间信号不易测得。在这种情况下,就不宜定义和考虑单独的传递功能。

A.3 仪表功能

要考虑的仪表功能实际上是(精确的)传递功能,这种传递功能是如图A.1所示框图中的不同块或块的集合的特性或定义的功能。可考虑下列的传递功能:

——从输入到检测元件输出;

——从输入或检测元件输出到电输出(mA,V,触点等);

——从输入或检测元件输出到人机接口输出(显示值);

——从输入或检测元件输出到外部系统接口;

——从人机接口到输出;

——从外部系统到输出和/或到人机接口;

——从人机接口到外部系统接口。

确定输入——检测元件功能是否是线性的、对数的、平方的或其他任何形式的特性也非常重要。同时也必须考虑另一块是线性比特性。热电偶输入方式就是其中一例,检测元件提供的是非线性电压信号,而利用电子电路或软件,再次建立温度与模拟输出信号间的线性关系。

辅助和诊断功能可以用类似的方法处理。

应意识到所定义的需要评定的传递功能的多少与评定所需的时间和花费是成正比的。

A.4 关于测量仪表性能的考虑

在评定期间,关键点应是以精确和可追溯的方式将物理量的绝对值施加到仪表的装置。可能需要大量的装置,同时装置中影响被测设备(DUT)输入信号质量的所有因素应充分可控。这类设备不可能是轻便的,而且某些试验(如振动,环境温度试验)可能是相当昂贵的。应考虑所有这些试验是否必须此类设备。除非是精确测量,试验经常只需稳定的精确可调的信号,对这类需要,可决定此类试验可按简易方法执行。

当不可能进行完整校准曲线测量时,可决定在零输入,和/或100%输入或仲裁输入上进行测量。只有当DUT的I/O特性是线性时,才独自允许减少到零点和100%(量程)的测量。

对于没有配备检测元件部分的仪表(如热电偶和热电阻温度变送器),根据标准化表格或分等值的电仿真代替检测元件部分。

仪表可能也配备有辅助数字输入电路,以满足某种本质的应用,所以评定时也可以决定考虑这种情况。

必须确定设施和测量设备的不确定度。

ICS 25.040
N 18

中华人民共和国国家标准

GB/T 17614.2—2008/IEC 60770-2:2003
代替 GB/T 17614.2—1998

工业过程控制系统用变送器
第2部分:检查和例行试验方法

**Transmitters for use industrial-process control systems—
Part 2:Methods for inspection and routine testing**

(IEC 60770-2:2003,IDT)

2008-07-28 发布　　　　2009-02-01 实施

中华人民共和国国家质量监督检验检疫总局
中国国家标准化管理委员会　发布

前言

GB/T 17614《工业过程控制系统用变送器》分为以下三部分：

——第1部分：性能评定方法；

——第2部分：检查和例行试验方法；

——第3部分：智能变送器的评定方法。

本部分为GB/T 17614的第2部分。

本部分等同采用IEC 60770-2:2003《工业过程控制系统用变送器　第2部分：检查和例行试验方法》(英文版)。

根据GB/T 1.1—2000《标准化工作导则　第1部分：标准的结构和编写规则》，对IEC 60770-2:2003进行了下列编辑性修改：

——删除了IEC 60770-2:2003的前言；

——凡有“IEC 60770”的地方改为“GB/T 17614”；

——用小数点“.”代替作为小数点的逗号“,”；

——对于IEC 60770-2:2003引用的其他国际标准中有被等同采用为我国标准的，本部分引用我国的这些国家标准或行业标准代替对应的国际标准，其余未有等同采用为我国标准的国际标准，在本部分中均被直接引用。

本部分代替GB/T 17614.2—1998《工业过程控制系统用变送器　第2部分：检查和例行试验导则》。

本部分与GB/T 17614.2—1998相比，结构和内容都有较大改动，主要变化如下：

——原第1章、第2章整合为第1章(GB/T 17614.2—1998第1章、第2章；本部分的第1章)；

——增加了第2章“规范性引用文件”(本部分的第2章)；

——原第3章、第4章变为了第4章、第3章(GB/T 17614.2—1998第3章、第4章；本部分的第4章、第3章)；

——增加了术语和定义的内容(GB/T 17614.2—1998第4章；本部分的第3章)；

——性能试验部分的内容更加具体和细化(GB/T 17614.2—1998第5章；本部分的第5章)；

——增加了试验报告和文件资料要求(本部分的第6章)。

本部分由中国机械工业联合会提出。

本部分由全国工业过程测量和控制标准化技术委员会(SAC/TC 124)归口。

本部分负责起草单位：西南大学、中国四联仪器仪表集团。

本部分参加起草单位：机械工业仪器仪表综合技术经济研究所、北京机械工业自动化研究所。

本部分主要起草人：周雪莲、李涛、黄巧莉、刘进。

本部分参加起草人：冯晓升、谢兵兵。

本部分所代替标准的历次版本发布情况为：

——GB/T 17614.2—1998。

引　言

GB/T 17614 的本部分所规定的检查和例行试验方法旨在供用户在产品验收测试过程中和(或)修理后验证产品是否完全达到用户制定的性能规范。本部分提供的方法主要适用于常规类型变送器的试验。对基于微处理器的仪表建立试验程序应参考 GB/T 19767。

工业过程控制系统用变送器 第2部分:检查和例行试验方法

1 范围和目的

GB/T 17614的本部分适用于具有符合GB/T 3369或GB/T 777的标准模拟电流输出信号或标准气压输出信号的变送器。其中所述试验的具体方法也可用于具有其他输出信号的变送器。

对于集成了传感器的各类变送器,可能需要参考其他特殊的IEC和ISO标准(例如化学分析仪、流量计等)。

GB/T 17614的本部分旨在为变送器的检查和例行试验,例如验收试验和修理后的试验,提供技术方法。对于全性能试验,应采用GB/T 17614.1。

判定验收合格与否的参数依据应由生产厂商和用户协商确定。

按照协商约定的试验不必由专业授权的实验室执行。

2 规范性引用文件

下列文件中的条款通过GB/T 17614的本部分的引用而成为本部分的条款。凡是注日期的引用文件,其随后所有的修改单(不包括勘误的内容)或修订版均不适用于本部分,然而,鼓励根据本部分达成协议的各方研究是否可使用这些文件的最新版本。凡是不注日期的引用文件,其最新版本适用于本部分。

GB/T 777—2008 工业自动化仪表用模拟气动信号(IEC 60382:1991, IDT)

GB/T 2900.56—2002 电工术语 自动控制(idt IEC 60050-351:1998)

GB/T 3369.1—2008 过程控制系统用模拟信号 第1部分:直流电流信号(IEC 60381-1:1982,IDT)

GB/T 17614.1—2008 工业过程控制系统用变送器 第1部分:性能评定方法(IEC 60770-1:1999,IDT)

GB/T 18271.1—2000 过程测量和控制装置 通用性能评定方法和程序 第1部分:总则(idt IEC 61298-1:1995)

GB/T 18271.2—2000 过程测量和控制装置 通用性能评定方法和程序 第2部分:参比条件下的试验(idt IEC 61298-2:1995)

GB/T 18271.3—2000 过程测量和控制装置 通用性能评定方法和程序 第3部分:影响量影响的试验(idt IEC 61298-3:1995)

GB/T 18271.4—2000 过程测量和控制装置 通用性能评定方法和程序 第4部分:评定报告的内容(idt IEC 61298-4:1995)

GB/T 19767—2005 基于微处理器仪表的评定方法(IEC/TS 62098:2000,IDT)

IEC 60410:1973 品质检查抽样计划和程序

3 术语和定义

GB/T 2900.56—2002和GB/T 18271—2000确立的、以及下列定义适用于GB/T 17614的本部分。

3.1

验收试验 acceptance test

向买方证明装置符合合同规定要求的某些条件而进行的试验。

3.2

变量　variable

其值可变且通常可测出其量或状态(例如:温度、流量、速度信号等)。

3.3

信号　signal

信号是有关一个或多个变量的若干个参数所载信息的物理变量的表现形式。

3.4

范围　range

所关注的参量其上、下限之间的数值区间。

3.5

量程　span

给定范围的上、下限之间的代数差。

3.6

试验程序　test procedure

进行鉴定之前,由生产厂商、试验方及买方(用户)共同拟定的有关将要进行的试验及其试验条件的陈述。

3.7

最大测量误差　maximum measured error

每个测量点高于或低于标称值的最大正误差或最大负误差。

3.8

回差　hysteresis

每个测量点高于标称值的和低于标称值的输出读数之间的最大差值。

3.9

阶跃响应　step response

由输入变量的一次阶跃变化引起的变送器的输出变化的时间响应。

3.10

影响量　influence quantity

在装置可工作的环境条件下对测试参量会产生影响的环境量。

4　试验的抽样

如果用户和生产厂商达成了协议,只进行抽样试验,推荐选择 IEC 60410:1973 提出的抽样方法。抽样时,可由用户选定被测试的变送器。

5　性能试验

应进行 5.4 和 5.5 中所列试验。在某些情况下,用户可能不需要进行每项试验。设置适当的预置条件,试验的顺序使试验的结果不会受前一个试验的影响。

5.1　试验条件

5.1.1　环境条件

温度范围:15 ℃～35 ℃;

相对湿度:45%～75%;

大气压力:86 kPa～106 kPa;

电磁场:如有关,标明其值。

试验期间,允许环境温度的最大变化率为 1 ℃/10 min ,但不能超过 3 ℃/h。

5.1.2 供源条件

电源:

电压:±1%;

频率:±1%;

谐波失真(交流电源):小于 5%;

纹波含量(直流电源):小于 0.1%。

气源:

压力:±3%;

供气温度:环境温度±2 ℃;

供气湿度:露点至少低于设备温度 10 ℃;

油的含量:重量小于 1×10^{-6};

灰尘的含量:颗粒不超过 3 μm。

5.1.3 负载条件

电动仪表:

电压输出信号为生产厂商规定的最小负载值;

电流输出信号为生产厂商规定的最大负载值。

气动仪表:

长 8 m、内径 4 mm 的刚性管道,后接 20 cm^3 的刚性气容。

5.2 预处理

预先给变送器供源足够长时间,至少不小于 30 min,以确保变送器工作温度稳定。

5.3 调整

应对用户与生产厂商协商确定的范围下限值、量程和阻尼作调整后进行例行试验(验收试验或修理后的试验)。

5.4 参比条件下的试验

5.4.1 测量误差和回差

参比条件下的输入输出特性应在每一个方向上全范围的移动并进行一个循环测量。为此,在全范围内至少应分布五个测量点,其中应包括量程的 0%和 100%的值或接近量程的 0%和 100%的值(量程的 10%以内)。

注:对非线性输入和输出关系(例:平方规律)的仪表,选择的试验点应使输出值均匀分布在输出量程上。

测量程序:

首先,施加一个其值等于范围下限值的输入信号,记录相应的输入和输出信号值。然后缓慢无过冲增大输入信号到第一个测量点。经过足够长时间稳定后,记录相应的输入和输出信号值。

在所有预先确定的测量点上重复以上操作直到输入信号值高于输入量程 100%的点。该点测量后,缓慢无过冲减小输入信号,直到低于输入量程的 100%,然后依次对所有其他测量点重复以上操作直到低于输入量程 0%的点,从而结束测量循环。

各测量点在每个上行程和下行程获得的输出信号值与相应的理想值之差,记录为测量误差。通常此误差以理想输出量程的百分数表示。由此获得的所有误差值应列表表示(见表 1)和图示(见图 1)。

表 1 典型测量误差

输出(量程的%)	0	20	40	60	80	100
上行程测量误差		0.09	−0.04	−0.23	−0.22	0.10
下行程量误差	−0.06	0.26	0.17	−0.08	−0.13	
最大测量误差	−0.06	0.26	0.17	−0.23	−0.22	0.10
回差		0.17	0.21	0.15	0.09	

根据表 1,可得最大测量误差是 0.26%,最大回差是 0.21%。将表 1 中的数据绘制于图 1 中。

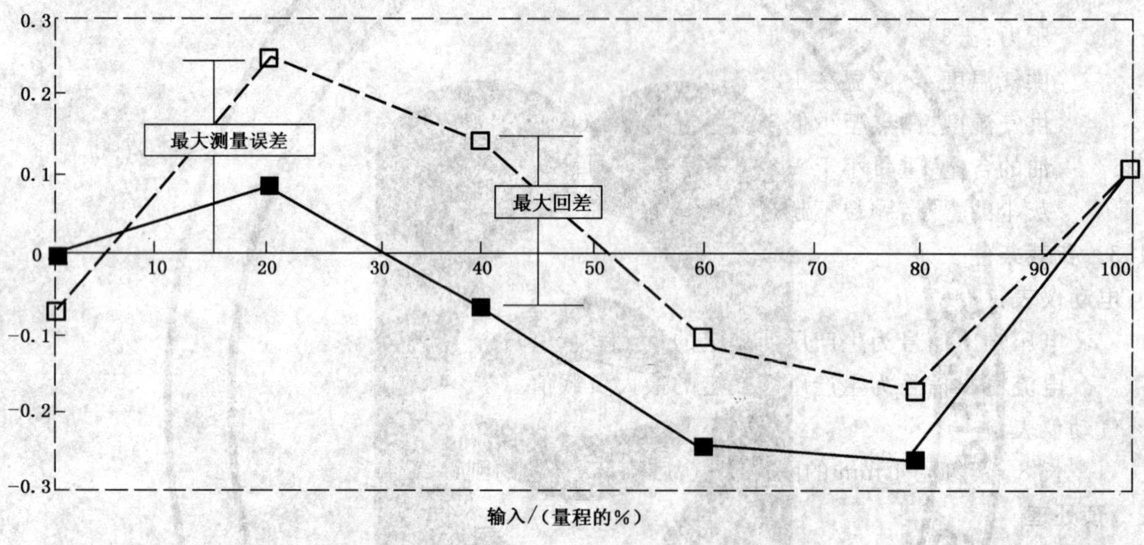

图 1 典型测量误差

5.4.2 阶跃响应

输出负载:

——电动变送器按生产厂商规定值或参考负载电阻并联一个 0.1 μF 的电容器;

——气动变送器为长 8 m、内径 4 mm 的刚性管道,后接 20 cm^3 的刚性气容。

测量程序:

——施加相当于输出量程 80%的两个阶跃,最好是从 10%→90%,然后从 90%→10%;

——对每一阶跃应说明输出达到并保持在其稳态值量程的 1%内所需的时间。若有时滞、上升时间、时间常数和过冲(量程的百分数)应说明其量值。图 2 描绘了这些时间的定义并给出了一个正阶跃输入响应的示例。

注:如果因物理特性或输入变量范围的缘故而难以产生或记录一个精确的输入阶跃,则本试验要求的动态特性应由用户和生产厂商协商确定。在不涉及阶跃响应的地方,可省略该试验。

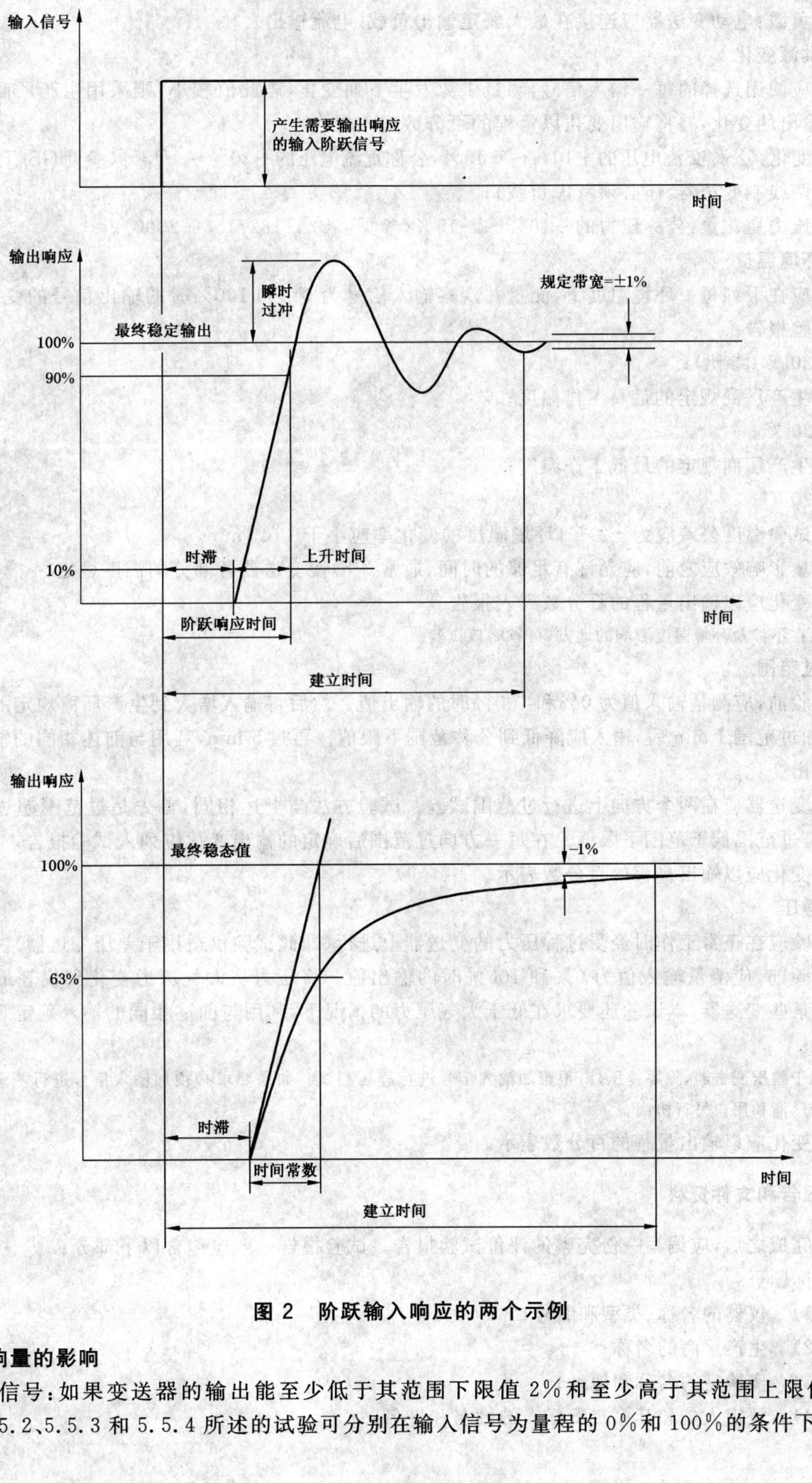

图 2　阶跃输入响应的两个示例

5.5　影响量的影响

输入信号：如果变送器的输出能至少低于其范围下限值 2% 和至少高于其范围上限值 2%，则 5.5.1、5.5.2、5.5.3 和 5.5.4 所述的试验可分别在输入信号为量程的 0% 和 100% 的条件下进行。否则，应采用约为量程5%和95%的输入信号较为合适。

输出负载：电动变送器应连接在最大额定输出负载(电流输出)。

5.5.1 供源变化

用户应使用选择的每一输入信号，测量供源发生下列变化(若此值较小，则采用生产厂商规定的限值)时的输出的变化，并将输出变化以量程的百分数列入报告：

电压变化：公称交流电压的+10%～-15%，公称直流电压的+20%～-15%(参见GB/T 18271.3—2000)(对两线制变送器，还必须考虑负载)；

气源压力变化量：公称压力的+10%～-15%(参见GB/T 18271.3—2000)。

5.5.2 环境温度

用户应在下列每一环境温度下，测量并观察输入信号为0%和100%时的输出信号的变化，并将结果列入试验报告：

a) 20 ℃(参比)；

b) 生产厂商规定的最高工作温度；

c) 20 ℃；

d) 生产厂商规定的最低工作温度；

e) 20 ℃。

每一试验温度公差应为±2 ℃，环境温度的变化率应小于1 ℃/min。

在测量影响效应之前，应允许有足够的时间(通常3 h)使变送器各部分的温度稳定。

输出变化应以输出量程的百分数列入报告。

注：仅在不涉及环境温度影响的地方，可省略该试验。

5.5.3 过范围

在试验前，应测量输入值为0%和100%时的输出值。然后将输入增大到生产厂商规定的最大过范围值，施加过范围1 min后，输入应降低到公称范围下限值。再过5 min，利用与前述相同的输入确定观测到的输出变化。

差压变送器应在两个方向上进行过范围试验。试验方法与上述相同，首先是过范围超过范围上限值，然后是过范围低于范围下限值。在每一方向过范围后确定的输出变化应列入试验报告。

输出变化应以输出量程的百分数表示。

5.5.4 静压

本试验应在正常工作时经受过程压力的变送器上进行(即此试验仅适用于差压变送器)。

在试验前，应测量输入值为0%和100%时的输出值。将压力从大气压力变化到仪表最大工作压力。对于某些变送器，本试验还要求在低于大气压力的情况下，利用与前述相同的输入确定观测到的输出变化。

注：对于差压变送器，除零差压外，很难加输入信号进行静压测试。如果要求必须加输入信号进行测量，建议由生产厂商和用户另行协商。

输出变化应以输出量程的百分数表示。

6 试验报告和文件资料

试验完成之后，应编写一份完整的评价试验报告。试验报告一般应包含以下部分：

a) 标题页

1) 仪器的名称、类型和编号；

2) 生产厂商的名称；

3) 实验室的名称和地址；

4) 评定人员和其第二责任人的姓名和签名；

5） 报告的编号和颁发日期。

b） 前言

1） 试验的目的；

2） 生产厂商的名字和地址；

3） 仪表的规格、类型、序列号和生产日期(或最终装配日期)；

4） 简略描述仪表、传感器的类型和数量、测量范围、记录方法、测量时间间隔、信息量条款数、供源和能源消耗；

5） 试验的周期和年份；

6） 试验的方法和省略的或变更的试验方法。

c） 结论和试验结果

1） 根据试验结果和其他定性发现，总结出适用性的结论和注意事项；

2） 按试验的先后将所有试验结果列入表格。

试验报告颁发后，用户应保存试验期间所有有关测量的原始文件至少 2 年。

ICS 13.260
K 15

中华人民共和国国家标准

GB/T 17620—2008
代替 GB 17620—1998

带电作业用绝缘硬梯

Live working—Rigid ladders of insulating material

(IEC 61478:2003,Live working—Ladders of insulating material,MOD)

2008-12-30 发布 2010-02-01 实施

中华人民共和国国家质量监督检验检疫总局
中国国家标准化管理委员会 发布

前言

本标准修改采用 IEC 61478:2003《带电作业用绝缘梯》。

本标准与 IEC 61478:2003 相比,主要存在如下技术性差异:

——绝缘梯的分类方法未采用 IEC 61478:2003 中的分类,保留了原标准 GB 17620—1998 中的分类;

——采用了 IEC 61478:2003 中 2 类绝缘梯的内容,未采用 IEC 61478:2003 中 1 类绝缘体的内容;

——在采用 IEC 61478:2003 中 2 类绝缘梯的试验方法基础上,增加了蜈蚣梯、人字梯等硬梯的试验方法。

本标准代替 GB 17620—1998《带电作业绝缘硬梯通用技术条件》。

本标准与 GB 17620—1998 相比,新增加的内容如下:

——IEC 60895:2002 中绝缘硬梯的试验方法;

——蜈蚣梯、人字梯等硬梯的试验方法。

本标准由中国电力企业联合会提出。

本标准由全国带电作业标准化技术委员会(SAC/TC 36)归口。

本标准主要起草单位:国网武汉高压研究院、北京供电局、西北电网公司。

本标准主要起草人:王力农、刘庭、曾林平、邵瑰玮、刘凯、高天宝、胡毅、徐莹。

本标准于 1998 年首次发布,本次为第一次修订。

带电作业用绝缘硬梯

1 范围

本标准规定了带电作业用绝缘硬梯的技术要求、试验项目和方法、运输保管等。

本标准适用于10 kV～500 kV线路带电作业用绝缘硬梯。

2 规范性引用文件

下列文件中的条款通过本标准的引用而成为本标准的条款。凡是注日期的引用文件，其随后所有的修改单(不包括勘误的内容)或修订版均不适用于本标准，然而，鼓励根据本标准达成协议的各方研究是否可使用这些文件的最新版本。凡是不注日期的引用文件，其最新版本适用于本标准。

GB 7059 便携式木折梯安全要求

GB 13398 带电作业用空心绝缘管、泡沫填充绝缘管和实心绝缘棒(GB 13398—2008，IEC 60855：1985，MOD；IEC 61235：1993，MOD)

GB/T 14286 带电作业工具设备术语(GB/T 14286—2008，IEC 60743：2001，MOD)

DL/T 878 带电作业用绝缘工具试验导则

3 术语和定义

GB/T 14286确立的以及下列术语和定义适用于本标准。

3.1

段 section

梯子的组成单元，最少应包含三个横档。

3.2

基本段 base section

梯子的第一单元，用于支撑其他段。

注：可以是梯子的最高或最低单元。

3.3

拼接梯 spliced ladder

由金属或合成材料制成的多段拼接的梯子。

3.4

绝缘挂梯 insulating hook ladder

装有固定或可拆换挂钩的梯子，挂钩可为固定式或可转动式。

3.5

绝缘加长段 insulating ladder extension

可装拼接到绝缘挂梯或其他加长段上的附加绝缘段。

3.6

连接装置 connecting device

用于连接两个拼接段或一个拼接段与一个基本段或挂钩与基本段的装置。

3.7

可调脚 adjustable foot

装在基本段上，可以调节两个梯子脚之间的高度差。

3.8

绝缘蜈蚣梯 insulating centipede-type ladder

装有适当数量脚钉的绝缘管做主体的绝缘梯。

3.9

人字绝缘梯 insulating A-ladder

立于地面呈“人”字状的绝缘折梯。

4 分类

绝缘硬梯根据其受力特点和作业时的使用方式可分为竖梯、平梯、挂梯等类型。按其结构可分为人字梯、蜈蚣梯、升降梯等类型。

5 技术要求

5.1 一般要求

横档应具有防滑表面，且应和梯梁垂直。横档应确保作业人员带上手套后能够牢靠抓握，同时确保作业人员穿鞋或者靴进行登梯时，感觉舒适。所有的金属部分应有防腐性。

5.2 结构要求

绝缘梯组成结构示意图见图 A.1。

5.2.1 基本段

基本段长度应在 2 000 mm～6 200 mm 之间，允许偏差为±5 mm。

注：两个梯梁的长度差不应大于 2 mm。

5.2.2 加长段

加长段的长度应在 2 000 mm～6 200 mm 之间，允许偏差为±5 mm。

注：两个梯梁的长度差不应大于 2 mm。

5.2.3 梯梁

梯梁的轴距应在 280 mm～400 mm 之间，连接装置的轴距也应与此相同。

5.2.4 连接装置

延长梯的每个梯梁应包括一个 15 mm～250 mm 的连接装置。

5.3 机械性能要求

5.3.1 基本机械性能要求

每种绝缘硬梯应通过 6.4 的机械试验。

5.4 电气性能要求

5.4.1 导电部分

硬梯的基本段、挂钩及连接装置都可以为导电部分。

5.4.2 绝缘部分

制造硬梯的梯梁和横档的绝缘材料应满足 GB 13398 的电气性能要求及试验。

绝缘硬梯应通过 6.5 中的电气试验。

5.5 标志

每个梯子应标有以下信息，且标注应耐久：

——制造商的名称或商标；

——制造年份，或年月；

——带电作业标志符号(双三角)。

注：标志的高度与三角形的底边精确比例为 1.43，为了方便，比例可在 1.4～1.5 之间。

6 型式试验

6.1 一般要求

试验前应提供绝缘材料近期的型式试验报告，若无试验报告，必须按照 GB 13398 对绝缘材料进行型式试验。

有下列情况之一的绝缘硬梯应进行型式试验：

a) 绝缘硬梯产品投产或老产品转厂生产的试制定型鉴定；

b) 正式生产后，硬梯结构有较大改动时；

c) 硬梯产品停产一年以上恢复生产时；

d) 国家监督机构提出检验要求时；

e) 每 5 年需进行一次。

型式试验应对三个同一类的梯子进行。同一设计的梯子只需要进行一次型式试验。实验应按照附录 C 中的顺序进行。实验应在标准气象条件下进行：

——温度范围为 15 ℃～35 ℃；

——相对湿度范围为 45%～80%。

6.2 外观、尺寸及功能检查

硬梯应进行检查以确保其符合本标准。

6.3 标志的耐久性

标志应该用浸过水的抹布拭擦 1 min，然后再用异丙醇浸过的抹布拭擦 1 min。如果标志依然清晰，标记、文字没有模糊或丢失则试验通过。

注：用模具或雕刻制成的标志不需要进行耐久性试验。

6.4 机械试验

6.4.1 基本要求

6.4.1.1 尺寸公差

对于所有试验，允许测量的不确定度如下：

——长度测量为 5 mm；

——支架之间的距离测量为 5 mm；

——角度测量为 1°。

6.4.1.2 试验条件

对于 6.4.2～6.4.4 中的试验，应遵循以下试验条件：

——硬梯应水平放置在支架上，支撑点距硬梯端部应为 200 mm；

——支撑点应为圆柱形，直径在 25 mm～100 mm 之间，能够自由转动；

——试验荷载应缓慢平滑地加载在硬梯中间，与两个梯梁保持等距。

6.4.2 强度试验

应对平梯、挂梯等整梯进行水平、横档、连接部分的强度试验。对于拼接梯、组合梯，试验应在完整的梯上进行。对于折梯、人字梯应进行抗压试验后，在顶部连接处拆开，进行水平、横档、连接部分的强度试验。

a) 水平强度试验：硬梯应放在间距为 4 m 的支架上。在梯子中央施加 2 600 N 的荷载，持续 1 min。梯子的长度不为 4 m 时，试验值也应相应改变。即负载及支撑距离应满足最大弯曲力矩为 5 200 Nm 的要求。试验布置见图 B.1。除去荷载后，应无明显损坏和变形。

b) 横档强度试验：水平或垂直放置硬梯，对于横档两端均有梯梁支撑的硬梯，加 2 000 N 的拉力荷载加载在一个横档上，持续 1 min，负荷施力的宽度为 75 mm，并应加在横档中间。对于横档一端无支撑的硬梯如蜈蚣梯，负荷施力应加在横档端部，拉力负荷为 1 000 N。试验布置见图 B.2。除去荷载后,应无明显破坏和变形。

c) 连接装置强度试验:水平或垂直放置硬梯。试品的长度可根据试验室实际情况选择。根据试品的位置在梯子上通过 2～3 个横档均匀施加 3 500 N 的力,持续 1 min。挂梯应通过其挂钩挂在直径 150 mm 的棒上,试验布置见图 B.3。除去荷载后,挂钩、连接装置、横档或梯梁应无明显损坏和变形。

d) 抗压试验:按照 GB 7059,对折梯、人字梯整体进行试验,对于组合升降人字梯,试验应在完全伸开的梯上进行。将硬梯放在地面上成工作状态,角度为 75°±5°,在顶部连接处施加 4 000 N 的垂直荷载,持续 1 min,试验布置见图 B.4。卸载后梯子应无明显损坏和变形。

6.4.3 水平弯曲试验

应对整梯进行试验。若支腿可拆卸,应拆掉进行试验。试验布置见图 B.5。

首先在硬梯上施加 100 N 的预荷载 1 min,除去荷载后硬梯的位置即为测量起点。在硬梯中间施加 750 N 垂直试验荷载 1 min。

允许最大挠度 f_{max} 为两支撑点距离 L 的方程:

——$f_{max}=(5\times L^2)\times 10^{-6}$(单位:mm) 当硬梯长度小于或等于 5 m;

——$f_{max}=(0.043\times L)-90$(单位:mm) 当硬梯长度大于 5 m 小于或等于 12 m;

——$f_{max}=(0.06\times L)-294$(单位:mm) 当硬梯长度大于 12 m。

6.4.4 侧面挠度试验

本试验应在单段硬梯上进行,包括多段硬梯的每一段。梯子应侧向放置。试验布置见图 B.6。

首先在硬梯上施加 100 N 的预荷载 1 min,除去荷载后硬梯的位置即为测量起点。在硬梯下梯梁距支撑点等距的中间施加 250 N 垂直试验荷载 1 min。挠度测量点位于支点中间,应在加载 1 min 后进行。

最大允许挠度 f_{max} 为两支撑点距离 L 的方程:

——$f_{max}=0.005\times L$(单位:mm)。

6.4.5 横档弯曲试验

试验布置见图 B.7,横档一端无支撑的硬梯如蜈蚣梯可不进行此试验项目。首先在硬梯上施加 200 N 的预荷载 1 min,除去荷载后硬梯的位置即为测量起点。在硬梯的使用方向,通过 100 mm 的宽度将 2 600 N 的试验荷载垂直加在横档中间,持续 1 min 后,最大允许变形不应超过硬梯横档长度的 0.5%。

6.4.6 横档扭力试验

试验布置见图 B.8。在横档的中间通过一块 100 mm 宽的夹板施加 50 Nm 的力矩。力矩应该顺时针和逆时针同时施加 10 次,每次持续 10 s。试验中横档和梯梁的连接处不应有相对位移,试验后无永久变形。

6.4.7 稳定性试验

按照 GB 7059.2 对人字梯、折梯进行试验,对于组合升降人字梯,试验应在完全伸开的梯上进行。

a) 前稳定试验:将硬梯放在地面上成工作状态,与地面的角度为 75°±5°,在其顶部第二个踏板上均匀施加 1 000 N 荷载,然后在硬梯正面顶端中心处加 120 N 的水平拉力(力的方向垂直于踏板)。梯角应保持与地面接触,无移动。试验布置见图 B.9。

b) 侧稳定试验:将硬梯放在地面上成工作状态,与地面的角度为 75°±5°,在其顶部第二个踏板上均匀施加 1 000 N 荷载,然后在硬梯侧面顶端中心处加 80 N 的水平拉力(力的方向平行于踏板)。梯角应保持与地面接触,无移动。试验布置见图 B.10。

6.4.8 滑移试验

应对人字梯、折梯进行试验,对于组合升降人字梯,试验应在完全伸开的梯上进行。

硬梯成工作状态,与地面的角度为 75°±5°,其梯角接触的试验表面为细沙纸打光的木板,在其顶部第二个踏板上均匀施加 1 000 N 荷载，然后将 160 N 的水平静拉力施加在距试验表面 30 mm 的梯脚上，各梯脚在整个试验表面上不得有位移。试验布置见图 B.11。

6.5 电气试验

6.5.1 耐压及操作冲击试验

按照 DL/T 878 要求，10 kV～500 kV 绝缘硬梯的耐压及操作冲击试验应符合表 1 要求。

表 1 10 kV～500 kV 电压等级绝缘硬梯试验参数

额定电压/kV	试验长度/m	工频耐压/kV	工频耐压时间/min	15 次操作冲击耐压/kV
10	0.4	100	1	—
35	0.6	150	1	—
65	0.7	175	1	—
110	1.0	250	1	—
220	1.8	450	1	—
330	2.8	420	5	900
500	3.7	640	5	1 175
±500	3.2	622[a]	5	1 060
注：220 kV 及以下等级的绝缘梯不需进行操作冲击试验。				
[a] 为±500 kV 直流耐压试验的加压值。				

若无闪络、无击穿、无明显发热则为通过。

6.5.2 机械老化后的电气试验

此试验在经过机械老化后的硬梯的绝缘段上进行。老化试验指按照 6.4.3 进行 1 000 次弯曲试验，1～2 次/min。试品应在(100±5)Ω·m 的水中浸泡 24 h，在实验前拿出并仔细擦干。试验电极宽不小于 50 mm，绑在相邻的横档上适当的位置，确保试验电压加载梯梁上，试验布置见图 B.12。试验电压为 50 Hz 的交流电压，应加在相邻的电极上，按照 1 kV/s 的速度升压至 U_m。

试验电压应根据横档之间的距离 d 按照以下方程计算：

$$U_m = \frac{U_0 \times d}{300}$$

U_m 单位为 kV，d 单位为 mm，U_0=100 kV；

电压应由变压器输出，变压器的容量应保证在最大电压 U_m 时，短路电流不小于 0.5 A。加压时间为 1 min。

对于连在同一梯梁上的相邻横档都应进行耐压试验。若无闪络、无击穿、无明显发热则为通过。

7 出厂试验

7.1 基本要求

绝缘梯及其材料都必须通过型式试验。没有通过型式试验的硬梯应拒绝使用。

7.2 外观及功能检查

每个硬梯应针对制造缺陷进行外观检查，且应能够正确的安装和使用。

7.3 电气试验

绝缘硬梯均应通过 6.5 的试验，但不进行机械老化及浸水处理。

8 预防性试验

绝缘硬梯在使用中应定期进行电气试验及机械试验，其试验周期为：

电气试验:12 个月。

机械试验:24 个月。

8.1 电气试验

按照 DL/T 878 要求对整梯进行试验,若无闪络、无击穿、无明显发热则为通过,各电压等级的绝缘硬梯试验参数见表 2。

表 2 10 kV～500 kV 等级绝缘硬梯电气预防性试验

额定电压/kV	试验长度/m	工频耐压/kV	耐压时间/min	15 次操作冲击耐受电压/kV
10	0.4	45	1	—
35	0.6	95	1	—
65	0.7	175	1	—
110	1.0	220	1	—
220	1.8	440	1	—
330	2.8	380	3	800
500	3.7	580	3	1 050
±500	3.2	565[a]	3	970
注:220 kV 及以下等级的绝缘梯不需进行操作冲击试验。				
[a] 为±500 kV 直流耐压试验的加压值。				

8.2 机械试验

应对梯子进行强度试验,试验值及试验时间见表 3,强度试验试品按照附录 B 图 B.2～B.5 布置。

表 3 机械预防性试验项目

试验项目	试验值/N	试验时间/min
水平强度试验	1 000	1
横档强度试验	800	1
连接装置强度试验	1 000	1
抗压试验(折梯、人字梯)	1 600	1

除去荷载后,钩子、连接装置、横档或梯梁等均应无任何永久变形。

9 包装、运输、保管

9.1 包装

9.1.1 绝缘硬梯的包装应用帆布套、塑料套、木箱进行分层包装。

9.1.2 包装箱上应标明制造厂名称、产品的名称、毛重及净重和出厂日期。另外,还须标出“防潮”、“轻放”、“勿压”、“勿碰”等。

9.2 运输

带电作业用绝缘硬梯产品在运输时,应装入专用工具袋、箱或专用工具车内,以防受潮和损伤。

9.3 保管

带电作业用绝缘硬梯产品应置于通风良好、备有去湿设施、清洁干燥的专用房间存放。贮存期超过生产日期 12 个月要按本标准进行电气性能检验。

附　录　A
（规范性附录）
绝缘硬梯示意图

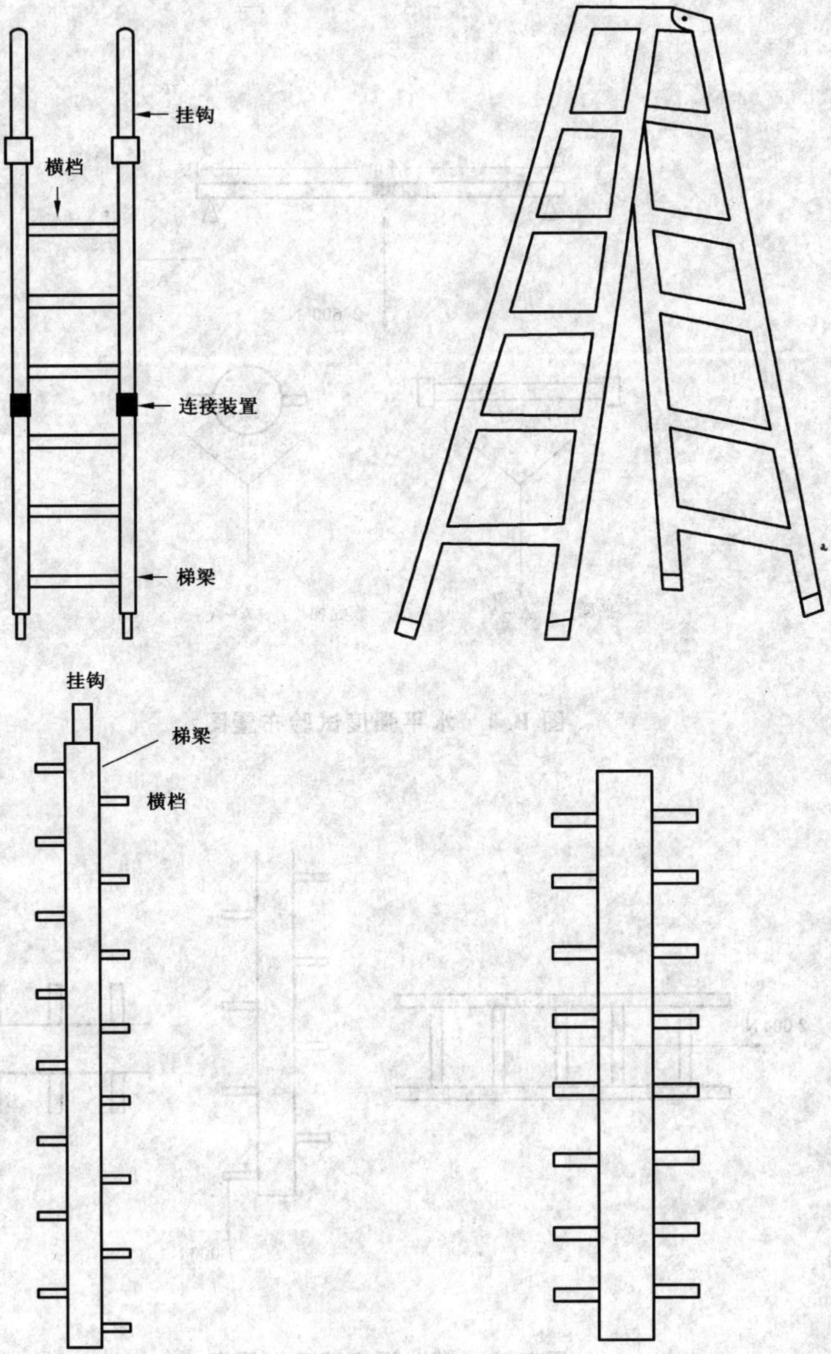

图 A.1　绝缘梯示意图

附 录 B
（规范性附录）
绝缘硬梯试验布置示意图

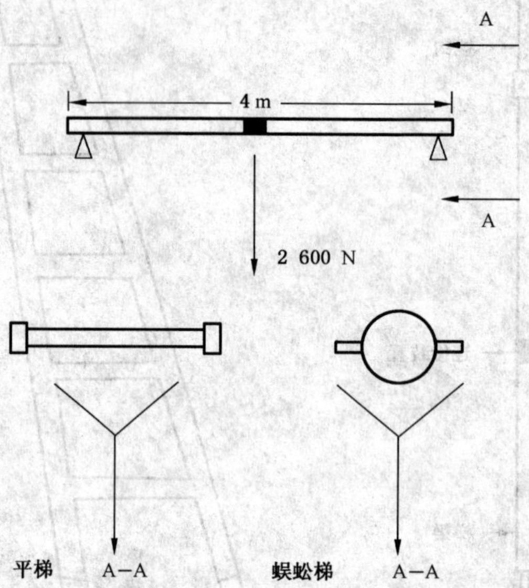

图 B.1 水平强度试验布置图

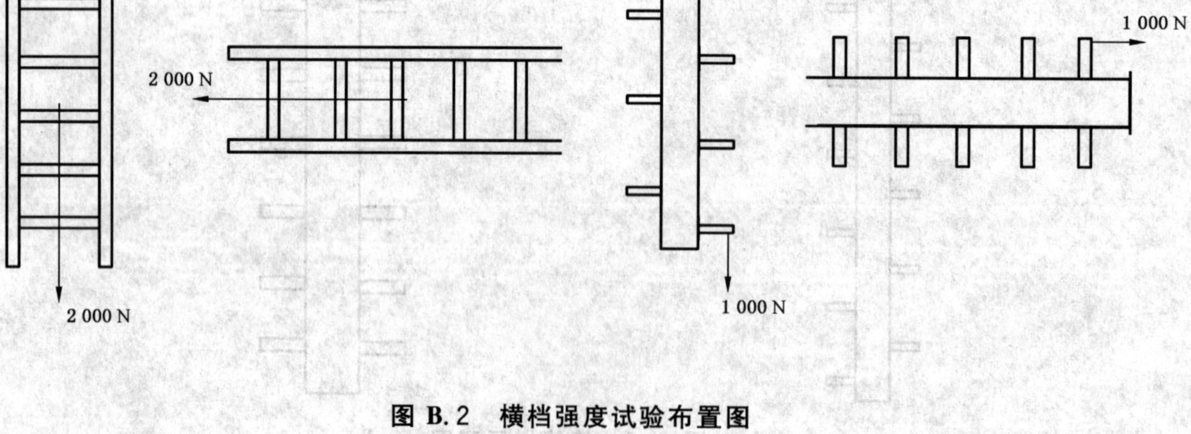

图 B.2 横档强度试验布置图

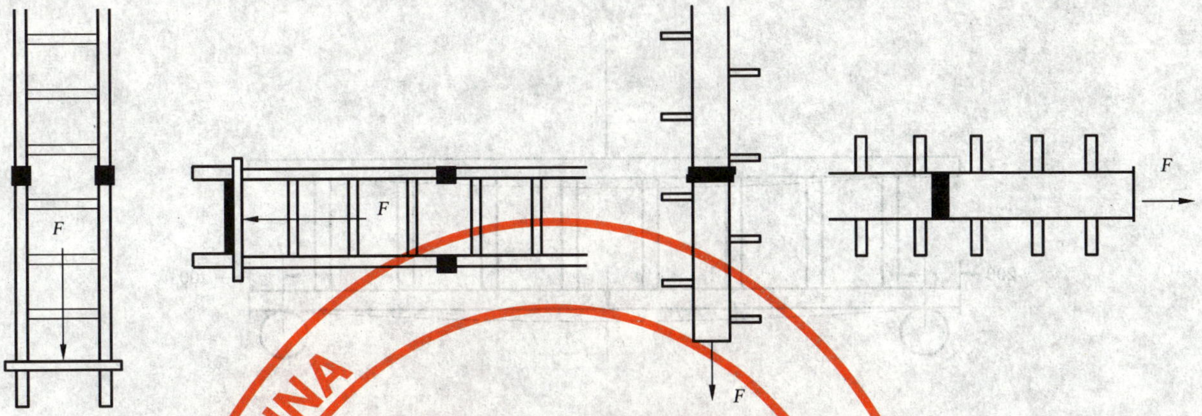

图 B.3 连接装置强度试验布置图

图 B.4 抗压试验布置图

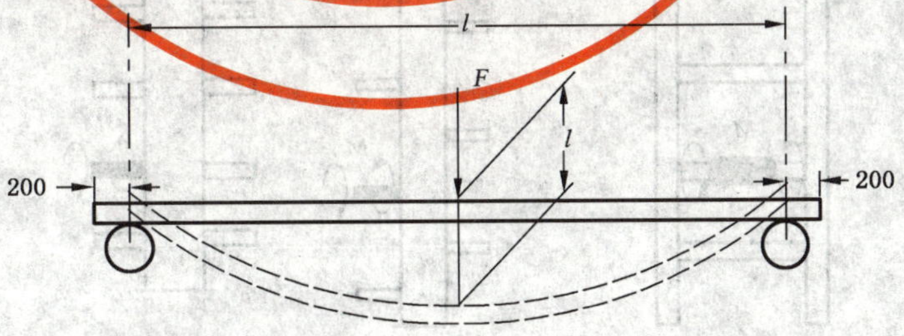

图 B.5 水平弯曲试验

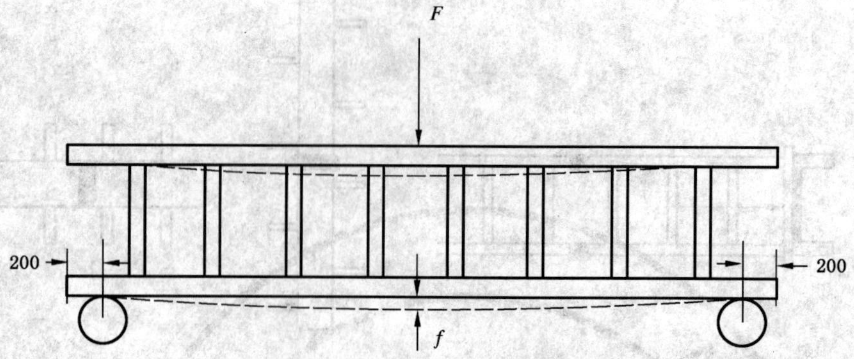

图 B.6 侧面挠度试验布置图

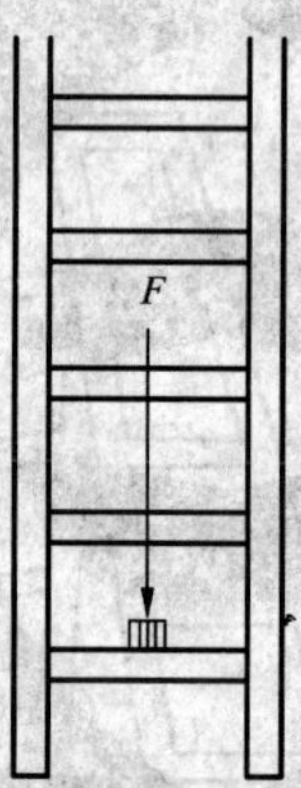

图 B.7 横档弯曲试验布置图

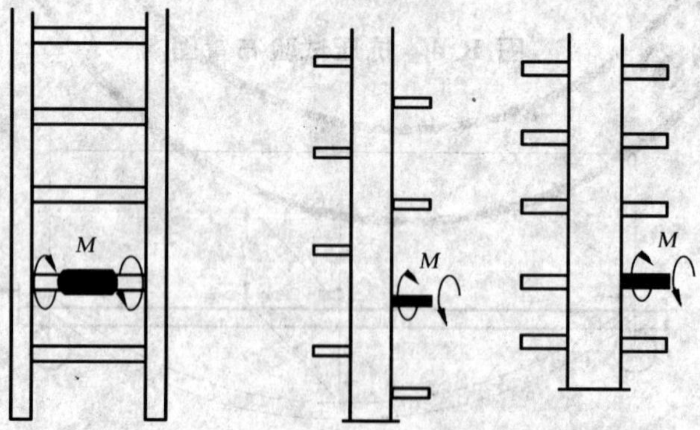

图 B.8 横档扭力试验布置图

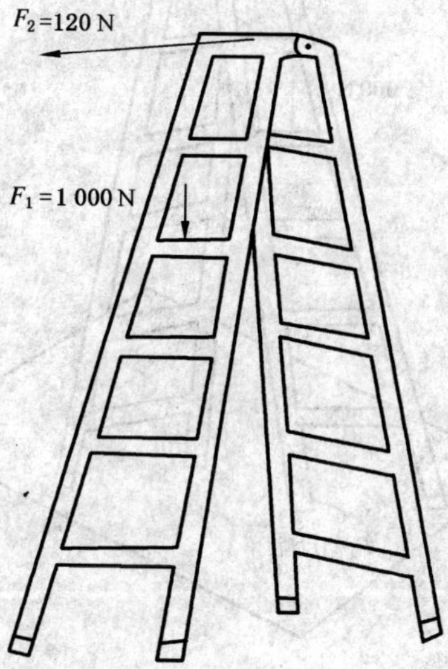

图 B.9 前稳定试验

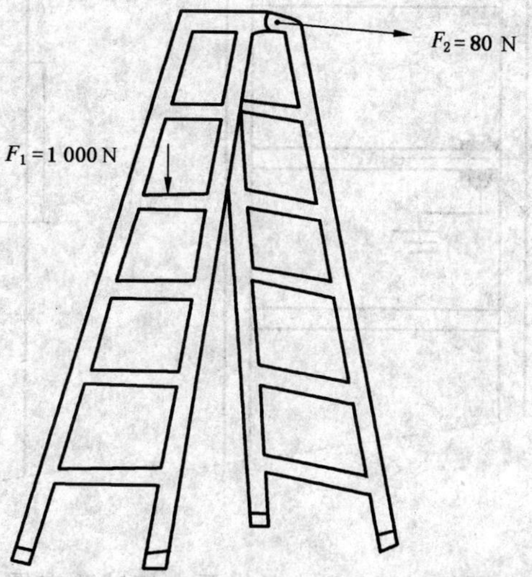

图 B.10 侧稳定试验

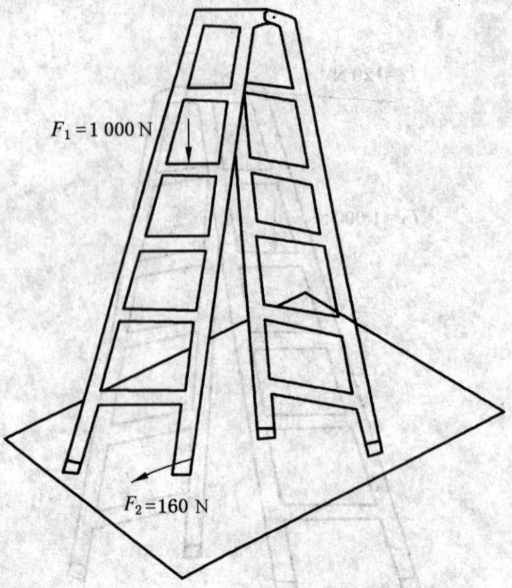

图 B.11 滑移试验

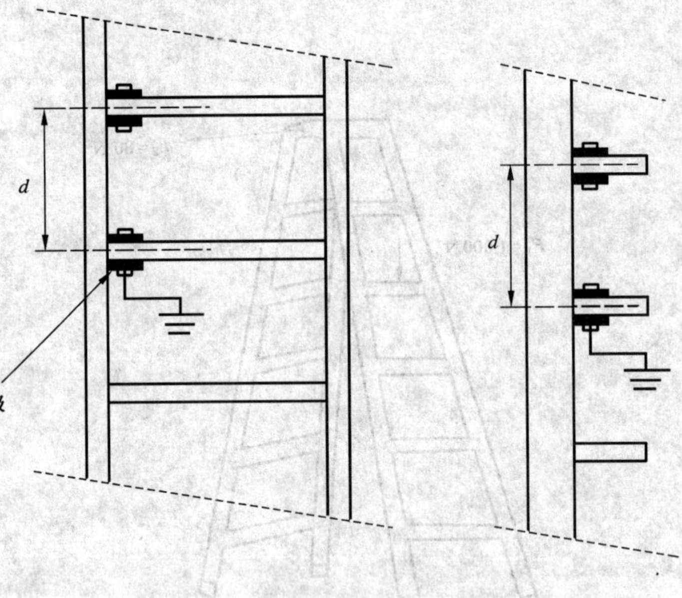

图 B.12 机械老化后电气试验布置图

附 录 C
（规范性附录）
绝缘硬梯试验顺序及试验项目

表 C.1 绝缘硬梯试验项目

序号	检验项目	试验依据	试验分类		
			型式试验	出厂试验	预防性试验
1	外观,尺寸及功能检查	6.2	√	√	√
2	标志耐久性	6.3	√		
3	强度试验	6.4.2	√		√
4	弯曲试验	6.4.3	√		
5	侧面挠度试验	6.4.4	√		
6	横档弯曲试验	6.4.5	√		
7	横档扭力试验	6.4.6	√		
8	稳定性试验	6.4.7	√		
9	滑移试验	6.4.8	√		
10	电气试验	6.5	√	√[a]	√[a]
[a] 不进行机械老化及浸水处理。					

ICS 13.340.40
K 15

中华人民共和国国家标准

GB/T 17622—2008
代替 GB 17622—1998

带电作业用绝缘手套

Live working—Gloves of insulating material

(IEC 60903:2002,MOD)

2008-09-24 发布　　2009-08-01 实施

中华人民共和国国家质量监督检验检疫总局
中国国家标准化管理委员会　发布

前　言

本标准修改采用 IEC 60903:2002《带电作业用绝缘手套》。

本标准与 IEC 60903:2002 相比，主要存在如下技术性差异：

——对 IEC 60903 中手套的电压等级分类，结合我国电压等级及电网的中性点接地方式，并考虑适当的安全裕度重新做了相应的规定。如：IEC 61299 中 2 级手套的最高适用电压为 17 000 V，本标准中规定 2 级手套的适用电压为 10 000 V；

——对 IEC 60903 中部分条款的顺序进行了调整，如：将第 10 章(复合绝缘手套的淋雨试验)的内容并入本标准的 6.4 电气试验中；将第 9 章(特殊机械性能试验)内容并入本标准的 6.3 机械性能试验中；

——未采用 IEC 60903 部分附录，如：附录 B、附录 C、附录 G、附录 H、附录 I。

本标准代替 GB 17622—1998《带电作业用绝缘手套通用技术条件》。

本标准与 GB 17622—1998 相比，主要有以下几个方面的修改：

——标准名称修改为《带电作业用绝缘手套》；

——标准的适用范围由 10 kV 扩展至 35 kV；

——手套的分类，适用电压等级分类由原来的 3 种修改并增加至 5 种；

——增加了手套的物理性能要求，如：手套的样式、典型手套的具体尺寸、厚度要求等，并增加了相应的试验方法和要求；

——增加了一种"复合绝缘手套"，对其特殊的机械性能要求和试验方法进行了规定，如耐磨性能、耐切割性能和抗撕裂性能要求等；对其与常规绝缘手套电气性能不同的要求和试验方法进行了规定，如淋雨试验；

——增加了特殊性能手套的要求和试验方法；

——对标准中"标志、包装、贮存"进行了修改，如标记的耐久性、颜色，包装要求，贮存温度要求等；

——增加了手套的使用指南，如附录 C。

本标准的附录 A、附录 B、附录 C 为规范性附录。

本标准由中国电力企业联合会提出。

本标准由全国带电作业标准化技术委员会归口并负责解释。

本标准主要起草单位：国网武汉高压研究院、武汉巨精机电有限公司。

本标准主要起草人：王力农、徐莹、胡毅、易辉、张丽华、黄涛 、郑传广、肖宾。

本标准所代替标准的历次版本发布情况为：

——GB/T 17622—1998。

带电作业用绝缘手套

1 范围

本标准规定了带电作业用绝缘手套的分类、要求、试验、检验规则、标志、包装、贮存等。

本标准适用于交流35 kV及以下电压等级的电气设备上进行带电作业时使用的绝缘手套。

2 规范性引用文件

下列文件中的条款通过本标准的引用而成为本标准的条款。凡是注日期的引用文件，其随后所有的修改单(不包括勘误的内容)或修订版均不适用于本标准，然而，鼓励根据本标准达成协议的各方研究是否可使用这些文件的最新版本。凡是不注日期的引用文件，其最新版本适用于本标准。

GB/T 14286 带电作业工具设备术语(GB/T 14286—2008,IEC 60743:2001,MOD)

GB/T 16927.1 高电压试验技术 第一部分：一般试验要求(GB/T 16927.1—1997,eqv IEC 60060-1:1989)

GB/T 18037 带电作业用工具技术要求与设计导则

3 术语和定义

GB/T 14286确定的以及下列术语和定义适用于本标准。

3.1

复合绝缘手套 composite gloves

由几种不同颜色或不同类型和合成橡胶粘贴或迭合而成，具有机械保护性能的绝缘手套。

3.2

长袖复合绝缘手套 long composite gloves

袖筒长度到腋下的复合绝缘手套。

3.3

连指手套 mitt

少于四个手指的手套。

3.4

袖套 cuff

从手套的手腕至手套开口的部分。

3.5

袖卷边 cuff roll

手套的袖套的卷边或加强边。

3.6

分岔 fork

手套两个手指之间的连接部分。

3.7

手腕 wrist

手套袖套最狭窄的部分。

4 分类

4.1 本标准中所包括的带电作业用绝缘手套按照其使用方法分为常规型绝缘手套和复合绝缘手套。常规型绝缘手套自身不具备机械保护性能，一般要配合机械防护手套（如皮质手套等）使用；复合绝缘手套是自身具备机械保护性能的绝缘手套，可以不用配合机械防护手套使用。本标准中两种绝缘手套统称为“手套”。

4.2 本标准所包括的手套按电气性能分为以下几种类型：0、1、2、3、4 五级，适用于不同电压等级的手套见表 1。

表 1 适用于不同电压等级的手套

级别	AC[a]/V
0	380
1	3 000
2	10 000
3	20 000
4	35 000

[a] 在三相系统中电压指的是线电压。

4.3 具有特殊性能的手套分为 5 种类型，分别为 A、H、Z、R、C 型，见表 2。

表 2 特殊性能绝缘手套类型

型号	特殊性能
A	耐酸
H	耐油
Z	耐臭氧
R	耐酸、油和臭氧
C	耐低温

5 要求

5.1 结构要求

5.1.1 构成

手套可以加衬，外表面也可加复盖层，以防止化学腐蚀以及降低臭氧对手套产生的老化影响。

复合绝缘手套通常由橡胶或塑料制成，由不同颜色层构成的复合手套外表磨损时，可以看到内层不同的颜色层。

5.1.2 形状

所有的手套都应有袖口，袖口部位还可以另外加制卷边。

注：分指手套的形状如图 1 所示，图中的“h”表示手指的弯曲程度。连指手套如图 2 所示。长袖复合手套如图 3 所示。

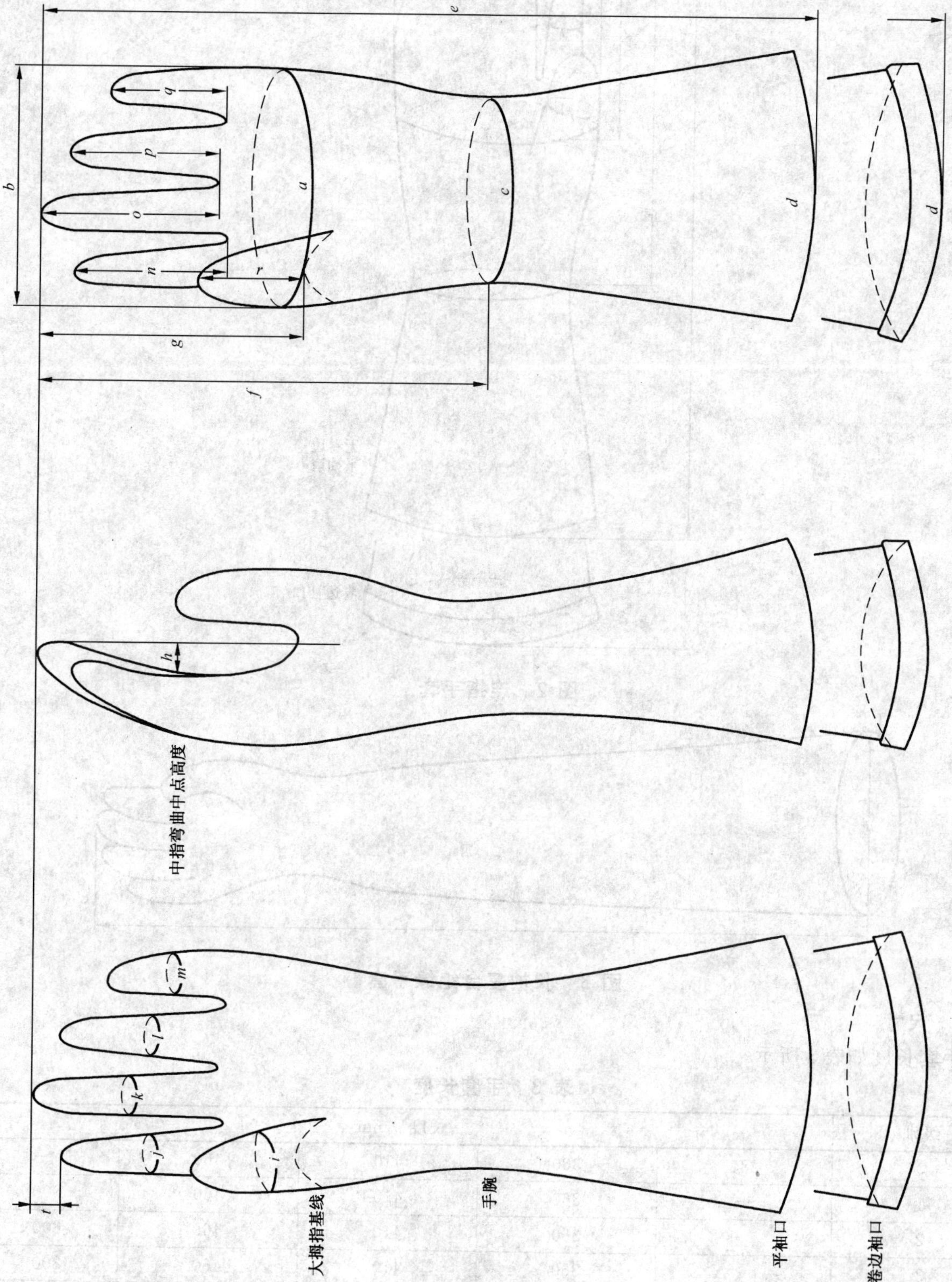

图 1 分指手套

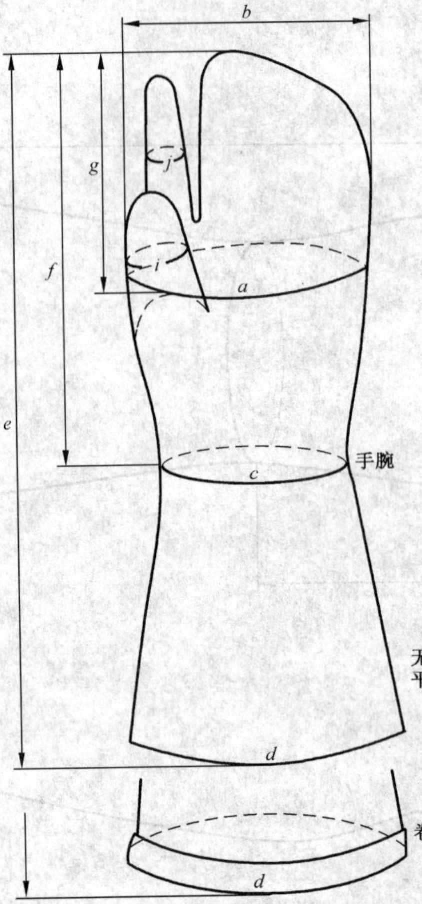

图 2 连指手套

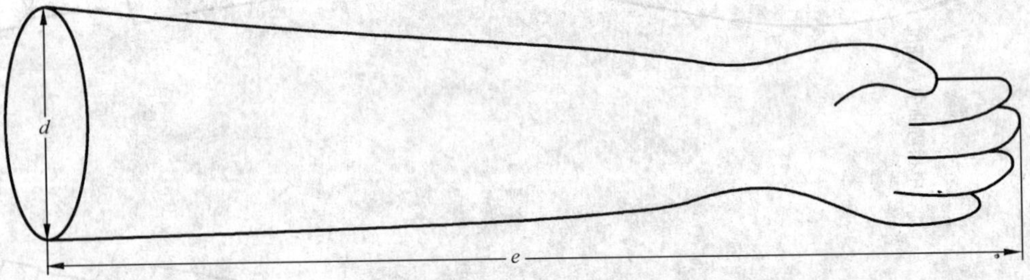

图 3 长袖复合绝缘手套

5.1.3 尺寸

手套长度如表 3 所示。

表 3 手套长度

级别	长度[b]/mm				
0	280	360	410	460	—
1	—	360	410	460	800[a]
2	—	360	410	460	800[a]
3	—	360	410	460	800[a]
4	—	—	410	460	—

a 表示仅复合绝缘手套有。

b 复合手套长度偏差允许±20 mm，其余类型手套长度偏差均为±15 mm。

对圆弧型袖口手套如图 4 所示，其长度长边与短边之间的差值 L'，绝缘手套为 50 mm±6 mm，复合绝缘手套为 100 mm±12 mm。

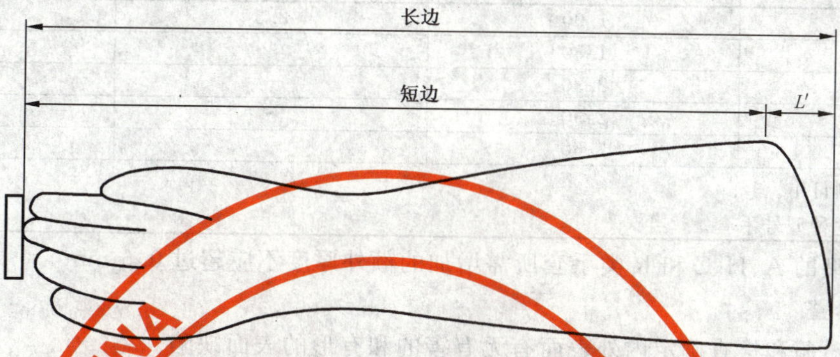

图 4　圆弧型袖口绝缘手套

除总长度 L 外，其他尺寸规格供测量时参考，不作为强制性的规定，典型手套的尺寸见表 4。

表 4　典型手套的尺寸

单位为毫米

部位说明	字母	规格			
		280[a]	360[a]	410[a]	460[a]
手掌周长	a	210	235	255	280
手腕周长	c	220	230	240	255
袖口周长	d	360	360	360	360
手指周长	i	70	80	90	95
	j	60	70	80	85
	k	60	70	80	85
	l	60	70	80	85
	m	55	60	70	75
手掌宽度	b	95	100	110	125
手腕到中指尖长度	f	170	175	185	195
大拇指基线到中指尖长度	g	110	110	115	120
中指弯曲中点高度	h	6	6	6	6
手指长度	n	60	65	70	70
	o	75	80	85	85
	p	70	75	80	80
	q	55	60	65	65
	r	55	60	65	65
	t	15	17	15	17

[a] 表示手套长度。

5.1.4　厚度

手套的最小厚度应以能通过 5.3 规定的电气性能要求来确定。

为了保证手套的柔软性，手套平面的最大厚度如表 5 所示。

表 5 手套的最大厚度

级别	厚度/mm		
	绝缘手套	复合手套	长袖复合手套
0	1.00	2.3	—
1	1.50	a	3.1
2	2.30	—	4.2
3	2.90	—	4.2
4	3.60	—	—

a 表示还在制订中。
— 表示没有此种型号手套。

对于特殊类型的 A、H、Z 和 R 类手套所需增加的额外厚度不应超过 0.6 mm。

5.1.5 工艺及修整

手套应通过试验和检查确定内外表面有无有害的和有形的表面缺陷。

有害的、有形的表面缺陷是指：针孔、裂纹、砂眼、割伤、嵌入导电杂物和明显的压模痕迹。

无害的、有形的表面缺陷是指：呈现在手套内外侧表面的不平整，这些表面缺陷表现为模压痕迹，实际上是合成橡胶的隆起物或凹陷。

5.2 机械性能要求

5.2.1 拉伸强度及扯断伸长率

平均拉伸强度应不低于 16 MPa。

平均扯断伸长率应不低于 600%。

5.2.2 拉伸永久变形

拉伸永久变形不应超过 15%。

5.2.3 绝缘手套特殊机械性能要求

绝缘手套还应具有防机械刺穿性能，平均抗机械刺穿强度应不小于 18 N/mm。

5.2.4 复合绝缘手套特殊机械性能要求

——应具有防机械刺穿性能，抗机械刺穿力不得小于 60 N；
——应具有耐磨性能，平均磨损量不得大于 0.05 mg/r；
——应具有抗切割性能，耐切割指数应不小于 2.5；
——应具有抗撕裂性能，抗撕裂强度不得小于 25 N。

5.3 电气性能要求

手套应能通过交流验证电压试验和耐受电压试验，验证电压下泄漏电流值应满足表 6 的要求。

表 6 电气绝缘性能要求

级别	交流试验						直流试验	
	验证试验电压/kV	最低耐受电压/kV	验证电压下泄漏电流[a]/mA 手套长度/mm				验证试验电压/kV	最低耐受电压/kV
			280	360	410	≥460		
0	5	10	12	14	16	18	10	20
1	10	20	N/a	16	18	20	20	40
2	20	30	N/a	18	20	22	30	60
3	30	40	N/a	20	22	24	40	70
4	40	50	N/a	N/a	24	26	60	90

a 本表中所规定的泄漏电流值仅适用于绝缘手套，对复合绝缘手套另有规定。

注 1：N/a 表示无适用值。

注 2：在正常使用时，其泄漏电流值会比试验值要小，因为试验时试品与水的接触面积比在进行带电作业时的接触面积大，并且验证试验电压比最大使用电压要高。

注 3：对于预防性试验(手套没有经过预湿处理)，泄漏电流规定值应相应降低 2 mA。

长袖复合绝缘手套应能通过表6中的验证电压试验和耐受电压试验，其进行淋雨试验时表面泄漏电流值应满足表7的要求。

表7 长袖复合绝缘手套淋雨试验要求

级　别	试验电压/ kV	试验时间/ min	最大泄漏电流值/ mA
1	10	3	10
2	20	3	10
3	30	3	10

5.4 耐老化性能要求

经热老化处理后的试品，拉伸强度应不低于老化前试验值的80%，拉伸永久变形不应超过15%，并应在不经过吸潮处理情况下通过验证电压试验。

5.5 热性能要求

5.5.1 耐低温性能

手套按照6.6.1方法经低温处理试验后，经目测应无破损、断裂和裂缝，并在不经过预湿处理情况下通过验证电压试验。

5.5.2 阻燃性能试验

手套按照6.6.2进行阻燃试验，在火焰退出后，观察试品上火焰的蔓延情况，经过55 s，如果燃烧火焰未蔓延至试品末端55 mm基准线处，则试验合格。

5.6 特殊性能要求

5.6.1 耐酸性能

A类手套应具有耐酸性能。试品在经过酸液浸泡处理后，应能通过以下试验：

——验证电压试验（无需预湿处理）；

——拉伸强度和扯断伸长率试验，浸酸后试验值不得低于浸酸前试验值的75%。

5.6.2 耐油性能

H类手套应具有耐油性能。试品在经过浸油处理后，应能通过以下试验：

——验证电压试验（无需预湿处理）；

——拉伸强度和扯断伸长率试验，浸酸后试验值不得低于浸酸前试验值的50%。

5.6.3 耐臭氧性能

Z类手套应具有耐臭氧性能。试品经过臭氧环境处理后，外观检查应无裂痕，并能通过验证电压试验（无需预湿处理）。

5.6.4 耐酸、油和臭氧综合性能

R类手套应同时具有耐酸性、耐油性和耐臭氧性能。

5.6.5 耐极低温性能

C类手套应具有耐极低温性能。试品经过极低温处理后，经目测应无破损、断裂和裂缝，并在不经过吸潮处理情况下通过验证电压试验。

6 试验

6.1 一般要求

试验包括型式试验、抽样试验、预防性试验和验收试验。经过型式试验和抽样试验的试品不得再使用。

各类型试验所需试品的数量及试验顺序见附录A。经过外观检查的试品还可用于其他试验。

除应进行预湿处理的试品外，均应在温度为23 ℃±2 ℃和相对湿度为50%±5%的环境中预置2 h±0.5 h。

6.2 外观检查和测量

6.2.1 外观检查

对手套的外观应进行目视检查。

6.2.2 尺寸检查

手套长度的测量应从手套中指开始，量至袖口边缘。测量时，手套应呈自然松弛状态，袖口边缘应与测量线垂直。

测量圆弧形袖口手套长度时，手套应呈自然松弛状态，沿着长度的平行线进行测量，如图 1 所示。

6.2.3 厚度

厚度测量点应分散于整只手套表面，手掌部位不少于 4 个测量点，手背部位不少于 4 个测量点，大拇指和食指部位不少于 1 个测量点。

测量应使用千分尺或其他能够达到如此精度的测量仪器。千分尺的精度应不低于 0.02 mm，并具有直径约为 6 mm 的测量杆和直径为 3.17 mm±0.25 mm 加压爪。加压爪施力为 0.83 N±0.03 N。被试手套要得到足够的支撑，以使千分尺测量的平面不受力。

6.2.4 工艺及成型

按 5.1.5 要求，对试品进行目测检查，应无 5.1.5 中所指出的有害的不规则性。

6.2.5 标志检查

对标志应进行目测检查和持久性试验。

标志的持久性试验可以通过肥皂水浸泡的软麻布或无绒布擦 15 s，然后再用酒精浸泡过的软麻布或无绒布擦 15 s，试验结束时标志仍应是清晰可见的。

6.2.6 包装检查

对包装应进行目视检查，每双手套应有独立包装。

6.3 机械试验

6.3.1 拉伸强度及扯断伸长率试验

从被试手套上切取 4 件哑铃型测试块(手掌、手背部位各一件，手腕部位二件)进行试验(见图 5)。

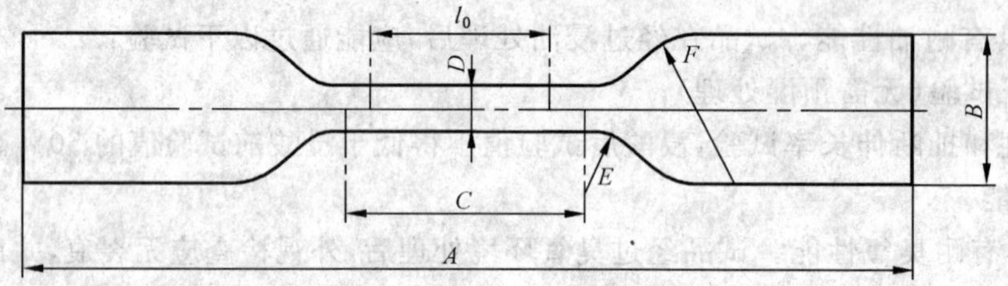

平面图

基准线	尺寸/mm	基准线	尺寸/mm
C	25±1	D	4.0±0.1
B	12.5±1.0	A	75
l_0	20.0	E	8.0±0.5
F	12.5±1.0	—	—

图 5 哑铃型试品

对试品进行拉伸强度及扯断伸长率试验用拉力试验机进行，拉力试验机以 500 mm/min±50 mm/min 的速度对测试块进行拉伸直至拉断。

拉伸强度的计算是以断裂时的力除以测试块的初始截面积。

扯断伸长率的计算，是以断裂时两条基准线之间的距离 l 减去其初始距离 l_0，并用初始距离的百分数表示，即按下式进行计算：

$$\delta=\frac{l-l_0}{l_0}\times 100\%$$

4 件测试块的平均拉伸强度应不低于 16 MPa，平均扯断伸长率应不低于 600%，试验通过。

注：拉力试验机上应装有连续加力指示计，以及测量伸长的刻度；当测试块断裂后，拉力试验机应能指示最大拉力及最大伸长位置。

6.3.2 拉伸永久变形试验

从被试手套上切取哑铃型测试块 3 件（手掌、手背和手腕各一件），外形尺寸如图 5 所示。将测试块固定在应变仪的夹架上，使一端固定，另一端可随夹架在导轨上移动。

拉伸变形前的基准长度（L_0）的测量误差应在 0.1 mm 之内，将测试块装在夹架上后，以 2 mm/s～10 mm/s 的速度拉伸测试块，使其伸长率达到（400±10）%，此时长度记为 L_s，并保持 10 min，然后以相同的速度将测试块放松，取下测试块置于平面上，经过 10 min 的变形恢复时间，再测量两基准线之间的距离（L_1）。拉伸永久变形按下式计算：

$$拉伸永久变形(\%)=\frac{L_1-L_0}{L_s-L_0}\times 100$$

式中：

L_0——拉伸变形前的基准长度；

L_s——应变后的长度；

L_1——恢复后的基准长度。

3 件测试块的平均拉伸永久变形不应超过 15%，试验通过。

6.3.3 抗机械刺穿试验

从被试手套上切取两个直径为 50 mm 的圆形试品。将试品紧夹在两个直径为 50 mm 的圆板之间，上板开有直径为 6 mm 的孔，下板开有直径为 25 mm 的孔，两孔边缘倒角为半径的 0.8 mm 的圆弧（见图 6）。

单位为毫米

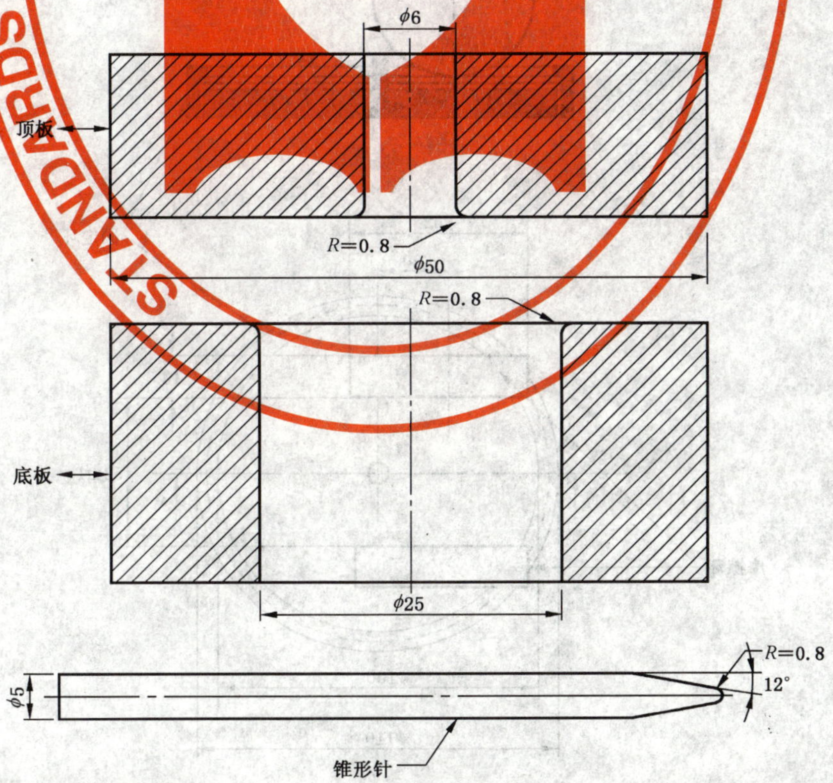

图 6 抗机械刺穿试验

将一根直径为 5 mm 的金属棒加工成一端锥度为 12°、顶端半径为 0.8 mm 的锥形针，将锥形针垂直置于试品上方，以(500±50) mm/min 的速度向试品加力，测量出穿透试品所需的刺穿力。

抗机械刺穿力强度等于刺穿力除以试品的厚度。

绝缘手套 2 件试品平均抗机械刺穿强度应不小于 18 N/mm；复合绝缘手套 2 件试品平均抗机械刺穿力应不小于 60 N。

6.3.4 耐磨试验

从一个型号手套中选取五只，在每只手套靠近手掌部位切割一个直径为 110 mm 的圆形试品，在试品中心处开直径为 6 mm 的圆孔。

耐磨试验机(如图 7 所示)上的试品固定装置应能以 60 r/min±5 r/min 的速度旋转，在固定装置上将试品用环固定好。在两个厚 13 mm、直径为 52 mm 的轮子上各套一个由钨碳化物制成的摩擦环，两个摩擦环内侧相距 52 mm，试验时应用真空泵清除试品产生的微尘。

试验前试品表面应先用 200 kPa±35 kPa 的干燥高压空气清洁干净，两个摩擦环紧贴试品上表面，每个摩擦轮在试品上应能施加 2.45 N 的力。

$$磨损量=\frac{m_0-m_1}{n}$$

式中：

m_0——试验前试品质量；

m_1——试验后试品质量；

n——试品旋转圈数。

单位为毫米

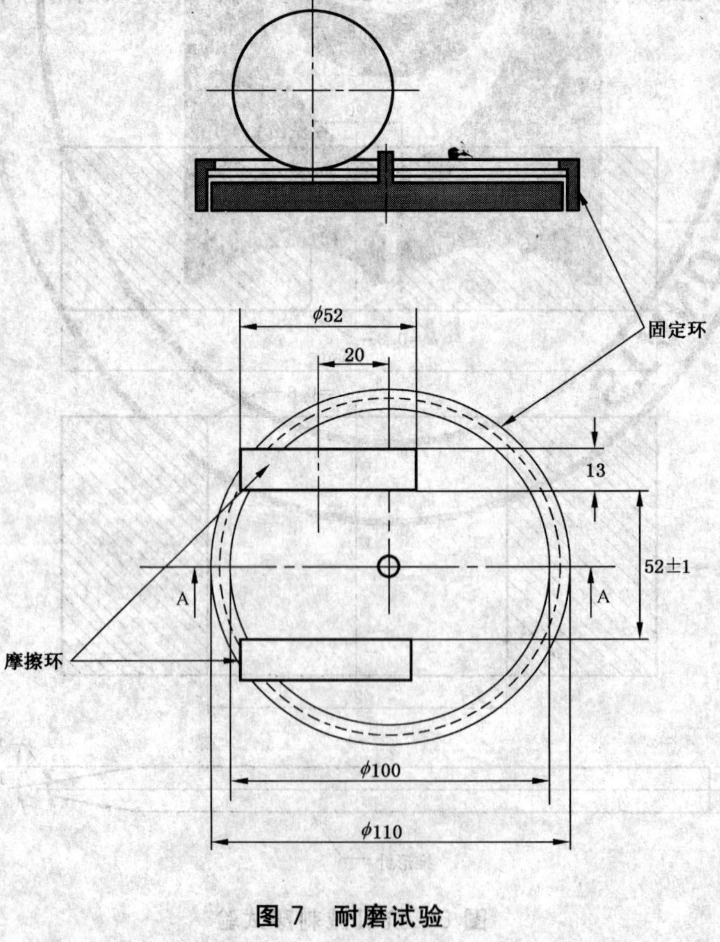

图 7 耐磨试验

6.3.5 耐切割试验

试验装置、布置如图8所示：

——试验台上装有可作水平运动且位移可达到50 mm的圆形可旋转切割刀片，并且切割刀片旋转的方向要能与其水平运动方向相反，刀片的运动速度不超过10 cm/s；

——压在切割刀片支架上重5 N的重物；

——切割刀片应由硬度为740～800的钨制成，刀片直径为45 mm，厚度为0.3 mm，边缘锥度为30°～35°(如图8所示)；

——被试试品放于导电橡胶垫(硬度80 INRD±31 INRD)上；

——还应有如图8所示的固定试品的装置；

——应具有自动装置能够控制切割运动；

——周期计算器应校准到1/10周期。

参考试品和被试试品均应进行耐切割试验。参考试品应在具有以下技术规格的棉帆布上截取：

经线编织：双线S捻280捻/m，单线Z捻500捻/m；

纬线编织：与经线相同；

经向：18支纱/1 cm，拉伸强度为1 400 N；

纬向：11支纱/1 cm，拉伸强度为1 000 N；

密度为540 g/m^2，厚度为1.2 mm，尺寸规格为80 mm×100 mm。

在橡胶垫上放一片大小合适的铝箔，参考试品在没有被拉伸的情况下放在铝箔上，并用固定装置固定好。降低装有切割刀片的活动臂，使刀片刚好能够切割参考试品。试品完全切穿以发出声音或光信号为止，记下所用的转数(C)。

从两只不同的被试手套上截取两片尺寸大小相同的试品，进行上述试验，记下试验转数(T)。每件被试试品应进行5次试验，试验次序规定如下：

1 参考试品进行试验；

2 被试试品进行试验；

3 参考试品再进行试验。

试验结果列于表8：

表8 抗切割试验结果

次序	参考试品试验结果	被试试品试验结果	参考试品第二次试验结果	指数
1	C_1	T_1	C_2	i_1
2	C_2	T_2	C_3	i_2
3	C_3	T_3	C_4	i_3
4	C_4	T_4	C_5	i_4
5	C_5	T_5	C_6	i_5

耐切割指数：

$$I=\frac{1}{5}\sum_{i=1}^{i=5} i_n$$

式中：$i_n=\frac{\overline{C_n}-T_n}{C_n}$，$\overline{C_n}=\frac{C_n+C_{n+1}}{2}$

$\overline{C_n}$为手套试品试验前后的参考试品的两次试验的平均值。两件手套试品的耐切割指数I的最小值不小于2.5，试验通过。

单位为毫米

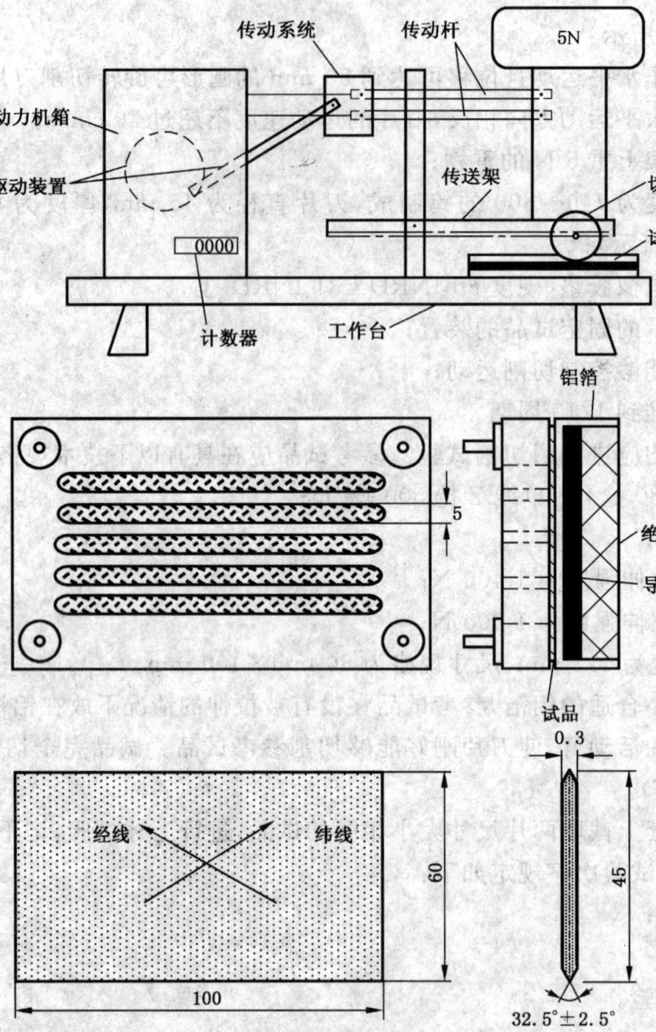

图 8 耐切割试验装置

6.3.6 抗撕裂试验

从一个型号手套中选取四只，其中两只在手掌部位沿手指方向切取试品；另外两只在手掌部位横向切取，如图 9 所示。

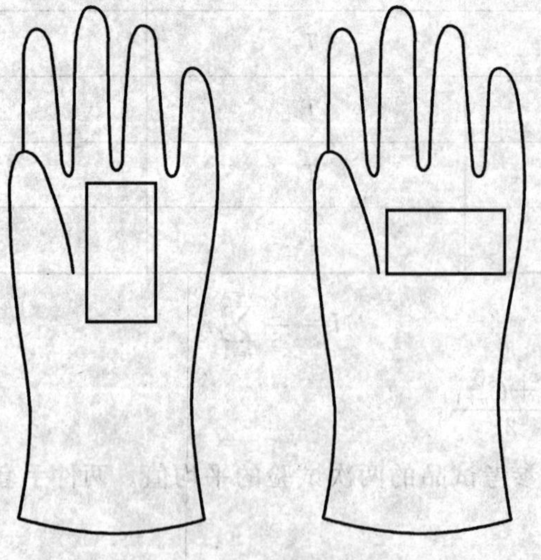

图 9 试品切取位置

试品尺寸如图 10 所示，沿试品长度方向在中线位置用非常锋利的刀片垂直试品表面滑开一条 50 mm长的细缝，如图 10 所示。

试验需用一台惯性小的拉力测量试验装置，试验时试验装置分别夹住试品被切开细缝两边，夹具距离边缘 20 mm 处，拉力方向与试品平面保持平行，试验以 100 mm/min±10 mm/min 的速度进行直到试品完全被撕裂为止，有些试品撕裂的缝并一定会完全沿着细缝的方向，拉力测量试验装置显示出的最大拉力值即为撕裂值。四件试品的最小撕裂值不得小于 30 N。

单位为毫米

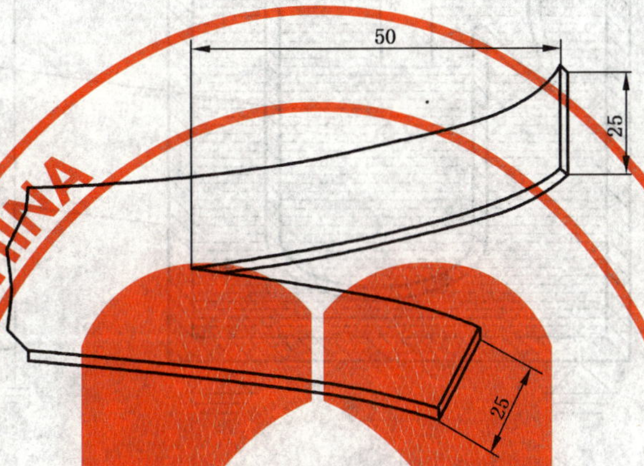

图 10　抗撕裂试验试品尺寸

6.4　电气试验

电气试验包括：交流验证电压试验、交流耐受电压试验、泄漏电流试验(绝缘手套)、直流验证电压试验、直流耐受电压试验、复合绝缘手套淋雨试验。

试验应在环境温度为 23 ℃±5 ℃、相对湿度为 45%～75%的条件下进行。进行型式试验和抽样试验时，手套应浸入水中进行 16 h±0.5 h 预湿，预湿后不应离水放置，试验应在完成预湿处理后 1 h 内进行。

6.4.1　一般试验要求

手套进行预处理后，必须将内部充满自来水并浸入水箱中，一般绝缘手套吃水深度按表 9 规定，长袖复合绝缘手套试验时露出水面部分长度为 400 mm±13 mm。试验时，试品内、外的水平面高度应保持一致，试验布置如图 11 所示。

表 9　吃水深度

型号	手套露出水面部分长度 D_1 或 D_2/mm			
	交流验证电压试验	交流耐受电压试验	直流验证电压试验	直流耐受电压试验
0	40	40	40	50
1	40	65	50	100
2	65	75	75	130
3	90	100	100	150
4	130	165	150	180

注：吃水深度允许误差为±13 mm；当试验环境相对湿度高于 55%或气压低于 99.3 kPa 时，可适当增大手套露出水面部分长度，最大可增加 25 mm。

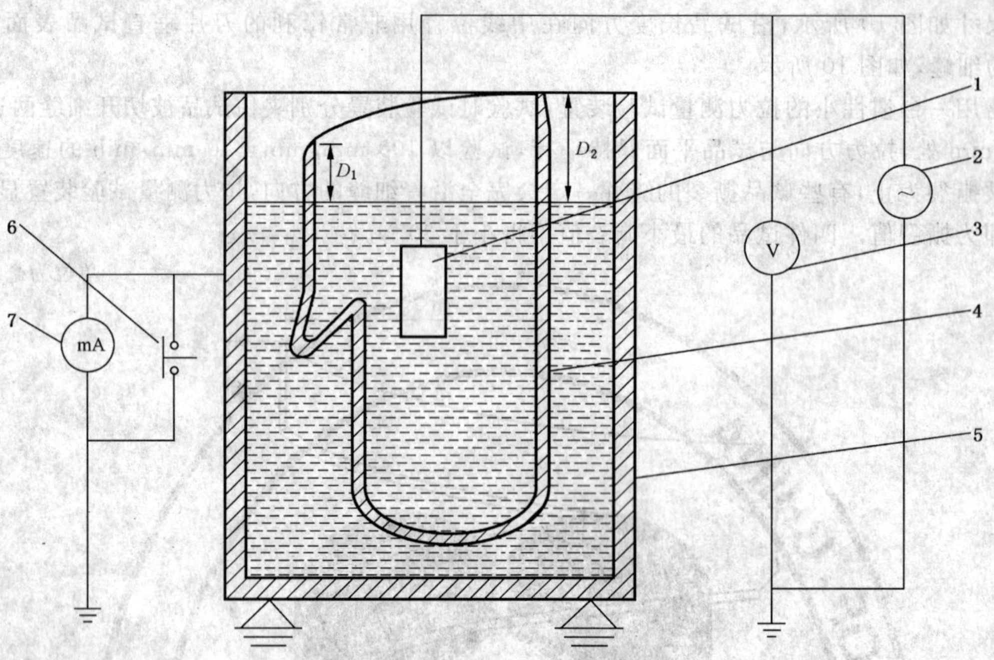

1——锁链或滑棒；
2——高压电源；
3——高压表；
4——试品；
5——金属水箱；
6——毫安表短路开关；
7——毫安表。

图 11　绝缘试验布置

手套内侧的水形成一个电极，用锁链或滑棒插入水中，并连接到电源的一端。手套外侧的水形成另一个电极，直接连到电源的另一端。水中应无气泡或气隙，水平面以上的手套暴露部分应保持干燥。对于某些类型的手套(例如加衬手套)的预防性试验，充水会对内表面造成损害，内电极可以采用直径为4 mm的镀镍不锈钢球代替。

试验设备及测量系统应符合 GB/T 16927.1 的有关规定。试验设备应能对试品提供无极、连续可变的电压。由电动机驱动的调压设备升压方便且速度均匀。试验设备有自动开关保护，试品在试验中损坏时所产生的电流可以使自动开关跳闸。在任何短路情况下，开关都能跳闸以保护试验设备。系统的测量误差应小于 3%，测量仪器、仪表每年进行一次计量校核。

6.4.2　交流试验方法

测量交流验证电压试验中的泄漏电流，可直接在回路中接入一个微安表，试验值应在电压升至验证电压试验要求时读数。

6.4.2.1　交流验证试验

按表 6 规定对每只手套进行交流验证试验时，交流电压应从较低值开始，约 1 000 V/s 的恒定速度逐渐升压，直至达到表 6 所规定的验证电压值或发生击穿，试验后以相同的速度降压。施压时间从达到规定值的瞬间开始计算。

对于型式试验和验收试验，所施加的验证电压应保持 3 min；对于预防性试验，所施加的验证电压应保持 1 min。在验证电压试验时，泄漏电流不应超过表 6 的规定，则试验通过。

6.4.2.2　交流耐受试验

按照 6.4.2.1 规定施加电压直至达到表 6 所规定的耐压值，然后降压。

试验中在表 6 规定的耐受电压值范围内应不发生击穿；如果发生击穿，击穿时的电压值可认为是试品的耐受值。

试品发生击穿时的电压值不小于表 6 的规定，试验通过。

注：6.4.2 中泄漏电流试验仅适用于绝缘手套。

6.4.3 直流试验方法

测量直流验证试验电压可以采用取加在手套上电压平均值的方法，可以用一块直流电压表与合适的高压电阻串联接于高压回路来测量。合适量程的静电电压表也可以用来代替上述直流电压表与电阻的组合。

6.4.3.1 直流验证试验

按表 6 规定对每只手套进行直流验证试验时，直流电压应从较低值开始，约 3 000 V/s 的恒定速度逐渐升压，直至达到表 6 所规定的验证电压值或发生击穿，试验后以相同的速度降压。施压时间从达到规定值的瞬间开始计算。

对于型式试验和验收试验，所施加的验证电压应保持 3 min；对于预防性试验，所施加的验证电压应保持 1 min。

6.4.3.2 直流耐受试验

按照 6.4.3.1 规定施加电压直至达到表 6 所规定的耐压值，然后降压。

试验中在表 4 规定的耐受电压值范围内应不发生击穿；如果发生击穿，击穿时的电压值可认为是试品的耐受值。

试品发生闪络时的电压值不小于表 6 的规定，试验通过。

6.4.4 淋雨试验

本试验仅适用于长袖复合绝缘手套。试验布置如图 12 所示，淋雨试验按照 GB/T 16927.1 的要求进行。淋雨量为 1 mm/min～2 mm/min，水电阻率校准到 20 ℃的电阻率：100 Ω·m±15 Ω·m。

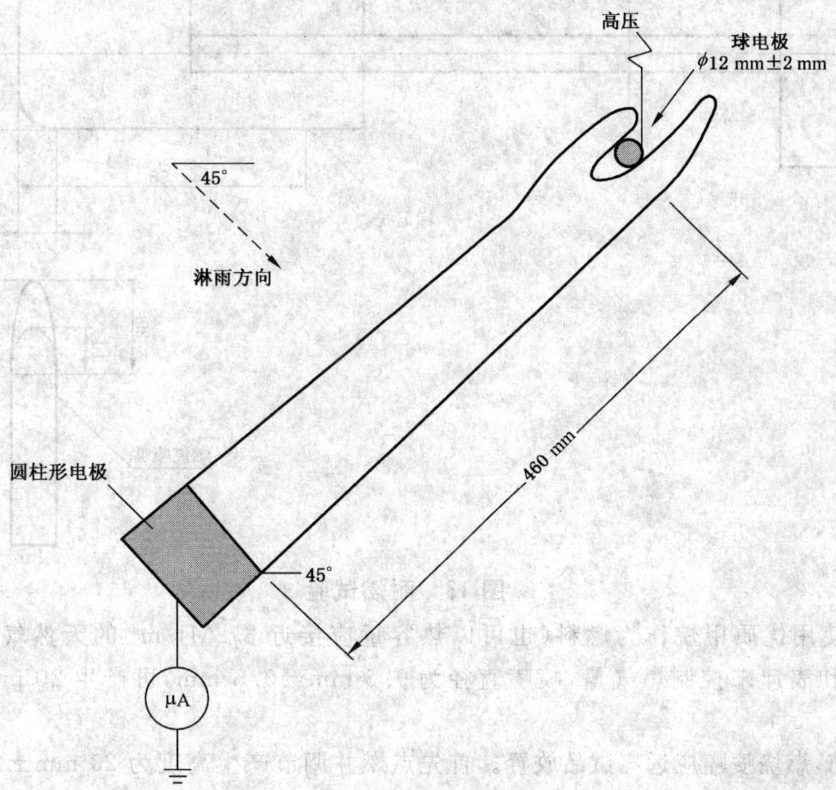

图 12 淋雨试验布置

每种型号的手套选取 3 只进行本试验。加压与淋雨同时开始进行，试验时交流电压应从较低值开始，约 1 000 V/s 的恒定速度逐渐升压，直至达到表 7 所规定的试验电压值或发生击穿，泄漏电流值应在试验结束时进行读数，试验后以相同的速度降压。

6.5 热老化试验

从两只绝缘手套上分别按照 6.3.1 切取 4 件哑铃型试品，按照 6.3.2 切取 3 件哑铃型试品，一同置于温度为 70 ℃±2 ℃、相对湿度在 20%以下的环境试验箱内放置 168 h。

环境试验箱中应有每小时交换 3 次～10 次的空气环流，输入的空气温度应为 70 ℃±2 ℃。

在试验箱中，应有悬挂试品的装置，各试品之间的间距至少为 10 mm。试品与试验箱内表面之间的间距至少为 50 mm。

加热结束后，从环境试验箱中取出试品，冷却时间不少于 24 h。然后按照 6.3.1 规定对 4 个试品进行拉伸强度和扯断伸长率试验；按照 6.3.2 规定，对 3 个试品进行拉伸永久变形试验。

6.6 热性能试验

6.6.1 耐燃试验

将一只手套的第二指或第三指，或连指手套的手指切取 60 mm～70 mm 长度，填充熟石膏并安装在直径为 5 mm、长度为 120 mm 的钢杆上，钢杆应对准手指内部中心插入，插入的深度大致为手指长度的一半。然后至少放置 24 h 保证手指内填充的熟石膏完全硬化。

试验应在无风的室内进行。试品应按图 13 所示的布置夹紧，将一小燃烧喷嘴置于试品垂直下方，其轴线与试品末端的距离为 5 mm，在距指尖 55 mm 处定出基准线，如图 13 所示。

单位为毫米

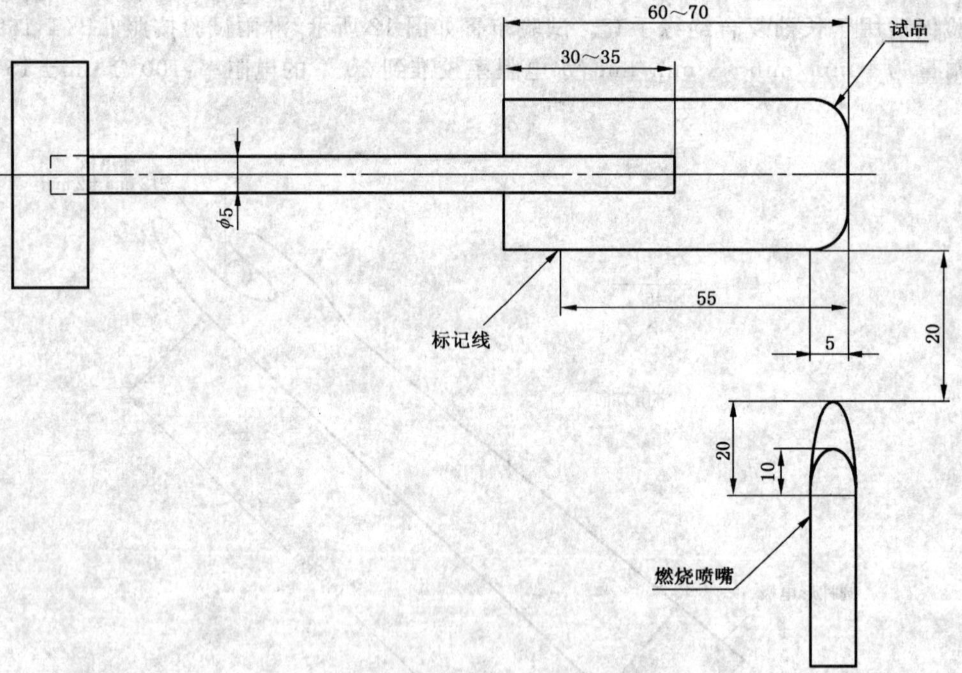

图 13 耐燃试验

试验时应使用优质甲烷作为燃料（也可以热容量应接近 37 MJ/m^3 的天然气代替甲烷），且有相应的调节器和表计来控制燃气量，喷嘴直径为 9.5 mm±0.5 mm，可产生 20 mm±2 mm 的蓝色火焰。

耐燃试验前，燃烧喷嘴应远离试品放置。首先点燃并调节产生高度为 20 mm±2 mm 的火焰。火焰通过调节燃烧喷嘴的燃气量和空气量，直到产生 20 mm±2 mm、尖端为黄色的蓝色火焰。随后增加空气量，直到尖端的黄色火焰消失。

调节完毕后，将燃烧喷嘴置于图 12 所示的试验位置，火焰应在燃烧 10 s 后退出，应保证没有空气流干扰试验火焰。

燃气灯退出后，观察试品上的火焰蔓延，观察时间为 55 s，如果在此时间内，火焰没有扩散至基准线，则认为耐燃试验通过。

6.6.2 耐低温试验

将 3 只手套和 2 块 200 mm×200 mm×5 mm 的聚乙烯板置于温度为－25 ℃±3 ℃的低温容器中 1 h。

在室温 23 ℃±2 ℃时取出后的 1 min 内，在手腕处折叠起来并置于两块聚乙烯板之间，然后加上 100 N 的压力，并持续 30 s（如图 14 所示）。

如果没有明显的裂纹、破裂，则试验通过。

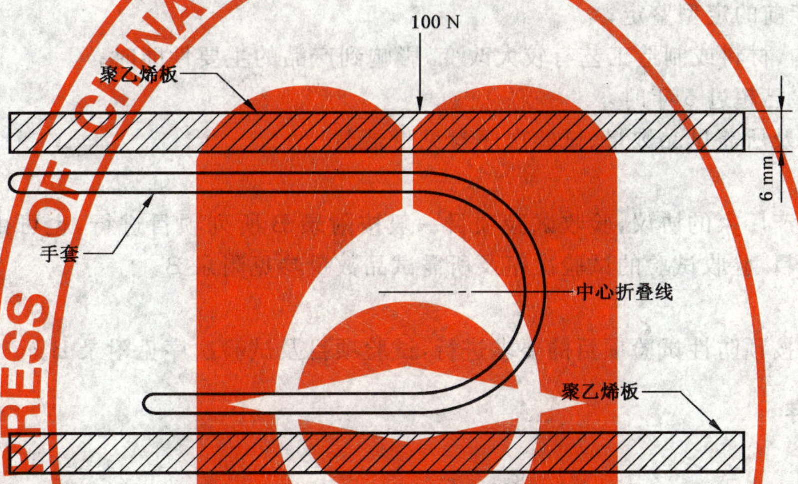

图 14 耐低温试验

6.7 特殊性能手套的试验

6.7.1 耐酸试验——A 类手套

在环境温度为 23 ℃±2 ℃时，将 A 类手套浸泡于 32 波美度的硫酸溶液中 8 h±0.5 h（注意：仅将绝缘手套外表面浸入硫酸溶液中）。然后，将绝缘手套用清水清洗并在 70 ℃左右空气中干燥（2±0.5）h。

干燥后在环境温度下，再放置（45±15）min，开始进行 5.6.1 中所规定的试验。

6.7.2 耐油试验——H 类手套

H 类手套在温度为 23 ℃±2 ℃、相对湿度为 50%±5%的空气中放置 3 h±0.5 h 以上后，将其浸泡于 70 ℃±2 ℃的 1 号油中 24 h±0.5 h（注：只将手套外表浸入油中）。然后用无绒的吸水擦洗布将手套擦干洗净。在环境温度下放置 45 min±15 min 后进行 5.6.2 中所规定的试验。

6.7.3 耐臭氧试验——Z 类手套

从 Z 类手套上切取 12 mm×100 mm 试品一件，将其拉伸 20%置于温度为 40 ℃±2 ℃的恒温箱中 3 h±0.5 h。恒温箱中臭氧浓度在标准大气压下（101.3 kPa）为 1 mg/m^3±0.01 mg/m^3。试验后外观检查时，试品应无裂痕。

然后将试品存放于室温 23 ℃±2 ℃、相对湿度为 50%±5%环境中 48 h±0.5 h，再进行 5.6.3 中所规定的试验。

6.7.4 耐酸、油和臭氧综合性能试验——R 类手套

从同一批 R 类手套中抽取 11 件试品，4 件试品按照 6.7.1 要求进行耐酸性试验，3 件试品按照 6.7.2要求进行耐油试验，2 件试品按照 6.7.3 要求进行耐臭氧性试验。所有的试验应都通过。

6.7.5 耐极低温试验——C类手套

将3只手套和2块200 mm×200 mm×5 mm的聚乙烯板置于温度为−40 ℃±3 ℃的试验室中24 h±0.5 h。

将绝缘手套从容器中取出后的1 min内，将试品沿中间折叠线折叠，并置于两聚乙烯板之间，施加100 N压力，持续30 s(见图14)。

试验通过后，试品应无明显裂纹、破裂。

7 检验规则

7.1 型式试验

在下列情况下，应对产品进行型式试验：

1) 新产品投产前的定型鉴定；

2) 产品的结构、材料或制造工艺有较大改变，影响到产品的主要性能时；

3) 原型式试验已超过5年时。

型式试验项目及所需试品数量、试验次序参见附录B。

7.2 验收试验

按照买方与生产厂家的协议，验收试验项目一般按附录B所列项目进行，也可由用户与制造厂协商增加一些试验项目，验收试验的试验次序及所需试品数量参见附录B。

7.3 预防性试验

预防性试验可按预防性试验项目的要求进行，试验项目及试验次序见附录B。

8 标记、包装、贮存

8.1 标记

每只符合本标准要求的手套都应具有以下标记：

——带电作业标志符号(双三角形)(见附录A图A.1)；

——可适用的种类；

——尺寸；

——电压等级；

——制造年月。

复合绝缘手套还应具有机械防护符号，如附录A图A.2所示。标记或标签应距离袖口2.5 mm处，内容清晰可见。此外，每只手套还应具备以下要求：

——一个合适的区域用于标记定期检查日期及下次检查时间；

——或者是其他任何合适的方法，用以记录投入使用时间和定期检查项目和检查周期。

手套上的标记应不影响手套的质量，且清晰可见、能够持久，能够经过标记耐久性的试验检查。

任何附加的标记应经过生产厂家和用户的同意。

当采用颜色标记时，应符合以下规定：

——0级：红色；

——1级：白色；

——2级：黄色；

——3级：绿色；

——4级：橙色。

8.2 包装

每只手套都应有其独立的外包装，包装应有足够的强度以妥善保护手套免受损坏。包装的外侧应标明生产厂家或供应商的名称、类别、等级、规格、长度和袖口形状。

应用户要求或依照国家规定，附录D所包含的资料以及任何附加的或改进的说明，也应在包装内。

8.3 贮存

产品的贮存条件应满足GB/T 18037的规定。

手套应贮存在专用箱内，避免阳光直射，雨雪浸淋，防止挤压和尖锐物体碰撞。

禁止手套与油、酸、碱或其他有害物质接触，并距离热源1 m以上。贮存环境温度宜为10 ℃～21 ℃之间。

附 录 A
（规范性附录）
标 志 符 号

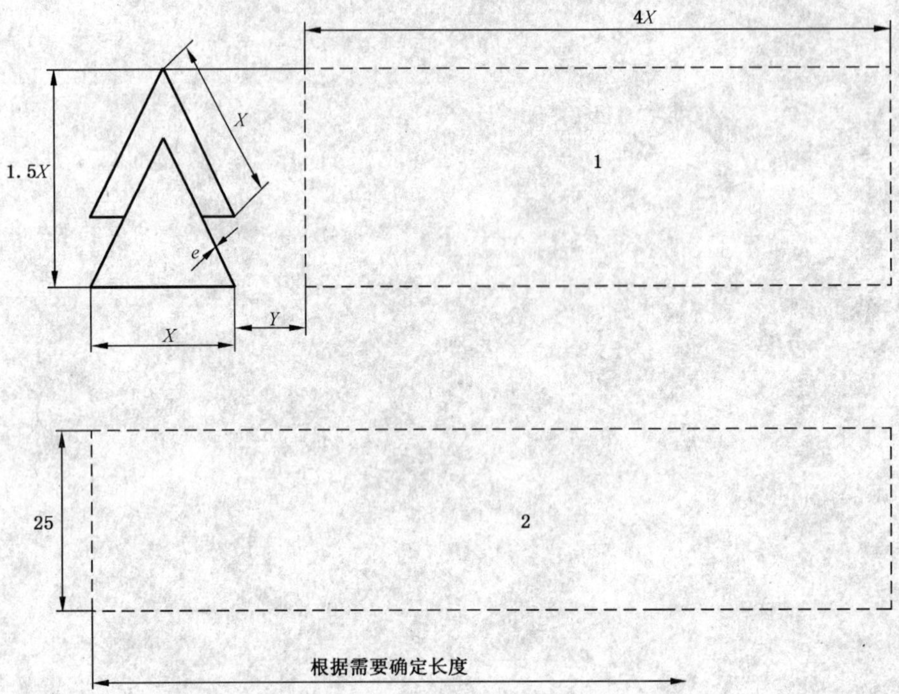

注 1：制造厂名、商标、型号及制造日期等信息在“1”中标明；

注 2：检验周期和检测日期在“2”中标明；

注 3：X——可以是 16、25 或 40，$Y=X/2$，单位为 mm；

注 4：e——线条的宽度，为 2 mm。

图 A.1 标志符号

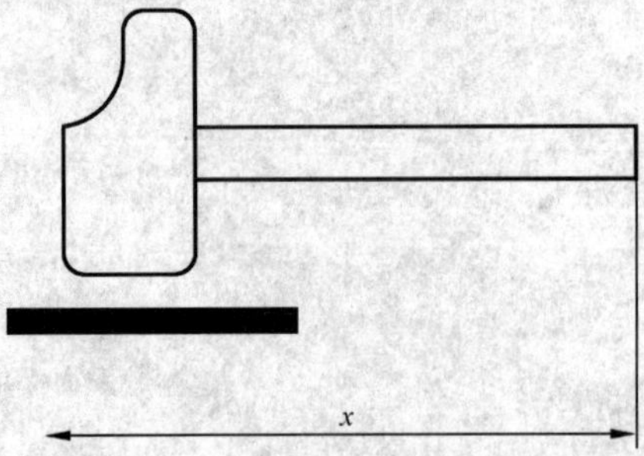

图 A.2 复合绝缘手套的机械防护符号

附　录　B
（规范性附录）
各类试验的依据及试验说明

型式试验试验项目		参照条款	1批	2批	3批	4批	5批 A	6批 H	7批 Z	8批 R	验收试验	预防性试验
外观检查和测量	外观检查	6.2.1	1									
	尺寸检查	6.2.2	2									
	厚度	6.2.3	3	1	1	1	1	1	1	1		
	工艺及成型	6.2.4	4								1	1
	标志检查	6.2.5	5									
	包装检查	6.2.6	6									
机械性能试验	拉伸强度及扯断伸长率试验	6.3.1	7									
	拉伸永久变形试验	6.3.2	8									
	抗机械刺穿试验	6.3.3	9			2						
	耐磨试验	6.3.4				3						
	耐切割试验	6.3.5				4						
	抗撕裂试验	6.3.6				5						
电气性能试验	交流试验	6.4.2		2^a							2^a	2^a
	直流试验	6.4.3		2^a							2^a	2^a
	淋雨试验	6.4.4		3								
热老化试验		6.5	10									
热性能试验	耐燃试验	6.6.1	11									
	耐低温试验	6.6.2			2^b							
特殊性能手套的试验	A类—耐酸手套	6.7.1					2					
	H类—耐油手套	6.7.2						2				
	Z类—耐臭氧手套	6.7.3							2			
	R类—耐酸、油、臭氧手套	6.7.4								2		
	C类—耐超低温手套	6.7.5			2^b							
每批的试品数量(只)			7	3	3	12	3	3	2	8		

[a] 交流试验包括验证试验、耐压试验和泄漏电流试验；由用户和制造商选择进行交流试验或直流试验。

[b] 对于C类手套，耐低温的数值是不同的。

注：表中所给数字表示了进行试验的顺序。

验收试验项目一般按上表所列项目进行，也可由用户与制造厂协商增加一些试验项目，预防性试验应逐只进行。

验收试验可在制造厂、用户实验室或者在第三方的独立实验室进行。用户也可提出鉴证这些试验的要求。

附 录 C
（规范性附录）
使 用 指 南

本导则适用于手套购买后的使用、重新试验、维护及日常检测。

C.1 贮存

将手套保存于包装容器或包装袋中，确保手套远离蒸汽管道、散热片或其他人工热源，手套的最佳保存环境温度为 10 ℃～21 ℃之间。

请勿挤压或折叠手套。

请勿将手套直接暴露于太阳光中、人工光线或其他臭氧源中。

C.2 使用前检查

每次使用前应将手套翻面，对内外进行外观检查。

如某双手套中的一只可能不安全，则这双手套不能使用，应将其返回进行试验。

C.3 温度

本标准所包括的手套最佳使用温度为－25 ℃～＋55 ℃，C 类手套可为－40 ℃～＋55 ℃。

C.4 使用预防

不要将手套不必要地暴露于热、光之中，也不要与油、油脂、松脂、油或弱酸接触。

当手套被弄脏时应用肥皂和水清洗，彻底干燥后并涂上滑石粉。如果有焦油和油漆这样的混合物粘附在手套上，应采用合适的溶剂擦去。

使用中手套变湿或者洗了之后要进行彻底干燥，但是干燥温度不能超过 65 ℃。

C.5 周期性检测和再检测

所有的手套，即使是被存储的手套，若电气试验的周期已超过 6 个月，则不能直接使用。

ICS 33.100.20
L 06

中华人民共和国国家标准

GB/T 17626.4—2008/IEC 61000-4-4:2004
代替 GB/T 17626.4—1998

电磁兼容　试验和测量技术
电快速瞬变脉冲群抗扰度试验

**Electromagnetic compatibility—
Testing and measurement techniques—
Electrical fast transient/burst immunity test**

(IEC 61000-4-4:2004,IDT)

2008-05-20 发布　　2009-01-01 实施

中华人民共和国国家质量监督检验检疫总局
中国国家标准化管理委员会　发布

前　言

GB/T 17626《电磁兼容　试验和测量技术》目前包括以下部分：

GB/T 17626.1—2006　电磁兼容　试验和测量技术　抗扰度试验总论

GB/T 17626.2—2006　电磁兼容　试验和测量技术　静电放电抗扰度试验

GB/T 17626.3—2006　电磁兼容　试验和测量技术　射频电磁场辐射抗扰度试验

GB/T 17626.4—2008　电磁兼容　试验和测量技术　电快速瞬变脉冲群抗扰度试验

GB/T 17626.5—2008　电磁兼容　试验和测量技术　浪涌(冲击)抗扰度试验

GB/T 17626.6—2008　电磁兼容　试验和测量技术　射频场感应的传导骚扰抗扰度

GB/T 17626.7—2008　电磁兼容　试验和测量技术　供电系统及所连设备谐波、谐间波的测量和测量仪器导则

GB/T 17626.8—2006　电磁兼容　试验和测量技术　工频磁场抗扰度试验

GB/T 17626.9—1998　电磁兼容　试验和测量技术　脉冲磁场抗扰度试验

GB/T 17626.10—1998　电磁兼容　试验和测量技术　阻尼振荡磁场抗扰度试验

GB/T 17626.11—2008　电磁兼容　试验和测量技术　电压暂降、短时中断和电压变化的抗扰度试验

GB/T 17626.12—1998　电磁兼容　试验和测量技术　振荡波抗扰度试验

GB/T 17626.13—2006　电磁兼容　试验和测量技术　交流电源端口谐波、谐间波及电网信号的低频抗扰度试验

GB/T 17626.14—2005　电磁兼容　试验和测量技术　电压波动抗扰度试验

GB/T 17626.16—2007　电磁兼容　试验与测量技术　0 Hz～150 kHz 共模传导骚扰抗扰度试验

GB/T 17626.17—2005　电磁兼容　试验和测量技术　直流电源输入端口纹波抗扰度试验

GB/T 17626.27—2006　电磁兼容　试验和测量技术　三相电压不平衡抗扰度试验

GB/T 17626.28—2006　电磁兼容　试验和测量技术　工频频率变化抗扰度试验

GB/T 17626.29—2006　电磁兼容　试验和测量技术　直流电源输入端口电压暂降、短时中断和电压变化的抗扰度试验

本部分为 GB/T 17626 的第 4 部分。

本部分等同采用国际标准 IEC 61000-4-4:2004(第 2 版)《电磁兼容　试验和测量技术　电快速瞬变脉冲群抗扰度试验》及其第 1 号勘误表(2006 年 8 月)和第 2 号勘误表 (2007 年 6 月)。

本部分代替 GB/T 17626.4—1998《电磁兼容　试验和测量技术　电快速瞬变脉冲群抗扰度试验》。

本部分与 GB/T 17626.4—1998 的主要差异如下：

1)　在第 1 章范围中增加了注释。

2)　删去了引用标准 IEC 68-1:1988《环境试验　第一部分:总则和导则》。

3)　增加了 3 个术语和定义。

4)　修改了表 1 试验等级,增加了 100 kHz 的重复频率和两个注释。

5)　修改了对试验设备的要求,修改了快速瞬变脉冲群发生器特性的校验方法,增加了对耦合/去耦网络性能校验内容,新增图 14。

6)　修改了试验配置,增加了图 8。

7)　修改了对气候条件要求,对试验时间进行详细描述。

8） 修改了试验结果的评定方法。

9） 修改了试验报告的要求。

10） 将原来的附录A扩充为附录A和附录B，增加了附录A关于电快速瞬变的信息。

本部分的附录A和附录B均为资料性的附录。

本部分由全国电磁兼容标准化技术委员会(SAC/TC 246)提出并归口。

本部分负责起草单位：上海工业自动化仪表研究所、国网武汉高压研究院。

本部分主要起草人：王英、杨彦、陈楠、万保权、翁海丰、洪济晔。

本部分代替标准历次版本的发布情况为：

——GB 13926.4—1992；

——GB/T 17626.4—1998。

电磁兼容　试验和测量技术 电快速瞬变脉冲群抗扰度试验

1　范围

GB/T 17626 的本部分涉及电气和电子设备对重复性电快速瞬变的抗扰度要求和试验方法。此外，还规定了试验等级的范围，确定了试验程序。

本部分的目的是为评估电气和电子设备的供电电源端口、信号、控制和接地端口在受到电快速瞬变(脉冲群)干扰时的性能确定一个共同的能再现的评定依据。本部分规定的试验方法描述了一种评估设备或系统对已定义现象抗扰度的一致性方法。

注：本部分是全国电磁兼容标准化技术委员会的电磁兼容基础标准的一部分，专业标准化技术委员会负责确定本抗扰度试验标准部分是否适用。如果适用，专业标准化技术委员会负责确定适当的试验等级和性能判据。负责本部分的标准化技术委员会愿意与专业标准化技术委员会在其产品特殊的抗扰度试验值评估方面合作。

本部分规定了下列几项：

——试验电压波形；

——试验等级的范围；

——试验设备；

——试验设备的校验程序；

——试验配置；

——试验程序。

本部分给出了在实验室试验和安装后试验的技术规范。

2　规范性引用文件

下列文件中的条款通过 GB/T 17626 的本部分的引用而成为本部分的条款。凡是注日期的引用文件，其随后所有的修改单或修订版均不适用于本部分，然而，鼓励根据本部分达成协议的各方研究是否可使用这些文件的最新版本。凡是不注日期的引用文件，其最新版本适用于本部分。

GB/T 4365—2003　电工术语　电磁兼容(IEC 60050(161):1990,IDT)

IEC 60050-300:2001　国际电工词汇　电气和电子测量及测量仪表　第 311 部分:和测量有关的一般术语;第 312 部分:和电气测量有关的一般术语;第 313 部分:电气测量仪表的类型;第 314 部分:根据仪表类型的特定术语

3　术语和定义

GB/T 4365 确立的以及下列术语和定义适用于 GB/T 17626 的本部分。

注：下列定义中，有几个最相关的术语和定义来自 GB/T 4365。

3.1

脉冲群　burst

数量有限且清晰可辨的脉冲序列或持续时间有限的振荡。

[GB/T 4365—2003 中 2.2]

3.2

校准　calibration

按照有关标准，为建立示值和测量结果之间在规定的条件下存在的关系而进行的一系列操作。

[IEC 60050(311):2001 中定义 311-01-09]

注1：该术语基于"不确定度"方法。

注2：原则上，指示与测量结果之间的关系可以用一个校准图表表示。

3.3

耦合 coupling

线路间的相互作用，将能量从一个线路传送到另一个线路。

3.4

共模(耦合) common mode (coupling)

同时耦合到对接地参考平面的所有导线。

3.5

耦合夹 coupling clamp

在与受试线路没有任何电连接情况下，以共模形式将骚扰信号耦合到受试线路的、具有规定尺寸和特性的一种装备。

3.6

耦合网络 coupling network

用于将能量从一个线路传送到另一个线路的电路。

3.7

去耦网络 decoupling network

用于防止施加到受试设备上的电快速瞬变电压影响其他不被试验的装置、设备和系统的电路。

3.8

(性能)降低 degradation (of performance)

装置、设备或系统的工作性能与正常性能的非期望偏离。

注："降低"一词可用于暂时失效或永久失效。

[GB/T 4365—2003 中 2.1]

3.9

EFT/B electrical fast transient/burst

电快速瞬变脉冲群。

3.10

电磁兼容性 electromagnetic compatibility;EMC

设备或系统在其电磁环境中能正常工作且不对该环境中任何事物构成不能承受的电磁骚扰的能力。

[GB/T 4365—2003 中 2.1]

3.11

EUT equipment under test

受试设备。

3.12

接地(参考)平面 ground (reference) plane

一块导电平面，其电位用作公共参考电位。

[GB/T 4365—2003 中 2.4]

3.13

(对骚扰的)抗扰度 immunity (to a disturbance)

装置、设备或系统面临电磁骚扰不降低运行性能的能力。

[GB/T 4365—2003 中 2.1]

3.14

端口 port

受试设备和外部电磁环境的特殊接口。

3.15

上升时间 rise time

脉冲瞬时值首次从脉冲幅值的10%上升到90%所经历的时间。

[GB/T 4365—2003 中 2.2]

3.16

瞬态 transient

在两相邻稳定状态之间变化的物理量或物理现象,其变化时间小于所关注的时间尺度。

[GB/T 4365—2003 中 2.2]

3.17

校验 verification

用于检查试验设备系统(例如,试验信号发生器和互连电缆),为验证试验系统功能上符合第6章规定的规范而进行的一系列操作。

注1:校验方法可能与校准方法不同。

注2:6.1.2和6.2.2这两条是用于确保试验信号发生器正常操作的一个指南,而其他条款用于建立试验配置以便将预期的波形施加到受试设备上。

注3:对于基础电磁兼容标准,该定义与IEV 311-01-13中定义有所不同。

4 概述

重复性快速瞬变试验是一种将由许多快速瞬变脉冲组成的脉冲群耦合到电气和电子设备的电源端口、控制端口、信号端口和接地端口的试验。试验的要点是瞬变的高幅值、短上升时间、高重复率和低能量。

本试验是为了验证电气和电子设备对诸如来自切换瞬态过程(切断感性负载、继电器触点弹跳等)的各种类型瞬变骚扰的抗扰度。

5 试验等级

表1中列出了对设备的电源、接地、信号和控制端口进行电快速瞬变试验时应优先采用的试验等级。

表1 试验等级

等级	开路输出试验电压和脉冲的重复频率			
	在供电电源端口,保护接地(PE)		在I/O(输入/输出)信号、数据和控制端口	
	电压峰值/kV	重复频率/kHz	电压峰值/kV	重复频率/kHz
1	0.5	5或者100	0.25	5或者100
2	1	5或者100	0.5	5或者100
3	2	5或者100	1	5或者100
4	4	5或者100	2	5或者100
×[a]	特定	特定	特定	特定

注1:传统上用5 kHz的重复频率;然而,100 kHz更接近实际情况。专业标准化技术委员会应决定与特定的产品或者产品类型相关的那些频率。

注2:对于某些产品,电源端口和I/O端口之间没有清晰的区别,在这种情况下,应由专业标准化技术委员会根据试验目的来确定如何进行。

a "×"是一个开放等级,在专用设备技术规范中必须对这个级别加以规定。

这些开路输出电压将显示在电快速瞬变脉冲群发生器上。有关试验等级的选择,见附录B。

6 试验设备

6.1.2和6.2.2的校验程序作为指导以确保正确操作试验发生器、耦合/去耦网络等构成的试验配置,使预期波形正确地施加到受试设备。

6.1 脉冲群发生器

发生器的电路简图在图1中给出。经由挑选的电路元件 C_c,R_s,R_m 和 C_d,使发生器在开路和接50 Ω阻性负载的条件下产生一个快速瞬变。信号发生器的有效输出阻抗应为50 Ω。

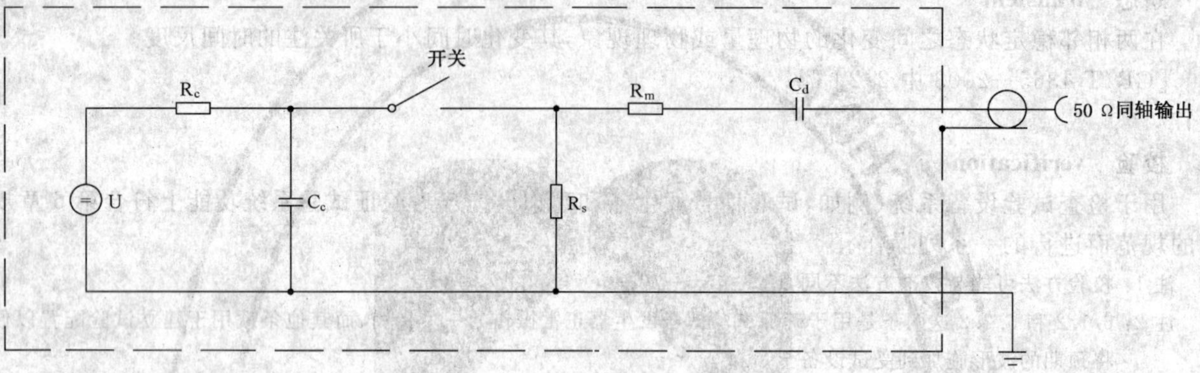

元件:

U——高压源;

R_c——充电电阻;

C_c——储能电容器;

R_s——脉冲持续时间形成电阻;

R_m——阻抗匹配电阻;

C_d——隔直电容。

图1 快速瞬变脉冲群发生器电路简图

试验发生器的主要元件是:

——高压源;

——充电电阻;

——储能电容器;

——高压开关;

——脉冲持续时间形成电阻;

——阻抗匹配电阻;

——隔直电容。

6.1.1 快速瞬变脉冲群发生器性能特性

快速瞬变脉冲群发生器的特性如下:

——1 000 Ω负载时输出电压范围至少从0.25 kV到4 kV;

——50 Ω负载时输出电压范围至少从0.125 kV到2 kV。

发生器应能在短路条件下工作。

特性:

——极性:	正极性、负极性
——输出型式:	同轴输出,50 Ω
——隔直电容:	10(1±20%) nF
——重复频率:	(见表2)重复频率值×(1±20%) kHz

——与供电电源的关系：　　　　　异步
——脉冲群持续时间(见图 2)：　　5 kHz 时为 15(1±20%) ms
　　　　　　　　　　　　　　　　100 kHz 时为 0.75(1±20%) ms
——脉冲群周期(见图 2)：　　　　300(1±20%) ms
——脉冲波形：
• 输出到 50 Ω 负载　　　　　　上升时间 t_r:5(1±30%) ns
　　　　　　　　　　　　　　　　持续时间 t_d(50%值):50(1±30%) ns
　　　　　　　　　　　　　　　　峰值电压:根据表 2 的电压值×(1±10%) kV
　　　　　　　　　　　　　　　　(接 50 Ω 负载的波形见图 3)
• 输出到 1 000 Ω 负载　　　　 上升时间 t_r:5(1±30%) ns
　　　　　　　　　　　　　　　　持续时间 t_d(50%值)=50 ns,容许－15 ns 到＋100 ns 的偏差
　　　　　　　　　　　　　　　　峰值电压:根据表 2 的电压值×(1±20%) kV
　　　　　　　　　　　　　　　　(见下面关于表 2 的注 2)
——试验负载阻抗：　　　　　　　50(1±2%) Ω
　　　　　　　　　　　　　　　　1 000(1±2%) Ω 并联电容不大于 6 pF。电阻在直流条件下测量,电容使用低频工作的商用电容表测量。

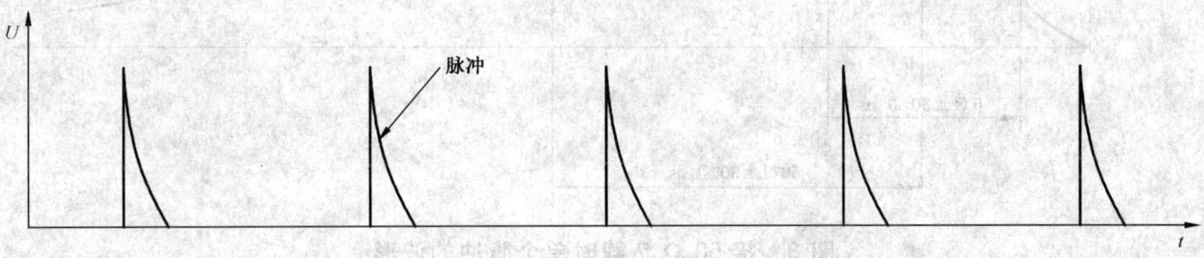

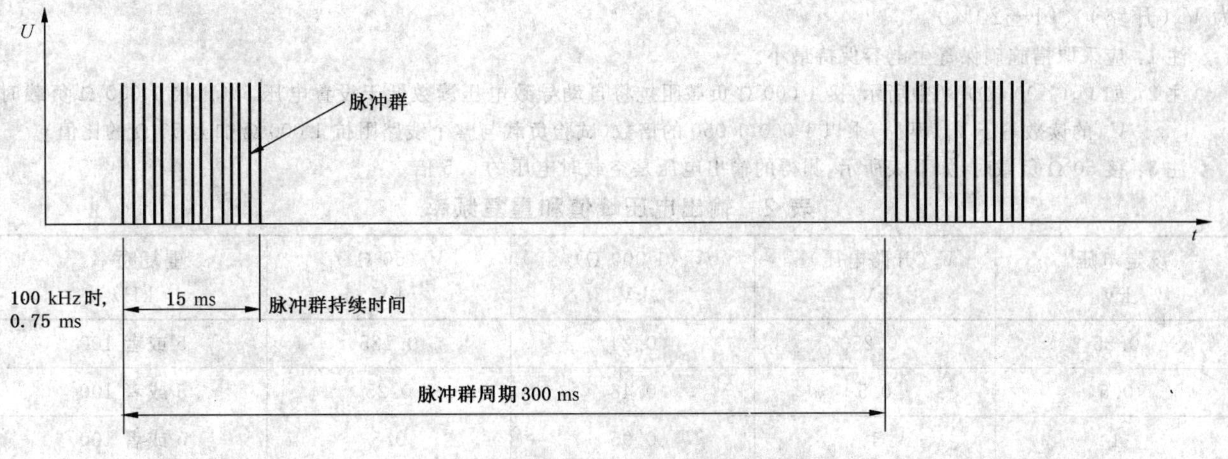

图 2　快速瞬变脉冲群概略图

6.1.2　快速瞬变脉冲群发生器特性的校验

为了对所有的发生器建立一个共同的参考,应校验试验发生器特性。由此,应采取下面的程序。

试验发生器的输出分别连接一个 50 Ω 和 1 000 Ω 同轴终端,并用一台示波器监视电压。测量设备和试验负载阻抗的－3 dB 带宽应至少为 400 MHz。对于 1 000 Ω 的试验负载阻抗可能为一个复合的

网络。应监视一个脉冲群中的脉冲上升时间、持续时间和重复频率及脉冲群持续时间和脉冲群周期。

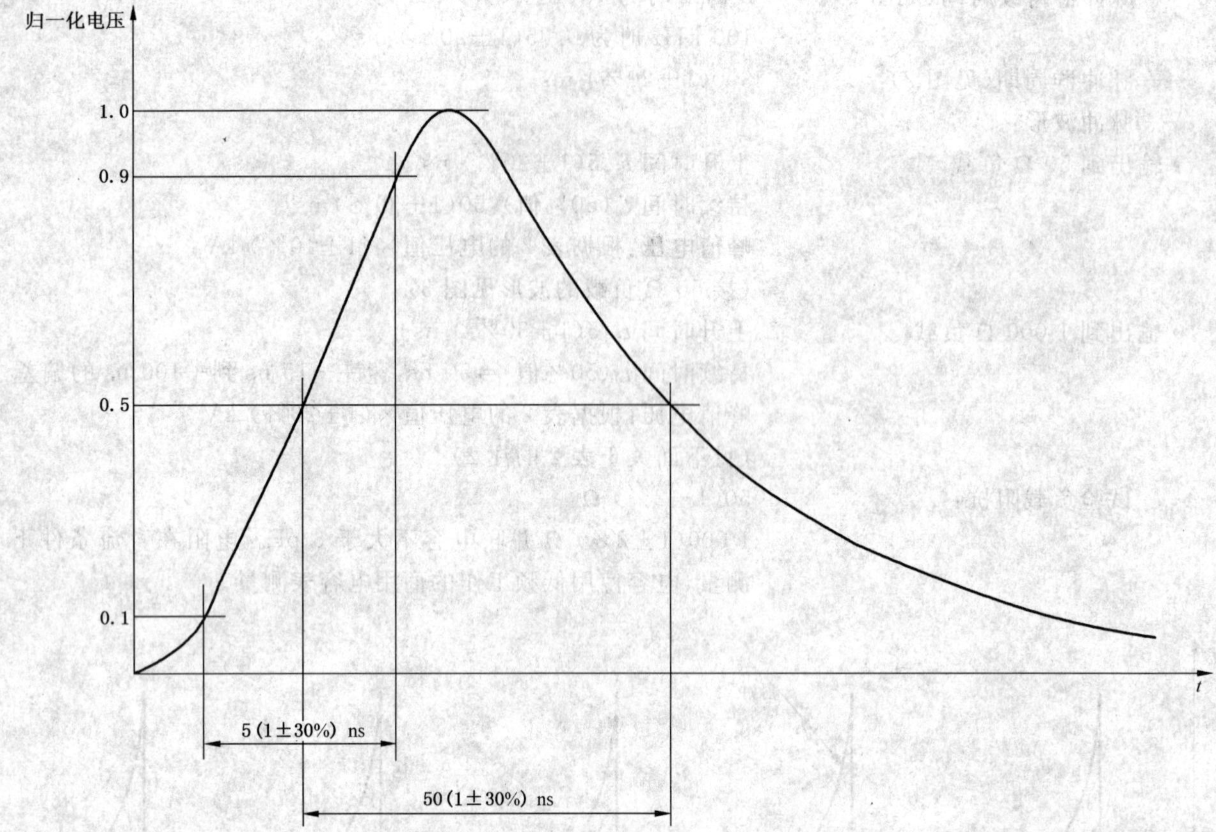

图 3 接 50 Ω 负载时单个脉冲的波形

对于表 2 中的每个设定电压,测量在 50 Ω 负载上的输出电压[V_p(50 Ω)],测得电压值应为[0.5×V_p(开路)]×(1±10%)。

对于同一个发生器设定(设定电压),测量在 1 000 Ω 负载上的电压[V_p(1 000 Ω)],测得电压值应为 V_p(开路)×(1±20%)。

注 1:应采取措施确保寄生电容保持最小。

注 2:如 V_p(1 000 Ω) 列中所示,接 1 000 Ω 负载阻抗将自动导致电压读数低于设置电压 5%。接 1 000 Ω 负载时 V_p 的读数等于 V_p(开路)乘以 1 000/1 050 的倍数(试验负载与整个线路阻抗 1 000 Ω 加上 50 Ω 的比值)。

注 3:接 50 Ω 负载时,如下表所示,测得的输出电压是空载时电压的 0.5 倍。

表 2 输出电压峰值和重复频率

设定电压/kV	V_p(开路电压)/kV	V_p(1 000 Ω)/kV	V_p(50 Ω)/kV	重复频率/kHz
0.25	0.25	0.24	0.125	5 或者 100
0.5	0.5	0.48	0.25	5 或者 100
1	1	0.95	0.5	5 或者 100
2	2	1.9	1	5 或者 100
4	4	3.8	2	5 或者 100

6.2 交流/直流电源端口的耦合/去耦网络

耦合/去耦网络用于交流/直流电源端口的验收试验。

电路图(以三相供电电源为例)在图 4 中给出。

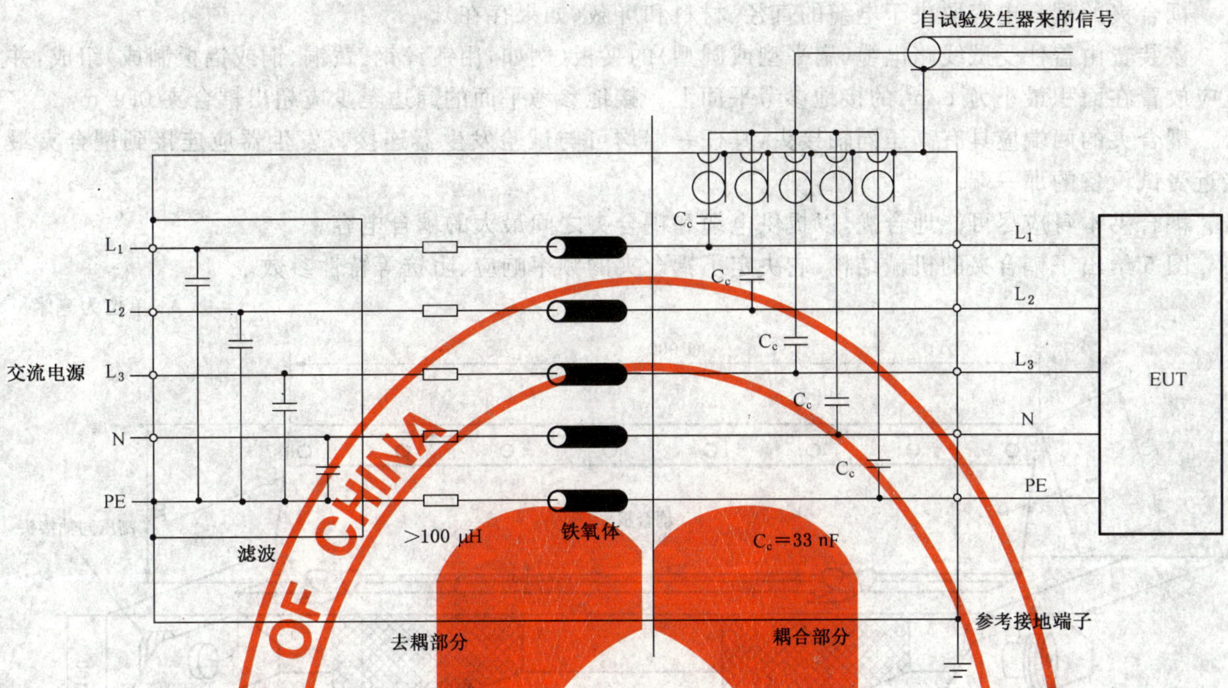

元件：

L_1,L_2,L_3——相线；

N——中线；

PE——保护地；

C_c——耦合电容。

图 4　用于交流/直流电源端口/端子的耦合/去耦网络

电快速瞬变脉冲群发生器的波形应按照 6.2.2 在耦合网络的输出端进行校验。

6.2.1　耦合/去耦网络特性参数

耦合/去耦网络特性参数如下：

——耦合电容：33 nF；

——耦合方式：共模。

6.2.2　耦合/去耦网络特性参数校验

6.1.2 给出的要求同样适用于校验耦合/去耦网络的测量设备。

在耦合/去耦网络的共模输出端校验波形，校验时将所有输出端短接，并接一个单一的 50 Ω 终端，如图 14 所示。除了在耦合/去耦网络的共模输出端校验波形，建议检查每一个独立的输出回路，以确保所有输出是正常的。

将发生器的输出电压设置为标称值 4 kV，然后进行校验。发生器连接到耦合/去耦网络的输入端。耦合/去耦网络输出端（通常连接到 EUT）端接一个 50 Ω 负载。记录峰值电压和波形。

脉冲的上升时间（10%到 90%值）应为 5(1±30%) ns。

接 50 Ω 负载时，脉冲持续时间（50%值）应为 50(1±30%) ns。

按照表 2，峰值电压×(1±10%)。

当受试设备和电源网络断开时，耦合/去耦网络输入端的残余试验脉冲电压不应超过施加试验电压的 10%。

注：为满足本部分的共模要求，依照 GB/T 17626.4—1998 设计的耦合/去耦网络可能需要做小的改动。

6.3　容性耦合夹

耦合夹能在与受试设备端口的端子、电缆屏蔽层或受试设备的任何其他部分无任何电连接的情况下将快速瞬变脉冲群耦合到受试线路。

耦合夹的耦合电容取决于电缆的直径、材料和屏蔽(如果存在)。

该装置由盖住受试线路电缆(扁平型或圆型)的夹板(例如,用镀锌钢、黄铜、铜或铝板制成)组成,并且应放置在面积最小为 1 m^2 的接地参考平面上。接地参考平面的周边至少应超出耦合夹 0.1 m。

耦合夹的两端应具有高压同轴接头,其任一端均可与试验发生器连接。发生器应连接到耦合夹最接近受试设备的那一端。

耦合夹本身应尽可能地合拢,以提供电缆和耦合夹之间最大的耦合电容。

图 5 给出了耦合夹的机械结构,它决定了耦合夹的频率响应、阻抗等特性参数。

单位为毫米

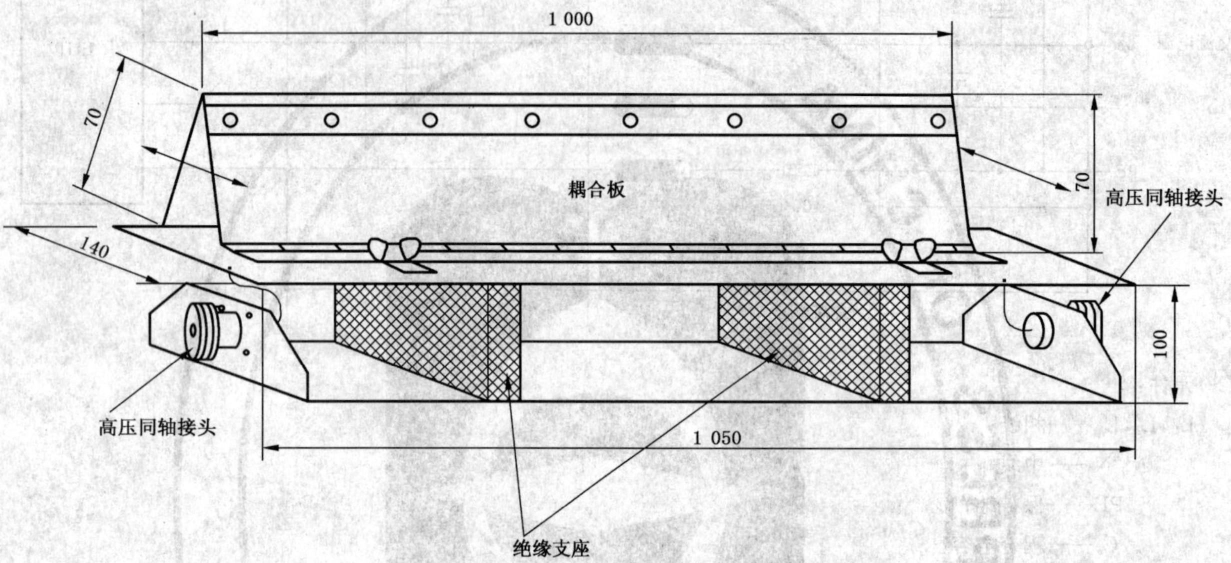

警告:耦合段与其他所有导电结构(受试电缆和接地平面除外)的间距应大于 0.5 m。

图 5　容性耦合夹的结构

特性参数:

——电缆和耦合夹之间典型的耦合电容:100 pF～1 000 pF;

——圆电缆可用的直径范围:4 mm～40 mm;

——绝缘耐压能力:5 kV(试验脉冲:1.2/50 μs)。

对在输入/输出和通讯端口上的连接线的验收试验要采用耦合夹的耦合方式。只有当 6.2 定义的耦合/去耦网络不适用时,耦合夹的耦合方式也可用于交流/直流电源端口的试验。

7　试验配置

基于试验环境,定义不同类型的试验:

——在实验室进行的型式(符合性)试验;

——在设备最终安装条件下,对设备进行的安装后试验。

优先采用在实验室进行的型式试验。

应该按照制造厂的安装说明书(如果有的话)布置受试设备。

7.1　试验设备

试验配置包括下列设备(见图 6):

——接地参考平面;

——耦合装置(耦合网络或耦合夹);

——去耦网络;

——试验发生器。

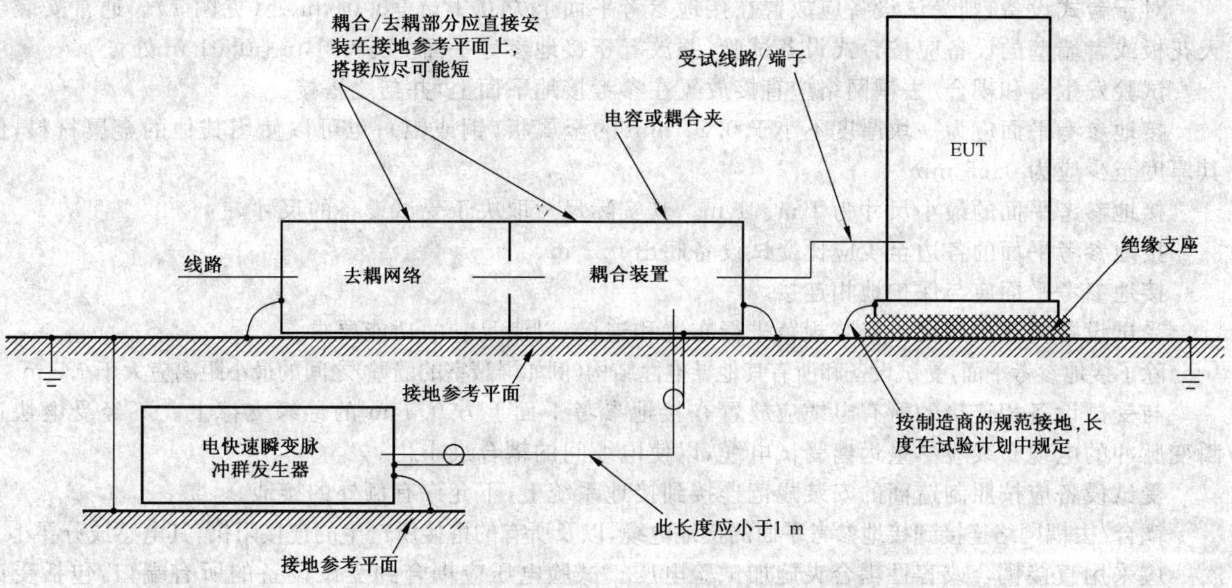

图 6　电快速瞬变脉冲群抗扰度试验方框图

7.2　实验室进行型式试验的试验配置

7.2.1　试验条件

下列要求适用于在 8.1 列出的参比环境条件下在实验室进行的试验。

固定落地式安装或者台式受试设备和设计安装于其他配置中的设备，都应放置在接地参考平面上，并用厚度为 0.1 m±0.01 m 的绝缘支座与之隔开(见图 7)。

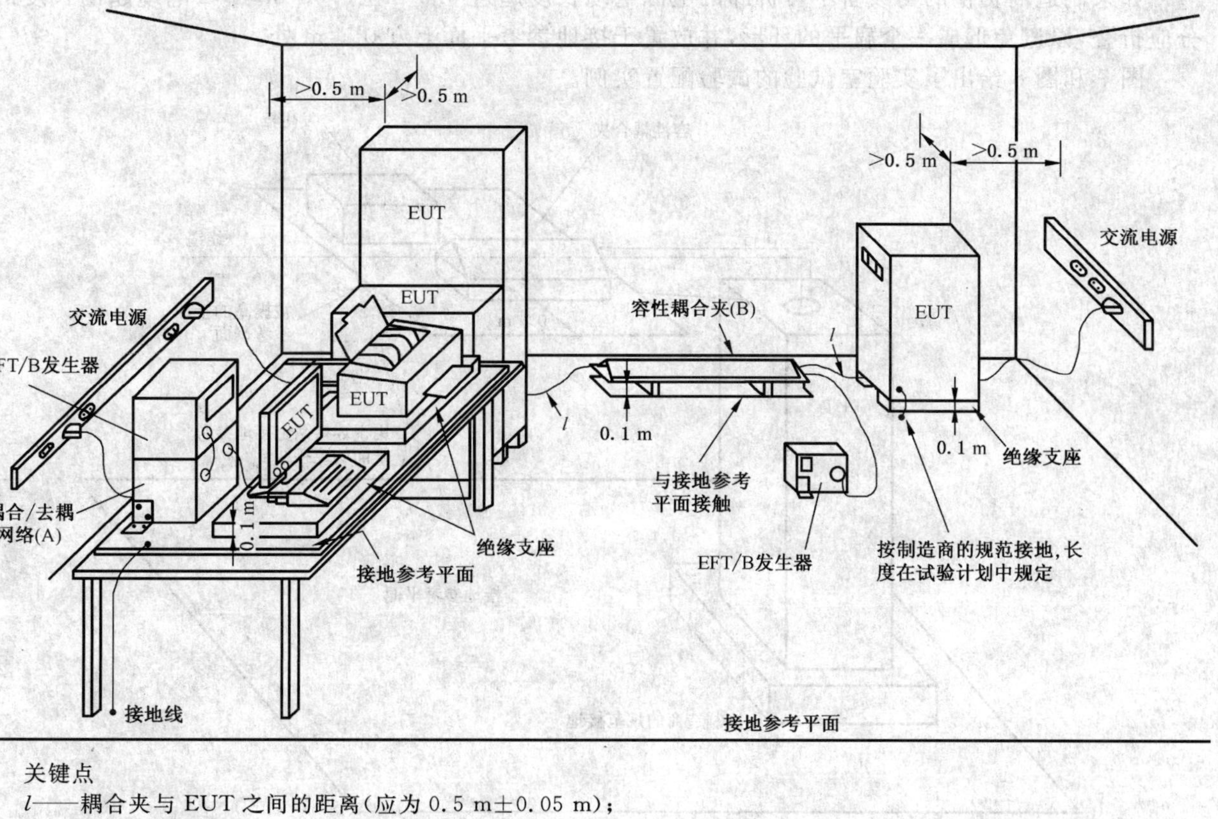

关键点

l——耦合夹与 EUT 之间的距离(应为 0.5 m±0.05 m)；

(A)——电源线耦合位置；

(B)——信号线耦合位置。

图 7　用于实验室型式试验的一般试验配置

对于台式设备，则受试设备应放置在接地参考平面上方 0.1 m±0.01 m 处（见图 7）。通常安装于天花板或者墙壁的设备应按台式设备试验，并放置于接地参考平面上方 0.1 m±0.01 m 处。

试验发生器和耦合/去耦网络应直接放置在参考接地平面上，并与之搭接。

接地参考平面应为一块厚度不小于 0.25 mm 的金属板（铜或铝）；也可以使用其他的金属材料，但其厚度至少应为 0.65 mm。

接地参考平面的最小尺寸为 1 m×1 m。其实际尺寸取决于受试设备的尺寸。

接地参考平面的各边至少应比受试设备超出 0.1 m。

接地参考平面应与保护地相连接。

受试设备应该按照设备安装规范进行布置和连接，以满足它的功能要求。

除了接地参考平面，受试设备和所有其他导电性结构（例如屏蔽室的墙壁）之间的最小距离应大于 0.5 m。

与受试设备相连接的所有电缆应放置在接地参考平面上方 0.1 m 的绝缘支撑上。不经受电快速瞬变脉冲的电缆布线应尽量远离受试电缆，以使电缆间的耦合最小化。

受试设备应按照制造商的安装规范连接到接地系统上，不允许有额外的接地。

耦合/去耦网络连接到接地参考平面的接地电缆，以及所有的搭接所产生的连接阻抗，其电感成分要小。

应采用直接耦合或容性耦合夹施加试验电压。试验电压应耦合到受试设备的所有端口，包括受试设备两单元之间的端口，除非设备单元之间互连线的长度达不到进行试验的基本要求。

应采用去耦网络保护辅助设备和公共网络。

在使用耦合夹时，除耦合夹下方的接地参考平面外，耦合板和所有其他导电性结构之间的最小距离为 0.5 m。

除非其他产品标准或者产品类标准另有规定，耦合装置和受试设备之间的信号线和电源线的长度应为 0.5 m±0.05 m。

如果制造商提供的与设备不可拆卸的电源电缆长度超过 0.5 m±0.05 m，那么电缆超出长度的部分应折叠，以避免形成一个扁平的环形，并放置于接地参考平面上方 0.1 m 处。

图 7 和图 8 给出了实验室试验的试验配置实例。

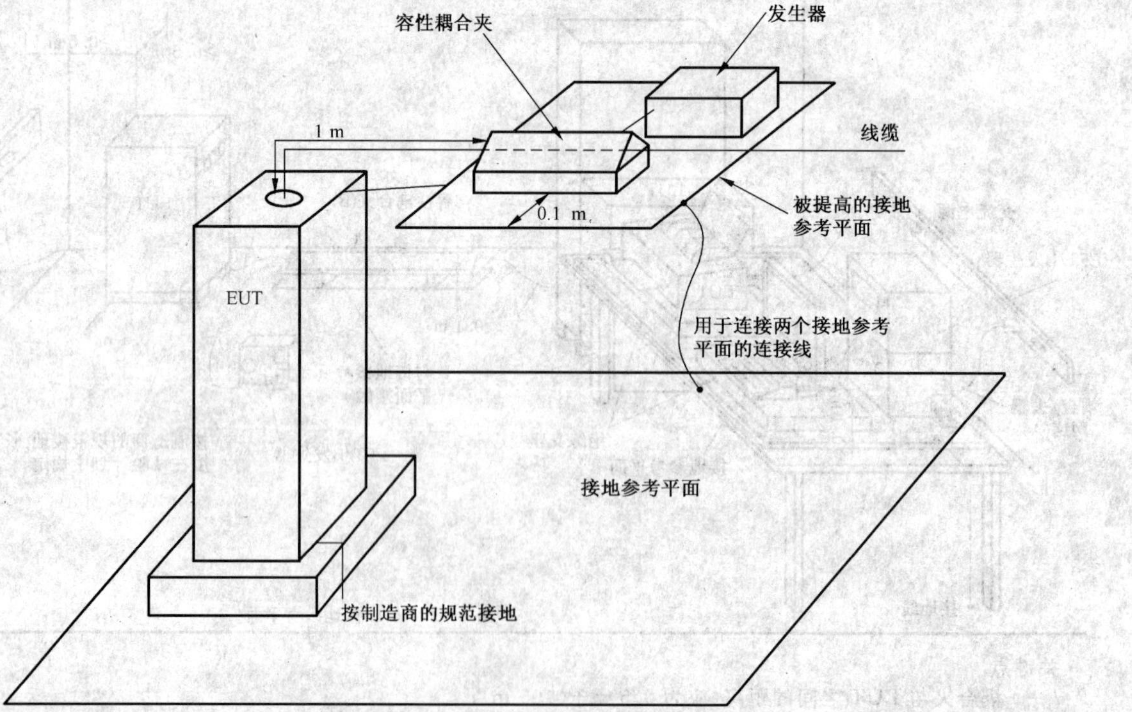

注：耦合夹可安装在屏蔽室的墙壁上或者任何其他接地表面，并与受试设备搭接。电缆从顶部引出的大型、落地式安装的系统，耦合夹中心处于距离受试设备上方 10 cm 处，电缆沿耦合夹平面的中心垂落布置。

图 8 架式安装设备的试验配置示例

图 8 中，在受试设备的机柜上连接了一个附加的接地平面。

7.2.2 把试验电压耦合到受试设备的方法

把试验电压耦合到受试设备的方法取决于受试设备的端口类型(如下所述)。

7.2.2.1 供电电源端口

图 9 给出了经过耦合/去耦网络直接耦合电快速瞬变脉冲群骚扰电压的试验配置的实例。这是耦合到供电电源端口首选的方法。

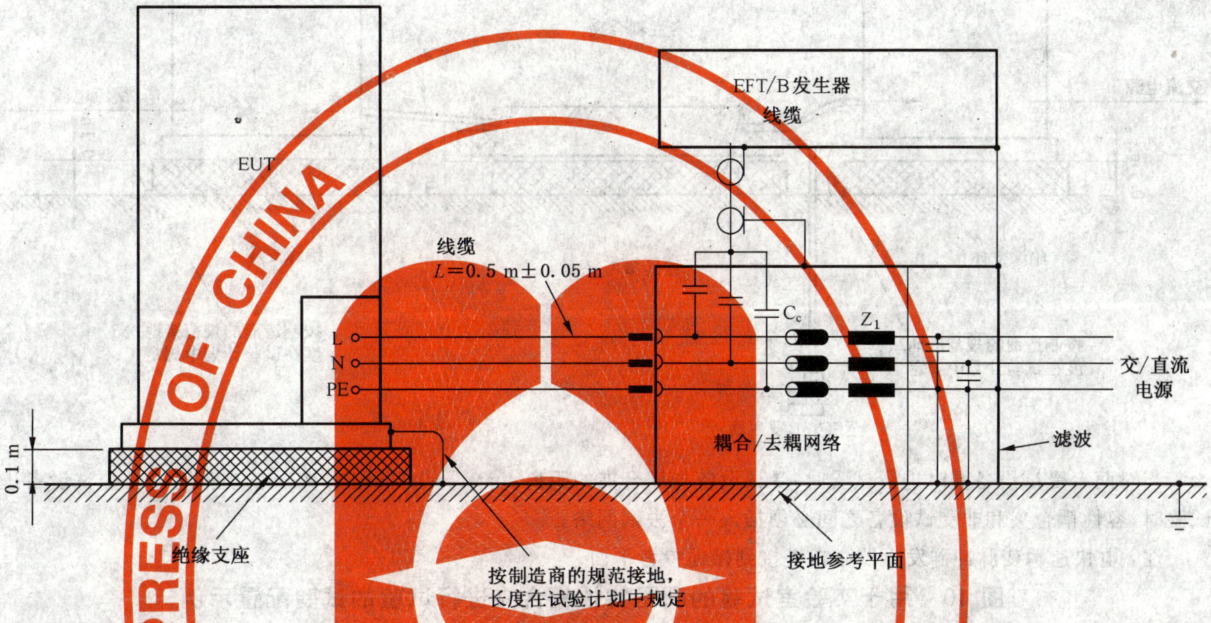

元件：

PE——保护地；

N——中线；

L——相线；

Z_1——去耦电感；

C_c——耦合电容。

注 1：直流端子按类似方式处理。

注 2：若产品或产品类标准中有规定，耦合/去耦网络和受试样品之间的信号和电源线缆可长至 1 m。

图 9 用于实验室试验的试验电压直接耦合到交流/直流电源端口/端子的试验配置示例

若没有适合的耦合/去耦网络，例如当交流电源电流大于 100 A，可采用替代方法；然而，不建议使用容性耦合夹的方法，因为在耦合脉冲群时，耦合夹的效率远低于用 33 nF 电容直接注入的方法。

7.2.2.2 输入/输出端口和通信端口

图 7 和图 10 的实例表明如何使用容性耦合夹把骚扰试验电压施加到输入/输出端口和通信端口。当采用容性耦合夹的方法时，连接受试设备的非受试或者辅助设备应适当去耦。

7.2.2.3 机柜接地端口

机柜上的测试点应是保护接地点的导电端子。应通过一个 33 nF 的耦合电容将试验电压施加到保护地(PE)连接点，见图 11。

7.3 安装后试验的试验配置

这些试验是可选用的。只有在制造商和用户同意后才可进行这些试验。必须考虑到试验本身可能对受试设备有破坏性，其他位于同一地点的其他设备可能会损坏或者受到不可接受的影响。

应该按照设备或系统的最终状态进行试验。为了尽可能地逼真模拟实际的电磁环境，在进行安装后试验时应该不用耦合/去耦网络。

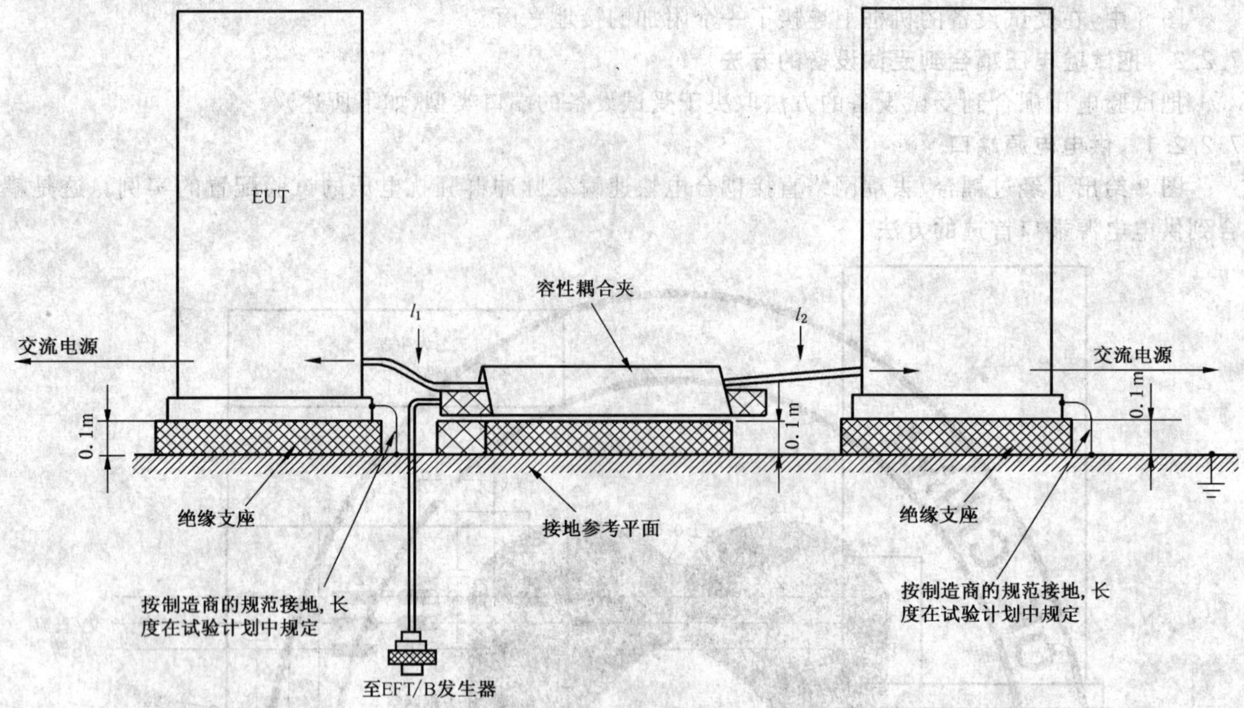

当对两台受试设备同时进行试验时：受试设备与耦合夹的距离 $l_1=l_2=0.5\ \text{m}\pm0.05\ \text{m}$。当只对一台受试设备进行试验时，容性耦合夹和非受试设备之间必须插入一个去耦网络。

注：电快速瞬变脉冲群发生器必需搭接到接地参考平面。

图 10　用于实验室试验的利用容性耦合夹进行试验的试验配置示例

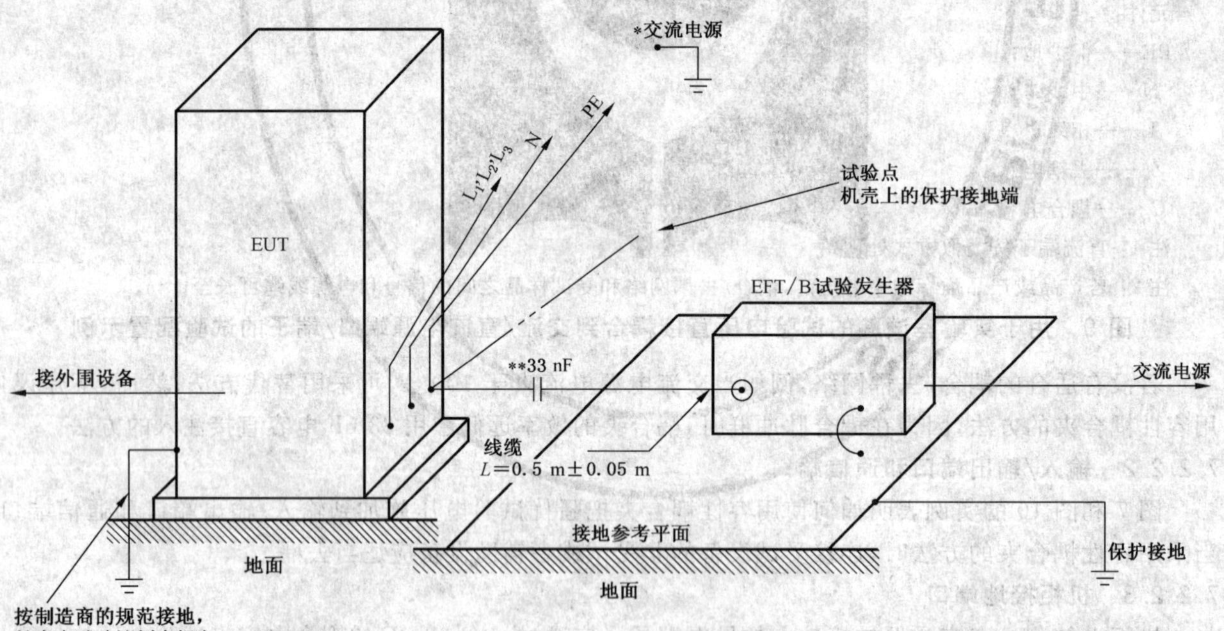

*　直流接地端子按同样方式处理

**　必要时使用隔直电容

元件

PE——保护地；

N——中线；

L_1，L_2，L_3——相线。

图 11　固定的落地式受试设备交流/直流电源端口或保护接地端子安装后试验示例

在试验过程中，除了受试设备以外，如果有其他装置受到不适当的影响，经用户和制造商双方同意可以使用去耦网络。

7.3.1 对供电电源端口和接地端口的试验

7.3.1.1 固定的落地式设备

试验电压应同时施加在接地参考平面和所有交流或直流供电电源的接线端子，以及受试设备机框的保护接地或者功能接地端子之间。

试验配置见图 11。

尺寸最小为 1 m^2(如 7.2.1 中所述)的接地参考平面应靠近受试设备安装，并与电源插座处的保护接地端连接。

电快速瞬变脉冲群发生器应该放置在接地参考平面上。从电快速脉冲群耦合装置的同轴输出到受试设备接线端子的“带电导线”长度应为 0.5 m±0.05 m。这种连接线不应屏蔽，但应绝缘良好。如果需要使用交流/直流隔离电容，其电容量应为 33 nF。受试设备的所有其他连接应根据它的功能要求。

7.3.1.2 经软线和插头连接到电源的非固定安装的受试设备

试验电压应同时施加到每根供电电源的每一根导线和供电电源的保护接地之间(见图 12)。

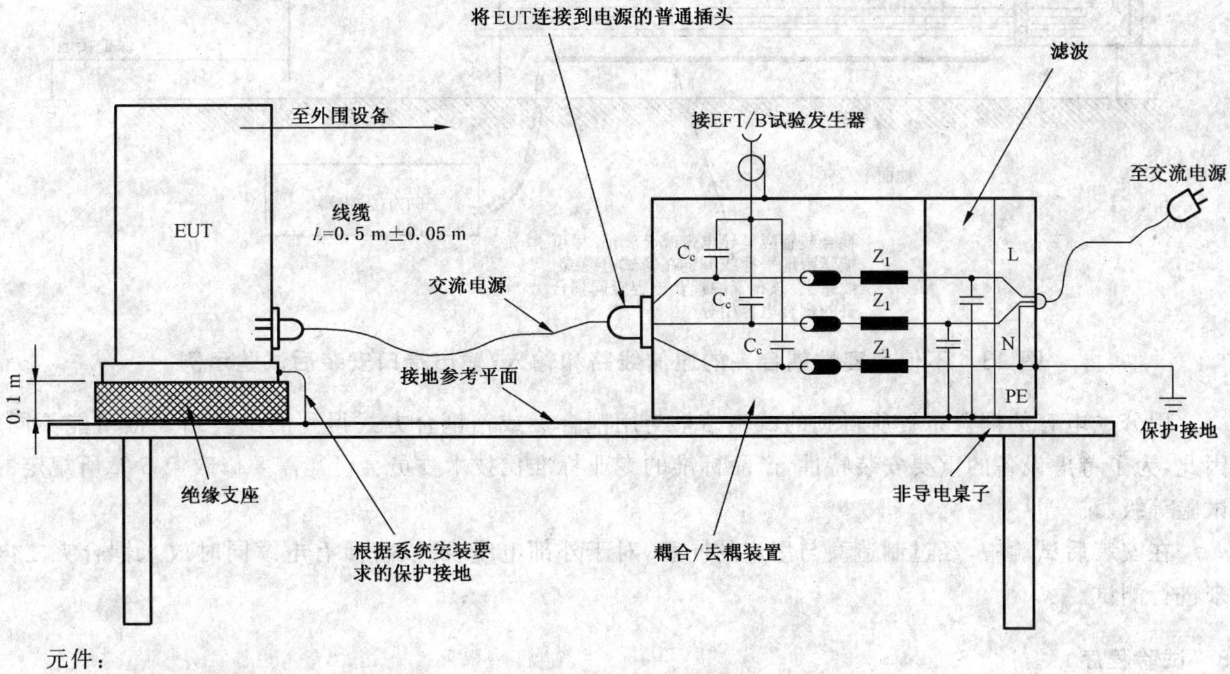

元件：

C_c——耦合电容：33 nF；

Z_1——去耦电感大于 100 μH；

L——相线；

N——中线；

PE——保护地。

注：若产品或产品类标准中有规定，信号和电源线可长至 1 m。

图 12 非固定式受试设备交流电源端口和保护接地端子安装后试验示例

7.3.2 对输入/输出和通信端口的试验

将试验电压耦合到输入/输出和通信端口，容性耦合夹是优先的选择方法。但是，如果因为电缆敷设中机械方面的问题(尺寸、电缆布线)而不能使用耦合夹时，则可代之以金属带或导电箔来包覆被试的线路。这种带有箔或带的耦合布置的电容应该与标准耦合夹的电容相等。

一种替代的方法，就是用分立的 100 pF 电容来代替耦合夹、金属箔或金属带的分布电容把电快速瞬变脉冲群耦合到线路的端子。

如果一个受试设备包含很多类似的端口，只要能确认这些端口是类似的，制造商可以选择测试有代表性的电缆。

从试验发生器引出的同轴电缆应在耦合点附近接地。不允许把试验电压施加到同轴电缆或屏蔽通信线路的接头(带电线)上。

在施加试验电压时，不应降低设备的屏蔽保护。试验配置见图 13。

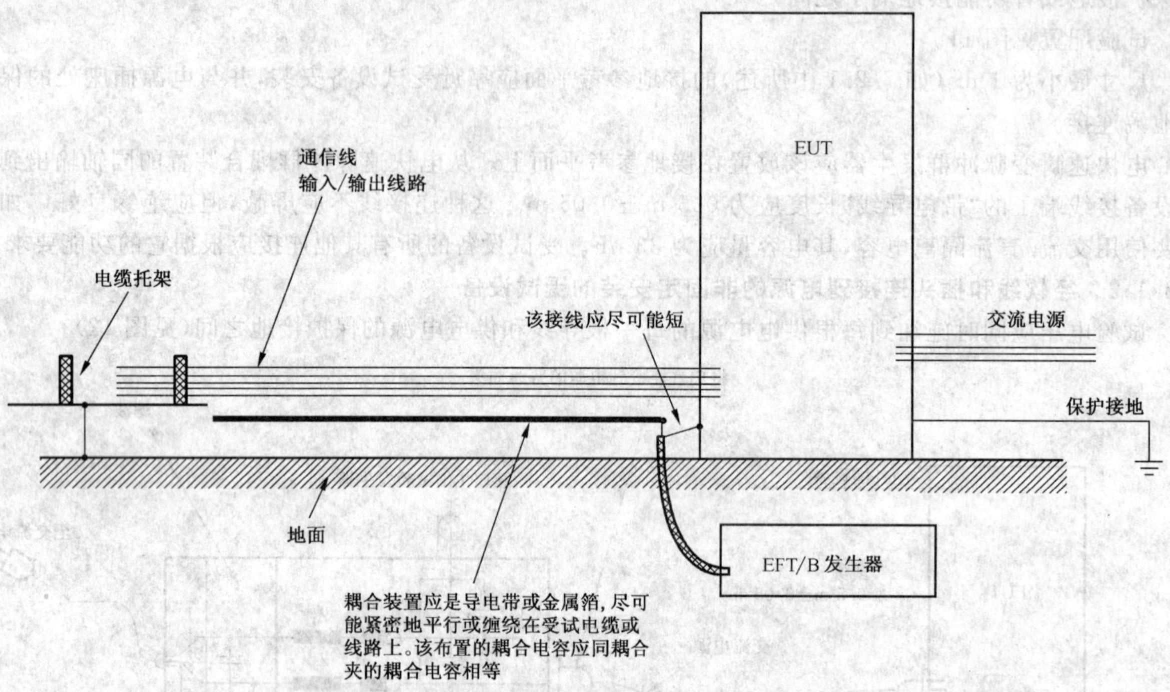

图 13　不使用容性耦合夹的通信线路和输入/输出端口安装后试验示例

用分立电容的耦合布置所得到的试验结果与用耦合夹或箔耦合方式得到的试验结果很可能不同。因此，为了考虑设备的重要安装特性，产品标准的专业标准化技术委员会可能需要修改第 5 章所规定的试验等级。

在安装后试验中，经过制造商与用户的同意，对于外部电缆，可以将所有电缆同时放入耦合夹之内来进行测试。

8　试验程序

试验前应检查试验设备的性能，通常限于检查发生器在耦合装置输出端产生的脉冲群是否存在。

试验程序包括：

——实验室参比条件的检验；

——设备正常运行的初步检验；

——进行试验；

——试验结果的评价。

8.1　实验室参比条件

为了尽量减小环境参数对试验结果的影响，应该在 8.1.1 和 8.1.2 中所规定的气候和电磁环境参比条件下进行试验。

8.1.1　气候条件

除非负责通用标准或产品标准的委员会有其他规定，实验室的气候条件应在受试设备制造商及试验设备制造商规定的限值之内。

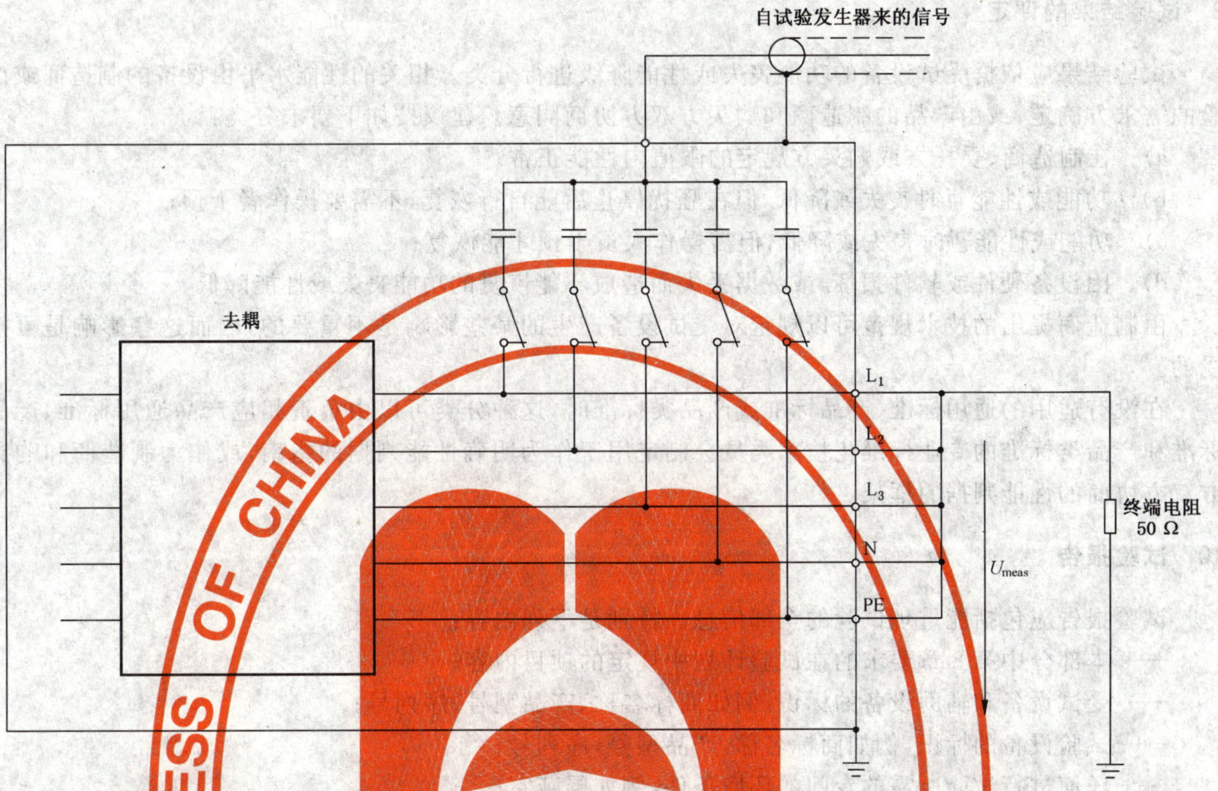

图 14　耦合/去耦网络共模输出端的波形校验

若相对湿度过高，以致引起受试设备或试验设备凝露，试验不应进行。

注：当有充足的证据证明，本部分所覆盖现象引起的效果受到气候条件的影响，这应提请负责本部分的标准化技术委员会的注意。

8.1.2　电磁条件

为了不影响试验结果，实验室的电磁条件应能保证受试设备的正常工作。

8.2　进行试验

应根据试验计划进行试验，试验计划包括技术规范所规定的受试设备性能的检验。

受试设备应处于正常的工作状态。

试验计划应该规定以下内容：

——将要进行的试验的类型；

——试验等级；

——试验电压的极性(两种极性均为强制性)；

——内部或外部发生器；

——试验的持续时间不短于 1 min(选择 1 min 是为了加快试验；然而，为避免同步，试验时间可分为六个 10 s 的脉冲群，间隔时间为 10 s。在实际环境中，脉冲群将作为单次事件随机的发生，并不意味着脉冲群与受试设备的信号同步。专业标准化技术委员会可选择其他试验持续时间。)

——施加试验电压的次数；

——待试验的受试设备的端口；

——受试设备的典型工作条件；

——依次对受试设备各端口或对同属于两个以上电路的电缆等施加试验电压的顺序；

——辅助设备。

9 试验结果的评定

试验结果应依据受试设备的功能丧失或性能降级进行分类。相关的性能水平由设备的制造商或试验的需求方确定，或由产品的制造商和购买方双方协商同意。建议按如下要求分类：

a) 在制造商、委托方或购买方规定的限值内性能正常；

b) 功能或性能暂时丧失或降低，但在骚扰停止后能自行恢复，不需要操作者干预；

c) 功能或性能暂时丧失或降低，但需操作人员干预才能恢复；

d) 因设备硬件或软件损坏，或数据丢失而造成不能恢复的功能丧失或性能降低。

由制造商提出的技术规范可以规定对受试设备产生的某些影响是不重要的，因而这些影响是可接受的。

在没有适用的通用标准、产品标准或产品类标准时，这种分类可以由负责相应产品通用标准、产品标准和产品类标准的专业标准化技术委员会制定用于作为明确性能判据的指南，或作为制造商和购买方双方协商的性能判据的框架。

10 试验报告

试验报告应包括能重现试验的全部信息。特别是下列内容：

——本部分中第 8 章要求的在试验计划中规定的项目内容；

——受试设备和辅助设备的标识，例如商标名称、产品型号、序列号；

——试验设备的标识，例如商标名称，产品型号，序列号；

——任何进行试验所需的专门的环境条件，例如屏蔽室；

——确保试验进行所必需的任何特定的条件；

——制造商、委托方或购买方规定的性能等级；

——在通用标准、产品标准或产品类标准中规定的性能判据；

——骚扰施加试验中或试验后，观察到的对受试设备的任何影响，及影响持续的时间；

——判定试验通过/失败的理由（基于通用标准、产品标准或产品类标准规定的性能判据或制造商和购买方达成的协议）；

——采用的任何特殊条件，例如电缆长度或类型，屏蔽或接地，或受试设备运行条件，均要符合规定。

若试验设备符合 GB/T 17626 的本部分的容差要求，则能充分说明可满足测量的不确定度；然而，当检查试验设备的容差符合性时，应考虑试验设备的校准不确定度。

附 录 A
（资料性附录）
关于电快速瞬变的信息

A.1 引言

电快速瞬变脉冲群(EFT)是由于切换感性负载而产生的。该切换瞬变通常被称为快速瞬变，可从以下几个方面来描述：

——脉冲群的持续时间：主要由切换前存储在电感中的能量决定；

——单个瞬变的重复率；

——幅度变化的瞬变组成一个脉冲群：主要由切换触点的机械和电特性决定(断开触点的速度，开路情况下触点的耐压能力)。

通常，电快速瞬变没有取决于开关触点或开关负载特性的唯一参数。

A.2 尖峰幅度

导线上测量到的尖峰幅值同与开关触点电连接的线上测到的尖峰幅值相同。对于供电电源和某些控制电路，在触点接近的时候(1 m 的数量级的距离)也会产生同样的情况。此时，骚扰是由感应(例如，电容)来传递的。其幅值是在触点测到的幅值的一部分。

A.3 上升时间

应注意的是，随着距离电快速瞬变脉冲源的增大，由于连接负载引起失真而导致的传输损耗、散射和反射，会使波形发生改变。在尖峰的传输过程中，考虑到高频分量的衰减效应，假定试验发生器的 5 ns 的上升时间的规定是折中的方法。

更短的上升时间，例如 1 ns，将会得到更保守的试验结果。它更适合于与电快速瞬变源有短连接的设备的场合。

注：在电快速瞬变脉冲源(电压从 500 V 到 4 kV，甚至更高的值)的脉冲实际的上升时间与空气中静电放电脉冲上升时间非常接近—它们的放电机理是相同的。

A.4 尖峰持续时间

本部分与 GB/T 17626.4—1998 中规定的实际持续时间有显著的不同。然而，这符合在敏感电路中作为感应电压测量到的尖峰的持续时间，因为这些感应电压与尖峰的低频分量几乎不相关。

A.5 尖峰重复率

重复率取决于许多参数。例如：

——充电电路的时间常数(电阻、电感及开关感性负载的分布电容)；

——开关电路的时间常数，包括将此负载连接到开关触点的导线的阻抗；

——开路动作中的接触速度；

——开关触点的耐压。

由此，重复率是变化的，十倍的范围或者更多是非常正常的。

注：实际上，由于在电快速瞬变脉冲群的一次试验中需要包括最典型的参数的范围，试验时选择 100 kHz 的重复率是作为折中的重复率。

A.6 尖峰/脉冲群的个数和脉冲群持续时间

此(这些)参数取决于由切换感性负载存储的能量及开关触点的耐压。

尖峰/脉冲群的个数与尖峰重复率和脉冲群持续时间有直接的关系。从测试的数据来看,除了水银继电器(并不像本部分考虑的其他类型的继电器一样普遍使用),绝大多数的脉冲群持续时间非常接近2 ms。

注:选择0.75 ms的持续时间作为100 kHz试验时的参考时间。对应的,尖峰/脉冲群的个数为75个。

附 录 B
(资料性附录)
试验等级的选择

试验等级应按照最真实的安装和环境条件来加以选择。本部分的第 5 章列出了这些试验等级。

为了确定设备在预期工作环境中的性能等级,应根据这些等级进行抗扰度试验。

对于受试设备的输入/输出、控制、信号和数据端口,试验电压为电源端口试验电压的一半。

根据通常的安装实践,建议按照电磁环境的要求来选择电快速瞬变脉冲群试验的试验等级,如下:

a) 第 1 级:具有良好保护的环境

设施具有下列特性:

——在被切换的电源和控制电路中,电快速瞬变脉冲群被全部抑制;

——电源线(交流和直流)与来自属于较高严酷度等级的其他环境中的控制和测量电路分离;

——电源电缆带有屏蔽层,屏蔽层的两端都在设施的接地参考平面接地,并通过滤波进行电源保护。

计算机房可作为这类环境的代表。

采用此级别对设备进行试验时,只适用于型式试验中的电源电路及安装后试验中的接地线路和设备机柜。

b) 第 2 级:受保护的环境

设施具有下列特性:

——仅采用继电器(无接触器)切换的电源和控制电路中,电快速瞬变脉冲群被部分抑制;

——较高严酷等级环境有关的其他电路和工业环境中的工业电路分离不完善;

——非屏蔽的电源电缆和控制电缆与信号电缆和通信电缆在结构上分离。

工厂和发电厂的控制室或终端室可作这类环境的代表。

c) 第 3 级:典型的工业环境

设施具有下列特性:

——仅采用继电器(无接触器)切换的电源和控制电路中,对电快速瞬变脉冲群无抑制;

——工业线路与同较高严酷等级环境有关的其他线路分离不完善;

——电源、控制、信号和通信线路采用专用电缆;

——电源、控制、信号和通信电缆之间的分离不完善;

——存在由电缆托架(同保护接地系统相连)中的导电管道、接地导体和接地网提供的接地系统。

工业过程设备的使用场所可作为这类环境的代表。

d) 第 4 级:严酷的工业环境

设施具有下列特性:

——由继电器和接触器切换的电源和控制线路中,对电快速瞬变脉冲群无抑制;

——严酷的工业环境中的工业线路与较高严酷等级环境有关的其他线路不分离;

——电源、控制、信号和通信电缆之间不分离;

——控制和信号线共用多芯电缆。

未采取特定安装措施的工业过程设备的户外区域、发电厂、露天的高压变电站的继电器房和工作电压达 500 kV 的气体隔离的变电站(采用典型的安装措施)等区域可作为这类环境的代表。

e) 第 5 级:需要加以分析的特殊环境

根据骚扰源与设备的电路、电缆、线路等电磁分离程度的优劣,以及安装质量,可能需要采用高于或低于上述等级的环境等级。应该指出,较高严酷等级的设备线路可以进入严酷等级较低的环境。

参 考 文 献

IEC 60050-300:2001 国际电工词汇(IEV) 电气和电子测量及测量仪器 第311部分:关于测量的一般术语;第312部分:关于电气测量的一般术语;第313部分:电气测量仪器类型;第314部分:按仪器类型的专门术语

ICS 33.100
L 06

中华人民共和国国家标准

GB/T 17626.5—2008/IEC 61000-4-5:2005
代替 GB/T 17626.5—1999

电磁兼容 试验和测量技术 浪涌(冲击)抗扰度试验

Electromagnetic compatibility—Testing and measurement techniques—Surge immunity test

(IEC 61000-4-5:2005, IDT)

2008-05-20 发布　　2009-01-01 实施

中华人民共和国国家质量监督检验检疫总局
中国国家标准化管理委员会 发布

前　言

GB/T 17626《电磁兼容　试验和测量技术》目前包括以下部分：

GB/T 17626.1—2006　电磁兼容　试验和测量技术　抗扰度试验总论

GB/T 17626.2—2006　电磁兼容　试验和测量技术　静电放电抗扰度试验

GB/T 17626.3—2006　电磁兼容　试验和测量技术　射频电磁场辐射抗扰度试验

GB/T 17626.4—2008　电磁兼容　试验和测量技术　电快速瞬变脉冲群抗扰度试验

GB/T 17626.5—2008　电磁兼容　试验和测量技术　浪涌(冲击)抗扰度试验

GB/T 17626.6—2008　电磁兼容　试验和测量技术　射频场感应的传导骚扰抗扰度

GB/T 17626.7—2008　电磁兼容　试验和测量技术　供电系统及所连设备谐波、谐间波的测量和测量仪器导则

GB/T 17626.8—2006　电磁兼容　试验和测量技术　工频磁场抗扰度试验

GB/T 17626.9—1998　电磁兼容　试验和测量技术　脉冲磁场抗扰度试验

GB/T 17626.10—1998　电磁兼容　试验和测量技术　阻尼振荡磁场抗扰度试验

GB/T 17626.11—2008　电磁兼容　试验和测量技术　电压暂降、短时中断和电压变化的抗扰度试验

GB/T 17626.12—1998　电磁兼容　试验和测量技术　振荡波抗扰度试验

GB/T 17626.13—2006　电磁兼容　试验和测量技术　交流电源端口谐波、谐间波及电网信号的低频抗扰度试验

GB/T 17626.14—2005　电磁兼容　试验和测量技术　电压波动抗扰度试验

GB/T 17626.16—2007　电磁兼容　试验与测量技术　0 Hz～150 kHz 共模传导骚扰抗扰度试验

GB/T 17626.17—2005　电磁兼容　试验和测量技术　直流电源输入端口纹波抗扰度试验

GB/T 17626.27—2006　电磁兼容　试验和测量技术　三相电压不平衡抗扰度试验

GB/T 17626.28—2006　电磁兼容　试验和测量技术　工频频率变化抗扰度试验

GB/T 17626.29—2006　电磁兼容　试验和测量技术　直流电源输入端口电压暂降、短时中断和电压变化的抗扰度试验

本部分为 GB/T 17626 的第 5 部分。

本部分等同采用国际标准 IEC 61000-4-5:2005(第 2 版)《电磁兼容　试验和测量技术　浪涌(冲击)抗扰度试验》。

本部分对 IEC 61000-4-5:2005 图 2、图 3、图 5 和图 6 中的纵坐标标题进行了修正。

本部分代替 GB/T 17626.5—1999《电磁兼容　试验和测量技术　浪涌(冲击)抗扰度试验》。

本部分的某些内容有可能涉及专利。本部分的发布机构不承担识别这些专利的责任。

本部分与 GB/T 17626.5—1999 的主要差异如下：

1)　增加了新的定义；

2)　增加了开路电压波 10/700 μs 短路时的电流波形 5/320 μs；

3)　对耦合/去耦网络 EUT 端口的电压/电流波形进行了规定；

4)　增加了耦合/去耦网络选用流程图；

5)　非屏蔽不对称互连线的试验配置中，增加了箝位型耦合元件方法；

6)　非屏蔽对称互连线/通信线的试验配置中，删除了“线-地”耦合方式，只规定了“所有线-地”耦合方式，其耦合装置也由并联的电容和气体放电管改为避雷器；

7） 增加了用于高速通信线的耦合/去耦网络和高速通信线的试验要求；

8） 对于一端接地的屏蔽线的测试，取消了对地连接电容的要求；

9） 增加了在具有多根屏蔽电缆时，对单根屏蔽电缆进行测试的替代耦合方法；

10） 浪涌重复率改为至少每分钟一次；

11） 对 8.1.1“气候条件”的要求进行了修改；

12） 修改了对试验结果的评价；

13） 对试验报告给出了详细的规定；

14） 修改了表 A.1 试验等级的选择；

15） 增加了附录 B 中有关系统级抗扰度的描述，删除了 1999 版附录 B 中的图 B.1～图 B.3；

16） 增加了附录 C；

17） 对标准的内容重新进行了编辑：

a） 将原标准中的第 3 章“概述”和第 4 章“定义”对调；

b） 将原标准中的图形由集中编排改为分散编排，图形分散到了相关的文字段落。

本部分的附录 A、附录 B 和附录 C 均为资料性附录。

本部分由全国电磁兼容标准化技术委员会(SAC/TC 246)提出并归口。

本部分负责起草单位：信息产业部电子工业标准化研究所。

本部分主要起草人：陈世钢、刘建鹏、蔡华强。

本部分代替标准历次版本的发布情况为：

——GB/T 17626.5—1999。

电磁兼容 试验和测量技术 浪涌(冲击)抗扰度试验

1 范围

GB/T 17626 的本部分规定了设备对由开关和雷电瞬变过电压引起的单极性浪涌(冲击)的抗扰度要求、试验方法和推荐的试验等级范围,规定了不同环境和安装状态下的几个试验等级。本部分提出的要求适用于电气和电子设备。

本部分的目的是建立一个共同的基准,以评价电气和电子设备在遭受浪涌(冲击)时的性能。本部分规定了一个一致的试验方法,以评定设备或系统对规定现象的抗扰度。

注:按 GB/Z 18509—2001 规定,本部分是电磁兼容基础标准,供各产品委员会使用。GB/Z 18509—2001 还规定,产品委员会负责确定是否应用本抗扰度试验标准,如果使用,还应负责确定合适的试验等级和性能判据。全国电磁兼容标准化技术委员会及其分技术委员会愿与产品委员会合作,以评估其产品的特殊抗扰度要求。

本部分规定了:

——试验等级的范围;

——试验设备;

——试验配置;

——试验程序。

在实验室试验的任务就是要找出设备在规定的工作状态下工作时,对由开关或雷电作用所产生的有一定危害电平的浪涌(冲击)电压的反应。

本部分不对受试设备耐高压的绝缘能力进行试验。本部分不考虑直击雷的雷电流的直接注入。

2 规范性引用文件

下列文件中的条款通过 GB/T 17626 的本部分的引用而成为本部分的条款。凡是注日期的引用文件,其随后所有的修改单或修订版均不适用于本部分,然而,鼓励根据本部分达成协议的各方研究是否可使用这些文件的最新版本。凡是不注日期的引用文件,其最新版本适用于本部分。

GB/T 4365 电工术语 电磁兼容(GB/T 4365—2003, IEC 60050(161): 1990,IDT)

GB/T 16927.1 高电压试验技术 第一部分:一般试验要求(GB/T 16927.1—1997, eqv IEC 60060-1: 1989)

GB/Z 18509—2001 电磁兼容 电磁兼容标准起草导则(neq IEC Guide 107:1998)

IEC 62305 雷击电磁脉冲防护

IEC 60469-1 脉冲技术和设备 第一部分:脉冲术语和定义

3 术语和定义

GB/T 4365 确立的以及下列术语和定义适用于 GB/T 17626 的本部分。

3.1

雪崩器件 avalanche device

在规定电压击穿并导通的二极管、气体放电管或其他元件。

3.2

校准 calibration

参照标准,在规定的条件下,为确定指示值与测量结果之间关系的一组操作。

[IEC 60050(311),定义 311-01-09]

注 1:该术语基于"不确定度"方法。

注 2:理论上,指示值与测量结果之间关系可以通过校准图表示。

3.3

箝位器件 clamping device

防止施加的电压超过规定值的二极管、(压敏)电阻或其他元件。

3.4

组合波发生器 combination wave generator

能产生 1.2/50 μs 开路电压波形、8/20 μs 短路电流波形,或 10/700 μs 开路电压波形、5/320 μs 短路电流波形的发生器。

3.5

耦合网络 coupling network

将能量从一个电路传送到另一个电路的电路。

3.6

去耦网络 decoupling network

用于防止施加到受试设备上的浪涌(冲击)影响其他未试验的装置、设备或系统的电路。

3.7

持续时间 duration

规定的波形或特征存在或持续的间隔绝对值。

[IEC 60469-1]

3.8

(浪涌发生器的)有效输出阻抗 effective output impedance (of a surge generator)

开路电压峰值与短路电流峰值的比值。

3.9

电气设备组合 electrical installation

为了实现某些目的,将具有协调特性的若干电气设备进行整合后的设备集合。

[IEC 60050(826):2004]

3.10

EUT

受试设备。

3.11

波前时间 front time

浪涌(冲击)电压的波前时间 T_1 是一个虚拟参数,定义为 30%峰值和 90%峰值两点之间所对应时间间隔 T 的 1.67 倍(见图 2 和图 5)。

浪涌(冲击)电流的波前时间 T_1 是一个虚拟参数,定义为 10%峰值和 90%峰值两点之间所对应时间间隔 T 的 1.25 倍(见图 3 和图 6)。

[修改 GB/T 16927.1—1997 定义 24.3]

3.12

(参考)地 ground (reference)

位于接地布置影响区域以外、电位通常被认为是零的导电大地的一部分。

[IEC 60050(826)]

3.13

高速通信线　high-speed communication lines

工作时传输频率大于100 kHz的输入/输出线

3.14

抗扰度　immunity

装置、设备或系统面临电磁骚扰不降低运行性能的能力。

[GB/T 4365—2003,定义161-01-20]

3.15

互连线　interconnection lines

指I/O线(输入/输出线路)和通信线。

3.16

一次保护　primary protection

防止大部分浪涌(冲击)能量通过指定界面传播的措施。

3.17

上升时间　rise time

脉冲瞬时值首次从给定下限值上升到给定上限值所经历的时间。

[GB/T 4365—2003,定义161-02-05]

注:除特别指明外,下限值和上限值分别定为脉冲幅值的10%和90%。

3.18

二次保护　secondary protection

对通过一次保护后的能量进行抑制的措施。它可以是一个专门的装置,也可以是EUT本身的特性。

3.19

浪涌(冲击)　surge

沿线路或电路传送的电流、电压或功率的瞬态波,其特征是先快速上升后缓慢下降。

[GB/T 4365—2003,定义161-08-11]

注:以下简称浪涌(冲击)为浪涌。

3.20

对称线　symmetrical lines

差模到共模转换损耗大于20 dB的平衡对线。

3.21

系统　system

通过执行规定的功能来达到特定目标的、由相互依赖部分组成的集合。

[修改GB/T 2900.56—2002定义351-11-01]

注:系统被认为用一假想的界面将其与环境和其他外部系统分离,该界面切断了被考虑系统与环境和外部系统之间的联系。通过这些联系,系统受到环境和外部系统的影响,或者系统本身对环境和外部系统产生影响。

3.22

半峰值时间　time to half-value

$\boldsymbol{T_2}$

虚拟起点O_1和电压(或电流)下降到半峰值时两点的时间间隔。

[修改GB/T 16927.17—1997定义18.1.6]

注:浪涌的半峰值时间T_2是一个虚拟参数。

3.23

瞬态 transient

在两相邻稳定状态之间变化的物理量或物理现象，其变化时间小于所关注的时间尺度。

[GB/T 4365—2003，定义 161-02-01]

3.24

验证 verification

用于检查试验仪器系统（如试验发生器和互连电缆）的操作过程，以确认试验系统的运行满足第6章的规定。

注1：验证可以采用与校准不同的方法。

注2：6.1.2 和 6.2.2 的规定是为了保证发生器的正确操作，其他条款用于完善试验布置，以使试验波形施加到 EUT。

注3：由于本部分为 EMC 基础标准，该定义与 IEC 60050(311)中的定义不同。

3.25

虚拟起点 O_1 virtual origin O_1

在浪涌电压波形中，它指的是连接脉冲幅度 30% 和 90% 两点的直线与时间轴的交点。在浪涌电流波形中，它指的是连接脉冲幅度 10% 和 90% 两点的直线与时间轴的交点。

4 概述

4.1 电力系统开关瞬态

电力系统开关瞬态可分为与以下操作有关的瞬态：

a) 主要的电力系统切换骚扰，例如电容器组的切换；

b) 配电系统中较小的局部开关动作或负载变化；

c) 与开关器件（如晶闸管）相关联的谐振现象；

d) 各种系统故障，例如设备组合对接地系统的短路和电弧故障。

4.2 雷电瞬态

雷电产生浪涌电压的主要机理如下：

a) 直接雷，它击于外部（户外）电路，注入的大电流流过接地电阻或外部电路阻抗而产生电压；

b) 间接雷（即云层之间或云层中的雷击或击于附近物体的雷击产生的电磁场），它在建筑物内、外导体上产生感应电压和电流；

c) 附近直接对地放电的雷电电流，当它耦合到设备组合接地系统的公共接地路径时产生感应电压。

当雷电保护装置动作时，电压和电流可能发生迅速变化，并可能耦合到内部电路。

4.3 瞬态的模拟

试验发生器的特性应尽可能地模拟上述现象。

如果骚扰源在同一线路中（直接耦合），例如在电源网络中，那么发生器在 EUT 的端口模拟一个低阻抗源。

如果骚扰源与 EUT 不在同一线路中（间接耦合），那么发生器模拟一个高阻抗源。

5 试验等级

优先选择的试验等级范围如表1所示。

表 1 试验等级

等 级	开路试验电压(±10%) kV
1	0.5
2	1.0
3	2.0
4	4.0
X	特定
注:"X"可以是高于、低于或在其他等级之间的任何等级。该等级可以在产品标准中规定。	

试验等级应根据安装情况来选择;安装类别在B.3中给出。

所有较低试验等级的电压也应得到满足(见8.2)。

对不同界面的试验等级的选择见附录A。

6 试验设备

本部分规定了两种类型的组合波发生器。根据受试端口类型(见第7章)的不同,它们有各自特殊的应用。对于连接到对称通信线的端口,应使用10/700 μs组合波发生器。对于其他情况,特别是连接到电源线和短距离信号互连线的端口,应使用1.2/50 μs组合波发生器。

6.1 1.2/50 μs组合波发生器

标准的目的是要规范施加在EUT上的输出波形。波形由开路电压波形和短路电流波形来定义,应在未连接EUT时测量。对交流或直流供电的产品,浪涌施加到交流或直流电源线上,其输出必须符合表6和表7的规定。当浪涌直接从发生器输出端来作用时,波形应当满足表2的规定。当连接EUT时,不要求在发生器输出端和耦合/去耦网络(CDN)输出端的波形同时满足规定。但在不接EUT时,均应满足波形的规定。

发生器产生的浪涌波形:开路电压波前时间1.2 μs;开路电压半峰值时间50 μs;短路电流波前时间8 μs;短路电流半峰值时间20 μs。

图1为1.2/50 μs组合波发生器的电路原理图。选择不同元件R_{S1}、R_{S2}、R_m、L_r和C_c的值,以使发生器产生1.2/50 μs的电压浪涌(开路情况)和8/20 μs的电流浪涌(短路情况)。

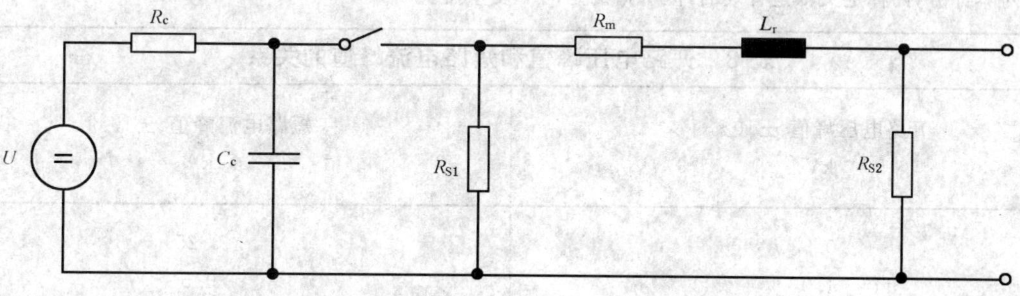

U——高压源;

R_c——充电电阻;

C_c——储能电容;

R_s——脉冲持续时间形成电阻;

R_m——阻抗匹配电阻;

L_r——上升时间形成电感。

图1 组合波发生器的电路原理图(1.2/50 μs-8/20 μs)

为方便起见,定义组合波发生器的有效输出阻抗为开路输出电压峰值与短路输出电流峰值之比。本发生器的有效输出阻抗为 2 Ω。

注:电压和电流波形是 EUT 输入阻抗的函数。当浪涌施加至设备时,由于安装的保护装置的正确动作,或当没有保护装置或保护装置不动作而导致元件飞弧或击穿时,EUT 的输入阻抗可能发生变化。因此,从同一试验发生器里必须能输出负载所需要的 1.2/50 μs 电压波和 8/20 μs 电流波。

6.1.1 发生器的特性与性能

极性:正/负;

相移:相对于 EUT 交流线电压的相位在 0°～360°变化,允差±10°;

重复率:每分钟一次,或更快;

开路输出电压峰值:0.5 kV 起至所需的试验电平,可调;

浪涌电压波形:见表 2 和图 2;

输出电压设置允差:见表 3;

短路输出电流峰值:与设定的峰值电压有关(见表 2 和表 3);

浪涌电流波形:见表 2 和图 3;

短路输出电流允差:见表 3;

有效输出阻抗:2×(1±10%)Ω。

表 2 1.2/50 μs-8/20μs 波形参数的定义

定义	根据 GB/T 16927.1		根据 IEC 60469-1	
	波前时间 μs	半峰值时间 μs	上升时间 (10%—90%) μs	持续时间 (50%—50%) μs
开路电压	1.2×(1±30%)	50×(1±20%)	1×(1±30%)	50×(1±20%)
短路电流	8×(1±20%)	20×(1±20%)	6.4×(1±20%)	16×(1±20%)

注:在现行 IEC 出版物中,1.2/50 μs 和 8/20 μs 波形通常按 GB/T 16927.1 规定,如图 2 和图 3 所示。其他的 IEC 推荐标准按 IEC 60469-1 规定波形,如表 2 所示。

对本部分,两种定义都是有效的,但所指的是同一发生器。

表 3 开路电压峰值和短路电流峰值的关系

开路电压峰值 ±10% kV	短路电流峰值 ±10% kA
0.5	0.25
1.0	0.5
2.0	1.0
4.0	2.0

当开路峰值电压指定后的短路峰值电流见表 3。

发生器的输出浮地。

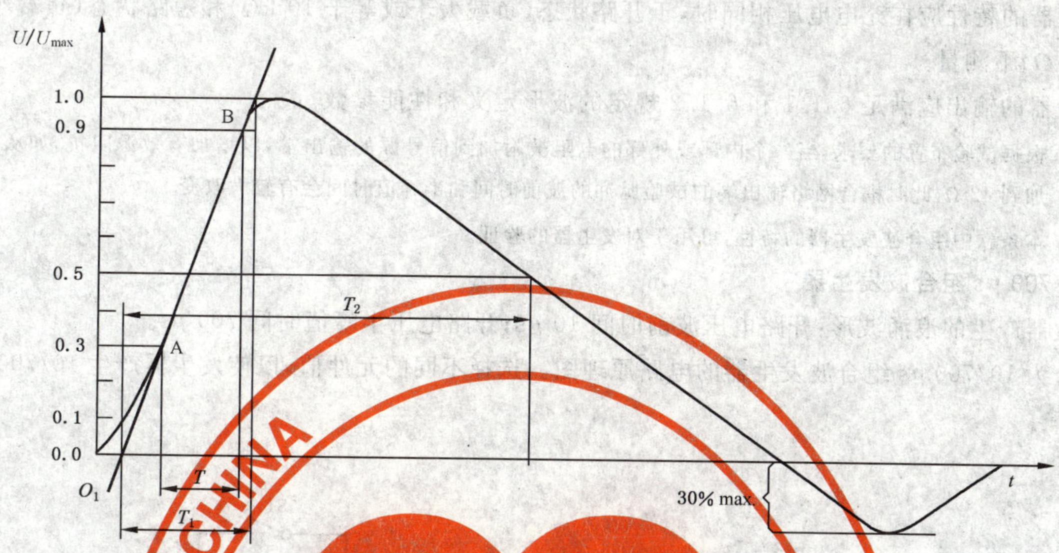

波前时间：$T_1=1.67\times T=1.2\times(1\pm30\%)$ μs

半峰值时间：$T_2=50\times(1\pm20\%)$ μs

注：耦合/去耦网络输出端的开路电压波形可能存在较大的下冲，基本上同图3所示的曲线。

图2　未连接CDN的发生器输出端的开路电压波形(1.2/50 μs)(GB/T 16927.1的波形定义)

波前时间：$T_1=1.25\times T=8\times(1\pm20\%)$ μs

半峰值时间：$T_2=20\times(1\pm20\%)$ μs

注：30%的下冲规定只适用于发生器的输出端。在耦合/去耦网络的输出端，对下冲或过冲没有限制。

图3　未连接CDN的发生器输出端的短路电流波形(8/20 μs)(GB/T 16927.1的波形定义)

6.1.2　发生器的校准

为了比较不同发生器的试验结果，应对发生器定期校准。为此，必须按下述程序测量发生器的最基本特性。

发生器的输出应与有足够带宽和电压量程的测量系统连接，以便监视波形的特性。

发生器的特性应在充电电压相同时，于开路状态（负载大于或等于 10 kΩ）和短路状态（负载小于或等于 0.1 Ω）下测量。

发生器的输出应满足 6.1.1 和 6.1.2 规定的波形定义和性能参数。

注 1：根据试验布置的要求，当一个内部或外部的电阻被附加到信号源的输出端，以增加有效源阻抗，如从 2 Ω 增加到 42 Ω，此时耦合网络输出端的试验脉冲的波前时间和半峰值时间会有较大改变。

注 2：本条款中组合波发生器的特性，可用于对发生器的验证。

6.2 10/700 μs 组合波发生器

发生器产生的浪涌波形：开路电压波前时间 10 μs；开路电压半峰值时间 700 μs。

图 4 为 10/700 μs 组合波发生器的电路原理图。选择不同的元件值，以使发生器产生 10/700 μs 的浪涌。

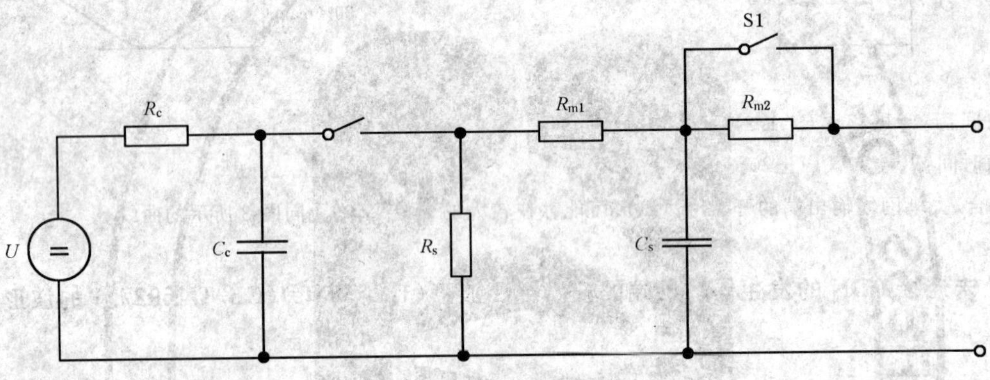

U——高压源；

R_c——充电电阻；

C_c——储能电容；

R_s——脉冲持续时间形成电阻；

R_m——阻抗匹配电阻；

C_s——上升时间形成电容；

S1——使用外部匹配电阻时，开关闭合。

图 4 组合波发生器的电路原理图（10/700 μs-5/320 μs）（根据 ITU K 系列标准）

6.2.1 发生器的特性与性能

极性：正/负；

重复率：每分钟一次，或更快；

开路输出电压峰值：0.5 kV 起至所需的试验电平，可调；

浪涌电压波形：见表 4 和图 5；

输出电压设置允差：见表 5；

短路输出电流峰值：与设定的峰值电压有关（见表 4 和表 5）；

短路输出电流允差：见表 5；

有效输出阻抗：40×(1±10%)Ω（仅对发生器的输出端）。

注：典型的有效输出阻抗由内置电阻 R_{m1}（15 Ω）和 R_{m2}（25Ω）组成。电阻 R_{m2} 可以被旁路、并联或短路，当用于多路耦合时，也可被外部耦合电阻代替，见图 14。

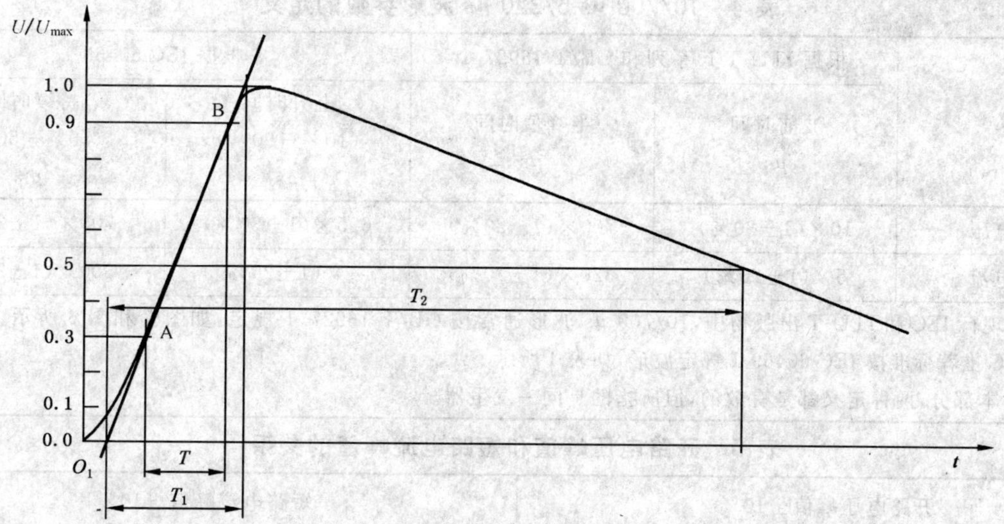

波前时间：$T_1 = 1.67 \times T = 10 \times (1 \pm 30\%)\mu s$

半峰值时间：$T_2 = 700 \times (1 \pm 20\%)\mu s$

图 5　开路电压波形(10/700 μs)(GB/T 16927.1 的波形定义)

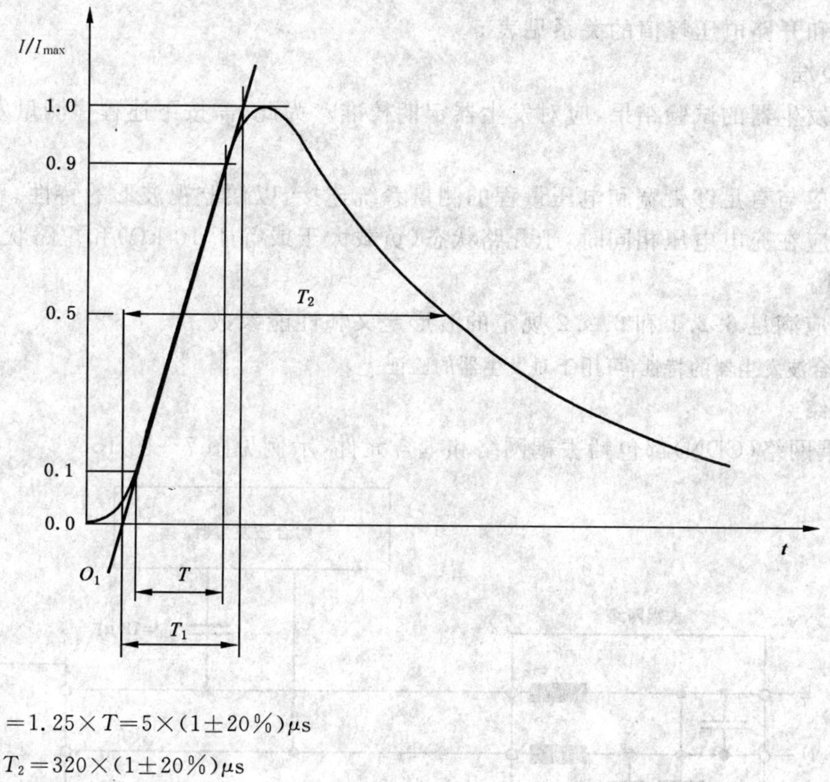

波前时间：$T_1 = 1.25 \times T = 5 \times (1 \pm 20\%)\mu s$

半峰值时间：$T_2 = 320 \times (1 \pm 20\%)\mu s$

注：在 GB/T 16927.1 中，波形规定为 5/320 μs，而在 IEC 60469-1 中规定为 4/300 μs。另外，这个波形是在图 4 开关 S1 打开情况下测量的。

图 6　短路电流波形(5/320 μs)(GB/T 16927.1 的波形定义)

表 4　10/700 μs-5/320 μs 波形参数的定义

定义	根据 ITU-T K 系列和 GB/T 16927.1		根据 IEC 60469-1	
	波前时间 μs	半峰值时间 μs	上升时间 (10%—90%) μs	持续时间 (50%—50%) μs
开路电压	10×(1±30%)	700×(1±20%)	6.5×(1±30%)	700×(1±20%)
短路电流	5×(1±20%)	320×(1±20%)	4×(1±20%)	300×(1±20%)

注：在现行 IEC 和 ITU-T 出版物中，10/700 μs 波形通常按 GB/T 16927.1 规定，如图 5 和图 6 所示。其他的 IEC 推荐标准按 IEC 60469-1 规定波形，如表 4 所示。

对本部分，两种定义都是有效的，但所指的是同一发生器。

表 5　开路电压峰值和短路电流峰值的关系

开路电压峰值±10% kV	短路电流峰值±10% A
0.5	12.5
1.0	25
2.0	50
4.0	100

注：在图 4 开关 S1 打开情况下测量短路峰值电流。

短路电流峰值和开路电压峰值的关系见表 5。

6.2.2　发生器的校准

为了比较不同发生器的试验结果，应对发生器定期校准。为此，需按下述程序测量发生器的最基本特性。

发生器的输出应与有足够带宽和电压量程的测量系统连接，以便监视波形的特性。

发生器的特性应在充电电压相同时，于开路状态(负载大于或等于 10 kΩ)和短路状态(负载小于或等于 0.1 Ω)下测量。

发生器的输出应满足 6.2.1 和 6.2.2 规定的波形定义和性能参数。

注：本条款中组合波发生器的特性，可用于对发生器的验证。

6.3　耦合/去耦网络

每个耦合/去耦网络(CDN)都包括去耦网络和耦合元件，示例见图 7～图 15。

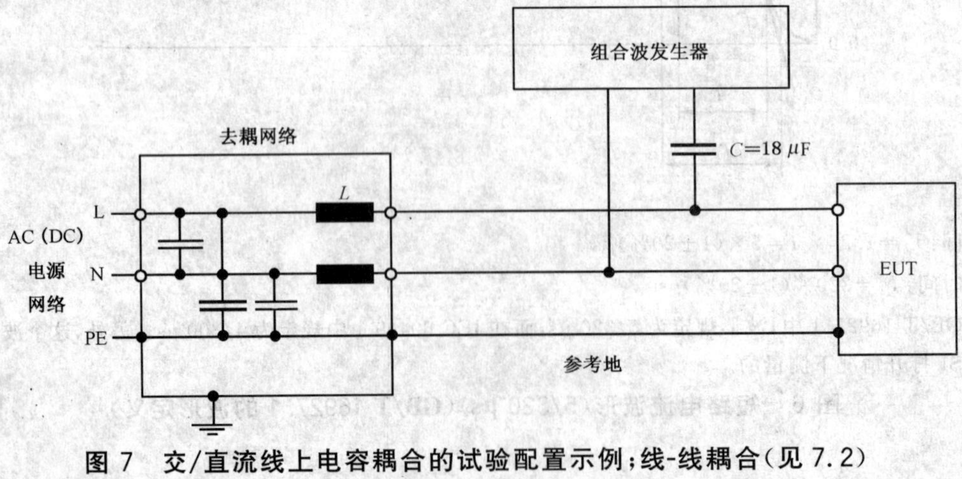

图 7　交/直流线上电容耦合的试验配置示例；线-线耦合(见 7.2)

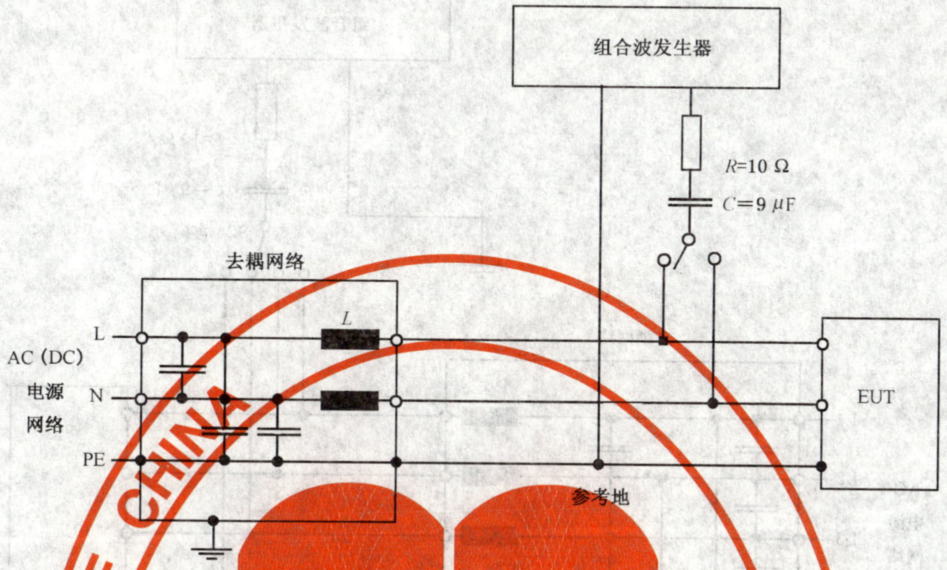

图8　交/直流线上电容耦合的试验配置示例;线-地耦合(见7.2)

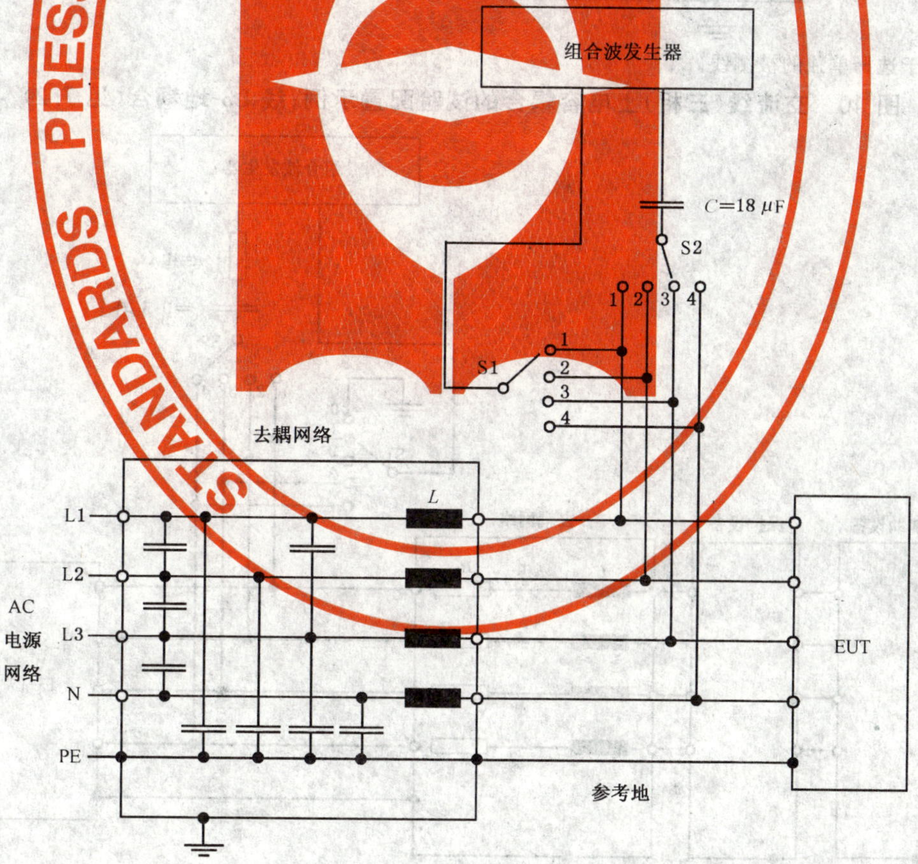

图9　交流线(三相)上电容耦合的试验配置示例;线 L3-线 L1 耦合(见7.2)

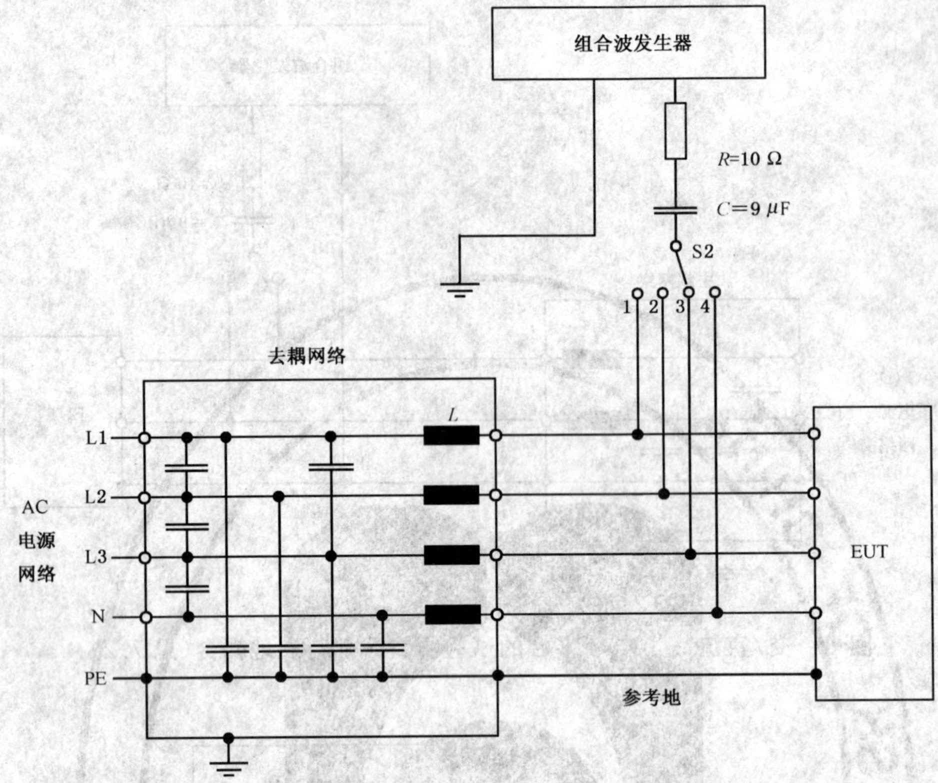

开关 S2 用于选择单独的被测线。

图 10　交流线(三相)上电容耦合的试验配置示例;线 L3-地耦合(见 7.2)

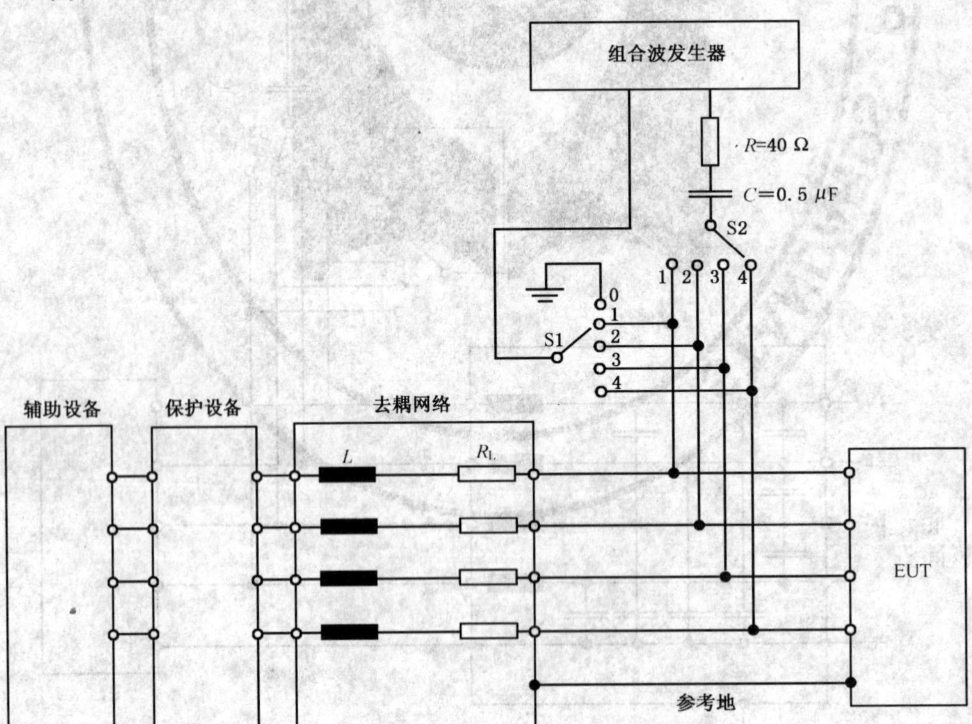

1)　开关 S1:线-地,置于"0";线-线,置于"1"~"4"。

2)　开关 S2:试验时置于"1"~"4",但与 S1 不在相同的位置。

3)　L=20 mH,R_L 代表电感线圈的电阻部分。

图 11　非屏蔽不对称互连线的试验配置示例;线-线/线-地耦合(见 7.3),用电容耦合

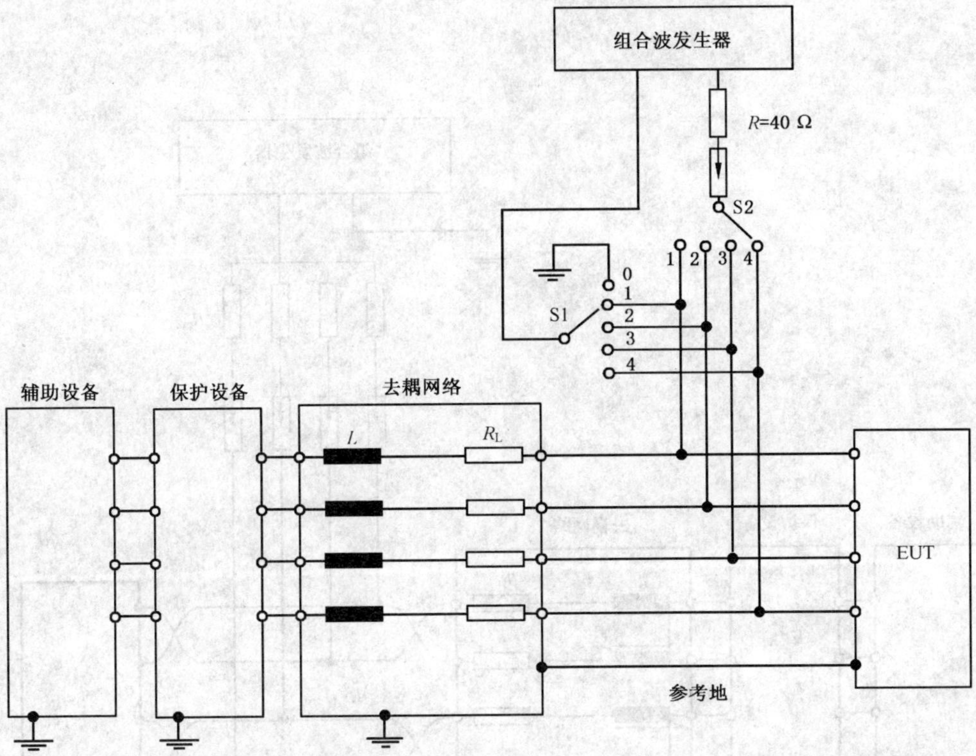

1) 开关 S1:线-地,置于“0”;线-线,置于“1”～“4”。

2) 开关 S2:试验时置于“1”～“4”,但与 S1 不在相同的位置。

3) $L=20$ mH,R_L 代表电感线圈的电阻部分。

图 12 非屏蔽不对称互连线的试验配置示例;线-线/线-地耦合(见 7.3),用避雷器耦合

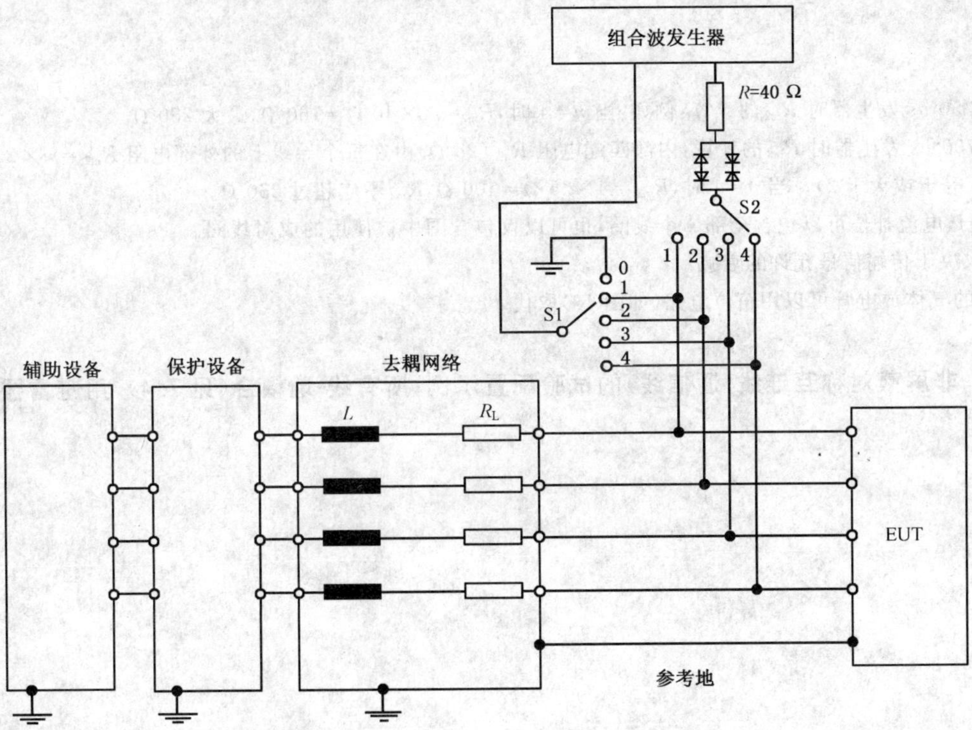

1) 开关 S1:线-地,置于“0”;线-线,置于“1”～“4”。

2) 开关 S2:试验时置于“1”～“4”,但与 S1 不在相同的位置。

3) $L=20$ mH,R_L 代表电感线圈的电阻部分。

图 13 非屏蔽不对称互连线的试验配置示例;线-线/线-地耦合(见 7.3),用箝位电路耦合

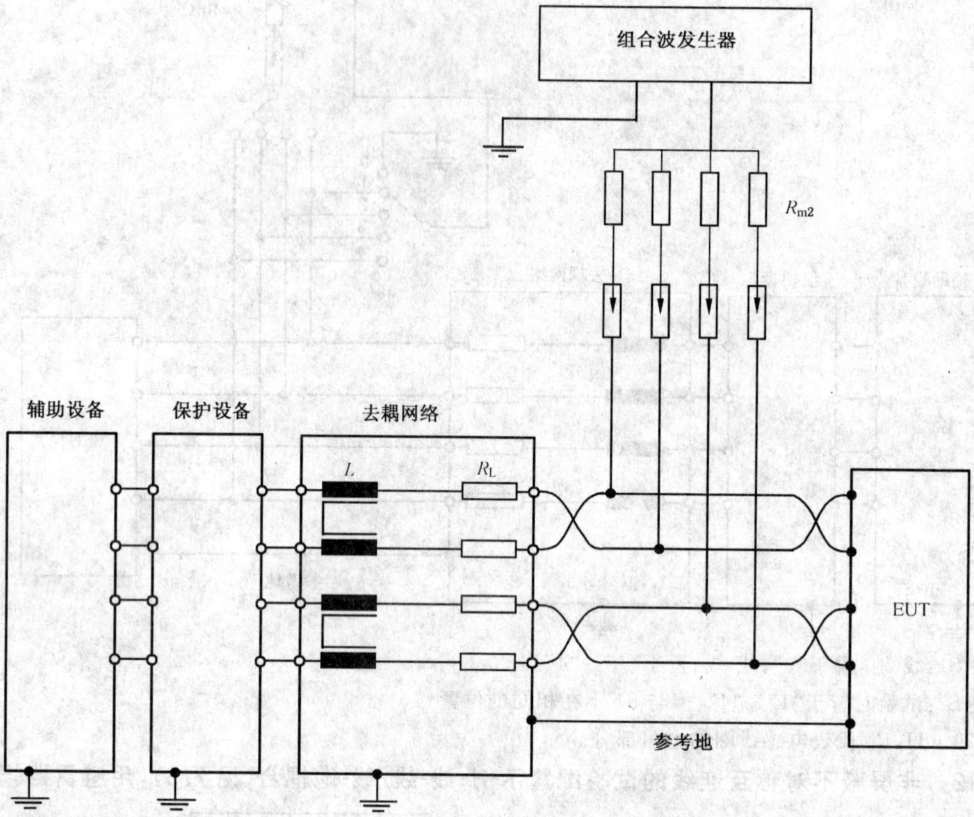

使用 1.2/50 μs 发生器时 R_{m2} 的计算：例如：当 $n=4$ 时，$R_{m2}=4\times40\ \Omega=160\ \Omega$，最大 250 Ω。

使用 10/700 μs 发生器时 R_{m2} 的计算：内部匹配电阻 R_{m2}（25 Ω）由在每个导线上的外部电阻 $R_{m2}=n\times25\ \Omega$ 代替（对于 n 根导线，n 等于或大于 2）。当 $n=4$ 时，$R_{m2}=4\times25\ \Omega=100\ \Omega$，$R_{m2}$ 不应超过 250 Ω。

$L=20$ mH，电流补偿可以包含全部 4 个线圈，也可以仅包含图中被使用的成对线圈。

R_L 的值取决于传输信号允许的衰减。

注：图中的气体放电管可以用箝位电路（如图 13）取代。

图 14　非屏蔽对称互连线（通信线）的试验配置示例；所有线-地耦合（见 7.4），用避雷器耦合

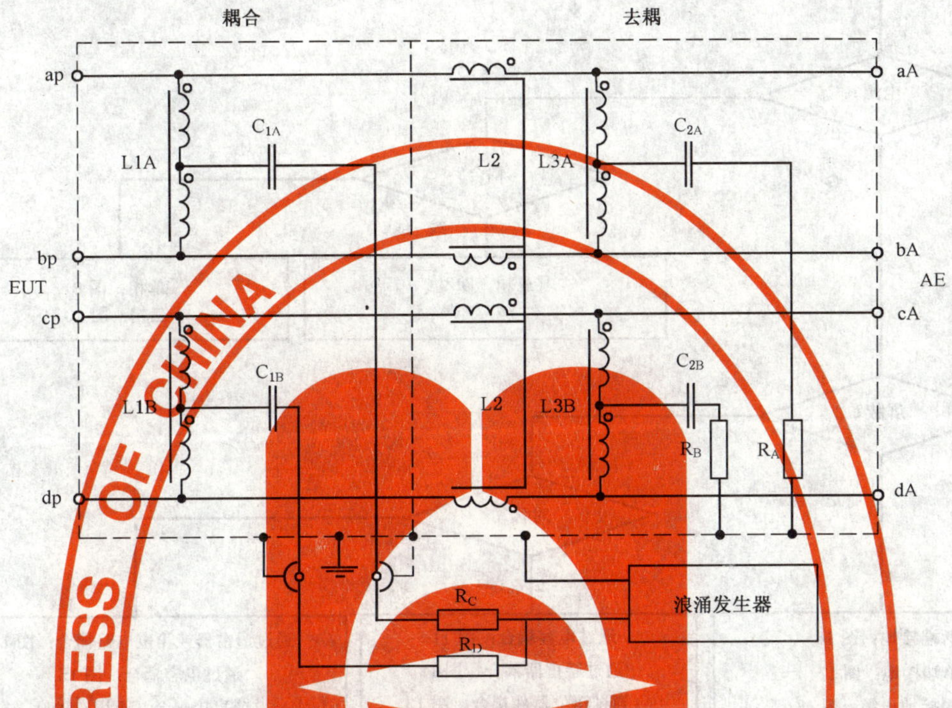

注1：L2是4绕组的电流补偿线圈，以避免由于电能馈送造成线圈饱和。并且，L2应该有较低的阻抗，例如 $<<1\ \Omega$。用电阻与L2并联，可以降低L2的总阻值。

注2：R_A 和 R_B 的阻抗应尽可能低，以防止产生振荡或振铃。

注3：R_C 和 R_D 是 $80\ \Omega$ 的隔离电阻。

注4：不推荐将此网络用在10/700 μs的波形中，因为电感将可能产生饱和。

图15 使用1.2/50 μs浪涌的对称高速通信线的耦合/去耦网络的配置示例

在交流或直流电源线上，去耦网络提供较高的反向阻抗以阻止浪涌波通过，但允许交流电源或直流电源的电流进入EUT。这个反向阻抗既可以使电压波在耦合/去耦网络的输出端产生，同时又可以阻止浪涌电流反向流回交流或直流电源。用高压电容作为耦合元件，其大小应能允许整个波形耦合到EUT。交流或直流电源用的耦合/去耦网络要设计成开路电压波与短路电流波符合表6和表7中的允差。

对于I/O线和通信线，去耦网络的串联阻抗会限制数据传输的带宽。当使用耦合/去耦网络致使试验无法进行时，应按6.3.4规定的程序进行。当线路能够承受容性负载的影响，可以使用电容作为耦合元件(6.3.2.1)，或者用避雷器(6.3.2.2和6.3.2.3)。当耦合到互连线时，可能会因为6.3.2中描述的耦合机理造成波形失真。

每个耦合/去耦网络都应满足6.3.1～6.3.3的要求。应根据下面的流程图选用耦合/去耦网络。

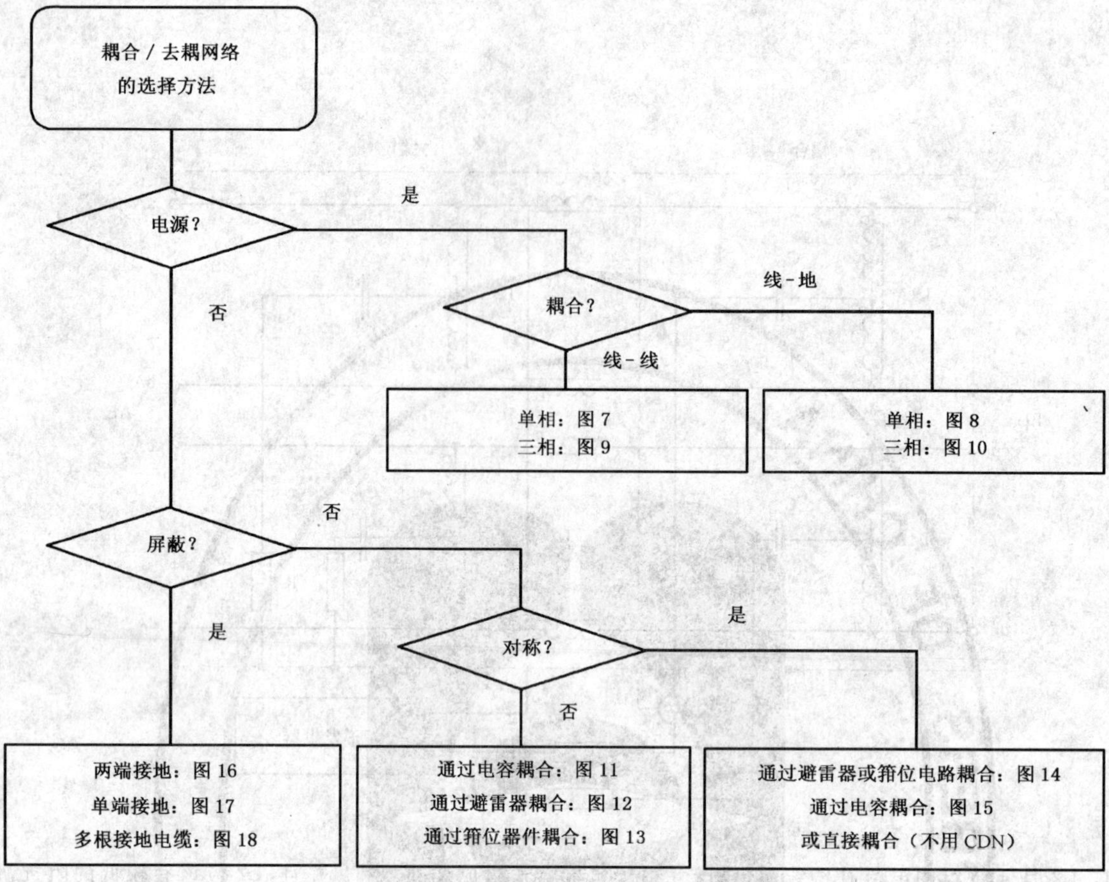

6.3.1 用于交/直流电源线的耦合/去耦网络

电压和电流的波前时间和半峰值时间应分别在开路情况下和短路情况下，在耦合/去耦网络的EUT端口验证。30%的下冲仅适用于发生器的输出端。在耦合/去耦网络的输出端，对下冲或过冲没有限制。发生器的输出或其耦合网络应与有足够带宽和电压量程的测量系统连接，以便监视开路电压波形。

对于线-线耦合，浪涌应通过 18 μF 电容耦合，如图 7 和图 9 所示。

对于线-地耦合，浪涌应通过 9 μF 电容串联 10 Ω 电阻耦合，如图 8 和图 10 所示。

去耦电感的大小由设备制造商选择，使耦合/去耦网络 EUT 连接器处的电源电压下降低于额定值的 10%，但不超过 1.5 mH。

对于额定电流大于 25 A 的耦合/去耦网络，为了防止其造成过多的电压下降，通常需减小去耦元件的值。在这种情况下，开路电压波形的“半峰值时间”可以按表 6 和表 7 缩减。

表 6 耦合/去耦网络 EUT 端口的电压波形要求

开路条件下的浪涌电压参数		耦合阻抗	
		18 μF	9 μF + 10 Ω
波前时间		1.2×(1±30%)μs	1.2×(1±30%)μs
半峰值时间	额定电流＜25 A	50 μs+10 μs/−10 μs	50 μs+10 μs/−25 μs
	额定电流 25 A～60 A	50 μs +10 μs/−15 μs	50 μs +10 μs/−30 μs
	额定电流 60 A～100 A	50 μs +10 μs/−20 μs	50 μs +10 μs/−35 μs
注：应在耦合/去耦网络电源输入端开路的情况下测量浪涌电压参数。			

表 7　耦合/去耦网络 EUT 端口的电流波形要求

短路条件下的浪涌电流参数	耦合阻抗	
	18μF	9 μF + 10 Ω
波前时间	8×(1±20%)μs	2.5×(1±30%)μs
半峰值时间	20×(1±20%)μs	25×(1±30%)μs
注：应在耦合/去耦网络电源输入端开路的情况下测量浪涌电流参数。		

注：对于额定输入电流大于 100 A 的 EUT，浪涌不通过耦合/去耦网络直接施加到未加电的 EUT 上，是唯一可行的试验方法。本部分第 9 章的性能判据只适用于 EUT 通电的情况，如果 EUT 在不通电的情况下进行试验，应在试验结束后开机，用第 9 章的性能判据 d)进行判定。如果由于 EUT 电源电流要求大于 100 A 而不可能对整个系统进行试验，那么对 EUT 局部(如独立的控制单元)的试验也是可以接受的。

当没有连接 EUT 时，在去耦网络电源输入端上的残余浪涌电压不应超过所施加试验电压的 15% 或耦合/去耦网络额定电压峰值的两倍，两者中取较大者。

当没有连接 EUT 且耦合/去耦网络输入端开路时，在未施加浪涌线路上的残余浪涌电压不应超过最大可施加电压的 15%。

上述单相(相线、中线、保护接地)系统的特性对三相系统(三根相线、中线和保护接地)同样有效。

6.3.2　适用于互连线的耦合/去耦网络

应根据电路的功能以及运行状态来选择耦合方法。产品规范/标准中应该对此做出规定。

利用电容耦合所进行的测试可能不会产生和避雷器耦合相同的结论。如果要优先选用一种特殊的耦合方式，则应该在产品标准中做出规定。在任何情况下，所采用的耦合方式都应该在测试报告中注明。

如果信号线是对称的，则在去耦网络中可以使用电流补偿电感器。

6.3.2.1　采用电容器的耦合/去耦网络

在能够维持线路正确运行的情况下，对于非屏蔽不对称 I/O 电路，推荐采用电容耦合方法。图 11 为一个耦合网络的例子。

耦合/去耦网络的推荐参数为：

耦合元件：$R=40\ \Omega$，$C=0.5\ \mu F$；

去耦电感：$L=20\ mH$。

6.3.2.2　采用箝位器件的耦合/去耦网络

本方法可以用在因功能问题而不能使用电容耦合的场合。该功能问题是由电容接至 EUT 而引起的(见图 11)。一些箝位器件有比较小的寄生电容，可与许多类型的 I/O 连线相连接。

当采用箝位器件时，图 11 中的电容被单个箝位器件或图 13 中的电路所取代。

该器件的箝位电压要选得尽可能低，但是要高于受试线路的最大工作电压。

耦合/去耦网络的推荐参数为：

耦合阻抗：$R=40\ \Omega$ 与箝位器件(或电路)的阻抗之和；

去耦电感：$L=20\ mH$。

箝位器件的 EUT 输出端的脉冲波形取决于脉冲幅度和箝位器件的自身特性；此时，不可能规定波形的量值和允差。

6.3.2.3　采用雪崩器件的耦合/去耦网络

本方法可以用在因功能问题而不能使用电容耦合的场合。该功能问题是由电容接至 EUT 而引起的(见图 11)。硅雪崩器件或气体放电管都有较小的寄生电容，可与大多数形式的 I/O 连线相连接。然而，典型的气体放电管的点火电压较高，它会严重影响耦合的浪涌波形。

图 12 为一个采用避雷器的耦合/去耦网络例子。

避雷器的工作电压应该选得尽可能低，但是要高于受试线路的最大工作电压。

耦合/去耦网络的推荐参数为：

耦合阻抗：$R=40\ \Omega$与(气体的或固态的)避雷器的阻抗之和；

去耦电感：$L=20\ \text{mH}$。

雪崩器件的EUT输出端的脉冲波形由脉冲幅度和雪崩器件本身的特性决定；因此，不可能规定波形的量值和允差。

6.3.3 适用于对称线的避雷器耦合/去耦网络

对于非屏蔽对称电路(通信)，避雷器耦合是优先使用的耦合方式，如图14所示。

在多芯电缆中，耦合网络还有分配浪涌电流进入多对导线中的作用。

因此，对n芯电缆来说，耦合网络中的电阻R_{m2}应为$n\times40\ \Omega(n\geqslant2)$。$R_{m2}$不应超过250 Ω。

示例1：对于1.2/50 μs的浪涌：$n=4$，$R_{m2}=4\times40\ \Omega$，加上发生器的阻抗后，其总阻值约为42 Ω。

示例2：对于10/700 μs的浪涌：$n=4$，$R_{m2}=4\times25\ \Omega$，对阻抗为R_{m1}(15 Ω)的发生器，当发生器里的S1闭合时，其总阻值约为40 Ω，如图4所示。

耦合/去耦网络的推荐参数为：

耦合阻抗：R_{m2}与避雷器阻抗之和；

去耦电感：$L=20\ \text{mH}$。

避雷器的EUT输出端的脉冲波形由脉冲幅度和避雷器本身的特性决定；因此，不可能规定波形的量值和允差。

6.3.4 适用于高速通信线路的耦合/去耦网络

由于物理结构的限制，大部分耦合/去耦网络的工作频段被限制在100 kHz以内。在没有合适的耦合/去耦网络产品的情况下，浪涌应直接施加到高速通信数据端口。

应按照电路的功能和运行条件来选择耦合方式。这一点需在产品规范中规定。

只要不影响通信，就可以采用如图15所示的适用于高速线路的耦合/去耦网络。

7 试验配置

如因功能上的原因，本章所规定的耦合方法均不适用，则产品委员会应研究(适合特殊情况的)替代方法，并将各自的结论写入产品标准或产品类标准。同时可能还需要规定相应的性能判据。

7.1 试验设备

试验配置包括以下设备：

——EUT；

——辅助设备(AE)(需要时)；

——(规定类型和长度的)电缆；

——耦合/去耦网络；

——组合波发生器；

——去耦网络/保护装置；

——参考接地平板。当可能出现频率较高的情况时(如通过气体放电管耦合)，以及按7.6.1和图17对屏蔽电缆测试时，需要用金属平板作为参考地。只有当EUT的典型安装有连接到参考地的要求时，才需要连接到参考地。

7.2 EUT电源端的试验配置

1.2/50 μs的浪涌经电容耦合网络加到EUT电源端上(见图7、图8、图9和图10)。为避免对同一电源供电的非受试设备产生不利影响，并为浪涌波提供足够的去耦阻抗，以便将规定的浪涌施加到受试线缆上，需要使用去耦网络。

如果没有其他规定，EUT和耦合/去耦网络之间的电源线长度不应超过2 m。

本部分规定,只有直接连接到交流和直流电源系统的端口才被认为是电源端口。

对于没有地线或外部接地连接的双重绝缘产品,测试应按与接地设备类似的方法进行,但是不允许添加额外的外部接地连接。如没有其他接地的可能,可以不进行线到地测试。

7.3 非屏蔽不对称互连线的试验配置

通常,按图 10 用电容向线路施加浪涌。耦合/去耦网络对受试线路的规定功能状态不应产生影响。

图 12 和 13 给出了替换的试验配置供具有较高信号传输频率的线路使用,应根据传输频率下的容性负载来选择。本方法降低了对 EUT 的容性加载效应,也许更适合高频电路。

如果没有其他规定,EUT 和耦合/去耦网络之间的互连线长度不应超过 2 m。

7.4 非屏蔽对称互连/通信线的试验配置

对于对称互连/通信线路(见图 14),通常不能使用电容耦合的方法,而采用气体放电管耦合的方法。不能对避雷器触发点(对 90 V 气体放电管而言约为 300 V)以下的试验等级作规定。

注:应考虑两种试验配置:

a) 对仅在 EUT 有二次保护的设备级抗扰度试验配置,用较低的试验等级,如 0.5 kV 或 1 kV;

b) 对带有一次保护的系统级抗扰度试验配置,用较高的试验等级,如 2 kV 或 4 kV。

如果没有其他规定,EUT 和耦合/去耦网络之间的互连线长度不应超过 2 m。

7.5 高速通信线的试验配置

由于数据速率或传输频率过高而不能使用图 15 所示的耦合/去耦网络时,可采用本章的试验配置。

试验前,应检查端口工作是否正常;然后断开外部连接,不用耦合/去耦网络,直接将浪涌施加在端口的接线端上。在浪涌试验结束后,应再次检查端口工作是否正常。

在浪涌试验中,端口断开的 EUT 工作应正常。然而,应当注意到,对于某些未连结数据/通信线的 EUT,它们可能会从内部关闭或断开通信端口。如果可能,应采取措施使数据/通信端口在试验中处于工作状态。

注:耦合/去耦网络包含低通滤波元件,以阻止浪涌的高频分量通过,但允许低频信号和工频通过。当所需信号的频率超过 100 kHz 或数据速率超过 100 kbit/s 时,配合浪涌试验所需的滤波元件将大大衰减有用信号。

7.6 屏蔽线的试验配置

对于屏蔽线,耦合/去耦网络不再适用,应使用 7.6.1 或 7.6.2 所示的试验配置。

7.6.1 直接施加

EUT 与地绝缘,浪涌直接施加在它的金属外壳;受试端口的终端(或辅助设备)接地。该试验适用于使用一根或多根屏蔽电缆的设备(见图 16 和图 17)。

注:图 16 或图 17 提到的参考地是一个低阻抗基准,宜采用专用电缆或接地平面实现。

除受试端口,所有与 EUT 连接的端口都应该通过合适方法如安全隔离变压器或合适的耦合/去耦网络与地隔离。受试端口与连接到该端口的电缆的另一端的装置(辅助设备见图 16 和图 17)之间的电缆长度应该是 EUT 规定的最大长度或 20 m,两者取小者,如果长度超过 1 m,应该按非电感性的结构捆扎。

屏蔽线施加浪涌的规则:

a) 两端接地的屏蔽线

按图 16 给屏蔽层施加浪涌。

b) 一端接地的屏蔽线

按图 17 进行试验。如果在安装中,屏蔽层仅在辅助设备端接地,则试验应该在这种配置下进行,但是发生器仍按图 17 所示连接在 EUT 一侧。如果电缆长度允许,电缆应该置于离接地平板 0.1 m 高的绝缘垫或电缆槽上。

对屏蔽线的试验使用 2 Ω 源阻抗的发生器。

对没有金属外壳的产品,浪涌直接施加到屏蔽电缆上。

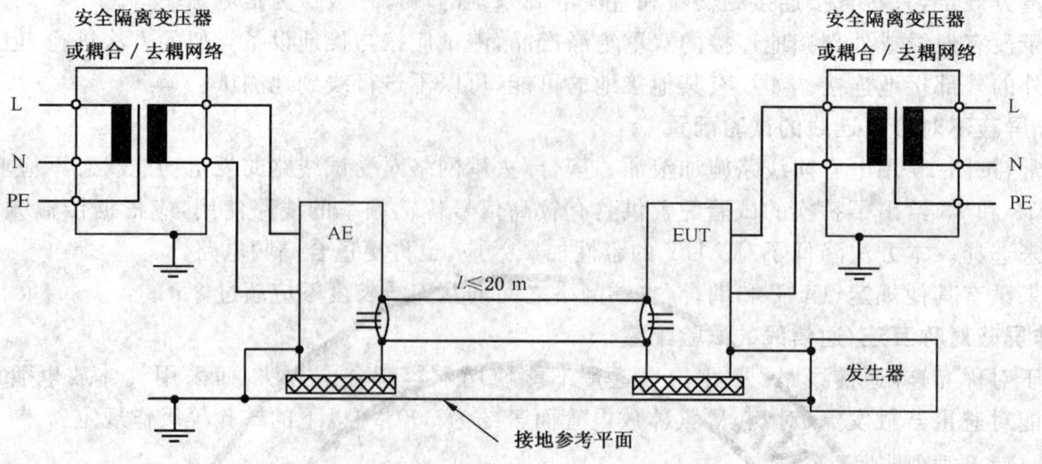

注 1：允许不经过隔离变压器而通过如图 7 所示的去耦网络为 EUT 和/或 AE 供电，但此时应断开 EUT 的保护地。

注 2：该配置示意图也适用于直流供电的 EUT。

图 16　适用于屏蔽线(见 7.6)和施加电位差(见 7.7)的试验配置示例

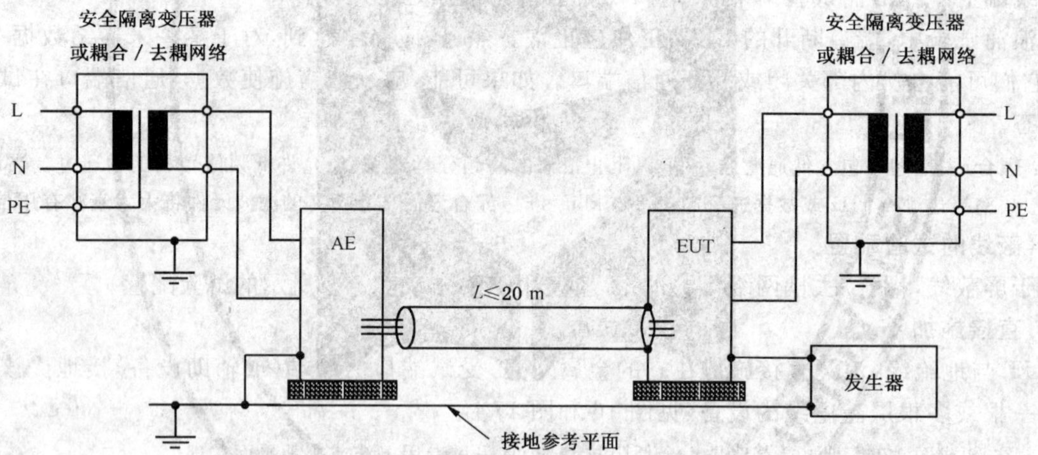

注 1：允许不经过隔离变压器而通过如图 7 所示的去耦网络为 EUT 和/或 AE 供电，但此时应断开 EUT 的保护地。

注 2：该配置示例图也适用于直流供电的 EUT。

图 17　适用于一端接地的屏蔽线(见 7.6)和施加电位差(见 7.7)的试验配置示例

7.6.2　多根屏蔽电缆中对单根电缆测试的可选耦合方法

按图 18，用一根导线在尽可能接近受试互连电缆的位置来施加浪涌。这种耦合方法对于两个或多个 EUT(或一个 EUT 和 AE)之间有多个接地连接的多根屏蔽电缆是有用的，它可以将浪涌施加到一根特定的电缆或一束电缆中。如果每根电缆的典型安装是被捆扎成电缆束的，试验时也应捆扎。

在受试端口和与该端口连接的电缆的另一端的装置之间的电缆长度，应该是 EUT 规定的最大长度或 20 m，两者中取小者。如果长度超过 1 m，则超过的部分应该在电缆的中心位置以 0.3 m 到 0.4 m 的长度捆扎。如果因电缆太多或太硬不易捆扎，或因测试是在用户的安装现场进行的，则在测试报告中，应对超长电缆的处理进行准确的说明。

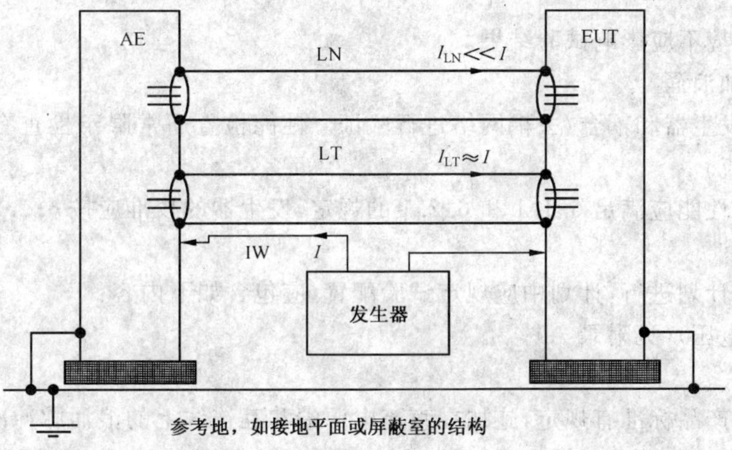

说明：

LT——需测试的信号接口线；

LN——不用测试的信号接口线；

IW——注入线。

注：这种配置也适用于直流供电的 EUT；

试验配置特性(AE 应该连接到地)；

发生器置于 EUT 附近；

发生器的公共输出端连接到 EUT 的结构上；

发生器的输出脉冲通过一根绝缘导线注入到 AE，并尽可能地使绝缘注入导线靠近 EUT 和 AE 间的接口电缆。绝缘注入导线的横截面不重要。

使 $I_{LT} \approx I$ 和 $I_{LN} << I$，则注入电流将在受试电缆的屏蔽层上流动(邻近效应)。

应根据安装要求选择电缆长度，但最长不超过 20 m。

受试电缆应离接地平面或屏蔽室的墙至少 1 m。

为了避免其他的电流回路，非受试电缆应离受试电缆和接地平面或屏蔽室的墙面至少 0.4 m。

图 18　适用于屏蔽线和施加电位差的耦合方式和试验配置，特别适用于多根屏蔽电缆的结构

7.7　施加电位差的试验配置

在系统级测试中，可能需要施加电位差，以模拟系统内部因漏电流、故障或遭受雷击时在暴露的导电部件或机壳间形成的电压。对使用屏蔽线并且屏蔽线两端接地的系统按图 16 进行试验，对使用非屏蔽线或屏蔽线仅在一端接地的系统按图 17 进行试验。

7.8　EUT 的工作状态

试验时的工作状态和安装情况应与产品技术要求一致，应包括两个方面：

——试验布置(硬件)；

——试验程序(软件)。

8　试验程序

8.1　实验室参考条件

为了使环境参数对试验结果的影响减至最小，试验应在 8.1.1 和 8.1.2 规定的气候和电磁环境参考条件下进行。

8.1.1　气候条件

除非通用标准、产品类标准和产品标准有特别规定，实验室的气候条件应该在 EUT 和试验仪器各自的制造商规定的设备正常工作的范围内。

如果相对湿度很高，以至于在 EUT 和试验仪器上产生凝露，则不应进行试验。

8.1.2 电磁环境

实验室的电磁环境不应影响试验结果。

8.2 在实验室内施加浪涌

试验之前，应对发生器和耦合/去耦网络进行验证。性能检查通常限于检查有没有浪涌脉冲，有没有浪涌电压和/或电流。

发生器的特性和性能应满足6.1.1和6.2.1的规定，发生器的校准应按6.1.2和6.2.2进行(通常一年一次)。

试验应根据试验计划进行，计划中应规定试验配置，应包含如下内容：

——试验等级(电压)(见附录A)；

——浪涌次数：

除非相关的产品标准有规定，施加在直流电源端和互连线上的浪涌脉冲次数应为正、负极性各5次，对交流电源端口，应分别在0°、90°、180°、270°相位施加正、负极性各5次的浪涌脉冲；

——连续脉冲间的时间间隔：1分钟或更短；

——EUT的典型工作状态；

——浪涌施加的部位。

电源端口(直流或交流)可能是输入或输出端口。

注1：对于输出端口的浪涌试验，只推荐在浪涌可能通过该端口进入EUT的输出端口(如：大功耗负载的切换)上进行。

对低压(电压不大于60 V)直流输入/输出端，如果次级电路(与交流电源端口隔离)不会遭受瞬态过电压(如通过可靠接地和电容滤波的直流次级电路，其纹波的峰峰值小于直流分量的10%)时，则不用对该低压直流输入/输出端进行浪涌试验。

在有几个相同线路的情况下，可能只需选择一定数量的线路进行典型测量即可。

如果重复率比1/min更快的试验使EUT发生故障，而按1/min重复率进行测试时，EUT却工作正常，则使用1/min的重复率进行测试。

注2：如果合适，产品委员会可以选择不同的相位角，或者在每个相位上增减浪涌的次数。

注3：对于常用的浪涌保护装置，尽管它们的峰值功率或峰值能量指标能经受大电流，但是它们的平均功率较低。因此，两次浪涌的时间间隔取决于EUT内置的保护装置。

有关测试应用的更多信息见B.2。

当进行线-地试验时，如果没有其他规定，应依次对每根线进行试验。

试验程序应考虑EUT的非线性电流-电压特性，因此，试验电压需从低等级逐步增加到产品标准或试验计划/报告中规定的试验等级，并且不超过它，所有较低等级(包括选择的试验等级)均应满足要求。

对有二次保护的设备进行试验时，发生器的输出电压应增加到刚好低于一次保护的击穿值。

如果没有实际的工作信号源，可以对其进行模拟。

对于验收试验，应使用以前未曾施加过浪涌的设备，或者在试验前更换保护装置。

9 试验结果的评价

试验结果应依据EUT在试验中的功能丧失或性能降低现象进行分类，相关的性能等级由设备的制造商或试验的委托方确定，或由产品的制造商和采购方双方协商同意。推荐的分类如下：

a) 在制造商、委托方或采购方规定的限值内性能正常；

b) 功能或性能暂时丧失或降低，但在骚扰停止后能自行恢复，不需要操作者干预；

c) 功能或性能暂时丧失或降低，但需操作者干预才能恢复；

d) 因设备硬件或软件损坏，或数据丢失而造成不能恢复的功能丧失或性能降低。

制造商的技术规范可以规定一些对 EUT 产生了影响但被认为是不重要的因而是可以接受的效应。

在没有合适的通用、产品或产品类标准时，这种分类可以由负责相应产品的通用标准、产品标准和产品类标准的专业标准化技术委员会用于作为明确表达性能判据的指南，或作为制造商和采购方协商性能判据的框架。

10 试验报告

试验报告应包括能重现试验的全部信息。特别是下列内容：

——本部分第 8 章要求的在试验计划中规定的项目；

——EUT 和辅助设备的标识，例如商标、产品型号、序列号；

——试验设备的标识，例如商标、产品类型、序列号；

——任何进行试验所需的专门环境条件，例如屏蔽室；

——进行试验所需的任何特定条件；

——制造商、委托方或采购方规定的性能等级；

——在通用标准、产品标准或产品类标准中规定的性能判据；

——在骚扰施加期间及以后观察到的对 EUT 的任何影响，及其持续时间；

——判断试验合格/不合格的理由（根据通用标准、产品标准或产品类标准规定的性能判据或制造商和采购方达成的协议）；

——采用的任何特殊条件，例如电缆长度或类型，屏蔽或接地，或 EUT 运行条件，均要符合规定；

——试验配置（硬件）；

——试验配置（软件）。

按 GB/T 17262 的本部分的规定进行试验后，试验结果不应使 EUT 变得危险和不安全。

附 录 A
（资料性附录）
发生器和试验等级的选择

试验等级应根据安装情况来选择。除非在产品标准或产品类标准中另有规定，应使用表 A.1 和 B.3 给出的信息：

0 类：保护良好的电气环境，常常在一间专用的房间内；

1 类：有部分保护的电气环境；

2 类：电缆隔离良好，甚至短走线也隔离良好的电气环境；

3 类：电缆平行敷设的电气环境；

4 类：互连线按户外电缆沿电源电缆敷设并且这些电缆被作为电子和电气线路的电气环境；

5 类：在非人口稠密区电子设备与通信电缆以及架空电力线路连接的电气环境；

X 类：产品技术要求中规定的特殊环境。

其他资料在附录 B 中给出。

为了证明系统级抗扰度，应该采取与实际安装情况有关的其他措施，例如一次保护。

表 A.1 试验等级的选择（取决于安装情况）

安装类别	试验等级（kV）											
	AC 电源和直接连至电网的 a.c. I/O 耦合方式		AC 电源和不直接连至电网的 a.c. I/O 耦合方式		DC 电源和直接与其连接的 d.c. I/O 耦合方式		非对称工作的电路/线路[d,f] 耦合方式		对称工作的电路/线路[d,f] 耦合方式		屏蔽的 I/O 和通信线[f] 耦合方式	
	线-线	线-地	线-线	线-地	线-线	线-地	线-线	线-地	线-线	所有线-地	线-线	线-地
0	NA	NA	NA	NA	NA	NA	NA	NA	NA	NA	NA	NA
1	NA	0.5	NA	NA	NA	NA	NA	0.5	NA	0.5	NA	NA
2	0.5	1.0	NA	NA	NA	NA	0.5	1.0	NA	1.0	NA	0.5
3	1.0	2.0	1.0[e]	2.0[b,e]	1.0[e]	2.0[b,e]	1.0[c]	2.0[b,c]	NA	2.0[b,c]	NA	2.0[c]
4	2.0	4.0[b]	2.0[e]	4.0[b,e]	2.0[e]	4.0[b,e]	2.0[c]	4.0[b,c]	NA	4.0[b,c]	NA	4.0[c]
5	[a]	[a]	2.0	4.0[b]	2.0	4.0[b]	2.0	4.0[b]	NA	4.0[b]	NA	4.0[c]

a 取决于当地电力系统的等级。

b 通常带一次保护进行测试。

c 如果电缆长度不大于 10 m，试验等级可以降低一级。

d 不建议对实际使用长度短于 10 m 的数据电缆进行试验。

e 如果规定的保护装置放在 EUT 的上游电路，则试验等级应该与未安装保护装置时的保护等级一致。

f 高速通信线可以是非对称线、对称线、屏蔽的 I/O 和通信线。

浪涌（和发生器）与安装类别的关系如下：

第 1～4 类：1.2/50 μs (8/20 μs)

第 5 类：对于电源线端口和短距离信号电路/线路端口：1.2/50 μs (8/20 μs)

第 1～5 类：对于对称通信线路：10/700 μs (5/320 μs)

源阻抗应与有关的试验配置图中标明的一样。

附 录 B
（资料性附录）
注 释

B.1 不同的源阻抗

发生器源阻抗的选择取决于：

——电缆、导体、线路的种类(交流电源、直流电源、互连线等)；

——电缆、线路的长度；

——户内、户外状况；

——试验电压的施加(线-线或线-地)。

2 Ω阻抗表示低压电网的源阻抗。使用有效输出阻抗为 2 Ω的发生器。

12 Ω(10 Ω+2 Ω)阻抗表示低压电网对地的源阻抗。使用串联 10 Ω附加电阻的发生器。

42 Ω(40 Ω+2 Ω)阻抗表示其他所有线路对地的源阻抗。使用串联 40 Ω附加电阻的发生器。

在某些国家(如美国)，非 IEC 标准可能要求对交流电源线按图 8 和图 10 用 2 Ω阻抗进行试验，这是一种更严格的试验。

B.2 试验的运用

试验分为两种：设备级和系统级。

B.2.1 设备级抗扰度

应在实验室对单个 EUT 进行试验。对该 EUT 试验得出的抗扰度为设备级抗扰度。

试验电压不应超过规定的 EUT 绝缘耐高压的能力。

B.2.2 系统级抗扰度

表 A.1 给出了试验等级的优选范围。这些数值只是为了举例说明，并不构成建议或要求。所选的数值只是用于解释的目的，而不是提出一些推荐性的做法。

在实验室进行的试验是对 EUT 而言的，但 EUT 的抗扰度并不足以保证包含 EUT 在内的更大系统的抗扰度。故推荐开展系统级的试验，用以模拟实际安装情况，确保系统的抗扰度。该模拟装置将包含各单个 EUT 设备，如系统使用说明书或系统/网络运营商有要求，还应当包含保护装置(浪涌保护装置 SPD)。互连线的长度和类型会影响整个系统的保护电平，应使用实际的互连线长度和类型。

简单地外接一个与内部 SPD 不协调的 SPD，可能不起作用，也可能降低对整个系统的保护，或改善对整个系统的保护。

其他的信息可以在 IEC 61643 浪涌保护装置的系列标准和 IEC 62305 雷击电磁脉冲防护的系列标准中找到。

本试验旨在尽可能地模拟安装情况，EUT 预期将在此安装情况下运行。

在实际的安装中，可以使用更高的电压等级。但是所加入的浪涌能量要受到所安装保护装置的限流特性的限制。

系统级的试验也应能体现出保护装置所产生的二次效应(改变了电压或电流波形、模式及幅值)不会在 EUT 引起不可接受的影响。为检查在规定的试验电压下 EUT 内部不存在破坏窗口，试验时需要逐步升高试验电压至所需的试验电压。这个特定的试验电压由 EUT 内部的保护元件或保护装置的工作点决定(见 GB/T 18802.21 中 6.2.1.8 盲点测试)。

B.3 安装的类别

0类:保护良好的电气环境,常常在一间专用房间内。

所有引入电缆都有过电压(一次和二次)保护。各电子设备单元由设计良好的接地系统相互连接,并且该接地系统根本不会受到电力设备或雷电的影响。

电子设备有专用电源(见表A.1)。

浪涌电压不能超过25 V。

1类:有部分保护的电气环境。

所有引入室内的电缆都有过电压(一次)保护。各设备单元由地线网络相互良好连接,并且该地线网络不会受电力设备或雷电的影响。

电子设备有与其他设备完全隔离的电源。

开关操作在室内能产生干扰电压。

浪涌电压不能超过500 V。

2类:电缆隔离良好,甚至短走线也隔离良好的电气环境。

设备组合通过单独的地线接至电力设备的接地系统上,该接地系统几乎都会遇到由设备组合本身或雷电产生的干扰电压。电子设备的电源主要靠专门的变压器来与其他线路隔离。

本类设备组合中存在无保护线路,但这些线路隔离良好,且数量受到限制。

浪涌电压不能超过1 kV。

3类:电源电缆和信号电缆平行敷设的电气环境。

设备组合通过电力设备的公共接地系统接地。该接地系统几乎都会遇到由设备组合本身或雷电产生的干扰电压。

在电力设施内,由接地故障、开关操作和雷击而引起的电流会在接地系统中产生幅值较高的干扰电压。受保护的电子设备和灵敏度较差的电气设备被接到同一电源网络。互连电缆可以有一部分在户外但紧靠接地网。

设备组合中有未被抑制的感性负载,并且通常对不同的现场电缆没有采取隔离。

浪涌电压不能超过2 kV。

4类:互连线按户外电缆沿电源电缆敷设并且这些电缆被作为电子和电气线路的电气环境。

设备组合接到电力设备的接地系统,该接地系统容易遭受由设备组合本身或雷电产生的干扰电压。

在电力设施内,由接地故障、开关操作和雷电产生的几千安级电流在接地系统中会产生幅值较高的干扰电压。电子设备和电气设备可能使用同一电源网络。互连电缆象户外电缆一样走线甚至连到高压设备上。

这种环境下的一种特殊情况是电子设备接到人口稠密区的通信网上。这时在电子设备以外,没有系统性结构的接地网,接地系统仅由管道、电缆等组成。

浪涌电压不能超过4 kV。

5类:在非人口稠密区电子设备与通信电缆和架空电力线路连接的电气环境。

所有这些电缆和线路都有过电压(一次)保护。在电子设备以外,没有大范围的接地系统(暴露的装置)。由接地故障(电流达10 kA)和雷电(电流达100 kA)引起的干扰电压是非常高的。

试验等级4包括了这一类的要求(见附录A)。

X类:在产品技术要求中规定的特殊环境。

B.4　与供电网相连的端口的最小抗扰度

与公共电源网络相连的最小抗扰度电平如下：

——线-线耦合：0.5 kV(试验配置见图 7 和图 9)；

——线-地耦合：1 kV(试验配置见图 8 和图 10)。

B.5　与互连线相连的端口的设备级抗扰度

在互连电路上的浪涌试验只要求对机柜或机壳的外部连接端口进行。

如果能够进行系统级试验(连有互连电缆的 EUT)，那么就不必进行设备级试验，尤其是当互连电缆的屏蔽是保护措施的一部分时。如果全部设施的安装是由其他单位而不是制造商来完成的，那么应规定 EUT 输入/输出(尤其是过程接口)的容许电压。

制造商应按照规定的试验等级对其设备进行试验，以确定设备级抗扰度，例如在设备端口使用二次保护以达到 0.5 kV 等级。成套设备的使用者或对安装负有责任的人应采取必要的措施(如：屏蔽、搭接、接地保护)，以保证干扰电压(例如：由雷击引起的)不超过所选择的抗扰度电平。

附 录 C
（资料性附录）
连接到低压电源系统的设备要实现抗扰度需考虑的内容

GB/T 17626 的本部分描述了电子设备和系统对电压浪涌和电流浪涌的抗扰度试验。EUT 或系统被作为一个黑匣子，测试的结果用以下的判据进行判断：

a) 工作正常；

b) 功能或性能暂时降低或丧失，不需要操作者干预；

c) 功能或性能暂时降低或丧失，但需操作者干预才能恢复；

d) 设备性能有永久性损伤的功能丧失（意味着试验不合格）。

本部分的试验研究了相对低的电流浪涌对电子设备和系统可能产生的所有影响，包括对设备和系统永久性的损害和破坏。其他相关的测试标准，对功能暂时降低并不在意，在意的是设备的实际损坏或破坏程度。

GB/T 16935.1 关心低电压系统内设备的绝缘协调性，GB 18802.1 则是针对连接到低压配电系统的浪涌保护装置的测试标准。并且这两个标准都还关心暂态过压对设备产生的影响。本部分和 GB/T 17626（IEC 61000）系列的其他部分都没有考虑暂态过压对设备和系统的影响。

永久性的损坏是不能接受的，这将导致系统无法工作，产生维修或更换零件的费用。这类失效通常是因为浪涌保护不够或缺失造成的，使得高电压和过多的浪涌电流进入设备内部电路，引起工作中断、元件故障、永久的绝缘击穿和火灾、冒烟或电击。设备或系统的功能丧失、性能下降等也是不希望看到的，尤其是关键性的设备或系统在浪涌作用期间必须保持工作正常。

对本部分的试验，施加电压的试验等级（安装类别）和由此产生的浪涌电流的大小对 EUT 的响应有直接影响。简单地说，浪涌电压等级越高，性能丧失或降级的可能性就越大，除非在设计 EUT 时采取了适当的浪涌抑制措施。

为了测试用于低压电力系统中的浪涌保护装置（SPD），GB 18802.1 的试验等级Ⅲ规定用一台有效输出阻抗 2 Ω 的组合波发生器，该发生器能够产生 8/20 μs 的短路电流波形和 1.2/50 μs 的开路电压波形。本部分使用相同的组合波发生器对通电设备和系统进行浪涌抗扰度测试，只是耦合元件不同，有时还要附加一个串联阻抗。本部分中试验电压等级（安装类别）的含义和 GB 18802.1 中开路电压的峰值 U_{oc}相同。该电压值决定了发生器端子的短路电流峰值的大小。由于两标准的试验方法不同，因此不能直接将试验结果进行比较。

设备或系统的浪涌抗扰度可以通过内置浪涌保护元件或装置（SPD）、或者外置 SPD 来获得。选择 SPD 最重要的参数是电压保护电平 U_p，见 GB 18802.1 中的定义和说明。该参数应该和 GB/T 16935.1 规定的设备耐压 U_w 相协调，它是指在规定条件下做试验时，在 SPD 端子上预计达到的最大电压。为了与设备的耐压 U_w 协调，U_p 仅在 GB/T 18802.12 中使用。在可比的应力条件下，电压保护电平值应当低于按本部分测试的设备抗扰度电平，但在目前并没有对此进行规定，主要原因是这两个标准之间的波形没有可比性。

通常，本部分规定的设备浪涌抗扰度电平低于 GB/T 16935.1 规定的绝缘耐压电平，然而要注意 IEC 60364-4-44 中的瞬态过电压对具有明显低保护电平的 SPD（或内置浪涌保护器件）的影响。完全可以选择到满足以下条件的 SPD，它既能保护设备，防止设备失效，在浪涌作用期间正常工作，又能经受大多数的瞬态过电压。

参 考 文 献

GB/T 2900.56—2002　电工术语　自动控制(IEC 60050-351:1998,IDT)

GB/T 16935.1—1997　低压系统内设备的绝缘配合　第1部分:原理、要求和试验(idt IEC 60644-1:1992)

GB 18802.1—2002　低压配电系统的电涌保护器(SPD)　第1部分:性能要求和试验方法(IEC 61643-1:1998,IDT)

GB/T 18802.12—2006　低压配电系统的电涌保护器(SPD)　第12部分:选择和使用导则(IEC 61643-12:2002,IDT)

GB/T 18802.21—2004　低压电涌保护器　第21部分:电信和信号网络的电涌保护器(SPD)　性能要求和试验方法(IEC 61643-21:2000,IDT)

GB/T 18802.311—2007　低压电涌保护器元件　第311部分:气体放电管(GDT)规范(IEC 61643-311:2001,IDT)

GB/T 18802.321—2007　低压电涌保护器元件　第321部分:雪崩击穿二极管(ABD)规范(IEC 61643-321:2001,IDT)

GB/T 18802.331—2007　低压电涌保护器元件　第331部分:金属氧化物压敏电阻(MOV)规范(IEC 61643-331:2003,IDT)

GB/T 18802.341—2007　低压电涌保护器元件　第341部分:电涌抑制晶闸管(TSS)规范(IEC 61643-341:2001,IDT)

IEC 60050(300)　国际电工术语　电气和电子测量和测量设备　第311部分:关于测量的通用术语;第312部分:关于电气测量的通用术语;第313部分:电气测量仪器的种类;第314部分:与仪器类型有关的专用术语

IEC 60364(全部)　建筑物电气装置

IEC 60664(全部)　低压系统内设备的绝缘配合

IEC 61643(全部)　低压浪涌保护装置

ICS 33.100
L 06

中华人民共和国国家标准

GB/T 17626.6—2008/IEC 61000-4-6:2006
代替 GB/T 17626.6—1998

电磁兼容 试验和测量技术 射频场感应的传导骚扰抗扰度

Electromagnetic compatibility—Testing and measurement techniques—Immunity to conducted disturbances,induced by radio-frequency fields

(IEC 61000-4-6:2006,IDT)

2008-05-20 发布　　2009-01-01 实施

中华人民共和国国家质量监督检验检疫总局
中国国家标准化管理委员会　发布

前　言

GB/T 17626《电磁兼容　试验和测量技术》目前包括以下部分：

GB/T 17626.1—2006　电磁兼容　试验和测量技术　抗扰度试验总论

GB/T 17626.2—2006　电磁兼容　试验和测量技术　静电放电抗扰度试验

GB/T 17626.3—2006　电磁兼容　试验和测量技术　射频电磁场辐射抗扰度试验

GB/T 17626.4—2008　电磁兼容　试验和测量技术　电快速瞬变脉冲群抗扰度试验

GB/T 17626.5—2008　电磁兼容　试验和测量技术　浪涌(冲击)抗扰度试验

GB/T 17626.6—2008　电磁兼容　试验和测量技术　射频场感应的传导骚扰抗扰度

GB/T 17626.7—2008　电磁兼容　试验和测量技术　供电系统及所连设备谐波、谐间波的测量和测量仪器导则

GB/T 17626.8—2006　电磁兼容　试验和测量技术　工频磁场抗扰度试验

GB/T 17626.9—1998　电磁兼容　试验和测量技术　脉冲磁场抗扰度试验

GB/T 17626.10—1998　电磁兼容　试验和测量技术　阻尼振荡磁场抗扰度试验

GB/T 17626.11—2008　电磁兼容　试验和测量技术　电压暂降、短时中断和电压变化的抗扰度试验

GB/T 17626.12—1998　电磁兼容　试验和测量技术　振荡波抗扰度试验

GB/T 17626.13—2006　电磁兼容　试验和测量技术　交流电源端口谐波、谐间波及电网信号的低频抗扰度试验

GB/T 17626.14—2005　电磁兼容　试验和测量技术　电压波动抗扰度试验

GB/T 17626.16—2007　电磁兼容　试验与测量技术　0 Hz～150 kHz 共模传导骚扰抗扰度试验

GB/T 17626.17—2005　电磁兼容　试验和测量技术　直流电源输入端口纹波抗扰度试验

GB/T 17626.27—2006　电磁兼容　试验和测量技术　三相电压不平衡抗扰度试验

GB/T 17626.28—2006　电磁兼容　试验和测量技术　工频频率变化抗扰度试验

GB/T 17626.29—2006　电磁兼容　试验和测量技术　直流电源输入端口电压暂降、短时中断和电压变化的抗扰度试验

本部分是 GB/T 17626 的第 6 部分。

本部分等同采用 IEC 61000-4-6:2006(第 2.2 版本)《电磁兼容　试验和测量技术　射频场感应的传导骚扰抗扰度》。

本部分代替 GB/T 17626.6—1998《电磁兼容　试验和测量技术　射频场感应的传导骚扰抗扰度》。

本部分与 GB/T 17626.6—1998 主要差异在于：

1）　修改了耦合和去耦装置的受试设备端口上共模阻抗的校验；

2）　修改了耦合装置的受试设备端口上输出电平的设置；

3）　修改了用于台式和落地式设备的试验配置；

4）　增加了采用耦合和去耦网络注入的程序；

5）　增加了当满足共模阻抗要求时的钳注入的程序；

6）　增加了直接注入的程序；

7）　修改了测试结果的评估；

8）　修改了测试报告的要求；

9） 修改了图 2b)、图 5 和图 10；

10） 增加了附录 F。

本部分的附录 A 为规范性附录，附录 B 至附录 F 为资料性附录。

本部分由全国电磁兼容标准化技术委员会(SAC/TC 246)提出并归口。

本部分负责起草单位：中国电子科技集团公司第三研究所。

本部分主要起草人：朱琳、林京平、曲林、徐嵬、鲁博。

本部分所代替标准历次版本的发布情况为：

——GB/T 17626.6—1998。

电磁兼容　试验和测量技术
射频场感应的传导骚扰抗扰度

1　范围

GB/T 17626 的本部分是关于电气和电子设备对来自 9 kHz～80 MHz 频率范围内射频发射机电磁骚扰的传导抗扰度要求。设备至少通过一条连接电缆(如电源线、信号线、地线等)与射频场相耦合。

注：本部分规定的测量方法,用于测量传导骚扰信号的影响。该信号是由与设备有关的电磁辐射感应的,这些传导骚扰的模拟和测量对于定量地确定影响不是十分精确。而制定本方法的主要目的是对各类设备建立充分的重现性的结果,以便定性地分析影响。

本部分的目的是当电气和电子电器设备受到由射频场感应的传导骚扰时,建立一个评估抗扰度性能的公用参考。在 GB/T 17626 的本部分中所规定的测试方法为评估设备或系统对定义的电磁现象的抗扰度表述了一致的方法。

注：正如 IEC 导则 107 中所述的,这是为 IEC 产品委员会所用的 EMC 基础出版物。也正如导则 107 声明的,IEC 产品委员会负责确定是否采用本抗扰度标准,如果采用,他们负责确定适当的测试等级和性能判据。TC 77 和其分委员会准备与产品委员会合作,以便于他们产品的特定抗扰度试验价值的评估。

2　规范性引用文件

下列文件中的条款通过 GB/T 17626 的本部分的引用而成为本部分的条款。凡是注日期的引用文件,其随后所有的修改单或修订版均不适用于本部分,然而,鼓励根据本部分达成协议的各方研究是否可使用这些文件的最新版本。凡是不注日期的引用文件,其最新版本适用于本部分。

GB/T 4365　电工术语　电磁兼容(GB/T 4365—2003, IEC 60050(161):1990,IDT)

GB/T 6113.1　无线电骚扰和抗扰度测量设备规范 (GB/T 6113.1—1995,eqv CISPR 16-1:1993)

3　术语和定义

GB/T 4365 确立的以及下列术语和定义适用于 GB/T 17626 的本部分。

3.1

人工手　artificial hand

模拟正常工作条件下,手持式电气设备和地之间的人体阻抗的电网络(参见 GB/T 4365 中的 4.27)。

注：其结构应符合 GB/T 6113.1。

3.2

辅助设备　auxiliary equipment;AE

为受试设备正常运行提供所需信号的设备和检验受试设备性能的设备。

3.3

钳注入　clamp injection

是用电缆上的钳合式"电流"注入装置获得的钳注入。

3.4

电流钳　current clamp

由被注入信号的电缆构成的二次绕组实现的电流变换器。

3.5

电磁钳 electromagnetic clamp

EM-钳

由电容和电感耦合相组合的注入装置。

3.6

共模阻抗 common-mode impedance

在某一端口上共模电压和共模电流之比。

注：共模阻抗可由该端口的端子或屏蔽层和参考平面(点)之间施加单位共模电压来确定。而测量产生的共模电流视为流经这些端子或屏蔽层的全部电流的矢量和，见图 8a)和图 8b)。

3.7

耦合系数 coupling factor

在耦合装置的受试设备端口所获得的开路电压(电动势)与信号发生器输出端上的开路电压的比值。

3.8

耦合网络 coupling network

以规定的阻抗从一电路到另一电路传输能量的电路。

注：耦合和去耦装置可组合到一个盒子中(耦合和去耦网络缩写为(CDN))或是分立的网络(通常的钳注入)。

3.9

耦合/去耦网络 coupling/decoupling network;CDN

包含耦合网络和去耦网络两种功能于一体的电路。

3.10

去耦网络 decoupling network

防止施加给受试设备的测量信号影响不被测量的其他装置、设备或系统的电路。

3.11

测量结果 measurement result

U_{mr}

测量设备的读数电压。

3.12

电压驻波比 voltage standing wave ratio;VSWR

沿线最大电压和邻近最小电压幅度之比。

4 概述

本部分所涉及的骚扰源，通常是指来自射频发射机的电磁场。该电磁场可能作用于连接安装设备的整个电缆上。虽然被骚扰设备(多数是较大系统的一部分)的尺寸，比骚扰频率的波长小，但输入和输出线，例如电源线、通信线、接口电缆等，由于其长度可能是几个波长，则可能成为无源的接收天线网络。

假定连接设备的电缆网络是处于谐振的方式($\lambda/4$ 和 $\lambda/2$ 开路或折合偶极子)，电缆系统间的敏感设备易受到流经设备的骚扰电流的影响。由相对于接地参考平面(板)具有 150 Ω 共模阻抗的耦合和去耦网络代表这种电缆系统。被测设备可能要被测试的地方两端连接两个 150 Ω 的共模阻抗：一端提供射频信号源，另一端提供电流回路。

该测量方法是使受试设备在骚扰源作用下形成的电场和磁场来模拟来自实际发射机的电场和磁场，由图 2a)所示。这些骚扰场(电场和磁场)是由试验装置所产生的电压或电流所形成的近区电场和磁场来近似表示的。如图 2b)所示，用耦合和去耦装置提供骚扰信号给某一电缆，同时保持其他电缆不受影响，只近似于骚扰源以不同的幅度和相位范围同时作用于全部电缆的实际情况。

耦合和去耦装置是根据6.2中给出的特性所定义的。任何满足这些特性的耦合和去耦装置都可以使用。附录A中的耦合和去耦网络仅仅是实际使用网络的例子。

5 试验等级

在9 kHz～150 kHz频率范围内，对来自射频发射机的电磁场所引起的感应骚扰不要求测量。

表1 试验等级

频率范围 150 kHz～80 MHz		
试验等级	电压(e. m. f.)	
	U_0/dBμV	U_0/V
1	120	1
2	130	3
3	140	10
X	特定	
注：X是一个开放等级。		

如表1所示，以有效值(r. m. s.)表示未调制骚扰信号的开路试验电平(e. m. f.)。在耦合和去耦装置的受试设备端口上设置试验电平(见6.4.1)，测量设备时，该信号是用1 kHz正弦波调幅(80%调制度)来模拟实际骚扰影响。实际的幅度调制如图4所示。附录C中给出选择试验等级的指南。

注1：GB/T 17626.3也规定了用于确定电气和电子设备对辐射电磁能的抗扰度测量方法，覆盖了80 MHz以上的频率范围。有关专业标准化技术委员会可决定选择比80 MHz低的或高的界限频率(见附录B)。

注2：有关专业标准化技术委员会可选择替代的调制方式。

6 测量设备

6.1 试验信号发生器

试验信号发生器包括在所要求点上以规定的信号电平将骚扰信号施加给每个耦合装置输入端口的全部设备和部件。以下部件的典型组装可以是分立的，也可以组合为一个或多个测量设备(见图3)。

——射频信号发生器G1：其能覆盖所规定的频段，用1 kHz正弦波调幅，调制度为80%。它应有手动控制能力(比如，频率，幅度和调制度)，或在射频合成器的情况下，将频率-步长和驻留时间编程。

——衰减器T1(典型0 dB～40 dB)：为控制骚扰测量信号源的输出电平，应有合适的频率特性，T1可包含在射频信号发生器中或可选择。

——射频开关S1：当测量受试设备的抗扰度时，可以接通和断开骚扰信号的射频开关。S1可以包含在射频信号发生器中，或者是附加的。

——宽带功率放大器PA：当射频信号发生器的输出功率不足时，需要加功率放大器。

——低通滤波器LPF和/或高通滤波器HPF：为避免干扰某些类型的受试设备，例如，(次)谐波可能对射频接收机产生干扰，需要时，应将它们插在宽带功率放大器PA和衰减器T2之间。

——衰减器T2：具有足够额定功率的衰减器(固定≥6 dB，Z_0=50 Ω)。提供衰减是为了减小从功率放大器到网络的失配。

注：T2可包含在耦合和去耦网络中，如果宽带功率放大器的输出阻抗在任何条件下可保持在规范内，可省略它。

未调制时信号发生器的特性由表2给出：

6.2 耦合和去耦装置

耦合和去耦装置被用于将骚扰信号合适地耦合到连接受试设备的各种电缆上(覆盖全部频率，在受试设备端口上具有规定的共模阻抗)，并防止测试信号影响非被测装置、设备和系统。

耦合和去耦装置可组成一个盒子(称作：耦合/去耦网络(CDN))，或由几部分组成。耦合和去耦装置的主要参数，在受试设备端口看进去的共模阻抗应符合表3规定。

表2 试验信号发生器的特性

输出阻抗	50 Ω
谐波和失真	任何杂散谱线应至少比载波电平低15 dB
幅度调制	内调制或外调制，调制度80%±5% 1 kHz±10%的正弦波
输出电平	足够高，能覆盖试验电平(见附录E)

表3 耦合和去耦装置的主要参数

参数	频段	
	0.15 MHz～26 MHz	26 MHz～80 MHz
$\lvert Z_{ce} \rvert$	150 Ω±20 Ω	$150\ \Omega^{+60\ \Omega}_{-45\ \Omega}$

注1：既不规定耦合阻抗 Z_{ce} 的幅角，也不规定受试设备端口和辅助设备端口之间的去耦系数，由辅助设备端口对接地参考平面开路或短路时应满足 $\lvert Z_{ce} \rvert$ 容差的要求来体现这些参数。

注2：当用钳注入法时，如果辅助设备不符合共模阻抗的要求，也可能不满足 Z_{ce} 的要求。当按下述7.4进行时，钳注入法可提供合适的试验结果。

出于对测试的重现性和对辅助设备的保护方面考虑，首选的耦合和去耦装置是耦合去耦网络(CDN)。然而，如果它们不适用或无法利用，可以使用其他的注入方法。下述内容和7.1给出了选择合适的注入方法的规则。

6.2.1 耦合和去耦网络(CDNs)

这些网络包含的耦合和去耦合电路是在一个盒子中，并且可用于特定的非屏蔽电缆，例如CDN-M1，CDN-M2，CDN-M3，CDN-T2，CDN-T4和CDN-AF2，见附录D。耦合和去耦网络的典型原理由图5c)和图5d)给出。网络不应过分地影响功能信号。在产品标准中可规定对这种影响的限制。

6.2.1.1 用于电源线的耦合和去耦网络CDN

全部电源连接推荐使用耦合和去耦网络。而对于高功率(电流≥16 A)和/或复杂电源系统(多相或各种并联电源电压)可选择其他注入法。

用CDN-M1(单线)，CDN-M2(双线)，CDN-M3(三线)或等效网络(见附录D)，使骚扰信号耦合到电源线。对三相电源系统可规定类似网络。耦合电路如图5c)中给出。

不应由被测设备的工作电流导致磁性材料的饱和而引起耦合去耦网络的性能过度降低。无论如何，网络的结构应该确保正向电流的磁效应可以被返回电流的磁效应相抵消。

如果实际安装中，电源线可各自分开走线，应用分立的耦合和去耦网络CDN-M1。全部输入口应分开处理。

如果受试设备提供有其他地端子(例如，为了射频的目的或者大的漏电流)，这些地端子应连接到接地参考平面上：

——当受试设备的特性或规范允许通过CDN-M1时，在这种情况下，供电电源应通过CDN-M3提供；

——由于射频或其他原因，当受试设备的特性和规范不允许有一CDN-M1网络串联于地端子上，地端子应直接连接到接地参考平面上。在该情况下，CDN-M3网络应由CDN-M2网络取代，以防止由保护地导体形成射频短路电路。当设备已经通过CDN-M1或CDN-M2供电，运行中应保留它们。

警告：由于电容器跨接在 CDN 的带电部分之间，结果可能产生较高漏电流，必须有 CDN 到接地参考平面的安全连接（在某些情况下，这些连接可由 CDN 的结构提供）。

6.2.1.2 用于非屏蔽的平衡线的耦合和去耦网络

为了耦合和去耦骚扰信号，对有平衡线的非屏蔽电缆可由 CDN-T2、CDN-T4 或 CDN-T8 作为耦合和去耦网络。在附录 D 中图 D.4、图 D.5 和图 D.6 给出这些电路简图。

——CDN-T2 用于有 1 个对称对(2 线)的电缆。

——CDN-T4 用于有 2 个对称对(4 线)的电缆。

——CDN-T8 用于有 3 个对称对(8 线)的电缆。

注：如果其他 CDN-Tx 网络对指定的频率范围是合适的并满足 6.2 的要求，也可以用这些网络。例如，从的差模到共模 CDNs 的变换损耗比被安装的电缆或连接安装电缆的设备规定的变换比的值大。如果对电缆和设备规定不同变换比，则应采用较小的值。通常，钳注入需要应用于多对平衡电缆，因为，没有适当的耦合去耦网络可以利用。

对平衡的多对电缆，采用钳注入法更合适。

6.2.1.3 对非屏蔽的不平衡线的耦合和去耦

为了耦合和去耦骚扰信号，对非屏蔽的不平衡线，可采用图 D.3 所述的耦合和去耦网络。

——CDN-AF2 用于两线的电缆。

对非屏蔽多芯电缆，用钳注入法更合适。

6.2.2 钳注入装置

对钳注入装置，耦合和去耦功能是分开的。由钳合式装置提供耦合，而共模阻抗和去耦功能是建立在辅助设备上的。就此而言，辅助设备是耦合和去耦装置的一部分(见图 6)，7.3 给出正确的使用说明。

当用电磁钳或电流钳不满足 7.3 所给定的要求时，应采用 7.4 所规定的程序。在该程序中，感应电压用 6.4.1 所述的同样方法设置。另外应监视并修正产生的电流。在这个过程中，可能会使用一个更低的共模阻抗，但是共模电流限制在流经 150 Ω 信号源的电流的值。

6.2.2.1 电流钳

该装置对连接到设备的电缆建立一感性耦合，例如用 5∶1 匝变换比的共模串联阻抗，相对于由辅助设备建立的 150 Ω 电阻可忽略不计。在这种情况下，信号发生器的输出阻抗(50 Ω)转换成 2 Ω。其他的线匝比也可以使用，见附录 A。

注 1：当用电流钳时，应注意在耦合装置的 EUT 端口上呈现的功率放大器(PA)所产生的高次谐波电平不应高于基波电平。

注 2：通常必须使电缆通过钳的中心位置，以使电容耦合最小。

6.2.2.2 电磁钳

电磁钳的作用是对连接受试设备的电缆建立感性和容性耦合。在附录 A 中描述了电磁钳的结构和性能。

6.2.3 直接注入装置

来自试验信号发生器的骚扰信号通过 100 Ω 电阻被注入到同轴电缆的屏蔽层上(即使屏蔽层未接地或仅仅只有一个接地点)。在辅助设备和注入点之间(见图 5b))，应尽可能靠近注入点插入一个去耦电路(见 6.2.4)。为了提高去耦和稳定电路，应将直接注入装置输入端口的地与接地参考平面连接。这个连接应在注入装置的连接辅助设备的一端进行。

注：当直接连接到金属膜屏蔽层时，要注意确保良好的地连接，以得到可靠的测试结果。

对某些结构简单的屏蔽电缆，去耦电路与 100 Ω 电阻可装在一个盒子中(见附录 D，图 D.1)。

6.2.4 去耦网络

通常，去耦网络由各种电感组成，以便在整个频率范围内产生高阻抗。这由所用铁氧体材料确定，并要求在 150 kHz 频率上至少是 280 μH 的电感量。电抗应足够高，在 26 MHz 以下频率电抗应大于等于 260 Ω,在 26 MHz 以上频率电抗应大于等于 150 Ω。电感量或由绕在铁氧体环上给定数目的线圈获得(见图 5d)),或由套在电缆上的一些铁氧体环获得(通常是钳合式管)。

除非本部分中特别声明,否则,附录 D 中规定的耦合和去耦网络作为去耦网络使用时,射频输入端口无需端接负载。当耦合和去耦网络这样使用时,它们要满足本章节的要求。

此外,去耦网络应用在不被测量但连接到受试设备和/或辅助设备的全部电缆上。对于例外情况,见 7.7。

6.3 耦合和去耦装置的受试设备端口上共模阻抗的验证

耦合和去耦装置是由受试设备端口上看进去的共模阻抗 $|Z_{ce}|$ 来表征的。其正确值保证测量结果的重现性。耦合和去耦装置的共模阻抗的校验使用如图 7 所示的配置。

耦合和去耦装置和阻抗参考平面(图 7a))应放在接地参考平面上,接地参考平面的尺寸应超过装置所有边的几何投影尺寸至少 0.2 m。

阻抗参考平面应通过如图 7a)所示小于或等于 30 mm 的距离被连接到耦合和去耦网络的被测设备端口。阻抗平面连接器上共模阻抗的幅值应被测量。

如图 7b)所示,当输入端口接 50 Ω 负载且辅助设备端口以共模方式用短路和开路条件依次加载时,耦合和去耦网络应满足 6.2 中表 3 的阻抗要求。该要求保证足够的衰减和使辅助设备(例如:开路或短路)的输入无意义。

如果用钳注入或直接注入,则验证连接到受试设备的每个辅助设备配置的共模阻抗是不现实的,通常按 7.3 所给程序即满足要求。在所有其他情况下,应采用 7.4 规定的程序。

6.3.1 150 Ω 至 50 Ω 适配器的插入损耗

在测试前,测试信号源设置时,测试电平必须在一个共模阻抗 150 Ω 的环境中校验。如图 7c)所示,通过 150 Ω 至 50 Ω 适配器将 50 Ω 的测量设备连接到适当的共模点来实现。适配器的结构如图 7d)和图 7e)所示。

适配器应放置在接地参考平面上,接地参考平面的尺寸应超出测试配置的所有边界几何投影至少 0.2 m。根据图 7c)的原理测量的插入损耗值应在 9.5±0.5 的范围内(理论值 9.5 dB 是由附加的串联阻抗在 50 Ω 系统中测量得到的)。如果有必要,测试布置的电缆损耗应补偿在内。建议在接收机和信号源的输入输出端口上使用合适电压驻波比(≤1.2)的衰减器。

6.4 试验信号发生器的设置

应采用 6.4.1 中的程序正确调整未调制的试验电平,应保证试验信号发生器,耦合和去耦装置以及 150 Ω 至 50 Ω 适配器满足 6.1、6.2 和 6.3.1 的要求。

警告:试验信号发生器调整过程中,对耦合和去耦装置的受试设备端口和辅助设备端口的全部连接,除了要求的外(见图 8),为避免短路或为避免测量设备的损坏均不应连接。

应用无调制载波设定试验信号发生器的输出电平(见 6.4.1),然后加调制进行正确调整并用射频示波器检验调制波形。

测试信号源的输出电平可以通过测量放大器输出功率或射频信号发生器的输出来确定,只要保证测试设备的稳定性即可。

施加在被测设备上所有的测试频率的电平都必须确定已经过修正。

6.4.1 耦合装置的受试设备端口上输出电平的设置

试验信号发生器应该连接到耦合装置的射频输入端口,耦合装置的受试设备端口以共模方式通过 150 Ω 至 50 Ω 适配器连接到输入阻抗为 50 Ω 的测量仪上,辅助设备端口应用 150 Ω 至 50 Ω 适配器以共模方式加载并端接 50 Ω 电阻。全部耦合和去耦装置的配置如图 8 所示。

注:对于直接注入,如果屏蔽层被连接到辅助设备端口一侧的接地参考平面时,不需要在辅助设备端口接 150 Ω 负载。

用上述配置,试验信号发生器应调到使测量仪获得以下读数:

$$U_{mr}=\frac{U_0}{6}(1\pm 25\%)\ \text{线性值表示}$$

或

$$U_{mr}=U_0-15.6\ \text{dB}\pm 2\ \text{dB}\ \text{对数值表示}$$

必须对每个独立的耦合和去耦装置进行调整。应记录试验信号发生器调整和用于试验的控制参数(软件参数、衰减器设定等)。

注:

1 U_0 是表 1 中规定的试验电压;U_{mr} 是 4.11 和图 8 中所确定的测量电压。为减小测量误差,应用 150 Ω 负载来设置 U_{mr},而不用通过设定 U_0 来调整试验信号发生器的输出电平。

2 系数 6(15.6 dB)源于试验等级所规定的电动势值(e.m.f.)。匹配的负载电平是电动势的一半。由端接 50 Ω 测量仪的 150 Ω 至 50 Ω 适配器产生 3:1 的分压比。

当用 50 Ω 试验环境进行电流钳的电平调整时(见附录 A),横跨 50 Ω 上的电压 U_{mr} 比要求的试验电平少 6 dB。在这种情况下,50 Ω 试验夹具上的测量电压或产生的电流等于:

$$U_{mr}=\frac{U_0}{2}(1\pm 25\%)\ \text{以线性值表示}$$

或

$$U_{mr}=U_0-6\ \text{dB}\pm 2\ \text{dB}\ \text{以对数值表示}$$

7 用于台式和落地式设备的试验配置

受试设备应放在接地参考平面上面 0.1 m 高的绝缘支架上。所有与被测设备连接的电缆应放置于接地参考平面上方至少 30 mm 的高度上。

如果设备被设计为安装在一个面板、支架和机柜上,那么它应该在这种配置下进行测试。当需要用一种方式支撑测试样品时,这种支撑应由非金属、非导电材料构成。设备的接地应与生产商的安装说明一致。

在需要使用耦合和去耦装置的地方,它们与被测设备之间的距离应在 0.1 m 到 0.3 m 之间。这个距离是从被测设备对接地参考平面的投影到耦合和去耦装置的水平测量距离。参见图 6、图 9 和图 10。7.1~7.7 提供更细节的信息。

7.1 选择注入法和试验点的原则

对提供给耦合和去耦装置的电缆所选择的类型和数目,以及典型安装条件的实际布置应当加以考虑,例如,最长电缆的大概长度。

对于所有的测试,被测设备与辅助设备之间电缆的总长度(包括任何所使用的耦合去耦网络的内部电缆)不应超过被测设备制造商所规定的最大长度。

7.1.1 注入法

图 1 给出选择注入法的规则。

在这里没有规定的是,包含测试所选择的电缆的被测设备应在与典型应用一致的方式配置、安装、布置和操作。未列在本部分中的耦合和去耦网络,只要满足该标准的要求的也可以使用。

从受试设备引出的各种电缆彼此互相靠近,并且其接近部分长度大于 10 m,或从受试设备到另一设备是用电缆盘或管道走线时,则它们应作为一条电缆处理。

如果产品委员会决定某种耦合和去耦装置更适合于连接该系列产品的电缆,那么应优先选择这种装置(技术根据证明合适)。在产品标准中应阐明这些装置,在附录 D 中叙述了耦合和去耦网络的例子。

7.1.2 试验端口

在任何一个测试中,只需要两个 150 Ω 的网络。用于将测试信号注入的网络可以在不同的被测端口之间转换。当一个耦合去耦网络从一个端口上移除,可以用一个去耦网络来替代。

如果被测设备有多个相同的端口(相同的输入或输出电子电路,负载,连接设备,等等),至少要选择

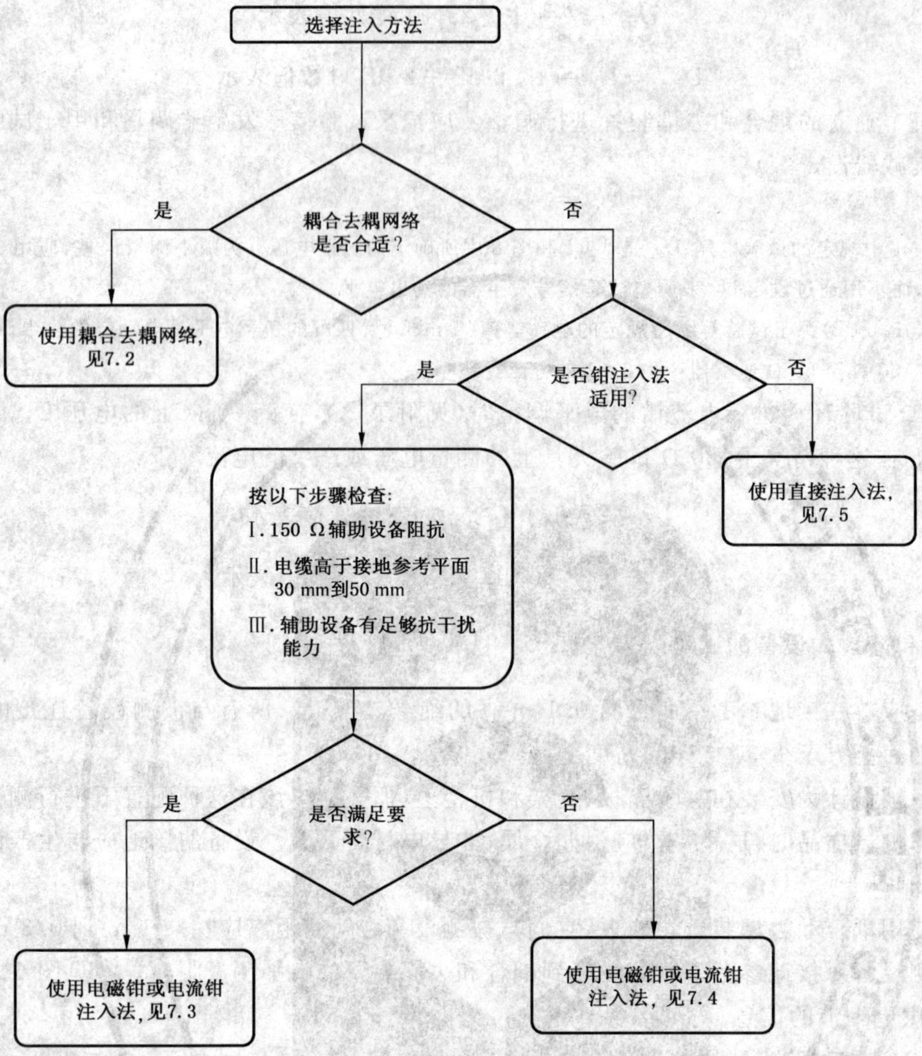

图 1　选择注入法的规则

这些端口中的一个进行测试，确保所有不同类型的端口被涵盖。

7.2　采用耦合和去耦网络注入的程序

当使用耦合和去耦网络注入时，需要采取以下测量措施：

——如果辅助设备位于接地参考平面之上，那么它要放在高于接地参考平面 0.1 m 处。

——一个耦合和去耦网络应接在要被测试的端口上，而一个接有 50 Ω 负载的耦合和去耦网络连接在另一个端口。去耦网络应安装在所有其他连接电缆的端口。在这种方法中，只有一个端接 150 Ω 负载的环路。

——被端接的耦合和去耦网络的选择应遵循以下的优先次序：

1)　CDN-M1 用于连接地终端；

2)　CDN-Sn(n=1,2,3,…)最靠近注入点(到测试口最短的几何距离)；

3)　CDN-M2，CDN-M3，CDN-M4，或 CDN-M5，用于电源；

4)　其他耦合和去耦网络，最靠近注入点(到测试点最短的几何距离)。

——如果被测设备只有一个端口，这个端口连接到耦合和去耦网络上用作注入用途。

——如果至少有一个辅助设备连接到被测设备，且只有一个耦合和去耦网络可以连接到被测设备上，根据上述的优先次序，辅助设备的一个端口应连接到 50 Ω 终端负载的耦合和去耦网络，且辅助设备的其他连接要做去耦处理。

7.3 当满足共模阻抗要求时的钳注入的程序

当使用前注入法时，辅助设备的配置应呈现尽可能的接近 6.2 中要求的共模阻抗。每一个用于钳注入的辅助设备应尽可能的代表功能性安装条件。为了满足近似所需的共模阻抗的要求，应采取以下措施：

——用于钳注入的每一个辅助设备应放置在距接地参考平面 0.1 m 高度的绝缘支撑上。

——去耦网络应安装在辅助设备与被测设备之间的每一条电缆上，被测电缆除外。

——连接到每一个辅助设备的所有电缆，除了被连接到被测设备上的电缆，应为其提供去耦网络，见 6.2.4 和图 6。

——连接到每个辅助设备的去耦网络(除了在被测设备和辅助设备之间的电缆上的网络)距辅助设备的距离不应超过 0.3 m。辅助设备与去耦网络之间的电缆或辅助设备与注入钳之间的电缆既不捆扎，也不盘绕，且应保持在高于接地参考平面 30 mm 至 50 mm 的高度(图 6)。

——被测电缆一端是被测设备，另一端是辅助设备。可以连接多个耦合和去耦网络到被测设备和辅助设备；然而，在每个被测设备和辅助设备上只有一个耦合和去耦网络因被端接 50 Ω 负载。耦合和去耦网络的端接的选择应遵循 7.2 中的优先次序。

——当使用多个注入钳时，每根电缆上的注入测试应一根接一根依次进行。被选择用注入钳测试的电缆在没有测试的情况下也应按照 6.2.4 要求进行去耦处理。

在其他所有的情况下，应依照 7.4 中的程序进行。

7.4 当不满足共模阻抗要求时的钳注入的程序

当用钳注入且在辅助设备一侧不满足共模阻抗要求时，辅助设备的共模阻抗必须小于或等于受试设备的被测端口的共模阻抗，否则，在辅助设备端口应采取措施(例如，使用 CDN-M1 或从辅助设备到地之间加 150 Ω 电阻)，以满足这一条件并防止谐振。本程序中，仅给出与 7.3 有关的差别。

——用钳注入的每种辅助设备和受试设备应尽可能接近实际运行的安装条件。例如，将被测设备连接到接地参考平面上或者将其放在绝缘支架上(见图 A.6 和图 A.7)。

——用附加的电流探头(具有低插入损耗)插入注入钳和受试设备之间，并监视由感应电压产生的电流(调整按照 6.4.1)。如果电流超过下面给出的短路电流值 I_{max}，试验信号发生器电平应一直减小到测量电流等于 I_{max} 值：

$$I_{max} = U_0 / 150\ \Omega$$

在试验报告中应记录施加的修正试验电压的电平值。

为保证重现性，在试验报告中应充分地描述试验配置。

7.5 直接注入的程序

当采用直接注入在电缆屏蔽层时，需要采取以下测量措施：

——受试设备应放置在距接地参考平面 0.1 m 高度的绝缘支撑上。

——在被测电缆上，去耦网络应位于注入点和辅助设备之间，尽可能靠近注入点。第二个端口应用 150 Ω 的负载端接(耦合和去耦网络用 50 Ω 负载端接)。这个端口应按照 7.2 中的优先次序选择。在所有其他与被测设备连接的电缆上应安装去耦网络(当端口开路，耦合和去耦网络可以认为是去耦网络)。

——注入点应位于接地参考平面上方，从被测设备的几何投影到注入点之间的距离为 0.1 m 至 0.3 m。

——测试信号应通过 100 Ω 电阻直接注入到电缆屏蔽层上。

注：当直接连接到金属屏蔽层上时，值得注意的是确保良好的连接以产生可靠的测试结果。

7.6 单个单元构成的受试设备

受试设备应放在接地参考平面上 0.1 m 高的绝缘之间上。对台式设备,接地参考平面可以放在一张桌子上(见图 9)。

在全部的被测电缆上,应插入耦合和去耦装置。耦合和去耦装置应放在接地参考平面上,在距受试设备约 0.1 m～0.3 m 处并与接地参考平面直接接触。在耦合和去耦装置与受试设备之间的电缆应尽可能的短,不能盘也不能捆起来,它们在接地参考平面上方 30 mm～50 mm 处。

如果受试设备装有其他接地端子,当允许时,它们应通过耦合和去耦网络连接到接地参考平面上,见 6.2.2.1(即耦合网络 CDN-M1 的辅助设备端口连接到接地参考平面上)。

如果受试设备装有一个键盘或手提式附件,那么人工手应放在该键盘上或缠绕在附件上,并且连接到接地参考平面上。

根据产品委员会的规范规定受试设备工作所要求辅助设备,例如,通讯设备、调制解调器、打印机、传感器等,以及为保证任何数据传输和功能评价所必需的辅助设备,均应通过耦合和去耦装置连接到受试设备上。应根据代表性功能尽可能限制被测电缆的数目,然而,实际端口的所有类型都应被注入。

7.7 多个单元构成的受试设备

被相互连在一起的各单元组成的受试设备,应用下述方法之一进行测量(见图 10)。

——优先法:每个分单元(附件)应作为一个受试设备分别测量,见 7.4,其他所有单元被视为是辅助设备。耦合和去耦装置应置于被认为是受试设备的分单元的电缆上(按 7.1),应依次测量全部分单元。

——代替法:总是由短电缆(即≤1 m)连在一起的并作为受试设备的一部分的分单元(附件),被认为是一个设备。对这些互联的电缆不进行传导抗扰度测量,而作为系统内部电缆考虑。

作为受试设备一部分的各分单元应尽可能相互靠近但不接触的放置,并全部放在接地参考平面上 0.1 m 高的绝缘支架上,这些单元的互联电缆也应放在绝缘支架上。未端接的耦合和去耦网络或去耦装置应接入受试设备所有的其他电缆上,例如,接到电源和辅助设备的电缆上(见 7.1)。

8 试验程序

被测设备应在预期的运行和气候条件下进行测试。温度和相对湿度应记录在测试报告中。

对于来自测试布置的辐射应遵守当地有关的干扰法规。当辐射能量超过允许的电平时,应使用屏蔽室进行测试。

注:通常,传导抗扰度试验可不在屏蔽室内进行。这是由于骚扰电平和试验配置的几何尺寸不可能辐射太高能量,尤其在低频段。

依次将试验信号发生器连接到每个耦合装置上(耦合和去耦网络、电磁钳、电流注入探头)。其他所有非测试电缆或不连接(当功能允许)。或使用去耦网络或只使用非端接的耦合和去耦网络。

在测试信号发生器的输出端可能会需要一个低通滤波器和/或高通滤波器(例如,100 kHz 截止频率),以防止(高次或亚)谐波对被测设备的干扰。低通滤波器的带阻特性应该对谐波有足够的抑制,使得他们不影响测试结果。这些滤波器应该在设置测试电平之前插入在测试信号发生器之后(见 6.1 和 6.4.1)。

扫频范围是从 150 kHz 到 80 MHz,在设置步骤过程中设置信号电平,骚扰信号是 1 kHz 正弦波调幅信号,调制度 80%的射频信号,如果必要,可以暂停调整射频信号电平或改变耦合装置。频率递增扫频时,步进尺寸不应超过先前频率值的 1%。在每个频率,幅度调制载波的驻留时间应不低于被测设备运行和响应的必要时间,但是最低不应低于 0.5 s。敏感的频率(例如,时钟频率)应单独进行分析。

注:由于在频率步进时,被测设备可能会受到瞬态干扰,应制定相应的规定避免这样的干扰。比如,频率变化以前,信号强度可以比测试电平低几个 dB。

在测试过程中，应尝试充分运行被测设备，并充分质询用于敏感度测试所选择的所有运行模式。

建议使用特殊的运行程序。

测试应按照测试计划进行。

可以进行一些研究性的测试，以确立测试计划中的某些方面。

9 测试结果的评估

测试结果应该按照被测设备的性能降级和功能丧失来分类，与制造商和测试的需求方规定的性能水平有关，或由制造商与产品买方之间的共识。推荐的分类如下所述：

——由生产商、需求方或买方规定的限制中的正常性能。

——干扰终止后暂时的性能降级和功能丧失，且直到被测设备恢复其正常性能，没有人为的干预。

——暂时的性能降级和功能丧失，需要人为干预。

——由硬件或软件的损坏，或数据的丢失导致无法恢复的性能降级和功能丧失。

制造商的规范定义被测设备可能发生的效应，被认为是无关紧要的，因此是可以接受的。

这个分类可以作为表述性能判据的一个指南，由委员会负责用于通用标准、产品标准和系列产品标准，或作为制造商与买方之间性能判据的协议的构架，例如，在没有合适的通用标准、产品标准和系列产品标准存在的情况下。

10 测试报告

测试报告应包含能够重现测试的所有必要的信息。尤其是以下信息应该被记录：

——本部分第8章要求的在测试计划中规定的项目；

——被测设备和任何有关设备的标识，例如，商标名称、产品型号、序列号；

——被测设备的尺寸；

——被测设备具有代表性的工作条件；

——内连接电缆的类型，包括电缆的长度和连接在被测设备上的界面端口；

——任何对于使用的特定条件，例如电缆长度和类型，屏蔽或接地，或被测设备运行状况，这些所需的信息；

——如果必要，提供被测设备的恢复时间；

——所使用的测试设备的类型，以及被测设备、辅助设备、耦合和去耦网络的位置；

——测试设备的标识，包括商标名称、产品型号、序列号；

——每根电缆上所使用的耦合和去耦装置，及它们之间电缆的长度；

——对于每个注入端口，标明哪些去耦装置由 50 Ω 阻抗端接；

——描述被测设备运行的方式；

——任何必要的能够使测试运行的特殊条件；

——测试的频率范围；

——所采用的测试等级；

——有制造商、需求方和买方定义的性能水平；

——所采用的性能判据；

——在测试干扰施加过程中或之后，被测设备上观察到的任何效应，和该效应持续的时间；

——合格/不合格判定的基本原理（基于通用标准、产品标准和系列产品标准中规定的性能判据，或制造商与买方之间的共识）。

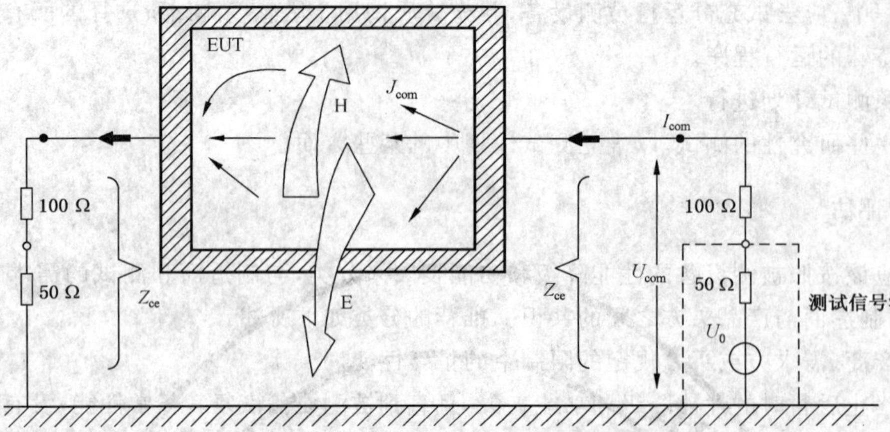

Z_{ce}——耦合和去耦网络系统的共模阻抗，$Z_{ce}=150\ \Omega$；

注：100 Ω 电阻包含在耦合和去耦网络中。左边输入端口由一个(无源)50 Ω 负载端接，而右边输入端口由测试信号发生器的源阻抗端接。

U_0——测试信号发生器源电压(e.m.f.)；

U_{com}——被测设备与参考平面之间的共模电压；

I_{com}——流经被测设备的共模电流；

J_{com}——在被测设备的导电平面或其他导体上的电流密度；

E,H——电场和磁场。

a) 在被测设备附近由被测设备电缆上的共模电流产生的电磁场的示意图

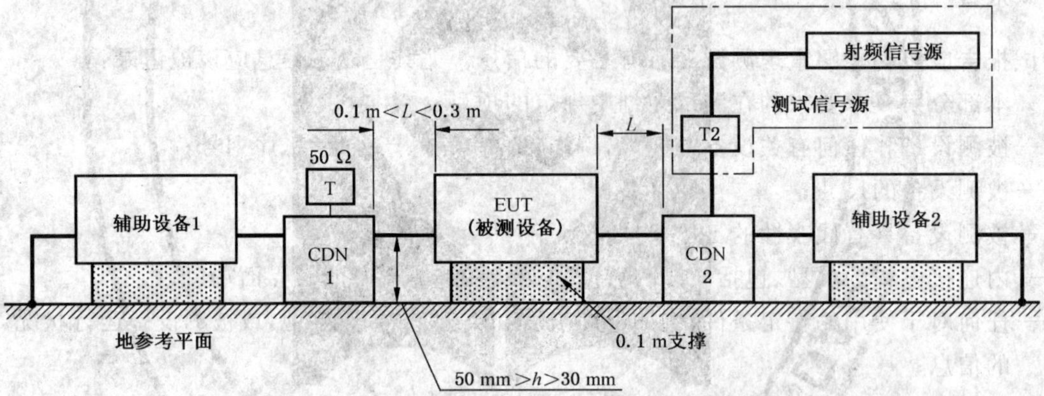

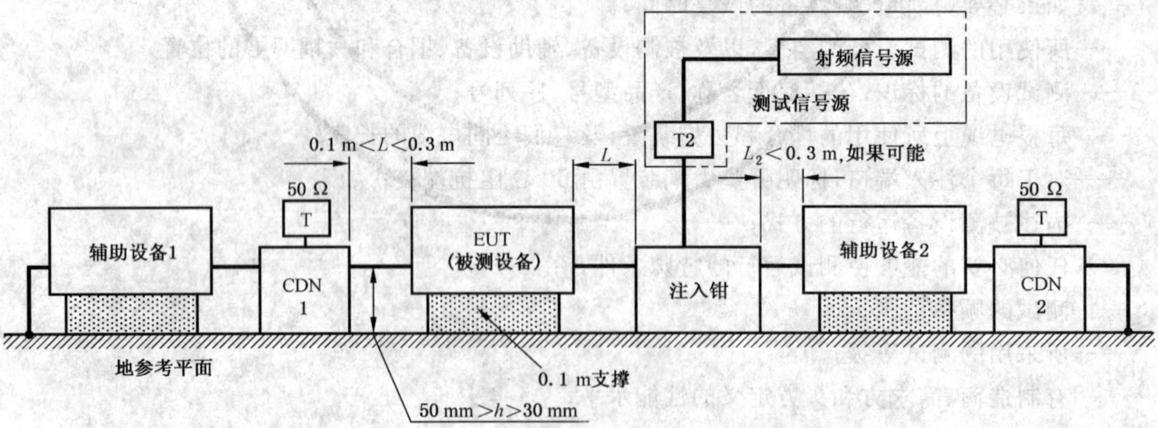

T——端接 50 Ω 负载；

T2——功率衰减器(6 dB)；

CDN——耦合和去耦网络；

注入钳：电流钳或电磁钳。

b) 射频传导骚扰抗扰度试验的示意图

图 2　对射频传导骚扰的抗扰度试验

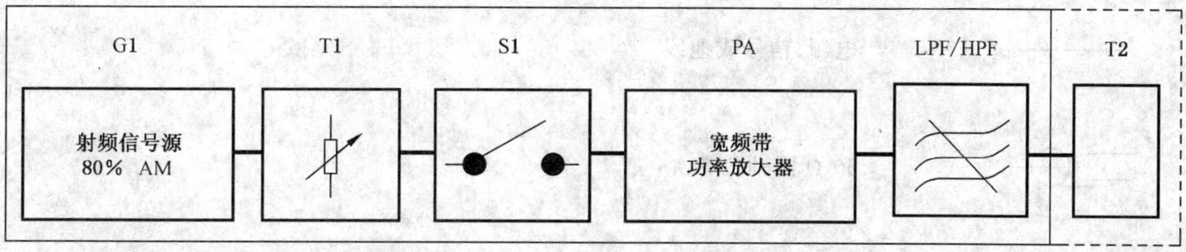

G1——射频信号发生器；

PA——宽带功率放大器；

LPF/HPF——低通滤波器和/或高通滤波器；

T1——可变衰减器；

T2——固定衰减器(6 dB)；

S1——射频开关。

图 3 测试信号发生器的配置

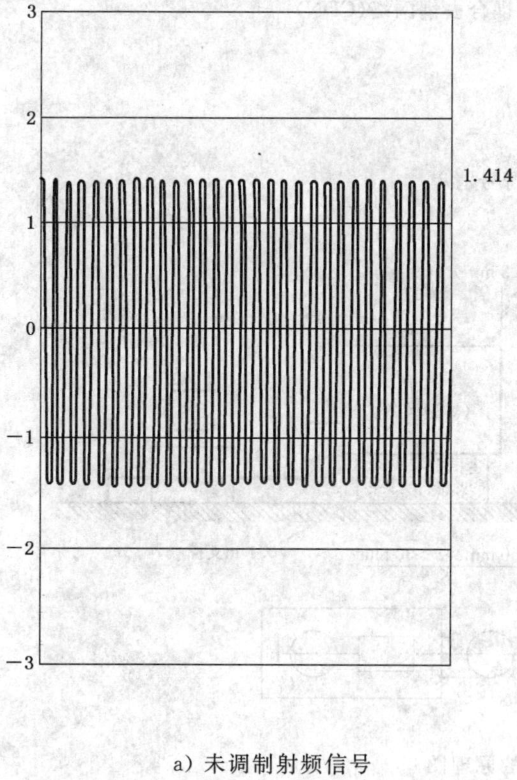

a) 未调制射频信号

$U_{pp}=2.82$ V, $U_{rms}=1.00$ V

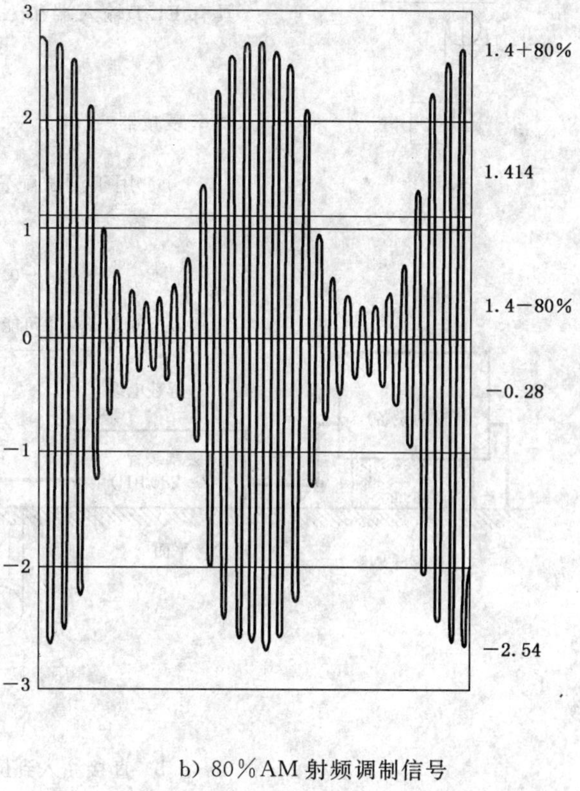

b) 80%AM 射频调制信号

$U_{pp}=5.09$ V, $U_{rms}=1.12$ V

图 4 测试等级 1 时，耦合设备 EUT 端口开路电压波形

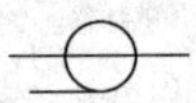
50 Ω同轴电缆

电源、信号或地线

50 Ω同轴负载

150 Ω到50 Ω适配器;在输入和输出端口之间串联100 Ω电阻的盒子

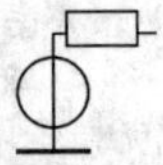
50 Ω信号源

50 Ω测量设备,如选频电压表

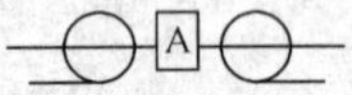

10 dB,50 Ω衰减器

具有EUT输入端和AE端口的耦合去耦网络(CDN)

功率衰减器(6 dB)

a) 用于测试配置图中的符号清单

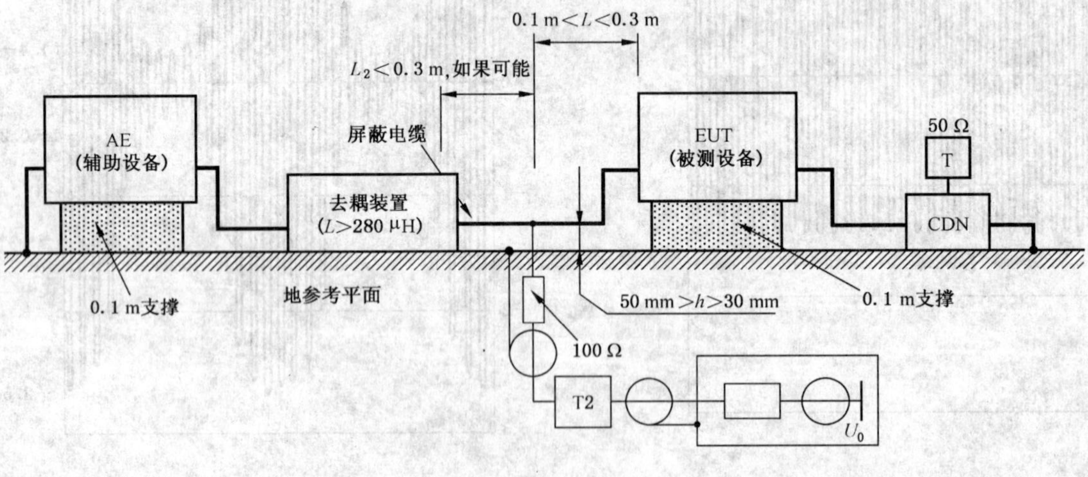

b) 直接注入到屏蔽电缆的原理图

图5 耦合和去耦原理图

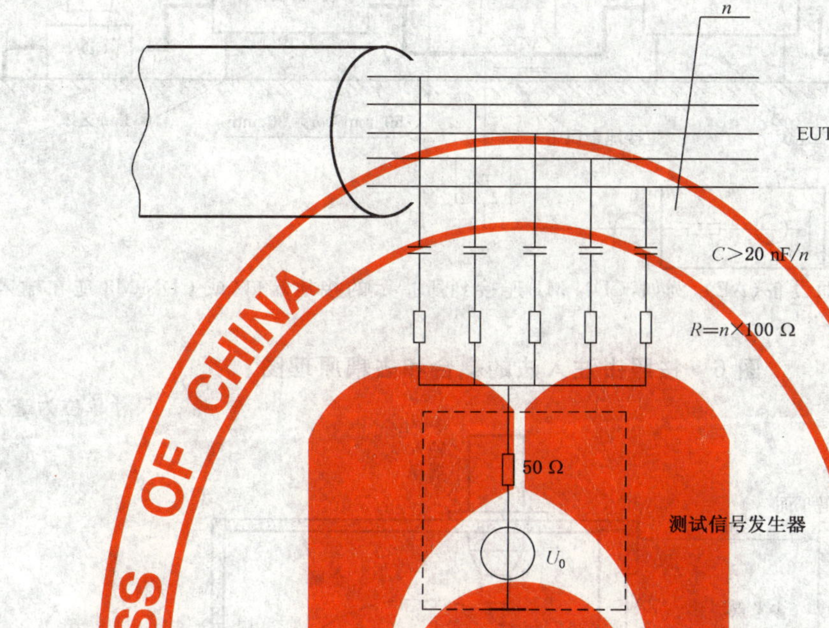

c) 耦合到非屏蔽电缆的原理图

* 例：典型 $C_{去耦}$ = 47 nF(只对非屏蔽电缆)，$L_{(150\ kHz)} \geq 280\ \mu H$；

低频电感：在一个铁氧体环上绕 17 匝线圈，材料：NiZn，μ_R = 1 200；

高频电感：2～4 个铁氧体环(形成一个管)，材料：NiZn，μ_R = 700；

d) 去耦原理图

图 5(续)

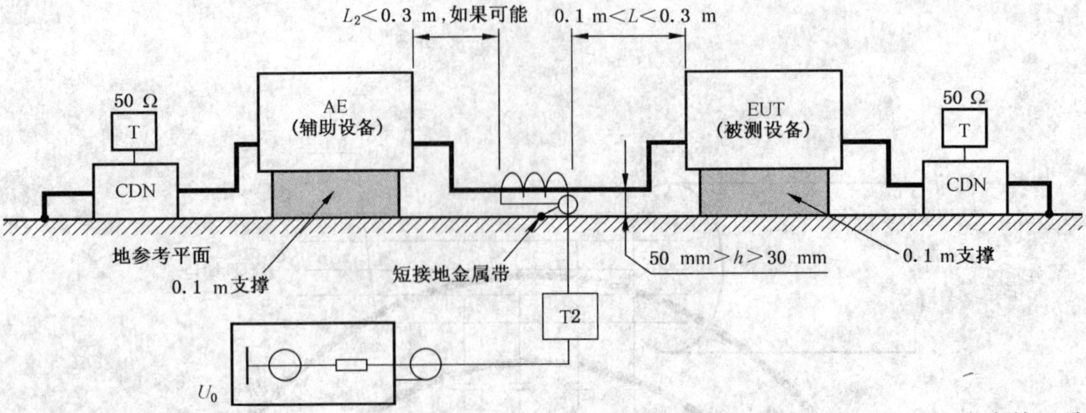

耦合去耦网络连接到辅助设备(AE),例如,CDN-M1 连接到所指示的接地端口,或 CDN-M3 应在输入端口端接 50 Ω 负载(见 7.4)。

图 6　按照钳注入法的耦合和去耦原理图

尺寸单位为毫米

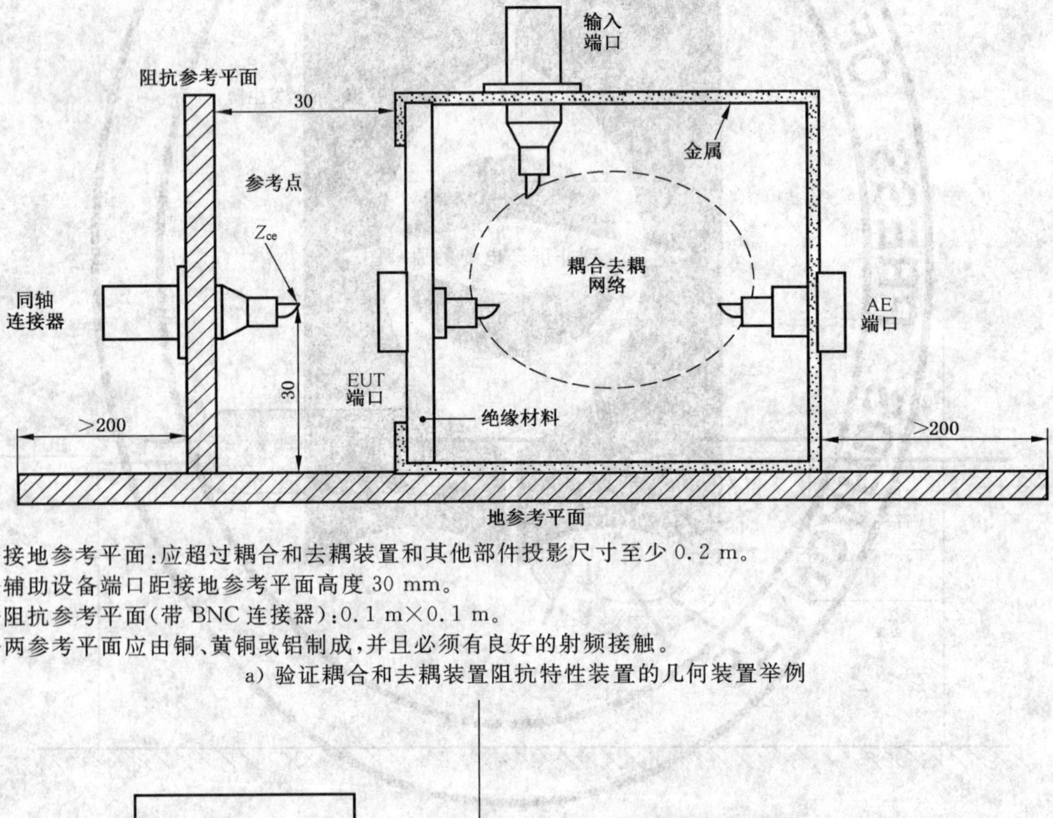

——接地参考平面:应超过耦合和去耦装置和其他部件投影尺寸至少 0.2 m。
——辅助设备端口距接地参考平面高度 30 mm。
——阻抗参考平面(带 BNC 连接器):0.1 m×0.1 m。
——两参考平面应由铜、黄铜或铝制成,并且必须有良好的射频接触。

a) 验证耦合和去耦装置阻抗特性装置的几何装置举例

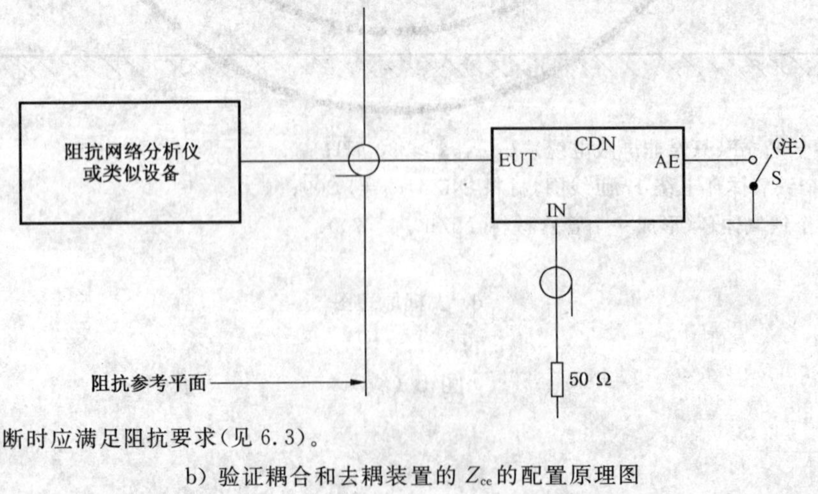

注:开关 S 通和断时应满足阻抗要求(见 6.3)。

b) 验证耦合和去耦装置的 Z_{ce} 的配置原理图

图 7　验证耦合和去耦装置及 150 Ω 到 50 Ω 适配器的基本特性的详细配置和部件

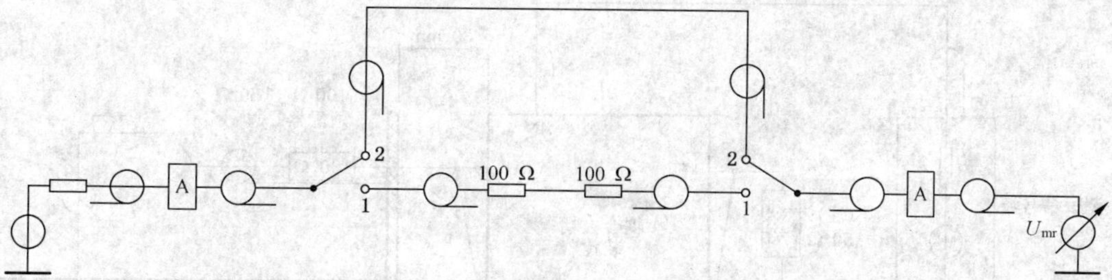

插入损耗=U_{mr}(开关置于 2)−U_{mr}(开关置于 1)

dB　　　　dBμV　　　　dBμV

c) 测量两个 150 Ω 到 50 Ω 适配器的插入损耗的配置原理图

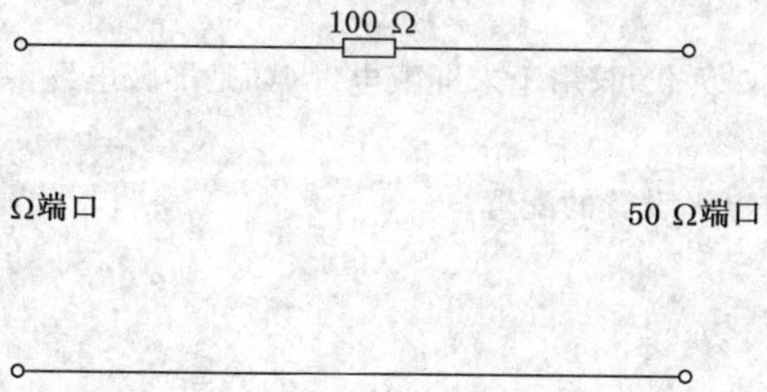

注：低感电阻：额定功率≥2.5 W

d) 150 Ω 到 50 Ω 适配器电路

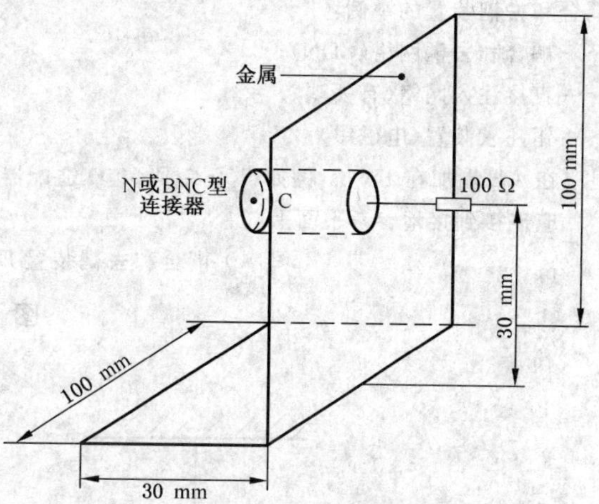

注：同图 7a(阻抗参考平面)，但增加 100 Ω 低感电阻

e) 150 Ω 到 50 Ω 适配器结构

图 7(续)

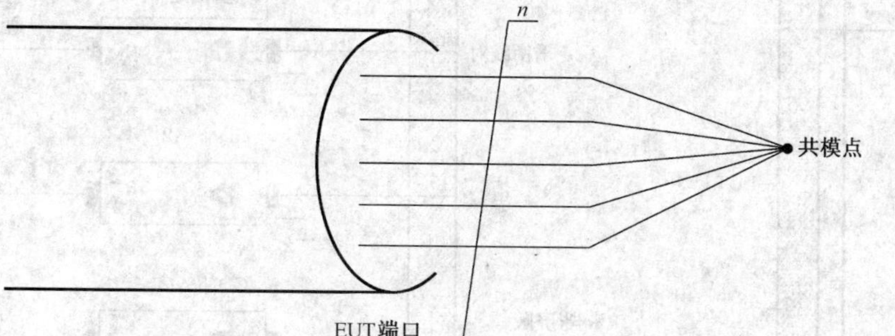

a) 非屏蔽电缆的共模点定义

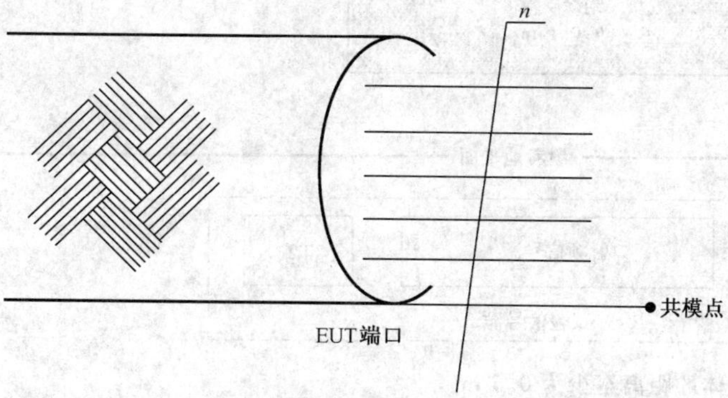

b) 屏蔽电缆的共模点定义

图 8　电平调整配置(见 6.4.1)

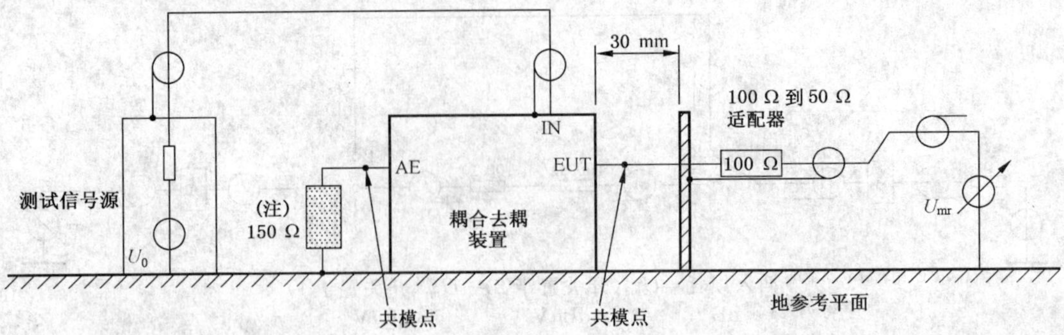

耦合和去耦装置的举例：

——耦合和去耦网络(CDN)；

——直接注入网络(有去耦)；

——钳注入装置(电磁钳)。

注：在 AE 端加在 150 Ω，例如，150 Ω 到 50 Ω 适配器端接 50 Ω 负载，只用于未屏蔽电缆(如是屏蔽电缆，其屏蔽层应连接到接地参考平面上)。

c) 耦合和去耦装置 EUT 端口电平设置的配置

图 8(续)

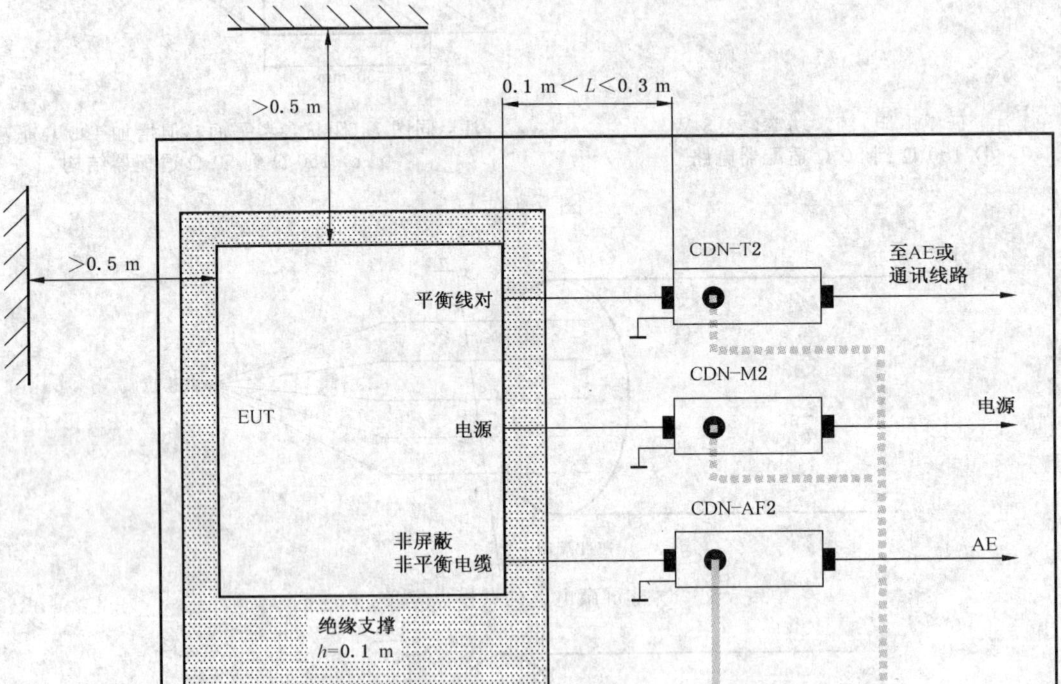

注：EUT 距任何金属物体的距离至少为 0.5 m。

图 9 单一单元被测设备测试布置的举例

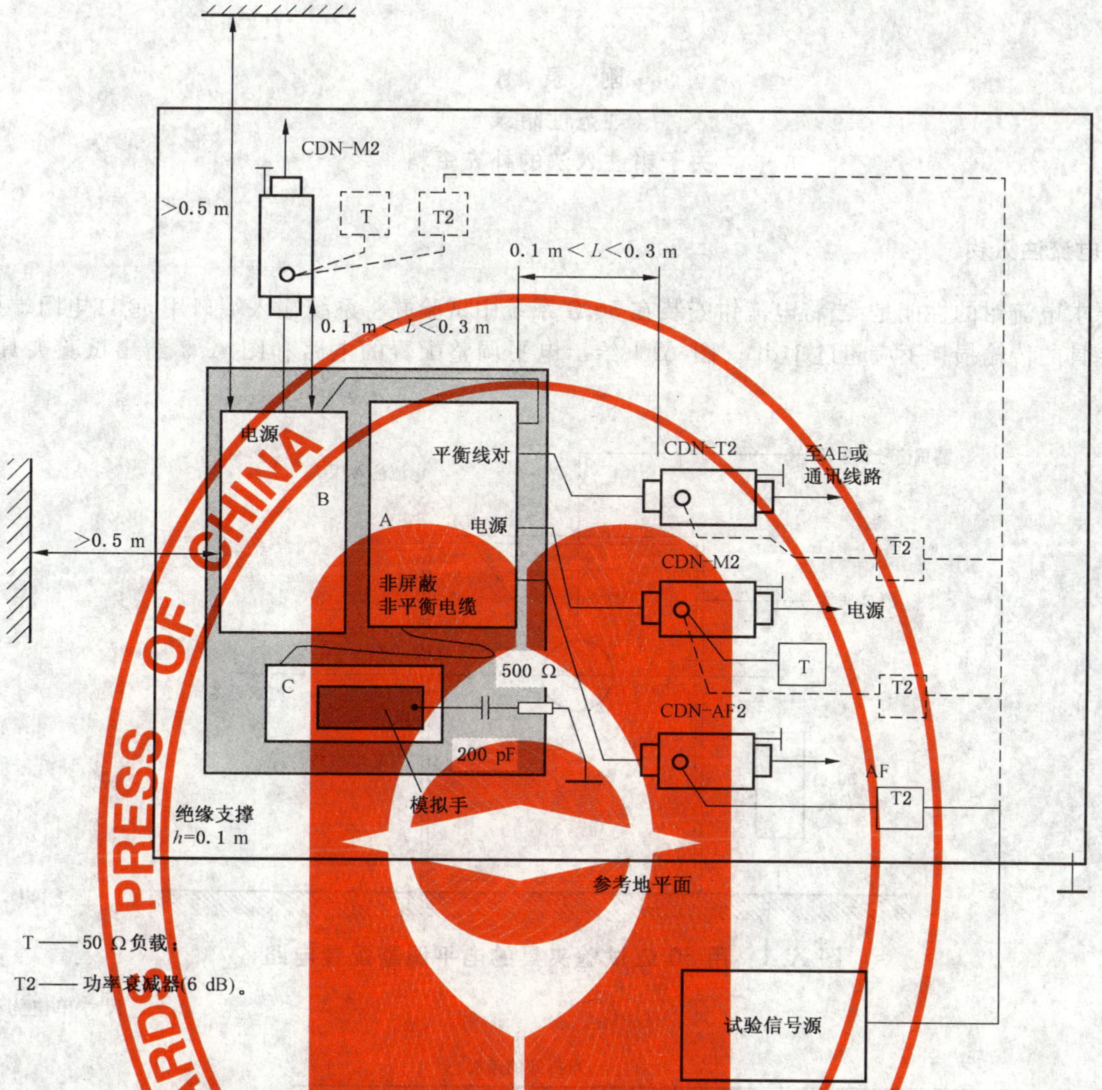

T——50 Ω负载；

T2——功率衰减器(6 dB)。

注：EUT距任何金属障碍物的距离至少为0.5 m。

不用于注入的耦合去耦网络中只有一个用50 Ω负载端接，提供唯一的返回路路径。所有其他的耦合去耦网络作为耦合的去耦网络。

属于EUT的互连电缆(≤1 m)应置于绝缘座上。

图10　多单元被测设备测试布置的举例

附 录 A
(规范性附录)
关于钳注入法的补充资料

A.1 电流注入钳

要求电流钳的性能是:当将电流钳安装在50 Ω系统中试验并将系统输入端口用50 Ω电阻端接时,试验夹具的传输损耗不应超过1 dB。图A.1给出电平调整配置的电路和图A.2给出试验夹具的结构图。

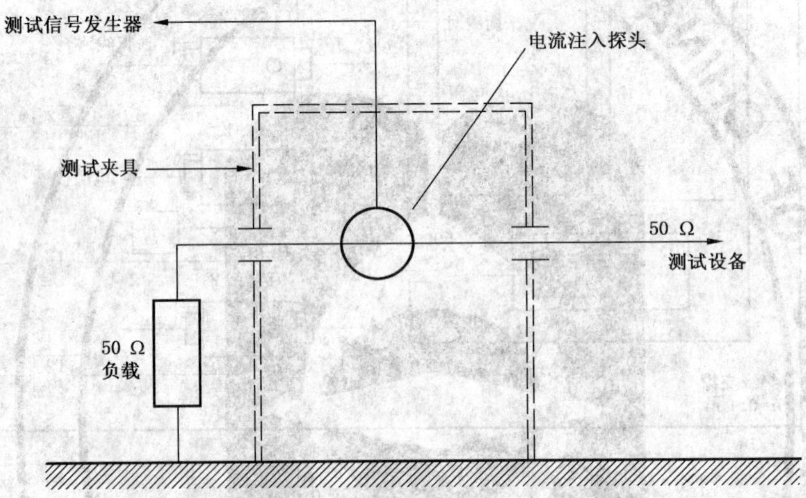

图 A.1 用 50 Ω 试验夹具的电平调整配置电路

尺寸单位为毫米

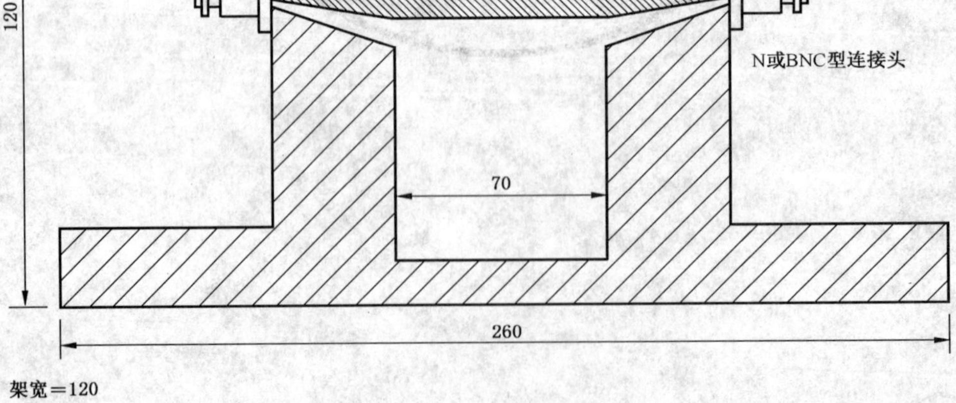

图 A.2 50 Ω 试验夹具结构

试验前应调整施加给电流注入钳的信号电平，6.4.1 和图 8 给出试验电平的调整步骤。当不用 150 Ω 阻抗环境而用 50 Ω 试验夹具进行调整电平时，应遵循以下程序：

——连接到注入钳输入端口的电缆的屏蔽层，也应该连接到试验夹具的参考平面上。应用低阻抗连接方式。

——在试验夹具的一端用 50 Ω 同轴负载端接，而另一端端接在所规定的频率范围内驻波比小于 1.2 的功率衰减器上。功率衰减器应连接到射频电压表或频谱分析仪 50 Ω 的输入端上。

——试验信号发生器的输出电平一直增加到射频电压表或频谱分析仪所测电平达到比所要求的试验电平小 6 dB，见 6.4.1。应记录每一步进频率试验信号发生器的输出电平，见图 A.1。

A.2 电磁(EM)钳

图 A.3 和图 A.4 给出了电磁钳的结构和原理。

尺寸单位为毫米

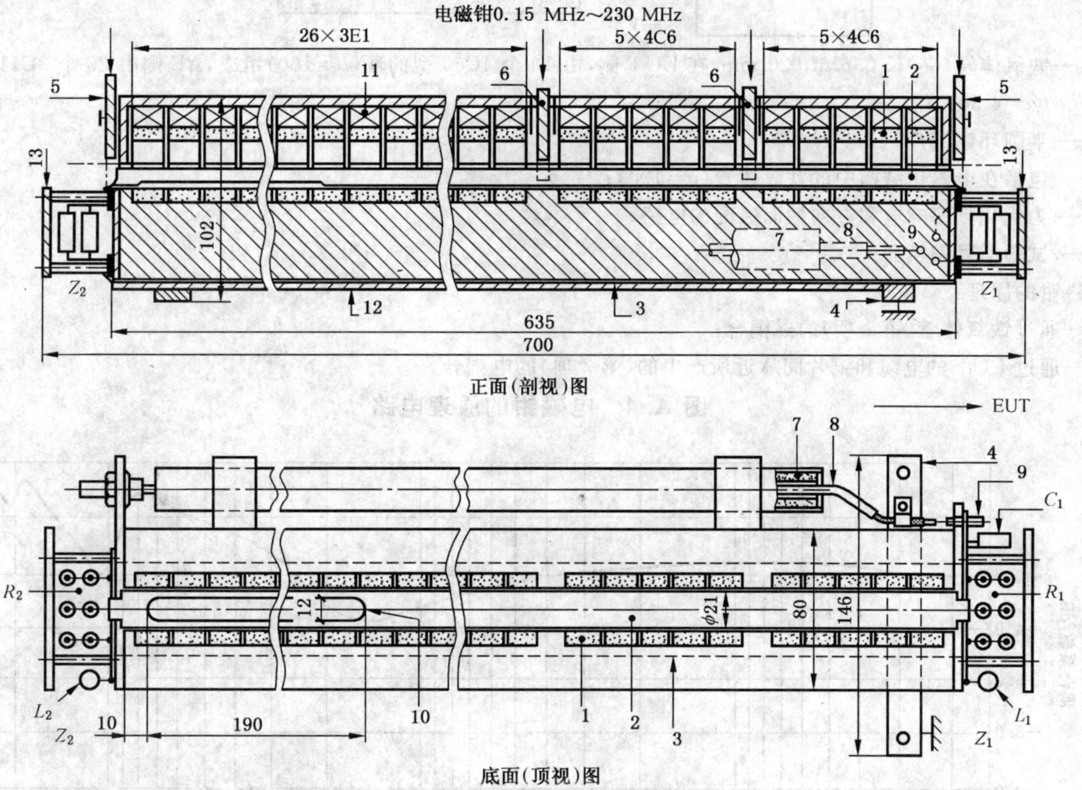

1——铁氧体环尺寸 $\phi36\times\phi23\times15$ mm
　　10 个　4C65 型，NiZn，$\mu=100$
　　26 个　3C11 型，MnZn，$\mu=4\ 300$
2——固定在槽上的半圆柱铜片；
3——低导体板；
4——接地带；
5/6——把被测电缆由带压缩弹簧的绝缘材料压入凹槽的装置(此部分看不见)；
7——铁氧体管，4C65；
8——同轴电缆，50 Ω，带 BNC 连接器；
9——Z_1 分断开关；
10——第二部分槽口；
11——固定铁氧体的塑料件(上半环)；
12——底部绝缘板；
13——Z_1，Z_2 的保护板；
EUT——受试设备；
Z_1——串联阻抗：C_1：20 pF~100 pF，L_1：0.15 μH，R_1：50 Ω/12 W；
Z_2——串联阻抗：L_2：0.8 mH，R_2：50 Ω/12 W。

图 A.3 电磁钳的详细结构

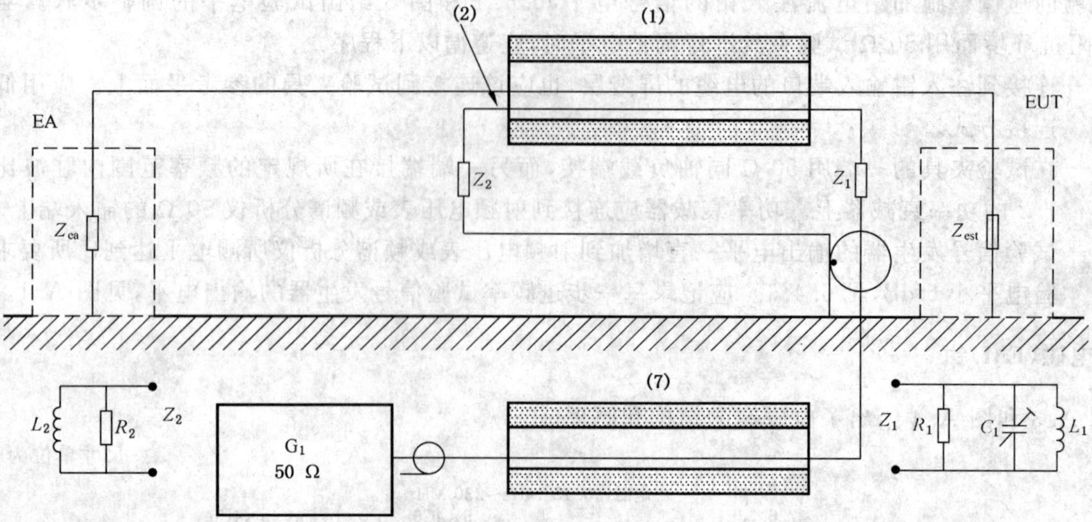

1——铁氧体管(夹)长 0.6 m,ϕ20 mm,在 EUT 侧,由 10 个 4C65 型的环(μ=100)组成,AE 侧由 26 个 3C11 型的环(μ=4 300)组成;

2——半圆环铜箔片;

7——包括在电磁钳结构中的铁氧体管(μ=100);

Z_1,Z_2——为优化频率响应和方向性而装配的电路;

G_1——试验信号发生器。

电磁钳的原理:

——通过铁氧体管(第 1 项)的磁耦合;

——通过 EUT 的电缆和铜片间靠近所产生的(第 2 项)的电耦合。

图 A.4 电磁钳的原理电路

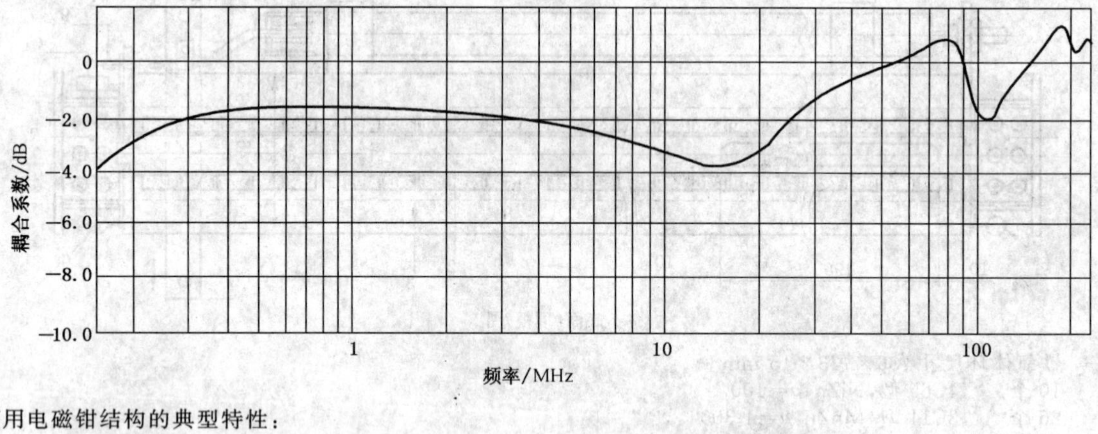

商用电磁钳结构的典型特性:

——工作频率范围:0.15 MHz~230 MHz;

——电磁钳耦合系数的频率响应;

——根据表 1 的最大额定电动势 e.m.f.范围

0.15 MHz~100 MHz:140 V(max),15 V(min)

100 MHz~230 MHz:140 V(max),5 V(min);

——10 MHz 以上 EUT/AE 耦合和去耦方向性大于等于 10 Db。

图 A.5 电磁钳的耦合系数

电磁钳(与常规电流注入钳相比)在 10 MHz 以上的频率有大于等于 10 dB 的方向性,所以在辅助设备的共模点和接地参考平面之间不再要求规定的阻抗。10 MHz 以上的电磁钳的特性与耦合和去耦装置相似。

如图 8 所示，在 150 Ω 环境下，应按 6.4.1 进行电磁钳的电平设置程序。

A.3 试验配置

试验时，将钳套在被测电缆上，并给钳提供在预先设置电平程序中所规定的试验信号发生器的电平。

试验时，应将电流注入钳输入端口的屏蔽层或电磁钳的接地带与接地参考平面相连接（见图 A.6 和图 A.7）。

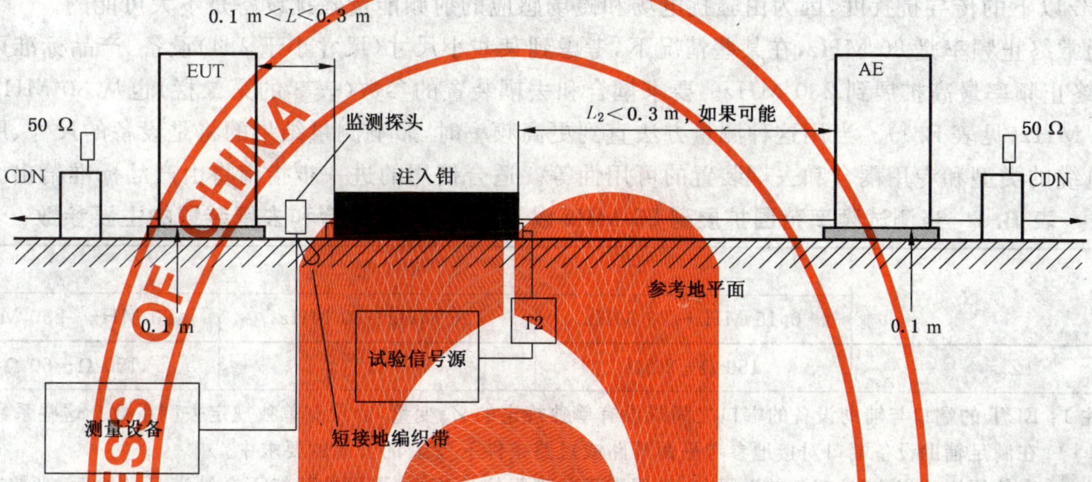

图 A.6 用钳注入试验配置的一般原理

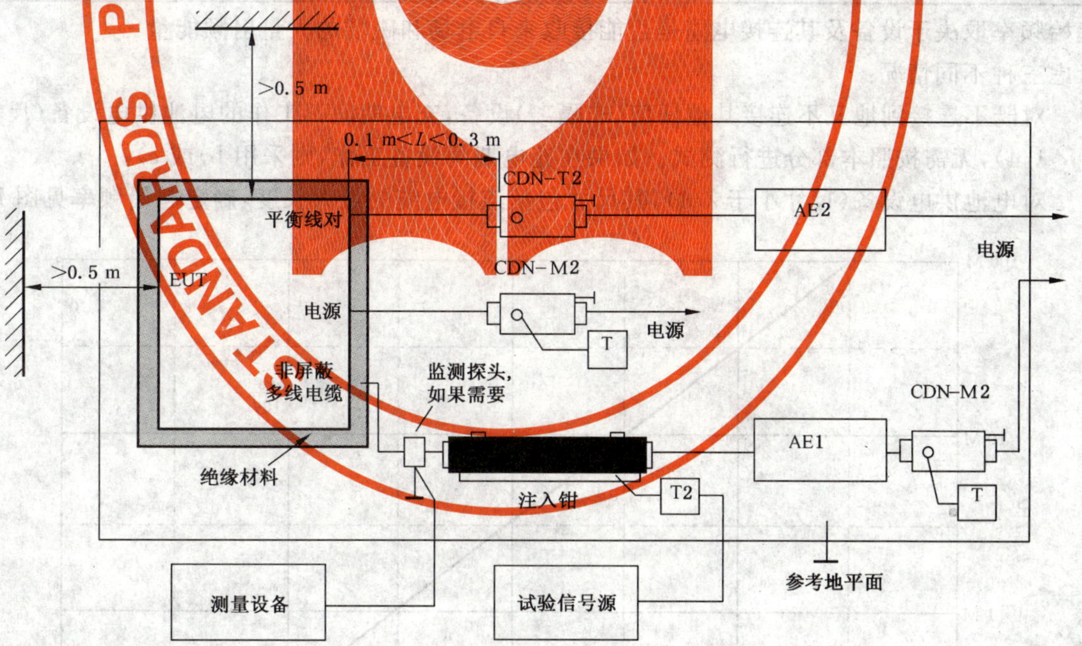

注：EUT 到任何金属障碍物之间的距离至少为 0.5 m。

对于 CDN 的测试条件，参见图 2、图 9 和图 10。

图 A.7 当用注入钳时地平面上试验装置的位置举例（顶视图）

如试验时，电流钳和电磁钳的监视电流超过短路电流值时（见 7.3），应降低试验信号发生器的输出电平到该电流等于短路电流电平，降低的信号发生器输出电平值记录在试验报告中。

附 录 B
（资料性附录）
选择适用频率范围的准则

尽管标准中规定频率范围为150 kHz～80 MHz，但是可用频率范围取决于正常的安装和被试验设备的工作条件。例如，对总尺寸小于0.4 m和无任何金属电缆连接的电池供电小设备，不需要测量80 MHz以下的传导抗扰度，因为由骚扰电场和磁场感应的射频能量骚扰设备是不大可能的。

通常终止频率是80 MHz，在某些情况下，考虑到某些小尺寸（尺寸小于λ/4）设备，产品标准可能规定，将终止频率最高扩展到230 MHz。要求耦合和去耦装置的参数（表3的第二栏）也从80 MHz扩展到230 MHz（见表B.1）。当用这种测量方法直到更高频率时，影响测量结果的将是设备的尺寸、所用的互连电缆的类型和专用耦合和去耦装置的可用性等。适合使用的进一步指南将由产品标准给出。

表 B.1 当测试频率范围扩展到80 MHz以上时，集成的耦合和去耦装置的主要参数

参 数	频 率 带 宽		
	0.15 MHz～26 MHz	26 MHz～80 MHz	80 MHz～230 MHz
$\|Z_{ce}\|$	150 Ω±20 Ω	$150\ \Omega^{+60\ \Omega}_{-45\ \Omega}$	150 Ω±60 Ω

注1：EUT的端口与辅助设备的端口之间既没有单独规定的Z_{ce}变量，也没有单独规定去耦系数。这些系数包含在满足辅助设备端口对接地参考平面开路或短路条件下$|Z_{ce}|$的公差的要求中。

注2：当使用钳注入法时，对于辅助设备，不用满足共模阻抗的要求，该要求可能不会被满足。然而，当按照7.4的指南进行，注入钳能够提供可以接受的测试结果。

起始频率取决于设备及其连接电缆是否能接收来自电场和磁场的大量射频能量。

考虑三种不同情况：

a) 对既不连接到地又不连接其他任何（非隔离）设备，充电期间不工作的电池供电设备（尺寸小于λ/4），无需按照本部分进行测试。如果在充电期间设备工作，则采用b）或c）。

对电池供电设备（尺寸小于λ/4），其尺寸包括连接电缆的最大长度，确定起始频率见图B.1。

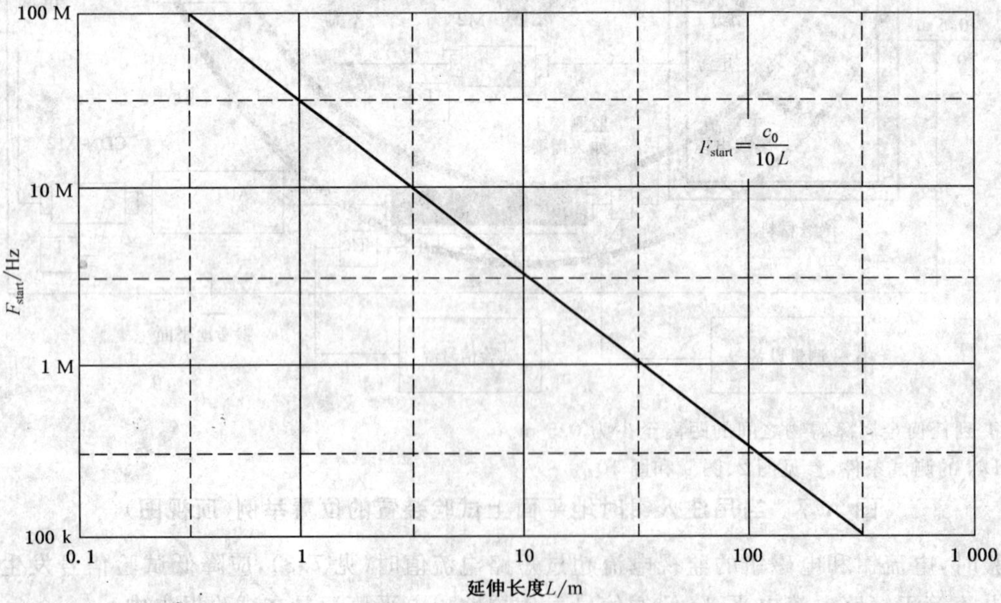

图 B.1 作为电缆长度和设备尺寸函数的起始频率

b) 设备连接到电网(电源)但不连接任何其他设备和电缆。电源通过耦合和去耦装置提供,设备由人工手加载。起始频率是 150 kHz。

c) 设备连接到电网(电源),也通过控制、数据或通信电缆连接到其他隔离或非隔离设备,起始频率 150 kHz。

例:

——对电缆连接到键盘(延长尺寸≥$\lambda/4$)由电池供电的个人计算机,并给定有长度为 4 m 的环绕式电缆,起始频率应是 6.67 MHz,由人工手覆盖键盘,对给定恰好 2 m 长电缆的鼠标器,起始频率是 15 MHz,等等。

——带可选择交直流适配器的袖珍式计算器,应在适配器电源一端从 150 kHz 开始扫频试验,并由人工手覆盖袖珍式计算器。

——可连接到地的手持式电池供电多(万)用表,应从 150 kHz 频率开始扫频试验。万用表可用人工手覆盖。

——具有双层绝缘(电源)可以连接到收音机的、并可连接到隔离扬声器的、同时收音机又可连接到地的天线输入端的光盘播放机,应对电源和音频电缆从 150 kHz 开始扫频试验。

——具有通过建筑物分配的各种传感器的防盗报警器,其电缆可延长至 200 m(制造厂规定),应对这些电缆从 150 kHz 开始扫频试验。

附 录 C
(资料性附录)
选择试验等级的指南

按设备和电缆最终安装时所处的电磁环境选择试验等级。在选择所用的试验等级时,应考虑受试设备产生故障的后果。如果故障后果严重,考虑采用更严的试验等级。

如果仅在几个场地上安装受试设备,那么检查本地射频源能够评估可能遇到的场强。如果骚扰源的功率是未知的,尽可能在所关心的位置上测量实际场强。

如果指定设备工作于不同的位置,可按以下指南选择所用试验等级。

以下分类是相应第5章中所列等级,认为它们是选择合适电平的通用指南。

1类:低电平辐射环境。无线电电台/电视台位于大于1 km的距离上的典型电平和低功率发射接收机的典型电平。

2类:中等电磁辐射环境。用在设备邻近的低功率便携式发射接收机(典型额定值小于1 W)。典型的商业环境。

3类:严酷电磁发射环境。用于相对靠近设备,但距离小于1 m的手提式发射接收机(≥2 W)。用在靠近设备的高功率广播发射机和可能靠近工、科、医设备。典型的工业环境。

X类:X是由协商或产品规范和产品标准规定的开放等级。

在上述场所,所描述的试验等级很少超过典型电平值。在某些地点可能超过这些值,例如,在高功率发射机或位于同一建筑物中的工、科、医设备附近。在这种场合下可选择屏蔽的房间或建筑物以及对设备的电源线和信号线滤波,而不规定全部设备免受这些电平的影响。

附 录 D
（资料性附录）
关于耦合和去耦网络的资料

D.1 耦合和去耦网络的基本特性

耦合和去耦网络应提供：

——对受试设备耦合骚扰信号；

——从受试设备看进去的稳定阻抗与辅助设备的共模阻抗无关；

——辅助设备对骚扰信号应去耦，以防止骚扰辅助设备；

——对有用信号提供通路。

在 150 kHz～80 MHz 频率范围内耦合和去耦网络的典型参数由 6.2 给出，其例由 D.2 给出。

在图 D.1 到图 D.6 中，共模阻抗 Z_{ce} 是由试验信号发生器的内阻抗（50 Ω）和被测电缆的导体并联组合的等效电阻（100 Ω）的形成，见图 5c)。去耦元件使用合适的电感器 $L(|\omega L|>>150\ \Omega)$，电容器 C_2 不应影响共模阻抗 Z_{ce}。

耦合和去耦网络的受试设备端口的中心应位于接地参考平面上方 30 mm 处。耦合和去耦网络以及受试设备之间的电缆，如果位于接地参考平面上方 30 mm，即可代表约 150 Ω 特性阻抗的传输线。

为试验信号发生器、耦合和去耦网络的每一根电缆提供直流和低频隔离电容 C_1 的阻抗，在规定频率范围内，应远小于 150 Ω。

对非屏蔽电缆用一共模电感器 L 和电容器 C_2 或者只用电感器 L 为辅助设备去耦。对屏蔽电缆，当辅助设备一侧屏蔽接地时，不需要电容器 C_2。

对非屏蔽电缆选择 C_2 的值不应过分影响有用信号。对耦合和去耦网络，有用信号过分影响网络的参数是不允许的，例如，在 CDN-M1 中，铁氧体环的饱和。

警告：在电源耦合和去耦网络中，因为 C_1 和 C_2 带电，必须选择合适值的 Y 电容器。由于高漏电流，在全部试验条件下，耦合网络应有连接到接地参考平面的接地端子，且接地参考平面应以适当的方式连接到保护地上。

D.2 耦合和去耦网络的举例

在图 D.1 至图 D.6 给出了几种可能的耦合和去耦网络，因为用一种耦合和去耦网络不可能完全满足功能要求。

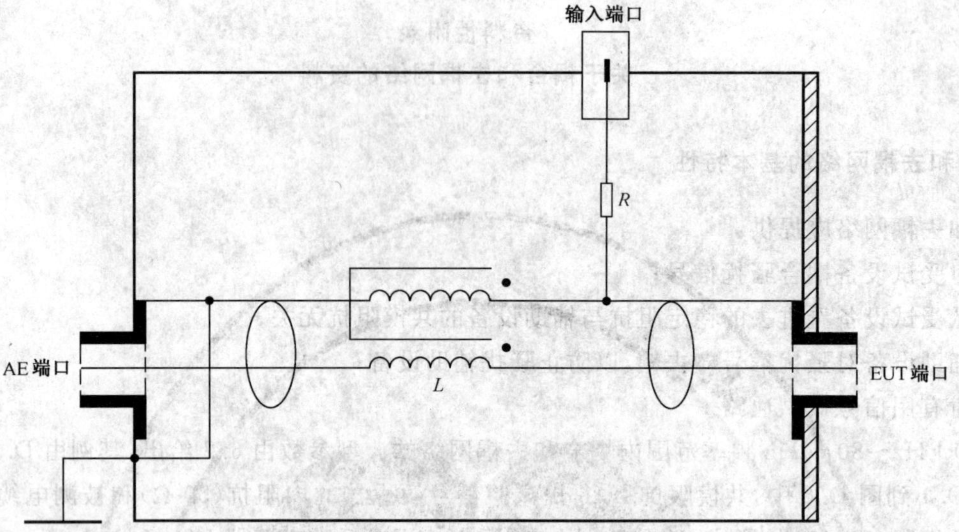

$R=100\ \Omega$;在 150 kHz 时,$L\geqslant 280\ \mu H$

图 D.1 用于屏蔽电缆的耦合去耦网络 CDN-S1 电路简图举例(见 6.2.1)

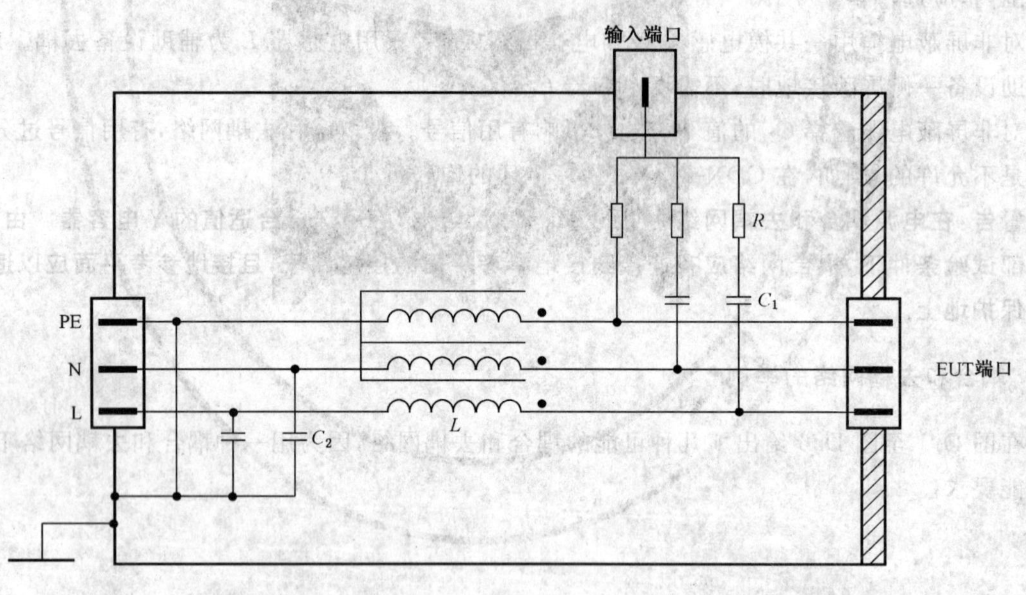

注:CDN-M3,在 150 kHz 时,$L\geqslant 280\ \mu H$,C_1(典型值)$=10$ nF,C_2(典型值)$=47$ nF,$R=300\ \Omega$;
CDN-M2,在 150 kHz 时,$L\geqslant 280\ \mu H$,C_1(典型值)$=10$ nF,C_2(典型值)$=47$ nF,$R=200\ \Omega$;
CDN-M1,在 150 kHz 时,$L\geqslant 280\ \mu H$,C_1(典型值)$=22$ nF,C_2(典型值)$=47$ nF,$R=100\ \Omega$。

图 D.2 用于非屏蔽电源线的耦合和去耦网络 CDN-M1/-M2/-M3 电路图举例(见 6.2.1.1)

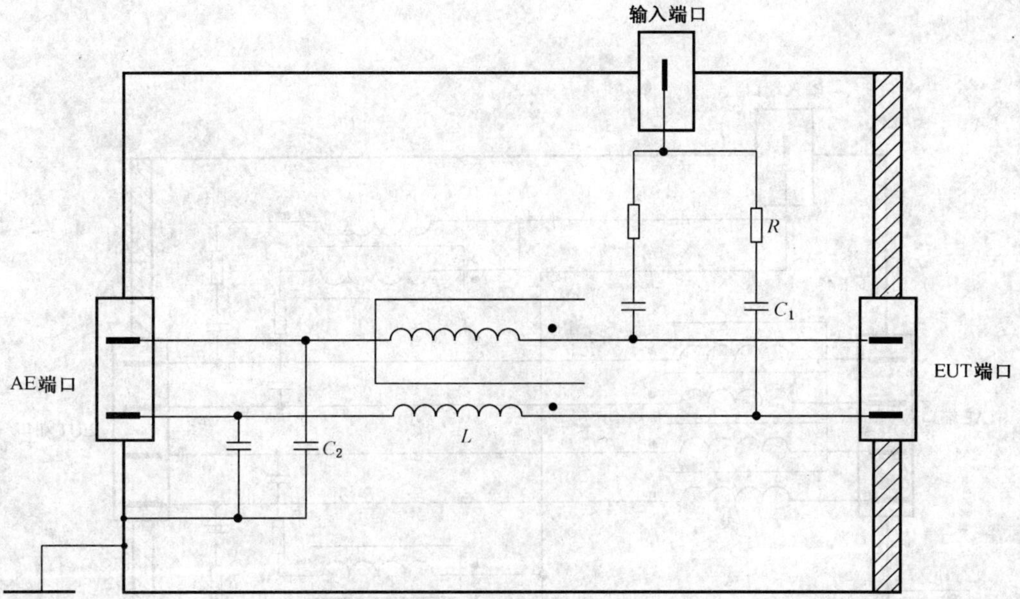

注：C_1（典型值）＝10 nF，C_2（典型值）＝47 nF，R＝200 Ω；在 150 kHz 时，$L\geqslant280\ \mu H$。

图 D.3 用于非屏蔽不平衡线的耦合和去耦网络 CDN-AF2 电路图举例（见 6.2.1.3）

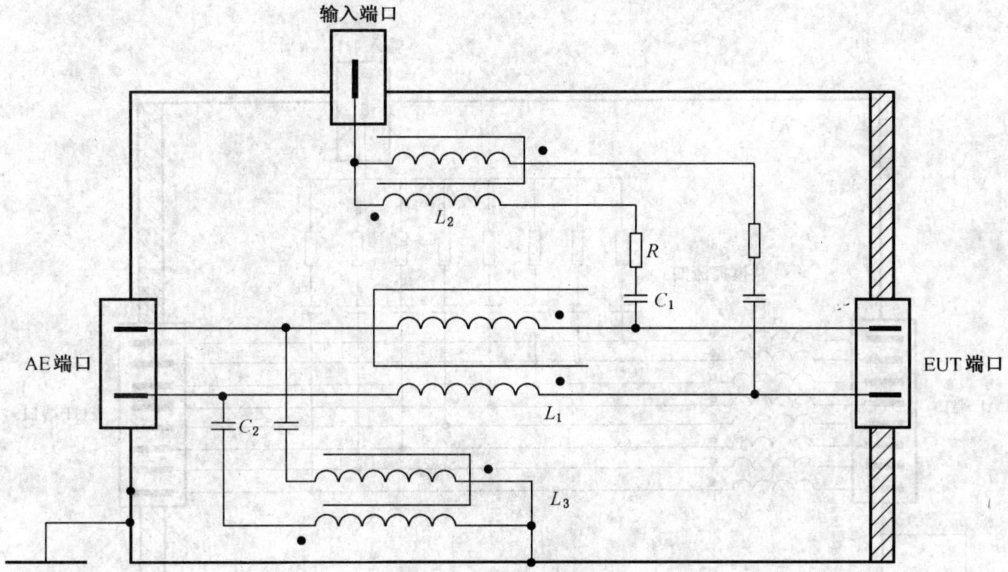

注：C_1（典型值）＝10 nF，C_2（典型值）＝47 nF，R＝200 Ω；在 150 kHz 时，$L_1\geqslant280\ \mu H$，$L_2=L_3=6$ mH（当不用 C_2 和 L_3 时，$L_1\geqslant30$ mH）。

图 D.4 用于非屏蔽平衡线对的耦合和去耦网络 CDN-T2 电路图举例（见 6.2.1.2）

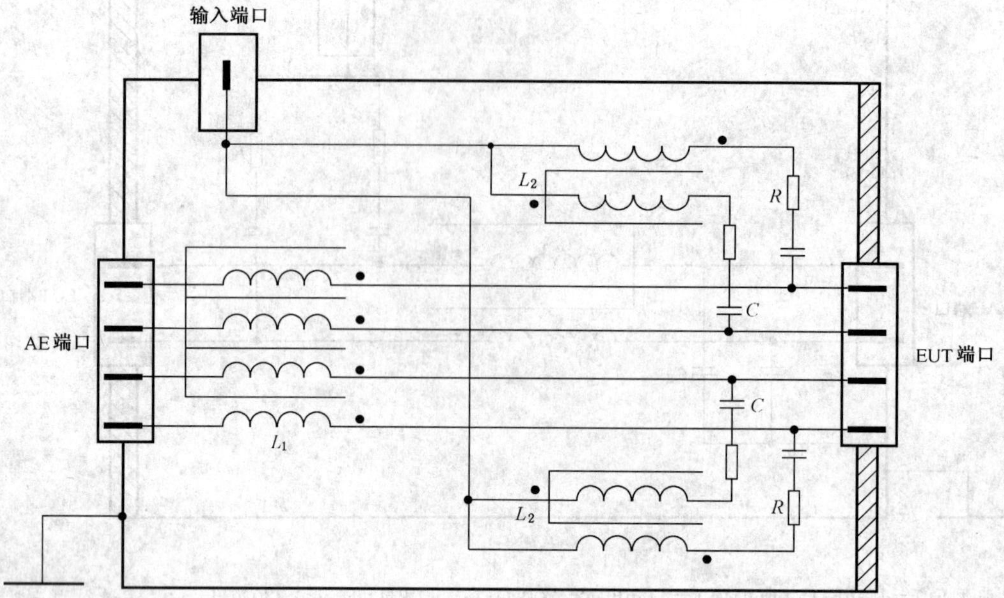

注：C(典型值)＝5.6 nF，R＝400 Ω；在 150 kHz 时，$L_1>>280\ \mu H$，$L_2=6\ mH$。

图 D.5 用于非屏蔽平衡线对的耦合和去耦网络 CDN-T4 电路图举例(见 6.2.1.2)

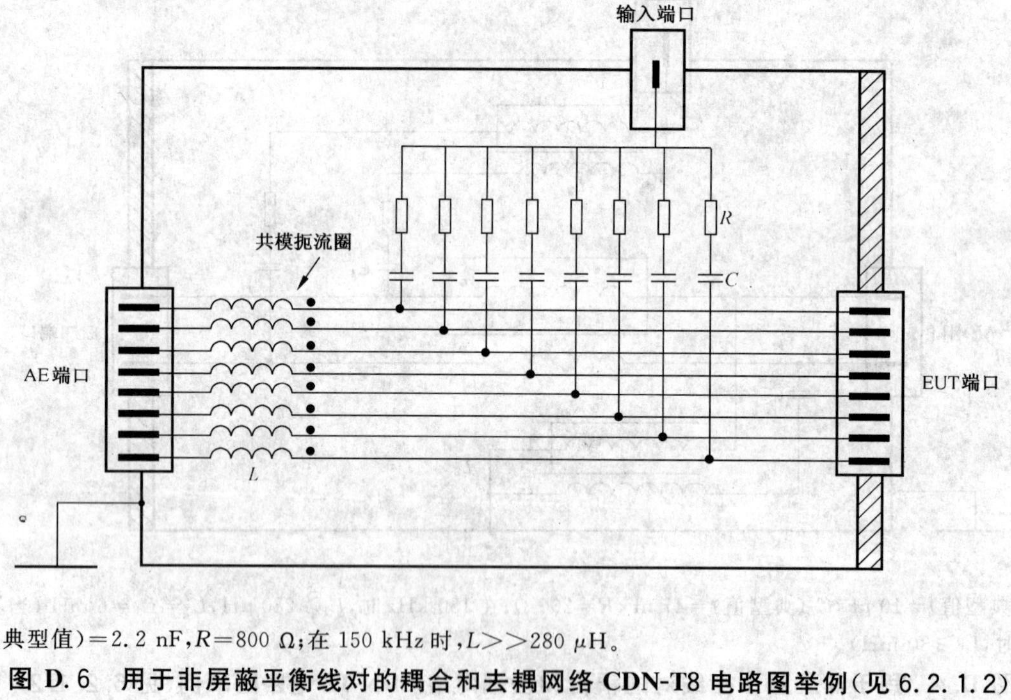

注：C(典型值)＝2.2 nF，R＝800 Ω；在 150 kHz 时，$L>>280\ \mu H$。

图 D.6 用于非屏蔽平衡线对的耦合和去耦网络 CDN-T8 电路图举例(见 6.2.1.2)

附 录 E
（资料性附录）
试验信号发生器的规范

确定功率放大器的可用输出功率(图 3)，应考虑到衰减器 T2(6 dB)、调幅调制度(80%)(见图 4)和所用耦合和去耦装置或注入钳的最小耦合系数。

表 E.1 获得 10 V(e.m.f.)试验电平所要求功率放大器的输出功率

注 入 装 置	最小耦合系数/dB ±1.5 dB	PA 输出要求的功率/W
CDN	0	7
电流钳绕组 5:1	−14	176
电磁钳	−6	28
注：在 3.5 中定义的耦合系数，用调整电路输出电平可以测量它，见图 8c)。耦合系数是当用一去耦装置串联 150 Ω 至 50 Ω 适配器时所获得输出电平 U_{ce} 与用两个串联的 150 Ω 至 50 Ω 适配器时的电压之比。		

附 录 F
（资料性附录）
大尺寸被测设备的测试布置

F.1 介绍

标准正文(见第7章)中所描述的测试布置并不能完全满足某些输入或输出电缆的位置高于1 m的被测设备的需求。由于测试信号的上限频率是80 MHz,被测设备的尺寸与波长相比大得多,因此,连接到这样的被测设备的电缆中可能会出现谐振效应。

在这种情况下,本附录提供了一种替代的适用于大尺寸被测设备的测试方法,将耦合设备放置于接近电缆入口处,形成可以减小谐振效应的闭环区域。

可能应用本附录的大尺寸被测设备的例子如下,但不是仅限于此。

—— 机柜固定的通信开关系统;

——机电设备;

——机架固定的开关和控制传动装置。

F.2 大尺寸被测设备的测试布置

大尺寸被测设备的测试布置的例子在图F.1和图F.2中给出。

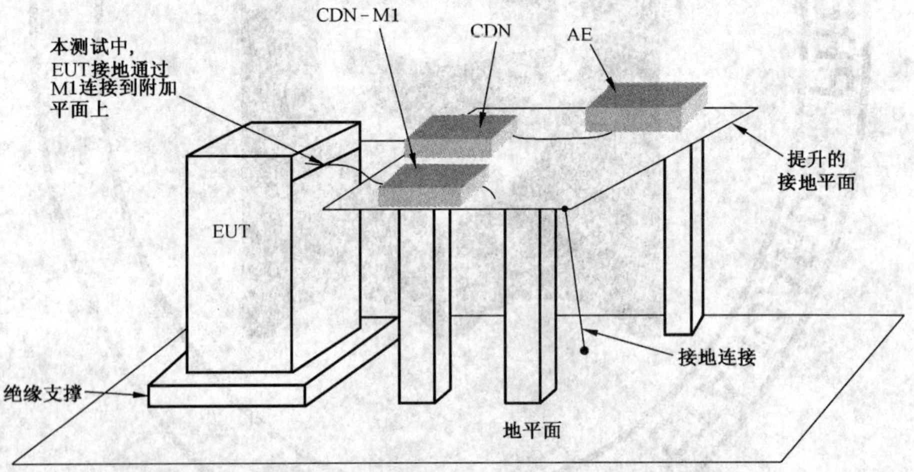

图 F.1 使用提升的水平接地参考平面的大尺寸被测设备测试布置的例子

如图F.1所示的提高的接地参考平面是这个测试布置的接地参考平面。提升接地参考平面的目的是减小被测设备与耦合去耦网络(CDN)之间的电缆长度,从而控制或减小电缆中的谐振效应。

提升的接地参考平面的尺寸应足够大,能够沿测试中所有使用的耦合去耦网络(CDN)的边缘向外延伸至少0.2 m。在被测设备和耦合去耦网络(CDN)之间的被测电缆的长度的最大值为0.3 m。

提升的接地参考平面距主地平面的高度,应使从被测设备到耦合去耦网络(CDN)的电缆能水平排列。

出于安全原因,在电气性上,提高的接地参考平面应连接到地。连接对于射频而言,影响不大。

注1:值得注意的是要确保提升的接地参考平面的物理结构和其支撑结构的机械性的安全状态。

被测设备应放置于距地面高度为0.1 m的绝缘支撑上。如果设备交付时在运输托盘上,且由于其过大的重量和尺寸导致无法安全地从运输托盘上卸下,那么被测设备可以在运输托盘上进行测试,即使托盘的高度高于0.1 m。万一由于重量或尺寸的原因,设备无法提升0.1 m,可以使用更薄的绝缘为被测设备提供与地平面的电气隔离。任何与标准测试方法不同的方面都在记录在测试报告中。

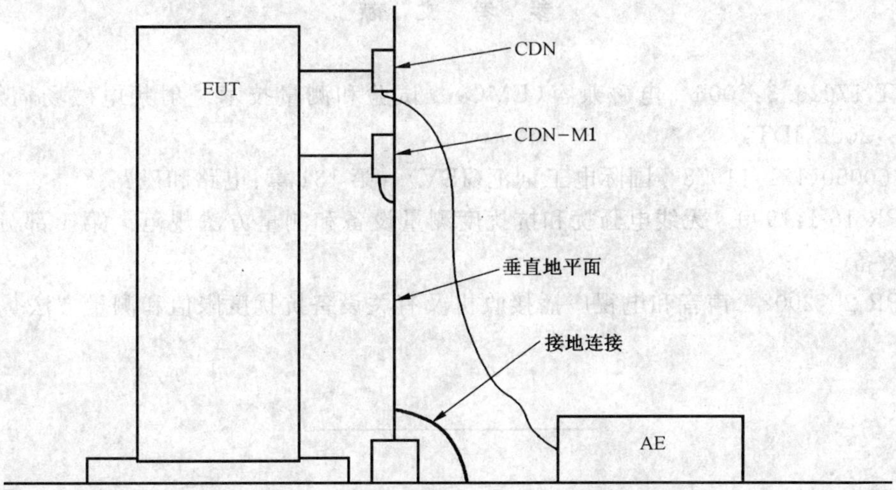

图 F.2　使用垂直接地参考平面的大尺寸被测设备测试布置的例子

辅助设备可以放在提升的接地参考平面上,但如果辅助设备通过耦合去耦网络连接到被测设备时,则辅助设备不需要放在提升的接地参考平面上。当使用直接注入法时,如果使用适当的去耦方式,辅助设备可以位于提升的接地参考平面之外。在使用钳注入替代耦合去耦网络注入时,辅助设备必须放置于提升的接地参考平面上。

图 F.2 中所示的垂直接地参考平面是这种测试布置的接地参考平面。垂直接地参考平面的目的是减小被测设备与耦合去耦网络之间的的电缆长度,从而控制和减小电缆中的谐振效应。

注 2:在被测设备的输入输出电缆在不同的高度的情况下,垂直接地参考平面会比水平接地参考平面更实用。

出于安全原因,垂直接地参考平面应在电气上应连接到地。连接对于射频而言,影响不大。垂直接地参考平面的尺寸应足够大,能够沿测试中所有使用的耦合去耦网络(CDN)的边缘向外延伸至少 0.2 m。在被测设备和耦合去耦网络(CDN)之间的被测电缆的长度的最大值为 0.3 m。被测设备与垂直接地参考平面之间的距离应满足电缆长度 0.3 m 的要求。屏蔽室的墙面可以作为垂直接地参考平面。

安装在垂直接地参考平面上的耦合去耦网络的高度应能够使从被测设备到耦合去耦网络(CDN)的电缆水平排列。

在使用水平提升的接地参考平面的测试布置中给出的声明(例如,绝缘支撑和辅助设备的位置)应相应的在使用垂直接地参考平面的测试布置中加以采用。

参 考 文 献

[1] GB/T 17626.3:2006 电磁兼容(EMC) 试验和测量技术 射频电磁场辐射抗扰度试验(IEC 61000-4-3:2002,IDT)

[2] IEC 60050(131):1978 国际电工词汇(IEV) 第131章:电路和磁路

[3] CISPR 16-1:1999 无线电骚扰和抗扰度测量设备和测量方法规范 第1部分:无线电骚扰和抗扰度测量设备

[4] CISPR 20:2002 声音和电视广播接收机及有关设备抗扰度限值和测量方法

ICS 33.100.20
L 06

中华人民共和国国家标准

GB/T 17626.7—2008/IEC 61000-4-7:2002
代替 GB/T 17626.7—1998

电磁兼容 试验和测量技术 供电系统及所连设备谐波、谐间波的测量和测量仪器导则

Electromagnetic compatibility—Testing and measurement techniques—General guide on harmonics and interharmonics measurements and instrumentation, for power supply systems and equipment connected thereto

(IEC 61000-4-7:2002, IDT)

2008-05-20 发布 2009-01-01 实施

中华人民共和国国家质量监督检验检疫总局
中国国家标准化管理委员会 发布

前　言

GB/T 17626《电磁兼容　试验和测量技术》目前包括以下部分：

GB/T 17626.1—2006　电磁兼容　试验和测量技术　抗扰度试验总论

GB/T 17626.2—2006　电磁兼容　试验和测量技术　静电放电抗扰度试验

GB/T 17626.3—2006　电磁兼容　试验和测量技术　射频电磁场辐射抗扰度试验

GB/T 17626.4—2008　电磁兼容　试验和测量技术　电快速瞬变脉冲群抗扰度试验

GB/T 17626.5—2008　电磁兼容　试验和测量技术　浪涌(冲击)抗扰度试验

GB/T 17626.6—2008　电磁兼容　试验和测量技术　射频场感应的传导骚扰抗扰度

GB/T 17626.7—2008　电磁兼容　试验和测量技术　供电系统及所连设备谐波、谐间波的测量和测量仪器导则

GB/T 17626.8—2006　电磁兼容　试验和测量技术　工频磁场抗扰度试验

GB/T 17626.9—1998　电磁兼容　试验和测量技术　脉冲磁场抗扰度试验

GB/T 17626.10—1998　电磁兼容　试验和测量技术　阻尼振荡磁场抗扰度试验

GB/T 17626.11—2008　电磁兼容　试验和测量技术　电压暂降、短时中断和电压变化的抗扰度试验

GB/T 17626.12—1998　电磁兼容　试验和测量技术　振荡波抗扰度试验

GB/T 17626.13—2006　电磁兼容　试验和测量技术　交流电源端口谐波、谐间波及电网信号的低频抗扰度试验

GB/T 17626.14—2005　电磁兼容　试验和测量技术　电压波动抗扰度试验

GB/T 17626.16—2007　电磁兼容　试验与测量技术　0 Hz～150 kHz 共模传导骚扰抗扰度试验

GB/T 17626.17—2005　电磁兼容　试验和测量技术　直流电源输入端口纹波抗扰度试验

GB/T 17626.27—2006　电磁兼容　试验和测量技术　三相电压不平衡抗扰度试验

GB/T 17626.28—2006　电磁兼容　试验和测量技术　工频频率变化抗扰度试验

GB/T 17626.29—2006　电磁兼容　试验和测量技术　直流电源输入端口电压暂降、短时中断和电压变化的抗扰度试验

本部分为 GB/T 17626 的第 7 部分。

本部分等同采用国际标准 IEC 61000-4-7:2002(ED2.0)。

本部分代替 GB/T 17626.7—1998《电磁兼容　试验和测量技术　供电系统及相连设备谐波、谐间波的测量和测量仪器导则》。

本部分与 GB/T 17626.7—1998 主要差异如下：

1)　增加了新的定义；

2)　对测量仪器的要求更加具体详细；

3)　增加了对耦合网络的要求；

4)　增加了对高速通信线的试验要求；

5)　增加了附录 C，详细给出间歇波产生和测量以及特殊测量方法使用。

本部分的附录 A、附录 B、附录 C 均为资料性附录。

本部分由全国电磁兼容标准化技术委员会(SAC/TC 246)提出并归口。

本部分负责起草单位:国网武汉高压研究院。

本部分主要起草人:张广洲、邬雄、万保权、张泽平、李妮、王勤、张小武。

本部分代替标准的历次版本发布情况:

——GB/T 17626.7—1998。

电磁兼容　试验和测量技术 供电系统及所连设备谐波、谐间波的 测量和测量仪器导则

1　范围

GB/T 17626 的本部分适用于测量叠加在 50 Hz 或 60 Hz 电力系统基波上的，高达 9 kHz 的频谱分量的测量仪器。从实际角度考虑，本部分对谐波、谐间波以及其他超过谐波范围直至 9 kHz 分量是加以区分的。

本部分定义了依据相关标准中给定的发射限值(如 GB 17625.1 中给出的谐波电流限值)对设备逐项进行试验的测量装置；还定义了对实际供电系统中的谐波电流和电压进行测量的装置。用于测量谐波频率范围以上，直至 9 kHz 的测量仪器，是暂时性规定(见附录 B)。

注 1：本部分详细地研究了基于离散傅立叶变换的仪器。

注 2：本部分中关于测量仪器的结构和功能的描述是明晰的，意味着对此应严格执行。这要求参考仪器无论输入信号特性如何都能得到重复性结果。

注 3：规定的测量仪器应具有测量高达 50 次谐波的能力。

2　规范性引用文件

下列文件中的条款通过 GB/T 17626 的本部分的引用而成为本部分的条款。凡是注日期的引用文件，其随后所有的修改单或修订版均不适用于本部分，然而，鼓励根据本部分达成协议的各方研究是否可使用这些文件的最新版本。凡是不注日期的引用文件，其最新版本适用于本部分。

GB/T 4365—2003　电工术语　电磁兼容(IEC 60050(161):1990,IDT)

GB 17625.1—2003　电磁兼容　限值　谐波电流发射限值(设备每相输入电流≤16 A)(IEC 61000-3-2:2001,IDT)

3　术语和定义

GB/T 4365 确立的以及下列术语和定义适用于 GB/T 17626 的本部分。

3.1　有关频率分析的定义

符号表示法：目前导则中有关傅立叶级数展开式中使用下列符号表示法，因为这样比较容易通过观察过零点的值测量相角。

$$f(t)=c_0+\sum_{m=1}^{\infty}c_m\cdot\sin\left(\frac{m}{N}\omega_1 t+\varphi_m\right)\quad\cdots\cdots(1)$$

其中：

$$\left.\begin{aligned}
c_m &= |b_m+\mathrm{j}a_m|=\sqrt{a_m^2+b_m^2}\\
C_m &= \frac{c_m}{\sqrt{2}}\\
\varphi_m &= \arctan\left(\frac{a_m}{b_m}\right),\text{若 } b_m\geqslant 0\\
\varphi_m &= \pi+\arctan\left(\frac{a_m}{b_m}\right),\text{若 } b_m<0
\end{aligned}\right\}\quad\cdots\cdots(2)$$

$$\left.\begin{aligned}a_m &= \frac{2}{T_w}\int_0^{T_w} f(t)\times\cos\left(\frac{m}{N}\omega_1 t+\phi_m\right)\mathrm{d}t\\ b_m &= \frac{2}{T_w}\int_0^{T_w} f(t)\times\sin\left(\frac{m}{N}\omega_1 t+\phi_m\right)\mathrm{d}t\\ c_0 &= \frac{1}{T_w}\int_0^{T_w} f(t)\mathrm{d}t\end{aligned}\right\}\quad\cdots\cdots(3)$$

式中：

ω_1——基波角频率（$\omega_1=2\pi f_1$）；

T_w——时间窗的宽度（持续时间）（$T_w=NT_1$，$T_1=1/f_1$）；时间窗是在一个时域函数上进行傅立叶变换的时间段；

c_m——频率为 $f_m=\frac{m}{N}f_m$ 的分量的幅值；

N——时间窗内的基波周期数；

c_0——直流分量；

m——相对频率基准（$f=1/T_w$）的阶数（谱线的次序）。

注1：严格地讲，这些定义仅适用于稳态信号。

在多数情况下，傅立叶级数实际上被表示为数字的，即离散傅立叶变换（DFT）。

采样要分析的模拟信号 $f(t)$，经 A/D 变换并存储。每组 M 个样本构成一个时间窗并在该时间窗上进行 DFT。根据傅立叶级数扩展原则，时间窗口宽度决定了分析的频率解析度（$f_w=1/T_w$）（即：谱线的频率间隔），从而决定了变换结果的频率基准。因此，窗口宽度 T_w 必须是系统电压基波周期 T_1 的整数 N 倍：$T_w=NT_1$。这种情况下采样率为：$f_s=M/(NT_1)$（式中 M 为时间窗 T_w 内的样本数）。

在进行 DFT 之前，在时间窗 T_w 之内的样本通常要乘以一个特殊的对称函数“窗函数”进行加权。然而，对周期性信号和同步采样，使用对每一个样本乘以单位权重的矩形加权窗函数则更可取。

对应于谐波频率 $f_m=m/T_w$（$m=0,1,2\cdots 2^i-1$），DFT 变换产生正交的傅立叶系数 a_m 和 b_m。然而，只有 m 个值有用（$m\leqslant$采样数最大值的一半），其余一半只是它们的复制品。

当充分同步时，相对于基波频率 f_1 的谐波阶数 $n=m/N$（N 为时间窗 T_w 内的周期数）。

注2：快速傅立叶变换（FFT）是一种可以缩短计算时间的特殊算法。它要求样本数 M 是 2 的整数次幂，$M=2^i$，如：$i\geqslant 10$。

3.2 有关谐波的定义

3.2.1

谐波频率 harmonic frequency

f_n

电源（基波）频率的整数倍的频率（$f_n=n\times f_1$）。

3.2.2

谐波阶数 harmonic order

n

谐波频率与电源（基波）频率的（整数）比。综合 DFT 分析以及 f_1 与 f_s（采样速率）之间的同步时，谐波阶数 n 由 $n=k/N$（k 为傅立叶分量数目，N 为 T_w 内的 T_1 数）给出。

3.2.3

谐波分量有效值 r.m.s. value of a harmonic component

G_n

在一个非正弦波形分析中某一个谐波频率分量的有效值。

为简短起见，这样的一个分量可被简单描述为谐波。

注 1：谐波分量 G_n 等于频谱分量 $C_k(k=N\times n)$ 是唯一的；$(G_n=C_{Nn})$。它按需求可用 I_n 表示电流，用 U_n 表示电压。

注 2：符号 C_k 代表公式 2 中当 $m=k$ 时频谱分量 C_m 的有效值。

注 3：本部分中，时间窗具有 $N=10$(50 Hz 系统)或 $N=12$(60 Hz 系统)个基波周期的宽度，即：约 200 ms(见 4.4.1)。这将得出 $G_n=C_{10n}$(50 Hz 系统)或 $G_n=C_{12n}$(60 Hz 系统)。

3.2.4

谐波群的有效值　r. m. s. value of a harmonic group

$G_{g,n}$

某一个谐波有效值以及在时间窗之内靠近它的频谱分量有效值的方和根，从而，把谐波以及相邻谱线的能量值累加在一起。也可见式 8 和图 4。其阶数由所考虑的谐波给出。

3.2.5

谐波子群的有效值　r. m. s. value of a harmonic subgroup

$G_{sg,n}$

某一谐波有效值以及与之直接相邻的两个谱线分量的方和根。在电压测量过程中，为计及电压波动的影响，通过对所求谐波以及与其直接相邻的频率分量的能量相累加而得到 DFT 输出分量的一个子群(可见式 9 和图 6)。其阶数由所考虑的谐波给出。

3.3　有关畸变因数的定义

3.3.1

总谐波畸变率　total harmonic distortion

THD

不大于某特定阶数 H 的所有谐波分量有效值 G_n 与基波分量有效值 G_1 比值的方和根：

$$THD=\sqrt{\sum_{n=2}^{H}\left(\frac{G_n}{G_1}\right)^2} \quad\cdots\cdots(4)$$

注 1：符号 G 表示谐波分量的有效值(见 3.2.3)。它将按要求在表示电流时被 I 代替，或表示电压时被 U 代替。

注 2：H 的值在与限值有关的每一个标准中给出(GB 17625 系列)。

3.3.2

群总谐波畸变率　group total harmonic distortion

THDG

谐波群(g)的有效值与和基波相关的群的有效值比值的方和根。

$$THDG=\sqrt{\sum_{n=2}^{H}\left(\frac{G_{gn}}{G_{g1}}\right)^2} \quad\cdots\cdots(5)$$

3.3.3

子群总谐波畸变率　subgroup total harmonic distortion

THDS

谐波子群(sg)的有效值与和基波相关的子群的有效值比值的方和根。

$$THDS=\sqrt{\sum_{n=2}^{H}\left(\frac{G_{sgn}}{G_{sg1}}\right)^2} \quad\cdots\cdots(6)$$

3.3.4

部分加权谐波畸变率　partial weighted harmonic distortion

PWHD

某一选定的较高次谐波群(从阶数 $H_{\min}$ 到 $H_{\max}$)以谐波阶数 n 加权的有效值与基波有效值比值的方和根。

$$PWHD = \sqrt{\sum_{n=H_{\min}}^{H_{\max}} n\left(\frac{G_n}{G_1}\right)^2} \qquad (7)$$

注 1：给出部分加权谐波畸变率的概念是为了可以给较高次谐波的集合规定一个单一的限值。可以通过用量值 $G_{g,n}$ 代替 G_n 来评估部分加权群谐波畸变率；可以通过用量值 $G_{sg,n}$ 代替 G_n 来评估部分加权子群谐波畸变率。

注 2：$H_{\min}$ 和 $H_{\max}$ 的值在与限值有关的每一个标准中给出（GB 17625 系列）。

注 3：本部分之所以对 $PWHD$ 加以定义，是因为它已用于 GB/Z 17625.6 和 GB 17625.1 第 2 版修订案 A1 中。

3.4 有关谐间波的定义

3.4.1

谐间波分量有效值　r. m. s. value of an interharmonic component

频率介于两个连续谐波频率之间的电气信号的频谱分量有效值（见图 4）。

注 1：谐间波分量的频率由谱线的频率给定，该频率不是基波频率的整数倍。

注 2：两个连续谱线的频率间隔是时间窗的倒数，本部分中在 5 Hz 左右。

注 3：本部分中，谐间波分量设定为谱分量 C_k，其中 $k \neq n \times N$。

3.4.2

谐间波群的有效值　r. m. s. value of an interharmonic group

$C_{ig,n}$

在两个连续谐波频率之间所有谐间波分量的有效值（见图 4）。

注：为本部分目的，在谐波阶数 n 和 $n+1$ 之间的谐间波群的有效值被设定为 $C_{ig,n}$；例如：在 $n=5$ 和 $n=6$ 之间的群表示为 $C_{ig,5}$。

3.4.3

谐间波的中心子群有效值　r. m. s. value of an interharmonic centred subgroup

$C_{isg,n}$

在两个连续谐波频率之间、不包括与谐波频率直接相邻的频率分量的全部谐间波的有效值（见图 6）。

注：本部分中，在谐波阶数 n 和 $n+1$ 之间的谐间波中心子群的有效值被设定为 $C_{isg,n}$。例如：在 $n=5$ 和 $n=6$ 之间的中心子群用 $C_{isg,5}$ 表示。

3.4.4

谐间波群频率　interharmonic group frequency

$f_{ig,n}$

该谐间波群两侧的两个谐波频率的平均值。

3.4.5

谐间波中心子群频率　interharmonic centred subgroup frequency

$f_{isg,n}$

该谐间波子群两侧的两个谐波频率的平均值。

3.5 符号

3.5.1 符号与缩写

除非特别声明，本部分中，电压和电流值是指有效值。

a　　傅立叶级数中正弦分量的幅值系数

b　　傅立叶级数中余弦分量的幅值系数

c　　傅立叶级数幅值系数

d　　畸变系数

f　　频率；函数

f_1	基波频率
f_s	采样率
j	$\sqrt{-1}$
p	累积概率函数的值，表示为一个百分数
t	运行时间
x	采样值
B	带宽
C	谱线有效值
D	畸变加权系数
F_c	频率分量
H	考虑的最高谐波的阶数
Hz	赫兹
I	电流(有效值)
K	3 s 内的时间窗数目
M	整数，时间窗内的样本数
N	时间窗内的周期数目
P	功率
PCC	公共耦合点
T	时间间隔
T_1	基波周期
T_w	NT_1(时间窗宽度)
U	电压(有效值)
ω	角频率
ω_1	基波角频率
φ	相位角

3.5.2 下标

b	中心带频率
i	运行整数
k	运行整数
m	测量值，m 阶谱分量(不必为整数)
max	最大值
min	最小值
n	谐波阶数，连续数(整数)
g,n	与 n 次谐波关联的谐波群阶数
$g,1$	与基波关联的谐波群阶数
sg,n	与 n 次谐波关联的谐波子群阶数
$sg,1$	与基波关联的谐波子群阶数
ig,n	n 次谐波以上的谐间波群
isg,n	n 次谐波以上谐间波的中心子群
nom	标称值
r	额定值
s	采样的；同步的
1	基波

4 所有类型测量仪器的通用概念和共同要求

4.1 被测信号的特性

为下列测量类型考虑仪器：

a) 谐波发射测量；

b) 谐间波发射测量；

c) 频率在谐波频率之上、直至 9 kHz 的信号的测量。

严格地讲，只能对稳态信号进行谐波测量；时变信号（信号随时间变化）不能仅由谐波正确地描述。然而，为得到可相互比较的结果，给出了一个用于时变信号简化和可重复的方法。

4.2 仪器的准确度类别

为允许使用简单和廉价仪器，考虑了两类准确度（Ⅰ、Ⅱ），以满足使用的要求。对于发射试验，如果发射接近限值，则要求使用更高准确度的Ⅰ类仪器（见表 1 的注 2）。

4.3 测量的类型

给出谐波和谐间波测量的要求。也考虑了在不大于 9 kHz 频率范围内信号的测量。

4.4 仪器的一般结构

新设计的仪器倾向于使用离散傅立叶变换（DFT），通常采用一种被称为快速傅立叶变换（FFT）的算法。因此本部分仅考虑这种架构，但不排除其他分析原则（见第 6 章）。

图 1 给出仪器的一般结构。一台仪器不一定必须由图 1 所给定的全部模块和输出构成。

4.4.1 仪器的主要部件

仪器主要包括：

——带抗混叠滤波器的输入回路；

——含有采样/保持单元的 A/D 转换器；

——如果需要，要有同步和窗型单元；

——提供傅立叶系数 a_m 和 b_m 的 DFT 处理器（输出 1）。

仪器可由用于电流评价和/或电压评价的特殊部分补充。

注 1：更详细信息，参见 5.5。

注 2：为分析谐波和谐间波，被分析信号 $f(t)$ 将被预处理以消除比仪器工作范围频率更高的频率。

为完全满足本部分，窗口宽度应为 10（50 Hz 系统）或 12（60 Hz 系统）个周期并带有矩形加权（见第 7 章）。汉宁加权仅在失同步的情况下允许使用。这种失同步应在仪器显示上表明，并应标记此时得到的数据。

时间窗应与每一组根据电力系统 50 Hz 或 60 Hz 频率对应的 10 个或 12 个周期同步。第一个采样脉冲和第（$M+1$）个采样脉冲的上升沿之间的时间，应等于特定数目的电力系统周期的持续时间，最大允许误差为±0.03%。含有锁相环或其他同步手段的仪器，在测量任何一个在标称系统频率的 5%之内的信号时，应满足准确度和同步要求。然而对于已集成电源的仪器，因电源与测量系统内部已同步，对工作输入频率范围的要求不再适用，只需满足同步和频率准确度的要求。

仪器的输出（输出 1，见图 1）应能分别给出电流或电压 DFT 的各个系数 a_m 和 b_m，即计算的每一个频率分量的值。

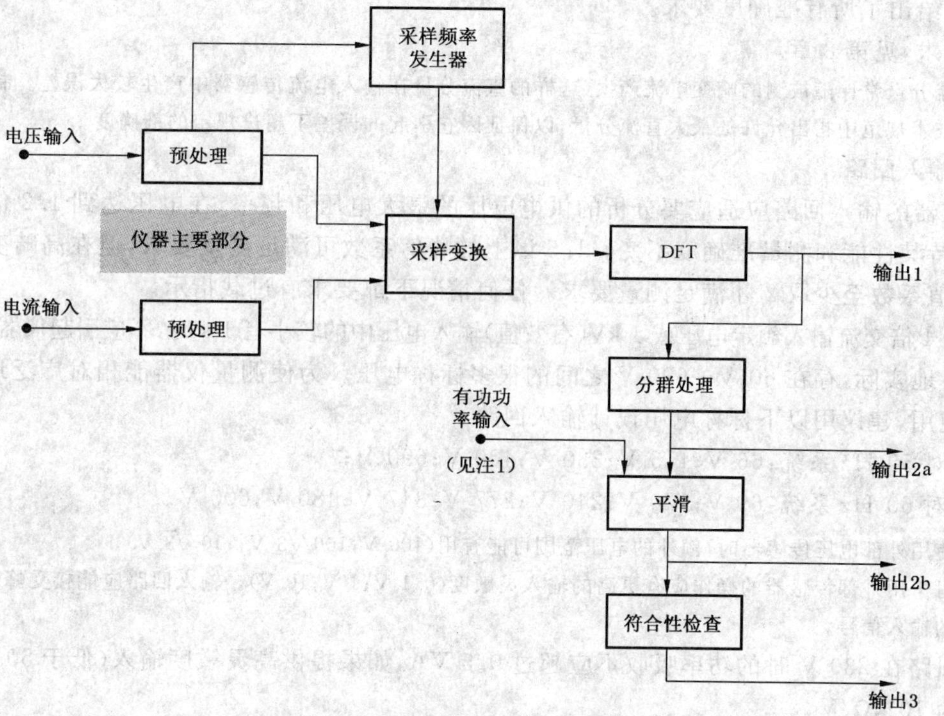

图 1 测量仪器的一般结构

进一步的输出,未必来自 DFT,应提供与谐波测量相同的在采样时间窗上评估的有功功率 P。根据 GB 17625.1,对于谐波发射的测量,这个功率不应包含直流分量。

注 3:有功功率 P 作为平滑过程的输入,并不提供给分群过程。

注 4:直流分量的测量和有关直流分量的功率测量可以作为一个选件包括在仪器中,但本部分不作要求。

4.4.2 后续处理部分

按发射标准的要求,对原始数据进行诸如平滑和加权等所进行的额外运算应在仪器的后续部件中进行。

如果输出值与相应的数值(基波,声明值或标称值)有关,这种规范化处理只能在这些附加的平滑过程之后进行。

5 谐波测量

5.1 电流输入回路

电流输入回路应适应要分析的电流。它应能对谐波电流进行直接测量,此外,还应有一个与外部阻性分流器(或电流传感器与阻性分流器的组合)相连的低压高阻电压输入端。输入回路合适的灵敏度范围为 0.1 V~10 V,如果输入回路满足 5.3 的要求,0.1 V 将更好。

注:对于在电路中直接测量电流,建议但不要求,提供以下标称输入电流测量范围 I_{nom}:0.1 A;0.2 A;0.5 A;1 A;2 A;5 A;10 A;20 A;50 A;100 A。

Ⅱ类测量仪器的电流输入回路功率吸收应不超过 3 VA,Ⅰ类测量仪器的输入电压降有效值不应超过 0.15 V。

每一个电流输入回路应能够承受 $1.2I_{nom}$ 连续输入电流或 $10I_{nom}$ 的 1 s 输入电流而不应导致任何损坏。

仪器能够接受以下峰值系数的输入信号不大于 5 A(有效值)量程时,峰值系数不低于 4;10 A(有效值)量程时,峰值系数不低于 3.5;更高的量程,峰值系数不低于 2.5。

要求仪器有过载指示。

表 1 中给出了所有准确度要求。

其他要求,见第 8 章。

注:直流分量常伴随被测的畸变电流产生,这样的直流分量在输入电流传感器中产生较大误差。制造商应在仪器的技术规范中指出允许的最大直流分量,以保证因它引起的误差不超过规定的准确度。

5.2 电压输入回路

测量仪器的输入回路应适应要分析的供电电压的最大电压和频率,在电压达到 1.2 倍的最大电压时,应能保持其性能和测量准确度不变。1.5 以上的峰值系数可满足测量要求,但在高畸变电压的工业网络中,峰值系数至少取 2 才满足测量要求。任何情况下都要求有过载指示。

在承受 4 倍交流输入额定电压或 1 kV(有效值)输入电压中的较小者 1 s 时,不应引起仪器的任何损坏。

根据各地实际,存在 60 V~690 V 之间的很多标称电压。为使测量仪器能相对广泛地在大多数供电系统中使用,建议用以下标称电压设计输入回路:

U_{nom}:对 50 Hz 系统:66 V;115 V;230 V;400 V;690 V;

U_{nom}:对 60 Hz 系统:69 V;120 V;240 V;277 V;347 V;480 V;600 V。

注 1:使用外部电压传感器时,额外的电压范围可能有用(100 V;$100/\sqrt{3}$ V;$110/\sqrt{3}$ V)。

注 2:对于用外部传感器的操作应有更高的输入灵敏度(0.1 V;1 V;10 V)。输入回路应能接受峰值系数至少为 2 的输入信号。

输入回路在 230 V 时的功率吸收不应超过 0.5 VA,如果提供高灵敏度输入(低于 50 V),其输入电阻至少应为 10 kΩ/V。

应该注意,与要测量的其他电压分量相比,幅值很高的基波(电源频率)电压不应产生过载而导致仪器的损坏或输入级产生互调误差。这样引起的误差应低于规定的准确度。应有过载指示。

5.3 准确度要求

用于测量谐波分量仪器的准确度推荐两级。在制造商标明的额定使用条件(温度范围,相对湿度范围,仪器电源电压等)下,测量仪器在工作频率范围内,对单一频率的稳态信号的最大允许误差见表 1。

注:当设备按 GB 17625.1 试验时,其不确定度与允许限值(允许限值的 5%),或被测设备的额定电流 I_r 相关(即 $0.15\% I_r$),取较大者。这在选择测量仪器的合适的输入电流量程时应加以考虑。

表 1 电流、电压和功率测量的准确度要求

准确度类别	测量类型	测量条件	最大误差
Ⅰ	电压	$U_m \geqslant 1\% U_{nom}$	$\pm 5\% U_m$
		$U_m < 1\% U_{nom}$	$\pm 0.05\% U_{nom}$
	电流	$I_m \geqslant 3\% I_{nom}$	$\pm 5\% I_m$
		$I_m < 3\% I_{nom}$	$\pm 0.15\% I_{nom}$
	功率	$P_m \geqslant 150$ W	$\pm 1\% P_{nom}$
		$P_m < 150$ W	± 1.5 W
Ⅱ	电压	$U_m \geqslant 3\% U_{nom}$	$\pm 5\% U_m$
		$U_m < 3\% U_{nom}$	$\pm 0.15\% U_{nom}$
	电流	$I_m \geqslant 10\% I_{nom}$	$\pm 5\% I_m$
		$I_m < 10\% I_{nom}$	$\pm 0.5\% I_{nom}$

I_{nom}:测量仪器的标称电流范围;

U_{nom}:测量仪器的标称电压范围;

U_m 和 I_m:测量值。

注 1:在诸如验证标准的符合性、解决争端等需要精确测量的地方,推荐使用Ⅰ类准确度的仪器。任何满足Ⅰ类准确度要求的两台仪器,在测量同一信号时,应得到确定准确度范围内的匹配的结果(或显示过载状态)。

注 2:准确度为Ⅰ类的仪器推荐用于发射测量;Ⅱ类仪器推荐用于常规粗测,同时可以用于即使考虑增加了的不确定度,测量值明显不会超过限值的发射测量。实际上,这意味着测量值应低于允许限值的 90%。

注 3:此外,对于Ⅰ类测量仪器,单个通道之间的相位移应小于 $n \times 1°$。

测量仪器测量频率范围之外的频率应被衰减以免影响测量结果。为得到合适的衰减，仪器应采用一个远高于测量范围的频率采样输入信号。例如，被分析信号可能会有超过 25 kHz 的分量，而所考虑的分量却不超过 2 kHz。这时应为超过测量范围的频率提供一个－3 dB 的抗互调低通滤波器，其截止频带衰减应大于 50 dB。

注：例如：5 阶巴特渥兹滤波器在大约－3 dB 频率的 3 倍频率处能得到 50 dB 的衰减。

在必须评估额定电流大于 5 A、超过 15 次谐波且不确定度最小时，建议使用匹配的外部分流器或电流传感器以便得到与测试仪额定电流相等的范围。

对于仅用于谐波测量的仪器，仅对谐波分量作准确度要求。

为得到表 1 规定的准确度，根据制造商给出的明确指示，通过内部或外部校准器对仪器进行一些简单的调整是必要的。应确定校准器（如在内部）的不确定度。

对仪器自身和内部校准器（如果提供的话）由于主要影响因素（温度、辅助电源电压等）引起的误差应由制造商标明。

5.4 发射评估的测量配置

图 2 和图 3 给出了测量的配置。

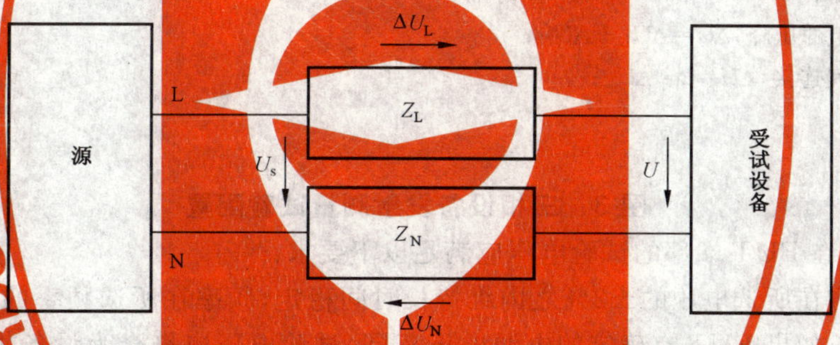

U_s——源相电压；

U——EUT 端电压；

Z_L，Z_N——线和电流传感器部分阻抗；

EUT——受试设备；

ΔU——Z_L，Z_N 上的压降，$\Delta U = \Delta U_L + \Delta U_N$；

L——相线；

N——中性线。

图 2　单相设备发射测量试验配置

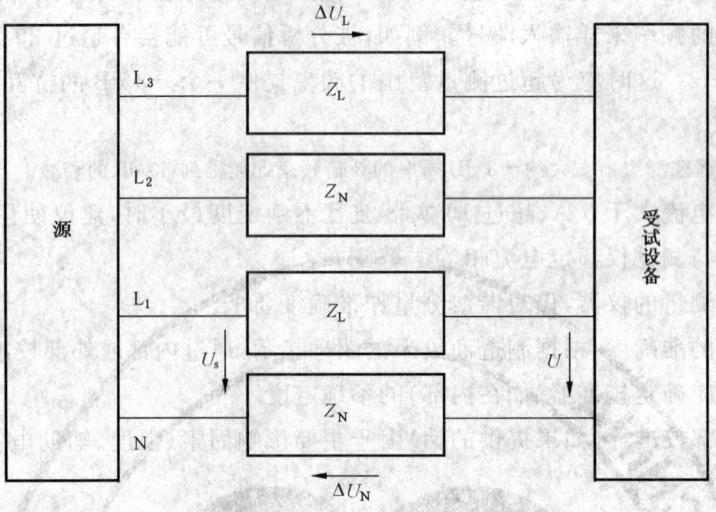

U_s——源相电压；
U——EUT端部电压；
Z_L,Z_N——线和电流传感器部分阻抗；
EUT——受试设备；
ΔU——Z_L,Z_N上的压降,$\Delta U=\Delta U_L+\Delta U_N$；
对于相间连接,$\Delta U=2\cdot\Delta U_L$；
L_1,L_2,L_3——相线；
N——中性线。

图3　三相设备发射测量试验配置

在试验进行时，在EUT端部的试验电压应满足以下要求：

a) 试验电压应在所选电压的±2%之内维持长时间稳定，频率在所选频率的±0.5%之内维持长时间稳定。如果EUT有确定的电源电压范围，试验电压应符合为设备供电的电力系统的标称电压（例如，相应于400 V线电压来说是230 V相电压）。对于三线、三相连接，如果试验发生器没有中性线连接，那么应采用由三个电阻（匹配误差小于1%）来构成人工中性点。人工中性点的目的是允许在线—中性线间的电压和功率的逐相测量与线—线配置下的测量同样方便。在发射试验期间，由仪器电压表部分的负载效应和设置的人工中性网络引入的EUT电流测量误差，不应超过0.05%。

注：在很多情况下，不需要人工中性点。但如果这样，可采用几种其他方法。中性点可由测量仪器的电压表的三个输入阻抗提供。作为一种选择，人工中性点可由一个外部网络加上测量仪器的电压表的输入阻抗的有效组合效应来构成。也可以使用人工中性网络，如果使用，应接入电压表的输入阻抗，以避免在电流测量产生任何误差（因为在电流传感器的源侧的负载效应）。在其他一些情况，人工中性网络的负载效应和测量仪器电压表的输入阻抗引起的误差，可通过调整源内部反馈环节充分补偿，这样，实际上发生的误差就不会被引入了。如果不超过要求的不确定度，许多其他方式都可以满足要求。

b) 对于三相电源，三个线电压应具有0°,120°±1.5°,240°±1.5°的相位关系。

c) 在EUT连接和在特定试验条件下运行时，EUT的试验电压的电压谐波畸变不应超过以下数值：

——0.9%，三次谐波；
——0.4%，五次谐波；
——0.3%，七次谐波；
——0.2%，九次谐波；

——0.2%,2～10 次偶次谐波；

——0.1%,11～40 次谐波。

d) 试验电压的峰值应在其有效值的 1.40～1.42 倍之间,且应在过零后 87°～93°之间到达峰值。

e) 在电流感应部分和连接线阻抗上的电压降 ΔU 不应超过 0.5 V 的峰值电压。

设备电源,如果要求,应通过图 2 或图 3 中 EUT 的端部电压和进入 EUT 的电流来测量。对于包含电流传感部分的设备电源应通过源输出端的电压和进入 EUT 的电流来测量。在这种情况下,假如电源在其输出端校准,则应在电流传感部件的 EUT 侧测量电压。

5.5 谐波发射评估

以下内容与图 1 的后续处理部分有关。

5.5.1 分群和平滑

为评估谐波,DFT 的输出(输出 1,见图 1)首先根据公式 8 分群为两个邻近谐波之间中间谱线的平方和,如图 4 所示。得到的 n 阶谐波群(对应涂黑区域的中心线)具有幅值 $G_{g,n}$(有效值)。

$$G_{g,n}^2=\frac{C_{k-5}^2}{2}+\sum_{i=-4}^{4}C_{k+i}^2+\frac{C_{k+5}^2}{2}\text{(对 50 Hz 系统)} \quad \cdots\cdots(8)$$

$$G_{g,n}^2=\frac{C_{k-6}^2}{2}+\sum_{i=-5}^{5}C_{k+i}^2+\frac{C_{k+6}^2}{2}\text{(对 60 Hz 系统)} \quad \cdots\cdots(8)$$

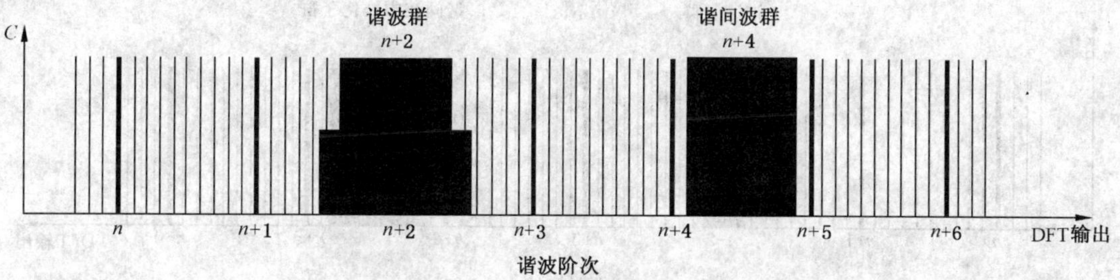

图 4 谐波群和谐间波群示意图(图示为 50 Hz 系统)

注：图 4 中所示的谐间波群仅为明晰定义(谐间波电流评估见附录 A)。

信号的平滑应根据公式 8(图 1 中的输出 2a),通过一个时间常数为 1.5 s 的数字等效的一阶低通滤波器,在每一个谐波阶次的有效值 $G_{g,n}$上进行,如图 5 所示。

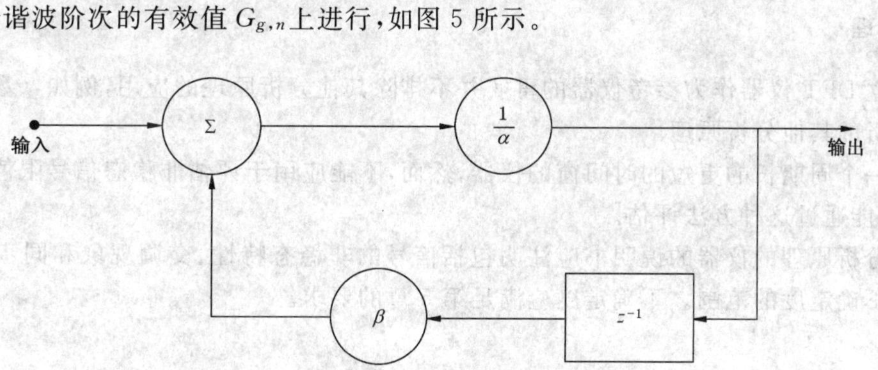

图 5 数字低通滤波器的实现原理

z^{-1}:设计的时间窗延迟,α、β 滤波器系数(数值见表 2)。

对于基波分量 G_1(如果需要,例如就 GB 17625.1 的 C 类以及可能的畸变系数来说),应对从输出 1 输出的有效值 G_1进行同样的平滑。

对有功功率 P 和功率因素(如果需要,例如就 GB 17625.1 的 C 类和 D 类来说),应对从输出 1 输出的有功功率的模进行相似的平滑。

注:选择模量是为了适应可重复性系统要求。

为协调谐波电压测量,极力推荐提供一种更好的平滑方式,这种方式的输出根据公式(8)的分量得到,作为在 15 个连续不断的时间窗上的平均值,每一个时间窗(大约 200 ms 一次)或每 15 个时间窗(大约 3 s 一次)更新一次。

5.5.2 发射限值的符合度

发射限值符合度的评估(输出 2b)应依照相关标准,例如 GB 17625.1 中给定的条件对数据进行统计处理。

如果根据 3.3 发射限值包括畸变系数(不仅仅是 THD),它们应通过输出 2a 来计算。

5.6 电压谐波子群的评估

傅立叶变换分析评估的信号是稳态的。然而,电源系统的电压幅值可能波动,将谐波分量的能量扩散到邻近的谐间波频率分量。为提高电压评估准确度,输出分量 C_k 对应 DFT 每 5 Hz 间隔,应根据图 6和公式(9)加以分组。

$$G^2_{sg,n} = \sum_{i=-1}^{1} C^2_{k+i} \qquad \cdots\cdots(9)$$

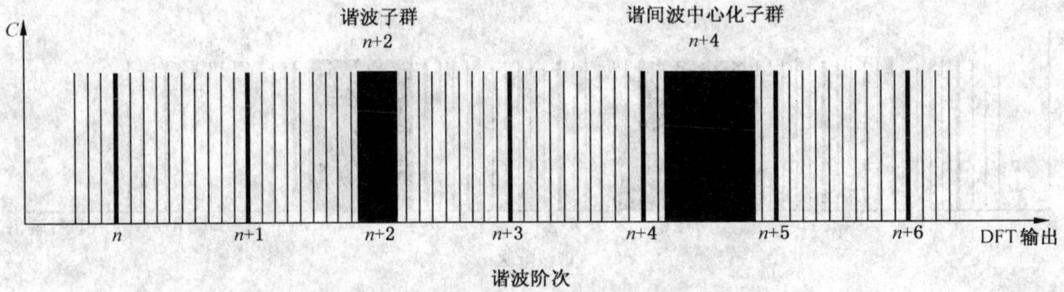

图 6 谐波子群和谐间波中心子群示例(50 Hz 系统)

注:为评估电压子群的进一步平滑过程在 IEC 61000-4-30 中规定。

6 其他分析原理

本部分确立 DFT 仪器作为参考仪器的事实并不排除其他分析原理的应用,例如,(数字)滤波器组,或诸如小波分析的其他分析原理。

对于只有一个周期长的更短的时间窗的仪器,然而,不能应用于评估非稳态信号限值的满足性。因为,这类信号不能通过这种方法评估。

基于其他分析原理的仪器的说明书应注明包括信号的非稳态特性、交调现象和同步失调等所有影响因素引起的不确定度的范围。不确定度应满足第 5 章的要求。

7 过渡期

继续使用现存的、基于 GB/T 17626.7—1998 中给定要求的测量仪器在本版标准实施之前是允许的。然而,使用这些仪器的测量应标明"测量仪器根据 GB/T 17626.7—1998"。

对于采用根据 GB/T 17626.7—1998 要求的 16 周期窗口仪器进行的测量,图 1 中输出 2b 的平滑过程应根据表 2 中的数据修改。滤波器应按照图 5 中所示实现。

表 2　依据窗口宽度的平滑滤波器的系数

频率/Hz	时间窗内周期数/N	采样率/ms	α	β
50	10	≈1/200	8.012	7.012
60	12	≈1/200	8.012	7.012
50	16	≈1/320	5.206	4.206
60	16	≈1/267	6.14	5.14
注：对于 10/12 周期窗口的系数和采样率是根据图 5 给出的。				

8　概述

制造商应明确额定运行条件和由下列因素变化引起可能误差的幅值：

——温度；

——湿度；

——仪器供电电压和相关串连干扰；

——仪器接地连接与其输入回路和其他辅助供电电压之间的共模干扰；

——静电放电(ESD)；

——辐射电磁场。

注：为安全和绝缘要求而采用 IEC 61010-1 时，应考虑输入电路(电压和电流)可能直接连接到供电电压上。

附 录 A
（资料性附录）
谐间波的测量

谐间波分量的来源主要有两种：

——基波的幅值和/或相位角的变动，例如：逆变器驱动时；

——电力电子回路的开关频率与供电频率不相同步，例如：交流/直流变换电源和功率因数校正器。

举例来说，可能的影响有：

——音频放大器的噪音；

——电动机和发电机的附加转矩；

——不正常的零交叉点检测，例如：在调光器中；

——感应线圈中的额外噪音；纹波控制装置的阻塞或非正常运行。

测量装置应符合第4章的总体描述。

通常谐间波分量不仅有量值的变化，而且还有频率的变化。在两个连续的谐波分量之间有一组频谱分量，从而构成一个谐间波组。这种组合给出了在两个离散的谐波分量之间所有谐间波分量的总值，当然也包含了谐波分量波动的影响。根据不同的系统频率，可分别用方程（A.1）或（A.2）计算谐间波组的值：

$$C_{ig,n}^2 = \sum_{i=1}^{9} C_{k+i}^2 \text{（50 Hz 电力系统）} \qquad (A.1)$$

$$C_{ig,n}^2 = \sum_{i=1}^{11} C_{k+i}^2 \text{（60 Hz 电力系统）} \qquad (A.2)$$

注：式中 ig，n 是第 n 次谐间波组（见图4和3.4.2）。在本部分中，介于第 n 次和第 $n+1$ 次谐波之间的谐间波组的有效值用 $C_{ig,n}$ 来表示，如：在5次谐波和6次谐波之间的谐间波组表示为 $C_{ig,5}$。

由于方程（A.1）和（A.2）排除了与谐波分量紧邻的谐间波分量，谐波幅值和相位角变化的影响被部分地减小了。而且，为了确定谐间波中心子群的有效值 $C_{isg,n}$，即图1中离散傅立叶变换（DFT）的"输出1"的数据，由下面的方程来重新组合（见3.4.3）：

$$C_{isg,n}^2 = \sum_{i=2}^{8} C_{k+i}^2 \text{（50 Hz 电力系统）} \qquad (A.3)$$

$$C_{isg,n}^2 = \sum_{i=2}^{10} C_{k+i}^2 \text{（60 Hz 电力系统）} \qquad (A.4)$$

这些方程中，C_{k+i} 是由离散傅立叶变换（DFT）得到的相应的超出第 n 次谐波频率的频谱分量的有效值，而 $C_{isg,n}$ 则是第 n 次谐间波中心子群的有效值（例如，在5次谐波和6次谐间波中心子群表示为 $C_{isg,5}$），见图6和3.4.3。

注1：因为非稳态的谐波会在它的旁边生成边带，在所考虑谐波近旁的分量（k=1和9或11）可以表征其幅值和相位角的变化。所以，在给出谐间波中心子群时，要把它们从谐间波群中除去（参见图6）。

注2：如果只需求谐波的值，则可用方程组8。如果要分别求谐波和谐间波的值（例如，在测评设备是否易于产生谐间波时），则直接与某谐波相邻的谐间波分量（$i=-1$ 和 $+1$）要和该谐波一起组合成一个第 n 次的谐波子群，而其他的谐间波分量（i=2至8或10）则按照方程A.3或A.4构成一个第 n 次的谐间波中心子群。

要用谐波测量时所用的方式将谐间波中心子群变平滑（参见5.5.1）。但不要对单个谐间波分量平滑化。

注：IEC 61000-4-30给出了进一步平滑化的程序。

所要满足的准确度与谐波测量相同（参见表1）。

附 录 B
（资料性附录）
频率在 9 kHz 以下又高于谐波频率的信号的测量

B.1 概述

频率超过谐波频率范围(约 2 kHz)却又低于低频范围上限(约 9 kHz)的信号分量(电流或电压)是由于诸如此类的现象而产生的：

——连在供电干线侧的电源(不论与主电源同步还是异步)的脉宽调制控制，譬如"功率因数校正系统"所用的那样；

——发射，譬如通过主电源线传递的信号；

——电源转换器输出端(负载侧)对输入端(电源侧)的馈通分量；

——由通信缺口引起的震荡。

这些分量可以是单一频率的，也可以是宽频带的。

B.2 测量方法

这些分量的测量不需要很高的频率分辨率。按照惯例，往往是把要分析的信号能量按预定的频带组合分组来测量的。在较高频带所进行的测量(参见 GB/T 6113.101)，这些发射分量应该按 200 Hz 带宽来分组。第一组频带的中心频率是 2.1 kHz。

频率分析用的离散傅立叶变换(DFT)方法(结合第 4 章介绍的方法)以及类似于 5.5.1 介绍的组合其频带的方法正在考虑之中。DFT 法对于电压和电流的测量都是适用的，但是 GB/T 6113.101 认为 DFT 法只考虑电压的测量。

B.3 基本仪器

这种较高频率范围的测量，可按 4.4.1 进行离散傅立叶变换。

注：外部电压、电流传感器的频率范围应适用于高达 9 kHz 的测量。

由于要测量的信号较弱，可用滤波器抑制基波和频率高于 9 kHz 的分量的幅值，从而大大减少测量的不确定度。基波的衰减应超过 55 dB。

采样频率应按已有的信号分析规定来选取，使频率高达 9 kHz(含 9 kHz)的分量都能测到。这类分析的采样不必与电源的基波周期同步。矩形数据截获窗的宽度可选用 100 ms，约相应于 50 Hz (60 Hz)系统的 5(6)个周期。这样，在两个连续的被测分量 C_f 之间的频率差是 10 Hz。

注：频率为 f 的分量的有效值表示为 C_f，举例来说 $C_{3\,160}$ 是频率为 3 160 Hz 的分量的有效值。

DFT 未处理的输出(图 1 中的输出 1)按 200 Hz 宽的频带分组(参见图 B.1)，高于谐波频率范围的第一个频带的中心频率是 2 100 Hz。每个频带的输出 G_b 是有效值。

$$G_b = \sqrt{\sum_{f=b-90(\mathrm{Hz})}^{b+100} C_f^2} \qquad \text{(B.1)}$$

注 1：之所以这样选取频带宽是为了与 GB/T 6113.101 对 9 kHz 以上的信号带宽处理相一致。

注 2：中心频率 b 代表了该段频带，例如 2 100 Hz、2 300 Hz、2 500 Hz，最高的中心频率为 8 900 Hz(参见图 B.1)。

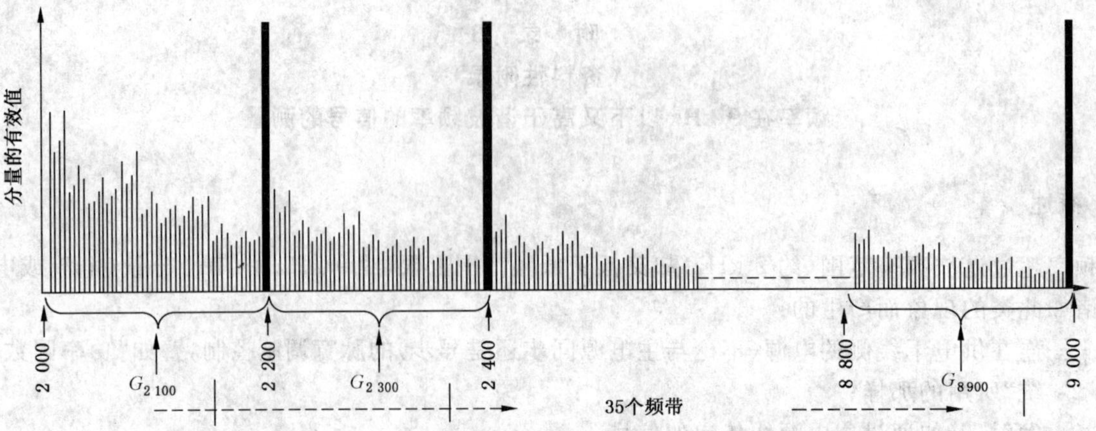

图 B.1　2 kHz～9 kHz 范围内测量频带的示意图

B.4　测量布置

为了保证测量结果的可重复性，针对电流和电压发射的评估，除了测量仪器之外，测量布置中还应有专门试验的电路。这些试验电路应准确代表相应频率范围的电源系统，需要时为测量仪器提供单独的端子。这些电路正在研究中，在本部分将来的修订时会加以考虑。

B.5　准确度的要求

在所求频带中对某单个频率发射进行测试时，总的不确定度不得超过被测量值的±5%。

注：被测分量的大小应在基波电流或电压的 $2\times10^{-5}\sim5\times10^{-2}$ 范围内。

附 录 C
（资料性附录）
组合方法的技术性考虑因素

本部分所定义的测量方法是在慎重考虑和统筹兼顾（如测量频带与分辨率）的原则下提出的。在某些情况下，与其十分精确地了解信号特性，还不如采取折衷而定出一种切实可行的测量方法。本附录介绍的是对几个分辨率难点问题的考虑。

注：在本部分中，未指明之处，电压、电流的值均用有效值表示。

C.1 以时域表示信号和以频域表示信号的功率等价

帕斯瓦尔关系，也称为瑞利能量定理，定义了信号功率（或能量）在时域中的表示与信号功率（或能量）在频域中的表示按下式相互等价：

$$\int_{-\infty}^{+\infty}[g(t)]^2\mathrm{d}t=\frac{1}{2\pi}\int_{-\infty}^{+\infty}|G(\mathrm{j}\omega)|^2\mathrm{d}\omega \qquad (C.1)$$

式中：

$g(t)$是时间的函数；

$G(\mathrm{j}\omega)$该函数的傅立叶复变换；

$\omega=2\pi f$。

注：由于功率与电压或电流的平方成正比，因此，信号的平方也就被看作是信号的“功率”。举例来说，如果设 $g(t)$ 是某电压的时间函数，则方程左侧（时域）的物理量纲应该是 $\mathrm{V^2s}$（能量）。傅立叶变换表示的是电压的频谱密度，在上例中，$G(\mathrm{j}\omega)$ 的量纲就是 V/Hz 或者 Vs，也就是说该方程右侧的量纲也是 $\mathrm{V^2s}$（能量）。

如果某函数不是周期性的，则它的频谱也是连续的。但是，如果某函数是周期函数，则它可以用一个时间窗 T_w 表示，即用该时间窗的无限循环来生成该函数 $g(t)$。这样，有限时间信号的傅立叶变换就不再连续，而是一组按频率 $f_\mathrm{w}=1/T_\mathrm{w}$ 分隔的谱线。时间窗 T_w 和某频率（$f=k\times f_\mathrm{w}$）谱线有效值平方（G_k^2）的积就可以近似表示为连续频谱密度从 $f-f_\mathrm{w}/2$ 到 $f+f_\mathrm{w}/2$ 积分的“能量”。所有谱线的“能量”总和就等值于该时间函数在时间窗内的“能量”。将该“能量”除以时间窗的时间 T_w 就得到方程（C.2）：

$$\frac{1}{T_\mathrm{w}}\int_{-T_\mathrm{w}/2}^{+T_\mathrm{w}/2}[g(t)]^2\mathrm{d}t=\sum_{k=-\infty}^{\infty}|G_k|^2 \qquad (C.2)$$

这里，方程左边相当于时间函数在时间窗内的平均“功率”，而方程右边则对应于频谱内所有谱线的全部“功率”。

傅立叶变换的一个性质是负频率的谱线与其相应的正频率的谱线相共轭，即“功率”频谱对频率为0的轴是对称的。把频谱的正、负部分合并，则方程（C.2）可简化为：

$$\frac{1}{T_\mathrm{w}}\int_{-T_\mathrm{w}/2}^{+T_\mathrm{w}/2}[g(t)]^2\mathrm{d}t=G_0^2+2\sum_{k=1}^{\infty}|G_k|^2 \qquad (C.3)$$

按照本部分方程（3），傅立叶分量的幅值 c_k 是根据 $T_\mathrm{w}/2$ 而不是根据 T_w（c_0 除外，它根据 T_w）来定义的，即 $c_k=2\times G_k$ 或 $C_k=\sqrt{2}\times G_k$。因此，方程（C.3）又可改写成：

$$\frac{1}{T_\mathrm{w}}\int_{-T_\mathrm{w}/2}^{+T_\mathrm{w}/2}[g(t)]^2\mathrm{d}t=c_0^2+\sum_{k=1}^{\infty}|C_k|^2=\sum_{k=0}^{\infty}|C_k|^2 \qquad (C.4)$$

实际上，在累加时这种系数的个数需加以限制（$k=1\cdots K$）。如果信号是限制频带的（$f_K\leqslant K\times f_\mathrm{w}$），则就不会包含系数下标 $k>K$ 的“功率”，而它们就被排除在方程（C.4）的累加和之外。但这个频率 f_K 应该远远超过仪器的工作频率的范围。

C.2 数字化实现的特性

本部分考虑到了数字式的仪表。为了满足香农定理，应该以 $f_s>2\times f_k$ 的采样频率对时间信号进行采样，这样原则上一直到 C_k 的所有系数都会可被算出。一个时间窗内的采样数目为 $N=f_s\times T_w$。

对于上述的理想条件，即数字化的信号是真实的、周期性的、限制频带的，而且时间窗又与信号周期是同步的，那末，方程(C.4)又可改写成：

$$\sqrt{\frac{1}{N}\sum_{i=1}^{N}[g(t_i)]^2}=\sqrt{\sum_{k=0}^{N/2}|C_k|^2} \qquad \cdots\cdots (C.5)$$

式中：

$g(t_i)$ 是时间函数在采样点的值；

$t_i=i\times T_w/N$。

方程(C.5)表明，信号通过采样和数字化，其频域分量的有效值等于它在时域中的有效值。帕斯瓦尔关系可以有效地用来确定，在某些特定的情况下，功率频谱是否能准确地代表时域信号。

在上述设定的理想条件下，由本部分介绍的方法计算出的功率频谱是被测信号在指定的时间窗内各频谱分量的平均功率。这种功率频谱正确地反映了被测信号的总功率、单个频率分量各自的功率及其频率。在实际情况下，当被测信号的所有分量都确是"基础频率($f_w=1/T_w$)"的谐波时才存在这种理想的状态。由于在本部分中对同步有严格的要求，这种近于理想状态的情况仅出现在信号分量的频率为电网的基频以及基础频率的整数倍时，当然，也包括了信号分量为基频的谐波的情况。

注："基础频率"是时间窗宽度的倒数，"基频"是电源系统周波的倒数。

按 GB/T 17626.7 的要求，测量仪器设计时，时间窗的宽度是按 16 个周波来确定的(对 50 Hz 或 60 Hz 系统频率分别≈320 ms 或≈267 ms)。将来设计时，时间窗的宽度 $T_w=200$ ms，是按系统频率为 50 Hz 或 60 Hz 时分别取 10 或 12 个周波来确定的。因此，谱线间的频率距离(基础频率 f_w)分别≈5 Hz、≈3.125 Hz 或≈3.75 Hz。本部分方程(8)所给出的分组方法能确保正确地求出信号的总功率。它不仅包括基频整数倍的谐波的谱线，而且考虑到了所有的谱线。方程(8)是按谱线间的频率距离≈5 Hz 给出的，因此，当采用其他"基础频率"时，该方程要作修改。只要正确地运用方程(8)(必要时，应作上述修改)，正如帕斯瓦尔关系描述的那样，功率频谱就可以准确地表示被测信号的平均功率。

在不太理想的情况下，例如，信号含有频率为 $f\neq k\times f_w$(k 是整数)的非谐波的成分，由于泄频会引起频率信息损失，但信号功率还是能准确地得到。对于时间窗等于 200 ms 的情况而言，只要存在不是 5 Hz 整数倍(如 287 Hz)的谐间波，或者在分析的时间窗内信号幅值有波动，就会出现非谐波的信号成分。本部分中给出的分组方法有助于确保在大部分情况下能准确评估总功率。至于功率如何分配到某个特定的信号组，那就取决于被测信号的特性了。

以下几个例子会有助于说明这一点。C.3 中的例子说明了电压、电流信号幅值波动的影响。C.4 中说明了谐间波的影响。为了在图中以全屏的尺寸清楚地显示出我们感兴趣的谱线和组合的作用，在电压、电流信号中实际上占有主导地位的基波分量并没有表示出来。

C.3 谐波的波动

示例 1

图 C.1 表示的是在 3.536 A 与 0.707 1 A 之间波动的 5 次谐波有效值。电流的波动是在 5 次谐波经过 21.25 个周期之后出现的。这时电流有效值的计算结果应该是 2.367 A。测得 5 次谐波单个谱线的结果仅为 1.909 A，也就是说，忽略了其他谱线产生的误差为 19.3%。测得谐波子群的值为 2.276 A，这时误差已减少到了 3.84%，从测得的谐波群谱线得到的结果是 2.332 A，这时相应的误差就很小了，仅为 1.47%。

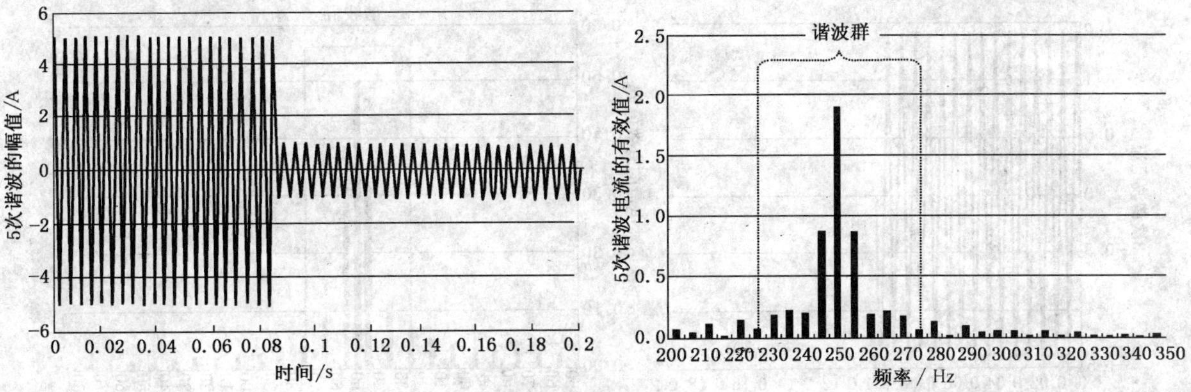

图 C.1　5 次谐波电流有大的波动

示例 2

电力系统的谐波电压通常是由几个非线性负载产生的谐波电流共同造成的结果。这些负载通常不会有明显相关的波动。此外,系统中还有准稳定负载。所以,电力系统中很少出现具有高幅值且快速的谐波电压波动,即使有也只是例外情况。例如,图 C.2 表明某 5 次谐波电压的有效值由 13.225 V 减少到 9.775 V,这时总的有效值应该是 11.37 V,但是单个谐波谱线的值仅为 11.24 V。用本部分所推荐的算法得到的数值,对于谐波子群是 11.33 V,对于谐波群是 11.34 V,其相对应的误差仅分别为 0.35% 和 0.24%,远低于测量仪器本身的不确定度。

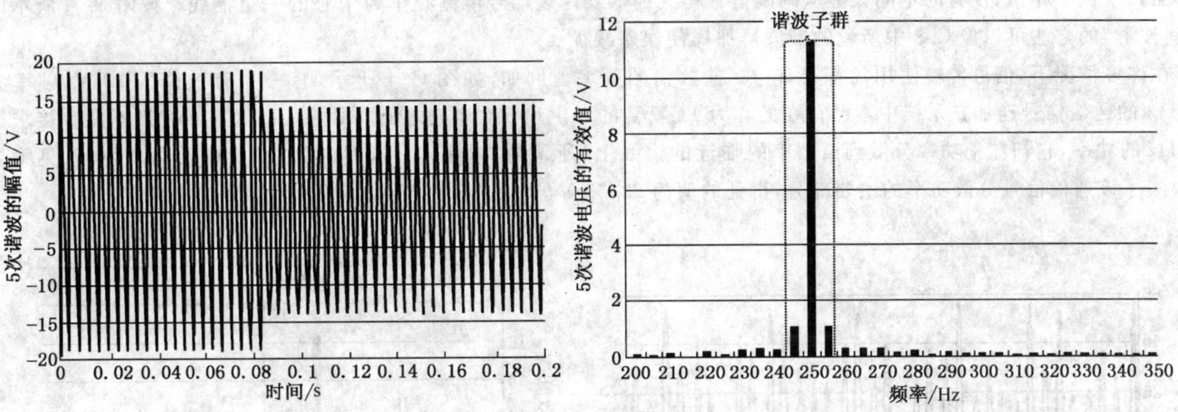

图 C.2　5 次谐波电压有大的波动

示例 3

某连续运行的微波器具在其电流中产生一个 3 次谐波电流(假定是 1 A),它的平均功率由多周过零的方法控制(例如,按 5 Hz 的速率重复,占空因数为 50%)。图 C.3 表示的是 3 次谐波电流的时间函数及其相应的频谱。总的电流有效值应为 0.707 A。3 次谐波谱线的有效值为 0.5 A,导致 29.3%的误差。由谐波子群得到的值为 0.673 A,误差仅为 4.8%,而由谐波群得到的值为 0.692 A,误差便减少到了 2.0%。

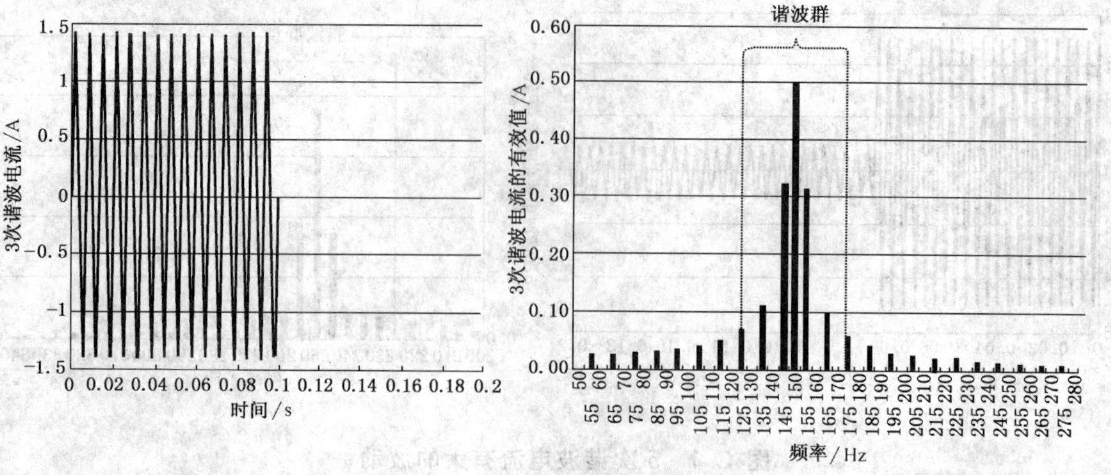

图 C.3　某微波器具 3 次谐波电流的波动

这些例子证明了组合程序完全适合于满足帕斯瓦尔关系的谐波的求解。

C.4　谐间波

示例 1

通信(信号传输)系统也会连接在电力系统上。为了避免受到谐波的干扰,它们所采用的频率通常介于两个谐波频率之间,即谐间波频率。如果它们的频率是"基本频率" f_w 的整数倍,并在时间窗内又有恒定的大小,那么,频谱只是在该频率上另显示一条谱线,而并不一定需要额外的组合。但是,为了传递信息,信号总是要调制的。这时对频谱的影响与前面几个例子相似,仅有的不同只是从调制信号得到的谱线是以信号传输频率为中心的一组谱线。按附录 A 所示的"谐间波群"的方法可以像 C.3 中所说的谐波群那样使误差减少。

在许多情况下,信号传输使用的都是非 f_w 整数倍的频率。例如,如图 C.4 所示,有一个有效值为 23 V、频率为 178 Hz 的通信信号迭加在系统中本已存在的均为 11.5 V 的 3 次和 5 次谐波之上。尽管离散傅立叶变换不能直接求解 178 Hz 的功率,它却能把功率分散到该频率的临近的谱线上(所谓的"泄漏")。这时,3 次、5 次的谐间波组(参见附录 A)收集了该通信信号分散功率的主要部分,得到的值为 22.51 V,误差只有 2.15%。

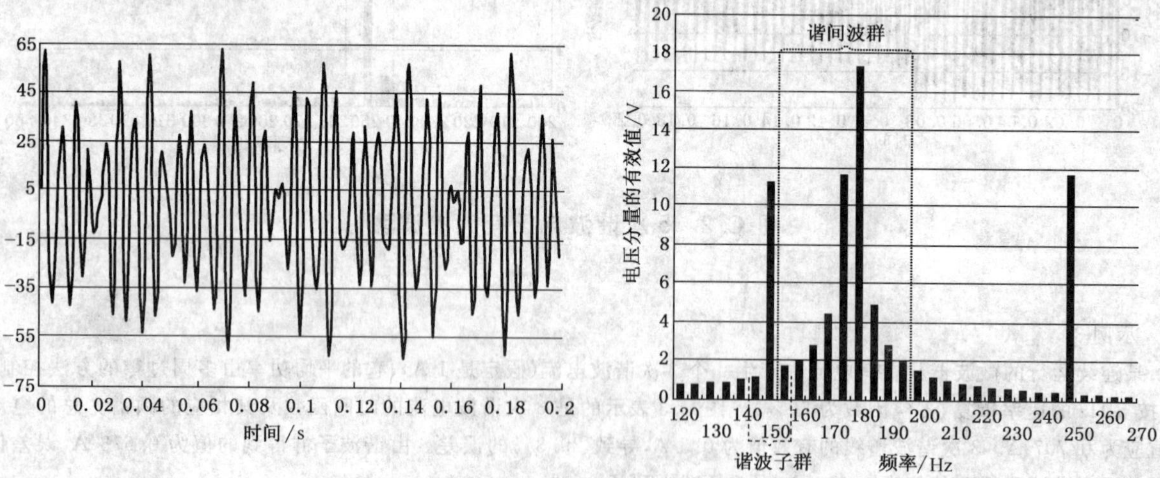

图 C.4　178 Hz 的通信信号及其 3 次、5 次谐波

注 1：对于频率为非"基本频率" f_w 整数倍的信号来说,它的"泄漏"效应就是在原有的谐波矢量上添加了一个附加矢量(参见图 C.7)。附加矢量与同一频率的原谐波矢量之间的相位角在各个时间窗中的增加(或减少)几乎相等。合成矢量的大小则根据实际相位角的不同在这两个矢量幅值的差和和之间变化。在所给的例子中,原谐波矢量的大小为 11.5 V、150 Hz 时 ≈1.2 V、250 Hz 时 ≈0.4 V(参见图 C.4),则合成矢量的大小对于 150 Hz 约在 10.3 V 和 12.7 V 之间变化,对于 250 Hz 约在 11.1 V 和 11.9 V 之间变化。由许多个毗边的时间窗得到的合成矢量的有效值等于原谐波矢量与附加矢量共同的有效值,该例中 150 Hz 时 11.56 V、250 Hz 时 11.51 V。分组之后的平滑过程使结果的变化大大减少,并给出了一个接近于共同的有效值的平均输出量。

注 2:在现实中,通信信号的大小比例子中所说的要小,所以,它的"泄漏"效应将相应地减小。

示例 2

在发射电流的有效值中也会有谐间波,并因此在电源电压的有效值中出现。它们会随机地出现在两个毗邻的谐波之间。例如,图 C.5 给出了频率为 287 Hz、大小为 9.8 V 的谐间波以及 13.2 V 的 5 次谐波和 10 V 的 6 次谐波。从频谱中可以看出其"泄漏"效应。从 5 次谐间波群(参见 3.4)得到的值为 9.534 V,其误差为 2.7%。

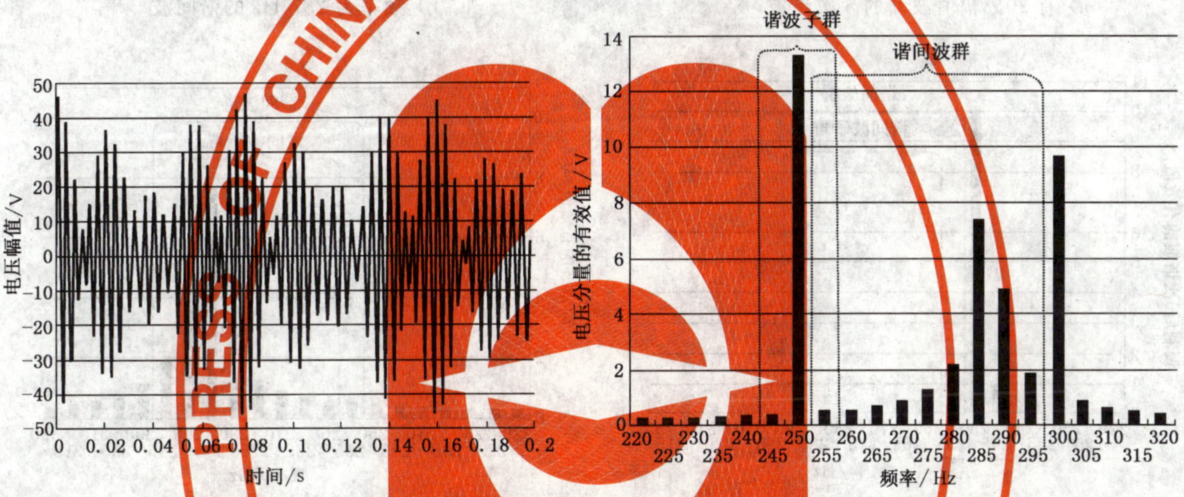

图 C.5 287 Hz 的谐间波及 5 次、6 次谐波

示例 3

如图 C.6a) 所示,一个变转矩的电子马达驱动(例如,活塞泵)会在供电系统中产生 5 次谐波,该系统围绕平均有效值 10 V 波动,并有 5 Hz、20% 的正弦调制。时间函数在 0.2 s 中评估的总有效值为 10.10 V。其频谱包含一根有效值为 10 V 的 250 Hz"载波"谱线,以及在两侧分别为 245 Hz 和 255 Hz 的两根 1 V 谱线(见图 C.6c))。250 Hz 处单根谱线的误差为 0.99%,而由谐波子群得到的结果就没有误差了。

在同一个系统中可加以频率为 287 Hz、大小为 9.8 V 的通信信号(见图 C.6b))。由于在 200 ms 的时间窗内信号的周期数为 57.4,是非整数,从而在频谱中出现"泄漏"效应(见图 C.6d))。由谐间波群得到的有效值为 9.538 V,误差为 2.7%。

当波动的谐波和通信信号同时加在电压上时(见图 C.6e)),总的有效值为 14.07 V。所得到的频谱谱线可用不同的组合方式加以组合(见图 C.6f))。因为在 250 Hz 存在谐波,而且从频谱的包络线来看在 285 Hz 附近有明显的信号,用两个群的方式就合理一些(但每根谱线只能用一次):

——谐间波群方式,9.36 V 的谐间波群(相对于 9.8 V,误差为 4.5%)和一根 10.16 V 的谐波谱线(相对于 10.0 V,误差为 1.6%),结果得到总的有效值为 13.81 V(相对于 14.07 V,误差为 1.8%);

——子群方式,9.34 V 的谐间波子群(相对于 9.8 V,误差为 4.7%)和 10.23 V 的谐波子群(相对于 10.1 V,误差为 1.29%),结果得到总的有效值为 13.85 V(相对于 14.07 V,误差为 1.5%)。

第 2 种组合方式更符合"物理意义",因为 245 Hz 和 255 Hz 的谱线并不在"泄漏"的包络线之中。如果注意观察几个毗邻的时间窗的频谱的话,这一点就很清楚了。

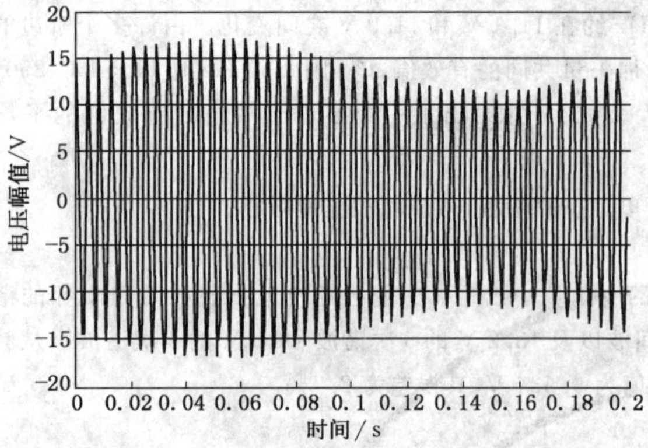

a）有 20%幅值波动的 5 次谐波

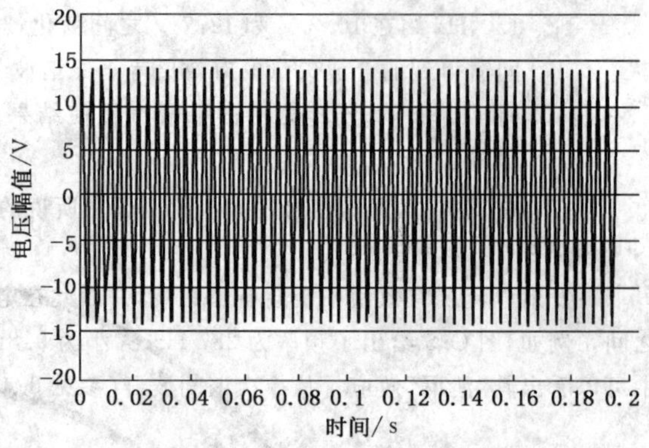

b）频率为 287 Hz 的谐间波

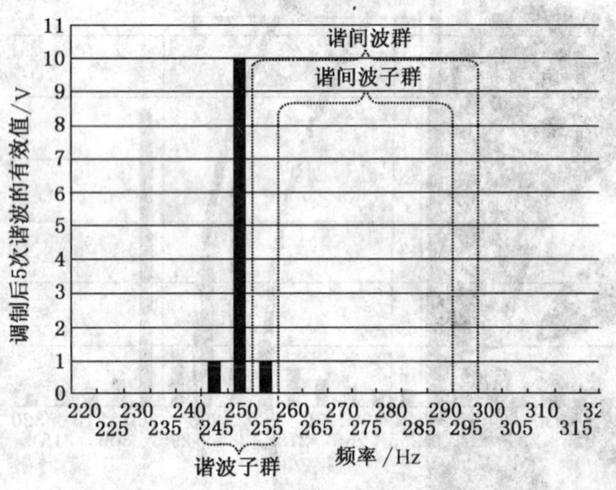

c）频谱：5 次谐波，20%的幅值波动

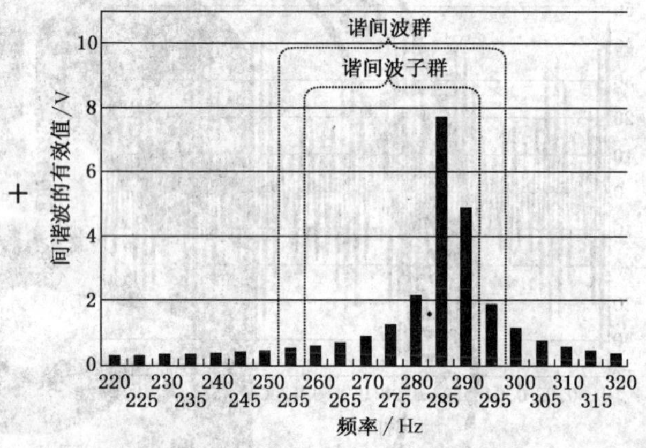

d）频谱：频率为 287 Hz 的谐间波

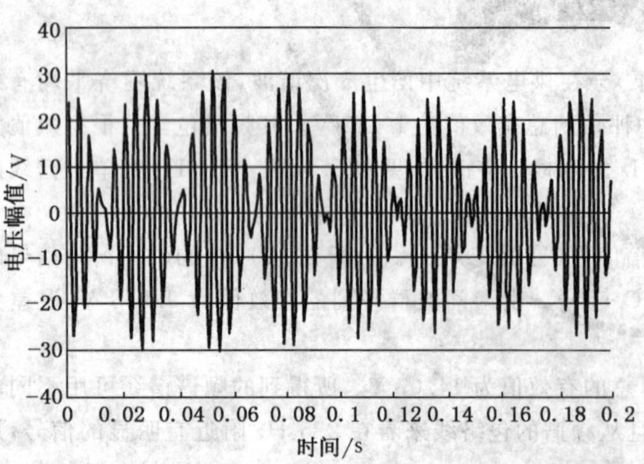

e）谐波和谐间波的总和

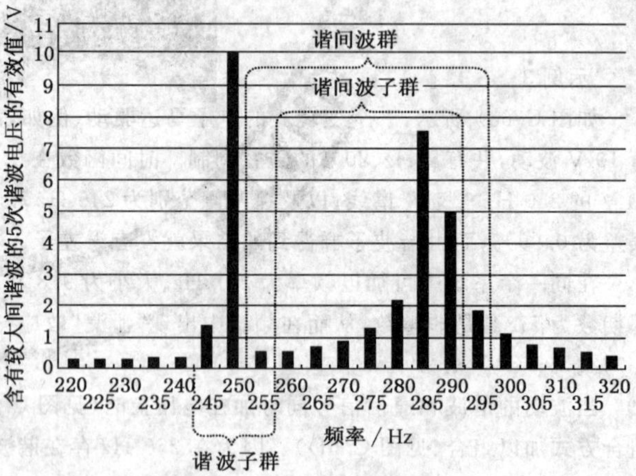

f）频谱：信号的总和

图 C.6　调制后的 5 次谐波和频率为 287 Hz 的谐间波

由 5 次谐波两侧边带得到的谱线就是泄漏效应的主要结果。对于一个波动的谐波来说，谐波边带频率（即 245 Hz 和 255 Hz）分量的矢量，其大小相等，方向相反。矢量的大小在恒定的调制深度下保持不变。但是，如果调制频率不是基本频率的整数倍，其角度从一个时间窗到下一个时间窗会一步一步地旋转。由频率为 287 Hz 的谐间波得到的矢量的大小也几乎保持不变，但因为该谐间波在时间窗中的位置在改变，所以对各个时间窗来说该谐间波的矢量的角度在改变。当然，由调制和泄漏合成的矢量，其大小和角度在不同的时间窗内也在改变。图 C.7 表示的是图 C.6 所示的时间窗内 5 次谐波上下各5 Hz的分量。这时，相对于“调制”矢量来说，245 Hz 的合成幅值是增加了，而 255 Hz 的合成幅值是减小了。在其他的时间窗内由 287 Hz 的信号产生的矢量就有其他的角度，相应的合成矢量的幅值也就不同。频谱的时间表示方式在 245 Hz 和 255 Hz 处显示出谱线的波动，而该时间段的平均值却近似于“调制”和“泄漏”矢量的共同的有效值。

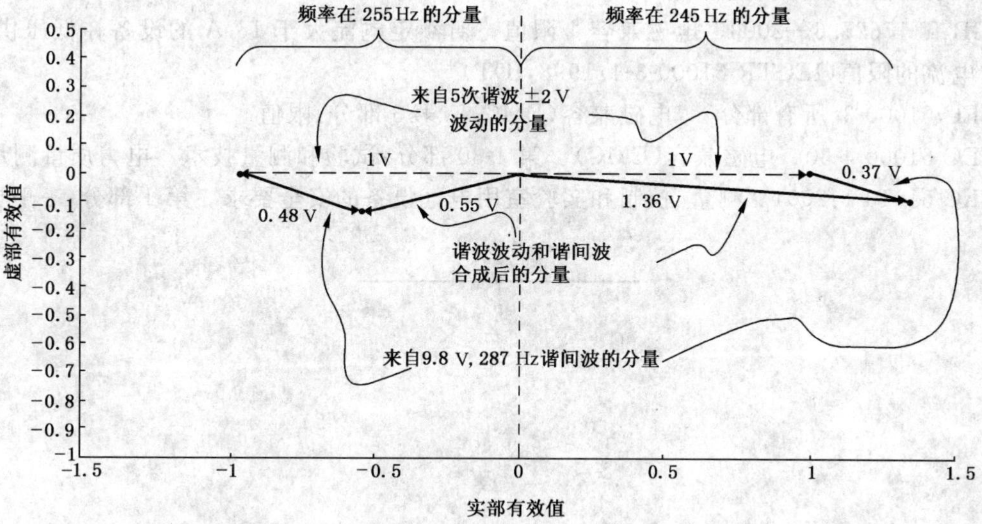

图 C.7　频率为 245 Hz 和 255 Hz 的各矢量

参 考 文 献

[1] GB/T 6113.101—2008 无线电骚扰和抗扰度测量设备和测量方法规范 第1-1部分:无线电骚扰和抗扰度测量设备 测量设备(CISPR 16-1-1:2006,IDT)

[2] GB/T 17625.6—2003 电磁兼容 限值 对额定电流大于16 A的设备在低压供电系统中产生的谐波电流的限值(IECTR 61000-3-4:1998,IDT)

[3] IEC 61000-3(所有部分) 电磁兼容(EMC) 第3部分:限值

[4] IEC 61000-4-30 电磁兼容(EMC) 第4-30部分:试验和测量技术 电力质量测量方法

[5] IEC 61010-1:2001 测量、控制和实验室用电气设备的安全要求 第1部分:一般要求

ICS 33.100.20
L 06

中华人民共和国国家标准

GB/T 17626.11—2008/IEC 61000-4-11:2004
代替 GB/T 17626.11—1999

电磁兼容　试验和测量技术 电压暂降、短时中断和电压变化的 抗扰度试验

Electromagnetic compatibility—Testing and measurement techniques—Voltage dips, short interruptions and voltage variations immunity tests

(IEC 61000-4-11:2004, IDT)

2008-05-20 发布　　　　2009-01-01 实施

中华人民共和国国家质量监督检验检疫总局
中国国家标准化管理委员会　发布

前　言

GB/T 17626《电磁兼容　试验和测量技术》目前包括以下部分：

GB/T 17626.1—2006　电磁兼容　试验和测量技术　抗扰度试验总论

GB/T 17626.2—2006　电磁兼容　试验和测量技术　静电放电抗扰度试验

GB/T 17626.3—2006　电磁兼容　试验和测量技术　射频电磁场辐射抗扰度试验

GB/T 17626.4—2008　电磁兼容　试验和测量技术　电快速瞬变脉冲群抗扰度试验

GB/T 17626.5—2008　电磁兼容　试验和测量技术　浪涌(冲击)抗扰度试验

GB/T 17626.6—2008　电磁兼容　试验和测量技术　射频场感应的传导骚扰抗扰度

GB/T 17626.7—2008　电磁兼容　试验和测量技术　供电系统及所连设备谐波、谐间波的测量和测量仪器导则

GB/T 17626.8—2006　电磁兼容　试验和测量技术　工频磁场抗扰度试验

GB/T 17626.9—1998　电磁兼容　试验和测量技术　脉冲磁场抗扰度试验

GB/T 17626.10—1998　电磁兼容　试验和测量技术　阻尼振荡磁场抗扰度试验

GB/T 17626.11—2008　电磁兼容　试验和测量技术　电压暂降、短时中断和电压变化的抗扰度试验

GB/T 17626.12—1998　电磁兼容　试验和测量技术　振荡波抗扰度试验

GB/T 17626.13—2006　电磁兼容　试验和测量技术　交流电源端口谐波、谐间波及电网信号的低频抗扰度试验

GB/T 17626.14—2005　电磁兼容　试验和测量技术　电压波动抗扰度试验

GB/T 17626.16—2007　电磁兼容　试验与测量技术　0 Hz～150 kHz 传导共模骚扰抗扰度试验

GB/T 17626.17—2005　电磁兼容　试验和测量技术　直流电源输入端口纹波抗扰度试验

GB/T 17626.27—2006　电磁兼容　试验和测量技术　三相电压不平衡抗扰度试验

GB/T 17626.28—2006　电磁兼容　试验和测量技术　工频频率变化抗扰度试验

GB/T 17626.29—2006　电磁兼容　试验和测量技术　直流电源输入端口电压暂降、短时中断和电压变化的抗扰度试验

本部分为 GB/T 17626 的第 11 部分。

本部分等同采用国际标准 IEC 61000-4-11:2004(Ed2.0)。

本部分代替 GB/T 17626.11—1999《电磁兼容　试验和测量技术　电压暂降、短时中断和电压变化的抗扰度试验》。

本部分与 GB/T 17626.11—1999 主要差异在于：

——增加了引用文件 GB/Z 18509—2001　电磁兼容　电磁兼容标准起草导则。

——增加了 3 条名词术语：3.5“剩余电压”；3.7“校准”；3.8“校验”；

——增加了电压暂降的试验等级，明确了每个试验等级优先采用的持续时间。

——短时中断的持续时间进行了调整。

——附录 B 的内容改为电磁环境分类。

本部分的附录 A 为规范性附录，附录 B 和附录 C 为资料性附录。

本部分由全国电磁兼容标准化技术委员会(SAC/TC 246)提出并归口。

本部分起草单位：上海电器科学研究所(集团)有限公司、中国电子科技集团公司第三研究所。

本部分主要起草人：寿建霞、邢琳、林京平、何爱英、钱晓华、程丽玲。

本部分代替标准的历次版本发布情况：

——GB/T 17626.11—1999。

电磁兼容　试验和测量技术 电压暂降、短时中断和电压变化的抗扰度试验

1　范围

GB/T 17626 的本部分规定了与低压供电网连接的电气和电子设备对电压暂降、短时中断和电压变化的抗扰度试验方法和优选的试验等级范围。

本部分适用于额定输入电流每相不超过 16 A 连接到 50 Hz 或者 60 Hz 交流网络的电气和电子设备。

本部分不适用于与 400 Hz 交流网络相连接的电气和电子设备。这些网络的试验将在以后的标准中涉及。

本部分的目的是建立一种评价电气和电子设备在经受电压暂降、短时中断和电压变化的抗扰度的通用准则。

注：电压波动抗扰度试验见 GB/T 17626.14—2005。

GB/T 17626 的本部分中所规定的试验方法为评估设备或系统对定义的电磁现象的抗扰度表述了一致的方法。正如 GB/Z 18509—2001 中所述的，这是 IEC 有关专业标准化技术委员会所用的 EMC 基础出版物。也正如 GB/Z 18509—2001 声明的，有关专业标准化技术委员会负责确定本抗扰度标准是否适用，若适用，则负责确定适当的试验等级和性能判据。电磁兼容标准化技术委员会和其分委员会准备与有关专业标准化技术委员会合作，评估用于他们产品的特定抗扰度试验值。

2　规范性引用文件

下列文件中的条款通过 GB/T 17626 的本部分的引用而成为本部分的条款。凡是注日期的引用文件，其随后所有的修改单(不包括勘误的内容)或修订版均不适用于本部分，然而，鼓励根据本部分达成协议的各方研究是否可使用这些文件的最新版本。凡是不注日期的引用文件，其最新版本适用于本部分。

GB/T 4365—2003　电工术语　电磁兼容 (IEC 60050(161):1990,IDT)

GB/Z 18509—2001　电磁兼容　电磁兼容标准起草导则(neq IEC Guide 107:1998)

IEC 61000-2-8:2002　电磁兼容　第 2-8 部分:环境　公用供电系统中的电压暂降、短时中断及其测量统计结果

3　术语和定义

GB/T 4365 确立的以及下列术语和定义适用于 GB/T 17626 的本部分。

3.1

电磁兼容基础标准　basic EMC standard

为达到电磁兼容而给出的通用和基本的条件或规则的标准，它关系到所有的产品和系统，或适用于所有产品和系统，并可作为有关专业标准化技术委员会的参考文件。

注：本定义是由电磁兼容顾问委员会(ACEC)给出的，见 GB/Z 18509—2001 。

3.2

(对骚扰的)抗扰度　immunity (to a disturbance)

装置、设备或系统面临电磁骚扰不降低运行性能的能力。

(见 GB/T 4365—2003 的 161-01-20)

3.3

电压暂降 voltage dip

在电气供电系统某一点上的电压突然减少到低于规定的阈限,随后经历一段短暂的间隔恢复到正常值。

注 1:典型的暂降与短路的发生和结束有关,或者与系统或系统相连装置上的急剧电流增加有关。

注 2:电压暂降是一个二维的电磁干扰,其等级由电压和时间(持续时间)决定。

注 3:改写 GB/T 4365—2003,161-08-10。

3.4

短时中断 short interruption

供电系统某一点上所有相位的电压突然下降到规定的中断阈限以下,随后经历一段短暂间隔恢复到正常值。

注:典型的短时中断与开关装置的动作有关,该动作是由与系统或系统相连装置上短路的发生和结束引起。

3.5

(电压暂降)剩余电压 residual voltage (of voltage dip)

在电压暂降或者短时中断期间记录的最小电压均方根值。

注:剩余电压可以表示为一个以伏为单位的值或者表示为相对于参考电压的百分比或者一个以参考电压为单位的值。

3.6

故障 malfunction

设备执行预期功能能力终止,或设备执行非预期功能。

3.7

校准 calibration

用来证明测量设备满足其规范的方法。

注:就本部分来说,只对试验发生器进行校准。

3.8

校验 verification

用来检查试验设备系统(例如,试验发生器和连接电缆)的一组操作,以证明试验系统的功能满足第六章给出的规范。

注 1:验证所使用的方法可能与校准所使用的方法不同。

注 2:6.1.2 中的验证过程为确保当正确的操作试验发生器和其他测试装置组成部分时,能够将希望的波形传送到受试设备提供了指导。

4 概述

电气和电子设备会受到供电电源电压暂降、短时中断或电压变化的影响。

电压暂降、短时中断是由电网、电力设施的故障(主要是短路,见 IEC 61000-2-8)或负荷突然出现大的变化引起的。在某些情况下会出现两次或更多次连续的暂降或中断。电压变化是由连接到电网的负荷连续变化引起的。

这些现象本质上是随机的,为了在实验室进行模拟,可以用额定电压的偏离值和持续时间来最低限度地表述其特征。

所以,本部分中规定了不同类型的试验来模拟电压突变的效应。在产品规范或有关专业标准化技术委员会的责任范围内,这种试验仅用于特殊的和认为合理的情况。

有关专业标准化技术委员会的责任是确定哪些现象是与本部分所考虑的现象相关的,并决定试验的适用性。

5 试验等级

本部分以设备的额定工作电压(U_T)作为规定电压试验等级的基础。

当设备有一个额定电压范围时,应采用如下规定:

——如果额定电压的范围不超过其低端的电压值的20%,则在该范围内可规定一个电压作为试验等级的基准(U_T)。

——在其他情况下,应在额定电压范围规定的最低端电压和最高端电压下试验。

——试验等级和持续时间的选择参考IEC 61000-2-8。

5.1 电压暂降和短时中断

U_T 和变化后的电压之间的变化是突然发生的。其阶跃可以在电源电压的任意相位角上开始和停止。采用下述电压试验等级(以%U_T 表示):0%,40%,70%,80%,相对应于暂降后剩余电压为参考电压的0%,40%,70%,80%。

对于电压暂降,优先采用的试验等级和持续时间列于表1。示例见图1a)和图1b)。

对于短时中断,优先采用的试验等级和持续时间列于表2。示例见图2。

表1和表2中给出的优先采用的试验等级和持续时间考虑了IEC 61000-2-8给出的信息。

表1中列出的优先采用的试验等级严酷程度是适当的,它代表了实际情况下的暂降特性,但这并不意味着保证抗扰度能够满足所有的暂降。更多更严酷的暂降,例如:0%,持续1s和平衡的三相暂降,有关的标准化技术委员会可能在考虑中。

表4给出了在突变期间电压的上升时间 t_r 和下降时间 t_f。

试验等级和持续时间应由产品规范中给出,试验等级为0%相当于完全电压中断,实际上,额定电压 U_T 从0到20%的电压试验等级都可以认为是完全中断。

表中较短的持续时间,尤其是半个周期,应进行试验,以确定受试设备(EUT)能否按其预定的性能运行。

对于带电源变压器的产品来说,当设定执行骚扰持续时间为半个周期时,有关专业标准化技术委员会应该特别注意冲击电流对试验结果带来的影响。对于此类产品,在电压暂降之后由于电源变压器铁芯的磁路饱和造成的冲击电流可能会达到额定电流的10～40倍。

表1 电压暂降试验优先采用的试验等级和持续时间

类别[a]	电压暂降的试验等级和持续时间(t_s)(50 Hz/60 Hz)				
1类	根据设备要求依次进行				
2类	0% 持续时间0.5周期	0% 持续时间1周期	70% 持续时间25/30周期[c]		
3类	0% 持续时间 0.5周期	0% 持续时间 1周期	40% 持续时间 10/12周期[c]	70% 持续时间 25/30周期[c]	80% 持续时间 250/300周期[c]
×类[b]	特定	特定	特定	特定	特定

[a] 分类依据GB/T 18039.4,见附录B。

[b] "×类"由有关的标准化技术委员会进行定义,对于直接或者间接连接到公共网络的设备,严酷等级不能低于2类的要求。

[c] "10/12周期"是指"50 Hz试验采用10周期"和"60 Hz试验采用12周期"。
"25/30周期"是指"50 Hz试验采用25周期"和"60 Hz试验采用30周期"。
"250/300周期"是指"50 Hz试验采用250周期"和"60 Hz试验采用300周期"。

表 2 短时中断试验优先采用的试验等级和持续时间

类别[a]	短时中断的试验等级和持续时间(t_s)(50 Hz/60 Hz)
1类	根据设备要求依次进行
2类	0% 持续时间 250/300 周期[c]
3类	0% 持续时间 250/300 周期[c]
×类[b]	×

[a] 分类依据 GB/T 18039.4,见附录 B。

[b] “×类”由有关的标准化技术委员会进行定义,对于直接或者间接连接到公共网络的设备,严酷等级不能低于 2 类的要求。

[c] “250/300 周期”是指“50 Hz 试验采用 250 周期”和“60 Hz 试验采用 300 周期”。

5.2 电压变化(供选择)

这个试验认为在额定电压 U_T 和变化后的电压之间有一个确定的过渡过程。

注:电压变化发生时间很短,可能是由负荷变化引起的。

表 3 给出了优先采用的电压变化所需时间和减少后的电压维持时间。电压变化的速率应该是常数,但电压可以是阶跃变化的,阶跃应定位在过零附近,且不应大于 $10\%U_T$。当阶跃在 $1\%U_T$ 以下,则可认为电压变化速率是常数。

表 3 短期供电电压变化的时间设定

电压试验等级	电压降低所需时间(t_d)	降低后电压维持时间(t_s)	电压增加所需时间(t_i)(50Hz/60Hz)
70%	突变	1 周期	25/30 周期[b]
×[a]	特定	特定	特定

[a] “×类”由有关的标准化技术委员会进行定义。

[b] “25/30 周期”是指“50 Hz 试验采用 25 周期”和“60 Hz 试验采用 30 周期”。

这一形态是电动机启动时的典型波形。

如图 3 所示,电压的均方根值为时间的函数。其他值可在适当的情况下被采用,且应由有关的标准化技术委员会加以规定。

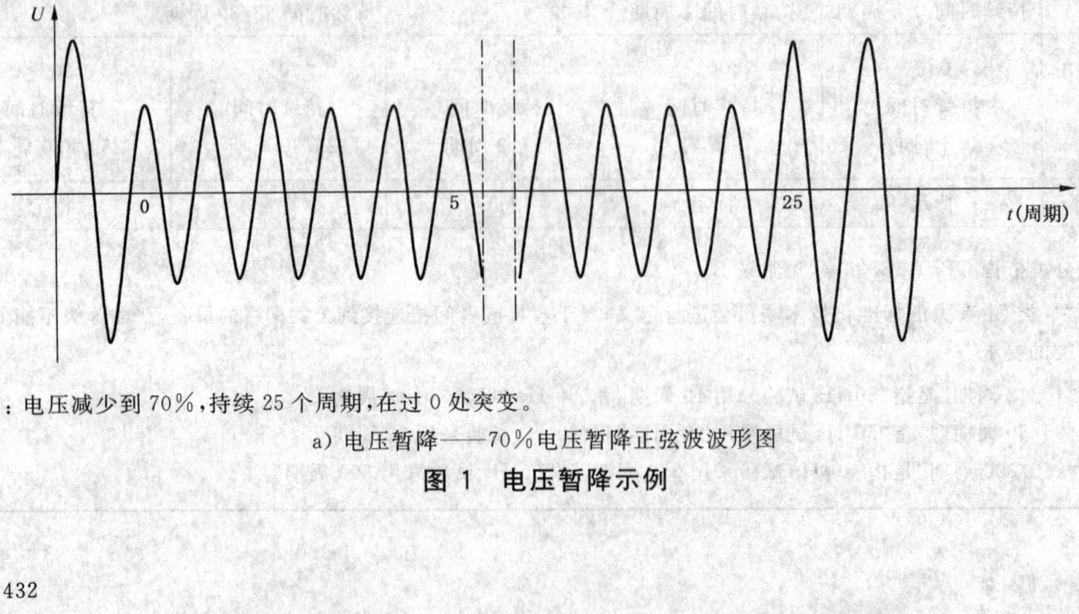

注:电压减少到 70%,持续 25 个周期,在过 0 处突变。

a) 电压暂降——70%电压暂降正弦波波形图

图 1 电压暂降示例

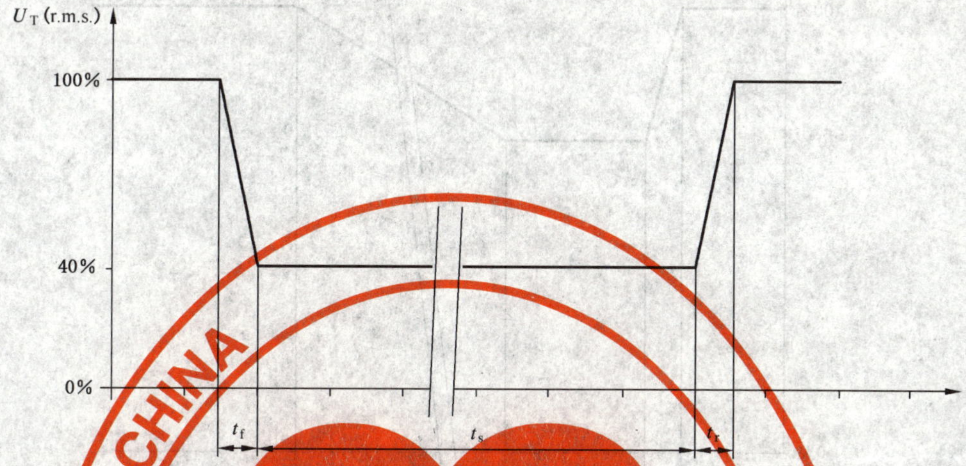

t_r——电压上升时间；

t_f——电压下降时间；

t_s——电压降低后持续时间。

b）电压暂降——40%电压暂降均方根值图形

图 1（续）

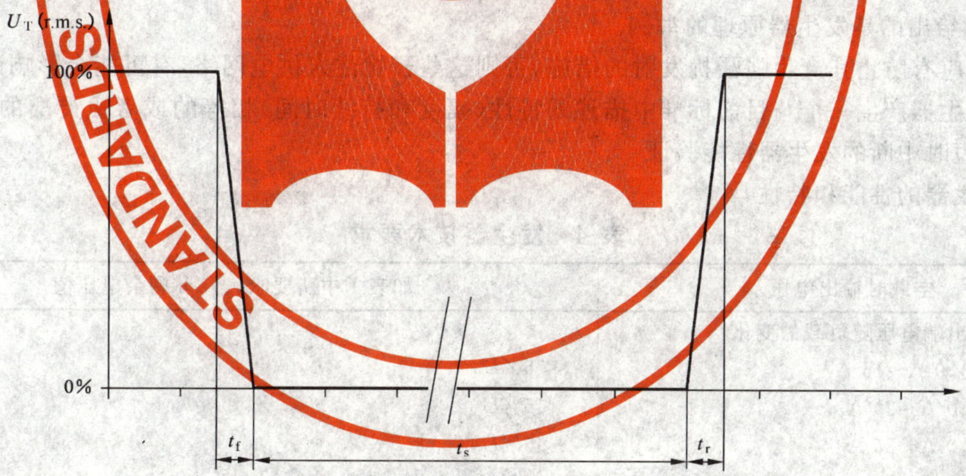

t_r——电压上升时间；

t_f——电压下降时间；

t_s——电压降低后持续时间。

图 2　短时中断

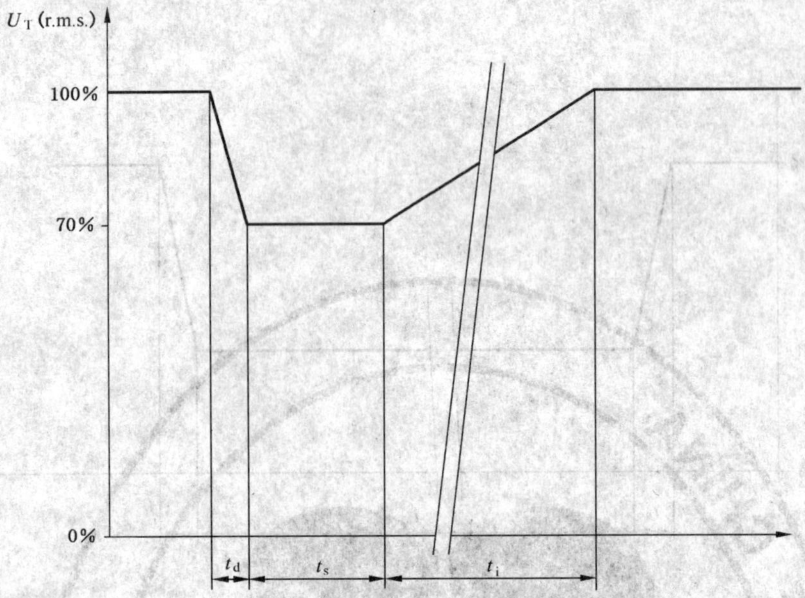

t_d——电压减少所需时间；

t_i——电压增加所需时间；

t_s——电压降低后持续时间。

图 3　电压变化

6　试验设备

6.1　试验发生器

除专门指出的以外，电压暂降、短时中断和电压变化发生器的共同特征如下。

附录 C 给出的是发生器原理的举例。

发生器应有防止其产生强骚扰发射的措施，否则这些骚扰注入供电网络，有可能会影响试验结果。

允许发生器产生一个与目前标准中描述的特性（幅度和持续时间）相等的或者更严酷的电压暂降。电压暂降、短时中断的发生器性能验证

6.1.1　发生器的性能和特性

表 4　发生器技术要求

空载时输出电压	如表 1 中所要求，±5%剩余电压值
发生器输出端电压随负载的变化 100%输出，0 A～16 A 80%输出，0 A～20 A 70%输出，0 A～23 A 40%输出，0 A～40 A	 <5%U_T <5%U_T <5%U_T <5%U_T
输出电流能力	额定电压下每相电流的均方根值为16 A。发生器应该有能力在额定电压的 80%下输出 20 A，持续时间达到 5 s。在额定电压的 70%下输出 23 A，持续时间达到 3 s。在额定电压的 40%下输出 40 A，持续时间达到 3 s（根据 EUT 的额定稳态电流情况，这一要求可以降低，见 A.3）
峰值冲击电流驱动能力（对电压变化试验不作要求）	不应受发生器的限制，但发生器的最大峰值驱动能力不必超过 1 000 A（相对 250 V～600 V 电源），500 A（相对 220 V～240 V 电源），250 A（相对 100 V～120 V 电源）

表 4（续）

空载时输出电压	如表 1 中所要求，±5%剩余电压值
发生器带有 100 Ω 阻性负载时，实际电压的瞬间峰值过冲/欠冲：	<5%U_T
发生器带有 100 Ω 阻性负载时，突变过程中电压上升时间 t_r 和下降时间 t_f，见图 1b)和图 2	1 μs～5 μs
相位变化(如果必要)	0°～360°
电压暂降和中断与电源频率的相位关系	<±10°
发生器的过零控制	±10°

输出阻抗应主要呈电阻性。

试验电压发生器的输出阻抗即使在过渡过程中也必须呈低阻抗(例如：<0.4+j0.25 Ω)。

注 1：用来测试发生器的 100 Ω 阻性负载不应有寄生电感。

注 2：对于再生能量的试验设备来说，负载端可并联一个外部电阻，这一负载不应该对试验结果产生影响。

6.1.2 电压暂降、短时中断的发生器性能验证

为了比较从不同试验发生器获得的试验结果，发生器的特性应根据下列要求进行验证：

——发生器输出电压均方根值的 100%、80%、70%和 40%应与所选择的工作电压(如 230 V、120 V 等)的百分值相一致。

——发生器的输出电压均方根值的 100%、80%、70%和 40%应在空载时测量，且保持在 U_T 的规定百分值内。

——负载调整率应在每个输出电压的标称负载电流下验证。在标称电压的 100%、80%、70%和 40%时，其变化不超过标称电压值的 5%。

输出电压为标称值的 80%时，以上要求只需在最大持续时间为 5 s 期间进行验证。

输出电压为标称值的 70%和 40%时，以上要求只需在最大持续时间为 3 s 期间进行验证。

如果需要验证峰值冲击电流驱动能力，在直流端将一个 1 700 μF 未充电的电容器和一个合适的整流器串联作为负载，发生器从 0%切换到 100%输出，在 90°和 270°相位时进行试验。测量发生器冲击电流驱动能力的电路由 A.1 给出。

若 EUT 产生的峰值冲击电流小于标准发生器规定的峰值冲击电流(例如对 220 V～240 V 电源，其电流为 500 A)，可采用比标准规定的发生器峰值冲击电流小的发生器进行测试，但应首先测量 EUT 的峰值冲击电流来予以确认。按照附录 A 的要求，当采用发生器供电时，应验证测到的 EUT 峰值冲击电流应小于发生器峰值驱动能力的 70%。实际 EUT 冲击电流应在冷启动和关闭 5 s 后两种状态下按附录 A.3 的步骤进行测量。

发生器的开关特性应通过一个具有合适功耗的 100 Ω 负载来测量。

注：用于测量发生器的 100Ω 负载不应有寄生电感。

上升和下降时间，以及过冲和欠冲，应在相位角 90°和 270°处，从 0%到 100%，100%到 80%，100%到 70%，100%到 40%和 100%到 0%进行切换验证。

相位角的准确度应在 0°至 360°中以 45°为增量的 9 个相位角上，从 0%到 100%和 100%到 0%进行切换检验。且在相位角 90°和 180°处，从 100%到 80%和 80%到 100%，100%到 70%和 70%到 100%，以及 100%到 40%和 40%到 100%进行切换验证。

根据被认可的质量保证体系，电压发生器应按规定的时间周期进行重复校准。

6.2 电源

电源试验电压的频率在额定频率±2%以内。

7 试验布置

用EUT制造商规定的，最短的电源电缆把EUT连接到试验发生器上进行试验。如果无电缆长度规定，则应是适合于EUT所用的最短电缆。

本部分描述三类现象的试验布置：

——电压暂降；

——短时中断；

——在额定电压和变化后的电压之间平缓过渡过程的电压变化(供选择)。

试验布置示例见附录C。

图C.1a)所示为采用带有内部开关的发生器原理图，产生电压暂降、短时中断和由额定电压平缓过渡到变化后电压的电压变化。图C.1b)是采用一个发生器和一个放大器组合的发生器原理图。

图C.2所示为三相设备的发生器原理图，其内部采用波形发生器与功率放大器的组合，能产生电压暂降、短时中断和电压变化。

8 试验程序

对一个给定的EUT，在试验开始之前，应先准备一份试验计划。

试验计划应该代表系统实际使用的方法。

要对系统作一次正确的预估，以确认被测的哪一种系统构成是能够体现现场情况的。

在试验报告中必须对试验的情况作解释与说明。

建议试验计划包含以下项目：

——EUT的类型；

——有关连接(插座、端子等)和相应的电缆以及辅助设备的资料；

——EUT的输入电源端口；

——EUT的典型运行方式；

——技术规范中采用和定义的性能判据；

——设备的运行方式；

——试验布置的描述。

如果没有EUT实际运行用的信号源，则可以模拟它们。

对每一项试验，应记录任何性能降低的情况，监视设备应能显示试验中和试验后EUT运行的状态，每组试验后，应进行一次全面的性能检查。

8.1 实验室参考条件

8.1.1 气候条件

除非对通用标准或者产品标准负责的委员会另有说明，实验室的气候条件应该满足EUT操作和试验设备制造商给出的任何限制。

如果相对湿度太大以致于在EUT或者试验设备上引起凝结，就不能进行试验。

注：如果有充分的证据来证明由于气候条件对本部分涵盖的现象产生影响，那么这应该引起对本部分负责的委员会的注意。

8.1.2 电磁条件

实验室的电磁条件应能保证EUT正常运行，使试验结果不受影响。

8.2 试验

试验时，监测试验的电源电压使其在2%准确度之内。

8.2.1 电压暂降和短时中断

EUT应按每一种选定的试验等级和持续时间组合，顺序进行三次电压暂降或中断试验，最小间隔

10 s(两次试验之间的间隔)均应在每个典型的工作模式下进行试验。

对于电压暂降,电源电压的变化发生在电压过零处,和由有关专业标准化技术委员会或个别产品规范中认为需要附加测试的几个角度,每相优先选择 45°、90°、135°、180°、225°、270°和 315°。对于短时中断,由有关专业标准化技术委员会根据最坏情况来规定角度,如果没有规定,建议任选一相,在相位角为 0°时进行测试。

对于三相系统的短时中断试验,根据 5.1 所述,三相应同时进行试验。

对于单相系统的电压暂降试验,电压根据条款 5.1 要求进行试验,这意味着将进行一系列的试验。

对于具有中线的三相系统的电压暂降试验,根据条款 5.1 每次单独测量一个电压(相一线,相一相),这意味着进行六个不同系列的试验,见图 4[1)]。

对于不具有中线的三相系统的电压暂降试验,根据条款 5.1,每次单独对相-相电压进行试验,这意味着进行三个不同系列的试验,见图 4b)。

注:对于三相系统,在相线对相线电压的暂降过程中,电压的变化最好在其他一个或者两个电压上进行。

对于带有一根以上电源线的 EUT,在每根电源线都应单独进行试验。

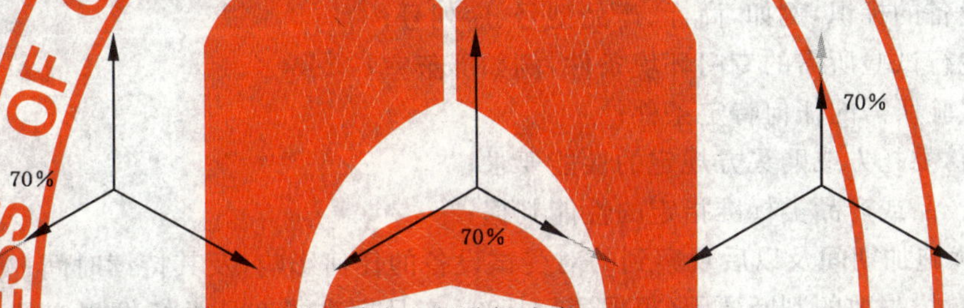

注:三相系统的相线对中线的试验,每次只对其中一相进行试验。

a) 三相系统的相线对中线试验

注:三相系统的相线对相线的试验,每次只对其中一相进行试验。(A)和(B)表示 70%暂降的情况。其中(A)是首选,但是(B)也可以接受。

b) 三相系统的相线对相线试验

图 4 三相系统的相线对中线和相线对相线试验

8.2.2 电压变化(供选择)

对 EUT 进行每一种规定的电压变化试验,应在最典型的运行方式下进行三次试验,其间隔 10 s。

9 试验结果评价

测试结果应依据受试设备在试验中的功能丧失或性能降低现象来分类,相关的性能水平由设备的制造商、委托方或由产品的制造商和购买方双方协商确定。推荐按如下要求分类:

——在制造商、委托方或客户规定的限值内性能正常;

——功能或性能暂时丧失或降低,但在骚扰停止后能自行恢复,不需要操作者干预;

1) 原文为 4b),本部分更改为图 4。

——功能或性能暂时丧失或降低，但需操作者干预才能恢复；

——因设备硬件或软件损坏，或数据丢失而造成不能恢复的功能丧失或性能降低。

由制造商提出的技术规范可以规定对于受试设备产生的某些影响是不重要的，因而是可接受的试验影响。

这种分类可以由负责相关产品的通用标准、产品标准和产品类标准的专业标准化技术委员会作为明确判定准则的指南。在没有合适的通用、产品或产品类标准时，可作为制造商和购买方协商的性能规范的框架。

注：电压暂降试验、短时中断试验和电压变化试验（如果被要求）所采用的性能等级可能会不同。

10 试验报告

试验报告应包含能重现试验的全部信息。特别是下列内容：

本部分中第8章要求的在试验计划中规定的项目内容；

——受试设备和辅助设备的标识，例如，商标、产品型号、序列号；

——试验设备的标识，例如，商标、产品型号、序列号；

——任何进行试验所需的专门环境条件，例如屏蔽室；

——进行试验所需的任何特定条件；

——制造商，委托方或购买方规定的性能要求；

——通用、产品或产品类标准指定的性能判据；

——在骚扰施加期间及以后观察到的对受试设备的任何影响，及其持续时间；

——试验通过/失败的判断原因（根据通用标准、产品标准或产品类标准规定的性能判据或制造商和购买方达成的协议）；

——采用的任何特殊条件，例如电缆长度或类型，屏蔽或接地，或受试设备运行条件，均要符合规定。

附 录 A
(规范性附录)
试验电路说明

A.1 试验发生器峰值冲击电流驱动能力

测量发生器峰值冲击电流驱动能力的电路如图 A.1 所示，桥式整流器可以在 90°与 270°时试验而不必变化整流器极性，整流器半周电源电流额定值至少应为发生器冲击电流驱动能力的两倍，以提供适当的运行安全系数。

1 700 μF 的电解电容器容许±20%的误差，它的电压额定值最好超过电源的正常峰值电压的 15%～20%。例如对 220 V～240 V 电源其电压为 400 V，它至少能吸收发生器冲击电流驱动能力的两倍的峰值冲击电流，以提供一个充分的运行安全系数。电容器的等效串联阻抗(ESR)在 100 Hz 和 20 kHz 时应尽可能小，不超过 0.1 Ω。

由于试验时 1 700 μF 的电容要放电，所以应并联一个电阻，在两次试验之间必须有几个 RC 时间常数的时间间隔。采用 10 000 Ω 电阻时，则 RC 时间常数为 17 s，所以在两次冲击驱动能力试验之间应等待 1.5 min 到 2 min。要求等待时间较短时，如 100 Ω 的低值电阻也可用。

电流探头应能在四分之一周期中吸收全部发生器峰值冲击电流而不饱和。

在发生器输出为 90°和 270°处，从 0%至 100%的切换来进行试验，以保证在两个极性上有足够的峰值冲击电流驱动能力。

A.2 测量峰值冲击电流能力的电流监视器特性

在 50 Ω 负载上的输出电压：	0.01 V/A 或更大
峰值电流：	最小为 1 000 A
峰值电流准确度：	±10%(3 ms 脉宽)
均方根值电流：	最小为 50 A
$I \times T$ 最大值：	10 A·s 或更大
上升/下降时间：	500 ns 或更小
低频 3 dB 点：	10 Hz 或更小
插入电阻：	0.001 Ω 或更小

A.3 EUT 峰值冲击电流要求

当发生器峰值冲击电流驱动能力满足规定的要求时(例如，220 V～240 V 电源，至少有 500 A)。就不必去测量 EUT 峰值冲击电流。

然而，如果 EUT 的冲击要求小于发生器的冲击电流驱动能力，那么小于这个冲击电流的发生器也可用于试验。图 A.2 所示的电路为测量一个 EUT 峰值冲击电流的举例，用以确定其是否小于低冲击驱动能力发生器的冲击驱动能力。

图 A.2 电路采用了与图 A.1 电路相同的电流互感器，进行四项峰值冲击电流试验：

a) 至少停电 5 min，在 90°相位重新开机测量峰值冲击电流；

b) 在 270°重复 a)；

c) 至少通电 1 min，停电 5 min，然后在相位 90°重新开机，测量峰值冲击电流；

d) 在 270°重复 c)操作。

为了能够用低冲击电流驱动能力的发生器试验特定的 EUT，测得的 EUT 冲击电流应小于发生器的冲击电流驱动能力的70%。

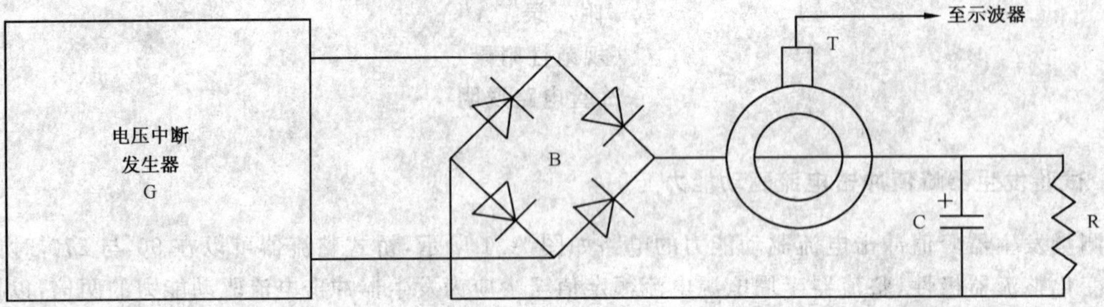

元件：

G——电压中断发生器，在90°和270°上切换；

T——电流探头，可输出给示波器来监视；

B——整流桥；

R——分流电阻器，100 Ω≤R≤10 000 Ω；

C——1 700 μF±20%的电解电容器。

图 A.1 确定短时中断发生器冲击电流驱动能力的电路

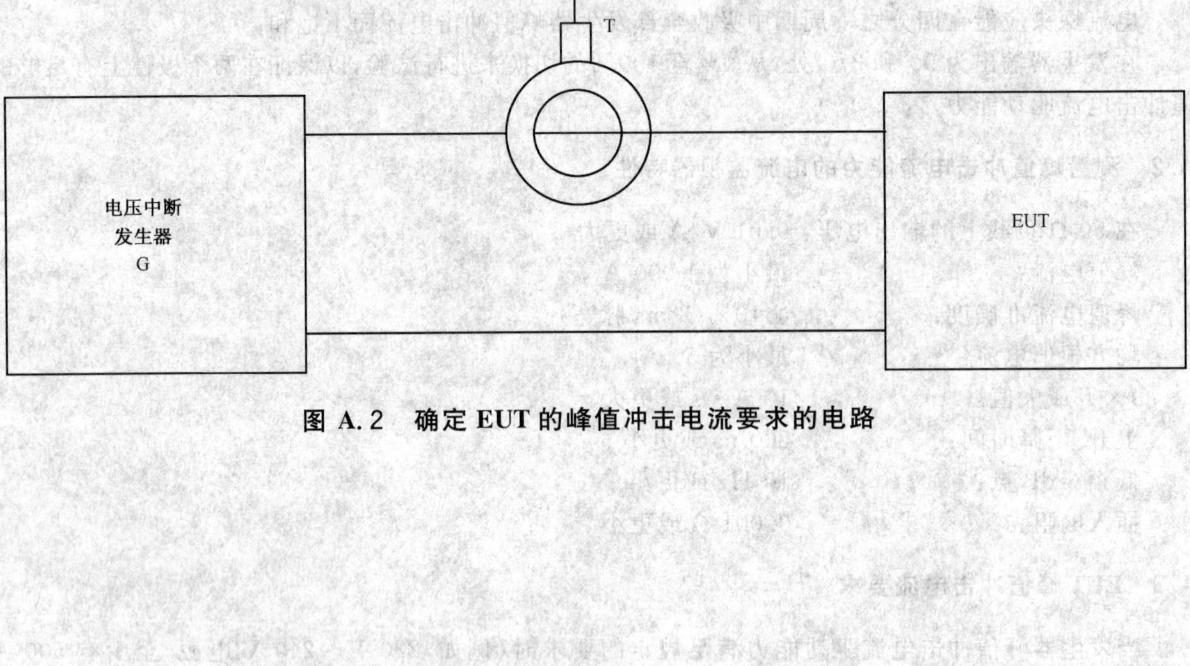

图 A.2 确定EUT的峰值冲击电流要求的电路

附　录　B
（资料性附录）
电磁环境分类

B.1　电磁环境分类

以下的电磁环境分类是从 GB/T 18039.4—2003 概括而来的。

第 1 类

适用于受保护的供电电源，其兼容水平低于公用供电系统。它涉及到对电源骚扰很敏感的设备（例如，实验室的仪器、某些自动控制和保护设备及计算机等）的使用。

注：安装在第 1 类环境中的设备要求有保护装置如不间断电源（UPS）、滤波器或浪涌抑制器等。

第 2 类

一般适用于商用环境的公共耦合点 PCC 和工业环境的内部耦合点（IPC）。该类的兼容水平与公用供电系统的相同。因此涉及用于公用系统的元件也适用于这类工业环境。

第 3 类

仅适用于工业环境中的 IPC。该类某些骚扰现象的兼容水平要高于第 2 类。在连接有下列设备时应认为是这类环境：

——大部分负荷经换流器供电；

——有焊接设备；

——频繁启动的大型电动机；

——变化迅速的负荷。

注 1：像诸如通常由隔离母线供电的电弧炉及大型换流器等强骚扰负荷供电的电源，其骚扰水平超过第 3 类（严酷环境），在这种特定情况下，兼容水平应协商确定。

注 2：适用于新建和现有工厂的扩建部分的环境类型不能预先确定，而宜与设备类型和所考虑的生产过程相关联。

附 录 C
（资料性附录）
试 验 仪 器

C.1 发生器和试验布置举例

图 C.1a)和图 C.1b)为两种可能的电源模拟器的试验原理图。为了显示在特定条件下 EUT 的动作情况，中断和电压变化可通过两个调压器来模拟。

电压的跌落、上升和中断可以通过交替闭合开关 1 和开关 2 来模拟。这两个开关不会同时闭合，将两个开关断开的间隔达到 100 μs 是可以接受的。可以在与相位角无关的情况下来断开和闭合这两个开关。采用功率半导体 MOSFET 和 IGBT 构成的半导体开关可以满足这一要求，而可控硅和双向可控硅开关要在电流过零的时候才能断开，故不满足这一要求。

调压器输出电压既可人工调节，也可通过电动机自动调节。作为备选方法，还可以用多路开关来选择自耦变压器的抽头。

波形发生器和功率放大器可用来代替调压变压器和开关（见图 C.1b)），这一结构也可用于 EUT 的频率变化和谐波试验。

单相试验发生器（见图 C.1a)、图 C.1b)和图 C.1c)）也能用在三相试验中（见图 C.2）。

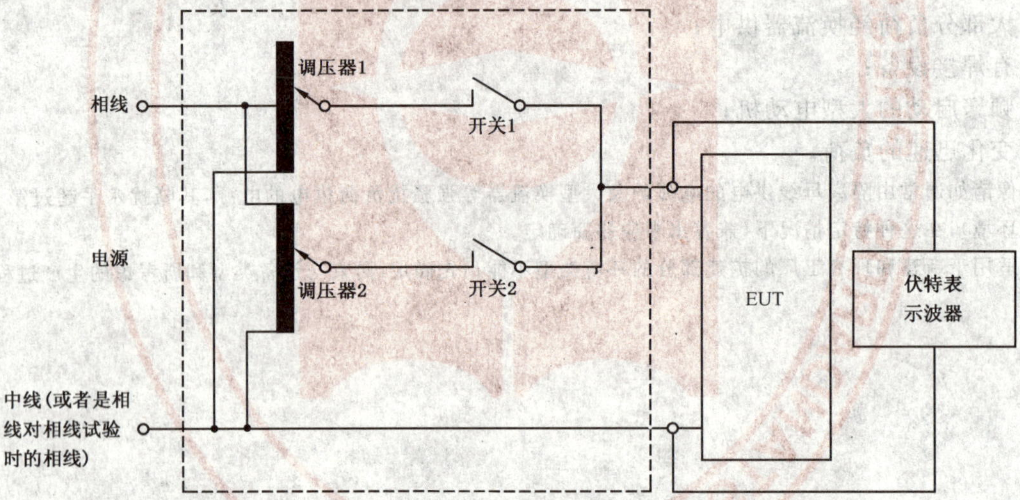

a) 采用调压器和开关进行电压暂降、短时中断和电压变化的试验原理图

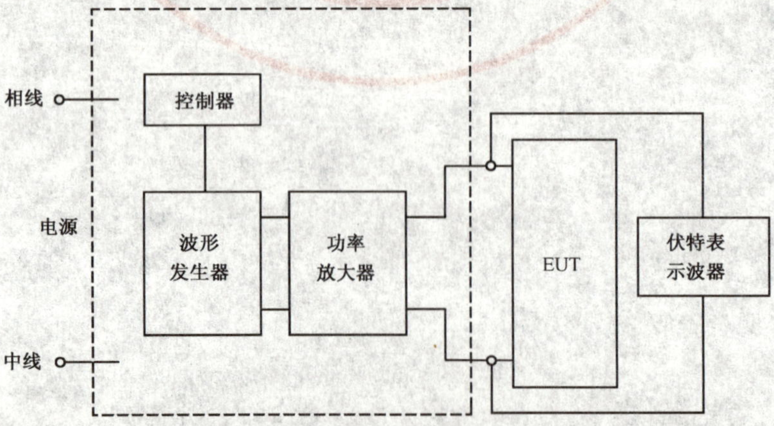

b) 采用功率放大器进行电压暂降、短时中断和电压变化的试验原理图

图 C.1 电压暂降、短时中断和电压变化的试验原理图

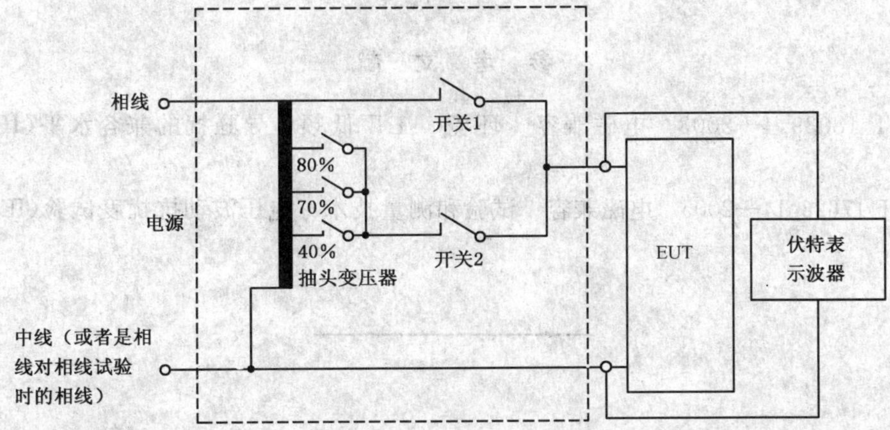

c) 采用抽头变压器和开关进行电压暂降、短时中断和电压变化的试验原理图

图 C.1（续）

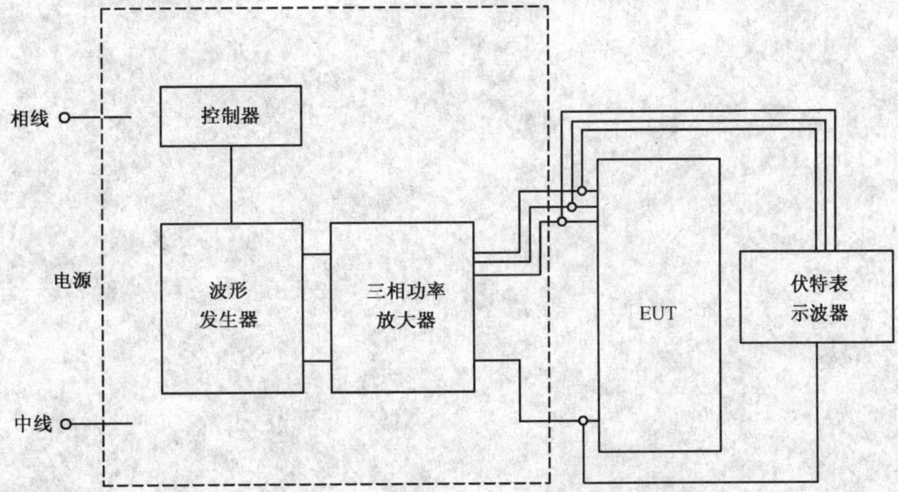

图 C.2 采用功率放大器进行三相电压暂降、短时中断和电压变化的试验原理图

参考文献

［1］ GB/T 18039.4—2003 电磁兼容 环境 工厂低频传导骚扰的兼容水平(IEC 61000-2-4：1994,IDT)

［2］ GB/T 17626.14—2005 电磁兼容 试验和测量技术 电压波动抗扰度试验(IEC 61000-4-14：2002,IDT)

ICS 35.240.60
L 67

GB

中华人民共和国国家标准

GB/T 17628—2008/ISO/IEC 14662:2004
代替 GB/T 17628—1998

信息技术 开放式 edi 参考模型

Information technology—Open-edi reference model

(ISO/IEC 14662:2004,IDT)

2008-04-11 发布　　2008-09-01 实施

中华人民共和国国家质量监督检验检疫总局
中国国家标准化管理委员会　发布

前　言

本标准等同采用ISO/IEC 14662:2004《信息技术　开放式 edi 参考模型》(英文版)。

本标准代替GB/T 17628—1998《信息技术　开放式 edi 参考模型》。

本标准与GB/T 17628—1998相比,主要变化如下:

a) 重新定义了业务操作视图(BOV),由"业务交易的一个视角,它被限于与描述业务交易所需的做业务决策和组织间的承诺有关的方面。"改为:"业务交易的一个视角,它被限于在'人或法人'间做业务决定和承诺有关的方面,这些决定和承诺是描述业务交易所需要的"。

b) 增加了新术语"人或法人"。

c) 引言增加了0.3　业务交易和承诺交换语境中的"人或法人"、"自然人"和"参与方"的用法。

d) 附录C增加了C.3 基于UML的角色行为描述方法。

e) 删除了ISO/IEC前言。

本标准的附录A、附录B、附录C、附录D为资料性附录。

本标准由中国标准化研究院提出。

本标准由全国信息技术标准化技术委员会归口。

本标准起草单位:中国标准化研究院,成都市标准化研究所。

本标准主要起草人:徐成华、张荫芬、刘碧松、魏宏、林希、张艳琦。

引　言

电子数据交换(EDI)在经济上的优势已被广泛认识。然而,由于必须在有关的业务伙伴之间建立详细的双边业务和技术协定,建立EDI关系的费用仍是非常高的。建立双边业务和技术协定的高昂的初始成本不适合短期的伙伴关系,同时包含对大量业务伙伴及其之间协定管理的EDI实现也没有效益。因此,大多数的EDI实现只成功地运用于:

——长期的业务伙伴之间;

——数量有限的伙伴之间。

通过引进标准业务剧本和支持它们所需的服务,开放式edi减少了上述障碍。一旦商定了业务剧本,并且其实施符合开放式edi标准,则不需要在贸易伙伴之间预先建立协定,只需要作出参加符合业务剧本的开放式edi交易的决定。由于开放式edi采用通用的方法,它能够使参与组织快速而经济地建立短期关系;同时,业务剧本及其所需的支持服务可供所有希望使用它们的用户使用,因此为实施开放式edi提供了所需的工具。

开放式edi适用于行业内和跨行业(如公用/专用、行业、地域)的多个自治组织之间的业务交易的电子化处理。它包括涉及诸如数、字符、图像、声音多种数据类型的业务交易。

组织之间要通过互连的信息系统来相互工作,为了提供相互工作所需的标准,而初步建立了开放式edi参考模型。该模型独立于以下几个具体的方面:

——信息技术实施;

——业务内容或约定;

——业务活动;

——业务活动的参与方。

开放式edi参考模型标识了开放式edi所需的标准,并通过定义用于研制这些标准所需的基本概念为它们提供参考依据。它可作为与EDI标准化有关的不同机构协调工作的基础。它既为这种协调提供框架,也为现有标准和制定中的标准的集成以及未来标准的开发提供框架。开放式edi参考模型考虑了现有的EDI标准。附录A给出某些开放式edi标准化领域和标准化活动类型,附录B给出对开放式edi标准的某些需求。

开放式edi参考模型采用两种视图来描述业务交易的有关方面:

——业务操作视图(BOV);

——功能服务视图(FSV)。

BOV描述下列几个方面:

a)　业务交易和相关数据交换中的业务数据的语义;

b)　适用于开放式edi业务需要的业务交易规则,包括:

　　1)　操作约定;

　　2)　协定;

　　3)　相互间的义务。

FSV描述满足开放式edi机制要求的支持服务。它重点描述信息技术的下列几个方面:

a)　功能能力;

b)　服务接口;

c)　协议。

这些功能能力、服务接口和协议包括:

——发起、运作和跟踪开放式 edi 交易进程的能力；
——用户应用接口；
——传送基础设施接口；
——安全机制处理；
——不同组织的信息技术系统相互工作的协议；
——翻译机制。

0.1 开放式 edi 参考模型的协调要求

开放式 edi 所需的标准覆盖了广泛的领域，它包括但不限于下列几个方面：
——业务方面；
——支持国家和国际法律法规；
——信息技术通用标准，如信息建模标准；
——软件工程标准；
——数据建模标准；
——行业专用的信息技术标准；
——互连标准，如消息处理、文件传送、交易处理和网络管理；
——安全标准。

电子业务标准的开发工作已在一些标准化机构和行业团体中进行。

为了实现下列目标，标准开发的协调工作很有必要：
——避免工作的重复；
——保证符合解决方案的标准的互操作性；
——保证标准在技术上的一致性；
——标识和补充标准间的不足和空缺；
——标识和消除标准间的重复和冗余。

附录 A 描述了开放式 edi 参考模型是怎样作为基础来协调不同的电子业务标准化机构的工作的。

0.2 开放式 edi 参考模型的技术要求

开放式 edi 参考模型的每一视图都与一类必要的标准相对应。与开放式 edi 参考模型中的 BOV 有关的那一类标准，指引开放式 edi 的业务问题。与开放式 edi 参考模型中的 FSV 有关的另一类标准，指引信息技术问题。每一类标准都需要特定类型的专业开发队伍。通过区别 IT 方面与开放式 edi 的业务用户方面，开放式 edi 参考模型和相关标准在适应信息技术变化和用户需求变化方面具有灵活性，且不会影响与开放式 edi 业务用户有关的开放式 edi 标准。与该框架一致的标准的实施方法不受该模型的限制。因此在保留了实施方法的灵活性的同时，保证了开放式 edi 系统间的相互工作。

开放式 edi 的实施需要不同类型专家之间的合作，主要是信息分析员协助下的业务用户和包括通信专家在内的信息技术专家之间的合作。

为了支持开放式 edi 活动，必须开发考虑了开放式 edi 参与方的内部和外部行为两个方面的模型。不同开放式 edi 参与方的外部和内部行为之间的边界依实施情况而异，因此，这些有待开发的模型必须考虑用于保证互操作性所必须的各个方面。只有开放式 edi 参与方的外部行为才影响开放式 edi 系统的互操作性。在模型中提供开放式 edi 系统的内部行为的描述只是为了支持互操作性方面的定义和说明，并提供所需的外部接口的定义。

0.3 业务交易和承诺交换语境中的"人或法人"、"自然人"和"参与方"的用法

本标准开始研制时，"因特网"和"万维网"还处于萌芽状态，它们对私立和公共行业组织的影响尚未得到充分认识。因此，在本标准的第一版中，业务操作视图(BOV)最初定义为：

"业务交易的一个视角，它被限于在组织间做业务决定和承诺有关的方面，这些决定和承诺是描述业务交易所需要的。"

本标准第一版中采用了 ISO/IEC 6523—1984 对"组织"的定义。但是在 1998 年，该标准对"组织"的定义发生了改变，并且该标准也分成了两部分。事实上当今基于因特网和万维网的开放式 edi 还涉及"个人"，本次修订也充分考虑了这一点。本标准既没有定义"承诺"，也没有定义一个实体必须具备的抽象特性和行为，以便该实体既能做出"承诺"，又能在"因特网"的虚拟世界中建立起法律和信息技术视角之间的联系。术语"承诺"在 ISO/IEC 15944-1 中定义。

同时，当考虑"承诺"的法律因素时，为了能够做出"承诺"，术语"开放式 edi 参与方"的定义不足以满足剧本规范的需要。在许多实际情况下，承诺实际上是由两个或多个机器间(自动控制或者计算机程序)做出的，这些机器是按照法律上能够做出承诺的人的指令工作，而不是由个人做出。在某些司法权限内，"虚拟"人也能做出承诺，比如法人团体。为了描述这些扩展需求，本标准定义了一个新的术语："人或法人"。以这种方式定义的"人或法人"的概念，就会具有潜在的法律和法规限制适用于它。

标准的使用者需明白：

——本标准中的"人或法人"是一个术语，即为做出承诺承担法律责任的"开放式 edi 参与方"内的实体；

——"个人"、"组织"、"公共管理机构"代表了"人或法人"的三种通用子类型。这三个术语的定义和用法详见 ISO/IEC 15944-1。

本标准中的"人"和/或"参与方"按照一般语境使用。"业务交易的参与方"应具有"人或法人"的特性和行为(详见 ISO/IEC 15944-1—2002，第 6 章、6.1.2 和 6.2)。

0.4 电子业务和开放式 edi：活动领域和参与

下列各表给出了开展电子业务活动的总的语境，其中表 1 给出了活动领域，表 2 给出了应承担活动领域中的工作的组织的类型，表 3 给出了在该标准完成时应承担活动领域中的工作的实际组织。届时，应建立用于标识所有有关行业组织的工作文件。

在本标准中规定的开放式 edi 参考模型的应用，使表 1 中所述的活动对应的组织能够被不断地完善。详见附录 A，尤其是其中的表 A.1 和表 A.2。

附录 A 解释了表的标题。此外，表 1、表 2、表 3 在以"形式识别"为特征的环境下具有新的内涵。这是介于环境和活动模型之间的一个特定阶段，其中环境指在标准化框架开发过程中所有已存在的东西，活动模型指业务建模方法和框架所标识的技术。

表 1 活动领域

	元标准 A	标准 B	指南 C	生产产品 D	一致性和认证 E	由……使用 F
1. 环　境	语　言	法律，惯例	业务指南		仲裁机构	合　同
2. 形式识别	框架	参考模型	BOV 和 FSV		测试机构	工具集
3. BOV 活动模型	建模语言	业务剧本	约定		测试定义	应用
4. BOV 数据模型	建模语言	报文标准	使用指南		测试定义	实际数据
5. FSV 技术	工具、技术	互操作性标准	轮廓		互操作性标准	软件，硬件

表 2　完成表格各框中的不同任务涉及的组织的类型

	元标准 A	标准 B	指南 C	生产产品 D	一致性和认证 E	由……使用 F
1. 环境	法律和法规组织		框架			
2. 形式识别	标准化			实施者 和 用户	测试和 认证组织	实施者 和 用户
3. BOV 活动模型		流程				
4. BOV 数据模型			组织			
5. FSV 技术						

表 3　当前参与方

	元标准	标准	指南	生产产品	一致性和认证	由……使用
环境	文化 适应性	国际的 国家的 双边的	律师		仲裁机构	商业 和 政府
形式识别	ISO/IEC JTC 1/SC 32	ISO,ISO/IEC, ITU 国家和地区标准化组织 UN/ECE CEN IETF ASTM OASIS	ISO/IEC JTC1 SC 32 UN/ECE ASTM		ISO/IEC	标准化组织 供应商 用户
BOV 活动模型	ISO/IEC JTC 1/SC 7 和 SC 32 ISO TC 184	ISO ,IEC 和 ITU 行业组织 CEN 国家标准化组织 WfMC	WfMC	非标准 产品		用户
BOV 数据模型	ISO/IEC JTC 1/SC 32 ISO TC 211	贸易组织用户组 WTO WCO ICAO IMO SWIFT ebXML UN/ECE	同前一列,另增加行业组织	供应商	UN/CEFACT	供应商 用户
FSV 技术	ISO/IEC JTC 1 ISO TC 211 IETF	ISO/IEC 的各相关 TC 和 JTC 1/SC CEN IETF W3C	ISO/IEC JTC 1/SC 32 JTC 1/SC 27 TC 215 CEN TC 251 IETF W3C	制造商 供应商	多个 NIST 开放组织	供应商 用户

信息技术　开放式edi参考模型

1　范围

本标准规定了用于协调现有标准的集成和未来标准的开发的框架，以便各开放式edi参与方通过开放式edi进行相互工作，同时，本标准还为这些标准提供了参考。因此，本标准的作用是通过提供标准开发者使用的语境来指导实现开放式edi所需的标准化工作，保证相关的标准化建模和描述技术、服务、服务接口、协议的连贯性和完整性。

本标准通过业务交易的两个视角，描述了与开放式edi参与方使用的信息技术系统的互操作性有关的重要方面。这两个视角是：

a)　开放式edi参与方之间的业务信息、业务约定、协定和规则等的业务方面；

b)　在开放式edi系统中支持业务交易的执行所需的信息技术方面。

本标准既不是实施规范，也不是用于检验实施的一致性的基础。

2　规范性引用文件

下列文件中的条款通过本标准的引用而成为本标准的条款。凡是注日期的引用文件，其随后所有的修改单(不包括勘误的内容)或修订版均不适用于本标准，然而，鼓励根据本标准达成协议的各方研究是否可使用这些文件的最新版本。凡是不注日期的引用文件，其最新版本适用于本标准。

ISO 6523-1:1998　信息技术　组织和组织各部分标识用的结构　第1部分:组织标识方案的标识

ISO 6523-2:1998　信息技术　组织和组织各部分标识用的结构　第2部分:组织标识方案的注册

ISO/IEC 15944-1:2002　信息技术　业务协议语义描述技术　第1部分:实施开放式edi的操作方面

3　术语、定义和缩略语

3.1　术语和定义

下列术语和定义适用于本标准。

3.1.1

应用程序接口　application program interface;API

应用软件使用编程语言工具调用服务所跨越的边界。

3.1.2

业务　business

一系列过程，其中每个过程都有明确的目的，涉及多个参与方，通过信息交换实现，旨在达到某个共同商定的目标，并延续一段时间。

3.1.3

业务操作视图　business operational view;BOV

业务交易的一个视角，它被限于在“人或法人”间做业务决定和承诺有关的方面，这些决定和承诺是描述业务交易所需要的。

3.1.4

业务交易　business transaction

各参与方的活动和/或过程的预定义的集合，它由一个参与方发起，以完成明确的共同业务目标；当由所有有关参与方商定的结论中的一个被认可时，则终止，当然某些认可可以是隐含的。

3.1.5

电子数据交换　electronic data interchange;EDI

在两个或两个以上的参与方的信息系统之间,为实现业务目的而进行的预定义和结构化数据的自动交换。

3.1.6

形式描述技术　formal description technique;FDT

一种基于描述语言的规范方法,用这种描述语言开发表达式(形式语法)和解释这些表达式的含义(形式语义)的规则都是严密和无歧义的。

3.1.7

功能服务视图　functional service view;FSV

业务交易的一个视角,它被限于支持执行开放式 edi 交易所需的信息技术系统的信息技术互操作性方面。

3.1.8

信息技术系统　information technology system

IT 系统　IT system

一个或多个计算机、相关的软件、外围设备、终端、人工操作、物理过程、信息传送工具的集合,它形成了一个具有执行信息处理和信息传送能力的自动系统。

3.1.9

开放式 edi open-edi

为完成明确的共同业务目标而在多个自治"人或法人"之间根据开放式 edi 标准进行的电子数据交换。

3.1.10

开放式 edi 标准　open-edi standard

符合开放式 edi 参考模型的标准。

3.1.11

开放式 edi 参与方　open-edi party;OeP

参与开放式 edi 的组织。

3.1.12

开放式 edi 剧本　open-edi scenario

具有相同业务目标的一类业务交易的形式规范。

3.1.13

开放式 edi 交易　open-edi transaction

符合开放式 edi 剧本的业务交易。

3.1.14

人或法人　Person

实体,即:法律认可的有合法权利和责任,能够承诺、承担和履行所发生的义务并能对其行为负责的自然人或法人。

注 1:"法律意义上的人"的同义词,根据术语使用的法定管辖区域不同,可以是"虚拟人","法人团体"等。

注 2:英文中"Person"首字母大写表明在国际标准中正式定义的用法,并区别于日常的用法。

注 3:对业务交易最少且最通用的外部限制通常要求区分出"人或法人"的三种子类型:"个人"、"组织"、"公共管理机构"。

3.2 缩略语

API 应用程序接口 (Application Program Interface)

BIM 业务和信息建模 (Business and Information Modelling)

BOV 业务操作视图 (Business Operational View)

DMA 决策应用 (Decision Making Application)

EDI 电子数据交换 (Electronic Data Interchange)

EDIFACT 用于行政、商业和运输业的电子数据交换 (EDI for Administration, Commerce and Transport)

EWOS 欧洲开放系统工作组 (European Workshop for Open System)

FDT 形式描述技术 (Formal Description Technique)

FSV 功能服务视图 (Functional Service View)

IB 信息束 (Information Bundle)

IPD 信息处理域 (Information Processing Domain)

IT 信息技术 (Information Technology)

OeCI 开放式 edi 控制信息 (Open-edi Control Information)

OeDT 开放式 edi 描述技术 (Open-edi Descriptive Technique)

OeP 开放式 edi 参与方 (Open-edi Party)

OeSE 开放式 edi 支持实体 (Open-edi Support Entity)

OeUD 开放式 edi 用户数据 (Open-edi User Data)

OSI 开放系统互连 (Open System Interconnection)

SC (开放式 edi 剧本语境中的)语义成分 (Semantic Component (in the context of Open-edi scenarios))

SC (ISO 或 IEC 语境中的)分委员会 (Sub-Committee (in the context of ISO or IEC))

SGML 标准通用置标语言 (Standard Generalized Mark-up Language)

STEP 产品模型数据交换标准 (Standard for the Exchange of Product model data)

TC 技术委员会 (Technical Committee)

TDID 贸易数据交换目录 (Trade Data Interchange Directory)

TI 传送基础设施 (Transfer Infrastructure)

UN/ECE 联合国欧洲经济委员会 (United Nations/Economic Commission for Europe)

WG 工作组 (Working Group)

4 开放式 edi 参考模型

开放式 edi 参考模型为开放式 edi 标准的标识、制定和协调提供了一个参考框架。该框架描述业务交易的两种视图,一种是业务操作视图(BOV),侧重业务用户方面;另一种是功能服务视图(FSV),侧重信息技术方面。每种视图都有一类与其相关的标准,分别称为 BOV 相关标准和 FSV 相关标准。图 1建立了模型与这两种视图之间的关系。

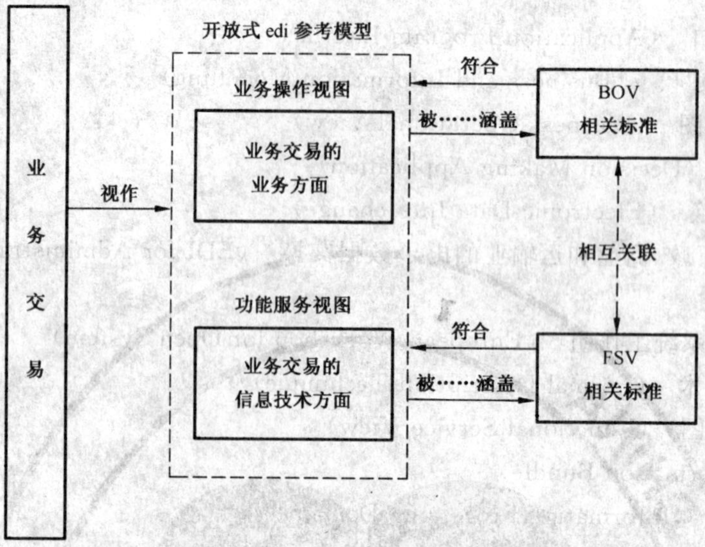

图 1 开放式 edi 环境

这两种视图定义如下：

——业务操作视图(BOV)：业务交易的一个视角，它限于描述业务交易所需的、做业务决策和“人或法人”间的承诺有关的方面；

——功能服务视图(FSV)：业务交易的一个视角，它限于支持执行开放式 edi 交易所需的信息技术系统的信息技术互操作性方面。

BOV 相关标准是一些工具和规则，掌握业务领域的运作的用户可使用这些工具和规则构造剧本。当注册机构考虑剧本的注册事宜时，应引用 BOV 相关标准。

如果创建的开放式 edi 剧本被标准化，它们就可被称为标准化的开放式 edi 剧本，而不是“BOV 相关标准”。

FSV 相关标准由信息技术专家使用。信息技术专家指的是在组织内使用信息技术设计和/或建立支持业务需要的信息技术系统的人。这些专家制作符合 FSV 相关标准(开放式 edi 系统)的产品和服务，其中 FSV 相关标准能够潜在地支持开放式 edi 交易的执行。

如图 2 所示，这两类标准之间的实际的相互关系是开放式 edi 参考模型的一个关键因素。FSV 相关标准应考虑 BOV 相关标准，反之亦然。使用 BOV 相关标准构造的开放式 edi 剧本表达了需求，这些需求是对执行相应的开放式 edi 交易的 FSV 相关标准的信息技术产品和服务所提出的要求。这些要求包括：

——支持开放式 edi 交易所需的功能能力的标识；

——这些开放式 edi 交易所需的功能能力所要求的服务质量。

通过信息技术系统来支持开放式 edi 交易所需的功能成分的形式规范应使用 FSV 相关标准来制定。

一旦商定了开放式 edi 剧本，如果相应的实施与 FSV 相关标准一致，则除了参与与开放式 edi 剧本一致的开放式 edi 交易的协议外，不需要在开放式 edi 参与方之间建立预协议。这样做的目的也在于，开放式 edi 参与方根据某一剧本发送的信息，只要符合开放式 edi 标准，就能被一个或多个参与方通过引用该剧本并根据该剧本的语境对发来的信息进行接收和处理，不需要其他协定。但是，在任一开放式 edi 交易中，由于某一组织的加入而产生的法律需求和/或责任可由权威的法律环境或参与组织之间形成的法律交换协定来决定。开放式 edi 参与方需遵守以规则为基础的行为准则，并具有在开放式 edi 中做出承诺的能力(如业务、操作、技术、法律和/或审计视角)。

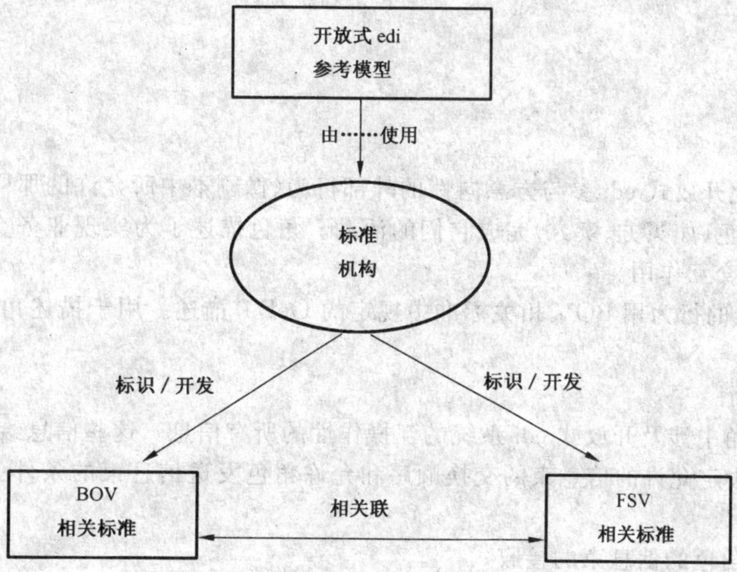

图 2　BOV 标准和 FSV 标准的创建

4.1　业务操作视图

BOV 描述了多个开放式 edi 参与方之间相互工作的业务需求以及对支撑性的信息技术产品和服务的要求。这些业务需求包括多个组织之间的业务约定、协定和规则。

4.1.1　BOV 相关标准

BOV 相关标准为开放式 edi 参与方的外部行为的形式业务描述提供工具，以使其他开放式 edi 参与方对这些外部行为有共同的理解。BOV 相关标准为捕捉静态和动态的业务需求提供了工具。

BOV 相关标准提供了如何把业务及相关需求模型化为开放式 edi 剧本的规范，该规范包括所使用的开放式 edi 描述技术在内的建模标准。

开放式 edi 描述技术(OeDT)：一种形式化地规定 BOV 概念所需的、计算机可处理形式的规范化方法，如形式描述技术、具有形式描述技术特征的另一种方法学或是若干种这样的技术的组合。

BOV 相关标准提供工具和规则，以允许和保证：

——开放式 edi 剧本的规范；

——开放式 edi 剧本成分的可复用性；

——多个用户团体之间的开放式 edi 剧本成分的协调。

4.1.2　开放式 edi 剧本

不同的用户团体应根据 BOV 相关标准中给出的规范制作开放式 edi 剧本。开放式 edi 剧本应根据 BOV 相关标准来规定。业务团体可提出把开放式 edi 剧本作为标准化对象和将其注册到开放式 edi 剧本库中的建议。提出新的开放式 edi 剧本和修订一个或多个开放式 edi 剧本库中的剧本的程序在 BOV 相关标准中规定。

参与方对通用剧本和专用剧本均有需求。通用剧本建立的是业务交易的总的剧本结构，但是，它们是通过用以支持特定行业需求、法律需求和其他需求的专用剧本的轮廓实现的。

开放式 edi 剧本包括的所有规范应在抽象层上完成，这样便不依赖于数据表示、编码和解码等问题。

因此，用于描述这些剧本的 OeDT 应允许使用层次分解法和模块法。

因此，BOV 相关标准应提供以不同级别的细化方式定义开放式 edi 剧本的可能性。

开放式 edi 剧本包括下列成分：

——角色；

——信息束；

——剧本属性。

4.1.2.1 **角色**

角色：用于模型化开放式 edi 参与方意向性的外部行为（像剧本中所允许的那样）的规范。

业务通过扮演角色（如买方、卖方）完成它们的活动。角色描述了为实现业务交易目标而与其他参与方进行的外部业务交互作用。

扮演角色的 OeP 的行为用 BOV 相关标准中规定的 OeDT 描述。用于描述角色行为的 FDT 的例子在附录 C 中给出。

角色包括下列特性：

——在 BOV 视角中涉及开放式 edi 系统的互操作性的所有信息。这些信息给开放式 edi 系统提供了工具，以决定允许的信息束的交换顺序和允许角色发送信息束的条件。这些条件包括但不限于：
- 自另一角色的信息束的接收；
- 内部决策；
- 与业务交易目标有关的时限期满（如延期支付）；
- 与业务交易业务目标有关的异常情况或差错（如损坏货物的接收）。

——对开放式 edi 支持基础设施的要求。它引用满足开放式 edi 剧本对角色的需求的功能能力（见 4.2.1）及其服务质量。预定义的、对开放式 edi 支持基础设施的要求的目录是一个 BOV 相关标准。与角色有关的安全特征便是其中的一例。相关的开放式 edi 配置满足这些要求。

——对 OeP 的要求。它规定了施加于角色的开放式 edi 剧本的约束。这些约束限制了 OeP 如何设定角色，它包括但不限于：
- 对可扮演该角色的 OeP 的特性的约束；
- 对只由最大数目的 OeP 扮演的角色施加的约束；
- 对条件型角色施加的约束；
- 在角色可被扮演之前的先决条件的约束；
- 对一个 OeP 把角色的全部或一部分分派给另一个 OeP 的能力的约束；
- 对扮演一个角色的不同的 OeP 的约束，即角色随开放式 edi 剧本中的不同的“幕”或“场”而变动。

相关的开放式 edi 配置（见 4.2.2）满足这些要求。

——与角色的可复用性有关的注册和管理信息，如：
- 角色的目的；
- 角色的业务目标；
- 控制角色的业务规则；
- 管理角色的条例。

4.1.2.2 **信息束**

信息束（IB）：已记录信息的语义的形式描述，该信息指在开放式 edi 剧本中扮演角色的开放式 edi 参与方之间交换的信息。

IB 用于模型化业务信息的语义概念，它由语义成分（SC）构成。

语义成分（SC）：在业务交易的业务目标的语境中具有明确定义的信息单元。

SC 可以是最小的单位，也可由其他 SC 组成。

SC 由有经验的参与方（如用户团体）定义，并提议对其进行标准化和把其注册到一个或多个库中。用于定义、提交和更新 SC 的程序属于 BOV 相关标准。用电子手段对一个或多个库进行存取的技术程序也是标准化的内容之一。

信息束包括下列特性：

——在 BOV 视角中涉及开放式 edi 系统的互操作性的所有信息。这些信息由语义成分组成并描述这些语义成分之间的关系；

——对开放式 edi 支持基础设施的要求。它引用了满足开放式 edi 剧本对 IB 的需求的功能能力(见 4.2.1)及其服务质量。预定义的、对开放式 edi 支持基础设施的要求的目录是一个 BOV 相关标准。这些特征包括但不限于：

- 信息束的保密性；
- 信息束的完整性。

——与信息束的可复用性有关的注册和管理信息，如：

- 信息束的名称；
- 信息束的目的；
- 控制信息束的内容或概念的业务规则；
- 管理信息束的内容或概念的条例。

4.1.2.3 **剧本属性**

剧本属性：与整个开放式 edi 剧本有关的信息的形式规范，它既不针对角色，也不针对信息束。

剧本属性的类别包括：

——在 BOV 视角中涉及组织的互操作性的所有信息，例如：

- 角色之间的关系；
- 不同的 IB 的 SC 之间的关系；
- 这些关系的语法。

——对开放式 edi 支持基础设施的要求。它引用满足开放式 edi 剧本需求的功能能力(见 4.2.1)及其服务质量。预定义的对开放式 edi 支持基础设施的要求的目录是一个 BOV 相关标准。这些特征包括但不限于：

- 支持业务交易执行的通信服务所需的服务质量；
- 支持开放式 edi 交易的执行所需的安全特征。

——对 OeP 的要求。它规定开放式 edi 剧本约束。这些约束限制如何把角色分派给 OeP，它们包括但不限于：

- 对不同的 OeP 扮演两个特定角色的约束；
- 对同一 OeP 扮演两个或两个以上的角色的约束。

相关的开放式 edi 配置(见 4.2.2)满足这些要求。

——与信息束的可复用性有关的注册和管理信息，如：

- 开放式 edi 剧本的名称；
- 开放式 edi 剧本的业务需求的类别；
- 开放式 edi 剧本的目的；
- 管理开放式 edi 剧本的法律和条例。

4.2 功能服务视图

在 FSV 中，互操作性描述支持开放式 edi 参与方的信息技术系统间的相互作用。互操作性指两个或多个符合 FSV 相关标准的 IT 系统能够合作和支持与开放式 edi 剧本一致的业务交易的执行。FSV 相关标准描述信息技术互操作性方面，这些方面对业务交易是通用的。

FSV 标识支持开放式 edi 交易执行所需的信息技术系统的通用功能能力，并建立它们的模型。另外，它还提供了使 FSV 相关标准适应不同的组织结构和提供这些功能能力的信息技术系统的基本概念，例如，FSV 相关标准应适应开放式 edi 参与方把一部分开放式 edi 的执行工作委托给服务提供者的要求。

4.2.1 功能概念和能力

开放式 edi 系统:使开放式 edi 参与方能够参与开放式 edi 交易的信息技术系统。

开放式 edi 系统可被看作是一个包括两种功能的系统,一个是决策应用功能,另一个是支持 OeP 执行开放式 edi 交易所需的开放式 edi 支持基础设施功能。

决策应用(DMA):一个开放式 edi 系统的组成部分的模型,该部分做与开放式 edi 参与方扮演的角色对应的决策以及产生、接收和管理实际的信息束的数据值的决策,它不需其他开放式 edi 参与方知晓。

DMA 功能是 FSV 的一个方面,由它做出的决策不一定就是业务决策。

开放式 edi 支持基础设施(OeSI):开放式 edi 系统的功能能力集的模型,当它与决策应用集成时,允许开放式 edi 参与方参与开放式 edi 交易。

开放式 edi 支持基础设施适用于所有开放式 edi 交易,并规定:

a) 给决策应用提供的服务;

b) 开放式 edi 支持基础设施成分的相互工作。

在 OeSI 中被模型化的功能能力集提供发起、运作和跟踪开放式 edi 交易进程的功能。

功能能力清单包括:

——处理 DMA 请求;

——协商扮演的角色;

——开放式 edi 配置的规范;

——解释和处理角色;

——使得来自开放式 edi 系统的信息束中的数据值可用;

——捕捉作为行为选择结果提供的数据值;

——提供安全服务和审计服务;

——跟踪并通报跨应用的开放式 edi 交易的状态和进程;

——差错报告管理;

——通信管理。

除了执行任一业务交易所需的功能能力以外,开放式 edi 支持基础设施的功能能力集还应实施在 BOV 相关标准中规定的预定义的、对开放式 edi 支持基础设施的要求的目录。

决策应用接口(DMA 接口):允许 DMA 与开放式 edi 支持基础设施相互作用的需求集。

DMA 接口的目的是要促使 DMA 独立于 OeSI 的结构。

用于把信息束规范(或 SC 规范)中的 SC 值翻译成传送语法及其逆过程的通用机制在 FSV 相关标准中规定。

DMA 的目标是做业务决策。为了进行业务交易,DMA 应交换信息(逻辑交换)。当 DMA 向 OeSI 请求服务时,这些交换便被完成。

4.2.2 实施概念

信息处理域(IPD):一个信息技术系统,它至少包括一个决策应用和/或开放式 edi 支持基础设施的一个成分,并(在直接或委托授权下)代表一个开放式 edi 参与方实施或执行业务。

IPD 概念用于开放式 edi 剧本的实施。一个 OeP 可将所有功能成分(DMA、OeSI)包含在一个 IPD 内,或可给不同的 IPD(服务提供者)委派某些功能成分。不同的 OeP 可以扮演同一角色;一个 OeP 可扮演一个开放式 edi 剧本中的不同角色。这些角色可由 OeP 的同一或不同的 IPD 扮演。

一个开放式 edi 系统至少包括一个具有 DMA 的 IPD。支持若干个开放式 edi 参与方的 IPD 是与这些 OeP 有关的每个开放式 edi 系统的一部分。一个开放式 edi 系统必须且只能包含一个具有 DMA 的 IPD,但是,它可以包含多个 IPD。

一个 IPD 要与其所实施的接口和协议有关的 FSV 相关标准一致。

开放式 edi 支持组织:一个组织,它代表一个或多个开放式 edi 参与方提供使开放式 edi 交易能够执行所需的支持,但不被模型化为一个角色。

由一个开放式 edi 支持组织操作的 IPD 没有 DMA。

开放式 edi 配置:开放式 edi 参与方及其有关 IPD 的操作配置的形式规范,它能执行与给定的开放式 edi 剧本对应的开放式 edi 交易。

开放式 edi 配置指参与执行开放式 edi 剧本的开放式 edi 系统的全集。它满足开放式 edi 剧本中规定的要求并包括:

——与剧本中的每一角色对应的 OeP 的标识符;

——每个 OeP 对应的 IPD 的地址。

根据开放式 edi 配置,剧本的实例化可通过发起一个开放式 edi 交易来完成。

图 3 表示了两个开放式 edi 系统样本的多个功能成分之间的可能的关系。这些关系的目标是支持开放式 edi 参与方的 DMA 之间的相互作用。针对这种相互作用,DMA 通过其接口,使用 OeSI 的服务。虽然图 3 给出的是两个开放式 edi 系统,但该概念可扩展到两个以上的开放式 edi 系统。

开放式 edi 系统配置可反映出把 OeSI 的一部分委托给其他开放式 edi 参与方。无论这种情况何时发生,IPD 都应与 OeSI 进行配置。该 IPD 应支持同一开放式 edi 系统中的其他 IPD 并可由不同的开放式 edi 系统共享。

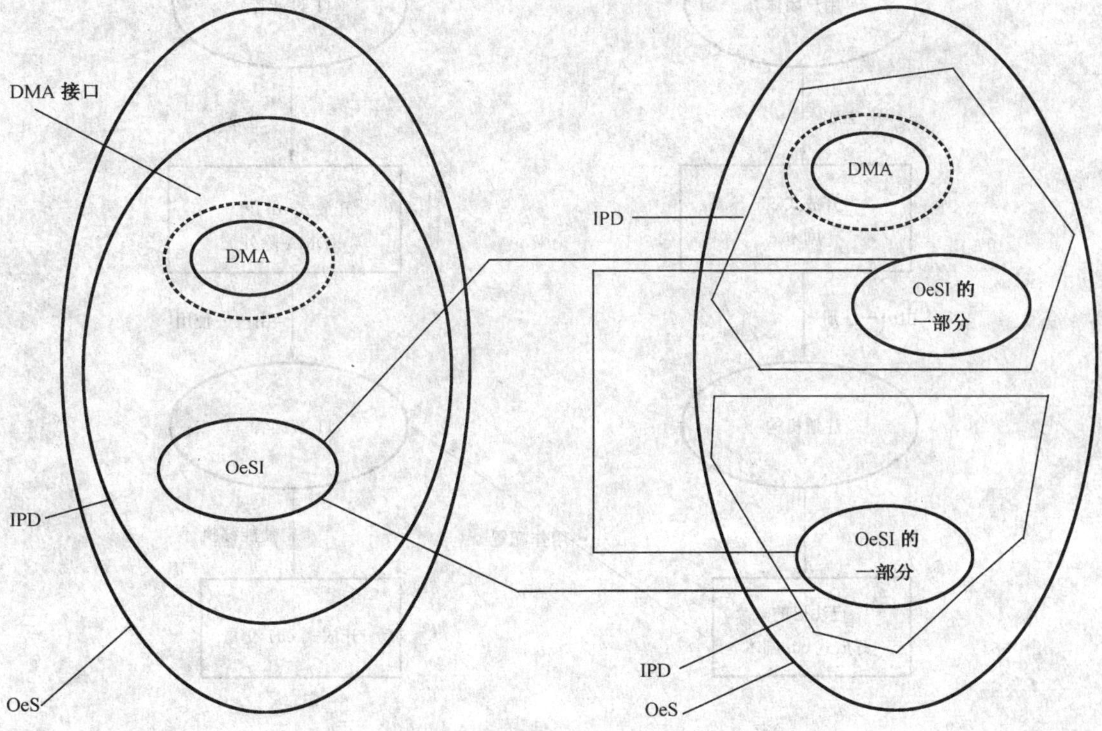

图 3 开放式 edi 系统间的关系

4.3 开放式 edi 参考模型相关标准

BOV 相关标准包括：

——用于规定开放式 edi 剧本的建模标准，包括 OeDT 在内；

——用于提出新的开放式 edi 剧本和更新库中的开放式 edi 剧本的程序；

——用于提出新的语义成分(最小的或复合的语义成分)和更新语义成分库中的语义成分(最小的或复合的语义成分)的程序。

FSV 相关标准包括：

——OeSI 规范及其成分和相关的接口和协议(参见附录 D)；

——DMA 接口规范；

——用于把信息束规范(或 SC 规范)中的 SC 值翻译成传送语法及其逆过程的通用机制。

FSV 相关标准应依赖于在 IPD 之间通信的通信标准。

4.4 BOV 和 FSV 相关标准的使用

如图 4 所示，在下列活动中，应使用 BOV 和 FSV 相关标准：

——由用户团体生成开放式 edi 剧本并由注册机构注册开放式 edi 剧本；

——与开放式 edi 兼容的 IPD 的生成。

信息技术的实施者应能够使用已注册的剧本和兼容配置的 IPD 执行开放式 edi 交易。

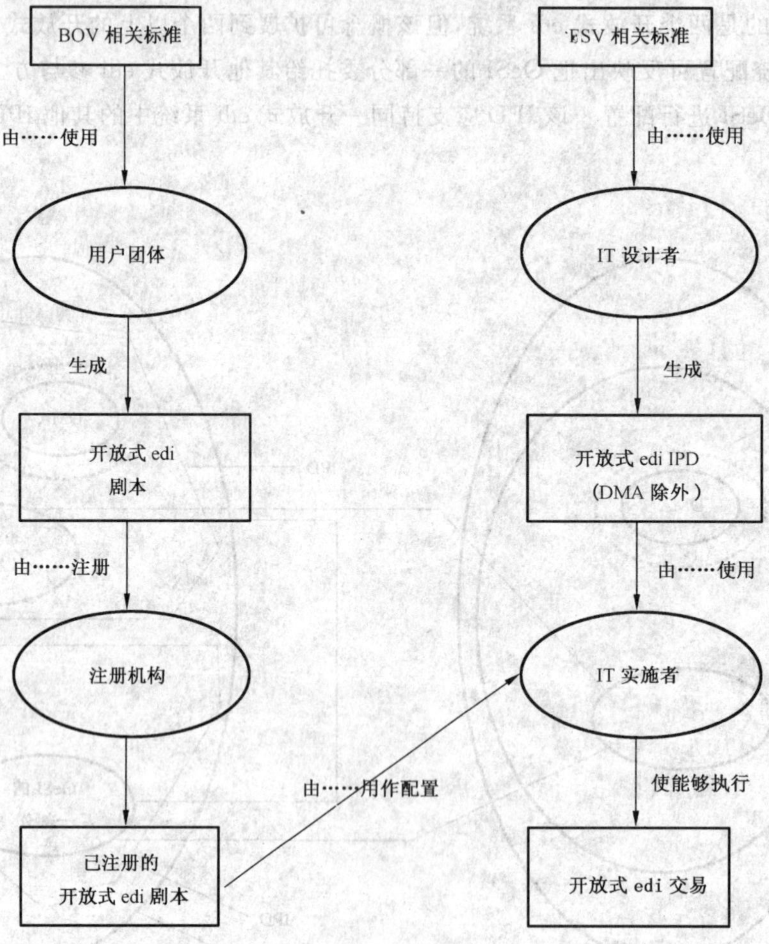

图 4 BOV 和 FSV 相关标准的使用

5 一致性声明

与开放式 edi 参考模型的一致性应只适用于 BOV 和 FSV 相关标准。

与开放式 edi 参考模型一致的 BOV 和 FSV 相关标准应声明：

——其所属的标准类别，即或者是 BOV 相关标准，或者是 FSV 相关标准；

——它属于本标准 4.3 中的哪一项；

——它所引用的开放式 edi 参考模型的基本概念清单（引用在开放式 edi 参考模型第 3 章和第 4 章中的概念的序号）。

——该标准中的所有其他概念与上述基本概念一致并在此通过引自上述基本概念给予定义。

附 录 A
（资料性附录）
开放式 edi 标准化领域和标准化活动类型

本附录的目的是标识出与开放式 edi 相关的标准化活动领域，以作为协调开放式 edi 标准化工作的基础。本附录概述了这种协调的框架，并为此以开放式 edi 标准化和标准分类中的活动领域和级为基础，提供了活动的图表。

图 A.1 给出了开放式 edi 标准化领域与其他标准化领域之间的关系。ISO/IEC JTC1 SC32/WG1 的工作主要侧重在“信息技术通用标准”方框中的通用开放式 edi 标准的开发方面。

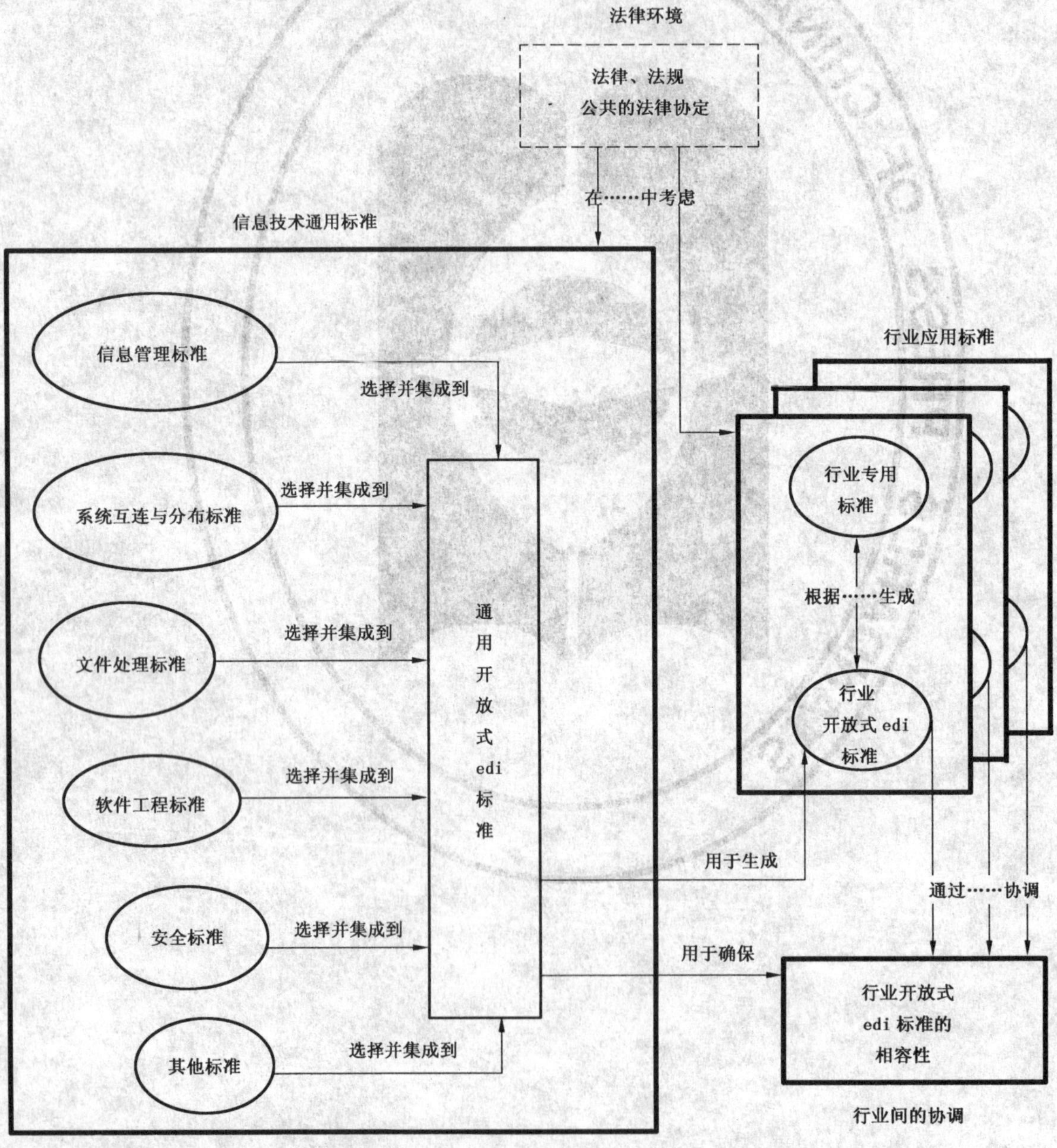

图 A.1 开放式 edi 标准化领域与其他标准的关系以及法律环境的影响

A.1 开放式 edi 标准化领域

根据开放式 edi 参考模型，为了实现开放式 edi，有必要在下列标准化领域开展工作：

a) 开放式 edi 的法律环境；

b) 通用开放式 edi 标准；

c) 行业开放式 edi 标准；

d) 开放式 edi 行业标准的行业间的协调。

A.1.1 开放式 edi 的法律环境

法律环境是一个需求框架，这些需求（条款、程序、约束等）产生于用于管理通过开放式 edi 执行的业务交易的法律和法规。

A.1.2 通用开放式 edi 标准

通用开放式 edi 标准是信息技术通用标准，它们包括 BOV 相关标准和 FSV 相关标准。

BOV 相关标准是由所有行业使用的通用工具，用于定义各行业的开放式 edi 行业标准并确保这些行业标准之间的一致性。

FSV 相关标准是实施者使用的标准，用于开发互操作的开放式 edi 实施，并提供支持开放式 edi 交易的执行所需的服务。

通用开放式 edi 标准与其他信息技术通用标准密切相关，这些标准有软件工程、安全、开放系统互连与分布，文件处理和信息管理等。

通用开放式 edi 标准可包括现有的、与开放式 edi 参考模型一致的电子业务相关标准。

A.1.3 行业开放式 edi 标准

通过定义开放式 edi 剧本，行业开放式 edi 标准包括了业务交易的内容和过程。因此，该领域的标准依赖于现有的 BOV 相关标准。另外，对一个给定的行业而言，行业开放式 edi 标准与该行业的其他信息技术标准密切相关。

行业开放式 edi 标准可包括现有的、与开放式 edi 参考模型一致的电子业务相关标准。

A.1.4 开放式 edi 行业标准的行业间的协调

各行业开放式 edi 标准的一致性由各行业开发的开放式 edi 剧本的协调来保障。这一点是通过使用通用开放式 edi 标准中的通用形式和注册程序来完成的。因此，该领域的标准依赖于现有的 BOV 相关标准。

A.2 开放式 edi 标准的分类

当使用电子业务实现业务交易时，应考虑下述 4 种典型的活动领域。

A.2.1 环境

法律条款、业务代码、惯例以及贸易程序的框架，所有业务交易在该框架中进行。

A.2.2 活动模型

在业务交易中传送信息的业务过程和技术过程的定义。活动模型捕捉交易的动态方面。

A.2.3 信息模型与表示

在交易中传送的数据的模型，包括可能以数据元或文件格式（如纸面格式、传真或互联网技术）表示的数据模型。

A.2.4 技术

使计算机能互操作，包括允许应用访问提供互操作性服务的 API。

A.3 标准化活动的级

A.3.1 概述

从通用的元标准主题到一个具体的实施主题之间，有多个活动主题为中间级，如标准、一致性和认证。

A.3.2 元标准

用于规定和表达标准、指南性文件、测试以及实施的通用标准、定义语言以及其他工具和技术。

A.3.3 标准

包含技术规范或者其他准确准则的文档化的协议，通常被用作规则、指南或者特性定义，以保证原材料、产品、加工和服务适合各自目标。

A.3.4 指南

把标准解释成更具体的材料，以指导和帮助标准用户实施这些标准。

A.3.5 一致性和认证

一致性：通过测试确认产品工艺或服务符合规定要求。

认证：第三方用以给出产品工艺或服务符合规定要求的书面保证的程序。

A.3.6 实施

业务用户和软硬件供应商对业务用户采取的行动。

A.4 开放式 edi 的应用

基于活动领域的定义，可以使用一个表作为一个框架，该框架可随开放式 edi 相关活动的变化而发展，表 A.1 给出了这一结果。

BOV 和 FSV 两个视图被映射于 5 个活动领域：

——BOV 相关标准主要对应于环境、活动模型和信息模型领域，并且有限地扩展到需要与 FSV 相关标准相连的技术领域；

——FSV 相关标准主要对应于技术领域，并且有限地扩展到需要与 BOV 相关标准相连的数据模型领域。

表 A.1 开放式 edi 活动的位置

<table>
<tr><th></th><th colspan="2">元标准</th><th>标准</th><th>指南</th><th>一致性
和认证</th><th>实施</th></tr>
<tr><td>环境</td><td rowspan="3">BOV</td><td rowspan="3">开放式 edi
描述技术</td><td rowspan="3">开放式 edi 剧本</td><td>业务与法律指南</td><td></td><td rowspan="4">开放式 edi 交易</td></tr>
<tr><td>活动模型</td><td></td><td></td></tr>
<tr><td>信息模型</td><td></td><td></td></tr>
<tr><td>表示</td><td>FSV</td><td></td><td>SC 值到
传送语法的翻译</td><td></td><td></td></tr>
<tr><td rowspan="3">技术</td><td>BOV</td><td>要求目录</td><td>对开放式 edi 支持
基础设施的要求</td><td rowspan="3"></td><td rowspan="3"></td><td rowspan="2">开放式 edi
配置的 IPD</td></tr>
<tr><td>FSV</td><td>OeSI 规范</td><td>DMA 接口 OeSI
成分、接口和协议</td></tr>
<tr><td></td><td></td><td>互连协议</td><td>传送基础设施</td></tr>
</table>

附　录　B
（资料性附录）
对开放式 edi 标准的需求

B.1　业务机构需求

B.1.1　多行业电子业务

信息技术和通信技术的变革为不同的用户组使用这些技术来从事业务创造了各种需求和机会。这就需要以自动的方式在参与方之间实现电子业务。这些参与方不仅有不同的计算机系统和独立的数据库，而且有不同的业务伙伴和广泛的业务活动。他们的业务交换涉及不同类型的数据表示、语法、协议和通信系统。

许多应考虑其需求的用户组活跃于广阔的行业领域，例如贸易、商业、银行、运输、制造业、保健、图书馆、教育、公共行政管理、公共服务、建筑行业等，它们可能最终将彼此实现电子业务，因此，有必要寻求一种跨越所有行业的解决方案。

B.1.2　开放环境

开放环境指的是通过公用的、非专用的标准或规则的实施即可满足相互工作的所有需求的这样一个环境。它不应使用专用协定来解决交换中含糊不清的问题。当然，使用共享协定框架内和框架外的专用协定的自由度是有的。

缺乏这样的环境意味着：

——可能需要在电子业务参与方之间建立双边协定。这些协定不仅局限于“相互工作的协定”，而且还扩展到技术问题。这些协定必须覆盖许多不同级中所涉及到的参与方的所有必要领域（例如业务方面、通用政策、电信、信息系统）。

——个别参与方可能必须支持一系列依赖于参与方的、不同的相互工作设施集。这种支持必须准备向跨时间、跨领域和跨技术的方向发展。因此增加了每个参与方的责任和问题。

部分开放的方法（如以有共同利益的社团为基础的市场）只能缓解这一需求，而不能消除它。当跨团体和跨边界的互通成为电子业务主要成长领域时，它们甚至保护了社团之间的不兼容性。而且，为了便于新的业务伙伴加入他们的业务环境并减少建立业务关系的花费，业务用户还特别强调开放环境的必要性。

B.1.3　组织的灵活性

参与方在其运作中需要灵活性，例如把他们的一部分业务分派给分包商。EDI 的引入不应限制实现这一灵活运作的可能性。一些参与方可能想把一部分支持电子业务所需的服务的运作工作分派出去。开放式 edi 要求在业务模型描述中以及在支持开放式 edi 所需的系统中提供这一灵活性。

B.2　业务信息需求

B.2.1　不同数据类型的集成

只要信息类型是预定义的、结构化的和可由两端应用处理的，那么它们的交换都应被涉及到。在业务交易中这些数据包括结构化的字母数字数据，也可以是 CAD 图形、图像、文本、录音等的交换。这就要求要集成许多不同的数据类型和成分，并表达这些成分之间的关系，同时还需在整个交易过程中维护这种关系。这些不同数据类型的集成需要符合现有的或未来的标准。

B.2.2　建模

早期的 EDI 标准的开发主要是在以电子格式制作以前用纸张处理的同一交易的基础上开展的。现在用户组已认识到有必要商定重组的业务交易的高层描述。产生这一认识的原因是：

——除非讨论的过程已文档化，否则就不能进行变更的管理或业务过程的重组。

——需要根据整个业务标识出 EDI 所适用的功能。传统的边界和功能可能会受到影响。

——有必要标识出法规和任何与法律相一致的需求，这种一致在目前非 EDI 中得到解决，并且应在任何电子业务中也得到解决。

——根据标准和技术选择或使用特定的 EDI 解决方案应尽可能对业务功能保持透明。

除了需要描述业务交易外，用户组在商定参与方之间交换的特定数据结构和数据表示之前，就应标识出在语法级上商定信息模型的要求。这种关于信息模型的协定是必要的，因为：

——信息流语义协定比数据表示协定能更快实现；

——需要数据语义协定来调整和协调用于不同行业的不同的数据表示；

——已商定的信息模型允许对参与方之间交换的数据进行完整性和一致性控制。

B.2.3 业务模型注册

为了进行注册，用户组已标识了使用建模设施来产生以通用形式表达的业务模型和信息模型的要求。

这些模型的注册便于各不同用户团体和行业重复使用它们。因此这样的注册对协调这些模型是必要的。

B.3 业务交换需求

B.3.1 业务方面独立于信息技术方面

用户组已表达了电子业务应独立于通信服务的要求，尤其是业务和信息模型应不依赖于所使用的通信类型的要求。

尽管存在业务独立于通信的要求，但电子业务需要进行通信和数据传送。另外，某些业务约束与通信特征有关。这些约束的例子如下：

——在特定情况下对数据传送所需的应答时间有严格限制，例如航空业；

——某些电子业务交易隐含着大容量数据传送，而有些则没有。

B.3.2 业务交换的互操作性

目前使用的 EDI 通信服务主要由封闭的专用服务提供。考虑到目前已有的标准（如消息处理、文件传送与分布交易处理等 OSI 标准），这些服务需要互连。

B.3.3 EDI 交易

为了建立业务交换彼此间的联系，需要进行交叉引用。因此，同双边交换一样，有必要考虑多方参与的电子业务交易。这就需要在支持电子业务的系统中有特定的能力和考虑支持电子业务交易的互操作性问题。这种考虑与交互式协作密切相关。

B.3.4 标准化的 API

目前在电子业务领域中缺乏 API 导致了要花费大量的精力开发用于支持任一应用的专有电子业务软件。

为了提供可移植性，需要标准化的 API，进而在各单个成分的供应商的选择方面具有更大的灵活性。它们还允许应用开发者忽略所使用的底层服务。进一步说，它们确保了应用不依赖于底层服务。

B.3.5 一致性测试

需要有一个关于开放式 edi 实施的相关成分的一致性测试环境。

B.4 安全性

业务已经创建和发展了程序和管理来保护自身。某些已设计出的管理方法是为了保护业务不受他们的业务伙伴的侵害，另外一些是保护它们不受竞争者的侵害，还有一些是为了确保同法规保持一致。这些防卫措施必须被标识出来，而且在标识出通用需求的地方，他们能供电子业务使用。另外，还需提供相应的服务和工具。

B.5 法律方面

许多信息通信技术(ICT)的使用受到法律或法规的影响,这取决于使用ICT的参与方所处的国家,甚至是业务文档传送时经过的国家。这个影响范围从发出定购单(合同法)到传送医疗信息(数据保护法律)或装运药品(双边药品协议)。由于电子贸易要取代基于纸张的贸易系统,有必要在制定开放式edi标准的人员和相关的法律及安全专家之间进行充分地协调,以确保建立一个可以修订和采用的框架。虽然相互间业务活动在不同的管辖区所涉及的法律内容会有不同,但它应能够建立像权力、义务、许可、禁止以及合同格式那样的概念的模型。

B.6 移植

过去几年用户一直在EDI报文标准化方面投资。目前正将这些标准实施,因此需要提供一种移植方法把现有的EDI移植到开放式edi上。这种移植方法涉及现有的标准和实施。

附　录　C
（资料性附录）
模型化角色行为的形式描述技术的例子

本附录给出了几个可用于模型化角色行为的形式描述技术(FDT)的例子。之所以采用FDT,是为了能够以形式化和抽象化的方法描述角色行为。FDT将提供无歧义的角色描述。此外,计算机辅助软件工程(CASE)工具支持大多数FDT,因而简化了模型化以及角色描述的实施。由于本附录仅着重于角色行为的描述,因而还需要类似的技术去描述开放式edi剧本的其他概念。为各种开放式edi剧本概念最终选定的FDT属于BOV相关标准。

本附录未指定任何特定的FDT技术。这里给出分解一个特定剧本的两个例子,是为了说明两种方法中的任一个的有效性。下面给出了一个剧本,并在其后附有用不同方法对其进行分解的结果。

本例选自保健部门的一个相对简单的情况。在本例中,假设业务参与方是一个为那些需要器官移植的人取得器官的中心或代理。待模型化的角色是器官申请者、器官中心和器官捐献者。

在本例中,只给出一个器官申请者、一个器官中心和一个器官捐献者,而在通常情况下可能有多个与器官中心联系的申请者或捐献者。本例可扩展到包括运输部门、金融部门、银行等更广泛的范围。但本例的目的只是为了说明而不是详尽研究,因此没必要考虑得太复杂。

本例中的不同角色的行为可简单描述为:

——器官申请者将向器官中心申请器官;提醒器官中心其以前的申请;接受器官;放弃申请(因病人死亡或康复、或器官已由内部供给);接收来自器官中心对其申请的拒绝;

——器官中心将接受并答复器官申请者对器官的申请;如果本地没有可用器官,则向器官捐献者申请器官;接收来自器官捐献者的器官;拒绝申请;取消向器官捐献者提出的申请(因器官申请者放弃申请或器官已由内部提供);

——器官捐献者将接收来自器官中心的器官申请;接收对以前提出的申请的注销;向器官捐献中心提供器官。

角色行为的几个概念应予区别,详见图C.1。

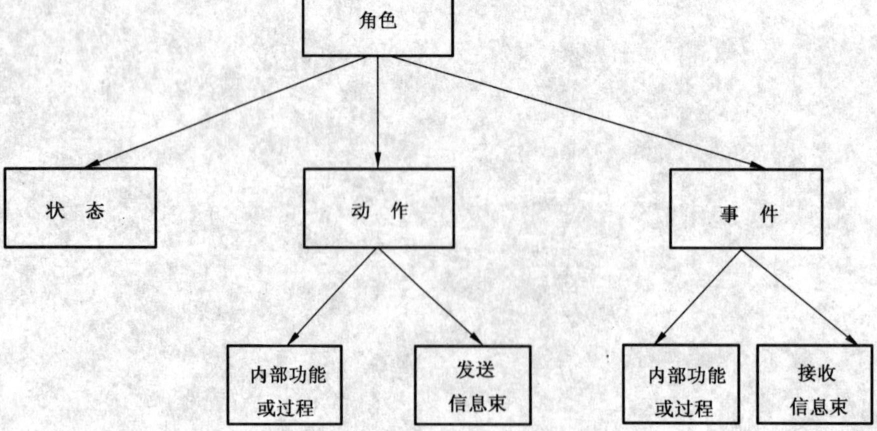

图C.1　角色行为的概念

C.1 基于状态转移 FDT 的角色行为方面

转移是一给定角色从一种状态转变成另一种状态的过程。在开放式 edi 剧本中，转移是通过下列几方面描述的：

——角色的当前状态；

——触发转移的事件；

——转移产生的动作；

——转移后角色的下一状态。

开放式 edi 剧本的第一个动态方面是信息束交换的顺序。该顺序表明的是每一角色发送和接收的信息束的预期顺序，如图 C.2 所示。

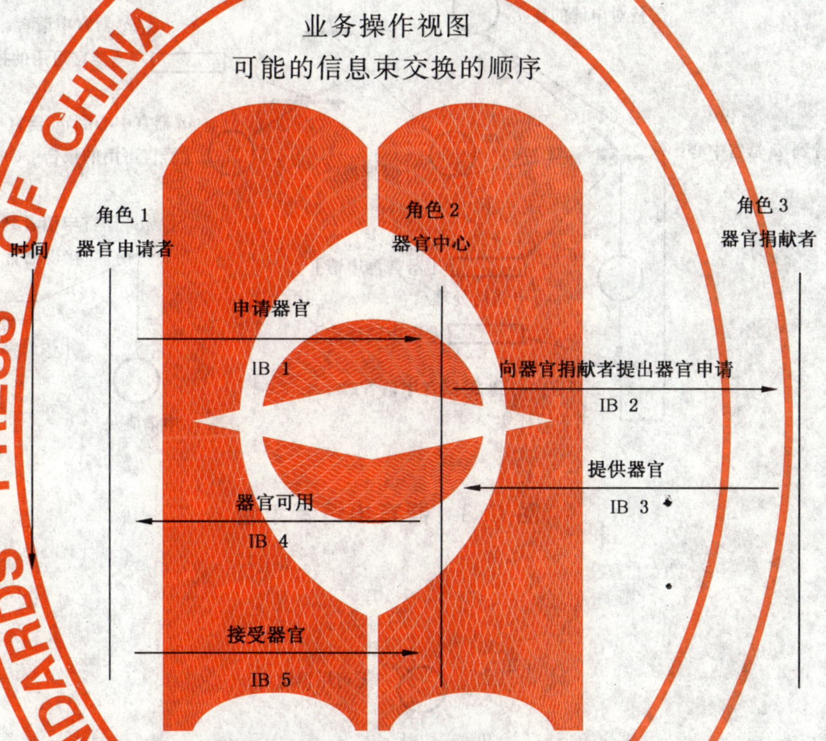

图 C.2 信息束顺序图

开放式 edi 剧本的第二个动态方面是状态/转移。角色的行为由状态、转移和事件描述。状态/转移的目的是进一步定义角色和捕捉其动态行为。表 C.1 给出了器官中心的状态/转移。

表 C.1 角色 2 的状态/转移表

事　　件	状态	动　　作	状态
接收器官申请 IB1	初始	处理申请并向器官捐献者发出申请（IB2）	S1
接收提供器官 IB3	S1	处理提供器官并发出器官可用（IB4）	S2
接收接受器官 IB5	S2	申请满足	终止

C.2 基于 Petri 网 FDT 的角色行为方面

另一类 FDT 是基于 Petri 网的，Petri 网允许对角色行为进行静态和动态表示。Petri 网的主要优点之一是提供图形表示，并具有强大的数学基础。它允许对诸如避免死锁状态等特性进行形式分析。为了包括绝对时间（最后期限）和能够区分不同的信息束类型，下面给出的 Petri 网表示是对传统 Petri

网的扩展，称之为扩展 Petri 网。图 C.3、图 C.4 和图 C.5 描述了器官申请者、捐献者和器官中心的扩展 Petri 网模型。其中，圆圈代表常规控制状态，方框代表信息束。

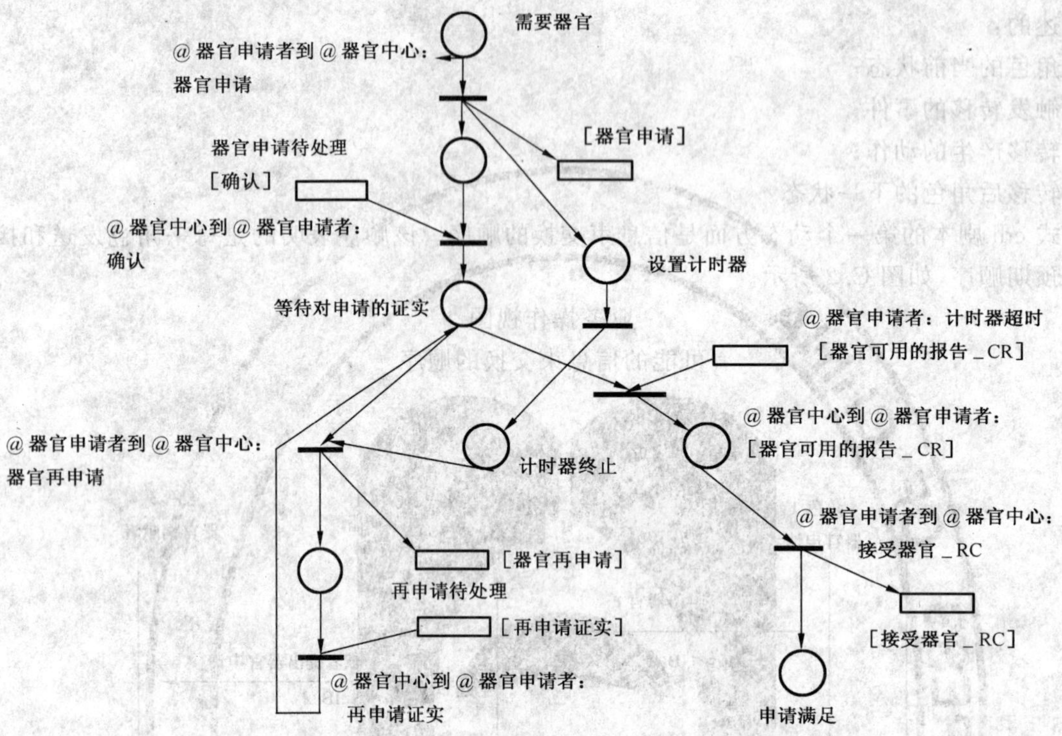

图 C.3　器官申请者角色

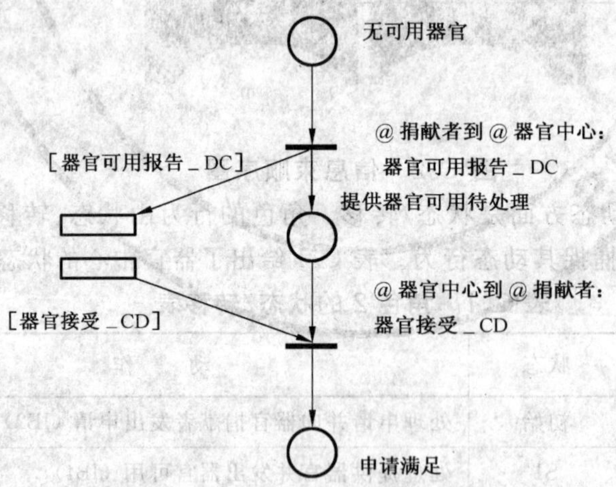

图 C.4　器官捐献者角色

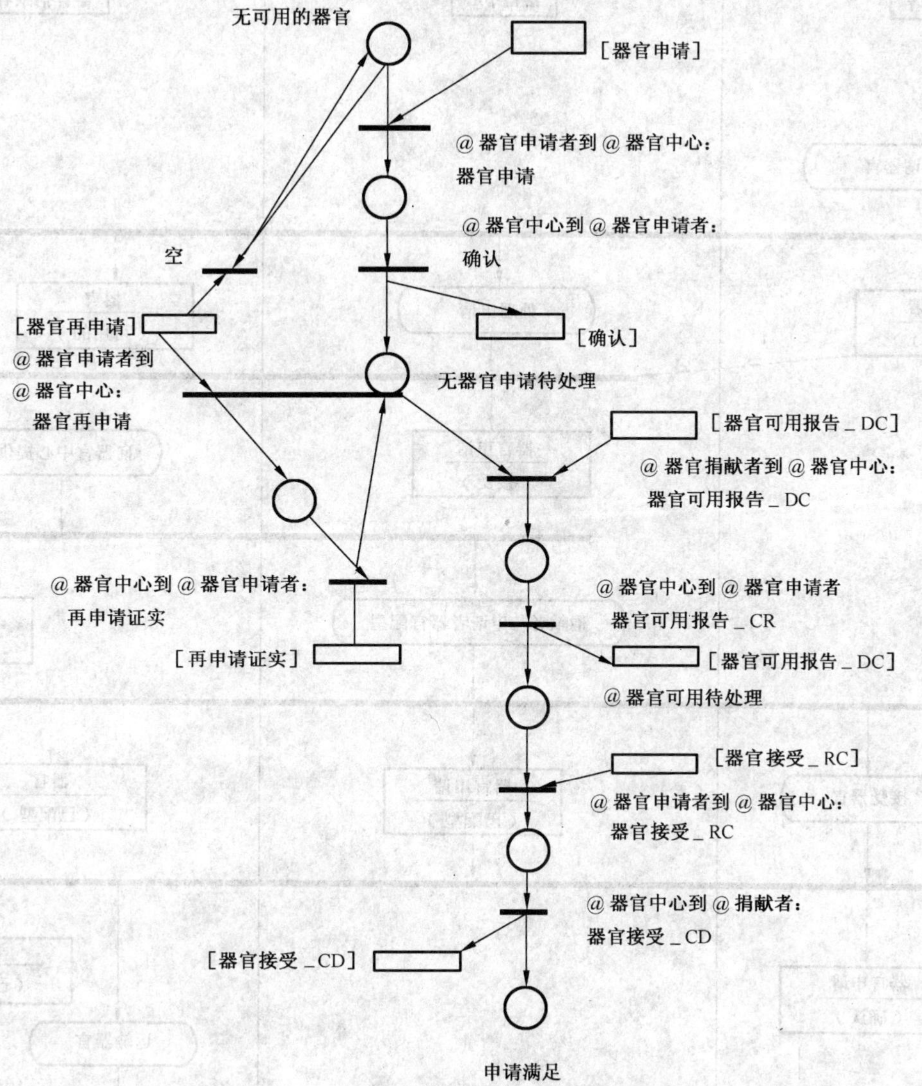

图 C.5　器官中心角色

C.3　基于 UML 的角色行为描述方法

第三种 FDT 基于统一建模语言(UML)。UML 提供了多种角色行为表示方法,包括用例图、活动图和状态图。UML 图形表示方法以定义明确的元模型语义学和数学为基础。图 C.6 描述了在一个活动图的"泳道"中的器官申请者、器官中心和器官捐献者的角色。器官申请者、器官中心和器官捐献者角色的状态与两个业务对象:捐献申请和器官的状态同时给出。被交换的信息束必须包含用来标识业务对象的信息,这些业务对象受特定开放式 EDI 剧本影响。另外,信息束包含满足信息交换需求的语义构件,交换的信息指需要在开放式 edi 剧本中共享的信息。语义构件通常是受影响的业务对象的属性,为了与业务伙伴的业务对象视图一致,这些属性必须被共享。圆角方框表示器官申请者、器官中心和器官捐献者的活动。方框表示捐献申请和器官业务对象,同时在圆括号中显示他们特定的状态。

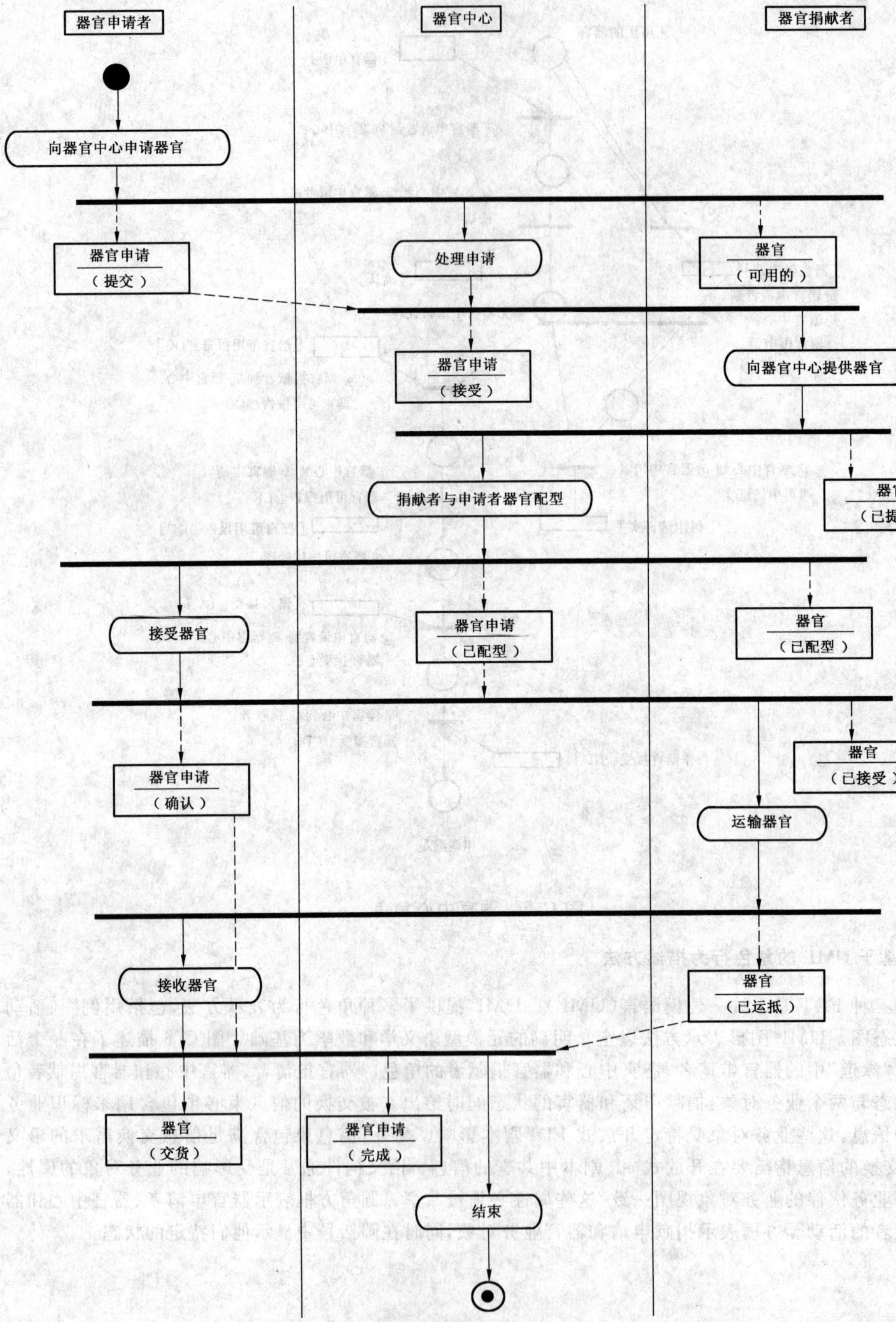

图 C.6 器官申请者、器官中心和器官中心角色活动框图

附 录 D
（资料性附录）
一种详细描述 FSV 概念的方法

本附录提出了一种进一步描述在4.2和4.3中描述的概念的方法。

开放式 edi 支持基础设施由以下两部分组成：

——开放式 edi 支持实体；

——传送基础设施。

D.1 功能概念

开放式 edi 支持实体(OeSE)：开放式 edi 支持基础设施中的一个功能成分，用于建立通用功能能力子集的模型。

这样的功能能力子集的标识应考虑在不同的开放式 edi 系统中可实施对应的 OeSE 的可能性。

开放式 edi 支持实体接口：允许对开放式 edi 支持实体提供的服务进行访问的规范集。

传送基础设施(TI)：提供互连服务的功能能力的全集。

传送基础设施接口：使开放式 edi 支持实体能访问传送基础设施提供的互连服务的规范集。

TI 接口促使 OeSE 从基础的互连服务及其功能和协议的结构中独立出来，它将最大限度地使用当前存在的互连服务标准。TI 使 OeSE 和 DMA 能够相互工作，不用考虑它们的位置(位置透明)。

开放式 edi 支持实体协议：用于在成对的开放式 edi 支持实体之间建立相互作用模型的规则和数据格式(语义的和语法的)的集合。

OeSE 协议的目的是要保证由不同的组织操作的 OeSE 实施的互操作性。

OeSE 协议包括开放式 edi 控制信息和可能的开放式 edi 用户数据的规范。

开放式 edi 控制信息(OeCI)：在开放式 edi 支持实体之间交换的、用于协调其间的操作的信息。

开放式 edi 用户数据(OeUD)：信息束或信息束成分(如语义成分)的实例。

OeSE 把为开放式 edi 交易提供服务的功能能力分成组。因此，每一 OeSE 至少要与两个其他的功能成分(DMA、同一开放式 edi 系统中的其他 OeSE 或其他开放式 edi 系统和传输基础设施中的对等 OeSE)交互工作。

图 D.1 描述了各个成分在逻辑上的交互工作。每一列代表一个开放式 edi 系统及其在每层内的交互工作关系。(顶层的)DMA 的目标是做业务决策。为了进行业务交易，DMA 应交换信息(逻辑交换)。当 DMA 通过 OeSE 接口向 OeSE 请求服务时，这些交换便被完成。OeSE 通过 OeSE 协议与其他开放式 edi 系统中的 OeSE 交互工作(逻辑交换)。OeSE 通过 TI 接口向 TI 请求服务。最后，TI 为对等的开放式 edi 系统的实施提供物理链接。反之，在对等的开放式 edi 系统中，将上述顺序反过来即可完成 DMA 到 DMA 的逻辑互连。

图 D.2 给出了在开放式 edi 环境中功能成分的扩展图。

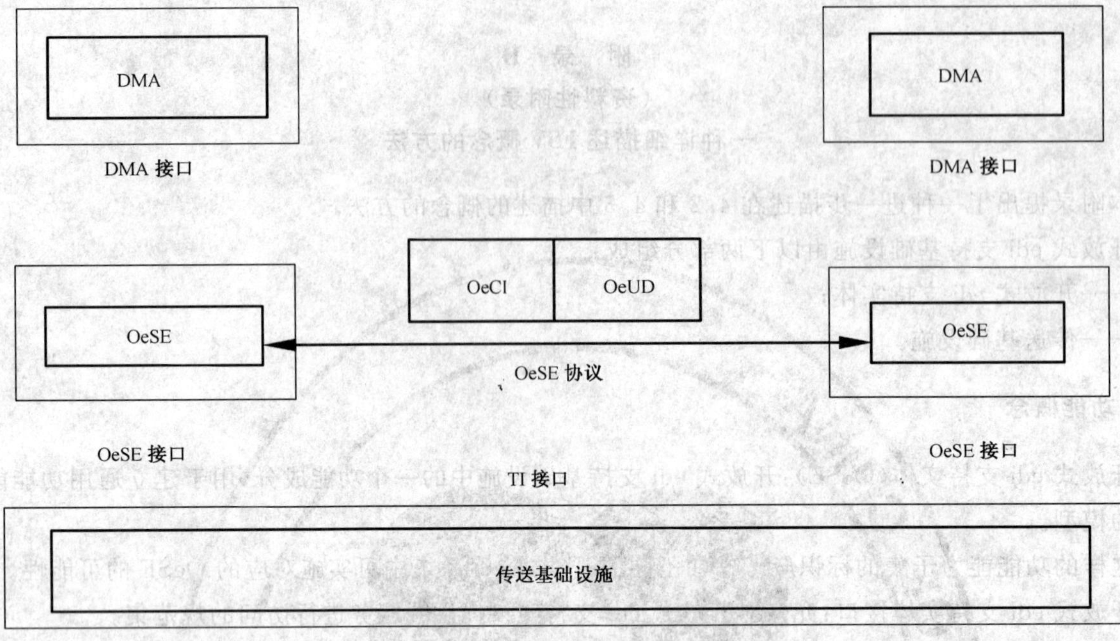

图 D.1 功能成分间的关系

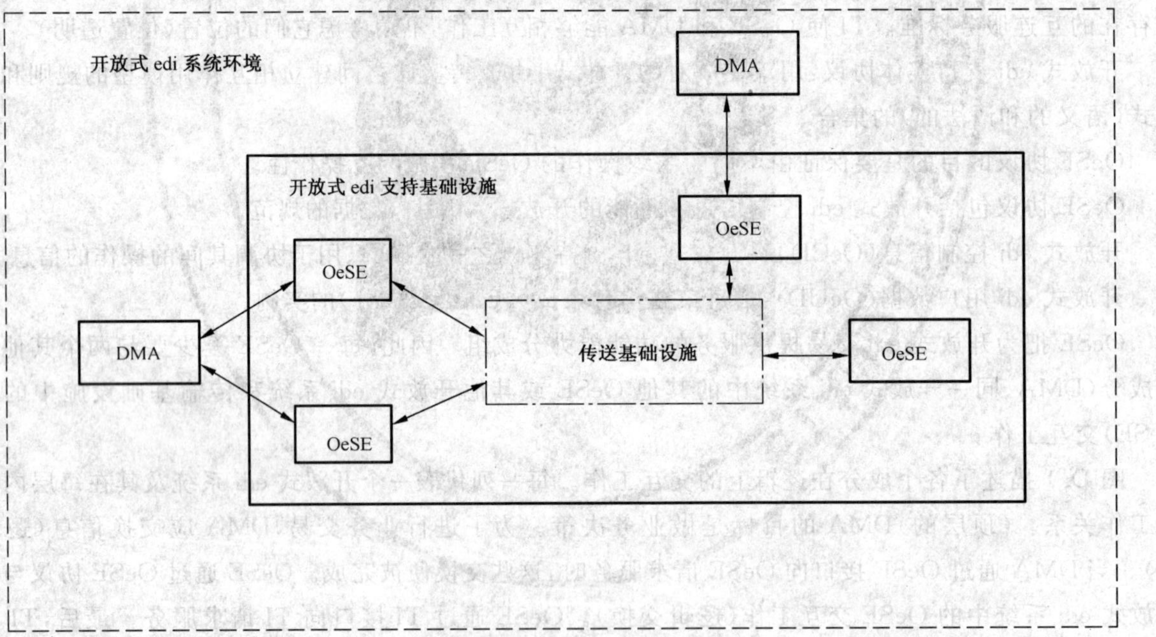

图 D.2 开放式 edi 系统环境功能服务图示

D.2 实施概念

OeP 可以把所有的功能成分(DMA、OeSE 和 TI)包括在单个的 IPD 中,或可以把某些功能成分委托给不同的 IPD(服务提供者)。

开放式 edi 配置引用参与开放式 edi 剧本的执行的开放式 edi 系统的全集。它满足在开放式 edi 剧本中规定的要求,并包括:

——与剧本中的每个角色对应的 OeP 的标识符;

——每个 OeP 的地址，包括它们的 OeSE 的标识。

图 D.3 表示了两种开放式 edi 系统的功能成分之间的可能的关系。OeSE 通过一致的开放式 edi 支持实体接口向 DMA 提供增值服务，每个 OeSE 可与 DMA、其他 OeSE 和 TI 交互工作。这些关系的目标是支持在两个开放式 edi 参与方的 DMA 之间的相互作用。对该相互作用而言，DMA 通过它们的 DMA 接口使用 OeSE 和 TI 服务。OeSE 通过始终如一的 OeSE 接口向 DMA 提供增值服务。互连服务由 TI 提供。OeSE 通过 TI 上方的 OeSE 协议与每个其他的 OeSE 相互作用。TI 的最基本的职责是提供可靠的互连服务。虽然图 D.3 只给出了两个开放式 edi 系统，但这一概念可扩展到两个以上的开放式 edi 系统。

开放式 edi 系统配置可反映出把 OeSE 委托给其他开放式 edi 参与方。无论这种情况何时发生，IPD 都将与一个或多个 OeSE 和一个 TI 配置。该 IPD 支持同一开放式 edi 系统中的其他 IPD，并可由不同的开放式 edi 系统共享。

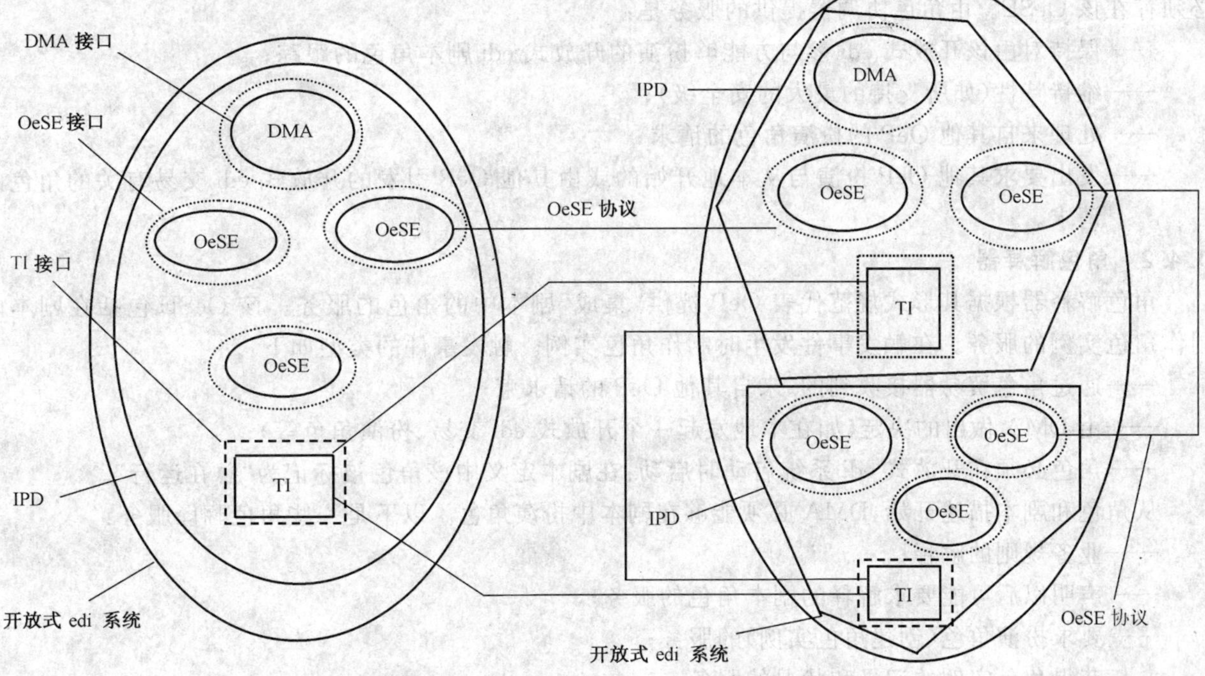

图 D.3 开放式 edi 系统的关系

D.3 FSV 相关标准清单

FSV 相关标准包括：

——OeSE 及其规范的清单(见 D.4)；

——DMA 接口规范；

——TI 接口规范；

——OeSE 协议规范；

——OeSE 接口规范；(OeSE 接口应被规定为业务需求)。

——用于把信息束(或语义成分规范)中的 SC 的值翻译成通用的传送语法及其逆过程的通用机制。

FSV 相关标准应依赖于 IPD 之间用于通信的通信标准。

D.4 开放式 edi 支持实体例子

备选的 OeSE 的例子包括：

——用于接受/发出扮演角色的请求的角色协调；

——角色解释；

——支持 EDI 语法的翻译服务；

——安全性服务；

——寻址服务；

——审计服务。

下面对由两个主要的 OeSE 提供的服务做简要描述。

D.4.1 角色协调器

角色协调器是一个 OeSE，它提供与其他 OeP 协商角色的扮演的服务。每个开放式 edi 系统中都必须存在该 OeSE。由角色协调器提供的服务是：

——保持对由该开放式 edi 参与方能够扮演的开放式 edi 剧本角色的跟踪；

——维持特性(如所支持的最大的安全级)；

——处理来自其他 OeP 的扮演角色的请求；

——发出要求其他 OeP 扮演与从本地开始的或由其他 OeP 引发的开放式 edi 交易有关的角色的请求。

D.4.2 角色解释器

角色解释器根据其形式规范代表 OeP 提供“集成”剧本中的角色的服务。该 OeSE 包括在剧本内制作角色实例的服务。在触发事件发生时制作角色实例。触发事件的类型如下：

——通过角色贸易器接收到的、来自其他 OeP 的请求束；

——由 DMA 做出的决定(如在本地发起一个开放式 edi 交易、扮演角色等)；

——角色必须在开放式 edi 系统启动时启动：在剧本定义中该角色被标记为“总在运行”。

从角色和剧本描述开始，DMA 必须能够在剧本中扮演角色。以下是一些角色翻译服务：

——业务规则的解释；

——声明以后可能要求解释的剧本角色的服务；

——要求扮演角色(创建角色实例)的服务；

——获得角色实例的记录和状况的服务；

——管理应用协议差错的服务。

角色的解释应根据 DMA 进行。在下列事件中的一个发生时，角色解释器服务给出对 DMA 的控制：

——必须把接收到的、来自另一个 OeP 的开放式 edi 用户数据传送给 DMA；

——DMA 必须提供必须被发往另一个 OeP 的开放式 edi 用户数据；

——DMA 必须决定在角色解释中出现的选择。

ICS 59.080.70
W 59

中华人民共和国国家标准

GB/T 17639—2008
代替 GB/T 17639—1998

土工合成材料 长丝纺粘针刺非织造土工布

Geosynthetics—Synthetic filament spunbond and needlepunched nonwoven geotextiles

2008-08-06 发布　　2009-06-01 实施

中华人民共和国国家质量监督检验检疫总局
中国国家标准化管理委员会　发布

前　言

本标准代替 GB/T 17639—1998《土工合成材料　长丝纺粘针刺非织造土工布》。

本标准对 GB/T 17639—1998 作了以下技术性修改：

——产品规格由单位面积质量改为以标称断裂强度表示；删去了幅宽推荐系列。

——规范性引用文件中增加了刺破强力测定的相关标准。

——产品代号由 6 项简化为 4 项。

——技术要求规格分档由 11 档改为 9 档。

——调整了表 1 中 CBR 顶破强力指标。

——断裂伸长率改为标准断裂强度对应伸长率。

——幅宽、厚度和单位面积质量偏差改为参考项。

——简化了外观检验。

——简化了验收规则。

——简化了包装、贮运和标志。

本标准由中国纺织工业协会提出。

本标准由全国纺织品标准化技术委员会产业用纺织品分会(SAC/TC 209/SC 7)归口。

本标准起草单位：国家纺织制品质量监督检验中心、杰斯曼(上海)无纺布有限公司、江苏省仪征无纺布厂、山东宏祥化纤集团有限公司。

本标准主要起草人：王宝军、王颖、安立、刘力奇、邵茂根、吴思扬、崔占明。

本标准于 1998 年首次发布，本次为第 1 次修订。

土工合成材料
长丝纺粘针刺非织造土工布

1 范围

本标准规定了长丝纺粘针刺非织造土工布的产品分类、规格、代号、技术要求及品质评定、试验方法、检验规则、包装和标志等。

本标准适用于以聚合物为原料，经纺丝、铺网、针刺加固而成的长丝纺粘针刺非织造布。

2 规范性引用文件

下列文件中的条款通过本标准的引用而成为本标准的条款。凡是注日期的引用文件，其随后所有的修改单(不包括勘误的内容)或修订版均不适用于本标准，然而，鼓励根据本标准达成协议的各方研究是否可使用这些文件的最新版本。凡是不注日期的引用文件，其最新版本适用于本标准。

GB/T 4667　机织物幅宽的测定(GB/T 4667—1995,eqv ISO 3932:1976)

GB/T 13760　土工布的取样和试样准备(GB/T 13760—1992,eqv ISO 9862:1990)

GB/T 13761　土工布厚度测定方法(GB/T 13761—1992,eqv ISO 9863:1990)

GB/T 13762　土工布单位面积质量的测定方法(GB/T 13762—1992,eqv ISO 9864:1990)

GB/T 13763　土工布梯形法撕破强力试验方法

GB/T 14799　土工布及其有关产品　有效孔径的测定　干筛法

GB/T 14800　土工布顶破强力试验方法

GB/T 15788　土工布及其有关产品　宽条拉伸试验(GB/T 15788—2005,ISO 10319:1993,MOD)

GB/T 15789　土工布及其有关产品　无负荷时垂直渗透特性的测定

GB/T 16422.1～16422.3　塑料　实验室光源暴露试验方法

GB/T 16989　土工布　接头/接缝宽条拉伸试验方法(GB/T 16989—1997,neq ISO 10321:1992)

GB/T 17630　土工布及其有关产品　动态穿孔试验　落锥法

GB/T 17631　土工布及其有关产品　抗氧化性能的试验方法

GB/T 17632　土工布及其有关产品　抗酸、碱液性能的试验方法

GB/T 17633　土工布及其有关产品　平面内水流量的测定

GB/T 17634　土工布及其有关产品　有效孔径的测定　湿筛法

GB/T 17635.1　土工布及其有关产品　摩擦特性的测定　第1部分:直接剪切试验

GB/T 17636　土工布及其有关产品　抗磨损性能的测定　砂布/滑块法

GB/T 17637　土工布及其有关产品　拉伸蠕变和拉伸蠕变断裂性能的测定

GB/T 19978　土工布及其有关产品　刺破强力的测定

3 产品分类、规格及代号

3.1 产品分类

长丝纺粘针刺非织造土工布按纤维种类分为涤纶、丙纶、锦纶、乙纶等长丝纺粘针刺非织造土工布；按结构分为普通型和复合型。

3.2 规格

长丝纺粘针刺非织造土工布的规格以标称断裂强度表示，幅宽和单位面积质量为辅助规格，按合同

规定和实际需要设计。

产品规格推荐系列如下：

标称断裂强度(kN/m)：4.5、7.5、10、15、20、25、30、40、50 等。

3.3 代号

长丝纺粘针刺非织造土工布的代号表示如下：

□ □-□-□

(1) (2) (3) (4)

(1) 纤维代号：PET-涤纶、PP-丙纶、PA-锦纶、PE-乙纶；

(2) 标称断裂强度(kN/m)；

(3) 幅宽(m)；

(4) 单位面积质量(g/m^2)。

示例：聚酯长丝纺粘针刺非织造土工布，标称断裂强度为 15 kN/m，幅宽为 4.5 m，单位面积质量为 290 g/m^2，其产品代号为：PET 15-4.5-290。

4 技术要求

4.1 内在质量

4.1.1 内在质量分为基本项和选择项，基本项技术要求见表 1，其中第 1 项～第 6 项为考核项，第 7 项～第 9 项为参考项。

表 1 基本项技术要求

项目			指标								
标称断裂强度/(kN/m)			4.5	7.5	10	15	20	25	30	40	50
1	纵横向断裂强度/(kN/m)	≥	4.5	7.5	10.0	15.0	20.0	25.0	30.0	40.0	50.0
2	纵横向标准强度对应伸长率/%		40～80								
3	CBR 顶破强力/kN	≥	0.8	1.6	1.9	2.9	3.9	5.3	6.4	7.9	8.5
4	纵横向撕破强力/kN	≥	0.14	0.21	0.28	0.42	0.56	0.70	0.82	1.10	1.25
5	等效孔径 $O_{90}(O_{95})$/mm		0.05～0.20								
6	垂直渗透系数/(cm/s)		$K\times(10^{-1}\sim10^{-3})$ 其中：$K=1.0\sim9.9$								
7	厚度/mm	≥	0.8	1.2	1.6	2.2	2.8	3.4	4.2	5.5	6.8
8	幅宽偏差/%		−0.5								
9	单位面积质量偏差/%		−5								

注 1：规格按断裂强度，实际规格介于表中相邻规格之间，按线性内插法计算相应考核指标；超出表中范围时，考核指标由供需双方协商确定。

注 2：实际断裂强度低于标准强度时，标准强度对应伸长率不作符合性判定。

注 3：第 8 项～第 9 项标准值按设计或协议。

4.1.2 选择项包括动态穿孔、刺破强力、纵横向强力比、平面内水流量、湿筛孔径、摩擦系数、抗紫外线性能、抗酸碱性能、抗氧化性能、抗磨损性能、蠕变性能、拼接强度、定负荷伸长率、定伸长负荷和断裂伸长率等。选择项的标准值由供需合同规定。

4.1.3 当需方要求的某些指标不能同时满足时，可由供需双方协商，以满足工程应用中的主要指标为原则，并兼顾其他指标。

4.2 外观质量

外观疵点分为轻缺陷和重缺陷(见表 2)。每一种产品上不允许存在重缺陷，轻缺陷每 200 m^2 应不超过 5 个。

表 2 外观疵点的评定

序号	疵点名称	轻缺陷	重缺陷	备注
1	杂物	软质,粗≤5 mm	硬质;软质,粗>5 mm	
2	边不良	≤300 cm 时,每 50 cm 计一处	>300 cm	
3	破损	≤0.5 cm	>0.5 cm;破损	以疵点最大长度计
4	其他	参照相似疵点评定		

5 试验方法

5.1 断裂强度和标准强度对应伸长率按 GB/T 15788 测定。

5.2 CBR 顶破强力按 GB/T 14800 测定。

5.3 撕破强力按 GB/T 13763 测定。

5.4 厚度按 GB/T 13761 测定。

5.5 等效孔径按 GB/T 14799 测定,湿筛法孔径按 GB/T 17634 测定。

5.6 垂直渗透系数按 GB/T 15789 测定。

5.7 单位面积质量按 GB/T 13762 测定。

5.8 幅宽按 GB/T 4667 测定。

5.9 平面内水流量按 GB/T 17633 测定。

5.10 动态穿孔(落锥)性能按 GB/T 17630 测定。

5.11 摩擦系数按 GB/T 17635.1 测定。

5.12 抗磨损性能按 GB/T 17636 测定。

5.13 抗氧化性能按 GB/T 17631 测定。

5.14 抗酸碱性能按 GB/T 17632 测定。

5.15 蠕变性能按 GB/T 17637 测定。

5.16 拼接断裂强度按 GB/T 16989 测定。

5.17 刺破强力按 GB/T 19978 测定。

5.18 抗紫外线性能按 GB/T 16422.1～16422.3 测定。通常测定光照后强力保持率,试验时间可根据需要选定。

5.19 定负荷伸长率和定伸长负荷:结合断裂强伸度的测定按 GB/T 15788 进行,在拉伸试验过程中,测取达到规定负荷时的伸长率和(或)达到规定伸长率时的强度值。

6 检验规则

6.1 取样

按交货批号的同一品种、同一规格的产品作为检验批。从一批产品中按表 3 规定随机抽取相应数量的卷数。样品的抽取和试样的准备按 GB/T 13760 执行。

表 3 取样卷数

一批的卷数	批样的最少卷数
≤50	2
≥51	3

6.2 内在质量的判定

内在质量的测定应从批样的每一卷中距头端至少 3 m 随机剪取一个样品，以所有样品的平均结果表示批的内在质量。符合 4.1 要求,则为内在质量合格。

6.3 外观质量的判定

外观质量检验按 4.2 对批样的每卷产品进行评定,如果所有卷均符合 4.2,则为外观质量合格。如有不合格卷时,则该批中按 6.1 规定重新取样进行复验。若复验卷均符合 4.2 要求,则该批产品外观质量合格;如果复验结果仍有不合格卷,则该批产品外观质量不合格。

6.4 结果判定

按 6.2 和 6.3 判定均为合格,则该批产品合格。

7 包装、贮运和标志

7.1 长丝纺粘针刺非织造土工布按定长成卷包装,定长值根据协议或合同规定。

7.2 产品在贮运中,应保证不破损、不沾污、不受潮、防雨淋,不得长期暴晒。

7.3 每卷产品的明显位置上应有标志,包含下列内容:

a) 生产企业名称和地址;

b) 产品名称;

c) 产品代号(见 3.3);

d) 执行的标准号;

e) 卷长和净重;

f) 生产批号;

g) 生产日期;

h) 检验合格证。

ICS 59.080.70
W 59

中华人民共和国国家标准

GB/T 17640—2008
代替 GB/T 17640—1998

土工合成材料　长丝机织土工布

Geosynthetics—Synthetic filament woven geotextiles

2008-08-06 发布　　2009-06-01 实施

中华人民共和国国家质量监督检验检疫总局
中国国家标准化管理委员会　发布

前　言

本标准代替 GB/T 17640—1998《土工合成材料　长丝机织土工布》。

本标准对 GB/T 17640—1998 作了以下修改：

——规范性引用文件中增加了刺破强力测定的相关标准。

——在范围中增加模袋布。

——产品规格中删去了幅宽推荐系列。

——产品代号由 7 项简化为 4 项。

——调整了表 1 中撕破强力指标。

——断裂伸长率改为标准强度对应伸长率。

——参考项单位面积质量改为单位面积质量偏差。

——试验方法中增加模袋冲灌厚度的测定方法。

——简化了外观检验。

——简化了验收规则。

——简化了包装、贮运和标志。

本标准由中国纺织工业协会提出。

标准由全国纺织品标准化技术委员会产业用纺织品分会(SAC/TC 209/SC 7)归口。

本标准起草单位：国家纺织制品质量监督检验中心。

本标准主要起草人：王颖、王宝军、安立。

本标准于 1998 年首次发布，本次为第 1 次修订。

土工合成材料　长丝机织土工布

1　范围

本标准规定了长丝机织土工布和模袋布的产品分类、规格、代号、技术要求及品质评定、试验方法、检验规则、包装和标志等。

本标准适用于以合成纤维长丝为原料织制的长丝机织土工布及模袋布。

2　规范性引用文件

下列文件中的条款通过本标准的引用而成为本标准的条款。凡是注日期的引用文件，其随后所有的修改单(不包括勘误的内容)或修订版均不适用于本标准，然而，鼓励根据本标准达成协议的各方研究是否可使用这些文件的最新版本。凡是不注日期的引用文件，其最新版本适用于本标准。

GB/T 4667　机织物幅宽的测定(GB/T 4667—1995,eqv ISO 3932:1976)

GB/T 13760　土工布的取样和试样准备(GB/T 13760—1992,eqv ISO 9862:1990)

GB/T 13762　土工布单位面积质量的测定方法(GB/T 13762—1992,eqv ISO 9864:1990)

GB/T 13763　土工布梯形法撕破强力试验方法

GB/T 14799　土工布及其有关产品　有效孔径的测定　干筛法

GB/T 14800　土工布顶破强力试验方法

GB/T 15788　土工布及其有关产品　宽条拉伸试验(GB/T 15788—2005,ISO 10319:1993,MOD)

GB/T 15789　土工布及其有关产品　无负荷时垂直渗透特性的测定

GB/T 16422.1～16422.3　塑料实验室光源暴露试验方法

GB/T 16989　土工布　接头/接缝宽条拉伸试验方法(GB/T 16989—1997,neq ISO 10321:1992)

GB/T 17630　土工布及其有关产品　动态穿孔试验　落锥法

GB/T 17631　土工布及其有关产品　抗氧化性能的试验方法

GB/T 17632　土工布及其有关产品　抗酸、碱液性能的试验方法

GB/T 17634　土工布及其有关产品　有效孔径的测定　湿筛法

GB/T 17635.1　土工布及其有关产品　摩擦特性的测定　第1部分:直接剪切试验

GB/T 17636　土工布及其有关产品　抗磨损性能的测定　砂布/滑块法

GB/T 17637　土工布及其有关产品　拉伸蠕变和拉伸蠕变断裂性能的测定

GB/T 19978　土工布及其有关产品　刺破强力的测定

3　产品分类、规格及代号

3.1　产品分类

长丝机织土工布按纤维品种分为涤纶、丙纶等长丝机织土工布;按用途分为模袋布、反滤布、复合用基布等。

3.2　规格

长丝机织土工布的规格以经向断裂强度表示，幅宽和单位面积质量为辅助规格，按合同规定和实际需要设计。

产品规格推荐系列如下:

经向标称断裂强度(kN/m):35、50、65、80、100、120、140、160、180、200、250等。

3.3 代号

长丝机织土工布的代号表示如下：

□ □-□-□ (/B)

(1)(2) (3)(4)(5)

(1) 纤维代号：PET-涤纶、PP-丙纶；

(2) 经向标称断裂强度(kN/m)，模袋布表示单层布强度；

(3) 幅宽(m)；

(4) 单位面积质量(g/m^2)，模袋布表示单层布质量；

(5) /B 表示模袋布，非模袋布无该项。

示例 1：丙纶长丝机织土工布，经向标称断裂强度为 200 kN/m，单位面积质量为 750 g/m^2，幅宽为 4 m，其产品代号为：PP 200-4-750。

示例 2：锦纶长丝机织模袋布，经向标称断裂强度为 50 kN/m，幅宽为 4.5 m，单位面积质量为 180 g/m^2，其产品代号为：PA 50-4.5-180/B。

4 技术要求

4.1 内在质量

4.1.1 内在质量分为基本项和选择项，基本项技术要求见表 1，其中一般机织土工布考核第 1 项～第 7 项，模袋布考核第 1 项～第 8 项，模袋考核第 1 项～第 10 项，第 11 项～第 12 项为参考项。

表 1 基本项技术要求

项目			指标										
标称断裂强度/(kN/m)			35	50	65	80	100	120	140	160	180	200	250
1	经向断裂强度/(kN/m)	≥	35	50	65	80	100	120	140	160	180	200	250
2	纬向断裂强度/(kN/m)	≥	按协议规定，无特殊要求时，则按经向断裂强度×0.7										
3	标准强度对应伸长率/%	≤	经向 35，纬向 30										
4	CBR 顶破强力/kN	≥	2.0	4.0	6.0	8.0	10.5	13.0	15.5	18.0	20.5	23.0	28.0
5	等效孔径 $O_{90}(O_{95})$/mm		0.05～0.50										
6	垂直渗透系数/(cm/s)		$K\times(10^{-2}\sim10^{-5})$ 其中：$K=1.0\sim9.9$										
7	幅宽偏差/%		−1.0										
8	模袋冲灌厚度偏差/%		±8										
9	模袋长、宽偏差/%		±2										
10	缝制强度/(kN/m)	≥	标称断裂强度×0.5										
11	经纬向撕破强力/kN	≥	0.4	0.7	1.0	1.2	1.4	1.6	1.8	1.9	2.1	2.3	2.7
12	单位面积质量偏差/%		−5										

注 1：规格按经向断裂强度，实际规格介于表中相邻规格之间，按线性内插法计算相应考核指标；超出表中范围时，考核指标由供需双方协商确定。

注 2：实际断裂强度低于标准强度时，标准强度对应伸长率不作符合性判定。

注 3：第 7 项～第 9 项和第 12 项标准值按设计或协议。

4.1.2 选择项包括动态穿孔、刺破强力、湿筛孔径、摩擦系数、抗紫外线性能、抗酸碱性能、抗氧化性能、抗磨损性能、蠕变性能、拼接强度、定负荷伸长率、定伸长负荷和断裂伸长率等。选择项的标准值由供需合同规定。

4.1.3 当需方要求的某些指标不能同时满足时，可由供需双方协商，以满足工程应用中的主要指标为原则,并兼顾其他指标。

4.2 外观质量

外观疵点分为轻缺陷和重缺陷(见表2)。每一种产品上不允许存在重缺陷,轻缺陷每200 m^2 应不超过5个。

表2 外观疵点的评定

序号	疵点名称	轻缺陷	重缺陷	备注
1	断纱、缺纱	分散的,1～2根	并列2根以上	
2	杂物	软质,粗≤5 mm	硬质;软质,粗>5 mm	
3	边不良	≤300 cm时,每50 cm计一处	>300 cm	
4	破损	≤0.5 cm	>0.5 cm;破损	以疵点最大长度计
5	稀路	10 cm内少2根	10 cm内少3根	
6	其他	参照相似疵点评定		

5 试验方法

5.1 断裂强度和标准强度对应伸长率按GB/T 15788测定。

5.2 CBR顶破强力按GB/T 14800测定。

5.3 模袋冲灌厚度测定:用钢尺测定两层机织布之间的连接线长度,精确至1 mm。

5.4 等效孔径按GB/T 14799测定,湿筛法孔径按GB/T 17634测定。

5.5 垂直渗透系数按GB/T 15789测定。

5.6 缝制强度、拼接断裂强度按GB/T 16989测定。

5.7 单位面积质量按GB/T 13762测定。

5.8 幅宽按GB/T 4667测定。

5.9 撕破强力按GB/T 13763测定。

5.10 动态穿孔(落锥)性能按GB/T 17630测定。

5.11 摩擦系数按GB/T 17635.1测定。

5.12 抗磨损性能按GB/T 17636测定。

5.13 抗氧化性能按GB/T 17631测定。

5.14 抗酸碱性能按GB/T 17632测定。

5.15 蠕变性能按GB/T 17637测定。

5.16 刺破强力按GB/T 19978测定。

5.17 抗紫外线性能按GB/T 16422.1～16422.3测定。通常测定光照后强力保持率,试验时间可根据需要选定。

5.18 定负荷伸长率和定伸长负荷:结合断裂强伸度的测定按GB/T 15788进行,在拉伸试验过程中,测取达到规定负荷时的伸长率和(或)达到规定伸长率时的强度值。

6 检验规则

6.1 抽样

按交货批号的同一品种、同一规格的产品作为检验批。从一批产品中按表3规定随机抽取相应数量的卷数。样品的抽取和试样的准备按GB/T 13760执行。

表 3 抽样数量

一批的卷数	批样的最少卷数
≤50	2
≥51	3

6.2 内在质量的判定

内在质量的测定应从批样的每一卷中距头端至少 3 m 随机剪取一个样品，以所有样品的平均结果表示批的内在质量。符合 4.1 要求，则为内在质量合格。

6.3 外观质量的判定

外观质量检验按 4.2 对批样的每卷产品进行评定，如果所有卷均符合 4.2，则为外观质量合格。如出现不合格卷时，则该批中按 6.1 规定重新取样进行复验。若复验卷均符合 4.2 要求，则该批产品外观质量合格；如果复验结果仍有不合格卷，则该批产品外观质量不合格。

6.4 结果判定

按 6.2 和 6.3 判定均为合格，则该批产品合格。

7 包装、贮运和标志

7.1 长丝机织土工布按定长成卷包装，定长值根据协议或合同规定。

7.2 产品在贮运中，应保证不破损、不沾污、不受潮、防雨淋，不得长期暴晒。

7.3 每卷产品的明显位置上应有标志，包含下列内容：

a) 生产企业名称和地址；

b) 产品名称；

c) 产品代号(见 3.3)；

d) 执行的标准号；

e) 卷长和净重；

f) 生产批号；

g) 生产日期；

h) 检验合格证。

ICS 59.080.70
W 59

GB

中华人民共和国国家标准

GB/T 17642—2008
代替 GB/T 17642—1998

土工合成材料 非织造布复合土工膜

Geosynthetics—Geocomposites made of geononwoven and geomembrance

STANDARDS PRESS OF CHINA

2008-08-06 发布　　2009-06-01 实施

中华人民共和国国家质量监督检验检疫总局
中国国家标准化管理委员会　发布

前　言

本标准是对 GB/T 17642—1998《土工合成材料　非织造复合土工膜》的修订。

本标准对 GB/T 17642—1998 作了以下技术性修改：

——标准名称修改为《土工合成材料　非织造布复合土工膜》；

——产品规格由单位面积质量改为以标称断裂强度表示；

——产品代号由 7 个部分简化为 5 个部分；

——将原标准中表 1 和表 2 进行整合，断裂强度、撕破强力、CBR 顶破强力指标均规定具体指标，并增加一档指标要求；

——断裂伸长率修改为标准强度对应伸长率；

——幅宽改为参考指标，单位面积质量不再作为考核指标；

——简化了外观检验；

——简化了验收规则；

——简化了包装、贮运和标志。

本标准由中国纺织工业协会提出。

本标准由全国纺织品标准化技术委员会产业用纺织品分会(SAC/TC 209/SC 7)归口。

本标准起草单位：国家纺织制品质量监督检验中心、山东宏祥化纤集团有限公司。

本标准主要起草人：王宝军、龚迎秋、崔占明。

本标准于 1998 年首次发布，本次为第 1 次修订。

土工合成材料
非织造布复合土工膜

1 范围

本标准规定了非织造布复合土工膜的产品分类、规格、代号、技术要求及品质评定、试验方法、检验规则、包装、标志、贮运等。

本标准适用于以非织造土工布为基材，以聚乙烯、聚氯乙烯等为膜材，复合而成的非织造布复合土工膜。

2 规范性引用文件

下列文件中的条款通过本标准的引用而成为本标准的条款。凡是注日期的引用文件，其随后所有的修改单(不包括勘误的内容)或修订版均不适用于本标准，然而，鼓励根据本标准达成协议的各方研究是否可使用这些文件的最新版本。凡是不注日期的文件，其最新版本适用于本标准。

GB/T 4667 机织物幅宽的测定(GB/T 4667—1995，eqv ISO 3932:1976)

GB/T 13760 土工布的取样和试样准备(GB/T 13760—1992，eqv ISO 9862:1990)

GB/T 13761 土工布厚度测定方法(GB/T 13761—1992，eqv ISO 9863:1990)

GB/T 13762 土工布单位面积质量的测定方法(GB/T 13762—1992，eqv ISO 9864:1990)

GB/T 13763 土工布梯形法撕破强力试验方法

GB/T 14800 土工布顶破强力试验方法

GB/T 15788 土工布及其有关产品 宽条拉伸试验(GB/T 15788—2005，ISO 10319:1993，MOD)

GB/T 16422.1～16422.3 塑料实验室光源暴露试验方法

GB/T 16989 土工布 接头/接缝宽条拉伸试验方法(GB/T 16989—1997，neq ISO 10321:1992)

GB/T 17598 土工布 多层产品中单层厚度的测定

GB/T 17630 土工布及其有关产品 动态穿孔试验 落锥法

GB/T 17631 土工布及其有关产品 抗氧化性能的试验方法

GB/T 17632 土工布及其有关产品 抗酸、碱液性能的试验方法

GB/T 17633 土工布及其有关产品 平面内水流量的测定

GB/T 17635.1 土工布及其有关产品 摩擦特性的测定 第1部分:直接剪切试验

GB/T 17636 土工布及其有关产品 抗磨损性能的测定 砂布/滑块法

GB/T 17637 土工布及其有关产品 拉伸蠕变和拉伸蠕变断裂性能的测定

GB/T 17638 土工合成材料 短纤针刺非织造土工布

GB/T 17639 土工合成材料 长丝纺粘针刺非织造土工布

GB/T 17643 土工合成材料 聚乙烯土工膜

GB/T 19978 土工布及其有关产品 刺破强力的测定

GB/T 19979.1 土工合成材料 防渗性能 第1部分:耐静水压的测定

GB/T 19979.2 土工合成材料 防渗性能 第2部分:渗透系数的测定

FZ/T 01010 涂层织物 涂层粘附强度测定方法

3 产品分类、规格及代号

3.1 产品分类

非织造布复合土工膜可按下列方法分类：

——按基材：短纤针刺非织造布复合土工膜、长丝纺粘针刺非织造布复合土工膜；

——按膜材：聚乙烯(PE)、聚氯乙烯(PVC)、氯化聚乙烯(CPE)等复合土工膜；

——按结构：一布一膜、二布一膜、一布二膜、二布二膜、多布多膜等复合土工膜等。

3.2 规格

非织造布复合土工膜的规格以标称断裂强度表示，幅宽、单位面积质量及膜材厚度为辅助规格，按合同规定和实际需要设计。

产品规格推荐系列如下：

标称强度(kN/m)：5.0、7.5、10、12、14、16、18、20 等。

3.3 代号

复合土工膜的代号表示如下：

□m/□n-□-□-□

(1) (2) (3)(4)(5)

(1) 基材及层数：SN——短纤针刺非织造土工布基材、FN——长丝纺粘针刺非织造土工布基材等；m 为基材层数，当层数为 1 时，m 可省略；

(2) 膜材及层数：PE、PVC、CPE 等；n 为膜材层数，当层数为 1 时，n 可省略；

(3) 标称强度(kN/m)；

(4) 非织造布单位面积质量(g/m^2)，非织造布为 2 层及以上时，为总质量；

(5) 膜厚度，以 mm 为单位表示。

示例：SN2/PVC-16-400-0.35 表示产品为：短纤针刺非织造/PVC 复合土工膜，二布一膜，标称断裂强度为 16.0 kN/m，非织造布总单位面积质量 400 g/m^2，膜厚度 0.35 mm。

4 要求

4.1 材料质量

4.1.1 产品使用的聚乙烯土工膜应符合 GB/T 17643 的规定，其他膜材也应符合相应标准的要求。

4.1.2 产品使用的非织造土工布应符合 GB/T 17638 或 GB/T 17639 的要求。

4.2 内在质量

4.2.1 内在质量分为基本项和选择项，基本项技术要求见表 1，其中第 1 项～第 7 项为考核项，第 8 项为参考项。

表 1 基本项技术要求

项目			指标							
标称断裂强度/(kN/m)			5	7.5	10	12	14	16	18	20
1	纵横向断裂强度/(kN/m)	≥	5.0	7.5	10.0	12.0	14.0	16.0	18.0	20.0
2	纵横向标准强度对应伸长率/%		30～100							
3	CBR 顶破强力/kN	≥	1.1	1.5	1.9	2.2	2.5	2.8	3.0	3.2
4	纵横向撕破强力/kN	≥	0.15	0.25	0.32	0.40	0.48	0.56	0.62	0.70
5	耐静水压/MPa		按表 2							
6	剥离强度/(N/cm)	≥	6							
7	垂直渗透系数/(cm/s)		按设计或合同要求							
8	幅宽偏差/%		−1.0							

注 1：实际规格(标称断裂强度)介于表中相邻规格之间，按线性内插法计算相应考核指标；超出表中范围时，考核指标由供需双方协商确定。

注 2：第 6 项如测定时试样难以剥离或未到规定剥离强度基材或膜材断裂，视为符合要求。

注 3：第 8 项标准值按设计或协议。

注 4：实际断裂强度低于标准强度时，标准强度对应伸长率不作符合性判定。

表 2　耐静水压规定值

项　　目			膜厚度/mm							
			0.2	0.3	0.4	0.5	0.6	0.7	0.8	1.0
耐静水压/MPa	≥	一布一膜	0.4	0.5	0.6	0.8	1.0	1.2	1.4	1.6
		二布一膜	0.5	0.6	0.8	1.0	1.2	1.4	1.6	1.8
注：膜厚介于表中相邻规格之间，按线性内插法计算相应考核指标；超出表中范围时，考核指标由供需双方协商确定。										

4.2.2　选择项包括动态穿透、刺破强力、平面内水流量、摩擦系数、抗紫外线性能、耐酸碱性能、抗氧化性能、蠕变性能、拼接强度、抗磨损性能、定负荷伸长率、定伸长负荷和断裂伸长率等。选择项的标准值由有关各方商定。

4.2.3　当需方要求的某些指标不能同时满足时，可由供需双方协商，以满足工程应用中的主要指标为原则，并要兼顾其他指标。

4.3　外观质量

外观疵点分为轻缺陷和重缺陷(见表 3)。每一种产品上不允许存在重缺陷，轻缺陷每 200 m^2 应不超过 5 个。

表 3　外观疵点的评定

序　号	疵点名称	轻缺陷	重缺陷	备　注
1	分层、折痕	明显	严重	
2	杂物	软质，粗≤5 mm	硬质；软质粗>5 mm	
3	边不良	≤300 cm 时，每 50 cm 计一处	>300 cm	
4	修补点	≤2 cm	>2 cm，破洞	按最大长度计
5	其他	参照相似疵点评定		

5　试验方法

5.1　幅宽测定：按 GB/T 4667 中的方法 1 执行。

5.2　厚度测定：成品厚度按 GB/T 13761 执行，膜层厚度测定按 GB/T 17598 执行。

5.3　单位面积质量测定：按 GB/T 13762 执行。

5.4　断裂强伸度测定：按 GB/T 15788 执行。

5.5　撕破强力测定：按 GB/T 13763 执行。

5.6　CBR 顶破强力测定：按 GB/T 14800 执行。

5.7　动态穿孔(落锥)测定：按 GB/T 17630 执行。

5.8　摩擦系数测定：按 GB/T 17635.1 执行。

5.9　平面内水流量测定：按 GB/T 17633 执行。

5.10　蠕变性能测定：按 GB/T 17637 执行。

5.11　抗氧化性能测定：按 GB/T 17631 执行。

5.12　耐酸碱性测定：按 GB/T 17632 执行。

5.13　刺破强力测定：按 GB/T 19978 进行。

5.14　剥离强度测定：参照 FZ/T 01010 执行，试样采用 50 mm 宽。

5.15　接头/接缝断裂强度测定：按 GB/T 16989 执行。

5.16　抗紫外线测定：按 GB/T 16422.1～16422.3 测定，通常测定光照前后强力保持率，试验时间可根据需要选定。

5.17 耐静水压的测定：按 GB/T 19979.1 执行。

5.18 渗透系数测定：按 GB/T 19979.2 执行。

5.19 抗磨损性能测定：按 GB/T 17636 执行。

5.20 定负荷伸长率和定伸长负荷：结合断裂强伸度的测定按 GB/T 15788 进行，在拉伸试验过程中，测取达到规定负荷时的伸长率和(或)达到规定伸长率时的强度值。

6 检验规则

6.1 取样

按交货批号的同一品种、同一规格的产品作为检验批。从一批产品中按表 4 规定随机抽取相应数量的卷数。样品的抽取和试样的准备按 GB/T 13760 执行。

表 4 取样数量

一批的卷数	批样的最少卷数
≤50	2
≥51	3

6.2 内在质量的判定

内在质量的测定应从批样的每一卷中距头端至少 3 m 随机剪取一个样品，以所有样品的平均结果表示批的内在质量。符合 4.2 要求，则为内在质量合格。

6.3 外观质量的判定

外观质量检验按 4.3 对批样的每卷产品进行评定，如果所有卷均符合 4.3，则为外观质量合格。如出现不合格卷时，则该批中按 6.1 规定重新取样进行复验。若复验卷均符合 4.3 要求，则该批产品外观质量合格；如果复验结果仍有不合格卷，则该批产品质量不合格。

6.4 结果判定

按 6.2 和 6.3 判定均为合格，则该批产品合格。

7 包装、贮运和标志

7.1 非织造布复合土工膜按定长成卷包装，定长值根据协议或合同规定。

7.2 产品在贮运中，应保证不破损、不沾污、不受潮、防雨淋，不得长期暴晒。

7.3 每卷产品的明显位置上应有标志，包含下列内容：

a) 生产企业名称和地址；

b) 产品名称；

c) 产品代号(见 3.3)；

d) 执行的标准号；

e) 卷长和净重；

f) 生产批号；

g) 生产日期；

h) 检验合格证。

ICS 59.060
W 04

中华人民共和国国家标准

GB/T 17644—2008
代替 GB/T 17644—1998

纺织纤维白度色度试验方法

Test method for whiteness and chromaticity of textile fibres

2008-08-07 发布

2008-12-01 实施

中华人民共和国国家质量监督检验检疫总局
中国国家标准化管理委员会 发布

前言

本标准代替 GB/T 17644—1998《纺织纤维白度色度试验方法》。

本标准与 GB/T 17644—1998 相比主要变化如下：

a) "色差计"改为"分光光度法色度仪"；

b) 增加"色度"和"色相"的术语；

c) 标准适用范围扩大；

d) 修改了附录 A 的内容；

e) 正文及附录 B、附录 C 按 CIE 最新发布规定修改了计算方程式；

f) 在 X、Y、Z 三刺激值计算的 L^*、a^*、b^* 基础上增加了色差的修正值。

本标准的附录 A、附录 B 和附录 C 为规范性附录，附录 D 为资料性附录。

本标准由中国纤维检验局提出并归口。

本标准主要起草单位：西安工程大学、中国纤维检验局。

本标准主要起草人：孙润军、陈美玉、冯平、来侃、徐军。

本标准于 1998 年首次发布，本次为第一次修订。

纺织纤维白度色度试验方法

1 范围

本标准规定了用分光光度法色度仪测定纺织纤维白度、色度的试验方法。

本标准适用于纺织纤维白度和色度的测定。

2 规范性引用文件

下列文件的条款通过本标准的引用而成为本标准的条款。凡是注日期的引用文件，其随后所有的修改单(不包括勘误的内容)或修订版均不适用于本标准。然而，鼓励根据本标准达成协议的各方研究是否可使用这些文件的最新版本。凡是不注日期的引用文件，其最新版本适用于本标准。

GB/T 3979 物体色的测量方法

GB 6529 纺织品的调湿和试验用标准大气

GB/T 8170 数值修约规则

3 术语和定义

下列术语和定义适用于本标准。

3.1

三刺激值 X、Y、Z tristimulus values X,Y,Z

在 D_{65} 光源、10°视觉标准、CIE 1994 三刺激系统中，与被研究色刺激相匹配所需要的三参比刺激量或三匹配刺激量。

3.2

明度指数 L^* index of lightness L^*

$L^* a^* b^*$ 均匀色度空间三维直角坐标系中的明度坐标值。

3.3

色度系数 a^*、b^* chromaticity coefficient a^*,b^*

$L^* a^* b^*$ 均匀色度空间三维直角坐标系的值。其中 a^* 正值为红色，a^* 负值为绿色，b^* 正值为黄色，b^* 负值为蓝色。

3.4

色度 chromaticity

用色度坐标值表示的颜色的二维定量值。它可以是 a^*、b^*(直角坐标)，也可以是 C^*、H^*(极坐标)。

3.5

白度 W whiteness W

对白色物质表面白色程度的一维评价。

3.6

色饱和度 C^* chroma saturation C^*

反射有色光是色光和白光的混合物，色饱和度是色光在总反光量中所占的比例。它是极坐标系中半径的值。

3.7

色相(角)H^* coloure hue (angle) H^*

在极坐标系中色相所占的方向角的值。

4 原理

应用分光光度法色度仪直接测量一定压缩密度的试样在试验盒透射面上的三刺激值 X、Y、Z,通过计算获得色度值和白度值。

5 仪器

5.1 色度仪

本标准采用分光光度法色度仪,应符合下列技术条件:

a) 测量窗口直径 ϕ:20 mm～30 mm;

b) 照明光源:D_{65}光源;

c) 10°视角;

d) 照明观测条件:入射法向 0°,漫反射测量;

e) 准确度:$\Delta Y \leqslant 1.5$,$\Delta x \leqslant 0.015$,$\Delta y \leqslant 0.015$;

f) 重复精度:$\Delta Y \leqslant 0.3$,$\Delta x \leqslant 0.001$,$\Delta y \leqslant 0.001$。

5.2 天平

量程 100 g,分度值 0.01 g。

5.3 其他

a) 试验盒 (规格见附录 A);

b) 标准白板;

c) 标准色板。

6 预调湿、调湿和试验用标准大气

预调湿、调湿和试验用标准大气应符合 GB 6529 温带二级标准大气的规定。

7 试样

7.1 取样

不同纤维按相应标准规定进行取样,实验室样品不少于 30 g。

7.2 试样的制备

从实验室样品中除去影响白度、颜色的杂质、油脂等,经调湿(回潮率较大的样品先在 50 ℃预烘 30 min 进行预调湿)在吸湿条件下达到平衡。样品经扯松混匀后,称取质量为 5.00 g±0.05 g 的试样三份,分别置入 3 个试样盒,旋紧盒盖。

8 试验步骤

8.1 仪器预热

按色度仪规定程序开机预热 20 min 以上。

8.2 仪器校准

依次将黑罩、标准白板和标准色板置于仪器测试窗口,按仪器规定程序校准零点、满度及色度值。

8.3 测试

将试样盒的试样面对准仪器测试窗口,按 GB/T 3979,根据表 1 规定测试。然后取出试样翻转,旋紧盒盖,测试该试样第二面。依次测完三个试样盒,记录色度值或白度值的基础数据的平均值 X、Y、Z。

表 1　色度仪不同窗口直径对应的测试次数和位置

仪器窗口直径/mm	每个试样测试次数	试样盒对窗口位置
20	5	左、右、上、下、中
25	4	左 、右、上 、下
30	3	靠周边三点均布

9　试验结果

9.1　色度指标

9.1.1　$L^* a^* b^*$ 系统色度指标，按式(1)[或式(2)]、式(3)、式(4)计算，用 L^*、a^*、b^* 的数值表示色度。

当　$\frac{Y}{Y_0} > 0.008\,856$

$$L^* = 116\left(\frac{Y}{Y_0}\right)^{\frac{1}{3}} - 16 \qquad \cdots\cdots(1)$$

当　$\frac{Y}{Y_0} \leqslant 0.008\,856$

$$L^* = 603.3\left(\frac{Y}{Y_0}\right)^{\frac{1}{3}} \qquad \cdots\cdots(2)$$

$$a^* = 500\left[f\left(\frac{X}{X_0}\right) - f\left(\frac{Y}{Y_0}\right)\right] \qquad \cdots\cdots(3)$$

$$b^* = 200\left[f\left(\frac{Y}{Y_0}\right) - f\left(\frac{Z}{Z_0}\right)\right] \qquad \cdots\cdots(4)$$

式中：

L^*——明度指数；

a^*——色度系数；

b^*——色度系数；

$f\left(\frac{X}{X_0}\right)$——按附录 B 中的式(B.4)或式(B.5)计算；

$f\left(\frac{Y}{Y_0}\right)$——按附录 B 中的式(B.6)或式(B.7)计算；

$f\left(\frac{Z}{Z_0}\right)$——按附录 B 中的式(B.8)或式(B.9)计算。

计算结果按 GB/T 8170 规定修约至四位小数。

9.1.2　$L^* C^* H^*$ 系统色度指标，按式(5)、式(6)计算，用 L^*、C^*、H^* 的数值表示色度。

$$C^* = [a^{*2} + b^{*2}]^{\frac{1}{2}} \qquad \cdots\cdots(5)$$

$$H^* = \mathrm{arctg}\,\frac{b^*}{a^*} \qquad \cdots\cdots(6)$$

式中：

C^*——色饱和度，%；

a^*——色度系数；

b^*——色度系数；

H^*——色相角，单位为度(°)。

计算结果按 GB/T 8170 修约至四位小数。

9.2　纺织纤维的白度指标

9.2.1　白度值按式(7)计算。

$$W=100-[(100-L^*)^2+a^{*2}+b^{*2}]^{\frac{1}{2}} \quad \cdots\cdots(7)$$

式中：

W——白度，%。

计算结果按 GB/T 8170 规定修约至四位小数。

9.2.2 在 $L^*a^*b^*$ 指标体系中 a^*、b^* 表示白度偏色方向：a^* 正值表示偏红，a^* 负值表示偏绿，b^* 正值表示偏黄，b^* 负值表示偏蓝。

9.3 纺织纤维的色差指标

当比对标准样品计算色差时，按附录 C 计算色差。具体计算实例参见附录 D。

10 试验报告

试验报告应包含以下内容：

a) 执行标准的编号；

b) 样品名称、规格、批号、数量及状态，送样单位；

c) 试验日期及环境条件；

d) 试验仪器型号及主要技术条件；

e) 试验结果；

f) 备注；

g) 试验者。

附　录　A
（规范性附录）
试样盒

试样盒结构示意图及主要尺寸见图 A.1。

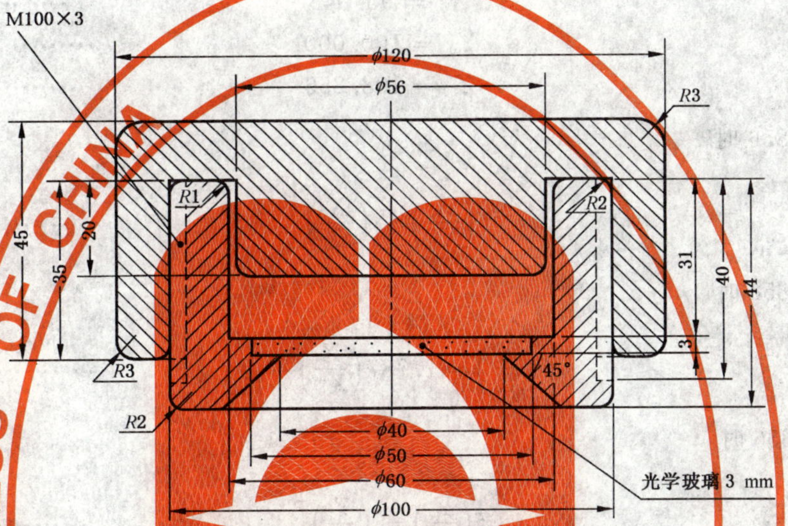

图 A.1　试样盒示意图

附 录 B
（规范性附录）
国际色度学会 $L^* a^* b^*$ 体系计算方程式

根据国际色度学会 $L^* a^* b^*$ 体系均匀色度空间系统 2003 年修改单规定对 D_{65} 光源 10°视角，0/d 条件下测试的三刺激值 X、Y、Z，按下列方程计算色度值：

$$X_0 = 95.045 \quad \cdots\cdots(\text{B.1})$$

$$Y_0 = 100.000 \quad \cdots\cdots(\text{B.2})$$

$$Z_0 = 108.255 \quad \cdots\cdots(\text{B.3})$$

$\frac{X}{X_0} > 0.008\,856$ 时

$$f\left(\frac{X}{X_0}\right) = \left(\frac{X}{X_0}\right)^{\frac{1}{3}} \quad \cdots\cdots(\text{B.4})$$

$\frac{X}{X_0} \leqslant 0.008\,856$ 时

$$f\left(\frac{X}{X_0}\right) = 7.787\left(\frac{X}{X_0}\right) + \frac{16}{116} \quad \cdots\cdots(\text{B.5})$$

$\frac{Y}{Y_0} > 0.008\,856$ 时

$$f\left(\frac{Y}{Y_0}\right) = \left(\frac{Y}{Y_0}\right)^{\frac{1}{3}} \quad \cdots\cdots(\text{B.6})$$

$\frac{Y}{Y_0} \leqslant 0.008\,856$ 时

$$f\left(\frac{Y}{Y_0}\right) = 7.787\left(\frac{Y}{Y_0}\right) + \frac{16}{116} \quad \cdots\cdots(\text{B.7})$$

$\frac{Z}{Z_0} > 0.008\,856$ 时

$$f\left(\frac{Z}{Z_0}\right) = \left(\frac{Z}{Z_0}\right)^{\frac{1}{3}} \quad \cdots\cdots(\text{B.8})$$

$\frac{Z}{Z_0} \leqslant 0.008\,856$ 时

$$f\left(\frac{Z}{Z_0}\right) = 7.787\left(\frac{Z}{Z_0}\right) + \frac{16}{116} \quad \cdots\cdots(\text{B.9})$$

附 录 C
（规范性附录）
色差的计算方程式

根据国际色度学会标准 CIE 142—2001《工业色差评值的改进》和 CIE DE 2000 及由其形成的 ISO 新修订说明，总色差的计算方程如下：

$$\Delta V=\frac{1}{k_E}\left[\left(\frac{\Delta L^*}{k_L\cdot S_L}\right)^2+\left(\frac{\Delta C'}{k_C\cdot S_C}\right)^2+\left(\frac{\Delta H'}{k_H\cdot S_H}\right)^2+R_t\left(\frac{\Delta C'}{k_CS_C}\right)\left(\frac{\Delta H'}{k_HS_H}\right)\right]^{\frac{1}{2}} \qquad\cdots\cdots(\text{C.1})$$

式中：

明度差
$$\Delta L^*=L_b^*-L_s^* \qquad\cdots\cdots(\text{C.2})$$

饱和度差
$$\Delta C'=C_b'-C_s' \qquad\cdots\cdots(\text{C.3})$$

$$C'=(a'^2+b'^2)^{\frac{1}{2}} \qquad\cdots\cdots(\text{C.4})$$

$$a'=a^*(1+G) \qquad\cdots\cdots(\text{C.5})$$

$$b'=b^* \qquad\cdots\cdots(\text{C.6})$$

色相差
$$\Delta H'=2(C_b'-C_s')^{\frac{1}{2}}\cdot\sin\left[\frac{H'_b-H'_s}{2}\right] \qquad\cdots\cdots(\text{C.7})$$

$$H'=\operatorname{arctg}\left(\frac{b'}{a'}\right) \qquad\cdots\cdots(\text{C.8})$$

$$G=0.5\left[1-\left(\frac{C^{*7}}{C^{*7}+25^7}\right)^{\frac{1}{2}}\right] \qquad\cdots\cdots(\text{C.9})$$

式中，下标 b 表示受测样品的测试值；下标 s 表示标准样品的测试值。

式(C.1)中的权重系数取值如下：

$$k_L=2 \qquad\cdots\cdots(\text{C.10})$$

$$k_C=1 \qquad\cdots\cdots(\text{C.11})$$

$$k_H=1 \qquad\cdots\cdots(\text{C.12})$$

$$S_L=1+\frac{0.015(\bar{L}'-50)^2}{[20+(\bar{L}'-50)^2]^{\frac{1}{2}}} \qquad\cdots\cdots(\text{C.13})$$

$$S_C=1+0.0045\bar{C}' \qquad\cdots\cdots(\text{C.14})$$

$$S_H=1+0.015\bar{C}'\cdot T \qquad\cdots\cdots(\text{C.15})$$

$$T=1-0.17\cos(\bar{H}'-30^\circ)+0.24\cos(2\bar{H}')+0.32\cos(3\bar{H}'+6^\circ)-0.20\cos(4\bar{H}'-63^\circ) \qquad\cdots\cdots(\text{C.16})$$

式中 $\bar{L}'$、$\bar{C}'$、$\bar{H}'$ 为标准样品与被测样品相应指标的平均值。

总色差视觉敏感度系数 k_E，对一般工业色差评估中：

$$k_E=1 \qquad\cdots\cdots(\text{C.17})$$

旋转函数 R_T 为

$$R_T=-\sin(2\Delta\theta)R_C \qquad\cdots\cdots(\text{C.18})$$

$$\Delta\theta=30^\circ\exp\left[-\left(\frac{\bar{H}'-275^\circ}{25^\circ}\right)^2\right] \qquad\cdots\cdots(\text{C.19})$$

$$R_C=2\left(\frac{\bar{C}^7}{\bar{C}'^7-257}\right)^{\frac{1}{2}} \qquad\cdots\cdots(\text{C.20})$$

附 录 D
（资料性附录）
纺织纤维白度和色度计算示例

D.1 纺织纤维白度计算示例

在 D_{65} 光源、10°视角，0/d 条件下，色度仪的 $X_0=95.045$，$Y_0=100.000$，$Z_0=108.255$。

某批白色样品在 D_{65} 光源、10°视角，0/d 条件下测得三刺激值为：

$$X=53.270, Y=56.000, Z=48.770 \qquad \cdots\cdots(D.1)$$

计算：

$$\frac{X}{X_0}=\frac{53.270}{100.000}=0.5327>0.008856 \qquad \cdots\cdots(D.2)$$

$$\frac{Y}{Y_0}=\frac{56.000}{100.000}=0.5600>0.008856 \qquad \cdots\cdots(D.3)$$

$$\frac{Z}{Z_0}=\frac{48.770}{100.000}=0.4877>0.008856 \qquad \cdots\cdots(D.4)$$

L^* 按式(1)计算：

$$L^*=116\times 0.5600^{\frac{1}{3}}-16=79.6138 \qquad \cdots\cdots(D.5)$$

a^* 按式(3)、(B.4)、(B.6)计算：

$$a^*=500\left[\left(\frac{53.27}{95.045}\right)^{\frac{1}{3}}-\left(\frac{56.00}{100.000}\right)^{\frac{1}{3}}\right]=0.1156 \qquad \cdots\cdots(D.6)$$

b^* 按式(4)、(B.6)、(B.8)计算：

$$b^*=200\left[\left(\frac{56.00}{100.000}\right)^{\frac{1}{3}}-\left(\frac{48.77}{108.255}\right)^{\frac{1}{3}}\right]=11.5316 \qquad \cdots\cdots(D.7)$$

把 L^*、a^*、b^* 计算结果代入式(7)，计算 W：

$$\begin{aligned}W&=100-\left[(100-79.6138)^2+0.1156^2+11.5316^2\right]\\&=100-23.4220=76.5780(\%)\end{aligned} \qquad \cdots\cdots(D.8)$$

测试结果：纤维试样的白度是 76.578 0%，$a^*=+0.1156$ 微带一点红，$b^*=+11.5316$，带黄色，即偏黄微橙。

D.2 纺织纤维色度、色度差和白度差计算示例

经测试标准样品（试样 1）三刺激值为 $X_1=62.16$，$Y_1=65.63$，$Z_1=60.61$。被测样品（试样 2）三刺激值为 $X_2=56.97$，$Y_2=59.78$，$Z_2=52.40$。

按式(D.2)～式(D.7)计算的相同方法计算标准样品（试样 1）的明度 L_1^*、色度 a_1^*、b_1^*：

$$L_1^*=116\left(\frac{65.63}{100.000}\right)^{\frac{1}{3}}-16=84.8073 \qquad \cdots\cdots(D.9)$$

$$a_1^*=500\left[\left(\frac{62.16}{95.045}\right)^{\frac{1}{3}}-\left(\frac{65.63}{100.000}\right)^{\frac{1}{3}}\right]=-0.5069 \qquad \cdots\cdots(D.10)$$

$$b_1^*=200\left[\left(\frac{65.63}{100.000}\right)^{\frac{1}{3}}-\left(\frac{60.61}{108.255}\right)^{\frac{1}{3}}\right]=8.9659 \qquad \cdots\cdots(D.11)$$

按式(D.2)～式(D.7)计算的相同方法计算被测样品（试样 2）的明度 L_2^*、色度 a_2^*、b_2^*：

$$L_2^*=116\left(\frac{59.78}{100.00}\right)^{\frac{1}{3}}-16=81.7185 \qquad \cdots\cdots(D.12)$$

$$a_2^* = 500\left[\left(\frac{56.97}{95.045}\right)^{\frac{1}{3}} - \left(\frac{59.78}{100.000}\right)^{\frac{1}{3}}\right] = 0.3755 \qquad \cdots\cdots(\text{D.13})$$

$$b_2^* = 200\left[\left(\frac{59.78}{100.000}\right)^{\frac{1}{3}} - \left(\frac{52.40}{108.255}\right)^{\frac{1}{3}}\right] = 11.4470 \qquad \cdots\cdots(\text{D.14})$$

按式(5)计算饱和度 C^*：

$$C_1^* = [(-0.5069)^2 + (89.659)^2]^{\frac{1}{2}} = 8.9802 \qquad \cdots\cdots(\text{D.15})$$

$$C_2^* = [(0.3755)^2 + (11.4470)^2]^{\frac{1}{2}} = 11.4532 \qquad \cdots\cdots(\text{D.16})$$

按式(6)计算色相 H^*：

$$H_1^* = \text{arctg}\,\frac{8.9659}{-0.5069} = \text{arctg}(-17.6877) = -86.7641° \qquad \cdots\cdots(\text{D.17})$$

$$H_2^* = \text{arctg}\,\frac{11.4470}{0.3755} = \text{arctg}(30.4847) = 88.1212° \qquad \cdots\cdots(\text{D.18})$$

按式(C.9)计算系数 G：

$$G_1 = 0.5\left[1 - \left(\frac{8.9802^7}{8.9802^7 + 25^7}\right)^{\frac{1}{2}}\right] = 0.4861 \qquad \cdots\cdots(\text{D.19})$$

$$G_2 = 0.5\left[1 - \left(\frac{11.4532^7}{11.4532^7 + 25^7}\right)^{\frac{1}{2}}\right] = 0.4675 \qquad \cdots\cdots(\text{D.20})$$

将式(D.10)和式(D.19)、式(D.13)和式(D.20)代入式(B.5)得：

$$a_1' = -0.5069(1 + 0.4861) = -0.7533 \qquad \cdots\cdots(\text{D.21})$$

$$a_2' = 0.3755(1 + 0.4675) = 0.5510 \qquad \cdots\cdots(\text{D.22})$$

按式(C.4)计算折合饱和度 C'：

$$C_1' = [(-0.7533)^2 + (8.9659)^2]^{\frac{1}{2}} = 8.9975 \qquad \cdots\cdots(\text{D.23})$$

$$C_2' = [(0.5510)^2 + (11.4470)^2]^{\frac{1}{2}} = 11.4603 \qquad \cdots\cdots(\text{D.24})$$

按式(C.3)计算折合饱和度差 $\Delta C'$：

$$\Delta C' = 11.4603 - 8.9975 = 2.4628 \qquad \cdots\cdots(\text{D.25})$$

按式(C.8)计算折合色相 H'：

$$H_1' = \text{arctg}\left(\frac{8.9659}{-0.7533}\right) = \text{arctg}(-11.9022) = -85.1974° \qquad \cdots\cdots(\text{D.26})$$

$$H_2' = \text{arctg}\left(\frac{11.4470}{0.5510}\right) = \text{arctg}(20.7750) = 87.2442° \qquad \cdots\cdots(\text{D.27})$$

按式(C.7)计算折合色相差 $\Delta H'$：

$$\Delta H' = 2(11.4603 - 8.9975)^{\frac{1}{2}} \times \sin\left[\frac{87.2442 - (-85.1874)}{2}\right] = 3.1318° \qquad \cdots(\text{D.28})$$

按式(C.2)计算明度差 ΔL^*：

$$\Delta L^* = 81.7185 - 84.8073 = -3.0888 \qquad \cdots\cdots(\text{D.29})$$

按式(C.13)、式(C.14)、式(C.15)、式(C.16)计算权重系数：

$$\begin{aligned} T &= 1 - 0.17\cos\left(\frac{87.2442 - 85.1974}{2} - 30°\right) + 0.24\cos(87.2442 - 85.1974) + \\ &\quad 0.32\cos\left[\frac{3(87.2442 - 85.1974)}{2} + 6°\right] - 0.20\cos\left[\frac{4(87.2442 - 85.1974)}{2} - 63°\right] \\ &= 1 - 0.14872 + 0.23985 + 0.31600 - 0.10329 \\ &= 1.3038 \end{aligned} \qquad \cdots\cdots(\text{D.30})$$

$$S_L = 1 + \frac{0.015(81.7185 + 84.8073 - 50)^2}{\left[20 + \left(\frac{81.7185 + 84.8073}{2} - 50\right)^2\right]^{\frac{1}{2}}} = 1.4945 \qquad \cdots\cdots(\text{D.31})$$

$$S_C = 1 + 0.0045 \times \frac{11.4603 + 8.9975}{2} = 1.0460 \quad \cdots\cdots\cdots\cdots (D.32)$$

$$S_H = 1 + 0.015 \times \frac{11.4603 + 8.9975}{2} \times 1.3038 = 1.2000 \quad \cdots\cdots\cdots\cdots (D.33)$$

按式(C.18)、式(C.19)、式(C.20)计算：

$$R_C = 2\left[\frac{\left(\frac{11.4603 + 8.9975}{2}\right)^7}{\left(\frac{11.4603 + 8.9975}{2}\right)^7 - 25^7}\right] = -0.003847 \quad \cdots\cdots\cdots\cdots (D.34)$$

$$\Delta\theta = 30^\circ \times \exp\left\{-\left[\frac{\left(\frac{87.2442 - 85.1974}{2}\right) - 25^\circ}{25^\circ}\right]^2\right\} = 30^\circ \times \exp(-120.10108)$$

$$= -20791 \times 10^{-51} \quad \cdots\cdots\cdots\cdots (D.35)$$

$$R_T = -\sin[2 \times (-2.0791 \times 10^{-51})] \times (-0.003847) = 2.7920 \times 10^{-55} \cdots\cdots\cdots\cdots (D.36)$$

按式(C.1)计算得总色差 ΔV：

$$\Delta V = \frac{1}{1}\left[\left(\frac{-3.0888}{2 \times 1.4945}\right)^2 + \left(\frac{2.4628}{1 \times 1.0460}\right)^2 + \left(\frac{20.2649}{1 \times 1.2000}\right)^2 + 2.7920 \times 10^{-55} \times \left(\frac{2.4628}{1 \times 1.0460}\right)\left(\frac{20.2649}{1 \times 1.2000}\right)\right]^{\frac{1}{2}}$$

$$= 17.0820 \quad \cdots\cdots\cdots\cdots (D.37)$$

按式(7)计算被测样品(试样 2)的白度：

$$W_2 = 100 - [(100 - 81.7185)^2 + 0.3755^2 + 11.4470^2]^{\frac{1}{2}}$$

$$= 100 - 21.5729 = 78.4271(\%) \quad \cdots\cdots\cdots\cdots (D.38)$$

按式(7)计算标准样品(试样 1)的白度：

$$W_1 = 100 - [(100 - 84.8073)^2 + (-0.5069)^2 + 8.9659^2]^{\frac{1}{2}}$$

$$= 100 - 17.6483 = 82.3517(\%) \quad \cdots\cdots\cdots\cdots (D.39)$$

式(D.38)、式(D.39)之差为白度差：

$$\Delta W = 78.4271 - 82.3517 = -3.9249(\%) \quad \cdots\cdots\cdots\cdots (D.40)$$

ICS 35.240.50;25.040.40
L 67

GB

中华人民共和国国家标准

GB/T 17645.1—2008/ISO 13584-1:2001
代替 GB/T 17645.1—2001

工业自动化系统与集成
零件库
第1部分:综述与基本原理

**Industrial automation systems and integration—
Parts library
Part 1:Overview and fundamental principles**

(ISO 13584-1:2001,IDT)

2008-08-06 发布 2009-03-01 实施

中华人民共和国国家质量监督检验检疫总局
中国国家标准化管理委员会 发布

前言

GB/T 17645《工业自动化系统与集成 零件库》是一个由多个部分组成的标准，各部分单独出版。GB/T 17645 所属的各部分按功能分为多个子系列：概念描述、逻辑资源、实现资源、描述方法、一致性测试、视图交换协议、有关字典的标准化内容，其中：

——第 10 部分～第 19 部分规定了概念描述；

——第 20 部分～第 29 部分规定了逻辑资源；

——第 30 部分～第 39 部分规定了实现资源；

——第 40 部分～第 49 部分规定了描述方法；

——第 50 部分～第 59 部分规定了一致性测试；

——第 100 部分～第 199 部分规定了视图交换协议；

——第 500 部分～第 599 部分规定了有关字典的标准化内容。

GB/T 17645《工业自动化系统与集成 零件库》现已发布了以下 9 个部分：

——第 1 部分：综述与基本原理；

——第 20 部分：逻辑资源 表达式的逻辑模型；

——第 24 部分：逻辑资源 供应商库的逻辑模型；

——第 25 部分：逻辑资源 带聚合值和显式内容的供应商库逻辑模型；

——第 26 部分：逻辑资源 信息供应商标识；

——第 31 部分：实现资源 几何编程接口；

——第 42 部分：描述方法 零件族构造方法学；

——第 101 部分：视图交换协议 参数化程序的几何视图交换协议；

——第 102 部分：视图交换协议 符合 GB/T 16656 一致性规定的视图交换协议。

本部分是 GB/T 17645 的第 1 部分，给出了 GB/T 17645 系列标准的综述、基本原理及其组织结构。

本部分等同采用 ISO 13584-1:2001《工业自动化系统与集成 零件库 第 1 部分：综述与基本原理》(英文版)。本部分在技术内容上与 ISO 13584-1:2001 保持一致，仅根据 ISO 13584 的发展变化和 GB/T 1.1—2000 的规则，作了一些内容上和编辑性的改动。

本部分(修订版)与 ISO 13584-1:2001 相比，存在如下的技术性差异：

——增加了前言；

——将 ISO 前言内容进行了更新，将其变为附录 C；

——修订了产品的术语定义；

——保留了 6.5 条；

——增加了 6.7 条；

——增加中英文索引；

——ISO 13584 中已有若干部分被等同转化为我国的国家标准。GB/T 17645 中所有的 EXPRESS 描述以及由 STEP 开发工具自动生成的文件和 EXPRESS-G 图中的国际标准代号保持不变，仅在标题和论述正文中，用国家标准号替换原国际标准号。

本部分代替 GB/T 17645.1—2001《工业自动化系统与集成 零件库 第 1 部分：综述与基本原理》。

本部分与 GB/T 17645.1—2001 相比主要变化如下：

——重新编写了前言；
——修改了ISO前言，将其变为附录C；
——修订了产品的术语定义；
——增加了6.7条；
——进行了编辑性修改；
——增加了中英文索引。

本部分的附录A为规范性附录，附录B、附录C为资料性附录。

本部分由中国机械工业联合会提出。

本部分由全国工业自动化系统与集成技术委员会(SAC/TC 159)归口。

本部分起草单位：中国标准化研究院。

本部分主要起草人：刘守华、徐成华、洪岩、李文武、詹俊峰、王志强、秦光里。

本部分所代替标准的历次版本发布情况为：
——GB/T 17645.1—2001。

引　言

GB/T 17645 是一个关于计算机可解释的零件库数据表达和交换的技术标准，其目的是提供独立于任何使用零件库数据系统的应用系统并能够描述零件库数据的中性机制。这种描述的本质使得它不仅适合零件文件的交换，也是实现和共享零件库数据的数据库基础。

GB/T 17645 是一个由多个部分组成的标准，各部分单独出版。GB/T 16656 的各部分又分别属于以下各子系列之一：概念描述、逻辑资源、实现资源、描述方法、一致性测试、视图交换协议和有关字典的标准化内容。本部分(GB/T 17645.1)对 GB/T 17645 的各子系列进行了描述，并给出了 GB/T 17645 的综述及其结构。

工业自动化系统与集成
零件库
第1部分:综述与基本原理

1 范围

GB/T 17645 规定了零件库信息的表达,以及使零件库数据能够交换、使用和更新的必要机制和定义。这种交换可在与使用库零件的产品全生命周期(包括产品的设计、制造、使用、维护和报废)相关的不同计算机系统和环境之间进行。该标准规定了零件库系统的通用结构,而不是定义完整的、详细的、可实施的零件库系统。

本部分给出了 GB/T 17645 的概述及其结构。

以下内容不在本部分的范围之内:

——为获取零件库数据所定义的信息模型;

—— 处理零件库数据所必需的实现资源的定义。

2 规范性引用文件

下列文件中的条款通过 GB/T 17645 的本部分的引用而成为本部分的条款。凡是注日期的引用文件,其随后所有的修改单或修订版均不适用于本部分,然而,鼓励根据本部分达成协议的各方研究是否可使用这些文件的最新版本。凡是不注日期的引用文件,其最新版本适用于本部分。

GB/T 16656.1 工业自动化系统与集成 产品数据表达与交换 第1部分:概述与基本原理(GB/T 16656.1—2008,ISO 10303-1:1994,MOD)

3 术语和定义及缩略语

3.1 术语和定义

本部分采用下列术语和定义。

3.1.1

抽象零件 abstract part

仅仅由局部规范定义的零件,确定该定义的组织机构不能提供实际的零件。

3.1.2

字典 dictionary

包含一系列条目的表,一个含义对应字典中的一个条目,字典的一个条目只有一个含义。

3.1.3

零件的功能模型 functional model of a part

在集成库中描述零件表达分类的库数据。

示例:精确定义的螺栓功能模型可以包括参数化程序,这种参数化程序可以用在CAD系统数据库中,并为该螺栓生成不同的几何功能视图。

3.1.4

功能视图 functional view

在产品数据中描述零件表达分类的数据。

示例:与几何形状相对应的功能视图结构不依赖于所表示的零件。这种结构被规定为功能视图类。

3.1.5

通用模型　general model

在集成库中对零件进行定义和标识的库数据。

3.1.6

实现方法　implementation method

计算机采用的,用 EXPRESS 数据规范语言描述的数据交换技术。

[GB/T 16656.1—2008 的 3.2.21]。

3.1.7

信息模型　information model

满足特定要求的事实、概念或指令的有界集合的形式化模型。

[GB/T 16656.1]

3.1.8

集成库　integrated library

由库管理系统及用户库组成的运行系统。

3.1.9

库数据　library data

表示零件集信息的数据集。

3.1.10

库数据供应商　library data supplier

供应商　supplier

提供 GB/T 17645 中定义的标准格式库,并负责其内容的机构。

3.1.11

库最终用户　library end user

用户　user

集成库的用户。

注:库最终用户:

——查阅库中数据。

——选择一个给定的零件。

——请求传送从库系统中选定的零件视图。

3.1.12

库管理系统　library management system (LMS)

使库最终用户或用户能使用集成库中数据的软件系统。

注:这种软件系统是非标准化的。

3.1.13

库零件　library part

在库中与描述其本身的数据相关联的零件。

3.1.14

库零件数据　library part data

在库中表达零件的数据。

3.1.15

库系统　library system

为方便存储和检索零件或零件视图而设计的结构。

3.1.16

零件 part

一个组成不同产品构件的物质或功能元素。

3.1.17

零件库 parts library

被标识的数据集和程序，它可生成零件集的信息。

3.1.18

物理零件 physical part

可以有若干相同复制品的实际零件。描述该零件库数据的库数据供应商可以提供这种零件。

注：相对于抽象零件。

3.1.19

产品 product

由天然或人造而成的事物。

[GB/T 16656.1]

3.1.20

表达类别 representation category

即一种抽象的概念，它用于区分关于某一零件描述的各种可能的用户需求。

注：在本标准的模型定义中，这种区分用视图逻辑名和视图控制变量形式化表示。

3.1.21

资源构造 resource construct

EXPRESS 语言实体、类型、函数、规则及引用的集合，它们共同定义了产品数据的有效描述。

[GB/T 16656.1]

3.1.22

供应商库 supplier library

数据或程序的集合，据此可以标识供应商，并以 GB/T 17645 零件集和/或零件表达集中定义的标准格式进行描述。

3.1.23

用户库 user library

是库管理系统从一个或多个供应商库的集成中生成的和可能是用户从随后做的修订本中得到的信息。

3.1.24

视图控制变量 view control variable

一个枚举类型的变量，它可以与视图逻辑名相联，以便进一步规定用户所采用的零件视图。

示例：关于几何的视图控制变量的例子有：二维、线框和实体。

3.1.25

视图逻辑名 view logical name

与用户采用的零件视图相对应的表达类别标识符。

示例：关于视图逻辑名的例子有：几何、惯量、运动学。

3.2 缩略语

CAD：计算机辅助设计(Computer Aided Design)；

CAx：计算机辅助工具(Computer Aided Tools)。

注：CAx 可用于工程中所有作为辅助工具的计算机系统，不必包含图形功能。

4 GB/T 17645 综述

4.1 目的

GB/T 17645 规定了一种库系统结构，这种结构对计算机可解释的零件库信息做了无二义性表达和交换的规定。库中数据是一种描述，这种描述有可能使库系统对库中零件产生不同表达。

这种结构与任何具体的计算机系统无关，并允许对零件进行任何数字形式的表达。在多种应用和系统之间，这种结构能够得到一致性实现。零件库数据的存储、访问、传输和存档可以使用不同的实现技术。可以对 GB/T 17645 的实现进行一致性测试。

GB/T 17645 没有规定供应商库的内容。提供供应商库的内容是库数据供应商的责任。在实现 GB/T 17645 定义结构的过程中，使用的库管理系统，以及在这种系统和该系统用户之间的任何接口是由库管理系统供应商提供的，关于这一点在 GB/T 17645 中不作规定。

4.2 库系统的构成

构成库系统的各个部分可以分成若干功能域，如图 1 所示。

4.2.1 用户与计算机系统的通讯

在 GB/T 17645 中没有定义用户和其计算机系统之间的接口。

注：接口是依赖性应用软件，并由供应商作为计算机系统的用户接口组成部分来提供。

4.2.2 与外部系统的接口

符合 GB/T 17645 的库系统和符合 GB/T 17645 的其他软件系统之间的接口如下：

——库访问接口(见 4.2.2.1)；

——表达传输接口(见 4.2.2.2)；

——库数据的输入接口(见 4.2.2.3)。

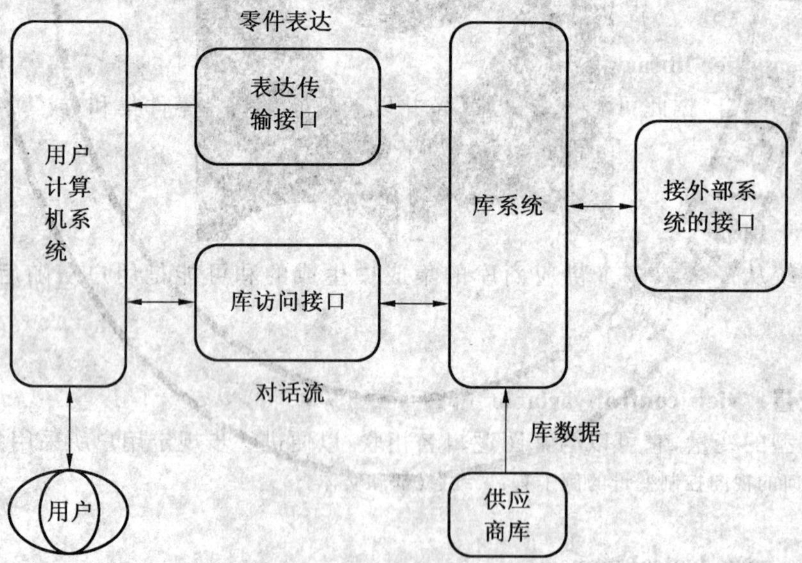

图 1 库应用的功能域

4.2.2.1 库访问接口

在 GB/T 17645 中没有定义库访问接口。库数据供应商应该提供本标准规定的数据，以便支持用户的访问。

注：一个库访问接口包括从库中选择零件功能及定义被选零件的方位和表达分类。

4.2.2.2 表达传输接口

表达传输接口使库系统能够把零件的表达传送到用户的计算机系统。表达传输接口依赖于用户选择零件时所需要的表达类别。对可能的用户请求用模型化表达。每个表达类别的接口应该在GB/T 17645定义表达类别的部分中进行规定。GB/T 17645使用其他国家标准合理规定的格式和接口。

示例：用户请求在GB/T 17645中可作为表达类别来建模，包括符号表达和行为表达。

值得注意的是当用户选择了相应的零件和表达类别时，如果一个零件表达是按照GB/T 16656的应用协议来定义的，就可以与GB/T 17645库进行交换，并传输到用户的计算机系统。

在GB/T 17645.31中规定了几何编程接口。这种几何编程接口允许参数化形状的交换，而该参数化形状采用参数化程序格式描述了零件族的隐式几何。

注：该几何编程接口包括FORTRAN联编[1]。

4.2.2.3 库数据输入接口

库数据输入接口使得供应商库可以在一个库系统中集成。库数据应该包括数据仓库，该数据仓库符合GB/T 16656中规定的一种实现方法。根据库中所包含的表达分类，可以得到符合其他格式的数据仓库。这些数据仓库的信息模型在GB/T 17645.24和GB/T 17645的视图交换协议中定义。

4.3 库系统的内部结构

一个库系统包括字典、库管理系统(LMS)和库内容，如图2所示。GB/T 17645根据它们的功能需求定义了这些模块。GB/T 17645对模块的实现没有进行标准化。

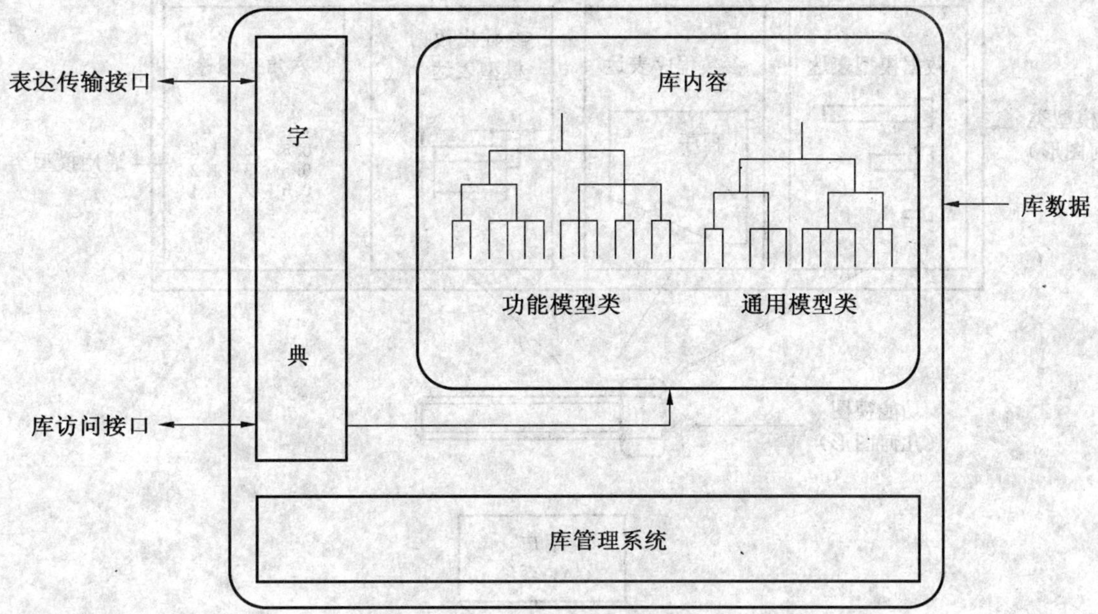

图2 零件库系统

4.3.1 字典

字典中包括一组条目，该组条目与人能阅读且计算机可处理的每个条目含义表达相联系。该字典可以被用户访问，也可以被库数据引用。

字典在来自不同供应商的库数据之间提供一个引用机制，并可以使用户从库中得到可以理解的零件视图。字典结构在GB/T 17645.42中做了规定。

一个供应商库可以只包括字典的条目。对于涉及某些应用领域的概念，这些条目提供了计算机可引用的标识。

示例1：在电工应用领域中，GB/T 17564.4为大量的元器件特性定义了相应的字典条目。引用字典中的一个条目时，可以对GB/T 17564.4中定义的一个概念进行标识。

供应商库可以既包括字典条目，又包括库内容。在这种情况下，字典条目能够提供访问路径，用户通过访问路径可访问自己所选择的零件。

示例 2:零件供应商按 GB/T 17645 遵循的库要求对这些零件进行描述。字典对元器件的供应和特性进行了定义。该库的内容对零件供应商提供的每一个零件进行了规定。

4.3.2 库管理系统

库管理系统是一个既能够使库最终用户使用集成库的内容，又能向该库加载数据的软件系统。

注：在 GB/T 17645 中没有对库管理系统进行标准化。

4.3.3 库内容

库数据按照面向对象的方法被结构化为不同的类。在 GB/T 17645 中划分为三类。下面描述的三种类的内容可以用 GB/T 17645 中规定的结构和交换格式进行交换。

——通用模型类使库数据供应商能够提供零件族(相似零件集合)的定义。

——功能模型类使库数据供应商能够提供同类零件集合的不同表达。

示例：表达的例子有几何、图表、获取的数据。

——功能视图类可以对不同功能模型类所提供的表达进行详细描述。一些功能视图类按 GB/T 17645 的视图交换协议系列进行了标准化。库数据供应商还可提供特殊的功能视图类定义。

这三类在图 3 中进行了说明。

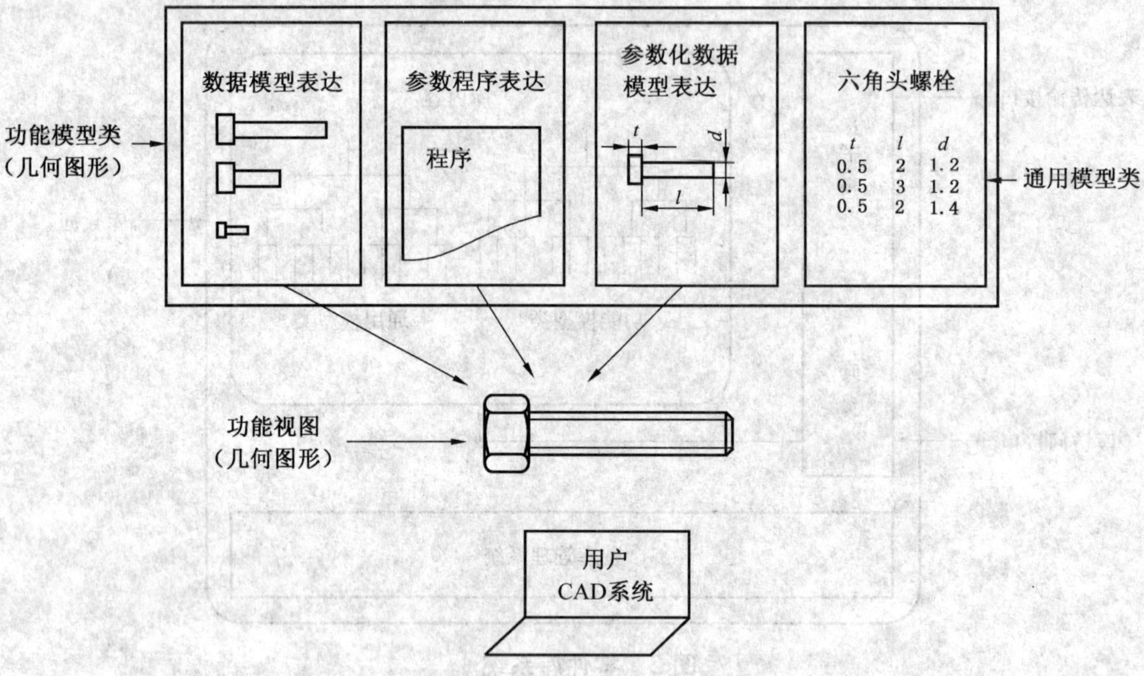

图 3 库内容结构

零件库是字典的拓展。字典仅定义了类的层次和与每个类相关的特性。零件库的库内容还定义了包含在每个定义类中的实例集。

当用户的 CAx 系统符合 GB/T 16656 的应用协议时，GB/T 17645 中的规定确保能够根据库的内容生成符合 GB/T 16656 应用协议的功能视图。

5 基本原则

GB/T 17645 将零件库的信息表达与数据交换的实现方法分离开来。

GB/T 17645 使用形式化数据规范语言 EXPRESS 规定库的结构信息。

GB/T 17645 使零件库的结构信息与库中每一个零件或零件族的不同表达信息相分离。

GB/T 17645 允许用不同的标准规定零件的表达信息，并且包括能够引用这种描述的机制。

示例 1：采用文本格式的描述一组零件定义文档可以转换为 GB/T 14814 SGML[2]格式，反之亦然。

示例 2：电器元件族的特性可以使用 VHDL[3]的格式进行交换。GB/T 17645 也允许使用这种格式。

为了 GB/T 17645 实现的一致性测试，GB/T 17645 使用了从 GB/T 16656.31 定义的方法学中导出的方法。

5.1 基本概念和假设

5.1.1 用户对零件表达的需求

根据用户对零件表达应用的需求来生成描述库零件的数据。

示例：在设计电子线路板功能的时候，计算机辅助工程系统中生成的数据与二维绘图系统中生成的零件表达数据是不同的。

5.1.2 表达类别

按照表达类别，用户对零件表达的需求可以被表达类别模型化。GB/T 17645 中的每个表达类别：

——由视图逻辑名标识，并且用视图控制变量值进一步限定；

——与规定数据结构的信息模型相联系，在一个产品中一个库零件的每一种表达都应该生成信息模型。

注：这样的信息模型称为功能视图。

——与一个或多个规定库数据的信息模型相联系，称为功能模型，要求库能够生成库零件的功能视图。

——与一个定义了如何从模型中产生视图的表达传输接口相联系。

示例：在 GB/T 17645 系列标准中，在 GB/T 17645.101 中定义了几何透视图：

——具有视图逻辑名“basic_geometry”，并且有 4 个视图控制变量（“geometrical_level”，“detail_level”，“variant”和“side”）；

——在产品模型数据中，将它表示为几何视图，该几何视图符合 GB/T 16656.43 格式的描述；

——与包括参数化程序的功能模型相联系；

——要求在用户系统中实现 GB/T 17645.31 中规定的表达传输接口，以便用参数化程序生成几何视图。

5.1.3 库模型

用户库可以通过面向对象的方法按类的层次结构建模。通用模型类带有零件的标识和它们的定义特性。功能模型类可以生成与不同表达分类相联系的不同零件表达。这两类的层次由通用化/专用化关系确定。

示例 1：GB/T 3057 定义了国际标准化组织已标准化的主要紧固件集。采用面向对象的方法，这组零件可以模型化为通用模型类，每个零件的实例模型符合 GB/T 17645 的定义。

示例 2：要求生成零件几何视图的数据集和参数化程序集可以集合到一个能引用上一级并支持创建这些零件的几何视图类中。

5.1.4 不同资源库的合并

用户零件库包括来自一个或多个库数据供应商并可自动合并到用户库中的零件库。在 GB/T 17645中规定的结构和交换格式允许零件库源于不同的库数据供应商，而且在同一个软件系统中进行管理。

GB/T 17645 允许对抽象零件库进行描述，如国际标准或国家标准中的标准件；也可以对物理零件进行描述，例如通常在供应商目录中所列出的零件。所以，这两种零件目录都可以存在于同一个用户库中，并可以由用户根据需要进行选择。

5.1.5 语义字典

库数据供应商的字典提供计算机可识别的条目，该条目与供应商库中定义的每个类及其特性相联系。在不同的供应商库之间，它还提供一种引用机制。

注：将会定义越来越多的标准化字典条目，以便让供应商库引用。按照 GB/T 17645 系列标准的方法学所规定的描

述方法，这种工作可在不同的标准化委员会中完成。在含有若干资源的用户库中，标准化字典将提供多供应商查找的功能。

示例：GB/T 17564.3 是一个语义字典的例子。该字典由 IEC SC 3D 开发。

5.1.6 零件的选择

零件库中描述的零件需要由库最终用户进行选择，并且把它插入到某个产品的模型中。要求支持这个选择过程的信息应该由库数据的供应商提供，并且应该存入用户库中。

5.2 GB/T 17645 和其他标准的关系

5.2.1 外部文件

符合 GB/T 17645 的供应商库应该包括一个符合 GB/T 16656 实现方法的数据仓库。针对与零件相关的信息，该数据仓库可以引用其他数据仓库的数据，这种数据仓库称为外部文件，并符合与零件相关的其他标准。以下是公认的符合零件表达信息交换的标准。

——文字信息 GB/T 14814(SGML)；

——零件模型信息 GB/T 16656(STEP)；

——IEEE 1076(VHDL)。

ISO 13584-102 规定了供应商库的信息模型，这种信息模型引用了符合 GB/T 16656 应用协议的文件。

5.2.2 产品数据中库零件的使用

从库中选定一个零件时，其数据要被插入到产品模型和用户产品建模系统中。这样一个用户产品建模系统可以按照符合 GB/T 16656 应用协议的格式储存关于零件的数据。在这种情况下，GB/T 17645的设计目标是通过该传输接口必须能够产生符合该 GB/T 16656 应用协议信息模型的数据(见图 1)。为了实现此目的：

——符合 GB/T 17645 的库可以包括与 GB/T 16656 任何一个应用协议相一致的零件表达；

——GB/T 16656.42 中定义的几何信息模型规定了 GB/T 17645.31 中定义的几何编程接口。因此，被 GB/T 16656 的任何应用协议定义的几何映射都是简单易懂的。

关于在产品模型数据和库数据之间的引用，在提示性的附录 A 中提到了三种情况，并进行了讨论。所有这些情况都与 GB/T 17645 定义的信息模型相兼容。

6 GB/T 17645 系列标准的结构

除本部分外，GB/T 17645 还被划分为多个子系列。每个子系列具有 GB/T 17645 的一种功能。每个子系列可以有一个或多个部分。

下面列出这种系列和它们的编号模式。

——概念描述　第 10 部分～第 19 部分；

——逻辑资源　第 20 部分～第 29 部分；

——实现资源　第 30 部分～第 39 部分；

——描述方法　第 40 部分～第 49 部分；

——一致性测试　第 50 部分～第 59 部分；

——视图交换协议　第 101 部分～第 199 部分；

——标准化内容　第 501 部分～第 599 部分。

6.1 概念描述

为了交换和更新，GB/T 17645 中属于概念描述系列的标准定义了全局概念性的构架和机制，已经开发的构架和机制为许多供应商和具有多种表达的零件库带来方便。这些标准对本领域内的概念描述问题进行了分析。它们描述了 GB/T 17645 中阐述的概念和选择。这种从整体任务到若干逻辑任务的分割是在系列标准的概念性描述中完成的，可以把它定义为 GB/T 17645 中的一个独立标准。在标准的概念描述系列中没有给出这样的对标准的详细定义。

6.2 逻辑资源

一组提供零件库信息模型的资源。每个资源由一组被称为资源构造的 EXPRESS 数据描述组成。一个组对于其本身的定义依赖于其他组。一些 GB/T 16656 的资源构造被用于定义 GB/T 17645 的资源构造。

所有的 GB/T 17645 资源构造被定义为逻辑资源系列中的一个标准。这些资源可以在视图交换协议中使用，但是不能被修改。

6.3 实现资源

每一个表达分类都要求有一个能够在 CAx 接收系统中被实现的表达传输接口，以便能够解释零件信息模型和生成零件视图。

GB/T 17645 的实现资源系列的各部分规定了标准化的、可被视图交换协议所引用的表达传输接口。该系列的每个部分按照其实现需求规定接口，或按照在其他标准中已规定的接口规定该实现需求。

6.4 描述方法

描述方法的系列标准为库数据供应商提供了规则和指南，库数据供应商可以是标准化机构、零件供应商或功能模型供应商。这些规则是为了确保用户零件库的一致性。对于标准化委员会来说，他们有责任负责制定标准化的字典数据，并为零件供应商和功能模型供应商提供可选用的指南。

6.5 一致性测试

GB/T 17645 中一致性测试的系列标准提供测试项，并给出本标准的实现系统在接受一致性测试之前应该满足的一组要求。

6.6 视图交换协议

GB/T 17645 中的每一个视图交换协议系列为零件表达分类的交换规定了一组要求。几个视图交换协议可以引用同一个表达分类。

视图交换协议可以引入由实现系统确定的不同选项。这些选项被称为一致性测试级别。在这种情况下，视图交换协议的要求按不同的一致性级别进行规定。

每个视图交换协议包括以下内容：

——与视图交换协议所引用的表达分类相一致的视图定义；

——需要时，用于交换零件模型的库外部文件结构，该零件模型与视图交换协议所要引用的表达分类相一致；

——在接收系统中实现的、用于解释零件模型的一个或多个表达传输接口；

——从 GB/T 16656 规定的一组实现方法中引入一个或多个实现方法；

——需要时，接收系统语义字典中应有标准化的字典条目；

——需要时，任何申明与视图交换协议相一致的系统应该能够识别被称为标准数据的实例数据。

视图交换协议将可以互操作的。相同的供应商库交换环境可能包括若干适合交换的视图交换协议。在供应商库的交换环境中，如果被使用的接收系统不支持某些视图交换协议，或不支持某些视图交换协议一致类，则应该忽略与这些视图交换协议或交换协议一致类相符的数据。

6.7 有关字典的标准化内容

GB/T 17645 的参考字典系列的各部分规定了表示实体的应用域的本体，及其描述特性和值域。每个实体，特性或值域构成了一个字典的条目，构成了正式的和计算机可解释的特定本体的表示。它把计算机可解释的和人类可认读的定义相关联与计算机可解释的标识相关联。字典条目的标识允许在任何应用中引用时不存在二义性。字典条目的定义和标识包括定义在公共字典模式中的 EXPRESS 实体数据类型的实例，这些实体是由 ISO TC184 SC4 第二工作组和 IEC SC3D 共同定义的，其扩展定义在本部分的逻辑资源系列中。

附 录 A
（规范性附录）
信息对象注册

为了在开放系统中对信息对象提供无二义性的标识，将对象标识符：

{iso standard 13584 part(1) version(1)}

分配给 GB/T 17645(即 ISO 13584)的第 1 部分。在 GB/T 16262.1 中定义了该值的意义。

附 录 B
（资料性附录）
产品数据中库零件的使用

GB/T 17645 一致性交换环境提供了用户库中存储的库数据的交换。

GB/T 16656 一致性交换环境提供了产品数据的交换。

在这两个交换级别之间可划分为 3 类交互作用级别。

第 1 类：A 系统中生成的关于一个零件的所有信息用 GB/T 16656 的方法传输到系统 B(见图 B.1)。

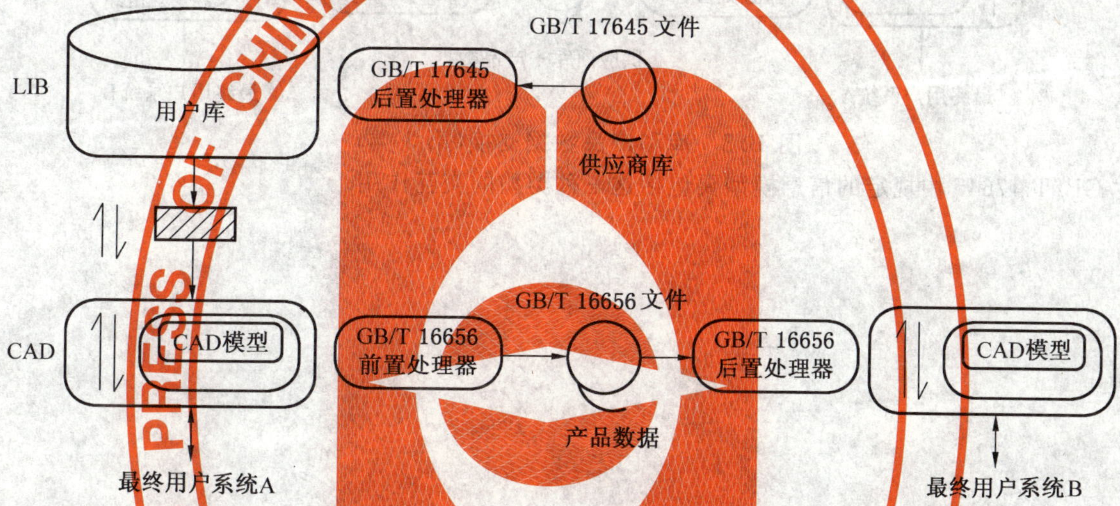

图 B.1 库和产品数据交换(第 1 类)

第 2 类：只把某些信息从系统 A 传到系统 B，而这些信息是接收系统 B 的库 2 按所要求的位置和方向生成相同的零件所必需的信息。库 1 和库 2 都包含该零件的全部信息(见图 B.2)

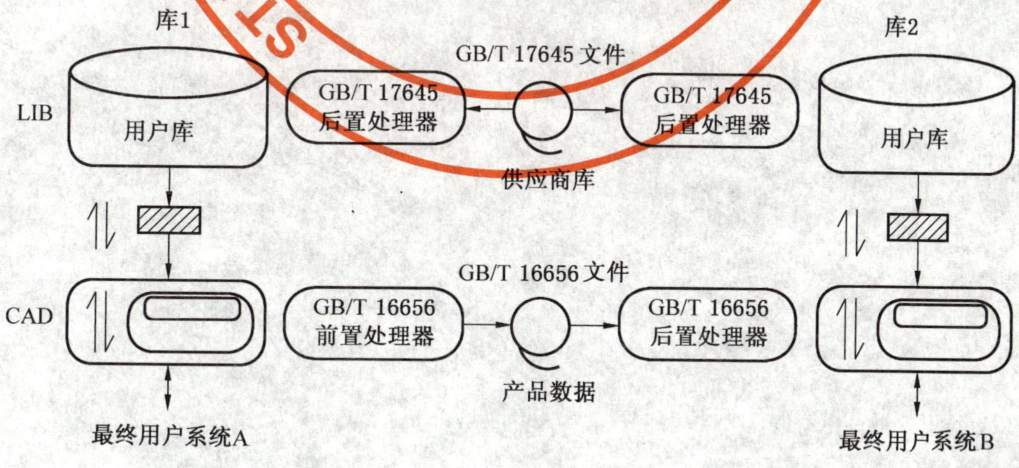

图 B.2 库和产品数据交换(第 2 类)

第 3 类：从系统 A 传输必须的信息到系统 B，其目的是为了在接收系统 B 中生成相同的零件信息而不必知道库 2 的内容。这意味着所传输的数据中包括库 1 的子集（见图 B.3）。

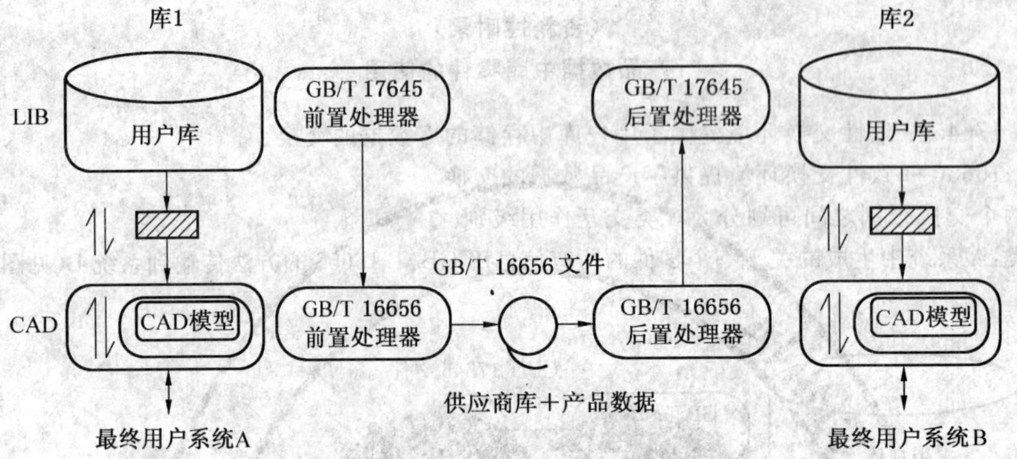

图 B.3　库和产品数据交换（第 3 类）

在 GB/T 17645 中规定的信息模型要包括这三种类型的交互作用。

附 录 C
（资料性附录）
ISO 13584 各部分的目录

ISO 13584 是由 ISO/TC184 技术委员会（工业自动化系统与集成）的 SC4 分技术委员会（工业数据）制定的。

ISO 13584 是一个由多部分组成的标准，各部分单独出版。ISO 13584《工业自动化系统与集成 零件库》已制定的部分有：

——第 1 部分：综述与基本原理；

——第 20 部分：逻辑资源 表达式的逻辑模型；

——第 24 部分：逻辑资源 供应商库的逻辑模型；

——第 25 部分：逻辑资源 带聚合值和显式内容的供应商库逻辑模型；

——第 26 部分：逻辑资源 信息供应商标识；

——第 31 部分：实现资源 几何编程接口；

——第 42 部分：描述方法 零件族构造方法学；

——第 101 部分：视图交换协议 由参数化程序规定的几何视图交换协议；

——第 102 部分：视图交换协议 由 ISO 10303 一致性规范规定的视图交换协议；

——第 501 部分：有关字典的标准化内容 测量仪器的参考字典；

——第 511 部分：有关字典的标准化内容 通用的机械系统和构件-紧固件参考字典。

ISO 13584 的所属各部分被分成多个子系列：概念描述、逻辑资源、实现资源、描述方法、一致性测试、视图交换协议、有关字典的标准化内容等。在 ISO 13584-1 中对该标准的各子系列进行了描述。国际标准 ISO 13584 的各部分的编号反映了该标准的结构：

——第 10 部分～第 19 部分规定了概念描述；

——第 20 部分～第 29 部分规定了逻辑资源；

——第 30 部分～第 39 部分规定了实现资源；

——第 40 部分～第 49 部分规定了描述方法；

——第 50 部分～第 59 部分规定了一致性测试；

——第 100 部分～第 199 部分规定了视图交换协议；

——第 500 部分～第 599 部分规定了有关字典的标准化内容。

今后发表的 ISO 13584 标准将遵循相同的编号原则。

参 考 文 献

[1] GB/T 3057—1996 信息技术 程序设计语言 Fortran(idt ISO/IEC 1539:1991)

[2] GB/T 14814—1993 信息处理 文本和办公系统 标准通用置标语言(SGML)(eqv ISO 8879:1986)

[3] GB/T 16262.1—2006 信息技术 抽象语法记法一(ASN.1) 第1部分:基本记法规范(ISO/IEC 8824-1:2002,IDT)

[4] GB/T 16656.31—1999 工业自动化系统与集成 产品数据的表达与交换 第31部分:一致性测试方法与框架:基本概念(idt ISO 10303-31:1994)

[5] GB/T 16656.42—1998 工业自动化系统与集成 产品数据的表达与交换 第42部分:集成通用资源:几何和拓扑表达(idt ISO 10303-42:1994)

[6] GB/T 16656.43—1999 工业自动化系统与集成 产品数据的表达与交换 第43部分:集成通用资源:表达结构(idt ISO 10303-43:2000)

[7] GB/T 17645.24—2003 工业自动化系统与集成 零件库 第24部分:逻辑资源:供应商库的逻辑模型(ISO 13584-24:2002,IDT)

[8] GB/T 17645.31—1998 工业自动化系统与集成 零件库 第31部分:实现资源:几何编程接口(idt ISO 13584-31:1997)

[9] GB/T 17645.42—2001 工业自动化系统与集成 零件库 第42部分:描述方法:构造零件族方法学(idt ISO 13584-42:1998)

[10] GB/T 17564.4—2001 电子元器件的标准数据元素类型和相关分类模式 第4部分:IEC标准数据元素类型、元器件类别和项的基准集(IEC 61360-4:1997,IDT)

[11] IEEE 1076:1993 VHDL—Language reference manual

[12] ISO 13584-102:2006 工业自动化系统与集成 第102部分:符合ISO 10303标准的视图交换协议

ICS 25.040.40
L 67

中华人民共和国国家标准

GB/T 17645.25—2008/ISO 13584-25:2003

工业自动化系统与集成　零件库 第25部分:逻辑资源:带聚合值和显式内容的供应商库逻辑模型

Industrial automation systems and integration—Parts library—Part 25: Logical resources: Logical model of supplier library with aggregate values and explicit content

(ISO 13584-25:2003, IDT)

2008-10-07 发布　　2009-04-01 实施

中华人民共和国国家质量监督检验检疫总局
中国国家标准化管理委员会　发布

前言

GB/T 17645《工业自动化系统与集成　零件库》是一个由多个部分组成的标准,各部分单独出版。GB/T 17645 的所属各部分按功能分为多个子系列:概念描述、逻辑资源、实现资源、描述方法、一致性测试、视图交换协议、有关字典的标准化内容,其中:

——第 10～19 部分规定了概念描述;

——第 20～29 部分规定了逻辑资源;

——第 30～39 部分规定了实现资源;

——第 40～49 部分规定了描述方法;

——第 50～59 部分规定了一致性测试;

——第 100～199 部分规定了视图交换协议;

——第 500～599 部分规定了有关字典的标准化内容。

GB/T 17645《工业自动化系统与集成　零件库》现已发布了以下 9 个部分:

——第 1 部分:综述与基本原理;

——第 20 部分:逻辑资源:表达式的逻辑模型;

——第 24 部分:逻辑资源:供应商库的逻辑模型;

——第 25 部分:逻辑资源:带聚合值和显示内容的供应商库逻辑模型;

——第 26 部分:逻辑资源:信息供应商标识;

——第 31 部分:实现资源:几何编程接口;

——第 42 部分:描述方法:零件族构造方法学;

——第 101 部分:参数化程序的几何视图交换协议;

——第 102 部分:符合 GB/T 16656 一致性规定的视图交换协议。

本部分是 GB/T 17645 的第 25 部分。本部分等同采用 ISO 13584-25:2003《工业自动化系统与集成　零件库　第 25 部分:逻辑资源:带聚合值和显式内容的供应商库逻辑模型》。

本部分在技术内容和编写格式上与 ISO 13584-25:2003 保持一致,只是根据我国国家标准的编写要求,作了一些编辑性修改,主要是:

——对带下划线的用于 EXPRESS 语言描述的各黑体英文实体名,为了既维护其英文原意又便于了解其名称代表的含义,在本部分中,以英文为主。增加资料性附录 NA,收集所有黑体英文实体名,并给出中文译名。

——ISO 13584、ISO 10303 和 IEC 61360 各标准中已有若干部分被等同或等效转化为我国的国家标准,对应的国家标准编号分别是 GB/T 17645、GB/T 16656 和 GB/T 17564 中的各部分,二者在技术和使用上对等。但是考虑到与 ISO 13584、ISO 10303 和 IEC 61360 相配套的 EXPRESS 描述,以及应用软件中各模式、实体、特性、属性、函数等的表达,为使配套应用软件在实际应用时,不发生因更换国际标准名称所带来的种种问题,所有的 EXPRESS 描述以及由 STEP 开发工具自动生成的文件和 EXPRESS-G 图中的国际标准代号保持不变。

本部分的附录 A、附录 B、附录 C、附录 D 和附录 E 为规范性附录,本部分的附录 F、附录 G、附录 H 和附录 NA 为资料性附录。

本部分由中国机械工业联合会提出。

本部分由全国工业自动化系统与集成技术委员会(SAC/TC 159)归口。

本部分起草单位:中国标准化研究院。

本部分主要起草人:李文武、董连续、詹俊峰、刘守华、王志强。

工业自动化系统与集成　零件库
第25部分:逻辑资源:
带聚合值和显式内容的供应商库逻辑模型

1　范围

GB/T 17645的本部分规定了通用的EXPRESS资源构造,其用于描述供应商库中所出现的聚合数据类型和数值。为了交换,本部分也包括表达供应商库的EXPRESS集成信息模型。此集成信息模型把上述资源构造,以及GB/T 17645其他部分和GB/T 16656中其他EXPRESS资源构造集成为一个单独的模式。供应商库可以由零件族的定义和表达组成。它们也可以定义新的表达类别。供应商库可以只由具有或不具有聚合数据类型的字典元素组成,也可以包括允许实例集合的显式说明。

与视图交换协议一同使用时,该集成信息模型也允许零件库中所定义的一种或几种零件表达类别进行交换。

以下内容适用于本部分:

a)　表达聚合数据类型的通用资源构造。根据EXPRESS语言(GB/T 16656.11)聚合数据类型的定义,对聚合数据类型和数值进行建模。

b)　表达聚合值的通用资源构造。

c)　表达装配件(可包括无限数量的组件)的通用资源构造。

d)　用于建模和交换供应商库(包括许多特性,其值可聚合构成,且可显式地把其可能的类扩展描述为实例集)的库集成信息模型。

以下内容不适用于本部分:

a)　表达式和变量的表达;

b)　通过约束隐式描述类的允许实例集;

c)　能管理供应商库(按照本部分所定义的信息模型进行表达)的软件系统的规定。

2　规范性引用文件

下列文件中的条款通过GB/T 17645的本部分的引用而成为本部分的条款。凡是注日期的引用文件,其随后所有的修改单(不包括勘误的内容)或修订版均不适用于本部分,然而,鼓励根据本部分达成协议的各方研究使用这些文件的最新版本。凡是不注日期的引用文件,其最新版本适用于本部分。

GB/T 15273.1　信息处理　八位单字节编码图形字符集　第1部分:拉丁字母一(GB/T 15273.1—1994,idt ISO 8859-1:1987)

GB/T 16262.1　信息技术　抽象语法记法一(ASN.1)　第1部分:基本记法规范(GB/T 16262.1—2006,ISO/IEC 8824-1:2002,IDT)

GB/T 16656.11　工业自动化系统与集成　产品数据表达与交换　第11部分:描述方法:EXPRESS语言参考手册

GB/T 16656.21　工业自动化系统与集成　产品数据的表达与交换　第21部分:实现方法:交换文件结构的纯正文编码(GB/T 16656.21—2008,ISO 10303-21:2001, IDT)

GB/T 16656.41　工业自动化系统与集成　产品数据表达和交换　第41部分:集成通用资源:产品描述与支持原理(GB/T 16656.41—1999,idt ISO 10303-41:1994)

GB/T 16656.42 工业自动化系统和集成 产品数据表达与交换 第42部分:集成通用资源:几何与拓扑表达(GB/T 16656.42—1998,idt ISO 10303-42:1994)

GB/T 16656.43 工业自动化系统与集成 产品数据表达与交换 第43部分:集成通用资源:表达结构(GB/T 16656.43—2008,ISO 10303-43:2000,IDT)

GB/T 17564.2 电气元器件的标准数据元素类型和相关分类模式 第2部分:EXPRESS字典模式(GB/T 17564.2—2005,IEC 61360-2:2004,IDT)

GB/T 17645.24 工业自动化系统与集成 零件库 第24部分:逻辑资源:供应商库的逻辑模型(GB/T 17645.24—2003,ISO 13584-24:2002,IDT)

GB/T 17645.42 工业自动化系统与集成 零件库 第42部分:描述方法学:构造零件族的方法学(GB/T 17645.42—2001,idt ISO 13584-42:1998)

IAB RFC 2068:1997 因特网结构委员会建议的标准通信协议:超级文本移动通信协议——HTTP/1.1(HTTP-1.1)

3 术语、定义和缩略语

本部分采用了下列定义。为了方便,重复了一些术语和定义,它们来自:

a) GB/T 16656.1;

b) GB/T 16656.11;

c) GB/T 17645.1;

d) GB/T 17645.24;

e) GB/T 17645.42。

注:逐字从其他标准复制过来的定义,在其定义后面的括号中注明了来源。采用其他标准的定义,其定义的后面有说明性注释。

3.1

可用特性 applicable property

为某些零件族定义的,并适用于属于该零件族的任何零件的特性。

示例:对于螺钉通用族,螺纹直径是一种可用特性。这种特征适用于任何螺钉。

[GB/T 17645.24]

3.2

基本语义单元 basic semantic unit

BSU

一种实体,它提供了应用领域(例如:类、数据元素类型)特定对象的一个绝对的和唯一的标识。

[GB/T 17645.42]

3.3

类扩展 class extension

符合类定义规范的,所有不同的合理实例的集合。

[GB/T 17645.24]

3.4

公共字典模式 common dictionary schema

字典的信息模型,其建模语言采用EXPRESS,是ISO TC184/SC4/WG2和IEC SC3D共同努力的成果。

注:公共字典模式的正式名称是GB/T 17564.2规定的ISO 13584_IEC 61360_dictionary_schema。GB/T 17645.42—2001的附录D是其副本。

[GB/T 17645.42]

3.5

一致性类　conformance class

可规定一致性的一个标准子集。

[GB/T 17645.24]

3.6

一致性要求　conformance requirement

在一致性实现中,对所必需呈现的特征的精确文本定义。

[GB/T 16656.1]

3.7

字典元素　dictionary element

属性集合,它组成了应用领域(例如类、数据元素类型)特定对象的字典描述。

[GB/T 17645.42]

3.8

数据元素类型　data element type

DET

对数据元所规定的标识、描述和值的表达。

[GB/T 17645.42]

3.9

数据类型　data type

特性的类型说明,它规定了特性值的允许集合。

[GB/T 16656.11]

3.10

零件族　family of parts

零件供应商将其组成一体的一组零件。零件族是简单族或通用族。

[GB/T 17645.24]

3.11

零件的功能模型　functional model of a part

在集成库中描述零件的表达分类的库数据。

[GB/T 17645.1]

3.12

功能视图　functional view

在产品数据中描述零件的表达分类的数据。

[GB/T 17645.1]

注:功能视图的结构不依赖于它所表达的零件。

3.13

通用模型　general model

在集成库中,对零件进行定义和标识的库数据。

[GB/T 17645.1]

3.14

零件的通用族　generic family of part

一组由供应商为了从其提供的族中来构造零件的简单或通用的族,目的是分类和创建公共信息,模拟通用组件,由供应商命名。

[GB/T 17645.24]

3.15

库传送文件　library delivery file

符合库集成信息模型，根据 GB/T 16656 规定的一种实现方法所表达的 EXPRESS 实体实例全集。

[GB/T 17645.24]

注：库传送文件规定了供应商库的结构和内容。它可以引用库外部文件。

3.16

库零件　library part

在库中与描述其本身的数据相关联的零件。

[GB/T 17645.1]

3.17

库零件数据　library part data

在库中表达零件的数据。

[GB/T 17645.1]

3.18

库交换相关环境　library exchange context

一个库传送文件与零个、一个或多个库外部文件的集合，它们共同表达一个供应商库。

[GB/T 17645.24]

3.19

库外部文件　library external file

由某库传送文件引用的一个文件，它有助于供应商库的定义。

[GB/T 17645.24]

注：引用库外部文件的库传送文件规定了库外部文件的结构和格式。

3.20

库集成信息模型　library integrated information model;LIIM

从各供应商库不同的 EXPRESS 模式中集成了各资源构造的信息模型，用以实现互相交换的目的，且与一致性要求相关的一种 EXPRESS 模式。

[GB/T 17645.24]

3.21

类的库规范　library specification of a class

供应商库中类扩展的显式表达。

[GB/T 17645.24]

注 1：在 GB/T 17645 系列中，有意通过字典元素定义每个类。只有供应商希望显式表达其可能实例的那些类才与库规范有关。

注 2：在本部分中，类的库规范由所有可能的不同实例集组成。

3.22

零件　part

一个组成不同产品构件的物质或功能元素。

[GB/T 17645.1]

3.23

特性　property

可以通过数据元素类型表达的信息。

[GB/T 17645.42]

3.24

表达类别　representation category

即一种抽象的概念，它用于区分关于某一零件描述的各种可能的用户需求。

[GB/T 17645.1]

注：在本标准的模型定义中，这种区分用视图逻辑名和视图控制变量形式化表示。

3.25

资源构造　resource construct

即 EXPRESS 语言实体、类型、函数、规则和引用的集合，它们共同定义了数据的有效描述。

[GB/T 17645.24]

3.26

简单零件族　simple family of parts

零件集，可以通过相同的特性集描述其中的每个零件。

[GB/T 17645.24]

3.27

供应商库　supplier library

提供 GB/T 17645 中定义的标准格式库，并负责其内容的机构。

[GB/T 17645.1]

3.28

用户库　user library

库管理系统从一个或多个供应商库的集成中生成的和可能是用户从随后做的修订本中得到的信息。

[GB/T 17645.1]

3.29

视图交换协议　view exchange protocol；VEP

GB/T 17645 的一部分，它描述了资源构造和表达传输接口的用法，表达传输接口满足对零件的一种表达类别交换的信息需求。

[GB/T 17645.24]

3.30

可视特性　visible property

为某些零件族定义的，并可以或不可以应用于该零件族下不同零件的特性。

[GB/T 17645.24]

示例：对于通用族螺钉来讲，非螺纹长度是可视的特性。对任何螺钉均可明确定义非螺纹长度，但仅仅带有非螺纹部分的螺钉有这种特性数值。

注：定义了可视特性的类的代码是表达该特性的数据元素类型标识的一部分。

4　本部分的结构

本部分包括两个主要部分。

通用资源部分规定了表达聚合数据类型和数值的资源构造。聚合数据类型和数值包括 EXPRESS 语言定义的聚合数据类型和数值。

库集成信息模型 LIIM 25 把上述资源构造，以及 GB/T 17645 其他部分和 GB/T 16656 中其他通用资源构造聚集成表达供应商库的单一模式。这种模式包括聚合数据类型和聚合值，并显式地把类扩展描述为实例集。

4.1　通用资源

通用资源由以下 EXPRESS 模式组成：

a) ISO 13584_IEC 61360_dictionary_aggregate_extension_schema;

b) ISO 13584_aggregate_value_schema。

这些模式规定了通用性的资源构造,可用于 GB/T 17645 以外,特别是适用于符合 GB/T 17564 的数据字典。

4.1.1 GB/T 17645 和 GB/T 17564 字典聚合扩展模式

ISO 13584_IEC 61360_dictionary_aggregate_extension_schema 规定了描述数据类型(相当于聚合数据类型,包括 EXPRESS 语言定义的聚合数据类型)所需的资源构造。它定义了描述数组、包、列表、集和子集数据类型的资源。该数据类型扩展了 GB/T 17564.2—2005 中所发布的 ISO 13584_IEC 61360_dictionary_schema 中已定义的数据类型,且 ISO 13584_IEC 61360_dictionary_schema 作为 GB/T 17645.42—2001 的资料性附录。

4.1.2 GB/T 17645 聚合数值模式

ISO 13584_aggregate_value_schema 规定了描述数据类型值(相当于 EXPRESS 语言所定义的聚合数据类型)所需的资源构造。它定义了描述数组、包、列表和结构化值的资源。这些数值扩展了 GB/T 17645.24 规定的 ISO 13584_aggregate_value_schema 已定义的数值。

4.2 库集成信息模型

本部分所规定的库集成信息模型是 LIIM25,为达到交换的目的,它把本部分所定义的通用资源构造,以及 GB/T 17645 其他部分和 GB/T 16656 的其他通用资源构造聚集成适用于表达供应商库的单一模式。在库数据供应商和库终端用户之间,LIIM25 使得 7 类字典或库可以交换,并使得无库结构的库实例集可交换。

a) 符合一致性类 1 的字典。这个字典由一些项目类的数据分层文件所定义。这些项目可以是零件、材料或其他项目。该项目的类具有结构化聚合特性,这种特性只使用 ISO/IEC 公共字典模式所定义的 EXPRESS 资源构造或只用于 GB/T 17645 的本部分所定义的 ISO 13584_IEC 61360_dictionary_aggregate_extension_schema。

b) 符合一致性类 2 的字典。这个字典是由一些项目类的数据分层文件所定义。这些项目可以是零件、材料、特征或其他项目。这些项目的类使用了 GB/T 17645.24 所定义的 ISO/IEC 公共字典模式的扩展,但是它不具备项目表达和项目表达类别的描述,也不具备结构化聚合特性。

c) 符合一致性类 3 的字典。这个字典是由一些项目类、项目表达和项目表达类别三方面的数据分层文件结构所定义。这些项目的类具备结构化聚合特性。

d) 符合一致性类 4 的字典。这个字典与一致性类 3 的范围相同,但其结构化聚合特性不多于两层嵌套。

e) 符合一致性类 5 的库。这个库是由一些项目类的数据分层文件的实例集所定义,但其不具备项目表达和项目表达类别的类,也不具备结构化聚合特性。

f) 符合一致性类 6 的库。这个库是由一些项目类和项目表达的数据分层文件结构的实例集所定义,其具备结构化聚合特性。

g) 符合一致性类 7 的库。这个库与一致性类 6 的范围相同,但其结构化聚合特性不多于两层嵌套。

h) 符合一致性类 10 的项目集。这个项目集包括项目实例集和项目表达实例集,但其不具备字典定义和库结构。

i) 符合一致性类 11 的项目集。这个项目集包括项目实例集和项目表达实例集。其不具备库结构,但可能具有字典定义。

上述每种交换相关环境均符合一种 LIIM25 的一致性类。每种一致性类为声明符合该一致性类的实现规定了一致性要求。一致性类 6 和 7 支持所有 LIIM25 的实体、类型和相关构造。其他一致性类仅仅支持该资源构造集的子集。在本部分中,通过实体列表的形式对每个定义一致性类的子集进行定义。声明一致于任何一致性类的实现应该支持列表的一致性类和相关构造的所有实体。

4.2.1 一致性类1:最小字典

一致性类1支持项目类的数据分层文件进行交换所定义的信息要求。所交换的项目可以是零件类或材料类。它允许来自ISO/IEC字典模式的所有字典的交换,甚至多数具备结构化聚合特性的项目类的交换。一致性类1与库交付文件的实现方法有关联。LIIM25一致性类1的一致性要求在8.2.1中进行定义。

4.2.2 一致性类2:项目类字典

一致性类2支持项目类的数据分层文件进行交换所定义的信息要求。所交换的项目可以是零件类、材料类或特征类,但不具备结构化聚合特性。一致性类2与定义库外部文件格式的标准数据集有关,也与交付文件的实现方法有关联。其库外部文件可以通过符合LIIM25一致性类2的一个库交付文件引用,并与库交付文件的实现方法相关联。LIIM25一致性类2的一致性要求在8.2.2中进行定义。

4.2.3 一致性类3:完整字典

一致性类3支持项目类的数据分层文件进行交换定义的信息要求。所交换的项目可以是零件类、材料类或特征类,同时也包括以上三种项目类的表达式的定义和它们的表达类别的定义。所有这些项目类的特性都可具有结构化聚合值。一致性类3与定义库外部文件格式的标准数据集有关联。其库外部文件可以通过符合LIIM25一致性类3的一个库交付文件引用,并与库交付文件的实现方法相关联。符合LIIM25的一致性类3的一致性要求在8.2.3中进行定义。

4.2.4 一致性类4:带限定嵌套聚合值的完整字典

一致性类4限制性支持符合一致性类3的信息需求。含在一致性类4中的聚合值的嵌套不应多于两层。LIIM25一致性类4的一致性要求在8.2.4中进行定义。

4.2.5 一致性类5:项目类库

一致性类5支持交换项目类的数据分层文件定义和实例的信息要求。所交换的项目可以是零件类、材料类或特征类,同时也包括以上三种项目类的表达式的定义和他们的表达类别的定义。其特性不可具有结构化聚合值。如果没有任何限制或表示,类扩展只可通过实例集定义。一致性类5与定义库外部文件格式的标准数据集有关联。其库外部文件可以通过符合LIIM25一致性类5的一个库交付文件引用,并与库交付文件的实现方法相关联。符合LIIM25的一致性类5的一致性要求在8.2.5中进行定义。

4.2.6 一致性类6:完整库

一致性类6支持交换项目类的数据分层文件定义和实例的信息要求。所交换的项目可以是零件类、材料类或特征类,同时也包括以上三种项目类的表达式的定义和实例,以及这些项目类的表达类别的定义。所有这些项目类的特性都可具有结构化聚合值。如果没有任何限制或表示,类扩展只可通过实例集定义。一致性类6与定义库外部文件格式的标准数据集有关联。其库外部文件可以通过符合LIIM25一致性类5的一个库交付文件引用,并与库交付文件的实现方法相关联。符合LIIM25的一致性类6的一致性要求在8.2.6中进行定义。

4.2.7 一致性类7:带限定嵌套聚合值的完整库

一致性类7限制性支持符合一致性类7的信息需求。含在一致性类7中的聚合值的嵌套不应多于两层。LIIM25一致性类7的一致性要求在8.2.7中进行定义。

4.2.8 一致性类10:库实例

一致性类10支持一个或几个项目实例进行交换的信息要求。所交换的项目可以是零件类、材料类或特征类,或项目表达式,但没有字典定义。这种一致性类规定为用户在库中交付所选的实例集提供资源,并可能带有项目表达式。一致性类10与定义库外部文件格式的标准数据集有关联。其库外部文件可以通过符合LIIM25一致性类10的一个库交付文件引用,并与库交付文件的实现方法相关联。符合

LIIM25 的一致性类 10 的一致性要求在 8.2.8 中进行定义。

4.2.9 一致性类 11:带相关字典定义的库实例

一致性类 11 支持一个或几个项目实例进行交换的信息要求。所交换的项目可以是零件类、材料类或特征类,同时也包括以上三种项目类的表达式的实例,其不具备库结构,但可能具有字典定义。当用户没有库中所使用的字典时,本一致性类用来提供资源以便交付用户在库中所选择的实例集,也可能是带有项目表达的实例集。它也可用来对库进行适时修正。一致性类 11 与定义库外部文件格式的标准数据集有关联。其库外部文件可以通过符合 LIIM25 一致性类 11 的一个库交付文件引用,并与库交付文件的实现方法相关。符合 LIIM25 的一致性类 11 的一致性要求在 8.2.9 中进行定义。

5 基本概念和假设

以下概念和假设适用于本部分。

5.1 特性的结构化聚合值

ISO 13584_IEC 61360_dictionary_aggregate_extension_schema 和 ISO 13584_aggregate_value_schema 模式定义了表达聚合数据类型的通用资源构造,并定义了表达聚合值的通用资源构造。聚合数据类型包括 EXPRESS 语言(GB/T 16656.11)所定义的聚合数据类型。这些资源允许对库中所描述的任何类实例的特性分配聚合类型与值。

5.2 类扩展的显式描述

本部分所定义的库集成信息模型用于建立供应商库模型并用于供应商库之间的交换,库中特性包含结构化的聚合值,而且显式地把可能的类扩展描述为实例集。为把库显式地表达成与特性值相关的实例集,规定了本库集成信息模型。

6 ISO 13584_IEC 61360_dictionary_aggregate_extension_schema

本章定义了 ISO 13584_IEC 61360_dictionary_aggregate_extension_schema 的要求。下列 EXPRESS 描述介绍了 ISO 13584_IEC 61360_dictionary_aggregate_extension_schema,并标识了必要的外部引用。

EXPRESS 描述:

```
*)
SCHEMA ISO 13584_IEC 61360_dictionary_aggregate_extension_schema;

REFERENCE FROM ISO 13584_IEC 61360_dictionary_schema(
    data_type,
    entity_instance_type);
(*
```

注:上述所引用的模式见 GB/T 17564.2—2005 的 ISO 13584_IEC 61360_dictionary_schema(即 GB/T 17645.42—2001 的附录 D)。

6.1 ISO 13584_IEC 61360_dictionary_aggregate_extension_schema 的介绍

ISO 13584_IEC 61360_dictionary_aggregate_extension_schema 规定了扩展 ISO/IEC 公共字典模式的信息模型,其允许使用简单或复杂数据类型的列表、集、包、数组和子集。

这种扩展通过两个步骤达到:

a) entity_instance_type_for_aggregate 实体规定了引用 EXPRESS 定义实体(规定了聚合数据类型)的方式。entity_instance_type_for_aggregate 是 entity_instance_type 实体的子类。

注:entity_instance_type 实体由 GB/T 17564.2—2005 定义,并在 GB/T 17645.42—2001 中复制。

b) 然后,通过 aggregate_type)实体和它的特定化对规定聚合数据类型的实体进行建模。

6.2 ISO 13584_IEC 61360_dictionary_aggregate_extension_schema 的实体定义

下列实体类型定义描述了编码聚合类型需要的必要资源。

6.2.1 entity_instance_type_for_aggregate

entity_instance_type_for_aggregate 实体规定了数据类型的引用定义,它可以表达成简单值或复杂值的列表、集、包或数组。通过引用本模式定义的 aggregate_type 定义它。

EXPRESS 描述:

```
*)
ENTITY entity_instance_type_for_aggregate
SUBTYPE OF(entity_instance_type);
    type_structure:aggregate_type;
WHERE
WR1:SELF\entity_instance_type.type_name=
    ['ISO 13584_IEC 61360_DICTIONARY_AGGREGATE_EXTENSION_SCHEMA'
    +'.AGGREGATE_TYPE'];
END_ENTITY;
(*
```

属性定义:

type_structure:通过 entity_instance_type 引用和传送的 aggregate_type。

形式限制:

WR1:entity_instance_type 属性 type_name 应该包括字符串“ISO 13584_IEC 61360_DICTIONARY_AGGREGATE_EXTENSION_SCHEMA.AGGREGATE_TYPE”。

6.2.2 Aggregate_type

Aggregate_type 实体规定了可以表示为简单或复杂值的列表、集合、包、排列的定义。

EXPRESS 描述:

```
*)
ENTITY aggregate_type
ABSTRACT SUPERTYPE OF(ONEOF(
        list_type,
        set_type,
        bag_type,
        array_type,set_with_subset_constraint_type ));
    bound_1:OPTIONAL INTEGER;
    bound 2:OPTIONAL INTEGER;
    value_type:data_type;
WHERE
    WR1:bound_1 <=bound_2;
END_ENTITY;
(*
```

属性定义:

value_type:是简单或复杂值的类型,它用于每个聚合元素。

bound_1:可选整数,描述已定义聚合类型的下限。

bound_2:可选整数,描述已定义聚合类型的上限。

形式限制：

WR1：bound_1 不能大于 bound_2。

6.2.3 list_type

list_type 实体规定了一种数据类型的定义，这种数据类型可以表示为值的有序列表，且允许值重复或不允许重复。

EXPRESS 描述：

```
*)
ENTITY list_type
SUBTYPE OF(aggregate_type);
    uniqueness:BOOLEAN;
WHERE
    WR1:EXISTS(bound_1) OR NOT(EXISTS(bound_2));
    WR2:NOT(EXISTS(bound_1)) OR(bound_1 >=0);
END_ENTITY;
(*
```

属性定义：

Uniqueness：指明列表的所有元素是唯一的(真)或重复的(假)的标记。

形式限制：

WR1：如果已定义列表的上限 bound_2 选择属性存在，则隐含了已定义列表的下限 bound_1 选择属性也存在。

WR2：如果已定义列表的下限 bound_1 选择属性存在，则它大于或等于零。

6.2.4 set_type

set_type 实体规定了一种数据类型的定义，这种数据类型可以表示为值的无序集合，且不允许值重复。

EXPRESS 描述：

```
*)
ENTITY set_type
SUBTYPE OF(aggregate_type);
WHERE
    WR1:EXISTS(bound_1) OR NOT(EXISTS(bound_2));
    WR2:NOT(EXISTS(bound_1)) OR(bound_1 >=0);
END_ENTITY;
(*
```

形式限制：

WR1：如果已定义列表的上限 bound_2 选择属性存在，则隐含了已定义列表的下限 bound_1 选择属性也存在。

WR2：如果已定义列表的下限 bound_1 选择属性存在，则它大于或等于零。

6.2.5 bag_type

bag_type 实体规定了一种数据类型的定义，这种数据类型可以表示为值的无序集合，且允许值重复。

EXPRESS 描述：

```
*)
ENTITY bag_type
```

```
SUBTYPE OF(aggregate_type);
WHERE
    WR1:EXISTS(bound_1) OR NOT(EXISTS(bound_2));
    WR2:NOT(EXISTS(bound_1)) OR(bound_1 >=0);
END_ENTITY;
(*
```

形式限制：

WR1：如果已定义列表的上限 bound_2 选择属性存在，则隐含了已定义列表的下限 bound_1 选择属性也存在。

WR2：如果已定义列表的下限 bound_1 选择属性存在，则它大于或等于零。

6.2.6 array_type

array_type 实体规定了数组数据类型的定义，其可以表示为值的数组。数组数据类型的值域具有索引，且大小固定。上限和下限(整数)定义了给定值的范围，因而确定每个数组集的大小。数组数据类型的定义可以选择规定数组值能或者不能含有重复元素。

EXPRESS 描述：

```
*)
ENTITY array_type
SUBTYPE OF(aggregate_type);
    SELF\aggregate_type.bound_1:INTEGER;
    SELF\aggregate_type.bound_2:INTEGER;
    uniqueness:BOOLEAN;
    are_optional:BOOLEAN;
END_ENTITY;
(*
```

属性定义：

bound_1：整数，描述已定义聚合类型的下限索引。

bound_2：整数，描述已定义聚合类型的上限索引。

uniqueness：指示数组的所有元素是否必须唯一(假)或数组的某些元素是否可以唯一(真)。

are_optional(可选)：指示数组的所有元素是否必须有(假)或数组的某些元素是否可以没有(真)。

6.2.7 set_with_subset_constraint_type

set_with_subset_constraint_type 实体规定了一种数据类型的定义，该数据类型可以表示可抽取子集的值集。通过子集的最小值和最大值定义子集的规模。如果最大值和最小值不存在，则允许任何规模子集。

注：从中抽取子集的相关内容不在本部分的范围之内。

EXPRESS 描述：

```
*)
ENTITY set_with_subset_constraint_type
SUBTYPE OF(aggregate_type);
    cardinal_min:OPTIONAL INTEGER;
    cardinal_max:OPTIONAL INTEGER;
WHERE
    WR1:cardinal_min <=cardinal_max ;
    WR2:NOT EXISTS(bound_2) OR NOT EXISTS(cardinal_max)
```

```
        OR(cardinal_max <=bound_2);
    WR3:NOT EXISTS(bound_1) OR NOT EXISTS(cardinal_min)
        OR(cardinal_min <=bound_1);
END_ENTITY;
(*
```

属性定义：

cardinal_min:可抽取的子集的最小范围。

cardinal_max:可抽取的子集的最大范围。

形式限制：

WR1:可抽取的子集的最小范围 cardinal_min 应该小于或等于可抽取的子集的最大范围 cardinal_max。

WR2:可抽取的子集的最大范围不应该大于子集本身的最大范围。

WR3:可抽取的子集的最小范围不应该大于子集本身的最小范围。

```
*)
END_SCHEMA;
--ISO 13584_IEC 61360_dictionary_aggregate_extension_schema
(*
```

7 ISO 13584_aggregate_value_schema

本章定义了 ISO 13584_aggregate_value_schema 的要求。以下 EXPRESS 描述介绍了 ISO 13584_aggregate_value_schema 模式,并标识了必要的外部引用。

EXPRESS 描述：

```
*)
SCHEMA ISO 13584_aggregate_value_schema;

REFERENCE FROM ISO 13584_IEC 61360_dictionary_schema(
    class_instance_type,
    data_type,
    data_type_element,
    level_type,
    named_type,
    property_BSU,
    property_DET
    );

REFERENCE FROM ISO 13584_IEC 61360_dictionary_aggregate_extension_schema(
    entity_instance_type_for_aggregate,
    list_type,
    set_type,
    bag_type,
    array_type,
    set_with_subset_constraint_type);

REFERENCE FROM ISO 13584_extended_dictionary_schema(
```

```
    data_type_type_name,
    data_type_typeof
    );

REFERENCE FROM ISO 13584_instance_resource_schema(
    compatible_class_and_class,
    compatible_level_type_and_instance,
    compatible_type_and_value,
    dic_class_instance,
    null_or_primitive_value,
    primitive_value,
    property_or_data_type_BSU,
    property_value,
    uncontrolled_entity_instance_value
    );
    (*
```

注：上面引用的模式可以在下述文档中找到：

ISO 13584_IEC 61360_dictionary_schema　　GB/T 17564.2—2005

（为了方便，GB/T 17645.42—2001 的附录 D 复制了这个模式）

ISO 13584_IEC 61360_dictionary_aggregate_extension_schema　本部分

ISO 13584_extended_dictionary_schema　　GB/T 17645.24—2003

ISO 13584_instance_resource_schema　　GB/T 17645.24—2003

7.1 ISO 13584_aggregate_value_schema 的介绍

ISO 13584_aggregate_value_schema 规定了扩展 ISO_13584_instance_resource_schema 的信息模型，它把实例值的范围扩展到其数据类型是聚合数据类型的实例，聚合数据类型包括简单或复杂数据类型的列表、集、包、数组或子集，正如 ISO 13584_IEC 61360_dictionary_aggregate_extension_schema 中所定义的 ISO/IEC 公共字典模式的扩展。

7.2 ISO 13584_aggregate_value_schema 的实体定义

根据 EXPRESS 语言，以下实体类型定义描述了编码聚合值所必需的资源。

7.2.1 aggregate_entity_instance_value

aggregate_entity_instance_value 规定了 primitive_value 聚合值的引用。

通过子类化 uncontrolled_entity_instance_value（GB/T 17645.24—2003 中定义的 ISO 13584_instance_resource_schema 所提供）获得 aggregate_entity_instance_value。

EXPRESS 描述：

```
*)
ENTITY aggregate_entity_instance_value
SUBTYPE OF(uncontrolled_entity_instance_value);
    the_value:aggregate_value;
END_ENTITY;
(*
```

属性定义：

the_value：聚合，带有所描述实体的所有值。

7.2.2 aggregate_value

aggregate_value 实体定义了可以表示为 primitive_value 的聚合值。

EXPRESS 描述：

```
*)
ENTITY aggregate_value
ABSTRACT SUPERTYPE OF(ONEOF(
    list_value,
    set_value,
    bag_value,
    array_value,
    set_with_subset_constraint_value ));
    values:LIST OF null_or_primitive_value;
END_ENTITY;
(*
```

属性定义：

values：列表，带有描述实体的所有聚合值。

7.2.3 list_value

list_value 实体规定了可以表示为 primitive_value 的列表值。

EXPRESS 描述：

```
*)
ENTITY list_value
SUBTYPE OF(aggregate_value);
    SELF\aggregate_value.values:LIST OF primitive_value;
END_ENTITY;
(*
```

属性定义：

values：列表，带有实体描述的所有列表值。

7.2.4 set_value

set_value 实体规定了可以表示为 primitive_value 的列表值。

EXPRESS 描述：

```
*)
ENTITY set_value
SUBTYPE OF(aggregate_value);
    SELF\aggregate_value.values:LIST OF primitive_value;
WHERE
    WR1:VALUE_UNIQUE(values);
END_ENTITY;
(*
```

属性定义：

values：列表，具有实体描述的所有集合值。

形式限制：

WR1：values 列表的所有值应是唯一的，不允许重复。

7.2.5 bag_value

bag_value 实体规定了可以表示为 primitive_value 包的数值。

EXPRESS 描述:

```
*)
ENTITY bag_value
SUBTYPE OF(aggregate_value);
    SELF\aggregate_value.values:LIST OF primitive_value;
END_ENTITY;
(*
```

属性定义:

values:列表,携带实体描述的所有包值。

7.2.6 array_value

array_value 实体规定了可以表示为 null_or_primitive_value 数组的数值定义。

EXPRESS 描述:

```
*)
ENTITY array_value
SUBTYPE OF(aggregate_value);
    bound_1:INTEGER;
    bound_2:INTEGER;
WHERE
    WR1:SIZEOF(SELF\aggregate_value.values)=
        SELF.bound_2 - SELF.bound_1+1;
END_ENTITY;
(*
```

属性定义:

bound_1:被描述数组的下限值。

bound_2:被描述数组的上限值。

形式限制:

WR1:values 列表属性的大小应等于 bound_1 属性和 bound_2 属性所定义的大小。

7.2.7 set_with_subset_constraint_value

set_with_subset_constraint_value 实体规定了可以表示为 primitive_value 集的数值定义,其子集可以从中抽取。通过 set_with_subset_constraint_type 数据类型中所规定的最小值和最大值或者 min 和 max 属性定义所允许的子集大小。如果无上下限,则允许任何子集。

注 1:子集抽取的相关内容不在本部分的范围之内。

注 2:如果 min 和 max,以及 cardinal_min 和 cardinal_max 均存在,规则确保下式成立:
cardinal_min≤min≤max≤cardinal_max。

EXPRESS 描述:

```
*)
ENTITY set_with_subset_constraint_value
SUBTYPE OF(aggregate_value);
    SELF\aggregate_value.values:LIST OF primitive_value;
    min:OPTIONAL INTEGER;
    max:OPTIONAL INTEGER;
WHERE
    WR1:NOT EXISTS(min) OR NOT EXISTS(max) OR(min <=max);
```

```
    WR2:VALUE_UNIQUE(values);
END_ENTITY;
(*
```

属性定义：

values:列表，携带可抽取子集的集的所有值。

min:可抽取子集的最小范围。

max:可抽取子集的最大范围。

形式限制：

WR1:可抽取子集的最小范围 min 应该小于或等于可抽取子集的最大范围 max。

WR2:values 列表的所有值应当是唯一的，不允许重复。

7.3 ISO 13584_aggregate_value_schema 的规则定义

7.3.1 allowed_aggregate_value

当数据类型是聚合数据类型时，allowed_aggregate_value 规则保证任何 property_value 的值与属性的数据类型兼容。

EXPRESS 描述：

```
*)
RULE allowed_aggregate_values FOR(
    property_value,
    entity_instance_type_for_aggregate);
WHERE
WR1:QUERY(prop <* property_value |
      NOT(compatible_complete_types_and_value(
      prop.prop_def, prop.its_value)))=[ ];
END_RULE; --allowed_aggregate_values
(*
```

形式限制：

WR1:所有通过 its_value 属性与 property_value 相关的值均与 prop_def 属性（与 property_value 携带的 property_BSU 关联）所定义的数据类型一致。

7.4 ISO 13584_aggregate_value_schema 的函数定义

7.4.1 compatible_complete_types_and_value

通过检查本扩展所定义的所有数据类型，compatible_complete_types_and_value 函数完成 GB/T 17645.24 定义的 compatible_type_and_value 函数。它增加检查与其定义的数据类型相关的聚合值。

与属性相关的值不是聚合值时，调用 compatible_type_and_value 函数，否则调用 compatible_complete_types_and_value 函数。

EXPRESS 描述：

```
*)
FUNCTION compatible_complete_types_and_value(
    dom:property_or_data_type_BSU;
    val:primitive_value):LOGICAL;

IF(data_type_typeof(dom)=[ ])
THEN
    RETURN(UNKNOWN);
```

```
    END_IF;

    --checking that values are primitive values but are not aggregate
    --values.
    IF('ISO 13584_INSTANCE_RESOURCE_SCHEMA. PRIMITIVE_VALUE' IN TYPEOF
(val))
        AND(NOT('ISO 13584_AGGREGATE_VALUE_SCHEMA. '+
        'AGGREGATE_ENTITY_INSTANCE_VALUE' IN TYPEOF(val)))
    THEN
        RETURN(compatible_type_and_value(dom, val));
    END_IF;

    IF 'ISO 13584_AGGREGATE_VALUE_SCHEMA. '+
            'AGGREGATE_ENTITY_INSTANCE_VALUE' IN TYPEOF(val)
    THEN
        RETURN(compatible_aggregate_domain_and_aggregate_value(
            dom, val));
    END_IF;

    --neither primitive value nor aggregate value
    RETURN(UNKNOWN);
    END_FUNCTION; --compatible_complete_types_and_value
    (*
```

7.4.2 compatible_aggregate_domain_and_aggregate_value

compatible_aggregate_domain_and_aggregate_value 函数检查给定的 dom property_or_data_type_BSU 是否是正确的 val aggregate_entity_instance_value 数据类型。

如果与 dom 相关的最终数据类型未知,则返回值也未知。

如果与 dom property_or_data_type_BSU 相关的最终类型没有引用 aggregate_type 实体,则该函数返回假。

与 dom property_or_data_type_BSU 相关的最终类型引用了 aggregate_type 实体时,该函数调用 compatible_aggregate_type_and_value 函数,且带计算数据类型的 the_data_type 参数和 val aggregate_entity_instance_value 参数。

EXPRESS 描述:

```
    *)
    FUNCTION compatible_aggregate_domain_and_aggregate_value(
        dom:property_or_data_type_BSU;
        val:aggregate_entity_instance_value):LOGICAL;

    LOCAL
        the_data_type:data_type;
    END_LOCAL;

    --Check the avalability of the final type of a property or a
```

```
--data type BSU.
IF data_type_typeof(dom)=[ ]
THEN(* the final domain of the type is not available *)
    RETURN(UNKNOWN);
END_IF;

--Check that the final type of the property or data type BSU
--is an entity_instance_type whose type_name_attribute
--references the aggregate_type entity

IF(NOT('ISO 13584_IEC 61360_DICTIONARY_SCHEMA.ENTITY_INSTANCE_TYPE' IN
data_type_typeof(dom)))
THEN
    RETURN(FALSE);
END_IF;

IF(NOT('ISO 13584_IEC 61360_DICTIONARY_AGGREGATE_EXTENSION_SCHEMA'+
  '.AGGREGATE_TYPE' IN data_type_type_name(dom)))
THEN
    RETURN(FALSE);
END_IF;

--Compute the final type of the dom property or data_type_BSU
the_data_type:=data_type_final_type(dom)[1];
RETURN(compatible_aggregate_type_and_value(the_data_type, val));
END_FUNCTION; --compatible_aggregate_domain_and_value
(*
```

7.4.3 data_type_final_type

data_type_final_type 函数确定的 data_type 定义了 property_BSU 或 data_type_BSU 的最终域。

如果 data_type 与 named_type 关联，则本函数递归遍历其 referred_type 特性，直到到达是 simple_type 或 complex_type 的 data_type 为止。然后本函数返回包含该 data_type 实体的集合。

如果 BSU 定义无效，结果是本函数不能判断是 simple_type 还是 complex_type，本函数返回 data_type 的空集。

EXPRESS 描述：

```
*)
FUNCTION data_type_final_type(
    type_spec:property_or_data_type_BSU):SET [0:1] OF data_type;

LOCAL
    res:BOOLEAN:=FALSE;
    x:data_type;
END_LOCAL;
```

```
IF NOT EXISTS(type_spec)
THEN
    RETURN([ ]); --type_spec is indeterminate
END_IF;

IF('ISO 13584_IEC 61360_DICTIONARY_SCHEMA. PROPERTY_BSU' IN
    TYPEOF(type_spec))
THEN
    IF NOT(SIZEOF(type_spec. definition)=0)
    THEN
        x:=type_spec. definition[1]\property_DET. domain;
        res:=TRUE;
    END_IF;
ELSE
    IF NOT(SIZEOF(type_spec. definition)=0)
    THEN
        x:=type_spec. definition[1]\data_type_element.
            type_definition;
        res:=TRUE;
    END_IF;
END_IF;

IF NOT(res)
THEN
    RETURN([ ]) ;
END_IF;

IF('ISO 13584_IEC 61360_DICTIONARY_SCHEMA. NAMED_TYPE' IN TYPEOF(x))
THEN
    IF NOT(SIZEOF(x\named_type. referred_type. definition)=0)
    THEN
        RETURN(data_type_final_type(x\named_type. referred_type));
    ELSE
        RETURN([ ]) ;
    END_IF;
ELSE
    RETURN([x]) ;
END_IF;

END_FUNCTION; --data_type_final_type
(*
```

7.4.4 compatible_aggregate_type_and_value

compatible_aggregate_type_and_value 函数检查 entity_instance_type_for_aggregate 和 aggregate_ entity_instance_value 是否类型兼容。

本函数首先计算包含在聚合 val 中的元素类型。如果聚合中的 val 值的最终数据类型不可判断，则返回未知数。如果聚合值的类型是 named_type，则 data_type_final_type 函数被调用，以便检索元素的最终类型。

计算最终类型时，检查每个可能的聚合类型（列表、集、包、数组和子集）。

对每种聚合，本函数检查值的下限或上限是否与类型声明的值的下限或上限一致。

特殊处理与数组聚合数据类型相关。

对于数组数据类型和值，本函数检查值的 the_value 存贮列表大小是否与类型声明的大小兼容。

然后，对于唯一值的列表或数组，本函数检查 the_value 列表中没有值重复。对于不允许选择值的数组，本函数检查 the_value 列表中没有 null_value 存在。

最后，本函数检查 the_value 聚合列表的所有值与相应的数据类型 type_of_element 之间的兼容性。它通过间接递归式的方法调用 compatible_final_type_and_value 函数检查类型和值之间的兼容性。

EXPRESS 描述：

```
*)
FUNCTION compatible_aggregate_type_and_value(
    the_data_type: entity_instance_type_for_aggregate;
    val: aggregate_entity_instance_value): LOGICAL;

LOCAL
    elements: LIST OF null_or_primitive_value;
    type_of_elements: data_type;
    result: LOGICAL;
    tmp: LIST OF primitive_value := [];
END_LOCAL;

elements := val.the_value.values;

--Compute type of elements contained in the aggregate
IF ('ISO 13584_IEC 61630_DICTIONARY_SCHEMA.NAMED_TYPE' IN
    TYPEOF(the_data_type.type_structure.value_type))
THEN
    IF (data_type_typeof(the_data_type.type_structure.
        value_type\named_type.referred_type) = [])
    THEN
    (* the final domain of the type of elements is not available *)
        RETURN(UNKNOWN);
    END_IF;
    type_of_elements := data_type_final_type(the_data_type.
        type_structure.value_type\named_type.referred_type)[1];
ELSE
    type_of_elements := the_data_type.type_structure.value_type;
END_IF;
```

```
--check that a value aggregate is compatible with its type
--aggregate declaration
IF ('ISO 13584_AGGREGATE_VALUE_SCHEMA. LIST_VALUE'
    IN TYPEOF (val. the_value))
    AND NOT
    ('ISO 13584_IEC 61360_DICTIONARY_AGGREGATE_EXTENSION_SCHEMA'+
    '. LIST_TYPE' IN TYPEOF(the_data_type. type_structure))
THEN
    RETURN(FALSE);
END_IF;

IF ('ISO 13584_AGGREGATE_VALUE_SCHEMA. BAG_VALUE' IN TYPEOF(
    val. the_value)) AND NOT
    ('ISO 13584_IEC 61360_DICTIONARY_AGGREGATE_EXTENSION_SCHEMA. '+
    'BAG_TYPE' IN TYPEOF(the_data_type. type_structure))
THEN
    RETURN(FALSE);
END_IF;

IF ('ISO 13584_AGGREGATE_VALUE_SCHEMA. SET_VALUE' IN TYPEOF(
    val. the_value)) AND NOT
    ('ISO 13584_IEC 61360_DICTIONARY_AGGREGATE_EXTENSION_SCHEMA. '+
    'SET_TYPE' IN TYPEOF(the_data_type. type_structure))
THEN
    RETURN(FALSE);
END_IF;

IF ('ISO 13584_AGGREGATE_VALUE_SCHEMA. ARRAY_VALUE' IN TYPEOF(
    val. the_value)) AND NOT
    ('ISO 13584_IEC 61360_DICTIONARY_AGGREGATE_EXTENSION_SCHEMA. '+
    'ARRAY_TYPE' IN TYPEOF(the_data_type. type_structure))
THEN
    RETURN(FALSE);
END_IF;

IF ('ISO 13584_AGGREGATE_VALUE_SCHEMA. SET_WITH_SUBSET_CONSTRAINT_
VALUE'
        IN TYPEOF(val. the_value)) AND NOT
  ('ISO 13584_IEC 61360_DICTIONARY_AGGREGATE_EXTENSION_SCHEMA. '+
            'SET_WITH_SUBSET_CONSTRAINT_TYPE'
        IN TYPEOF(the_data_type. type_structure))
THEN
    RETURN(FALSE);
```

```
END_IF;

--check that that low and high bounds of the values are compatible
--with the type declaration.
IF(('ISO 13584_AGGREGATE_VALUE_SCHEMA. LIST_VALUE'
        IN TYPEOF (val. the_value))
    OR ('ISO 13584_AGGREGATE_VALUE_SCHEMA. BAG_VALUE'
        IN TYPEOF (val. the_value))
    OR ('ISO 13584_AGGREGATE_VALUE_SCHEMA. SET_VALUE'
        IN TYPEOF (val. the_value))
    OR
('ISO 13584 AGGREGATE VALUE SCHEMA. SET WITH SUBSET CONSTRAINT VALUE'
        IN TYPEOF (val. the_value)))
    AND (
    (EXISTS(the_data_type. type_structure. bound_1))
    AND NOT
    (SIZEOF(elements) >= the_data_type. type_structure. bound_1)
    )
THEN
    RETURN(FALSE);
END_IF;

IF (('ISO 13584_AGGREGATE_VALUE_SCHEMA. LIST_VALUE' IN TYPEOF(
            val. the_value))
    OR ('ISO 13584_AGGREGATE_VALUE_SCHEMA. BAG_VALUE' IN TYPEOF(
            val. the_value))
    OR ('ISO 13584_AGGREGATE_VALUE_SCHEMA. SET_VALUE' IN TYPEOF(
            val. the_value))
    OR ('ISO 13584_AGGREGATE_VALUE_SCHEMA. SET_WITH_SUBSET_CON-
STRAINT_VALUE'
            IN TYPEOF (val. the_value)))
    AND (
    (EXISTS(the_data_type. type_structure. bound_2))
    AND NOT
    (SIZEOF(elements) <= the_data_type. type_structure. bound_2))
THEN
    RETURN(FALSE);
END_IF;

--For array data type and values, check that size of the storage
--list of values is size compatible with the type declaration.
IF ('ISO 13584_AGGREGATE_VALUE_SCHEMA. ARRAY_VALUE' IN TYPEOF(
        val. the_value))
```

```
THEN
    IF (NOT(val. the_value\array_value. bound_1 =
        the_data_type. type_structure. bound_1) OR
        NOT(val. the_value\array_value. bound_2 =
        the_data_type. type_structure. bound_2))
    THEN
        RETURN(FALSE);
    END_IF;
END_IF;

--For set_with_subset_constraint_type, check that the possible
--constraints on subset size defined at the value level are consistent
--with those defined at the type level.
IF
('ISO 13584_AGGREGATE_VALUE_SCHEMA. SET_WITH_SUBSET_CONSTRAINT_
VALUE'
        IN TYPEOF (val. the_value))
    AND NOT
    ((the_data_type. type_structure. cardinal_min
    <= val. the_value\set_with_subset_constraint_value. min) AND
    (val. the_value\set_with_subset_constraint_value. min
    <= val. the_value\set_with_subset_constraint_value. max) AND
    (val. the_value\set_with_subset_constraint_value. max <=
    the_data_type. type_structure. cardinal_max))
THEN
    RETURN(FALSE);
END_IF;

--In case of a list or array of unique values, check that no
--value is duplicated
IF ('ISO 13584_AGGREGATE_VALUE_SCHEMA. LIST_VALUE' IN TYPEOF(
    val. the_value)) OR
    ('ISO 13584_AGGREGATE_VALUE_SCHEMA. ARRAY_VALUE'
    IN TYPEOF (val. the_value))
THEN
    IF (the_data_type. type_structure. uniqueness)
    THEN
        REPEAT i := 1 TO SIZEOF(val. the_value. values);
            IF NOT('ISO 13584_INSTANCE_RESOURCE_SCHEMA. NULL_VALUE'
                IN TYPEOF(val. the_value. values[i]))
            THEN
                tmp := tmp + val. the_value. values[i];
            END_IF;
```

```
        END_REPEAT;

        IF NOT(VALUE_UNIQUE(tmp))
        THEN
            RETURN(FALSE);
        END_IF;
    END_IF;
END_IF;

--For an array where optional values are not allowed, check that
--no null_value is provided
IF ('ISO 13584_AGGREGATE_VALUE_SCHEMA. ARRAY_VALUE'
    IN TYPEOF(val. the_value))
THEN
    IF NOT(the_data_type. type_structure. are_optional)
    THEN
        REPEAT i := 1 TO SIZEOF(val. the_value. values);
            IF ('ISO 13584_INSTANCE_RESOURCE_SCHEMA. NULL_VALUE'
                IN TYPEOF(val. the_value. values[i]))
            THEN
                RETURN(FALSE);
            END IF;
        END_REPEAT;
    END_IF;
END_IF;

--Check for value/type compatibility for all the elements contained
--in the aggregate

result := TRUE;

REPEAT i := 1 TO SIZEOF(elements);
    IF NOT('ISO 13584_AGGREGATE_VALUE_SCHEMA. NULL_VALUE'
        IN TYPEOF (elements[ i] ) )
    THEN
        IF('ISO 13584_IEC 61360_DICTIONARY_AGGREGATE_EXTENSION_SCHEMA. '
            + 'ENTITY_INSTANCE_TYPE_FOR_AGGREGATE'
            IN TYPEOF(type_of_elements))
        THEN
            IF ('ISO 13584_AGGREGATE_VALUE_SCHEMA. '+
                'AGGREGATE_ENTITY_INSTANCE_VALUE' IN
                TYPEOF (elements[ i] ) )
            THEN
```

```
                result := result AND
                compatible_aggregate_type_and_value(
                type_of_elements, elements[ i] );
            ELSE
                RETURN(FALSE);
            END_IF;
        ELSE
            result := result AND compatible_final_type_and_value(
                type_of_elements, elements[ i] );
        END_IF;

        IF NOT(result)
        THEN
            RETURN(FALSE);
        END_IF;
    END_IF;
END_REPEAT;

RETURN(result);

END_FUNCTION; --compatible_aggregate_type_and_value
(*
```

7.4.5 compatible_final_type_and_value

compatible_final_type_and_value 函数检查data_type 和 primitive_value 类型兼容。

本函数检查与typ 相关的相应数据类型。

对于integer_value，real_value，number_value，boolean_value，translatable_string_value 和entity_instance_value 值，在本函数中可获得局部控制。

对于dic_class_instance 和level_spec_value 值，分别调用compatible_class_and_class 和compatible_level_type_and_instance 函数。

如果这些数据类型不是val 参数的可能类型，本函数返回假。

EXPRESS 描述：

```
*)
FUNCTION compatible_final_type_and_value(
    typ: data_type; val: primitive_value): LOGICAL;

LOCAL
    set_string: SET OF STRING := [];
    set_integer: SET OF INTEGER := [];
    code_type: non_quantitative_code_type;
    int_type: non_quantitative_int_type;
END_LOCAL;

IF ('ISO 13584_INSTANCE_RESOURCE_SCHEMA.INTEGER_VALUE' IN TYPEOF(val))
```

```
THEN
    IF (('ISO 13584_IEC 61360_DICTIONARY_SCHEMA.' +
        'NON_QUANTITATIVE_INT_TYPE' IN TYPEOF(typ)))
    THEN
        set_integer := [];
        code_type := typ;

        REPEAT j := 1 TO SIZEOF(code_type.domain.its_values);
            set_integer := set_integer +
                code_type.domain.its_values[j].value_code;
        END_REPEAT;

        RETURN(val IN set_integer);
      ELSE
        RETURN(('ISO 13584_IEC 61360_DICTIONARY_SCHEMA.INT_TYPE'
        IN TYPEOF(typ)) OR
        (('ISO 13584_IEC 61360_DICTIONARY_SCHEMA.NUMBER_TYPE'
        IN TYPEOF(typ))
        AND NOT('ISO 13584_IEC 61360_DICTIONARY_SCHEMA.REAL_TYPE'
        IN TYPEOF(typ))));
    END_IF;
END_IF;

IF ('ISO 13584_INSTANCE_RESOURCE_SCHEMA.REAL_VALUE' IN TYPEOF(val))
THEN
    RETURN(('ISO 13584_IEC 61360_DICTIONARY_SCHEMA.REAL_TYPE'
        IN TYPEOF(typ)) OR
        (('ISO 13584_IEC 61360_DICTIONARY_SCHEMA.NUMBER_TYPE'
        IN TYPEOF(typ))
        AND NOT('ISO 13584_IEC 61360_DICTIONARY_SCHEMA.INT_TYPE'
        IN TYPEOF(typ))));
END_IF;

IF ('ISO 13584_INSTANCE_RESOURCE_SCHEMA.NUMBER_VALUE' IN TYPEOF(val))
THEN
    RETURN('ISO 13584_IEC 61360_DICTIONARY_SCHEMA.NUMBER_TYPE'
        IN TYPEOF(typ));
END_IF;

IF ('ISO 13584_INSTANCE_RESOURCE_SCHEMA.BOOLEAN_VALUE' IN TYPEOF(val))
THEN
    RETURN('ISO 13584_IEC 61360_DICTIONARY_SCHEMA.BOOLEAN_TYPE'
        IN TYPEOF(typ));
```

```
END_IF;

IF ('ISO 13584_INSTANCE_RESOURCE_SCHEMA.TRANSLATABLE_STRING_VALUE'
IN TYPEOF(val))
THEN
    IF (('ISO 13584_IEC 61360_DICTIONARY_SCHEMA' +
        '.NON_QUANTITATIVE_CODE_TYPE') IN TYPEOF(typ))
    THEN
        set_string := [];
        code_type := typ;
        REPEAT j := 1 TO SIZEOF(code_type.domain.its_values);
            set_string := set_string +
                code_type.domain.its_values[j].value_code;
        END_REPEAT;

        RETURN(('ISO 13584_INSTANCE_RESOURCE_SCHEMA.STRING_VALUE'
            IN TYPEOF(val)) AND (val IN set_string));

    ELSE
        RETURN('ISO 13584_IEC 61360_DICTIONARY_SCHEMA.STRING_TYPE'
            IN TYPEOF(typ));
    END_IF;
END_IF;

IF 'ISO 13584_INSTANCE_RESOURCE_SCHEMA.ENTITY_INSTANCE_VALUE'
    IN TYPEOF(val)
THEN
    IF 'ISO 13584_INSTANCE_RESOURCE_SCHEMA' +
        '.UNCONTROLLED_ENTITY_INSTANCE_VALUE' IN TYPEOF(val)
    THEN
        RETURN(UNKNOWN);
    END_IF;
    IF ('ISO 13584_IEC 61360_DICTIONARY_SCHEMA.ENTITY_INSTANCE_TYPE'
        IN TYPEOF(typ)) AND
        (typ\entity_instance_type.type_name <= TYPEOF(val))
    THEN
        RETURN(TRUE);
    ELSE
        RETURN(FALSE);
    END_IF;
END_IF;

IF 'ISO 13584 INSTANCE RESOURCE SCHEMA.DIC CLASS INSTANCE'
```

```
      IN TYPEOF(val)
    THEN
      IF ('ISO 13584_IEC 61360_DICTIONARY_SCHEMA. CLASS_INSTANCE_TYPE'
          IN TYPEOF(typ))
      THEN
          RETURN(compatible_class_and_class(typ\class_instance_type.
              domain,val\dic_class_instance. class_def));
      ELSE
          RETURN(FALSE);
      END_IF;
  END_IF;

  IF 'ISO 13584_INSTANCE_RESOURCE_SCHEMA. LEVEL_SPEC_VALUE' IN TYPEOF(val)
  THEN
      IF ('ISO 13584_IEC 61360_DICTIONARY_SCHEMA. LEVEL_TYPE'
          IN TYPEOF(typ))
      THEN
          RETURN(compatible_level_type_and_instance(
              typ\level_type. levels,
              TYPEOF(typ\level_type. value_type), val));
      ELSE
          RETURN(FALSE);
      END_IF;
  END_IF;

  RETURN(FALSE);

  END_FUNCTION; --compatible_final_type_and_value
  (*

  *)
  END_SCHEMA; --ISO 13584_aggregate_value_schema;
  (*
```

8 库集成信息模型 25

库集成信息模型 LIIM25 的一致性包括满足 8.1 中 ISO 13584_25_IEC 61360_5_liim_schema 所陈述的信息需求声明，包括满足附录 D 中 ISO 13584_25_IEC 61360_5_conformance_schema 模式陈述的支持标准数据的需求，也包括支持实现方法和规范性引用的相关需求。

实现至少应该支持下列实现方法：GB/T 16656.21。

附录 E 规定了相关实现方法的要求。

ISO 13584_25_IEC 61360_5_liim_schema 模式规定实现可以支持的一些选项。这些选项已组成一致性类。定义了 9 个一致性类。通过每个类定义选项，并可以通过实现进行选择。如果符合某特定的一致性类，则要求支持所有的 ISO 13584_25_IEC 61360_5_liim_schema 实体、类型和相关的约束条件

(被定义为类的一部分),同时具有与类相关的标准数据。

注 1:通过 ISO 13584_25_IEC 61360_5_conformance_schema 规定的全局规则确保支持与类相关的标准数据。

一致性类的编号模式如下:

a) 类 1:来自 ISO/IEC 公共字典模式,具有更多聚合类型的最小 dictionary_element;

注 2:GB/T 17645.42-2001 的 ISO 13584_IEC 61360_dictionary_schema 定义了 ISO/IEC 公共字典模式。

b) 类 2:来自扩展字典模式的 dictionary_element,没有功能模型和功能视图,且没有聚合类型;

注 3:GB/T 17645.24 的 ISO 13584_extended_dictionary_schema 定义了扩展字典模式。

c) 类 3:来自扩展字典模式的 dictionary_element,具有功能模型和功能视图及聚合类型;

d) 类 4:与类 3 相同,但对聚合类型的嵌套有限制;

e) 类 5:来自扩展字典模式的 dictionary_element,没有功能模型和功能视图类,并且没有聚合类型和值,但库中的类具有 class_extension 的显式描述;

f) 类 6:来自扩展字典模式的 dictionary_element,具有功能模型和功能视图,聚合类型和值,且库中的类具有 class_extensions 的显式描述;

g) 类 7:与类 6 相同,但对聚合类型的嵌套和值有限制;

h) 类 10:没有字典定义和库结构的项目实例和项目表达实例;

i) 类 11:具有字典定义,但没有库结构的项目实例和项目表达实例。

注 4:external_file_protocol 实体不属于附录 D 定义的标准数据,也不属于本系列标准任何视图交换协议所定义的标准数据,其特性值受发送者和接收者之间预先达成的协议的影响。它们超出了本部分的范围。

注 5:在库集成信息模型 25 的一致性类 2~8 和 10~11 中,可以作为 http_file 引用的唯一文件是其 MIME 类型和子类型如下的文件:

——适合公用的规范,或

——与不受版权保护,网上可下载的浏览器有关。

表 1 显示了库集成信息模型 25 不同一致性类的支持能力。

表 1 库集成信息模型 25 的一致性选项

能力	字典元素			库规范(类扩展)	实例表达
一致性类	项目类的字典定义	项目类表达和表达类别的字典定义	结构化聚合特性		
1	X		X		
2	X				
3	X	X	X		
4	X	X	X		
5	X			X	X
6	X	X	X	X	X
7	X	X	X	X	X
10			X		X
11	X	X	X		X

8.1 本部分和 GB/T 17564.5liim 模式的短表

本条规定的 EXPRESS 模式使用了来自 GB/T 16656 集成资源系列的元素,以及来自 GB/T 17645 逻辑资源和描述方法系列的元素,并定义了本部分规定的库集成信息模型 LIIM25 的需求。

注 1:GB/T 16656 的集成资源系列是 GB/T 16656.4X 和 GB/T 16656.1XX。GB/T 17645 逻辑资源系列是 GB/T 17645.2X,GB/T 17645 的描述方法系列是 GB/T 17645.4X。

附录 A 列出了 **ISO 13584_25_IEC 61360_5_liim_schema**（具有 ISO 13584_25_IEC 61360_5_conformance_schema 定义的附加约束）展开的 EXPRESS 列表。称为 ISO 13584_25_IEC 61360_5_library_implicit_schema 的结果模式是供应商库信息模型，无论是否引用某些视图交换协议，它均引用本部分规定的库集成信息模型 LIIM25。

注 2：集成库的信息模型不属于本标准的范围。

EXPRESS 描述：

```
*)
SCHEMA ISO 13584_25_IEC 61360_5_liim_schema;

USE FROM ISO 13584_IEC 61360_dictionary_schema
     (axis1_placement_type,
     axis2_placement_2d_type,
     axis2_placement_3d_type,
     boolean_type,
     class_BSU,
     class_instance_type,
     class_value_assignment,
     complex_type,
     component_class,
     condition_DET,
     data_type_BSU,
     data_type_element,
     dates,
     dependent_P_DET,
     dic_unit,
     dic value,
     entity_instance_type,
     identified_document,
     int_currency_type,
     int_measure_type,
     int_type,
     integer_type,
     item_class,
     item_names,
     label_with_language,
     level_type,
     material_class,
     mathematical_string,
     named_type,
     non_dependent_P_DET,
     non_quantitative_code_type,
     non_quantitative_int_type,
     non_si_unit,
```

```
        number_type,
        placement_type,
        property_BSU,
        property_DET,
        real_currency_type,
        real_measure_type,
        real_type,
        string_type,
        supplier_BSU,
        supplier_element,
        value_domain);

USE FROM ISO 13584_IEC 61360_language_resource_schema
        (global_language_assignment,
        present_translations,
        translated_label,
        translated_text);

USE FROM ISO 13584_instance_resource_schema
        (null_value,
        primitive_value,
        null_or_primitive_value, simple_value,
        null_or_simple_value, number_value,
        null_or_number_value, integer_value,
        null_or_integer_value, real_value,
        null_or_real_value, boolean_value,
        null_or_boolean_value,
        translatable_string_value,
        translated_string_value,
        string_value,
        null_or_translatable_string_value,
        complex_value,
        null_or_complex_value,
        entity_instance_value,
        null_or_entity_instance_value,
        defined_entity_instance_value,
        controlled_entity_instance_value,
        STEP_entity_instance_value,
        PLIB_entity_instance_value,
        roperty_or_data_type_BSU, level_spec_value,
        null_or_level_spec_value,
        int_level_spec_value,
        null_or_int_level_spec_value,
```

```
        real_level_spec_value,
        null_or_real_level_spec_value,
        property_value,
        context_dependent_property_value,
        dic_class_instance,
        null_or_dic_class_instance,
        dic_component_instance,
        dic_feature_instance,
        dic_material_instance,
        lib_component_instance,
        lib_feature_instance,
        lib_material_instance,
        dic_f_model_instance,
        lib_f_model_instance);

    USE FROM ISO 13584_IEC 61360_dictionary_aggregate_extension_schema
        (entity_instance_type_for_aggregate,
        list_type,set_type,bag_type,array_type,
        set_with_subset_constraint_type);

    USE FROM ISO 13584_extended_dictionary_schema
        (dictionary,
        dictionary_in_standard_format,
        library_iim_identification,
        view_exchange_protocol_identification,
        representation_type,
        geometric_representation_context_type,
        representation_reference_type,
        program_reference_type,
        program_library_BSU,
        document_BSU,
        supplier_program_library_relationship,
        class_document_relationship,
        representation_P_DET,
        class_related_dictionary_element,
        program_library_element,
        document_element,
        document_element_with_http_access,
        document_element_with_translated_http_access,
        referenced_document,
        referenced_graphics,
        feature_class,
        functional_model_class, fm_class_view_of,
```

```
        functional_view_class,
        non_instantiable_functional_view_class,
        view_control_variable_range,
        item_class_case_of,
        component_class_case_of,
        material_class_case_of,
        feature_class_case_of,
        a_posteriori_case_of,
        a_posteriori_view_of);

USE FROM ISO 13584_external_file_schema
        (standard_simple_program_protocol,
        non_standard_simple_program_protocol,
        linked_interface_program_protocol,
        standard_data_protocol,
        non_standard_data_protocol,
        http_protocol,
        program_library_content,
        document_content,
        representation_reference,program_reference,
        property_value_external_item, message,
        illustration,
        A6_illustration,
        A9_illustration,
        translated external content,
        not_translated_external_content,
        not_translatable_external_content,
        language_specific_content,
        external_file_unit,
        http_file,
        http_class_directory,
        simple_program_protocol);

USE FROM ISO 13584_aggregate_value_schema
        (aggregate_entity_instance_value, list_value,
        set_value,bag_value,array_value,
        set_with_subset_constraint_value);

USE FROM ISO 13584_library_content_schema
        (library,
        library_in_standard_format,
        explicit_item_class_extension,
        explicit_functional_model_class_extension,
```

```
        property_classification,
        property_value_recommended_presentation);

    USE FROM measure_schema
        (amount_of_substance_measure,
        area_measure,
        context_dependent_measure,
        context_dependent_unit,
        conversion_based_unit,
        count_measure,
        derived_unit,
        derived_unit_element,
        dimensional_exponents,
        electric_current_measure,
        global_unit_assigned_context,
        length_measure,
        length_measure_with_unit, length_unit,
        luminous_intensity_measure, mass_measure,
        measure_value,
        measure_with_unit,
        named_unit,
        numeric_measure,
        parameter_value,
        plane_angle_measure,
        positive_length_measure,
        positive_plane_angle_measure,
        ratio_measure,
        si unit,
        solid_angle_measure,
        thermodynamic_temperature_measure,
        time_measure,
        volume_measure);

    USE FROM person_organization_schema
        (address,
        organization,
        person);

    USE FROM date_time_schema
        (date,
        date_and_time, local_time,
        calendar_date,ordinal_date,
        week_of_year_and_day_date);
```

```
USE FROM geometry_schema
    (axis1_placement, axis2_placement_2D,
    axis2_placement_3D,
    geometric_representation_context,
    placement);

USE FROM representation_schema
    (representation,
    representation_context, representation_item);

USE FROM application_context_schema
    (application_context,
    application_context_element,
    application_protocol_definition);

END_SCHEMA; ——ISO 13584_25_IEC 61360_5_liim_schema
(*
```

注：可以在下列文档中找到上述引用的模式：

ISO 13584_IEC 61360_dictionary_schema	GB/T 17564.2—2005
(为了方便,GB/T 17645.42-2001 的附录 D 复制了这个模式)	
ISO 13584_IEC 61360_language_resource_schema	GB/T 17564.2—2005
(为了方便,GB/T 17645.42-2001 的附录 D 复制了这个模式)	
ISO 13584_instance_resource_schema	GB/T 17645.24—2003
ISO 13584_IEC 61360_dictionary_aggregate_extension_schema	本部分
ISO 13584_extended_dictionary_schema	GB/T 17645.24—2003
ISO 13584_external_file_schema	GB/T 17645.24—2003
ISO 13584_aggregate_value_schema	本部分
ISO 13584_library_content_schema	GB/T 17645.24—2003
measure_schema	ISO 10303-41:2000,
person_organization_schema	ISO 10303-41:2000,
date_time_schema	ISO 10303-41:2000,
geometry_schema	ISO 10303-42:2000,
representation_schema	GB/T 16656.43—2008
application_context_schema	ISO 10303-41:2000.

8.2 一致性类要求

8.2.1 一致性类 1:最小字典

一致性类 1 的实现支持 ISO/IEC 字典模式所声明的通用要求,还支持处理聚合数据类型和值。库集成信息模型 25 一致性类 1 的实现应该支持下列实体和相关构造。

```
FROM ISO 13584_IEC 61360_dictionary_schema
    supplier_BSU supplier_element class_BSU
    item_class
    component_class
    material_class
```

property_BSU
property_DET
condition_DET dependent_P_DET
non_dependent_P_DET
class_value_assignment
data_type_BSU data_type_element
number_type
int_type
int_measure_type int_currency_type integer_type
non_quantitative_int_type
real_type
real_measure_type real_currency_type boolean_type
string_type
non_quantitative_code_type
complex_type
level_type
class_instance_type entity_instance_type placement_type
axis1_placement_type axis2_placement_2d_type
axis2_placcment_3d_type
named_type
value_domain
dic_value
non_si_unit
dic_unit
dates
identified_document item_names
label_with_language mathematical_string

FROM ISO 13584_IEC 61360_language_resource_schema
global_language_assignment
present_translations
translated_label
translated_text

FROM ISO 13584_IEC 61360_dictionary_aggregate_extension_schema
aggregate_entity_instance_type
list_type set_type bag_type array_type
set_with_su bset_constraint_type

FROM measure_schema
amount_of_substance_measure area_measure
context_dependent_measure context_dependent_unit
conversion_based_unit

count_measure
derived_unit
derived_unit_element
dimensional_exponents
electric_current_measure
global_unit_assigned_context
length_measure length_measure_with_unit
length_unit
luminous_intensity_measure
mass_measure
measure_value
measure_with_unit named_unit
numeric_measure
parameter_value
plane_angle_measure
positive_le ngth_measure
positive_plane_angle_measure
ratio_measure
si_unit
solid_angle_measure
thermodynamic_temperature_measure
time_measure
volume_measure

FROM person_organization_schema
address
organization

8.2.2 一致性类 2:项目类字典

一致性类 2 的实现支持来自扩展字典模式的 dictionary_element,没有功能模型和功能视图类,且没有聚合类型。库集成信息模型 25 一致性类 2 的实现应该支持下列实体和相关构造。

FROM ISO 13584_IEC 61360_dictionary_schema
supplier_BSU
supplier_element class_BSU
item_class
component_class material_class
property_BSU
property_DET
condition_DET dependent_P_DET non_dependent_P_DET
class_value_assignment
data_type_BSU data_type_element number_type
int_type
int_measure_type int_currency_type integer_type
ISO 13584-25:2003(E)

non_quantitative_int_type real_type
real_measure_type real_currency_type boolean_type
string_type
non_quantitative_code_type
complex_type
level_type
class_instance_type
entity_instance_type
placement_type
axis1_placement_type
axis2_placement_2d_type
axis2_placement_3d_type
named_type
value_domain
dic_value
non_si_unit
dic_unit
dates
identified_document item_names
label_with_language mathematical_string

FROM ISO 13584_IEC 61360_language_resource_schema
global_language_assignment
present_translations
translated_label
translated_text

FROM ISO 13584_extended_dictionary_schema
dictionary
dictionary_in_standard_format
library_iim_identification
view_exchange_protocol_identification
document_BSU
class_document_relationship
representation_P_DET
class_related_dictionary_element
document_element
document_element_with_http_access
documented_element_with_translated_http_access
referenced_document
referenced_graphics feature_class
item_class_case_of component_class_case_of
material_class_case_of

feature_class_case_of
a_posteriori_case_of
a_posteriori_view_of

FROM ISO 13584_external_file_schema
standard_data_protocol
non_standard_data_protocol http_protocol
document_content
translated_external_content
not_translated_external_content
not_translatable_external_content
language_specific_content
external_file_unit
http_file
http_class_directory
simple_program_protocol

FROM measure_schema
amount_of_substance_measure
area_measure
context_dependent_measure
context_dependent_unit
conversion_based_unit
count_measure
derived_unit
derived_unit_element
dimensional_exponents
electric_current_measure
global_unit_assigned_context
length_measure
length_measure_with_unit
length_unit
luminous_intensity_measure
mass_measure
measure_value
measure_with_unit
named_unit
numeric_measure
parameter_value
plane_angle_measure
positive_length_measure
ratio_measure
si_unit

solid_angle_measure
thermodynamic_temperature_measure
time_measure
volume_measure

FROM person_organization_schema
address
organization

8.2.3 一致性类 3:完整字典

一致性类 3 的实现支持一致性类 2,并支持功能模型和功能视图类,以及聚合数据类型。库集成信息模型 25 一致性类 3 的实现应该支持一致性类 2 支持的所有实体,还应该支持下列实体和相关构造。

FROM ISO 13584_extended_dictionary_schema
representation_type
geometric_representation_context_type representation_reference_type
supplier_program_library_relationship functional_model_class
fm_class_view_of
functional_view_class
non_instantiable_functional_view_class view_control_variable_range

FROM ISO 13584_external_file_schema
standard_simple_program_protocol
non_standard_simple_program_protocol
linked_interface_program_protocol
program_library_content
representation_reference
program_reference

FROM ISO 13584_IEC 61360_dictionary_aggregate_extension_schema
aggregate_entity_instance_type
list_type set_type bag_type array_type
set_with_su bset_constraint_type

8.2.4 一致性类 4:带有限嵌套聚合值的完整字典

一致性类 4 的实现支持一致性类 3 所定义的所有实体和相关构造,但通过附录 D 定义的 nesting_level_aggregate_limit_rule 规则限制聚合嵌套为两级。

8.2.5 一致性类 5:项目类库

通过定义实例集,一致性类 5 的实现支持一致性类 2,并支持项目类扩展的显式描述。一致性类 5 不支持功能模型实例,也不支持结构化聚合值。库集成信息模型 25 一致性类 5 的实现应该支持一致性类 2 定义的所有实体,还应该支持下列实体和相关构造。

FROM ISO 13584_extended_dictionary_schema

FROM ISO 13584_external_file_schema
property_value_external_item, message,
illustration,

A6_illustration, A9_illustration,

FROM ISO 13584_instance_resource_schema
null_value
primitive_value
null_or_primitive_value simple_value
null_or_simple_value number_value
null_or_number_value integer_value
null_or_integer_value real_value
null_or_real_value boolean_value
null_or_boolean_value
translatable_string_value
translated_string_value
string_value
null_or_translatable_string_value
complex_value
null_or_complex_value entity_instance_value
null_or_entity_instance_value
defined_entity_instance_value
controlled_entity_instance_value
STEP_entity_instance_value
PLIB_entity_instance_value
property_or_data_type_BSU
level_spec_value
null_or_level_spec_value
Int_level_spec_value
null_or_int_level_spec_value
real_level_spec_value
null_or_real_level_spec_value
property_value
context_dependent_property_value
dic_class_instance
null_or_dic_class_instance
dic_component_instance
dic_feature_instance
dic_material_instance
lib_component_instance
lib_feature_instance
lib_material_instance

FROM ISO 13584_library_content_schema
library
library_in_standard_format

explicit_item_class_extension
property_classification
property_value_recommended_presentation

FROM person_organization_schema
person

FROM date_time_schema
date
date_and_time
local_time
calendar_date
ordinal_date
week_of_year_and_day_date

FROM geometry_schema
axis1_placement
axis2_placement_2D
axis2_placement_3D
geometric_representation_context
placement

FROM representation_schema
representation
representation_context
representation_item

FROM application_context_schema
application_context
application_context_element
application_protocol_definition

8.2.6 一致性类6:完整库

一致性类6的实现支持一致性类5所支持的所有实体,还支持功能模型类扩展的显式描述和结构化聚合值。集成信息库25一致性类6的实现应该支持一致性类5所支持的所有实体,还应该支持下列实体和相关构造。

FROM ISO 13584_extended_dictionary_schema
representation_type
geometric_representation_context_type
representation_reference_type supplier_program_library_relationship
program_reference_type
program_library_BSU
program_library_element
functional_model_class

fm_class_view_of
functional_view_class
non_instantiable_functional_view_class
view_control_variable_range
a_posteriori_view_of

FROM ISO 13584_external_file_schema
standard_simple_program_protocol
non_standard_simple_program_protocol
linked_interface_program_protocol
program_library_content
representation_reference
program_reference

FROM ISO 13584_instance_resource_schema
dic_f_model_instance
lib_f_model_instance

FROM ISO 13584_library_content_schema
explicit_functional_model_class_extension

FROM ISO 13584_IEC 61360_dictionary_aggregate_extension_schema
entity_instance_type_for_aggregate
list_type set_type
bag_type array_type
set_with_su bset_constraint_type

FROM ISO 13584_aggregate_value_schema
aggregate_entity_instance_value list_value
set_value
bag_value
array_value
set_with_su bset_constraint_value

FROM person_organization_schema
person

FROM date_time_schema
date
date_and_time
local_time
calendar_date
ordinal_date

week_of_year_and_day_date

8.2.7 一致性类 7:带有限嵌套聚合值的完整库

一致性类 7 的实现支持一致性类 6 所定义的所有实体和相关构造,但附录 D 定义的 nesting_level_aggregate_limit_rule 规则限制聚合嵌套为两级。

8.2.8 一致性类 10:库实例

一致性类 10 的实现支持项目类实例或项目表达实例的描述,但没有字典定义和库结构。库集成信息模型 25 一致性类 10 的实现应该支持所有如下实体和相关构造。

注:如果实例表达不使用视图交换协议,则一致性类 10 不必使用任何字典或库。

FROM ISO 13584_IEC 61360_dictionary_schema
supplier_BSU
supplier_element class_BSU
property_BSU
data_type_BSU
dic_value
dates
identified_document item_names
label_with_language mathematical_string

FROM ISO 13584_IEC 61360_language_resource_schema
global_language_assignment
present_translations
translated_label
translated_text

FROM ISO 13584_instance_resource_schema
null_value
primitive_value
null_or_primitive_value simple_value
null_or_simple_value number_value
null_or_number_value integer_value
null_or_integer_value real_value
null_or_real_value
boolean_value
null_or_boolean_value
translatable_string_value
translated_string_value string_value
null_or_translatable_string_value
complex_value
null_or_complex_value entity_instance_value
null_or_entity_instance_value
defined_entity_instance_value
controlled_entity_instance_value
STEP_entity_instance_value

PLIB_entity_instance_value
property_or_data_type_BSU
level_spec_value
null_or_level_spec_value
Int_level_spec_value
null_or_int_level_spec_value
real_level_spec_value
null_or_real_level_spec_value
property_value
context_dependent_property_value
dic_class_instance
null_or_dic_class_instance
dic_component_instance
dic_feature_instance
dic_material_instance
lib_component_instance
lib_feature_instance
lib_material_instance
dic_f_model_instance lib_f_model_instance

FROM ISO 13584_extended_dictionary_schema
dictionary
dictionary_in_standard_format
library_iim_identification
view_exchange_protocol_identification
program_library_BSU
document_element
document_element_with_http_access
documented_element_with_translated_http_access
referenced_document
referenced_graphics document_BSU
class_document_relationship

FROM ISO 13584_external_file_schema http_protocol
document_content
translated_external_content
not_translated_external_content
not_translatable_external_content
language_specific_content
external_file_unit
http_file
property_value_external_item

FROM ISO 13584_aggregate_value_schema

aggregate_entity_instance_value

list_value

set_value

bag_value

array_value

set_with_subset_constraint_value

FROM ISO 13584_library_content_schema

library

library_in_standard_format

FROM person_organization_schema

address

organization

person

FROM date_time_schema

date

date_and_time

local_time

calendar_date

ordinal_date

week_of_year_and_day_date

8.2.9 一致性类 11:具有相关字典定义的库实例

一致性类 11 的实现支持项目类实例或项目表达实例的描述,具有字典定义,但没有库结构。库集成信息模型 25 一致性类 11 的实现应该支持一致性类 10 所定义的所有实体,还应该支持下列实体和相关构造。

注:如果实例表达没有使用视图交换协议,一致性类 11 不需要使用任何 dictionary 或 library。

FROM ISO 13584_IEC 61360_dictionary_schema

item_class

component_class material_class

property_DET

condition_DET

dependent_P_DET non_dependent_P_DET class_value_assignment

data_type_element number_type

int_type

int_measure_type int_currency_type integer_type

non_quantitative_int_type

real_type

real_measure_type real_currency_type boolean_type

string_type

non_quantitative_code_type

complex_type
level_type
class_instance_type
entity_instance_type
placement_type
axis1_placement_type
axis2_placement_2d_type
axis2_placement_3d_type
named_type
value_domain
non_si_unit
dic_unit

FROM ISO 13584_extended_dictionary_schema
representation_P_DET
class_related_dictionary_element
feature_class
item_class_case_of
component_class_case_of
material_class_case_of
feature_class_case_of
a_posteriori_case_of
a_posteriori_view_of
representation_type
geometric_representation_context_type
representation_reference_type
supplier_program_library_relationship
functional_model_class fm_class_view_of
functional_view_class
non_instantiable_functional_view_class
view_control_variable_range

FROM ISO 13584_external_file_schema
standard_data_protocol
non_standard_data_protocol
http_class_directory
simple_program_protocol
standard_simple_program_protocol
non_standard_simple_program_protocol
linked_interface_program_protocol
representation_reference
program_reference

FROM measure_schema
amount_of_substance_measure
area_measure
context_dependent_measure
context_dependent_unit
conversion_based_unit
count_measure
derived_unit
derived_unit_element
dimensional_exponents
electric_current_measure
length_measure
length_measure_with_unit
length_unit
luminous_intensity_measure
mass_measure
measure_value
measure_with_unit
named_unit
numeric_measure
parameter_value
plane_angle_measure
positive_length_measure
positive_plane_angle_measure
ratio_measure si_unit
solid_angle_measure
thermodynamic_temperature_measure
time_measure volume_measure

FROM ISO 13584_IEC 61360_dictionary_aggregate_extension_schema
aggregate_entity_instance_type
list_type set_type bag_type array_type
set_with_subset_constraint_type

FROM geometry_schema
axis1_placement
axis2_placement_2D
axis2_placement_3D
geometric_representation_context
placement

FROM representation_schema
representation

representation_context
representation_item

FROM application_context_schema
application_context
application_context_element
application_protocol_definition

附 录 A
（规范性附录）
本部分定义的实体短名

表 A.1 提供了本部分定义的实体短名。在 GB/T 16656 的实现方法中可找到使用短名的必要条件。

本部分定义的、适用于 EXPRESS 模式的 EXPRESS 实体名和相应的短名都是计算机可识别的有效形式，并可以在下述 URL 中找到：

http://www.tc184-sc4.org/Short_Names/

注：上述 URL 提供的计算机可识别的信息是资料性的。本部分包括的信息是规范性的。

表 A.1 实体短名

实体名(长名)	缩写(短名)
AGGREGATE_ENTITY_INSTANCE_VALUE	AEIV
AGGREGATE_TYPE	AGGTYP
AGGREGATE_VALUE	AGGVL
ARRAY_TYPE	ARRTYP
ARRAY_VALUE	ARRVL
BAG_TYPE	BGTYP
BAG_VALUE	BGVL
ENTITY_INSTANCE_TYPE_FOR_AGGREGATE	EITFA
LIST_TYPE	LSTTYP
LIST_VALUE	LSTVL
SET_TYPE	STTYP
SET_WITH_SUBSET_CONSTRAINT_TYPE	SWSCT
SET_VALUE	STVL
SET_WITH_SUBSET_CONSTRAINT_VALUE	SWSCV

附 录 B
（规范性附录）
信息对象注册

B.1 文档标识符

为了在开放式系统中给信息对象提供无歧义的标识，对象标识符

{iso standard 13584 part(25) version(1)}

被赋给本部分。在 GB/T 16262.1 中定义它的含义，并在 GB/T 17645.1 中进行了描述。

B.2 模式标识符

B.2.1 ISO 13584_IEC 61360_dictionary_aggregate_extension_schema

ISO 13584_IEC 61360_dictionary_aggregate_extension_schema（参见第 6 章）被赋给对象标识符：

{iso standard 13584 part(25) version(1) object(1)
ISO 13584-IEC 61360-dictionary-aggregate-extension-schema(1)}

B.2.2 ISO 13584_aggregate_value_schema

ISO 13584_aggregate_value_schema（参见第 7 章）被赋给对象标识符：

{iso standard 13584 part(25) version(1) object(1) ISO 13584-aggregate-value-schema(2)}

B.2.3 ISO 13584_25_IEC 61360_5_liim_schema

ISO 13584_25_IEC 61360_5_liim_schema（参见 8.1）被赋给对象标识符：

{iso standard 13584 part(25) version(1) object(1) ISO 13584-25-liim-schema(3)}

附 录 C

(规范性附录)

ISO 13584_25_IEC 61360_5_library_implicit_schema 的扩充列表

本附录涉及第 8 章规定的完整 EXPRESS 模式列表，没有注释或其他解释性文本，但有 **ISO 13584_25_IEC 61360_5_conformance_schema**(附录 D 定义的)定义的附加约束条件。该模式的名称是 **ISO 13584_25_IEC 61360_5_library_implicit_schema**。本列表把其他模式中的所有元素(第 8 章中相应短列表模式所使用的元素)汇集到一个独立的模式中，没有任何外部引用。

本模式可以用于：

——交换涉及 **ISO 13584_25_IEC 61360_5_liim_schema**，并与 **ISO 13584_25_IEC 61360_5_conformance_schema** 关联，但不涉及任何视图交换协议的库，和；

——交换涉及 **ISO 13584_25_IEC 61360_5_liim_schema**，并与 **ISO 13584_25_IEC 61360_5_conformance_schema** 关联，但涉及某些视图交换协议的库；如果这样，不检查这些视图交换协议中定义的约束条件。

对每个涉及的视图交换协议使用下述方法，本模式也可以完整地检查所有引用视图交换协议所定义的约束条件。

假设 V1 是某个涉及的视图交换协议，并且其规定了两个模式名是 S1_V1 和 S2_V1 的约束模式。

a) 检查 S1_V1 模式和 S2_V1 模式引用的所有实体都已经在 **ISO 13584_25_IEC 61360_5_library_implicit_schema** 中，另外，不允许通过相同的库传送文件引用库集成信息模型 25 和视图交换协议 S1。

注 1：库集成信息模型规定了库传送文件的信息模型和其可能包含的实体。视图交换协议也许只增加约束条件。

b) 建立长名形式的 S1_V1 模式，并给出具有相同名字“S1_V1”的相应模式；

c) 建立长名形式的 S2_V1 模式，并给出具有相同名字“S2_V1”的相应模式；

d) 用 S1_V1 模式中的长名形式，把“S1_V1”替换成具有相同情况的“**ISO 13584_25_IEC 61360_5_library_implicit_schema**”；

e) 用 S2_V1 模式中的长名形式，把“S2_V1”替换成具有相同情况的“**ISO 13584_25_IEC 61360_5_library_implicit_schema**”；

f) 把长名形式 S1_V1 模式中的内容添加到 **ISO 13584_25_IEC 61360_5_library_implicit_schema** 内容中，并去掉可能重复的内容；

g) 把长名形式 S2_V1 模式中的内容添加到 **ISO 13584_25_IEC 61360_5_library_implicit_schema** 内容中，并去掉可能重复的内容；

当为视图交换协议 V1，V2……Vn 完成上述过程时，得到的 **ISO 13584_25_IEC 61360_5_library_implicit_schema** 可以用来交换任何库(它引用 **ISO 13584_25_IEC 61360_5_liim_schema**，并且与其相关的 **ISO 13584_25_IEC 61360_5_conformance_schema** 可作为其库集成信息模型)，以及引用所有或部分 **V1，V2……Vn** 视图交换协议集。该模式还包括所有被引用视图交换协议的约束条件。

ISO 13584_25_IEC 61360_5_library_implicit_schema 模式的列表是计算机可解释的形式，并可在下列 URL 中找到：

http://www.tc184-sc4.org/EXPRESS/

如果访问这些站点有困难，请与 ISO 中央秘书处联系或直接与 ISO TC 184/SC4 秘书处联系：sc4sec@tc184-sc4.org

注 2：上述 URL 所提供的计算机可解释的信息是规范性的。

注 3:投票过程中,如果发现 EXPRESS 代码有错误,可以在下列 URL 中找到这些错误的描述,以及 PLIB 编辑人员所做的修改情况:

http://www.lisi.ensma.fr/ftp/pub/PLIB_release_notes/Part25/Part25-IS/

附 录 D
（规范性附录）
库集成信息模型 25 的标准数据要求

标准数据是实体实例，任何符合 GB/T 17645 库集成信息模型或视图交换协议一致性类的实现都可以识别它。

每个库集成信息模型和每个视图交换协议必须规定标准数据。对于每个一致性类，本附录中每个扩展列表合并了第 8 章规定的相应短名模式（从其他模式中把实体集中到一个独立的模式中，而不增加这些模式的任何外部引用）的所有元素。

标准数据可能包括：

a) **basic_semantic_unit**，以及相应的 **dictionary_element** 和可能的 **content_item** 的实例；

b) **external_file_protocol** 的实例，和；

c) 其他需要定义上一级实体实例的实体的实例。

识别接收到的 **basic_semantic_unit** 意味着用户库中应该已经存储了相应的 **basic_semantic_unit**，以及相应的 **dictionary_element** 和视图交换协议或库集成信息模型标准数据中可能定义的 **content_item**。这暗示了在供应商库中引用一个等值 **basic_semantic_unit** 就是引用现有的 **basic_semantic_unit**。

注 1：可以在视图交换协议中定义为标准数据的 **basic_semantic_unit** 例子包括：**class_BSU** 和 **property_BSU**，前者标识了可能是视图交换协议定义的功能视图类，后者标识了该功能视图类的视图控制变量。

识别外部文件协议意味着应通过实现（其能识别该 **external_file_protocol**）处理外部文件（其引用等值 **external_file_protocol**）。

注 2：外部文件协议的例子（可以通过视图交换协议或库集成信息模型定义成标准数据）是 GB/T15273.1，该标准为拉丁字母表 No1 定义了一个 8 比特单字节的编码图形字符集。

通过约束集（任何声明满足 LIIM 25 某些一致性类的库应该可以实现）规定标准数据。库集成信息模型 25 规定了下列标准数据。

D.1 引用库集成信息模型 25 的库传送文件的约束

为了引用本部分定义的库集成信息模型 25，本章定义了库传送文件中允许使用的 **library_iim_identification** 实例值。

表 D.1 为每个一致性类规定了 **library_iim_identification. name** 和 **library_iim_identification. application** 的允许值，依靠它和一个包含全局规则的 EXPRESS 模式可以定义允许值的集合。引用库集成信息模型 25 的所有库传送文件应实现本规则，应在本部分的其所有一致性类中定义本规则。本规则的目的是为 **library_iim_identification** 的其他属性定义允许值。依靠与 **view_exchange_protocol_identification. name** 和 **view_exchange_protocol_identification. application** 之间的关系，**library_iim_identification** 将用于引用库集成信息模型 25。

D.4.1 中规定的 **ISO 13584_25_IEC 61360_5_library_implicit_schema** 包括本规则。

表 D.1 GB/T 17645 LIIM25 一致性类的规格

一致性类	library_iim_identification. name 的强制值	library_iim_identification. application 的强制值
2	'ISO 13584_25_IEC 61360_5'	'2'
3	'ISO 13584_25_IEC 61360_5'	'3'
4	'ISO 13584_25_IEC 61360_5'	'4'
5	'ISO 13584_25_IEC 61360_5'	'5'
6	'ISO 13584_25_IEC 61360_5'	'6'
7	'ISO 13584_25_IEC 61360_5'	'7'
10	'ISO 13584_25_IEC 61360_5'	'10'
11	'ISO 13584_25_IEC 61360_5'	'11'

D.2 一致性类规格表

为了引用其任何一致性类中的库集成信息模型 25,**library_iim_identification** 中允许使用表 D.1 规定的 library_iim_identification. name 和 library_iim_identification. application 的值。

注 1：因为一致性类 1 没有引用 library_iim_identification 实体数据类型,所以没有显式地规定它。因此,将不会为一致性类 1 规定标准数据。因为一致性类 10 和 11 可以(可选择的)引用 library_iim_identification 实体数据类型,所以显式地规定了它们。

注 2：allowed_reference_to_LIIM_25_rule、allowed_entity_instance_type_in_LIIM_25_rule 和 allowed_language_assignement_rule 规则适用于一致性类 1～7 和 10～11 中的所有元素。然而,allowed_reference_to_LIIM_25_rule 不会影响一致性类 1,并可能不会影响一致性类 10 和 11,因为一致性类 10 和 11 的交换相关环境中可能不包括 library_iim_identification。

D.3 一致性类 2～7 和 10～11 的标准数据(除一致性类 1 以外的其他所有一致性类)

本章规定了符合库集成模型 LIIM25 的库传送文件的约束。

在所有一致性类 2～7 和 10～11 中,如果库传送文件符合本部分定义的库集成模型 LIIM25,其允许使用 **library_iim_identification** 的实例值应遵守下列 EXPRESS 模式定义的模式。

EXPRESS 描述:

```
*)
SCHEMA ISO 13584_25_IEC 61360_5_conformance_schema;

USE FROM ISO 13584_IEC 61360_language_resource_schema(
    translated_label,
    present_translations,
    global_language_assignment);

USE FROM ISO 13584_IEC 61360_dictionary_aggregate_extension_schema(
    aggregate_type,
    entity_instance_type);

USE FROM ISO 13584_extended_dictionary_schema(
    data_exchange_specification_identification,
    library_iim_identification);
```

```
USE FROM ISO 13584_external_file_schema(
        external_file_protocol);
(*
```

注：可以在下列文档中找到上面使用的模式：

ISO 13584_IEC 61360_language_resource_schema　GB/T 17564.42—2001

（为了方便，GB/T 17645.42—2001 的附录 D 对它进行了复制）

ISO 13584_IEC 61360_dictionary_schema　GB/T 17564.42—2001

（为了方便，GB/T 17645.42—2001 的附录 D 对它进行了复制）

ISO 13584_extended_dictionary_schema　GB/T 17645.24—2003

ISO 13584_external_file_schema　GB/T 17645.24—2003

D.3.1　Allowed_reference_to_LIIM_25_rule 规则

为了允许引用本部分定义的库集成模型 LIIM25 的一致性类 1～7 和 10～11，**Allowed_reference_to_LIIM_25_rule** 规则为 **library_iim_identification** 定义了形式约束和非形式约束。如果满足下列条件，允许 **library_iim_identification** 引用库集成模型 LIIM25 的一致性类 2～7 和 10～11：

a）引用库集成模型 LIIM25 的 **library_iim_identification** 的 **name** 属性应等于“ISO 13584_25_IEC 61360_5”，且

b）**library_iim_identification** 的 **status** 属性应等于“WD”、“CD”、“DIS”、“FDIS”、“IS”、“TS”、“PAS”或“ITA”，和

c）**library_iim_identification** 的 **application** 属性应有值“2”、“3”、“4”、“5”、“6”、“7”、“10”或“11”，并且，**library_iim_identification** 的 **external_file_protocols** 属性引用的 **external_file_protocol** 应实现 **compliant_external_file_protocol_25** 函数要求的约束。

而且，如果满足下列两个关于 **http_file** 的条件中的一个，即可以直接或间接从 **library_iim_identification** 中引用，则允许 **library_iim_identification** 引用库集成模型 LIIM25 的一致性类 2～7 和10～11：

a）每个被引用的 **http_file** 与 **mime** 属性和 **exchange_format** 属性相关联，它们对应 **MIME** 类型和子类，并与可公开获得的规范保持一致，或

b）与 **mime** 属性和 **exchange_format** 属性相关联，它们对应 **MIME** 类型和子类，并与公共领域因特网可用读物相关联的规范保持一致。

只能通过发送者和接收者之间的私有约定，才能引用与其他 **MIME** 类型和子类相对应的 **http_file**。且已超出本标准的范围。这一点被文档化 **allowed_reference_to_LIIM_25_rule** 规则中的非形式限制 **IP1**。

EXPRESS 描述：

```
*)
RULE allowed_reference_to_LIIM_25_rule FOR(
        library_iim_identification);
WHERE
    WR1:QUERY(liim_id <* library_iim_identification |
        ((liim_id\data_exchange_specification_identification.status
            ='WD') OR
        (liim_id\data_exchange_specification_identification.status
            ='CD') OR
        (liim_id\data_exchange_specification_identification.status
            ='DIS') OR
```

```
        (liim_id\data_exchange_specification_identification.status
            ='FDIS') OR
        (liim_id\data_exchange_specification_identification.status
            ='IS') OR
        (liim_id\data_exchange_specification_identification.status
            ='TS') OR
        (liim_id\data_exchange_specification_identification.status
            ='PAS') OR
        (liim_id\data_exchange_specification_identification.status
            ='ITA'))
        AND
        (liim_id\data_exchange_specification_identification.name
            ='ISO 13584_25_IEC 61360_5')
        AND
        is_correct_liim_25_application_value(liim_id)
        AND
        (QUERY(efp <*
            liim_id\data_exchange_specification_identification.
            external_file_protocols
            | NOT(compliant_external_file_protocol_25([efp]))
            )=[ ]))
        =QUERY(liim_id <* library_iim_identification |
            (liim_id\data_exchange_specification_identification.name
            ='ISO 13584_25_IEC 61360_5'));
END_RULE; --allowed_reference_to_LIIM_25_rule
(*
```

形式限制：

WR1：引用本部分定义的库集成模型 LIIM25 时，**library_iim_identification.name** 的值应是 ISO 13584_25_IEC 61360_5"，**library_iim_identification.status** 应等于"WD"、"CD"、"DIS"、"FDIS"、"IS"、"TS"、"PAS"或"ITA"，**library_iim_identification.application** 的值应是"2"、"3"、"4"、"5"、"6"、"7"、"10"或"11"，且 **library_iim_identification.external_file_protocols** 应实现 **compliant_external_file_protocol_25** 函数(下文定义的)要求的约束规范。

非形式限制：

IP1：当它按一致性类 2、3、4、5、6 或 7 引用本部分定义的库集成模型 LIIM25 时，**library_iim_identification** 只能直接或间接引用 MIME 类型和子类特征化的 **http_file**，它们对应公开可获得的规范，或对应与公共领域因特网可用读物相关联的规范。

D.3.2 Allowed_entity_instance_type_in_LIIM_25_rule 规则

allowed_entity_instance_type_in_LIIM_25_rule 规则定义了与允许数据类型 **entity_instance_type** 一致的形式约束。

为了达到 LIIM25 的目的，只允许下列已发布的、来自 STEP 资源的 **entity_instance_data_type** 数据类型：

a) 引用实体 **representation** 的 **entity_instance_type** 数据类型；

b) 引用实体 **representation_context** 的 **entity_instance_type** 数据类型；

c） 引用实体 **geometric_representation_context** 的 **entity_instance_type** 数据类型；

d） 引用实体 **representation_item** 的 **entity_instance_type** 数据类型；

e） 引用实体 **date** 的 **entity_instance_type** 数据类型；

f） 引用实体 **ordinal_date** 的 **entity_instance_type** 数据类型；

g） 引用实体 **calendar_date** 的 **entity_instance_type** 数据类型；

h） 引用实体 **local_time** 的 **entity_instance_type** 数据类型；

i） 引用实体 **week_of_year_and_day_date** 的 **entity_instance_type** 数据类型；

j） 引用实体 **date_and_time** 的 **entity_instance_type** 数据类型；

k） 引用实体 **person** 的 **entity_instance_type** 数据类型；

l） 引用实体 **organization** 的 **entity_instance_type** 数据类型；

m） 引用实体 **address** 的 **entity_instance_type** 数据类型。

为了达到 LIIM25 的目的，只允许下列已发布的、来自 PLIB 资源的 **entity_instance_data_type** 数据类型：

a） 引用实体 **representation_reference** 的 **entity_instance_type** 数据类型；

b） 引用实体 **program_reference** 的 **entity_instance_type** 数据类型；

c） 引用实体 **property_value_external_item** 的 **entity_instance_type** 数据类型；

EXPRESS 描述：

```
*)
RULE allowed_entity_instance_type_in_LIIM_25_rule FOR
    (entity_instance_type);
WHERE
    WR1:QUERY(x<*entity_instance_type |
        NOT(
        ('REPRESENTATION_SCHEMA.REPRESENTATION'
            IN X.type_name)
            OR
        ('REPRESENTATION_SCHEMA.REPRESENTATION_CONTEXT'
            IN X.type_name)
            OR
        ('GEOMETRY_SCHEMA.GEOMETRIC_REPRESENTATION_CONTEXT'
            IN X.type_name)
            OR
        ('REPRESENTATION_SCHEMA.REPRESENTATION_ITEM'
            IN X.type_name)
            OR
        ('DATE_TIME_SCHEMA.DATE' IN X.type_name)
            OR
        ('DATE_TIME_SCHEMA.DATE_AND_TIME' IN X.type_name)
            OR
        ('DATE_TIME_SCHEMA.LOCAL_TIME' IN X.type_name)
            OR
        ('DATE_TIME_SCHEMA.CALENDAR_TIME' IN X.type_name)
            OR
```

```
        ('DATE_TIME_SCHEMA.ORDINAL_TIME' IN X.type_name)
            OR
        ('DATE_TIME_SCHEMA.WEEK_OF_YEAR_AND_DAY_TIME'
            IN X.type_name)
            OR
        ('PERSON_ORGANIZATION_SCHEMA.PERSON'
            IN X.type_name)
            OR
        ('PERSON_ORGANIZATION_SCHEMA.ORGANIZATION'
            IN X.type_name)
            OR
        ('PERSON_ORGANIZATION_SCHEMA.ADDRESS'
            IN X.type_name)
            OR
        ('ISO13584_EXTERNAL_FILE_SCHEMA.PROGRAM_REFERENCE'
            IN X.type_name)
            OR
        ('ISO13584_EXTERNAL_FILE_SCHEMA.REPRESENTATION_REFERENCE'
            IN X.type_name)
            OR
        ('ISO13584_EXTERNAL_FILE_SCHEMA.PROPERTY_VALUE_EXTERNAL_ITEM'
            IN X.type_name)
        ))=[];
END_RULE; --allowed_entity_instance_type_in_LIIM_25_rule
(*
```

形式限制：

WR1：引用本部分定义的库集成模型 LIIM25 时，**entity_instance_type.type_name** 应引用交换相关环境(本部分定义的)所允许的 **entity_instance_type** 数据类型。

D.3.3 Allowed_language_assignement_rule 规则

allowed_language_assignement_rule 规则确保 global_language_assignment 实例在库传送文件中是可用的，或有一个或多个 present_translation 实例，但是不能同时是。

EXPRESS 描述：

```
*)
RULE allowed_language_assignment_rule FOR(present_translations,
                                          global_language_assignment);
    WHERE
    WR1:(QUERY(x <* global_language_assignment | TRUE)=[])
    XOR
        (QUERY(x<* present_translations | TRUE)=[]
        );
END_RULE; --Allowed_language_assignment
(*
```

形式限制：

WR1:当库传送文件中存在一个或几个 present_translation 实例时,没有 global_language_assignment 实例是可用的。

D.3.4 Compliant_http_protocol_25 函数

compliant_http_protocol_25 函数检查是否可以通过 library_iim_identification(按其任何一个一致性类引用库集成模型 LIIM25)把 external_file_protocol 当作 HTTP 协议引用,或不能。如果给定的 external_file_protocol 允许引用,它返回 TRUE,否则,它返回 FALSE。如果满足下列条件,则可以通过 library_iim_identification(按其任何一个一致性类引用库集成模型 LIIM25)把 external_file_protocol 当作 HTTP 协议引用:

a) **external_file_protocol** 应是 **http_protocol**,和

b) **external_file_protocol** 的 **organisation** 属性应引用一个组织,其 **id** 属性等于"IAB",且 **name** 属性等于"Internet Architecture Board",和

c) **external_file_protocol** 的 **protocol_name** 属性应等于"HTTP"或"HTTPS",和

d) **external_file_protocol** 的 **designation** 属性应引用一个 **item_name**,该 **item_name** 的 **preferred_name** 属性等于"Hypertext Transfer Protocol",且 **short_name** 属性等于"RFC",后跟四个数字以及其他一些可能的字符。

EXPRESS 描述:

```
*)
FUNCTION compliant_http_protocol_25(ef:external_file_protocol):
BOOLEAN;
LOCAL
    ok:BOOLEAN:=TRUE;
END_LOCAL;

IF(('ISO 13584_EXTERNAL_FILE_SCHEMA'
    +'.HTTP_PROTOCOL' IN TYPEOF(ef)) AND
    (ef.organisation.id='IAB') AND
    (ef.organisation.name='Internet Architecture Board') AND
    ((ef.protocol_name='HTTP')
        OR(ef.protocol_name='HTTPS'))AND
    (ef.designation.preferred_name
    ='Hypertext Transfer Protocol'))
THEN
    IF 'ISO 13584_IEC 61360_LANGUAGE_RESOURCE_SCHEMA.TRANSLATED_LABEL'
        IN TYPEOF(ef.designation.short_name)
    THEN
        REPEAT i:=1 TO SIZEOF(ef.designation.short_name
                \translated_label.labels);
            IF(ef.designation.short_name\translated_label.
                labels[i] LIKE'RFC####&')
            THEN
                ok:=OK AND TRUE;
            ELSE
                ok:=OK AND FALSE;
```

```
            END_IF;
         END_REPEAT;
         RETURN(OK);
    ELSE
       IF(ef.designation.short_name LIKE 'RFC####&')
       THEN
            RETURN(TRUE);
       ELSE
            RETURN(FALSE);
       END_IF;
    END_IF;
ELSE
    RETURN(FALSE);
END_IF;

END_FUNCTION; --compliant_http_protocol_25
(*
```

D.3.5 Compliant_8859_1_protocol_25 函数

compliant_8859_1_protocol_25 函数检查是否可以通过 library_iim_identification(按其任何一个一致性类引用库集成模型 LIIM25)把 external_file_protocol 当作 GB/T 16262.1 协议引用,或不能。如果给定的 external_file_protocol 允许引用,它返回 TRUE,否则,它返回 FALSE。如果满足下列条件,则可以通过 library_iim_identification(按其任何一个一致性类引用库集成模型 LIIM25)把 external_file_protocol 当作 GB/T 16262.1 协议引用:

a) **external_file_protocol** 应是 **standard_data_protocol**,和
b) **external_file_protocol** 的 **organisation** 属性应引用一个组织,其 **id** 属性等于"ISO ",且 **name** 属性等于"International Organisation for Standardization",和
c) **external_file_protocol** 的 **protocol_name** 属性应等于"ISO_8859_1",和
d) **external_file_protocol** 的 **designation** 属性应引用一个 **item_name**,该 **item_name** 的 **preferred_name** 属性等于"Latin alphabet No 1",且 **short_name** 属性等于"GB/T 16262.1"。

EXPRESS 描述:

```
*)
FUNCTION compliant_8859_1_protocol_25(ef:external_file_protocol)
     :BOOLEAN;

IF(('ISO 13584_EXTERNAL_FILE_SCHEMA'
     +'.STANDARD_DATA_PROTOCOL' IN TYPEOF(ef)) AND
     (ef.organisation.id='ISO ') AND
     (ef.organisation.name
     ='International Organisation for Standardization') AND
     (ef.protocol_name='ISO_8859_1') AND
     (ef.designation.preferred_name
     ='Latin alphabet No 1') AND
     (ef.designation.short_name='ISO 8859-1'))
```

```
THEN
      RETURN(TRUE);
ELSE
      RETURN(FALSE);
END_IF;
END_FUNCTION; --compliant_8859_1_protocol_25
(*
```

D.3.6 Compliant_external_file_protocol_25 函数

compliant_external_file_protocol_25 函数检查是否可以通过 library_iim_identification(按其任何一个一致性类 1 到 4 引用库集成模型 LIIM25)把 external_file_protocol 集的所有 external_file_protocol 当作库集成模型 LIIM25 引用,或不能。如果 external_file_protocol 集的所有 external_file_protocol 允许引用,它返回 TRUE,否则,它返回 FALSE。

如果 external_file_protocol 可以作为下列协议被引用,则可以通过表达库集成模型 LIIM25 一致性类 1 到 4 的 library_iim_identification 引用它:

a) 作为 HTTP 协议,或

b) 作为 GB/T 16262.1 协议。

注:在库集成模型 LIMM25 的扩展一致性类中,根据发送者和接收者之间的私有约定,可以引用其他任何 external_file_protocol。

EXPRESS 描述:

```
*)
FUNCTION compliant_external_file_protocol_25(
      s:SET [0:?] OF external_file_protocol):BOOLEAN;

REPEAT i:=1 TO SIZEOF(s);
      IF NOT(compliant_8859_1_protocol_25(s[i])
            OR compliant_http_protocol_25(s[i]))
      THEN
            RETURN(FALSE);
      END_IF;
END_REPEAT;

RETURN(TRUE);

END_FUNCTION; --compliant_external_file_protocol_25
(*
```

D.3.7 Is_correct_liim_25_application_value 函数

is_correct_liim_25_application_value 函数检查 liim_id:library_iim_identification 与有关 LIMM25 的一致性类相兼容。

EXPRESS 描述:

```
*)
FUNCTION is_correct_liim_25_application_value(
      liim_id:library_iim_identification):BOOLEAN;
```

```
IF EXISTS(liim_id\data_exchange_specification_identification.
      application)
      AND
      (((liim_id\data_exchange_specification_identification.
          application[1]=‘2’)
          OR
      (liim_id\data_exchange_specification_identification.
          application[1]=‘3’)
          OR
      (liim_id\data_exchange_specification_identification.
          application[1]=‘4’)
          OR
      (liim_id\data_exchange_specification_identification.
          application[1]=‘5’)
          OR
      (liim_id\data_exchange_specification_identification.
          application[1]=‘6’)
          OR
      (liim_id\data_exchange_specification_identification.
          application[1]=‘7’))
      AND
      (liim_id\data_exchange_specification_identification.
          Application LIKE ‘#’))
          OR
      ((liim_id\data_exchange_specification_identification.
          application[1]=‘1’)
      AND
      ((liim_id\data_exchange_specification_identification.
          application[2]=‘0’)
          OR
      (liim_id\data_exchange_specification_identification.
          application[2]=‘1’)))
THEN
      RETURN(TRUE);
ELSE
      RETURN(FALSE);
END_IF;
END_FUNCTION; --is_correct_liim_25_application_value
(*
```

D.4　一致性类 4～7 的附加约束

针对符合有关库集成模型 LIIM25 一致性类 4～7 的库传送文件，本章规定了它的附加约束。

D.4.1 nesting_level_aggregate_limit_rule 规则

nesting_level_aggregate_limit_rule 规则检查聚合值中嵌套元素的层次最多 2 层。

本规则可应用于实体 aggregate_type 的每个实例。可以把布尔函数 no_more_than_two_nested_level 作为 aggregate_type 实体所有实例的过滤器使用。

EXPRESS 描述：

```
*)
RULE nesting_level_aggregate_limit_rule FOR
            (library_iim_identification,
              aggregate_type);
    WHERE
    WR1:NOT(QUERY(liim_id <* library_iim_identification |
    (liim_id\data_exchange_specification_identification.name
    ='ISO 13584_25_IEC 61360_5')
    AND
    ((liim_id\data_exchange_specification_identification.
    application[1]='4')
  OR
    (liim_id\data_exchange_specification_identification.
    application[1]='7'))) <> [ ])
  OR
    (QUERY(x <* aggregate_type | NOT
    no_more_than_two_nested_levels(x))=[ ]);
END_RULE; --nesting_level_aggregate_limit_rule
(*
```

D.4.2 no_more_than_two_nested_level 函数

no_more_than_two_nested_level 函数检查聚合值没有包含两层以上的聚合值。

EXPRESS 描述：

```
*)
FUNCTION no_more_than_two_nested_levels(typ:aggregate_type):BOOLEAN;

IF NOT('ISO 13584_IEC 61360_DICTIONARY_AGGREGATE_EXTENSION_SCHEMA.'+
    'ENTITY_INSTANCE_TYPE_FOR_AGGREGATE' IN
    TYPEOF(typ.value_type))
THEN --level 1 is not an aggregate
    RETURN(TRUE);
END_IF;

--level 1 is an aggregate

IF NOT('ISO 13584_IEC 61360_DICTIONARY_AGGREGATE_EXTENSION_SCHEMA.'+
    'ENTITY_INSTANCE_TYPE_FOR_AGGREGATE' IN
    TYPEOF(typ.value_type.type_structure.value_type))
THEN--level 2 is not an aggregate
    RETURN(TRUE);
```

```
END_IF;

--Level 2 is an aggregate
RETURN(FALSE);

END_FUNCTION; --more_than_two_nested_levels
(*

*)
END_SCHEMA; --ISO 13584_25_IEC 61360_5_conformance_schema
(*
```

附 录 E
（规范性附录）
库集成信息模型 25 的实现方法的特殊需求

符合库集成信息模型 25 的一致性应通过一种或多种实现方法完成。该实现方法就交换协议而论，按要求定义了一些交换行为所要求的类型。

库传送文件：GB/T 16656.21 是已定义好的一种实现方法。

该 **external_file_protocol** 引用的标准定义了可能的外部文件（从库传送文件和其 **external_file_protocol** 属于库集成信息模型 25 的标准数据引用的），可能进一步定义为库集成信息模型标准数据的描述部分（参见附录 B）。

对于交换结构，应该根据 GB/T 16656.21 定义的语法和 EXPRESS 语言映射（适用于为附录 A 定义的模式）编码库传送文件的文件格式。

注：库传送文件的标识不在本部分的范围之内，通过发送者和接收者之间的个别协议可以实现。

附 录 F
（资料性附录）
EXPRESS-G 图

图 F.1～图 F.2 对应第 6 章和第 7 章中定义的 EXPRESS 模式。这些图使用了 EXPRESS 语言的 EXPRESS-G 物理注释。GB/T 16656.11—2008 的附录 A 定义了 EXPRESS-G 图。

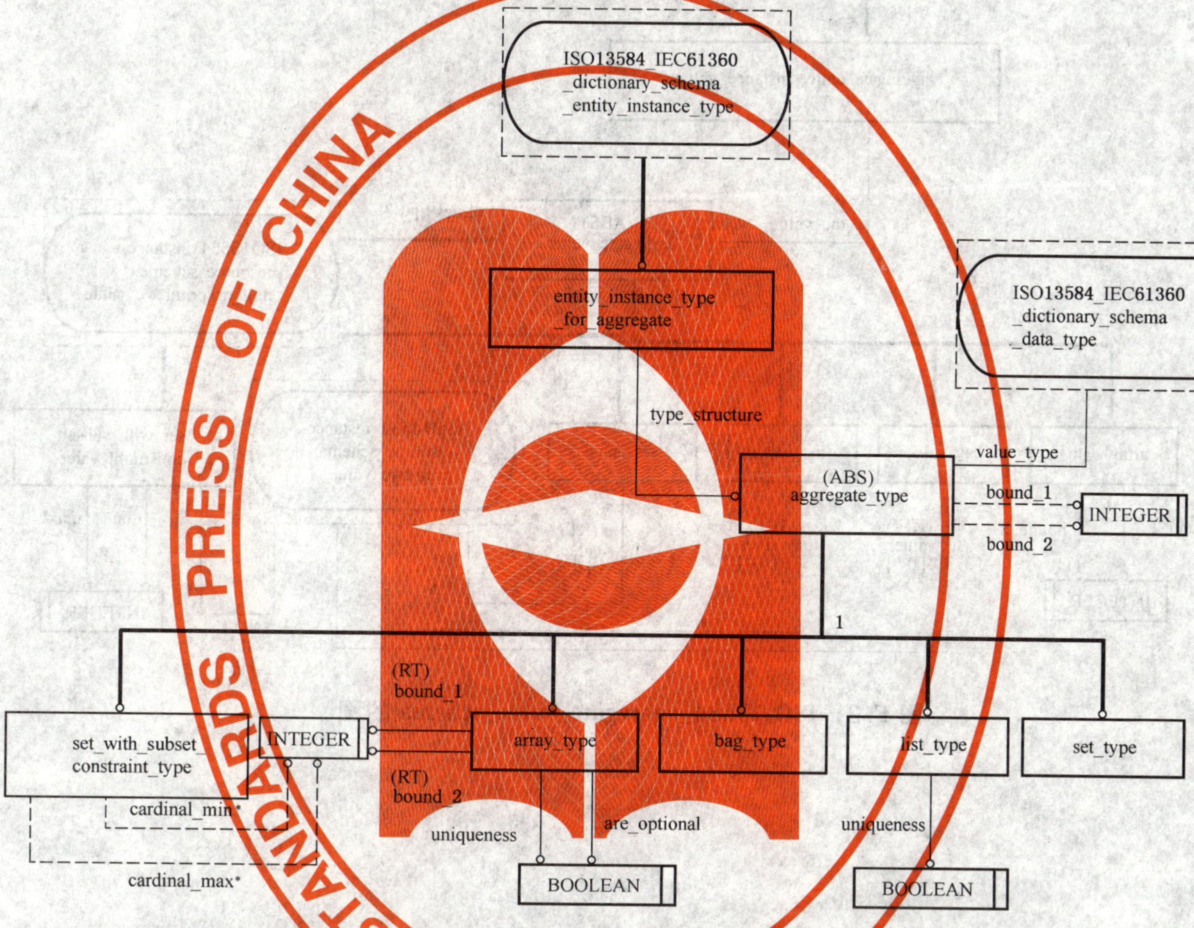

图 F.1 ISO 13584_IEC 61360_dictionary_aggregate_extension_schema 的图

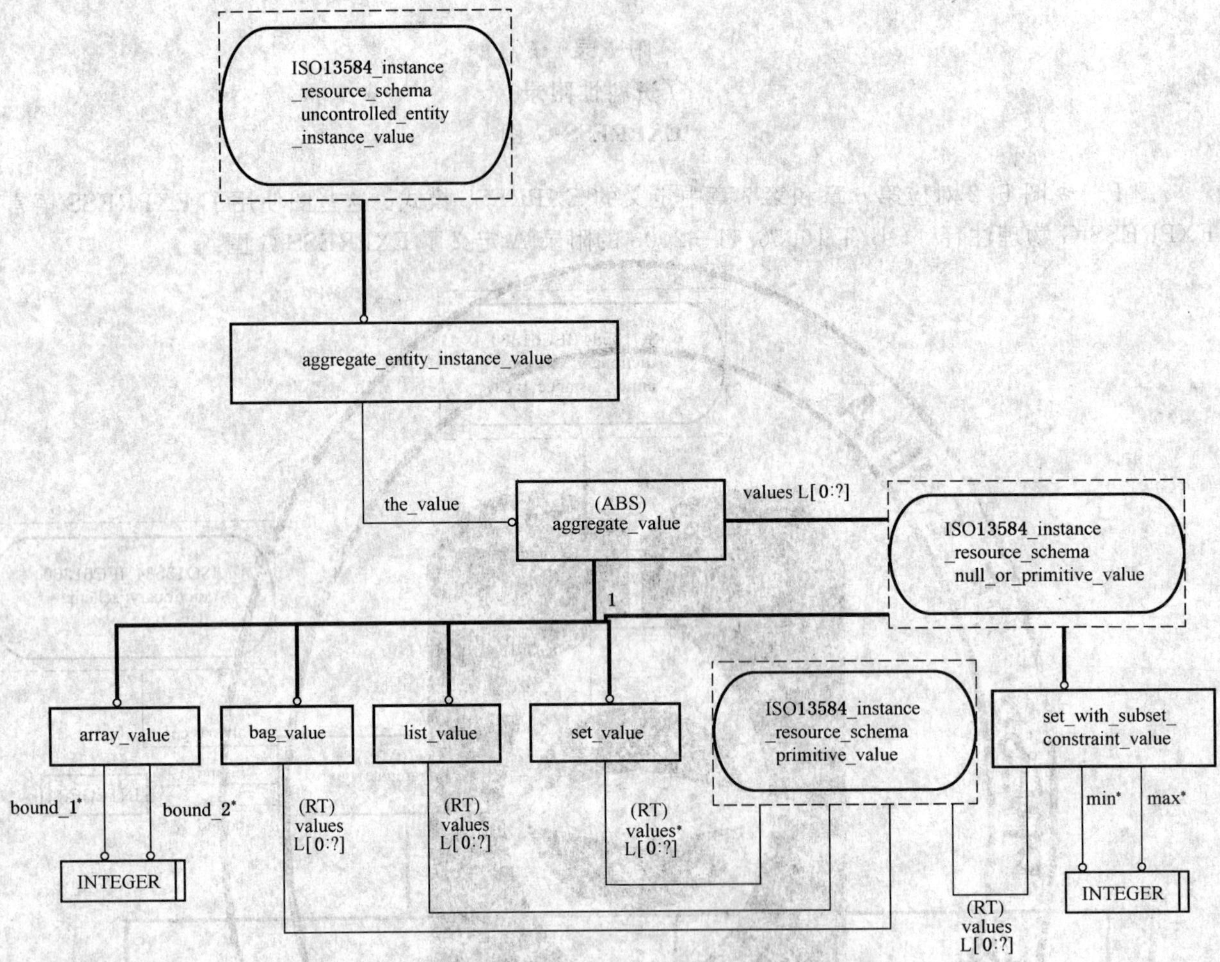

图 F.2 ISO 13584_aggregate_value_schema 的图

附 录 G
（资料性附录）
库集成信息模型25物理文件的注解性实例
显式通用模型的交换

本附录在一个例子中使用显式模式描述了零件库的不同资源。

G.1 获取GB/T 17645中的零件族

图G.1举例说明了被描述的零件族。它属于垫圈族，取名为PAW，由轴承供应商出售，并在某些机械结构中作轴支承使用。

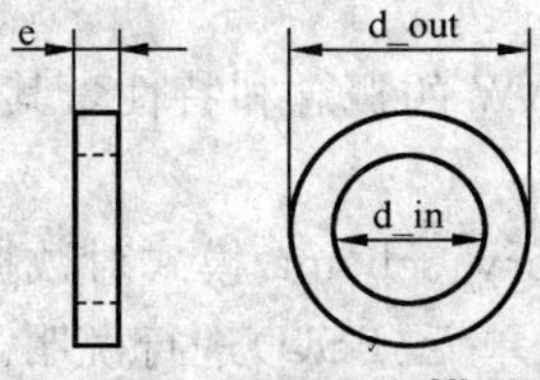

图G.1 PAW族描述

可以用抽象的两个层来描述这类零件族，这两个层是：

a) 字典层（ISO 13584_IEC 61360_dictionary_schema和ISO 13584_extended_dictionary_schema），它允许对零件族概念进行描述，例如：供应商、类、特性、表等等。它定义了具体的含义和每个特性值的类型，在哪个类中特性是可见的，类由哪个供应商指定。这种数据dictionary_element包括通用模型描述（这种零件族是什么）和功能模型描述（可以为该零件族定义哪种表达）。

b) 库层（ISO 13584_library_content_schema）为了隐式定义零件族的许可实例，它允许限制属性的取值范围。描述文件目录时，该层支持有效的实例，因为不同零件的所有许可值可以通过表和代数函数明确指定。

这两个抽象层必须用两种不同的方法进行表达。

对于只在字典层定义的族，图G.2介绍了该族实例的例子，描述零件的属性值属于数据字典定义的相应类的哪些实例是容许的。

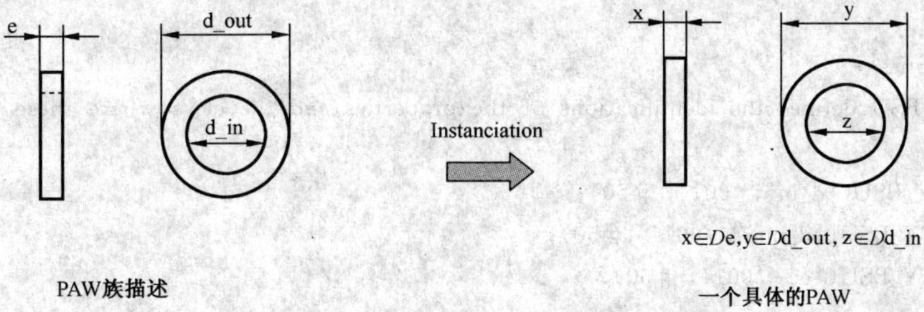

图G.2 字典描述的实例

图G.3描述了与双层描述（dictionary_element和库规范）有关的族实例。许可实例是那些例子，其描述零件的特性值属于零件库规范中定义的权威认可的数组显式列表。这种方法被称为库内容的显式表达式。

内径(d_in)	厚度(e)	外径(d_out)
10	1	15
11	1	16.5
13	2	19.5
17	3	25.5
19	4	28.5

图 G.3 字典描述的显式表达

本附录提供的例子包括这种双层描述机制,因为这个零件族最初是用文件目录定义的。因此,只有提供完整定义的实例集才能表达其意义。

G.2 PAW 零件族的描述

这种描述是双层的。首先定义了 PAW 的概念和特性。其次,精确定义了许可实例。

G.2.1 字典描述:BSU 机制

根据 ISO 13584_IEC 61360_dictionary_schema 模式对数据字典进行了描述,该描述要求对有关零件族定义的不同概念标识符(叫基本语义单元:BSU)进行说明。在与 GB/T 17645 兼容的数据字典中,这些标识符明确完整地定义了每个概念。

下述实例(图 G.4)概述了指定这些标识符的资源。

```
/* BSU for supplier */
/* The code of the supplier must be defined according to ISO 13584-26:Supplier identification
Here, the code doesn't follow the ISO 13584-26 requirements, because the supplier code is not known at the moment */
#20=SUPPLIER_BSU('INA', *);

/* BSU for component_class */
/* The class BSUs defines the identification of the various classes, and who is the supplier that is responsible of the class definitions */
#50=CLASS_BSU('BEARING', '001', #20);
#60=CLASS_BSU('PAW', '001', #20);

/* BSU for properties */
/* The property BSU defines the identifications of the properties and the class where these properties are visible */
#90=PROPERTY_BSU('d_in', '001', #50);
#100=PROPERTY_BSU('d_out', '001', #50);
#110=PROPERTY_BSU('e', '001', #60);
```

图 G.4 PAW 族概念的标识符

G.2.2 字典描述:字典元素的定义

BSU 仅仅确定了概念。dictionary_element 提供了计算机可理解和人可读的概念定义。图 G.5 介绍了这两层概念之间的关系。

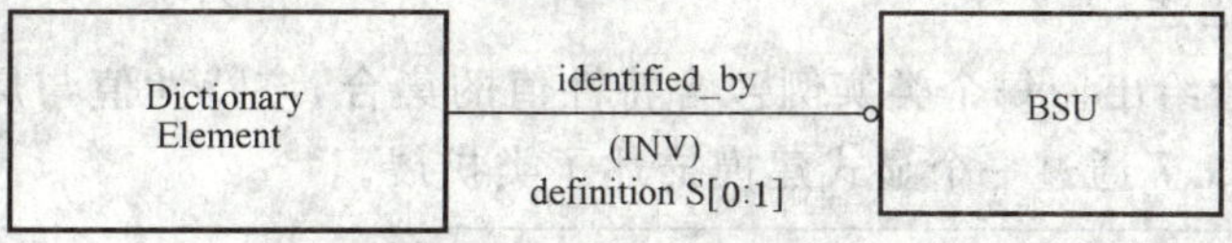

图 G.5　BSU/字典元素的关系

对应于前面的基本语义单元标识符,图 G.6 概述了 dictionary_elements 的主要结构。

```
/* Supplier definition */
#21=SUPPLIER_ELEMENT(
        #20, /* reference to its BSU */
        $, '001',
        #22, #23); /* organisation and address */
/* Property definition */
/* d_in */
#91=NON_DEPENDENT_P_DET(
        #90, /* reference to its BSU */
        $, '001',
        #92, /* item_names(human-readable name of the concept,
               with possible translations) */
        TEXT('inner diameter'), $, $, $, $,(), $,
        'TO3', /* the data element type classification,
               according to ISO 31 */
        #93, /* the specific data type of the property
             (not represented:measure in mm) */
        $);
/* d_out */
#101=NON_DEPENDENT_P_DET(
        #100, $, '001', #102, TEXT('outer diameter'), $,
        $, $, $,(), $, 'TO3', #93, $);
/* e */
#111=NON_DEPENDENT_P_DET(
        #110, $, '001', #112, TEXT('thickness'), $, $, $,
        $,(), $, 'TO3', #93, $);
/* Class definition */
/* Part class */
#71=COMPONENT_CLASS(
        #50, /* reference to its BSU */
        $, '001',
        #72, /* item_names */
        TEXT('Class associated…'), /* definition */
        $, $, $, $,
        (#90, #100),/* the list of the properties that may be
        used to describe an instance of this class
        (applicability of the properties) */
        (), $,(),(), $);
/* PAW class */
#81=COMPONENT_CLASS(#60, $, '001', #82, TEXT('Class associated to the
        PAW part family'), $, $, $, #50,(#110),(), $,(),(), $);
```

图 G.6　引用 PAW 族的概念的 Dictionary_element

G.2.3 库规范:类扩展描述

类扩展由类实例集合给出。每个类实例包含特性值的集合,该特性值与属于由该实例描述的零件族的特性值相一致。图 G.7 通过一个显式建模描述了类扩展。

```
/* Dictionary extension */
/* Extension of a class */
#8000=EXPLICIT_ITEM_CLASS_EXTENSION(
            #60,  /* Reference to the BSU */
            (),(),(), '001', '001',(),
            (#90), /*  an identification property:d_in */
            (#8100, #8200, #8300, #8400, #8500),/* the extension of
            class given by a list of class instances */
            .T., $, $,(), $,(),());
```

图 G.7 PAW 族的字典元素

每个类实例都通过它的特性值列表描述。图 G.8 通过一个对应于零件族的实例扩展给出了这种描述,该零件族的 d_in 为 10,e 为 1,d_out 为 15。

```
/* Extension of a library component */
#8100=LIB_COMPONENT_INSTANCE(
            #60, /* the BSU associated to the class which
            the current instance is an instance of */
            (#8101, #8102, #8103), /* the property values */
            (), $, $, $, $, $);
/* Property values of the extension of a class */
#8101=PROPERTY_VALUE(REAL_VALUE(10.0), #90);
#8102=PROPERTY_VALUE(REAL_VALUE(1.0), #100);
#8103=PROPERTY_VALUE(REAL_VALUE(15.0), #110);
```

图 G.8 PAW 零件族的字典元素

G.3 显式通用模型的完整物理文件

本章提供了物理文件的完整实例。符合库集成信息模型 25 的下列物理文件定义了 PAW 零件族。

```
ISO-10303-21;
HEADER;

FILE_DESCRIPTION(('THIS IS AN EXAMPLE OF AN EXPLICIT GENERAL MODEL'), '2');
FILE_NAME('P24_gm_explicit.p21',
        '2001-07-30T17:38:14',
        (''),
        ('LISI/ENSMA'),
        'ECCO RUNTIME SYSTEM BUILT-IN PREPROCESSOR V2.3.3',
        'ECCO RUNTIME SYSTEM V2.3.3',
        '');
FILE_SCHEMA(('ISO 13584_G_M_IIM_LIBRARY_IMPLICIT_SCHEMA'));
ENDSEC;
DATA;
```

```
/* Global library description */
#2=LIBRARY_IN_STANDARD_FORMAT($, $, $, $,(), #20, #11,(),(),(#20),(#50,
#60),
(), #3, $, $,());
#3=ITEM_NAMES(LABEL('Explicit general model example'),(), LABEL(''), $, $);
#10=GLOBAL_LANGUAGE_ASSIGNMENT('en');
#11=LIBRARY_IIM_IDENTIFICATION($, 'IS', 'ISO_13584_24_1', 2001, '3', $,());

/* DICTIONARY DESCRIPTION */
/* BSU for supplier */
#20=SUPPLIER_BSU('INA', *);

/* BSU for component_class */
#50=CLASS_BSU('BEARING', '001', #20);
#60=CLASS_BSU('PAW', '001', #20);

/* BSU for properties */
#90=PROPERTY_BSU('d_in', '001', #50);
#100=PROPERTY_BSU('d_out', '001', #50);
#110=PROPERTY_BSU('e', '001', #60);

/* Dictionary properties description */
/* supplier description */
#21=SUPPLIER_ELEMENT(#20, $, '001', #22, #23);
#22=ORGANIZATION($, 'INA', '');
#23=ADDRESS($, $, $, $, $, $, $, 'GERMANY', $, $, $, $);

/* d_in */
#91=NON_DEPENDENT_P_DET(#90, $, '001', #92, TEXT('inner diameter'), $,
$, $, $,(), $, 'TO3', #93, $);
#92=ITEM_NAMES(LABEL('inner diameter'),(), LABEL(''), $, $);
#93=REAL_MEASURE_TYPE('NR2..3.3', #94);
#94=DIC_UNIT(#95, $);
#95=SI_UNIT(*, .MILLI., .METRE.);
/* d_out */
#101=NON_DEPENDENT_P_DET(#100, $, '001', #102, TEXT('outer diameter'),
$, $, $, $,(), $, 'TO3', #93, $);
#102=ITEM_NAMES(LABEL('outer diameter'),(), LABEL(''), $, $);
#103=REAL_MEASURE_TYPE('NR2..3.3', #104);
#104=DIC_UNIT(#105, $);
#105=SI_UNIT(*, .MILLI., .METRE.);
```

/* e */
#111=NON_DEPENDENT_P_DET(#110, $, '001', #112, TEXT('thickness'), $, $, $, $,(), $, 'TO3', #93, $);
#112=ITEM_NAMES(LABEL('thickness'),(), LABEL(''), $, $);
#113=REAL_MEASURE_TYPE('NR2..3.3', #114);
#114=DIC_UNIT(#115, $);
#115=SI_UNIT(*, .MILLI., .METRE.);

/* Dictionary class description */
/* Part class */
#71=COMPONENT_CLASS(#50, $, '001', #72, TEXT('Class associated to the generic bearing family'), $, $, $, $,(#90, #100),(), $,(),(), $);
#72=ITEM_NAMES(LABEL('Generic bearing family'),(), LABEL('Bearing family'), $, $);

/* PAW class */
#81=COMPONENT_CLASS(#60, $, '001', #82, TEXT('Class associated to the PAW part family'), $, $, $, #50,(#110),(), $,(),(), $);
#82=ITEM_NAMES(LABEL('PAW family'),(), LABEL('PAW'), $, $);

/* Dictionary extension */
#8000=
EXPLICIT_ITEM_CLASS_EXTENSION(#60,(),(),(),'001','001',(),(),(#90),(
#8100,#8200,#8300,#8400,#8500),.T.,$,$,(),$,(),());
#8100=LIB_COMPONENT_INSTANCE(#60,(#8101, #8102, #8103),(), $, $, $, $, .T., $);
#8101=PROPERTY_VALUE(REAL_VALUE(10.0), #90);
#8102=PROPERTY_VALUE(REAL_VALUE(1.0), #100);
#8103=PROPERTY_VALUE(REAL_VALUE(15.0), #110);

#8200=LIB_COMPONENT_INSTANCE(#60,(#8201, #8202, #8203),(), $, $, $, $, .T., $);
#8201=PROPERTY_VALUE(REAL_VALUE(11.0), #90);
#8202=PROPERTY_VALUE(REAL_VALUE(1.0), #100);
#8203=PROPERTY_VALUE(REAL_VALUE(16.5), #110);

#8300=LIB_COMPONENT_INSTANCE(#60,(#8301, #8302, #8303),(), $, $, $, $, .T., $);
#8301=PROPERTY_VALUE(REAL_VALUE(13.0), #90);
#8302=PROPERTY_VALUE(REAL_VALUE(2.0), #100);
#8303=PROPERTY_VALUE(REAL_VALUE(19.5), #110);

#8400=LIB_COMPONENT_INSTANCE(#60,(#8401, #8402, #8403),(), $, $, $, $,

```
.T., $);
    #8401=PROPERTY_VALUE(REAL_VALUE(17.0), #90);
    #8402=PROPERTY_VALUE(REAL_VALUE(3.0), #100);
    #8403=PROPERTY_VALUE(REAL_VALUE(25.5), #110);

    #8500=LIB_COMPONENT_INSTANCE(#60,(#8501, #8502, #8503),(), $, $, $, $,
.T., $);
    #8501=PROPERTY_VALUE(REAL_VALUE(19.0), #90);
    #8502=PROPERTY_VALUE(REAL_VALUE(4.0), #100);
    #8503=PROPERTY_VALUE(REAL_VALUE(28.5), #110);

    ENDSEC;
    END-ISO-10303-21;
```

附 录 H
（资料性附录）
库集成信息模型 25 物理文件的注释性例子
符合 GB/T 17645.101 的显式功能模型交换

本附录通过一个例子，介绍了在使用显式模式描述零件库方面涉及的不同资源的概况。它描述了一个可以使用显式功能模型（符合 GB/T 17645.101）进行交换的物理文件例子。

H.1 PAW 零件族和几何结构的描述

除了为描述视图和几何供应商而介绍的供应商元素之外，PAW 零件族及其几何结构的描述与附录 G 的描述和注释一样。

H.1.1 字典描述

LISI/ENSMA 和 ISO 两个 **supplier_BSU** 分别标识了功能模型和功能视图的供应商，如图 H.1 所示。

```
/* BSU for supplier */
#20=SUPPLIER_BSU('94/1124946367', *); /* parts manufacturer code
following ISO 13584-26 */
#30=SUPPLIER_BSU('9/19860073600021', *);
/* LISI/ENSMA code in the coding scheme ICD=0009:SIRET number */
#40=SUPPLIER_BSU('0112/1///13584_101_1', *);
/* Identification of ISO 13584-101 according to ISO 13584-26 */
/* supplier of the functional view */

/* BSU for component_class */
/* The two class_BSUs PAW_Gemetry and basic_geometry identify
respectively the classes corresponding to the functional model and of the functional view. */
#50=CLASS_BSU('Bearing', '001', #20);
#60=CLASS_BSU('PAW', '001', #20);
#130=CLASS_BSU('PAW_Geometry', '001', #30);
#140=CLASS_BSU('basic_geometry', '001', #40);

/* BSU for properties */
/* The follwing property_BSU describe the properties of the part family
PAW as defined in Annex G. */
#90=PROPERTY_BSU('d_in', '001', #50);
#100=PROPERTY_BSU('d_out', '001', #50);
#110=PROPERTY_BSU('e', '001', #50);
/* The definition of the geometry for a given part, and particularly
for the part family PAW requires the definition of representation
properties. These properties are defined as for part family properties
through the BSU mechanism. However, this BSU identifies a
representation_P_DET element. */
#150=PROPERTY_BSU('geometry_level', '001', #140);
```

图 H.1 PAW 零件族和几何表达的标识

```
#160=PROPERTY_BSU('detail_level', '001', #140);
#170=PROPERTY_BSU('side', '001', #140);
#180=PROPERTY_BSU('prg', '001', #130);
#200=PROPERTY_BSU('variant', '001', #140);
#210=PROPERTY_BSU('unreg_variant', '001', #140);

/* supplier description */
/* The following supplier_element describes LISI/ENSMA as supplier. It will be used as supplier of a functional
model class. */
#31=SUPPLIER_ELEMENT(#30, $, '001', #32, #33);
#32=ORGANIZATION('LISI/ENSMA', 'LISI/ENSMA', '');
#33=ADDRESS($, $, $, $, $, $, $, 'FRANCE', $, $, $, $);

/* Dictionary properties description */
/* prg */
/* Data type elements associated to representation properties are
representation_P_DETs. As example: the following data element describes the variable allowing to refer programs
(prg). Its values will be described below. */
#91=REPRESENTATION_P_DET(#180, $, '001', #92, TEXT('variable used to reference geometry pro-
grams'), $, $, $, $,(), $, 'A58', #93, $);
#92=ITEM_NAMES(LABEL('related program'),(), LABEL(''), $, $);
#93=PROGRAM_REFERENCE_TYPE
(('ISO 13584_25_IEC 61360_5_LIBRARY_IMPLICIT_SCHEMA.PROGRAM_REFERENCE'));
```

图 H.1（续）

H.2 描述 PAW 零件族的几何表达

我们假设某些库数据供应商想为所有以显式方式(通过扩展)描述的 PAW 族实例提供几何表达式。这一点要求有功能模型类的描述。

功能模型类企图表达通用模型类描述的不同零件的不同视图。必须像通用模型类一样描述功能模型类,例:通过类的定义和字典的扩充(库规范)。

根据 functional_view_class 指定的观察点,functional_model_class 描述了给定零件族(作为通用模型类描述的)的特殊视图(关系视图)。

在实例中,它将被定义为功能模型类,并表达 PAW 零件族 **functional_view_class** 指定的几种几何形状。

fm_class_view_of 是功能模型类,它引用定义得很好的通用模型类(这里指的是模型化 **PAW** 族的类),并为该通用模型类提供了一种特殊的表达(**functional_view_class** 指定的)。

功能模型类并不要求为所有函数视图类的视图控制变量值提供表达式。**view_control_variable_range** 指定了值的变化范围,如图 H.2 所示:

```
/* v_c_v range */
#155=VIEW_CONTROL_VARIABLE_RANGE(#150, 1, 1);
#165=VIEW_CONTROL_VARIABLE_RANGE(#160, 2, 2);
#175=VIEW_CONTROL_VARIABLE_RANGE(#170, 1, 6);
#205=VIEW_CONTROL_VARIABLE_RANGE(#200, 1, 1);
#215=VIEW_CONTROL_VARIABLE_RANGE(#210, 0, 0);
```

图 H.2 定义视图控制变量的范围

在我们的实例中,功能模型类仅仅提供二维视图(范围 1..1,对于#150 该值是 geometry_level),对于从 Front 到 Bottom 的所有侧面(范围 1..6,对于#170 该值是 Side)有标准表达式(范围 2..2,对于#160 该值是 Detail-level)。

而且,为了能生成几何形状,fm_class_view_of 需要输入 PAW 族的一些属性值。fm_class_view_of 的 dictionary_element 如图 H.3 所示:

```
/* Functional model class view_of definition */
#71=FM_CLASS_VIEW_OF(
        #130, /* reference to BSU */
        $, '001', #72,  /* item names */
        TEXT('Explicit ...'), $, $, $, $,
        (#180), /* BSU of 'prg' and 'required_side' properties */
        (), *, *, *, *, *,
        #140, /* the created view(reference to the BSU of the
        functional_view_class */
        (#155, #165, #175, #205, #215), /* the vcv ranges */
        (#150, #160, #170, #200, #210), /* vcv's imported from the
        functional view class */
        (),(),(),(),(),(),(),(),
        #60, /* is_view_of relationship. Reference to the functional
                    model */
        (#90, #100, #110),/* imported properties from the general model */
        (),(),());
#72=ITEM_NAMES(LABEL('Functional model class of PAW'),(),
        LABEL('fm class of PAW'), $, $);
```

图 H.3 功能模型类生成的视图规范

H.3 功能模型类的库规范

explicit_functional_model_class_extension 是构成库规范的 content_item(functional_model_class 和 fm_class_view_of 的子类)。它给出了在类实例的相关环境中需要被赋值的特性集合。

在显式表达的情况下,功能模型的实例被显式地列举。下列 explicit_functional_model_extension 实例中,功能模型的实例被描述的范围为 3000~3450,如图 H.4 和图 H.5 所示。

```
/* Functional model class extension */
#1300=EXPLICIT_FUNCTIONAL_MODEL_CLASS_EXTENSION(
        #130,
        (#2501, #2502, #2503, #2504, #2505, #2506), /* the set of program
        references. The programs which allow to display geometry. */
        (#7),(#12), '001', '001',(),(),
        (#90, #170),          /* properties needed to display the geometry */
        (#3000, #3010, #3020, #3030, #3040, #3050,
        #3100, #3110, #3120, #3130, #3140, #3150,
        #3200, #3210, #3220, #3230, #3240, #3250,
        #3300, #3310, #3320, #3330, #3340, #3350,
        #3400, #3410, #3420, #3430, #3440, #3450), /* The extension of all
        the instances of a functional model. They are given by the
        lib_f_model_instances */
        .T., $,(#90, #100, #110), #180, $, $,(), $);
```

图 H.4 功能模型实例扩展的描述

```
/* Reference to programs which display geometry */
/* According to the previous instance, references to programs that
describe geometry representation are performed. These
program_references refer themselves to external files PAW_p1. for ..
PAW_p6. for containing geometry programs written in the FORTRAN language according to view exchange proto-
col ISO 13584-101. */
#2501=PROGRAM_REFERENCE(#7, #2601, 'Add1_PAW', 'PAW_p1',
    (#90, #100, #110),(),());
#2502=PROGRAM_REFERENCE(#7, #2602, 'Add2_PAW', 'PAW_p2',
    (#90, #100, #110),(),());
#2503=PROGRAM_REFERENCE(#7, #2603, 'Add3_PAW', 'PAW_p3',
    (#90, #100, #110),(),());
#2504=PROGRAM_REFERENCE(#7, #2604, 'Add4_PAW', 'PAW_p4',
    (#90, #100, #110),(),());
#2505=PROGRAM_REFERENCE(#7, #2605, 'Add5_PAW', 'PAW_p5',
    (#90, #100, #110),(),());
#2506=PROGRAM_REFERENCE(#7, #2606, 'Add6_PAW', 'PAW_p6',
    (#90, #100, #110),(),());
#2601=NOT_TRANSLATABLE_EXTERNAL_CONTENT((#2701));
#2602=NOT_TRANSLATABLE_EXTERNAL_CONTENT((#2702));
#2603=NOT_TRANSLATABLE_EXTERNAL_CONTENT((#2703));
#2604=NOT_TRANSLATABLE_EXTERNAL_CONTENT((#2704));
#2605=NOT_TRANSLATABLE_EXTERNAL_CONTENT((#2705));
#2606=NOT_TRANSLATABLE_EXTERNAL_CONTENT((#2706));
#2701=LANGUAGE_SPECIFIC_CONTENT((#2801), #2801, S);
#2702=LANGUAGE_SPECIFIC_CONTENT((#2802), #2802, S);
#2703=LANGUAGE_SPECIFIC_CONTENT((#2803), #2803, S);
#2704=LANGUAGE_SPECIFIC_CONTENT((#2804), #2804, S);
#2705=LANGUAGE_SPECIFIC_CONTENT((#2805), #2805, S);
#2706=LANGUAGE_SPECIFIC_CONTENT((#2806), #2806, S);
/* Description of the source files for geometry */
#2801=EXTERNAL_FILE_UNIT('PAW_p1. for', '7bit');
#2802=EXTERNAL_FILE_UNIT('PAW_p2. for', '7bit');
#2803=EXTERNAL_FILE_UNIT('PAW_p3. for', '7bit');
#2804=EXTERNAL_FILE_UNIT('PAW_p4. for', '7bit');
#2805=EXTERNAL_FILE_UNIT('PAW_p5. for', '7bit');
#2806=EXTERNAL_FILE_UNIT('PAW_p6. for', '7bit');
```

图 H.5 显示几何 FORTRAN 程序的引用

通过扩展描述的功能模型实例描述了它们自身的特性值。图 H.6 表明了一个通过扩展描述特性值的功能模型实例。

```
/* Description of library functional model instance by extension */
#3000=LIB_F_MODEL_INSTANCE(#130,(#3001, #3002, #3003, #3004, #3005,
      #3006, #3007),());
#3000=LIB_F_MODEL_INSTANCE(#130,(#3001, #3008, #3009, #3002, #3003,
      #3004, #3005, #3006, #3007),());
#3001=PROPERTY_VALUE(REAL_VALUE(10.0), #90);
#3008=PROPERTY_VALUE(REAL_VALUE(1.0), #100);
#3009=PROPERTY_VALUE(REAL_VALUE(15.0), #110);
#3002=PROPERTY_VALUE(1PROPERTY_VALUE(INTEGER_VALUE(1), #170);
#3003=PROPERTY_VALUE(1PROPERTY_VALUE(INTEGER_VALUE(1), #150);
#3004=PROPERTY_VALUE(2PROPERTY_VALUE(INTEGER_VALUE(2), #160);
#3005=PROPERTY_VALUE(1PROPERTY_VALUE(INTEGER_VALUE(1), #200);
#3006=PROPERTY_VALUE(INTEGER_VALUE(0), #210);
#3007=PROPERTY_VALUE(#2501, #180);
```

图 H.6 BSU/字典元素的关系

H.4 符合 GB/T 17645.101 显式功能模型的完整物理模型

在本章中，提供了完整的物理文件例子。符合 LIBRARY INTEGRATED INFORMATION MODEL 25 的列物理文件定义了 PAW 零件族，并根据 GB/T 17645.101 中定义的视图交换协议定义了几何结构(引用了可以显示几何的 programs)。

```
*/
ISO-10303-21;
HEADER;
FILE_DESCRIPTION(('PLIB EXPLICIT FUNCTIONAL MODEL EXAMPLE 1'), '1');
FILE_NAME('P25_fm_explicit_p101.p21',
        '2001-07-30T18:38:14',
        (''),
        ('LISI/ENSMA'),
        'ECCO RUNTIME SYSTEM BUILT-IN PREPROCESSOR V2.3.3',
        'ECCO RUNTIME SYSTEM V2.3.3',
        '');
FILE_SCHEMA(('ISO 13584_F_M_IIM_LIBRARY_IMPLICIT_SCHEMA'));
ENDSEC;

DATA;

/* Global library description */
#2=LIBRARY_IN_STANDARD_FORMAT(S, S, S, S,(), #30, #11,(#7),(#12),(#20, #30,
#40),(#50, #60, #140, #130),(), #3, S, S,());
#3=ITEM_NAMES(LABEL('Explicit functional model:Geometry'),(), LABEL('Geometry'), S,
S);
#6=ORGANIZATION('LISI/ENSMA', 'LISI/ENSMA', '');
#7=STANDARD_SIMPLE_PROGRAM_PROTOCOL(#6, S, 'ISO_IS_13584_31',
```

'001', $, #8, $, 'FORTRAN', .SOURCE., $, $, $);
#8=ITEM_NAMES(LABEL('Geometric prog. interface'),(),
LABEL('ISO_IS_13584_31'), $, $);
#11=LIBRARY_IIM_IDENTIFICATION($, 'IS', 'ISO_13584_24_2', 2001, '3', $,());
#12=VIEW_EXCHANGE_PROTOCOL_IDENTIFICATION($, 'IS', 'ISO 13584_101', 2001, '2D', $,
(#7), $);
#10=GLOBAL_LANGUAGE_ASSIGNMENT('en');

/* DICTIONARY DESCRIPTION */
/* BSU for suppliers */
#20=SUPPLIER_BSU('INA', *);/* INA code:parts family supplier */
#30=SUPPLIER_BSU('9/19860073600021', *);
/* LISI/ENSMA code in the coding scheme ICD=0009:SIRET number */
#40=SUPPLIER_BSU('0112/1///13584_101_1', *);
/* Identification of ISO 13584-101 according to ISO 13584-26 */

/* BSU for component_class */
#50=CLASS_BSU('Bearing', '001', #20);
#60=CLASS_BSU('PAW', '001', #20);
#130=CLASS_BSU('PAW_Geometry', '001', #30);
#140=CLASS_BSU('basic_geometry', '001', #40);

/* BSU for properties */
#90=PROPERTY_BSU('d_in', '001', #50);
#100=PROPERTY_BSU('d_out', '001', #50);
#110=PROPERTY_BSU('e', '001', #50);
#150=PROPERTY_BSU('geometry_level', '001', #140);
#160=PROPERTY_BSU('detail_level', '001', #140);
#170=PROPERTY_BSU('side', '001', #140);
#180=PROPERTY_BSU('prg', '001', #130);
#200=PROPERTY_BSU('variant', '001', #140);
#210=PROPERTY_BSU('unreg_variant', '001', #140);

/* v_c_v range */
#155=VIEW_CONTROL_VARIABLE_RANGE(#150, 1, 1);
#165=VIEW_CONTROL_VARIABLE_RANGE(#160, 2, 2);
#175=VIEW_CONTROL_VARIABLE_RANGE(#170, 1, 6);
#205=VIEW_CONTROL_VARIABLE_RANGE(#200, 1, 1);
#215=VIEW_CONTROL_VARIABLE_RANGE(#210, 0, 0);

/* supplier description */
#31=SUPPLIER_ELEMENT(#30, $, '001', #32, #33);

```
#32=ORGANIZATION('LISI/ENSMA', 'LISI/ENSMA', '');
#33=ADDRESS(S, S, S, S, S, S, S, 'FRANCE', S, S, S, S);

/* Dictionary properties description */
/* prg */
#91=REPRESENTATION_P_DET(#180, S, '001', #92, TEXT('variable used to
reference geometry programs'), S, S, S, S,(), S, 'A58', #93, S);
#92=ITEM_NAMES(LABEL('related program'),(), LABEL(''), S, S);
#93=PROGRAM_REFERENCE_TYPE
(('ISO 13584_F_M_IIM_LIBRARY_IMPLICIT_SCHEMA.PROGRAM_REFERENCE'));

/* Dictionary class description */
/* Functional model class view_of definition */
#71=FM_CLASS_VIEW_OF(#130, S, '001', #72, TEXT('Explicit functional model
class describing the 2d standard geometry of PAW'), S, S, S, S,(#180),
(), *, *, *, *, *, #140,(#155, #165, #175, #205, #215),(#150, #160, #170,
#200, #210),
(),(),(),(),(),(),(),(), #60,(#90, #100, #110),(),(),());
#72=ITEM_NAMES(LABEL('Functional model class of PAW'),(), LABEL('fm class of
PAW'), S, S);

/* LIBRARY DESCRIPTION */

#1300=EXPLICIT_FUNCTIONAL_MODEL_CLASS_EXTENSION(#130,(#2501, #2502,
#2503,#2504, #2505, #2506),(#7),(#12), '001', '001',(),(),
(#90, #100, #110, #170),
(#3000, #3010, #3020, #3030, #3040, #3050,
#3100, #3110, #3120, #3130, #3140, #3150,
#3200, #3210, #3220, #3230, #3240, #3250,
#3300, #3310, #3320, #3330, #3340, #3350,
#3400, #3410, #3420, #3430, #3440, #3450),
.T., S,(#90, #100, #110), #180, S, S,(), S);

#2501=PROGRAM_REFERENCE(#7, #2601, 'Add1_PAW', 'PAW_p1',(#90, #100,
#110),(),());
#2502=PROGRAM_REFERENCE(#7, #2602, 'Add2_PAW', 'PAW_p2',(#90, #100,
#110),(),());
#2503=PROGRAM_REFERENCE(#7, #2603, 'Add3_PAW', 'PAW_p3',(#90, #100,
#110),(),());
#2504=PROGRAM_REFERENCE(#7, #2604, 'Add4_PAW', 'PAW_p4',(#90, #100,
#110),(),());
#2505=PROGRAM_REFERENCE(#7, #2605, 'Add5_PAW', 'PAW_p5',(#90, #100,
```

```
#110),(),());
    #2506=PROGRAM_REFERENCE(#7, #2606, 'Add6_PAW', 'PAW_p6',(#90, #100,
#110),(),());

    #2601=NOT_TRANSLATABLE_EXTERNAL_CONTENT((#2701));
    #2602=NOT_TRANSLATABLE_EXTERNAL_CONTENT((#2702));
    #2603=NOT_TRANSLATABLE_EXTERNAL_CONTENT((#2703));
    #2604=NOT_TRANSLATABLE_EXTERNAL_CONTENT((#2704));
    #2605=NOT_TRANSLATABLE_EXTERNAL_CONTENT((#2705));
    #2606=NOT_TRANSLATABLE_EXTERNAL_CONTENT((#2706));
    #2701=LANGUAGE_SPECIFIC_CONTENT((#2801), #2801, $);
    #2702=LANGUAGE_SPECIFIC_CONTENT((#2802), #2802, $);
    #2703=LANGUAGE_SPECIFIC_CONTENT((#2803), #2803, $);
    #2704=LANGUAGE_SPECIFIC_CONTENT((#2804), #2804, $);
    #2705=LANGUAGE_SPECIFIC_CONTENT((#2805), #2805, $);
    #2706=LANGUAGE_SPECIFIC_CONTENT((#2806), #2806, $);
    #2801=EXTERNAL_FILE_UNIT('PAW_p1.for', '7bit');
    #2802=EXTERNAL_FILE_UNIT('PAW_p2.for', '7bit');
    #2803=EXTERNAL_FILE_UNIT('PAW_p3.for', '7bit');
    #2804=EXTERNAL_FILE_UNIT('PAW_p4.for', '7bit');
    #2805=EXTERNAL_FILE_UNIT('PAW_p5.for', '7bit');
    #2806=EXTERNAL_FILE_UNIT('PAW_p6.for', '7bit');

    /*
       GM      |                    FV                    | FM
    ------------------------------------------------------------------------------
    d_in d_out e | side | geom_level | det_level | var | unreg_var | prg

    */
    #3000=LIB_F_MODEL_INSTANCE(#130,(#3001, #3008, #3009, #3002, #3003,
#3004, #3005, #3006, #3007),());
    #3001=PROPERTY_VALUE(REAL_VALUE(10.0), #90);
    #3008=PROPERTY_VALUE(REAL_VALUE(1.0), #100);
    #3009=PROPERTY_VALUE(REAL_VALUE(15.0), #110);
    #3002=PROPERTY_VALUE(1, #170);
    #3003=PROPERTY_VALUE(1, #150);
    #3004=PROPERTY_VALUE(2, #160);
    #3005=PROPERTY_VALUE(1, #200);
    #3006=PROPERTY_VALUE(0, #210);
    #3007=PROPERTY_VALUE(#2501, #180);
    #3010=LIB_F_MODEL_INSTANCE(#130,(#3011, #3018, #3019, #3012, #3013,
#3014, #3015, #3016, #3017),());
    #3011=PROPERTY_VALUE(REAL_VALUE(10.0), #90);
```

#3018=PROPERTY_VALUE(REAL_VALUE(1.0), #100);

#3019=PROPERTY_VALUE(REAL_VALUE(15.0), #110);

#3012=PROPERTY_VALUE(2, #170);

#3013=PROPERTY_VALUE(1, #150);

#3014=PROPERTY_VALUE(2, #160);

#3015=PROPERTY_VALUE(1, #200);

#3016=PROPERTY_VALUE(0, #210);

#3017=PROPERTY_VALUE(#2502, #180);

#3020=LIB_F_MODEL_INSTANCE(#130,(#3021, #3028, #3029, #3022, #3023, #3024, #3025, #3026, #3027),());

#3021=PROPERTY_VALUE(REAL_VALUE(10.0), #90);

#3028=PROPERTY_VALUE(REAL_VALUE(1.0), #100);

#3029=PROPERTY_VALUE(REAL_VALUE(15.0), #110);

#3022=PROPERTY_VALUE(3, #170);

#3023=PROPERTY_VALUE(1, #150);

#3024=PROPERTY_VALUE(2, #160);

#3025=PROPERTY_VALUE(1, #200);

#3026=PROPERTY_VALUE(0, #210);

#3027=PROPERTY_VALUE(#2503, #180);

#3030=LIB_F_MODEL_INSTANCE(#130,(#3031, #3038, #3039, #3032, #3033, #3034, #3035, #3036, #3037),());

#3031=PROPERTY_VALUE(REAL_VALUE(10.0), #90);

#3038=PROPERTY_VALUE(REAL_VALUE(1.0), #100);

#3039=PROPERTY_VALUE(REAL_VALUE(15.0), #110);

#3032=PROPERTY_VALUE(4, #170);

#3033=PROPERTY_VALUE(1, #150);

#3034=PROPERTY_VALUE(2, #160);

#3035=PROPERTY_VALUE(1, #200);

#3036=PROPERTY_VALUE(0, #210);

#3037=PROPERTY_VALUE(#2504, #180);

#3040=LIB_F_MODEL_INSTANCE(#130,(#3041, #3048, #3049, #3042, #3043, #3044, #3045, #3046, #3047),());

#3041=PROPERTY_VALUE(REAL_VALUE(10.0), #90);

#3048=PROPERTY_VALUE(REAL_VALUE(1.0), #100);

#3049=PROPERTY_VALUE(REAL_VALUE(15.0), #110);

#3042=PROPERTY_VALUE(5, #170);

#3043=PROPERTY_VALUE(1, #150);

#3044=PROPERTY_VALUE(2, #160);

#3045=PROPERTY_VALUE(1, #200);

#3046=PROPERTY_VALUE(0, #210);

#3047=PROPERTY_VALUE(#2505, #180);

#3050=LIB_F_MODEL_INSTANCE(#130,(#3051, #3058, #3059, #3052, #3053, #3054, #3055, #3056, #3057),());

＃3051＝PROPERTY_VALUE(REAL_VALUE(10.0)，＃90)；
＃3058＝PROPERTY_VALUE(REAL_VALUE(1.0)，＃100)；
＃3059＝PROPERTY_VALUE(REAL_VALUE(15.0)，＃110)；
＃3052＝PROPERTY_VALUE(6，＃170)；
＃3053＝PROPERTY_VALUE(1，＃150)；
＃3054＝PROPERTY_VALUE(2，＃160)；
＃3055＝PROPERTY_VALUE(1，＃200)；
＃3056＝PROPERTY_VALUE(0，＃210)；
＃3057＝PROPERTY_VALUE(＃2506，＃180)；

＃3100＝LIB_F_MODEL_INSTANCE(＃130,(＃3101，＃3108，＃3109，＃3102，＃3103，＃3104，＃3105，＃3106，＃3107),())；
＃3101＝PROPERTY_VALUE(REAL_VALUE(11.0)，＃90)；
＃3108＝PROPERTY_VALUE(REAL_VALUE(1.0)，＃100)；
＃3109＝PROPERTY_VALUE(REAL_VALUE(16.5)，＃110)；
＃3102＝PROPERTY_VALUE(1，＃170)；
＃3103＝PROPERTY_VALUE(1，＃150)；
＃3104＝PROPERTY_VALUE(2，＃160)；
＃3105＝PROPERTY_VALUE(1，＃200)；
＃3106＝PROPERTY_VALUE(0，＃210)；
＃3107＝PROPERTY_VALUE(＃2501，＃180)；
＃3110＝LIB_F_MODEL_INSTANCE(＃130,(＃3111，＃3118，＃3119，＃3112，＃3113，＃3114，＃3115，＃3116，＃3117),())；
＃3111＝PROPERTY_VALUE(REAL_VALUE(11.0)，＃90)；
＃3118＝PROPERTY_VALUE(REAL_VALUE(1.0)，＃100)；
＃3119＝PROPERTY_VALUE(REAL_VALUE(16.5)，＃110)；
＃3112＝PROPERTY_VALUE(2，＃170)；
＃3113＝PROPERTY_VALUE(1，＃150)；
＃3114＝PROPERTY_VALUE(2，＃160)；
＃3115＝PROPERTY_VALUE(1，＃200)；
＃3116＝PROPERTY_VALUE(0，＃210)；
＃3117＝PROPERTY_VALUE(＃2502，＃180)；
＃3120＝LIB_F_MODEL_INSTANCE(＃130,(＃3121，＃3128，＃3129，＃3122，＃3123，＃3124，＃3125，＃3126，＃3127),())；
＃3121＝PROPERTY_VALUE(REAL_VALUE(11.0)，＃90)；
＃3128＝PROPERTY_VALUE(REAL_VALUE(1.0)，＃100)；
＃3129＝PROPERTY_VALUE(REAL_VALUE(16.5)，＃110)；
＃3122＝PROPERTY_VALUE(3，＃170)；
＃3123＝PROPERTY_VALUE(1，＃150)；
＃3124＝PROPERTY_VALUE(2，＃160)；
＃3125＝PROPERTY_VALUE(1，＃200)；
＃3126＝PROPERTY_VALUE(0，＃210)；
＃3127＝PROPERTY_VALUE(＃2503，＃180)；

```
#3130=LIB_F_MODEL_INSTANCE(#130,(#3131, #3138, #3139, #3132, #3133,
#3134, #3135, #3136, #3137),());
  #3131=PROPERTY_VALUE(REAL_VALUE(11.0), #90);
  #3138=PROPERTY_VALUE(REAL_VALUE(1.0), #100);
  #3139=PROPERTY_VALUE(REAL_VALUE(16.5), #110);
  #3132=PROPERTY_VALUE(4, #170);
  #3133=PROPERTY_VALUE(1, #150);
  #3134=PROPERTY_VALUE(2, #160);
  #3135=PROPERTY_VALUE(1, #200);
  #3136=PROPERTY_VALUE(0, #210);
  #3137=PROPERTY_VALUE(#2504, #180);
#3140=LIB_F_MODEL_INSTANCE(#130,(#3141, #3148, #3149, #3142, #3143,
#3144, #3145, #3146, #3147),());
  #3141=PROPERTY_VALUE(REAL_VALUE(11.0), #90);
  #3148=PROPERTY_VALUE(REAL_VALUE(1.0), #100);
  #3149=PROPERTY_VALUE(REAL_VALUE(16.5), #110);
  #3142=PROPERTY_VALUE(5, #170);
  #3143=PROPERTY_VALUE(1, #150);
  #3144=PROPERTY_VALUE(2, #160);
  #3145=PROPERTY_VALUE(1, #200);
  #3146=PROPERTY_VALUE(0, #210);
  #3147=PROPERTY_VALUE(#2505, #180);
#3150=LIB_F_MODEL_INSTANCE(#130,(#3151, #3158, #3159, #3152, #3153,
#3154, #3155, #3156, #3157),());
  #3151=PROPERTY_VALUE(REAL_VALUE(11.0), #90);
  #3158=PROPERTY_VALUE(REAL_VALUE(1.0), #100);
  #3159=PROPERTY_VALUE(REAL_VALUE(16.5), #110);
  #3152=PROPERTY_VALUE(6, #170);
  #3153=PROPERTY_VALUE(1, #150);
  #3154=PROPERTY_VALUE(2, #160);
  #3155=PROPERTY_VALUE(1, #200);
  #3156=PROPERTY_VALUE(0, #210);
  #3157=PROPERTY_VALUE(#2506, #180);

#3200=LIB_F_MODEL_INSTANCE(#130,(#3201, #3208, #3209, #3202, #3203,
#3204, #3205, #3206, #3207),());
  #3201=PROPERTY_VALUE(REAL_VALUE(13.0), #90);
  #3208=PROPERTY_VALUE(REAL_VALUE(2.0), #100);
  #3209=PROPERTY_VALUE(REAL_VALUE(19.5), #110);
  #3202=PROPERTY_VALUE(1, #170);
  #3203=PROPERTY_VALUE(1, #150);
  #3204=PROPERTY_VALUE(2, #160);
  #3205=PROPERTY_VALUE(1, #200);
```

#3206=PROPERTY_VALUE(0, #210);

#3207=PROPERTY_VALUE(#2501, #180);

#3210=LIB_F_MODEL_INSTANCE(#130,(#3211, #3218, #3219, #3212, #3213, #3214, #3215, #3216, #3217),());

#3211=PROPERTY_VALUE(REAL_VALUE(13.0), #90);

#3218=PROPERTY_VALUE(REAL_VALUE(2.0), #100);

#3219=PROPERTY_VALUE(REAL_VALUE(19.5), #110);

#3212=PROPERTY_VALUE(2, #170);

#3213=PROPERTY_VALUE(1, #150);

#3214=PROPERTY_VALUE(2, #160);

#3215=PROPERTY_VALUE(1, #200);

#3216=PROPERTY_VALUE(0, #210);

#3217=PROPERTY_VALUE(#2502, #180);

#3220=LIB_F_MODEL_INSTANCE(#130,(#3221, #3228, #3229, #3222, #3223, #3224, #3225, #3226, #3227),());

#3221=PROPERTY_VALUE(REAL_VALUE(13.0), #90);

#3228=PROPERTY_VALUE(REAL_VALUE(2.0), #100);

#3229=PROPERTY_VALUE(REAL_VALUE(19.5), #110);

#3222=PROPERTY_VALUE(3, #170);

#3223=PROPERTY_VALUE(1, #150);

#3224=PROPERTY_VALUE(2, #160);

#3225=PROPERTY_VALUE(1, #200);

#3226=PROPERTY_VALUE(0, #210);

#3227=PROPERTY_VALUE(#2503, #180);

#3230=LIB_F_MODEL_INSTANCE(#130,(#3231, #3238, #3239, #3232, #3233, #3234, #3235, #3236, #3237),());

#3231=PROPERTY_VALUE(REAL_VALUE(13.0), #90);

#3238=PROPERTY_VALUE(REAL_VALUE(2.0), #100);

#3239=PROPERTY_VALUE(REAL_VALUE(19.5), #110);

#3232=PROPERTY_VALUE(4, #170);

#3233=PROPERTY_VALUE(1, #150);

#3234=PROPERTY_VALUE(2, #160);

#3235=PROPERTY_VALUE(1, #200);

#3236=PROPERTY_VALUE(0, #210);

#3237=PROPERTY_VALUE(#2504, #180);

#3240=LIB_F_MODEL_INSTANCE(#130,(#3241, #3248, #3249, #3242, #3243, #3244, #3245, #3246, #3247),());

#3241=PROPERTY_VALUE(REAL_VALUE(13.0), #90);

#3248=PROPERTY_VALUE(REAL_VALUE(2.0), #100);

#3249=PROPERTY_VALUE(REAL_VALUE(19.5), #110);

#3242=PROPERTY_VALUE(5, #170);

#3243=PROPERTY_VALUE(1, #150);

#3244=PROPERTY_VALUE(2, #160);

#3245=PROPERTY_VALUE(1, #200);

#3246=PROPERTY_VALUE(0, #210);

#3247=PROPERTY_VALUE(#2505, #180);

#3250=LIB_F_MODEL_INSTANCE(#130,(#3251, #3258, #3259, #3252, #3253, #3254, #3255, #3256, #3257),());

#3251=PROPERTY_VALUE(REAL_VALUE(13.0), #90);

#3258=PROPERTY_VALUE(REAL_VALUE(2.0), #100);

#3259=PROPERTY_VALUE(REAL_VALUE(19.5), #110);

#3252=PROPERTY_VALUE(6, #170);

#3253=PROPERTY_VALUE(1, #150);

#3254=PROPERTY_VALUE(2, #160);

#3255=PROPERTY_VALUE(1, #200);

#3256=PROPERTY_VALUE(0, #210);

#3257=PROPERTY_VALUE(#2506, #180);

#3300=LIB_F_MODEL_INSTANCE(#130,(#3301, #3308, #3309, #3302, #3303, #3304, #3305, #3306, #3307),());

#3301=PROPERTY_VALUE(REAL_VALUE(17.0), #90);

#3308=PROPERTY_VALUE(REAL_VALUE(3.0), #100);

#3309=PROPERTY_VALUE(REAL_VALUE(25.5), #110);

#3302=PROPERTY_VALUE(1, #170);

#3303=PROPERTY_VALUE(1, #150);

#3304=PROPERTY_VALUE(2, #160);

#3305=PROPERTY_VALUE(1, #200);

#3306=PROPERTY_VALUE(0, #210);

#3307=PROPERTY_VALUE(#2501, #180);

#3310=LIB_F_MODEL_INSTANCE(#130,(#3311, #3318, #3319, #3312, #3313, #3314, #3315, #3316, #3317),());

#3311=PROPERTY_VALUE(REAL_VALUE(17.0), #90);

#3318=PROPERTY_VALUE(REAL_VALUE(3.0), #100);

#3319=PROPERTY_VALUE(REAL_VALUE(25.5), #110);

#3312=PROPERTY_VALUE(2, #170);

#3313=PROPERTY_VALUE(1, #150);

#3314=PROPERTY_VALUE(2, #160);

#3315=PROPERTY_VALUE(1, #200);

#3316=PROPERTY_VALUE(0, #210);

#3317=PROPERTY_VALUE(#2502, #180);

#3320=LIB_F_MODEL_INSTANCE(#130,(#3321, #3328, #3329, #3322, #3323, #3324, #3325, #3326, #3327),());

#3321=PROPERTY_VALUE(REAL_VALUE(17.0), #90);

#3328=PROPERTY_VALUE(REAL_VALUE(3.0), #100);

#3329=PROPERTY_VALUE(REAL_VALUE(25.5), #110);

#3322=PROPERTY_VALUE(3, #170);

#3323=PROPERTY_VALUE(1, #150);
#3324=PROPERTY_VALUE(2, #160);
#3325=PROPERTY_VALUE(1, #200);
#3326=PROPERTY_VALUE(0, #210);
#3327=PROPERTY_VALUE(#2503, #180);
#3330=LIB_F_MODEL_INSTANCE(#130,(#3331, #3338, #3339, #3332, #3333, #3334, #3335, #3336, #3337),());
#3331=PROPERTY_VALUE(REAL_VALUE(17.0), #90);
#3338=PROPERTY_VALUE(REAL_VALUE(3.0), #100);
#3339=PROPERTY_VALUE(REAL_VALUE(25.5), #110);
#3332=PROPERTY_VALUE(4, #170);
#3333=PROPERTY_VALUE(1, #150);
#3334=PROPERTY_VALUE(2, #160);
#3335=PROPERTY_VALUE(1, #200);
#3336=PROPERTY_VALUE(0, #210);
#3337=PROPERTY_VALUE(#2504, #180);
#3340=LIB_F_MODEL_INSTANCE(#130,(#3341, #3348, #3349, #3342, #3343, #3344, #3345, #3346, #3347),());
#3341=PROPERTY_VALUE(REAL_VALUE(17.0), #90);
#3348=PROPERTY_VALUE(REAL_VALUE(3.0), #100);
#3349=PROPERTY_VALUE(REAL_VALUE(25.5), #110);
#3342=PROPERTY_VALUE(5, #170);
#3343=PROPERTY_VALUE(1, #150);
#3344=PROPERTY_VALUE(2, #160);
#3345=PROPERTY_VALUE(1, #200);
#3346=PROPERTY_VALUE(0, #210);
#3347=PROPERTY_VALUE(#2505, #180);
#3350=LIB_F_MODEL_INSTANCE(#130,(#3351, #3358, #3359, #3352, #3353, #3354, #3355, #3356, #3357),());
#3351=PROPERTY_VALUE(REAL_VALUE(17.0), #90);
#3358=PROPERTY_VALUE(REAL_VALUE(3.0), #100);
#3359=PROPERTY_VALUE(REAL_VALUE(25.5), #110);
#3352=PROPERTY_VALUE(6, #170);
#3353=PROPERTY_VALUE(1, #150);
#3354=PROPERTY_VALUE(2, #160);
#3355=PROPERTY_VALUE(1, #200);
#3356=PROPERTY_VALUE(0, #210);
#3357=PROPERTY_VALUE(#2506, #180);

#3400=LIB_F_MODEL_INSTANCE(#130,(#3401, #3408, #3409, #3402, #3403, #3404, #3405, #3406, #3407),());
#3401=PROPERTY_VALUE(REAL_VALUE(19.0), #90);
#3408=PROPERTY_VALUE(REAL_VALUE(4.0), #100);

＃3409＝PROPERTY_VALUE(REAL_VALUE(28.5), ＃110);

＃3402＝PROPERTY_VALUE(1, ＃170);

＃3403＝PROPERTY_VALUE(1, ＃150);

＃3404＝PROPERTY_VALUE(2, ＃160);

＃3405＝PROPERTY_VALUE(1, ＃200);

＃3406＝PROPERTY_VALUE(0, ＃210);

＃3407＝PROPERTY_VALUE(＃2501, ＃180);

＃3410＝LIB_F_MODEL_INSTANCE(＃130,(＃3411, ＃3418, ＃3419, ＃3412, ＃3413, ＃3414, ＃3415, ＃3416, ＃3417),());

＃3411＝PROPERTY_VALUE(REAL_VALUE(19.0), ＃90);

＃3418＝PROPERTY_VALUE(REAL_VALUE(4.0), ＃100);

＃3419＝PROPERTY_VALUE(REAL_VALUE(28.5), ＃110);

＃3412＝PROPERTY_VALUE(2, ＃170);

＃3413＝PROPERTY_VALUE(1, ＃150);

＃3414＝PROPERTY_VALUE(2, ＃160);

＃3415＝PROPERTY_VALUE(1, ＃200);

＃3416＝PROPERTY_VALUE(0, ＃210);

＃3417＝PROPERTY_VALUE(＃2502, ＃180);

＃3420＝LIB_F_MODEL_INSTANCE(＃130,(＃3421, ＃3428, ＃3429, ＃3422, ＃3423, ＃3424, ＃3425, ＃3426, ＃3427),());

＃3421＝PROPERTY_VALUE(REAL_VALUE(19.0), ＃90);

＃3428＝PROPERTY_VALUE(REAL_VALUE(4.0), ＃100);

＃3429＝PROPERTY_VALUE(REAL_VALUE(28.5), ＃110);

＃3422＝PROPERTY_VALUE(3, ＃170);

＃3423＝PROPERTY_VALUE(1, ＃150);

＃3424＝PROPERTY_VALUE(2, ＃160);

＃3425＝PROPERTY_VALUE(1, ＃200);

＃3426＝PROPERTY_VALUE(0, ＃210);

＃3427＝PROPERTY_VALUE(＃2503, ＃180);

＃3430＝LIB_F_MODEL_INSTANCE(＃130,(＃3431, ＃3438, ＃3439, ＃3432, ＃3433, ＃3434, ＃3435, ＃3436, ＃3437),());

＃3431＝PROPERTY_VALUE(REAL_VALUE(19.0), ＃90);

＃3438＝PROPERTY_VALUE(REAL_VALUE(4.0), ＃100);

＃3439＝PROPERTY_VALUE(REAL_VALUE(28.5), ＃110);

＃3432＝PROPERTY_VALUE(4, ＃170);

＃3433＝PROPERTY_VALUE(1, ＃150);

＃3434＝PROPERTY_VALUE(2, ＃160);

＃3435＝PROPERTY_VALUE(1, ＃200);

＃3436＝PROPERTY_VALUE(0, ＃210);

＃3437＝PROPERTY_VALUE(＃2504, ＃180);

＃3440＝LIB_F_MODEL_INSTANCE(＃130,(＃3441, ＃3448, ＃3449, ＃3442, ＃3443, ＃3444, ＃3445, ＃3446, ＃3447),());

＃3441＝PROPERTY_VALUE(REAL_VALUE(19.0), ＃90);

```
#3448=PROPERTY_VALUE(REAL_VALUE(4.0), #100);
#3449=PROPERTY_VALUE(REAL_VALUE(28.5), #110);
#3442=PROPERTY_VALUE(5, #170);
#3443=PROPERTY_VALUE(1, #150);
#3444=PROPERTY_VALUE(2, #160);
#3445=PROPERTY_VALUE(1, #200);
#3446=PROPERTY_VALUE(0, #210);
#3447=PROPERTY_VALUE(#2505, #180);
#3450=LIB_F_MODEL_INSTANCE(#130,(#3451, #3458, #3459, #3452, #3453,
#3454, #3455, #3456, #3457),());
#3451=PROPERTY_VALUE(REAL_VALUE(19.0), #90);
#3458=PROPERTY_VALUE(REAL_VALUE(4.0), #100);
#3459=PROPERTY_VALUE(REAL_VALUE(28.5), #110);
#3452=PROPERTY_VALUE(6, #170);
#3453=PROPERTY_VALUE(1, #150);
#3454=PROPERTY_VALUE(2, #160);
#3455=PROPERTY_VALUE(1, #200);
#3456=PROPERTY_VALUE(0, #210);
#3457=PROPERTY_VALUE(#2506, #180);

ENDSEC;
END-ISO-10303-21;
/*
```

附 录 NA
（资料性附录）
本部分中英文黑体词的含义

本部分中英文黑体词的含义如表 NA.1 所示。

表 NA.1 英文黑体词的含义

英文黑体词	中文含义
aggregate_type	聚合类型
aggregate_entity_instance_value	聚合实体实例值
aggregate_value	聚合值
allowed_aggregate_value	允许聚合
allowed_entity_instance_type_in_LIIM_25_rule	LIIM25 中允许实体实例类型规则
allowed_language_assignement_rule	允许语言赋值规则
allowed_reference_to_LIIM_25_rule	允许引用 LIIM25 规则
array_type	数组类型
array_value	数组值
bag_type	包类型
bag_value	包值
basic_semantic_unit	基本语义单元
boolean_value	布尔值
bound_1	边界 1
bound_2	边界 2
class_BSU	类的基本语义单元
class_extension	类扩展
compliant_8859_1_protocol_25	兼容 8859_1 协议 25
compatible_aggregate_domain_and_aggregate_value	兼容聚合域和聚合值
compatible_aggregate_type_and_value	兼容聚合类型和值
compatible_class_and_class	类与类兼容
compatible_complete_types_and_value	兼容完整类型和数值
compliant_external_file_protocol_25	兼容外部文件协议 25
compatible_final_type_and_value	兼容最终类型和值
compliant_http_protocol_25	兼容 http 协议 25
compatible_level_type_and_instance	兼容层类型和实例
compatible_type_and_value	兼容类型和数值
complex_type	复杂类型
content_item	内容项目
data_type	数据类型

表 NA.1（续）

英文黑体词	中文含义
data_type_BSU	数据类型基本语义单元
data_type_final_type	数据类型最终类型
dic_class_instance	字典类实例
dictionary_element	字典元素
entity_instance_type	实体实例类型
entity_instance_type_for_aggregate	聚合实体实例类型
entity_instance_value	实体实例值
external_file_protocol	外部文件协议
http_file	http 文件
integer_value	整数值
ISO 13584_25_IEC 61360_5_liim_schema	GB/T 17645.25 和 GB/T 17564.5 库集成信息模型模式
ISO 13584_25_IEC 61360_5_conformance_schema	GB/T 17645.25 和 GB/T 17564.5 一致性模式
ISO 13584_25_IEC 61360_5_library_implicit_schema	GB/T 17645.25 和 GB/T 17564.5 库隐式模式
ISO 13584_aggregate_value_schema	GB/T 17645 聚合数值模式
ISO 13584_extended_dictionary_schema	GB/T 17645 扩展字典模式
ISO 13584_IEC 61360_dictionary_aggregate_extension_schema	GB/T 17645 和 GB/T 17564 字典聚合扩展模式
ISO 13584_IEC 61360_dictionary_schema	GB/T 17645 和 GB/T 17564 字典模式
ISO 13584_instance_resource_schema	GB/T 17645 实例资源模式
Is_correct_liim_25_application_value	是否正确的 LIIM25 应用值
level_spec_value	层特定值
library_iim_identification	库信息模型标识符
list_type	列表类型
list_value	列表值
named_type	命名类型
nesting_level_aggregate_limit_rule	聚合嵌套层限制规则
number_value	数值
no_more_than_two_nested_level	不超过两次嵌套的层
primitive_value	主值
property_BSU	特性基本语义单元
property_or_data_type_BSU	特性或数据类型的基本语义单元
real_value	实数值
set_type	集类型
set_value	集合值
set_with_subset_constraint_type	具有子集约束类型的集
set_with_subset_constraint_value	具有子集约束值的集

表 NA.1（续）

英文黑体词	中文含义
simple_type	简单类型
translatable_string_value	可译字符串值
type_name	类型名
type_structure	类型结构
uncontrolled_entity_instance_value	非控制实体实例值
value_type	值类型
view_exchange_protocol_identification	视图交换协议标识符

参 考 文 献

[1] ISO 10303-41:2000 工业自动化系统与集成 产品数据表达与交换 第41部分:集成通用资源:产品描述与支持原理

[2] ISO 10303-42:2000 工业自动化系统与集成 产品数据表达与交换 第42部分:集成通用资源:几何与拓扑表达